普通高等教育国家级"十一五"规划教材

气候资源学

Summary on Climate Resources

孙卫国　编著

气象出版社

内容提要

本书全面地介绍了气候资源学的主要内容,系统地阐述了气候资源的基本概念、分布规律、变化特征和研究方法。共分八章:第一章绪论,包括资源科学体系、自然资源概述和气候资源总论;第二至第六章分别介绍太阳辐射、热量、水分、风能和空气资源及其综合利用,包括气候资源数量的确定、质量的分析和开发利用途径等;第七、第八章分别介绍气候资源的推算方法和综合分析方法,包括光照、气温和降水量的推算以及区域气候资源的综合评价、利用区划、开发利用决策等。

本书既可以作为大气科学、应用气象学、自然地理学、资源环境与城乡规划等专业本科生的课程教材使用,也可以作为气象、地理、水文、资源管理与规划等相关业务部门科研人员的参考书。

图书在版编目(CIP)数据

气候资源学/孙卫国编著 . —北京:气象出版社,2008.2

ISBN 978-7-5029-4457-5

Ⅰ. 气…　Ⅱ. 孙…　Ⅲ. 气候资源　Ⅳ. P46

中国版本图书馆 CIP 数据核字(2008)第 009898 号

出版者:气象出版社　　　　　　　　　地　址:北京市海淀区中关村南大街 46 号
网　址:http://cmp.cma.gov.cn　　　　邮　编:100081
E-mail:qxcbs@263.net　　　　　　　电　话:总编室:010-68407112
　　　　　　　　　　　　　　　　　　　　　　　发行部:010-68409198
责任编辑:李太宇　隋珂珂　章澄昌　　　终　审:黄润恒
封面设计:张建永
责任校对:程铁柱
印刷者:北京昌平环球印刷厂
发行者:气象出版社
开　本:750mm×960mm　1/16　印　张:29　　字　数:589 千字
版　次:2008 年 1 月第一版　　2008 年 1 月第一次印刷
印　数:1~5000
定　价:55.00 元

前　　言

　　气候资源和气候环境是人类赖以生存的地球家园的重要组成部分，气候变化直接影响人类社会的可持续发展和子孙后代的生存。气候资源是生产力。因此，合理开发、利用、保护和管理气候资源，加强对气候资源变化的研究和气候资源的综合利用，关系到人类的长远福祉；这已经成为全世界大气科学以及相关领域的焦点问题，成为当今全球共同面临的重大课题，受到各国政府和人民的普遍关注。

　　气候资源学是介于"气候学"和"自然资源学"之间的一门边缘学科。气候学研究构成气候的大气现象的长期统计特性，包括气候要素的平均值、变化范围、出现频率以及随季节、地理纬度、海拔高度等的变化规律。自然资源学是研究自然界中可以转化为生产、生活资料的物质、能量以及自然资源与人类的相互关系的科学。而气候资源学就是以光、热、水、风、大气成分等气候资源要素及其组合为研究对象，分析研究其数量、质量、发展变化、空间分布规律及其综合开发、利用、保护和管理的一门科学。气候资源学内容丰富，方法性强，在工业、农业、建筑业、能源开发、水利工程、生产布局、城镇规划等方面都有广泛的应用。

　　气候资源学作为南京信息工程大学（原南京气象学院）应用气象学专业本科生的专业主干课程，已经开设了将近 10 年。本书就是作者在该课程讲义的基础上，结合多年教学和科研实践中的积累，参考大量相关文献和本学科的最新研究成果，经过不断补充和反复修改编写而成的。作为教材，本书侧重于基本概念、基本规律和研究方法的介绍，力求既要反映该学科领域的最新研究进展，又要符合循序渐进的教学规律，使之具有科学性、先进性、实用性和可读性。全书共分 8 章，建议计划学时 51～68 课时；有些内容可引导学生自学或以课堂讨论的形式掌握，有些章节可适当安排计算方法和分析方法的练习，以加深理解并掌握技能。

在编写本书过程中,参考并引用了许多学者撰写的论著和科研论文;得到了南京信息工程大学及应用气象学院领导的鼓励和同事们的大力支持,特别是应用气象学系的同事们集体讨论了本书的章节安排和大纲内容,提出了许多有益的建议;缪启龙教授审阅了书稿并提出了宝贵的修改意见;本书的出版得到了气象出版社的大力协助和支持,在此一并表示感谢。

鉴于大气科学的迅速发展和气候资源学研究的不断深入,作者学识水平有限,书中难免会有错漏和疏忽之处,敬请读者批评指正。

孙卫国

2008 年 1 月

目　　录

第一章 绪 论

资源是泛指提供人类物质和能量的总体,自然资源是其主要内容,而气候资源又是自然资源的重要组成部分。资源是同物质财富生产有关的原材料和能源。气候资源就是可以在生产物质财富的过程中作为原材料或能源利用的那些气候要素或现象的总体。

气候既是一项有益于人类的自然资源,又可能导致自然灾害。严格地说,气候资源是指对人类的生产和生活活动有利的气候条件,其不利的气候条件实际上是一种负资源。显然,气候资源和气候灾害是矛盾的两个方面,它们既相互制约又相互转化。因此,为了正确理解气候资源的含义,有必要首先了解现代资源科学的体系结构及自然资源的有关概念。

1.1 资源科学体系

《辞海》(1979)中对"资源"的解释是"资财之源,一般指天然的财源"。所谓"资源",即资产的来源,首先是指自然资源。我们的祖先曾从哲学高度概括出五类资源,即:"金、木、水、火、土。"金者,矿产资源;木者,植物资源引申到生物资源;水者,水资源,主要是指淡水资源;火者,引申为能源资源,特别值得关注的是石油资源;土者,即土地资源。以上五种资源也是现代人公认的最具战略性意义的资源。

人类社会不断发展,新知识不断出现,资源定义也不断地扩充着内涵,资源科学正在逐步形成一个巨系统、密网络的大科学,它将伴随着人类社会的发展而发展。在农业社会,资源科学主要研究的是自然资源;在工业社会,则侧重于研究自然资源与社会资源的综合;而在知识社会,它将致力于自然资源、社会资源和知识资源相结合、进行高效配置的整体研究。

现代资源科学是研究各种资源和资源整体(主要是自然资源)的数量、质量、地域组合特征、空间结构与分布规律、时间演化规律、形成环境以及合理开发、规划、利用、改造、更新、保护与管理的一门科学。

1.1.1 资源定义的拓展

在过去相当长的一段时间内,人们对资源的认识与研究往往只局限在自然资源的范畴之内,甚至仅限于"可更新资源"的狭小范围内。李文华等[1](1985)曾对自然资源科学的基本特点及其发展过程进行了回顾与展望,从建立自然资源学科体系和自然资源的合理利用与保护的目的出发,对自然资源定义进行了综合性阐述,并建立了自然资源分类系统。

随着社会的不断发展和资源研究的逐渐深入,人们在自然资源分类系统的基础上,又提出了资源体系分类,将社会资源与自然资源并列为资源的两大分支;并且提出社会资源包含无形资源、人力资源和有形资产三大类别,包括人力资源、资本资源、科技资源和教育资源等。显然,资源的定义被扩展为自然资源和社会资源。郭文卿等[2](1997)认为,从中国的资源体系来看,山区的自然资源体系比较健全,资源丰富,社会资源体系不健全,相对比较贫乏,形成鲜明对照。中国山区经济的发展,必须首先认清这种基本态势,发挥自然资源丰富的优势,补充社会资源相对贫乏的劣势,开发自然资源与开发社会资源并举,把开发社会资源作为头等大事来抓,才能把山区经济搞上去。这一观点突出了社会资源在经济发展中的主导作用,强调了资源的层次和功能。

近年来,资源的定义被进一步拓展和完善。霍明远等[3](2001)认为,资源可分为自然资源、社会资源和知识资源。所谓知识资源,是指自有人类历史以来以语言文字、数字公式、几何图形、信号图像等形式表现的资源,如信息资源、文化资源等。由此,如果将资源按层次划分,则基础是自然资源,主体是社会资源,其上层则是知识资源。如果把自然资源和社会资源都看作是一个独立的有形资源系统,那么知识资源就是这两个有形资源系统之间的联系网络,即无形资源。系统表现功能,网络表示联系,系统通过网络才能实现扩张,而网络只有通过系统才能发挥其特定功能。资源定义的拓展,如图 1.1 所示。

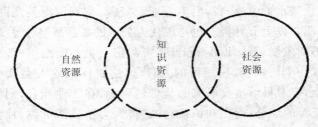

图 1.1 资源定义的拓展[3]

资源定义的拓展实质上是人类社会不断发展的必然结果。人类在农业社会强调的是自然资源的单项开发,农业经济主要依赖自然资源;工业社会注重的是自然资源与社会资源的综合开发,研究两者之间的联系、作用和发展;知识社会追求的则是对自然资源、社会资源及以两者为基础的知识资源的共同开发,强调知识资源的公益性、平等性和主导作用,而且获得的经济效益也将愈来愈大。图 1.2 为资源、经济和社会三者之间关系及其重心偏移的示意图。

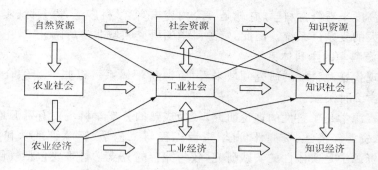

图 1.2　资源、经济和社会之间的关系及重心的偏移[3]

　　资源科学是一门研究人与自然界中可转化为生产、生存资源来源和物质与能量相互关系的科学。它以单项和整体的自然资源为对象,是研究其数量、质量、时空变化以及合理开发利用、保护和管理的一个科学领域。资源科学是从自然资源的研究开始的,随着自然资源研究的深入,人们逐渐认识到自然资源的社会属性价值,而随着科学技术的不断发展又诞生了知识资源科学。

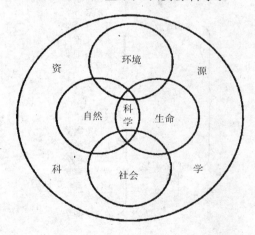

图 1.3　资源科学与其他科学的关系[3]

　　资源定义的延展,必然导致资源科学内涵的扩大。也就是说,资源科学所包含的内容已经不仅仅只是自然资源,而且还包括社会资源和知识资源。现代资源科学不仅研究自然资源、社会资源、知识资源三者自身的规律性,而且更侧重于研究三者之间相互联系、相互作用、相互发展的规律性。自然科学、社会科学、生命科学、环境科学和资源科学的相互关系,如图 1.3 所示。资源科学并不是与其他科学相并列或交叉的科学,而是包容了前四者的大科学,因素众多且关系复杂。如果从这一学术高度来看资源科学,它就是一个内容丰富、学科广泛,探索性、实用性和创新性都很大的复杂巨系统。因此,资源科学的研究领域非常广阔。

1.1.2 资源科学的学科体系

1. 从现代资源科学的研究领域来看,资源科学体系可以归纳为综合资源学和部门资源学 2 种类型。

综合资源学是学科性的理论研究,较为成熟的分支学科主要有资源地理学、资源生态学、资源经济学、资源评价学、资源工程与工艺学、资源管理学和资源法学等。部门资源学是实体性的实践研究,较为完善的分支学科主要包括气候资源学、生物资源学、水资源学、土地资源学、矿产资源学、海洋资源学、旅游资源学和能源学等。每个分支学科仍可作进一步的细分,诸如资源地理学可分为自然资源地理学、社会资源地理学、经济资源地理学、信息资源地理学等,资源经济学包括土地资源经济学、生物资源经济学、能源经济学等,能源学包括生物能源学、矿物能源学、水力资源学、新能源学等,由此构成了资源科学的学科体系。如图 1.4 所示。

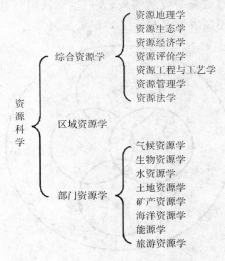

资源科学

综合资源学
- 资源地理学
- 资源生态学
- 资源经济学
- 资源评价学
- 资源工程与工艺学
- 资源管理学
- 资源法学

区域资源学

部门资源学
- 气候资源学
- 生物资源学
- 水资源学
- 土地资源学
- 矿产资源学
- 海洋资源学
- 能源学
- 旅游资源学

图 1.4 资源科学的学科体系[4]

区域资源学是综合资源学与部门资源学在具体的时间和空间上的结合。因为资源科学的研究总是在具体的区域中进行的,根据空间层次性,区域研究可以大到全国、洲际乃至全球范围,小到县、乡镇、小流域等具体的地理单元。

2. 从资源系统的属性来说,资源科学体系可以划分为 3 级组织水平。

① 自然资源的层次性分析,这是资源科学的基础研究领域。该级组织水平从自然资源的基本特点入手,对资源的有效性和稀缺程度进行说明,重点是进行自然资源的层次性分析。层次分析以地域分异规律和自然节律性规律为理论基础,把

野外考察、历史比较、分类与区划等作为基本方法,逐渐向综合化、生态化、定量化和经济化方向发展,其结果一般是自然资源的质、量特征和时空规律性的输出,为资源科学高组织水平的研究准备基本资料。

②资源生态系统的整体研究,这是资源科学应用的基础研究领域。该级组织水平以一定地域中资源的质、量特征和时空规律性为前提,以各类资源系统为对象,从整体性及资源的有效性和稀缺程度出发,重点进行资源生态系统的结构与功能分析。资源生态系统的整体研究以整体观和系统论方法为基础,把生态学规律作为基础理论,以生态学方法为基本方法,试图寻求系统中不同层次的组织原理,以求结构与功能协调,人为控制资源系统向有利于人类生存的方向平衡发展。这对资源系统的开发和人工系统的调控都有重要的指导意义。

③资源、生态、社会经济复合系统的总体研究,这是资源科学的应用研究领域。该级组织水平从社会、经济角度出发,充分考虑资源的可塑性,把"生态经济平衡"的基本理论作为支点,开展社会需求下的多宜性功能评判和抉择,通过综合分析,最终对资源开发利用和治理保护方案进行优化决策。显然,这是资源科学研究的最高层次上的综合。

3. 从资源问题的解决途径来看,资源科学体系可划分为 4 个基本层次。

①调查层。这是资源科学最基本的工作层次,主要由各类专业人员完成。目的是对各类资源进行野外勘察,确定其数量、质量及其分布,认识其发生、演化及时空分布规律和资源要素与环境要素的关系。主要成果包括资源种类和量的发现,资源数据和资源类型及分布图等。

②评价层。在调查的基础上进行技术和经济评价,包括资源数量、质量、适宜性、开发条件等综合评价,其目的是确定合理的资源利用方式、利用顺序等。主要成果包括资源评价报告、图表及说明书、资源开发利用区划图等。

③规划层。根据评价结果和资源开发利用单位的要求,进行资源开发利用的可行性研究及编制实施规划。资源工作者的主要任务是在遵循资源内在规律的基础上,综合政府部门和社会科学专家研究的意见,形成可行的规划方案。为了能实现规划,如果需要还可进行试点研究。主要成果包括资源开发利用的可行性报告、规划方案、试点研究报告及图表文件等。

④跟踪层。规划方案进入实施阶段,自然资源进入生产和消费领域,主要依靠管理者和生产者的作用。此时,资源工作者的任务转变为跟踪研究,包括指导方案实施、诊断实施问题、研究开发效益、总结管理经验等。目的是通过后果及效益的反馈,改进规划方案。

1.1.3 资源科学的研究方法

现代资源科学的研究方法很多,概括起来主要有以下几种:

1.传统研究方法。主要包括地理比较法(类型与区划研究)、经济比较法(生产、消费和流通研究)、数学方法(数理统计、线性规划等)、野外考察、实验研究等。

2.资源遥感调查法。遥感技术集中反映了物理学、计算机、生物学、地球科学等学科的最新成就。遥感技术在资源调查中具有独特的优点,因而得到了广泛的应用,是一种获取资源资料的先进手段。

3.资源数据库。资源数据库利用计算机储存不同时间和空间范围内有关资源的质、量以及社会经济背景资料,是一种科学严密的资源数据管理方式。目前国际上已经普遍使用,我国也进行了这方面的研究和推广工作。

4.资源信息系统。资源信息系统是把资源数据库同系统工程原理、系统分析方法、资源信息采集、自动制图等综合在一起的新兴的技术系统,也是目前最先进的资源数据管理、分析和决策的方法。

5.投入产出分析法。在资源—生态—经济系统中,也可以采用投入产出分析方法对不同资源和不同利用需要的产业部门之间存在的生产消费关系进行综合定量分析,为资源保护及其在产业部门内的合理流通提供科学依据。

6.系统分析方法。资源科学是一个极其复杂的物质体系,要合理地利用资源,必须将其作为一个整体,从系统论的角度出发,全面、客观地分析资源的特点,寻求最佳利用方案。系统分析法无疑是一种较好的方法。

1.1.4　资源科学的发展趋势

目前,全球性环境问题日趋严重,诸如大气臭氧层的衰减、温室气体不断增加、植被破坏与生物多样性迅速减少、水土流失、土地退化与沙漠化、资源短缺、环境污染等,地球环境不断恶化,人类的发展正在受到威胁。因此,建立全球性生态、经济新秩序的呼声日益高涨,资源与资源利用问题再度成为全球的热点。在这种形势下,现代资源科学面临着更加艰巨的任务。为了解决日益紧迫的全球性问题,资源科学研究将更加注重整体性和综合性,必须将视野扩大到全球范围,强调资源利用与社会经济的持续、协调发展,强调资源的有限性、稀缺性及资源的有效管理等。

1.全球整体化研究。人类已步入全球资源与环境的时代,也就是说,资源与环境问题已不再是局部地区、少数国家的问题,已经成为全球性问题。因此,现代资源科学注重国际合作的全球整体化研究,强调人类只有一个地球,而地球上的各种资源总体上说都是有限的,人类要共享这些资源。

2.资源—生态—社会经济复合系统综合研究。综合性是资源科学研究的固有特点,资源、生态、社会经济密不可分,资源的有效管理与持续利用是核心。资源承载力、资源配置、资源产业化、区域资源开发战略和经济发展模式等研究将成为资源科学的重要研究领域。

3.资源价值论研究。地球上的各种资源是有限的,随着世界各国社会经济的迅猛发展,资源的稀缺性将越来越突出;因此,人们的价值观和消费观都要经历深刻的变革,珍惜人类共有的资源。相应地资源价值论、资源核算论等研究领域将日趋活跃。

4.资源管理研究的科学化。对资源实行有效管理是资源科学的最终目的;当前,以合理化为内容的资源管理研究正逐步成为资源科学的热点。资源管理是多层次和多手段的;资源管理的基础层是自然保护,包括建立保护区、进行自然区划等;中间层是资源经济管理,基于生态经济原则,考虑资源开发利用过程对社会经济系统及各部门的影响;资源管理的最高层是社会需求管理,即对人类消费进行设计和导向,这是资源科学研究的最高历史使命。

5.资源科学研究的数量化与现代化。数量化是各门学科的发展对自身的要求,只有把资源系统定量化、模型化,才能比较准确地了解各因素之间相互联系和相互制约的机制,既可进行定性分析,又可进行定量化研究。近几十年来,规划论、排队论、图论、对策论、耗散结构理论、自组织系统、协同学和突变论、多元动态分析以及遥感技术、计算机应用技术等不断被引入资源科学研究,建立了资源数据库、资源信息系统,促使资源科学研究日益模式化和定量化,开拓了资源科学研究的深度和广度,促进了资源科学研究方法和手段的日益现代化。

1.2 自然资源概述

人类是自然的产物,自然资源是人类赖以生存和发展的物质基础。回溯人类的发展历史就会发现,人类的历史就是不断向自然界索取,不断开发利用自然资源的历史。离开自然资源,人类就无法繁衍和发展;因此,逐步认识和掌握各种自然资源的相互关系、形成机制和演变规律,便成为人们不倦探索的主题之一。

1.2.1 自然资源的定义

自然资源是一个动态的概念,其含义随着生产水平和技术进步而不断扩大和深化。因此,迄今并没有一个统一的定义。通常认为,自然资源包括有机和无机界以及人类社会的整个物质世界中生产资料和生活资料(即生产和生活所必需的东西)的天然来源,如阳光、森林、矿物、水等。自然资源是指具有社会有效性和相对稀缺性的自然物质或自然环境的总称。

《辞海》(1979)中把"天然存在的自然物,不包括人类加工制造的原材料,如土地资源、水利资源、生物资源、海洋资源等",称为自然资源。

联合国环境规划署对自然资源的定义[4]为:"所谓自然资源,是指在一定时间、地点的条件下能够产生经济价值,以提高人类当前和将来福利的自然环境因素和条件的总称。"这一定义将自然资源与自然环境条件联系在一起,视自然资源为自然环境的组成部分,认为自然环境中能为人类利用的部分就是自然资源。"人在其自然环境中发现的各种成分,只要它能以任何方式为人类提供福利的都属于自然资源。广义地来说,自然资源包括全球范围内的一切要素,它既包括过去进化阶段中无生命的物理成分,如矿物,又包括地球演化过程中的产物,如植物、动物、景观要素、地形、水、空气、土壤和化石资源等。"

由此可见,自然资源包括自然界一切能为人类所利用的自然物质和自然能源,是指在一定历史条件下能被人类开发利用以提高自己福利水平或生存能力的、具有某种稀缺性的、受社会约束的各种自然环境要素的总称。自然资源的概念是相对的,随着社会生产力水平的提高和科学技术的进步,以前尚不知道其用途的自然物质也会逐渐被人类发现和利用,自然资源的种类日益增多,自然资源的概念也将不断深化和发展。例如,过去被视为外在环境因素的风景,现在已经成为重要的旅游资源;大气外层空间也被列为"空间资源"等。

归纳起来,对于自然资源这一概念,我们可以从以下几点来理解:

①自然资源是一切可供人类利用的自然物质和自然能量的总体。

②自然资源的范畴不是一成不变的。随着社会和科学技术的发展,自然资源开发利用和保护的范围将不断扩大。

③自然资源都具有经济价值。

④自然资源和自然环境是两个不同的概念,它们既有联系又有区别。自然环境是指人类周围所有外界的客观存在物;自然资源则是从人类的需求角度来看这些因素存在的价值体现。

1.2.2　自然资源的分类

对于自然资源,人们从不同角度、采用不同标准可以有多种分类方法。传统的自然资源分类,通常根据自然资源在经济部门中的地位来划分,如农业资源、工业资源、服务性资源等;也可按其所在的地理位置和地貌类型进行划分,如陆地资源、海洋资源、自然风景资源等。而且每种类型还可以按层次进一步细分,如农业资源又分为土地资源、生物资源、气候资源和水资源等种类,其中气候资源又包括光、热、水、风和空气成分等资源要素;海洋资源又可分为海洋生物资源、海底矿产资源、海水化学资源和海洋动力资源等,其中海洋动力资源包括波浪、海流、潮汐、海水温度差、密度差、压力差等所蕴涵的巨大能量。现在,人们更多采用的是根据自然资源本身的固有特征和根本属性进行分类,而且逐渐由单一特征的分类转向多因素的综合分类。通常将自然资源分为耗竭性资源和非耗竭性资源两大类;耗竭性资源包括各种再生性资源和非再生性资源,非耗竭性资源主要是指恒定的环境资源。自然资源的分类系统,如图 1.5 所示。

1. 再生性资源

再生性资源是指能连续或往复供应的自然资源,主要包括可以循环再生的环

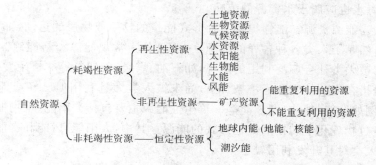

图 1.5 自然资源分类系统[5]

境资源、自然环境中固有的能源资源以及其他人类劳动的产物。例如,由光、热、水、风和大气成分等构成的气候资源,由太阳能、风能、水能、生物能等构成的各种能源资源,以及由人力、信息、科学技术等构成的社会资源等。

①土地资源。土地是地球陆地表面部分,是人类生活和生产活动的主要空间场所。土地资源是由地形、土壤、植被、岩石、水文和气候条件等因素组成的一个独立的自然综合体。土地的数量有限,位置固定,随着生产和科学技术的发展,人类影响的程度越来越大,土地资源的重要性也越来越为人们所认识。土地资源的分类方法很多,通常采用按地形分类或按利用类型分类,按地形可分为山地、高原、丘陵、平原、盆地等,按利用类型可分为耕地、林地、草地、宜垦荒地、宜林荒地、沼泽滩涂水域、工矿交通城镇用地、沙漠石头山地、永久积雪冰川等。

②生物资源。生物资源是指生物圈中的所有动物、植被和微生物。生物资源也有多种分类方法,通常采用生物分类的传统体系,将生物资源分为植物资源和动物资源两大类。植物资源又可以按照群落的生态外貌特征划分为森林资源、草原资源、荒漠资源和沼泽资源等;动物资源按其类群又可分为哺乳动物类资源、鸟类资源、爬行类动物资源、两栖类动物资源以及鱼类资源等。

③气候资源。气候资源是地球上生命赖以产生、存在和发展的基本条件,也是人类生存和发展工农业生产的物质和能量的来源。气候资源包括太阳辐射、热量、降水、空气及其运动等基本要素。太阳辐射是地球上一切生物代谢活动的能量源泉,也是气候变化的动力因素;自然降水是地球上水分循环的核心环节,也是生命活动和自然界水分消耗的主要补给源;空气运动不仅可以调节和输送水、热资源,而且可以将大气的各种成分不断输送和扩散,以满足生命物质的需要。

④水资源。水资源是指在目前技术和经济条件下,能够被人类利用的补给条件好的淡水总量,主要包括大气降水、地表湖泊积水、河川径流、冰川和高山积雪、土壤水和地下水等。随着科学技术的发展,海水淡化前景广阔;因此,从广义上来

讲,海水也应属于水资源的范畴。

⑤能源资源。能够提供某种形式能量的物质或物质的运动,都可以称为能源。大自然赋予人类各种各样的能源,一般可分为常规能源和新能源。常规能源指当前已被人类社会广泛利用的能源,如石油、煤炭、天然气等非再生性矿产资源;新能源是指在当前技术和经济条件下,尚未被人类大量利用但已经或即将被利用的能源,例如核能、地热、潮汐能等。再生性能源主要包括太阳能、生物能、风能、水能以及经过物理化学转换的其他形式的能源。其中,太阳能、风能和水能等属于气候能源,人类对其开发利用较早。

2. 非再生性资源

非再生性资源是指相对于人类自身的再生产及人类的经济再生产的周期而言是不能再生的各种地质和半地质资源。地质资源有金属矿、非金属矿、核燃料、化石燃料等,它们的成矿周期往往以百万年计,除非从废物中回收,或者通过工程手段合成、制造,这些自然资源将随着人们的消费而逐渐减少。土壤和地下水资源的形成周期虽然比较短,但与人类消费的速度相比也是十分缓慢的,因此被称为半地质资源。

经过一定的地质过程形成的存在于地壳内或地壳上的固态、液态或气态物质,当它们达到工业利用的要求时,即称之为矿产资源。一般按矿物不同物理性质和用途进行分类,可划分为黑色金属、有色金属、冶金辅助原料、燃料、化工原料、建筑材料、特种非金属、稀土及稀有分散元素 8 种类型;也可以按其循环利用的性质划分为两类,即能重复利用和不能重复利用的矿产资源。

所谓"非再生性资源"也是一个相对的概念,因为地质资源是在漫长的地质年代中形成的,它本身是可以再生产出来的,只不过各种地质资源的富集程度、质量好坏、分布特点等往往被以地质年代为周期的漫长的自然再生产过程所制约。人们常说某些矿产资源是不可再生的,是指具有一定富集程度的某些矿藏相对于人类再生产和经济再生产的周期和时间而言是不可再生的。

3. 恒定性资源

恒定性的环境资源,主要包括两类:一是来自地球本身的内能,如地热、原子能等;二是来自地球与其他天体相互作用所产生的能量,如潮汐能等。地球的核心部分主要是温度高、压力大的铁质熔融液,其温度可高达 5000℃,压力大约为 $3.18 \sim 3.6 \times 10^6$ Pa。地球内部深处的岩浆熔融体及其派生物在地壳运动和造山运动作用下形成丰富的矿物资源,同时岩浆运动又富含热能和核能。海洋中潮汐涨落的动力作用也具有巨大的能量;我国沿海海岸线长而曲折,港湾多,潮差大,潮汐能蕴藏量很大,其开发利用前景非常广阔。

1.2.3 自然资源的特点

自然资源就是指存在于自然界中,在一定经济、社会和技术条件下能被人类利用,为人类提供经济价值的自然物质和自然能量。自然资源的特点主要表现在其有限性、区域性、整体性和多用性等方面。

1.有限性。有限性是自然资源最基本的特征。资源的有限性包括两个方面的含义:第一,任何资源在数量上都是有限的。资源的有限性在矿产资源中尤其明显,因为任何一种矿物的形成不仅需要有特定的地质条件,还必须经过千百万年、上亿年漫长的物理、化学、生物作用过程,相对于人类而言是不可再生的。其他的可再生资源,如动物、植物等由于其再生能力受自身遗传因素的制约,受外界客观条件的限制,不仅其再生能力是有限的,而且利用过度,使其稳定的结构破坏后就会丧失其再生能力,成为非再生性资源。与其他有限资源相比,太阳能、潮汐能、风能等这些恒定性资源似乎是取之不尽、用之不竭的,但从某个时段或地区来考虑,所能提供的能量也是有限的。第二,可替代资源的品种也是有限的。煤、石油、天然气和水流、风力等资源都可用于发电,但总的来说,可替代的投入类型是有限的。例如,温室技术可以替代土地资源而生产粮食,空间的利用可以替代工业及住宅用地的不足,但是作为人类生存必须具有的淡水和氧气至今还没有找到可以替代的资源。

自然资源的有限性要求人类在开发利用资源时必须统筹兼顾,从长计议,注重合理开发、利用与保护;提高国民珍惜资源的意识,养成节约资源的良好习惯;决不能只顾眼前利益,掠夺式开发资源,甚至肆意破坏自然资源。

2.区域性。区域性是指资源分布的不平衡,存在数量或质量上的显著地域差异,并具有其特殊的分布规律。自然资源的地域分布受太阳辐射、大气环流、地质构造和地表形态结构等因素的影响;因此,其种类、特性和数量的多少、质量的优劣等都具有明显的区域差异,分布也很不均匀。又由于影响自然资源地域分布的因素基本上是恒定的,在特定条件下必定会形成相应的自然资源分布区域,所以自然资源的区域分布也有一定的规律性。例如,我国山西省已探明的煤炭储量占全国总储量的 27% 以上,人们把山西比喻为"煤海";长白山区林地面积和木材蓄积量分别占全国的 11% 和 13.8%,人们把长白山称为"林海"。我国水资源南多北少,能源资源南少北多,水能集中在川、滇、黔、桂、藏等五个省区,金属矿产资源基本上分布在由西部高原到东部山地丘陵的过渡地带。此外,随着太阳辐射在地球表面随纬度的变化规律,从赤道向极地依次为雨林、季雨林、常绿林、落叶阔叶林、针叶林和苔原等,随着水分循环的地域差别,从沿海向内陆分别为森林、森林草原、草原、荒漠等。

自然资源的区域性特点要求人类在开发利用资源时必须以因地制宜为原则,

充分考虑区域条件、自然环境和社会经济特点,才能使自然资源的开发利用和保护既有经济效益,又有环境效益和社会效益。

3. **整体性**。整体性是指每个地区的自然资源要素彼此有生态的联系,形成了一个有机的整体,改变其中任一个要素,都可能引起一系列连锁反应,从而影响到整个自然资源系统的变化。这种整体性,再生资源表现得尤为突出。例如,森林资源除经济效益外,还具有储蓄水分、保护土壤的环境效益,如果森林资源遭到破坏,不仅会导致河流含沙量的增加,引起洪水泛滥,而且会使土壤肥力下降;土壤肥力的下降又进一步促使植被退化,甚至沙漠化,从而又将使动物和微生物大量减少。相反,如果在沙漠地区通过种草栽树逐渐恢复地表植被,水土将得以保持,动物和微生物将集结繁衍,土壤肥力又会逐步提高,从而促进植被进一步优化,使各种生物进入良性循环。总之,各种资源在不同的时间和空间条件下,是按不同的比例、不同的关系联系在一起的,形成不同的组合结构,并构成不同的生态系统。

自然资源的整体性特点要求人们对自然资源必须进行综合分析和综合开发,以系统论的思想客观分析各个资源要素及其相互关系,预测开发方案的各种后果,充分发挥资源系统的整体功能。

4. **多用性**。多用性是指任何一种自然资源都有多种用途,如土地资源既可用于农业,也可用于工业、交通、旅游以及改善居民的生活环境等。同一种资源可以作为不同生产过程的投入因素,不同的行业对同一种资源存在投入需求;同一行业的不同部门以及同一部门的不同经济单位,甚至于同一经济单位的不同企业都会同时存在着对同一种资源的需求。自然资源的多用性只是为人类利用资源提供了不同用途的可能性,究竟采取何种方式来利用则是由社会、经济、科学技术以及环境保护等许多因素所决定的。

自然资源的多用性特点要求人类在对资源开发利用时必须根据其可供利用的广度和深度,实行综合开发、综合利用和综合治理,做到物尽其用,以取得最大的经济效益和最佳的社会效益。

1.2.4　自然资源的开发战略

自然资源研究的根本目的是有计划、有步骤地开发利用资源,充分发挥资源潜力,合理安排各项生产活动,促进地区经济稳定、持续、协调发展。在开发利用的同时,应处理好人与自然的关系,注重自然资源的保护和管理,以便能够持久地利用资源,满足社会生产和人民生活的需要。

霍明远等[3](2001)提出的中国自然资源开发战略,主要包括:

①自然资源综合开发的系统战略。把自然资源作为一个复杂的动态的大系统对待,通过先进的工业技术手段对其进行开发。在充分研究自然资源的数量、质量、相互关系与运动规律的基础上,调节各类自然资源在大系统运动中的数量与质

量关系,创造并保持综合开发系统的平稳性。

②自然资源综合开发的网络战略。人类的一切生产活动都可以归结为经济活动。自然资源工业开发的网络战略主要立足于各类自然资源系统之间的经济关系:从经济观点出发,把握市场需求对有限资源做出选择,采用最有效的工业技术手段进行综合开发利用,以获取最大利益。

③自然资源综合开发的总体战略。逐步认识并掌握自然资源的形成机制、演变规律和相互关系,立足市场需求的高度,利用先进的科学技术手段指导自然资源的工业开发。实行资源综合开发与环境保护相结合的方针,农业开发与工业开发并举,推动和提高整个自然资源综合开发利用水平。

我国在当前及以后相当长的时期内,都将以经济建设为中心。因此,必须依靠提高资源配置效率和利用效率来实现经济的增长。只有合理开发和利用自然资源,才能保证国民经济的可持续发展。要想合理开发和持续利用自然资源,必须不断探索和掌握自然资源的特性和变化规律,因势利导,扬长避短,合理配置,才能充分发挥资源潜力,取得事半功倍的效果。

开发利用自然资源,既要考虑经济效益,也要考虑社会效益和生态效益。在开发利用过程中,应根据当地的实际情况,因地制宜,综合利用,力求以最少的投入获得最大的使用价值;应注重资源开发的社会效益,开发重点首先是社会急需的、影响国计民生的资源(如能源等)。资源开发尤其要考虑生态环境效益;有时尽管经济效益很高,社会效益也大,但是如果对生态环境影响较大,这样的资源开发也是不可取的。因此,自然资源的开发利用应遵循经济效益、社会效益和生态效益相结合的原则。

开发利用自然资源,既要考虑当前利益,也要考虑长远利益。在开发利用的同时,也要考虑资源的保护和改善。只利用不保护,只顾眼前不顾长远,索取大于给予的掠夺式开发利用,只会扩大资源的供需差距,导致资源变质、退化、灭绝,甚至出现恶性循环,给人类生存造成威胁。如果只是为了满足当代人的经济增长和社会需求而损害子孙后代的利益是得不偿失的资源开发。因此,自然资源的开发利用还应遵循当前利益和长远利益相结合的原则。

1.3 气候资源总论

气候是一种重要的自然资源。气候资源是指在一定的经济技术条件下,能为人类生活和生产提供可利用的光、热、水、风、空气成分等物质和能量的总称。气候资源是一种可再生资源,它既是人类赖以生存和发展的条件,又作为劳动对象进入生产过程,成为工农业生产所必需的环境、物质和能量。因此,气候资源是生产力,对社会经济发展具有重要意义。

1.3.1　气候资源的概念

　　早在我国古代的战国末期,《吕氏春秋》的《审时》篇中就有"凡农之道,厚之为宝"之说,直接称气候为农业的重要资源;这里的"厚"即"候",就是指时令。西汉《氾胜之书》总结了我国北方,特别是关中地区的生产经验,提出利用"趣时"、"和土"等耕作措施来达到开发利用气候资源的目的。北魏时期的《齐民要术》是对黄河中下游农业生产经验的总结,它表明当时对农业气候资源的开发利用已达到一个新的水平。20 世纪 40 年代,美国著名气候学家兰兹伯格(H. E. Landsberg)曾以"气候是一种自然资源"为题发表文章,列举了多种理由,阐明气候应该是一种重要的自然资源的观点。1979 年日内瓦"世界气候大会"会议主席罗伯特·怀特(Robert M. White)在《发展时期的气候——主题报告》中说:"这次大会的实质性的准备中产生了一个重要的新观念,这就是我们应当开始把气候作为一种资源去思考"。目前,人们已经普遍接受了气候是资源的观点,"气候资源"这一概念已在大气科学及有关自然科学部门得到了普遍的应用。

　　《辞海》中,气候资源被解释为:"有利于人类经济活动的气候条件。例如,自然界的热量、光照、水分、风能等"。《气象学词典》中,认为"能为人类合理利用的气候条件,如光能、热量、水分、风能等,可以发掘出其直接利用的一面,这就是气候资源"。中国农业百科全书《农业气象卷》则进一步指出,"气候资源是有利于人类经济活动的气候条件,是自然资源的组成部分,它包括农业气候资源和气候能源,在时间和空间上都具有不均匀性,一种资源要素不能被另一种资源要素替代"。在现有科学技术和生产水平下,人类对气候条件还主要是适应和利用,仅在有限范围内可以施加积极的影响。由此可见,气候资源是自然资源的重要组成部分,是可供利用的气候环境中的物质和能量,在一定的条件下能够产生价值,有利于提高人类当前和未来的福祉。

　　从现代科学技术观点看,气候是一种极其宝贵的自然资源。它是各种气候因子的综合,包括太阳辐射、日照、热量、降水、空气及其运动等。它是地球上生命现象赖以产生、存在和发展的基本条件和能量来源。在自然界中,每个气候因子都有自己的特性,发挥着特有的功能,而且彼此之间密切联系,对人类生存和经济发展起着特定的影响。太阳辐射是地球上生物代谢活动及近地层物理过程的能量源泉,既是农作物光合作用的首要条件,又是气候变化的动力因素;热量资源是所有生物生长发育必不可少的基本条件,也是自然界中水分三种状态转化的动力;大气降水是地球上水分循环的核心环节,水分消耗大多由自然降水补给,是人们生活与生产活动必不可少的水分来源;空气中的各种成分都具有资源价值,是人类及一切生物生存不可缺少的基本条件,二氧化碳是光合作用的重要原料,空气运动则可调节和输送水热资源。所以,光、热、水、气都是非常重要的气候资源要素。由于各地气候要素及其相互配合的不同,就形成了各地气候资源的不同特性,进而也在一定程度上决定了农业结构、农作物的种类、种植制度以及产量的高低和品质的优劣。当然,气候资源的评价标准,也不像评价地下资源那样简单;因为能量增大有时并不一定就表示资源增多。同时,评价一个地区气候资源的优劣,也不能单纯计算某一因子数量的多少,而是要考虑光、热、水、气等资源要素的综合状况和季节分配。

现代气候资源学的科学内容是从气候学的发展而引申的。现代气候学是建立在对气候要素的观测资料基础之上的,所以气候资源可以通过对气候要素的定量描述而给出评价。就农业气候资源来说,太阳辐射、温度和降水是它的三个最主要的要素。虽然用来表征这些要素的指标还不很完善,例如,采用积温表示热量资源,雨量表示水分资源等,但通过这些指标,人们可以定量地评价一地的气候资源,从而使各地的气候资源具有可测度性。同样,光能资源可以用太阳辐射总量来表示,风能用有效风能密度表示。可以说,当前人类所利用的资源量大体上都已经能够根据技术要求进行近似的定量计算。

随着社会的发展,越来越多的气候要素和气候现象具有了资源价值,原来的气候资源的价值也越来越显著。因此,气候资源的内容日益丰富。在对农业生产有影响力的所有自然因素中,气候因素是最活跃的,其重要性也往往更为突出;它在很大程度上决定着土壤的形成、土壤的水热状况、土壤中的微生物活动和生长的植物。陆地上的水资源也是由气候衍生出来的,大气降水既能提供粮食生产所消耗的水分,又能补充地下水;一个地区年降水量的大小往往制约着该地的农业生产水平。气候不仅直接而且也通过其他环境因子间接地对农业生产产生重要的影响,因此,曾有学者提出"气候肥力"和"气候生产力"的概念[6]。所谓"气候肥力",可以理解为气候满足并调节植物生活所需要的光照、热量、水分、CO_2 的能力。"气候生产力"是指作物最大限度地利用有利气候条件的生产效能和适应不利气候因素的能力这两个方面的综合生产力,表示气候在农业上的生产效应。

随着人们对气候资源的不断了解,现在人们已经认识到必须将气候资源和生产应用作为一个完整的系统来研究,除了生产的直接需要外,还要考虑气候资源利用中农业、林业、畜牧业和许多其他行业的适当分配比例和相互结合的问题,以及气候资源利用对环境的影响和气候资源本身的保护问题,也就是生态平衡问题。例如,人们已经认识到森林对保护气候资源的重要意义。它可以涵蓄大量水分,把大气降水保存在地下,防止它成为灾害,并把它转变为人类可以利用的资源。一旦失去森林的调节作用,就会出现旱涝灾害,降水就不再是可利用资源,而是转变为负资源。所以,气候资源不是一种独立存在的自然现象,而是许多事物相互作用的结果,应该把气候与社会经济活动的决策结合起来。

作为一种自然资源,气候资源的概念及其价值的形成是与人类利用这一资源的水平分不开的。只有在人类利用它的水平达到一定的程度,它才具有可利用性和一定的紧迫感,这时才可能形成有关它的资源概念与价值。同时,这种概念还将随着社会的发展而日益明确,其资源价值也不断升高。目前,人类不但具有扩大对气候资源开发利用的技术条件,而且由于盲目地开发利用气候资源,正在人为地破坏这一资源。如何在保护这一资源的条件下更有效地利用气候资源,已经成为当前一个十分紧迫的科学问题。在这种情况下,提高对气候资源的认识,提高开发利用气候资源的自觉性已经成为一个最迫切的任务。因此,气候资源的开发利用和保护管理已经成为当代社会发展的一个重大问题而受到普遍的重视。

1.3.2　气候资源的形成

由大气圈、水圈、冰雪圈、岩石圈和生物圈5个相互作用的子系统组成的气候系统可以说明气候资源的形成过程。太阳辐射是气候系统的主要能源,由于受不同下垫面特性的制约,使得各地区受热不均,热量分布的不均匀引起大气的流动及洋流的产生,风和洋流又把热量、水汽、能量等从盈余区输送到亏损区,引起对流层温度分布的调整,从而又导致风和洋流的变化。在这一系列的复杂过程中,气候系统通过各组成部分之间的物质和能量交换而形成不同的气候资源分布且具有不同时间尺度的变化。

气候资源的形成因子并不等同于气候的形成因子,而且比其更复杂。因为气候只是气候资源的来源与基础,气候还必须同一定的社会因子结合起来,才能转变为资源。因此,气候资源形成的因子既包括气候形成的因子,还包括社会开发利用这一资源的条件与能力,即社会因子。

1. 气候资源的形成因子

通常,人们把太阳辐射、下垫面和大气环流作为气候形成的三大因子。近百年来,由于人类活动对大气成分和自然植被的影响日益加大,所以人类活动又成为第四个主要因子[7]。事实上,这四个因子的作用各不相同。太阳辐射是大气运动和产生天气气候现象的主要能源。下垫面是能量接收、贮藏、转化的主要场所。大气环流则具有双重性质,一方面它显著地影响各地的气候现象;另一方面它本身也是一种气候现象,是一种对其他气候现象有支配能力的气候现象。人类活动作为一个气候因子,其作用日益增强,因而具有极大的前景,它是社会经济系统和气候系统的一个联结点。

①太阳辐射。太阳辐射是大气中一切物理过程和物理现象的基本动力。气候系统中大气和海洋的全球循环均受太阳辐射的驱使,不同地区的气候差异及季节交替主要是太阳辐射能量在地球表面分布不均匀及随时间变化的结果。

太阳时刻不停地以电磁波形式向外辐射巨大能量,其中地球所获得的仅占二十亿分之一。到达地球大气上界的太阳辐射随时间和空间的分布,完全是由太阳和地球之间的天文位置决定的,这种不考虑大气影响的太阳辐射称为天文辐射。天文辐射量的大小主要决定于日地距离、太阳高度和日照时间,它具有明显的周期变化及随纬度变化的规律性。由这种天文辐射所决定的天文气候,能够反映全球气候的基本轮廓。根据太阳天文辐射的空间分布所形成的行星温差,通常把地球划分为 7 个纬度气候带(或天文气候带),即赤道带、热带、副热带、温带、副寒带、寒带、极地带。

由于地球大气的存在,太阳辐射穿过地球大气层时,其中一部分被大气和云层吸收,一部分被大气中的各种气体分子和悬浮微粒散射,还有一部分被云层反射。大气对入射的短波辐射是半透明的,而对红外辐射几乎是不透明的,水汽和 CO_2 强烈地吸收了红外辐射。太阳辐射通过大气层时受到这三种减弱作用,因而到达地面的太阳辐射和大气上界的情况已大不相同。地面吸收太阳辐射能量而增温,并发生能量的转化:一是地面与其下层土壤(或水体)进行热量交换,二是地面与其上层空气以显热和潜热的形式进行热量交换。此外,在大气和海洋中还通过空气和海水的流动在水平方向上交换热量等。

②大气环流。大气环流是地球表面太阳辐射能量分布不均匀所引起的,同时环流又是热量和水分的转移者;它促使不同性质的气团发生移动,并通过气团的活动对气候的形成产生作用和影响。在不同纬度的不同环流形势下,就形成了不同的气候类型。

大气环流对热量的输送,对于缓和赤道与极地之间的温度差异起着重要作用。通常将地球和大气看成一个整体,即地气系统;由于高、低纬度地区热量分布不均匀,引起了气压的变化,在赤道地区形成低压,极地为高压,造成了低纬度地区热量由高空向高纬地区输送,而高纬度的冷空气由低空向赤道地区输送,即通过大气环流来完成热量的输送,以维持全球的热量平衡。

大气环流还调节了海陆之间的热量。在冬季,大陆是冷源,海洋是热源,在吹海风的沿海地区,热量由海洋输送到大陆。夏季,大陆是热源,海洋是冷源,热量由大陆输送到海洋。这种海陆之间的热量交换是造成同一纬度上大陆东西两岸和大陆内部气温显著差异的重要原因。大气环流的作用,使迎风海岸的气温能够受到海洋的调节,扩大了海洋性气候区域的范围;而在背风海岸,即使在海洋表面(如鄂霍次克海、渤海等)受到大陆气团影响时,也会出现较大的气温年较差,甚至呈现大陆性气候特征。

大气环流在水分循环过程中也起着重要作用。从海洋表面蒸发的水汽被气流输送到大陆上空,通过一定过程凝结成降水,一部分渗透到地下成为地下水,一部分在地表汇入江河,最终流进海洋,这一过程称为水分的外循环。水分从陆地表面或海洋表面蒸发,被气流带至高空凝结,然后又以降水形式返回陆地或海洋,这一过程称为水分的内循环。水分蒸发过程中受气流速度的影响,如果没有上升气流便不能将蒸发出的水汽升到高空凝结为降水;若没有气流的水平输送,水汽也不可能转移到其他地方去。云和降水的形成与大气环流形势的关系特别密切,从全球降水量的分布来看,这个关系非常明显。在赤道低压带,有辐合上升的暖湿气流,上升气流冷却凝结产生大量的对流雨,形成世界上降雨最多的地带;在副热带高压控制下,盛行下沉气流,形成降水稀少的少雨带;而在温带冷暖气团交汇地区,气旋和锋面活动较多,有利于降水的形成,是仅次于赤道多雨带的第二个多雨地带。由此可见,大气环流在水分循环中起着重要的作用,就气候形成来说,它对降水的分布和季节分配影响很大。

大气环流系统把热量、水汽等物理量以不同方式、不同方向输入不同地区。有的地区出现热量或水汽的亏损,而有的地区又出现热量或水汽的盈余,从而产生新的物理过程或干预已有的物理过程。其中有很多物理量,既是这些物理过程的结果,又是它们的原因。例如,水汽既是气流输送的对象,又以潜热供给气流,成为输送过程的推动者。蒸发是气象过程的结果,同时又是另一气象过程的开始。例如,蒸发既吸收了洋面热量,又提供潜热和水分给大气,同时还增加了海水的盐度。因此,大气过程是极其丰富多彩的,气候就是在这许多过程长期作用下所形成的综合状态。

③下垫面。下垫面是大气中热量和水汽的主要来源,起着贮存和再分配的作用;同时它又是低层空气运动的边界面,对气候的影响十分显著。由于下垫面的物理性质差异很大,因而其供给大气的热量极不均匀,形成了大气中热量分布的不均匀状态,这是产生大气运动的主要原因。

海陆分布对气候的影响是由于海陆的物理性质不同造成的。海洋的热容比陆地大,增温和冷却都比陆地慢,入射的太阳辐射大部分被海洋吸收,通过海水内部的热交换,将大量热量存储在海洋内部。当太阳辐射减弱时,海洋又将存储的大量热量释放出来。所以,海洋既是一个巨大的热量存储器,又是一个温度调节器。与同纬度的大陆相比,它具有冬暖夏凉的特性。对流层大气中的热量主要来自下垫面。由于海洋和陆地下垫面性质的不同,必然导致海陆气温的显著差异,从而在地球上形成了三类互不相同的气候,即大陆性气候、海洋性气候和季风气候。

海陆分布对降水的影响比较复杂。根据降水的成因可分为对流雨、地形雨、锋面雨和气旋雨等。由于海陆物理性质不同,这几种降水出现的时间和降水量有显著差异。形成对流雨的一个重要条件是不稳定大气层结,如大陆上夏季午后,在水汽充足和其他条件适宜时,就会产生对流雨;而海洋上一般不会形成对流雨,即使在暖洋流表面,有时产生对流雨,也大多出现在冬季夜间或清晨,与陆地上不同。地形雨只出现在大陆上,盛行海洋气流的迎风坡上最易形成。海洋上的降水绝大多数是由于锋面和温带气旋活动所形成的气旋雨。在热带暖洋流表面雨水充沛，也是由于热带气旋盛行所致。另外，在温带大陆西岸，气旋活动频繁，尤其是在冬季，南北气温差异大，锋面气旋强盛，所以气旋雨也很多。愈向大陆内部，离海洋距离愈远，空气愈干燥，降水量也就愈少。

海陆分布还会改变行星风系的分布状况。由于海陆温度场的差异引起海陆气压场的变化，风场也会产生大规模的季节性变化。

大地形对气候的影响也很显著。通常气温随海拔高度的升高而降低，气温垂直递减率随高度的增加而增大；季节变化则以夏季最大，冬季最小。地形对降水的影响是通过地形对气流的阻挡和强迫抬升的动力作用、局地环流以及热力作用等实现的，使得迎风坡降水大于背风坡，山岗上的降水量和降水日数大于山麓，且在山坡中、上部往往出现最大降水带。

水面、雪被、植被、坡地、土壤类型等局部下垫面特征的差异，往往造成温度、湿度在垂直和水平方向上的巨大变化，形成不同的局地小气候。

④人类活动。随着人口的不断增加和生产的快速发展，人类对自然界的影响导致气候发生异常变化日益成为一个非常迫切的问题。为了避免或减缓气候发生不利于人类生存的不可逆转的变化，研究人类活动的气候后果就成为一项十分重要的课题。人类活动对气候环境的影响主要是通过两个途径实现的，一个是改变下垫面的性质，另一个是改变空气成分[8]。

改变下垫面的性质是人类发展过程中的必然现象。在人类发展早期，人口很少，改变有限，尚未威胁植被的再生能力，产生的环境后果也不十分明显。但是近百年来人口增长速度很快，已经对生物及环境产生了严重的威胁。例如，砍伐森林增大了地面反射率，减小了地表粗糙度，导致近地层平均风速增大。最严重的后果是地表层物理性质的改变，严重影响到大气低层和土壤上层的辐射、热量和水分的平衡关系。研究表明，植树造林、保护森林的气候效应非常明显，特别是在干旱的沙漠地区尤为突出，可以起到缓和气温变化、减弱风速、提高湿度、保持水土等作用。此外，在干旱、半干旱气候区进行大规模灌溉，可以降低气温日较差、增加空气湿度和土壤湿度，使灌溉区地表的小气候条件发生改变，甚至影响区域范围的气候变化。建造大型水库，具有与湖泊相似的气候效应。

人类活动改变空气成分，使空气中的 CO_2、硫化物、微尘、水汽和云量显著增加，影响大气透明度和地表辐射收支，从而导致大气环境和气温、降水等气候要素的变异。例如，臭氧层破坏使紫外辐射增强，温室效应使全球气温增高，自然植被减少导致沙尘暴增多等。

⑤社会因子。由于气候的固有特征及其可利用性，所以气候转变为资源。因此，气候形成因子也是气候资源形成因子中不可缺少的一部分。但是，任何资源的

形成都与其所处的社会条件密不可分,气候资源形成的社会因子主要包括社会发展水平、资源开发利用技术等。

社会因子中最重要的是社会发展水平。在农牧业尚未出现的原始社会,人类只能靠采集野生植物所提供的种子和果实或猎取野生动物充饥,还不知道去利用气候资源进行生产,因而气候未能转化为人类可以利用的资源。当时人类的生存取决于有利的气候条件,而且人类本身也是这种条件的产物,所以当时人类对气候是一种不自觉的适应关系,而不是利用的关系。在农牧业出现之后,人类才开始认识到气候是一种生产和生活不可缺少的资源。由于当时生产水平很低,人类对气候资源开发利用的水平还不高,除了对局地的气候条件产生影响以外,尚不足以成为影响较大范围气候形成和变化的因子,但是却已充分展示出社会因子对气候资源形成的决定性作用。

任何资源的形成都离不开对这一资源的开发利用技术。例如,在人类没有掌握炼铁技术之前,铁矿就不会成为人类所需求的资源。正是由于人类掌握了农牧业生产技术,生产季节中的有利气候条件才转变成为农业气候资源而被开发利用。此外,社会秩序稳定才能使人类致力于发展生产,而战乱年代,田园荒芜,人们无法充分利用气候资源;农牧业社会中,耕牛、农具、农田、牧场、水利工程等基本生产设施,工业社会中,机器、车辆等设施和装备的技术水平等,都直接关系到人类对气候资源的利用能力,也关系到资源的形成。这些都是可以依靠社会的力量建设或为社会所破坏的因素,因此也都可以看成是社会因子的延伸。

2.气候资源形成的物理基础

下垫面的辐射交换和热量平衡是气候资源形成的物理基础。它不仅把空气和土壤的增热和冷却过程结合在一起,而且把水分交换中的蒸发和凝结过程也结合在一起。大气中热量和水汽的来源主要集中在下层,而动量则主要集中在高层,通过铅直方向的湍流运动所引起的输送过程,下垫面的热量和水汽等可以输送到大气上层,作为大气中的一部分能量来源;同时高层动量向下输送,以补偿行星边界层和下垫面不光滑所造成的动量摩擦消耗。所以,湍流属性输送过程,即湍流交换对于大气中的热量、水汽、动量、CO_2含量等的输送和平衡,对气候资源的形成具有十分重要的意义。

行星边界层中的大气运动,通常具有明显的湍流性质,这是由于动力或热力作用的原因,使地表面增温或冷却,从而产生气流的上升、下沉运动或局地环流;或者是因为地面粗糙或凸凹不平或各气层的运动速度不同,都会在近地气层中产生湍流运动。湍流运动的特点就是它有明显的混合现象,这种混合现象表现为湍流脉动所引起的属性输送,地表面与大气之间各种物理属性的输送和扩散,主要是靠湍流交换来进行的,分子扩散和传导作用只相当于湍流交换的几十万分之一。譬如,在具有水平平均速度的大气运动中,由于垂直方向存在湍流脉动,气团在垂直穿过平均水平运动方向时,就会把某一层的物理属性输送到另一层空气中去。这种由于湍流脉动引起的属性输送过程,不但影响输送方向上的物理属性分布,而且也影响平均运动的规律,从而影响近地层各气候资源要素及其组合。湍流交换强度变化很大,主要取决于下垫面的增温或冷却程度以及大气运动状况,随近地层温度场和风场的分布而变化。

下垫面接受太阳辐射以后的能量再分配,主要有两个过程:一是由下垫面与其下层土壤之间的热量交换,这一过程主要靠分子传导作用;二是由下垫面与其上层大气之间的显热交换和潜热交换,这一过程主要是湍流扩散作用;显热交换直接影响近地层的空气温度,潜热交换用于植物的蒸腾和土壤表面蒸发。通常把这三种形式的热量交换,分别称为土壤热交换、湍流感热交换和潜热交换。除此之外,还有由于风、潮汐、洋流等的动力作用而产生的热量输送、由于降水而引起的热量收支、由于植物的光合作用和呼吸作用等生物学过程产生的热量收支等。由此,将下垫面所获得的净辐射量与下垫面上的各项热量消耗联系起来,就组成了下垫面的热量平衡方程。实际上,所谓热量平衡就是地表净辐射量与其转变成其他能量的消耗或补偿之间的平衡。

1.3.3 气候资源的特性

气候资源是自然资源的组成部分,它具有一切自然资源的共同特点。自然资源是人类生产与生活的物质基础,生产实质上就是对自然资源进行再加工以后创造出财富的过程。原料、能源和一切生产所必需的物质条件都有可能成为自然资源,但是必须具备两个条件:一个是具有一定的紧缺感;另一个是与一定的开发应用技术联系在一起,需要一定的成本和技术。由于气候能够为人类生活与生产活动提供原料、能源和必不可少的物质条件,所以气候资源具有与其他自然资源相同的特点。

1. 气候资源的基本特性

气候资源是在地球表面普遍存在的一种重要的自然资源,这与气候作为一种环境因素而普遍存在这一特性是分不开的。气候资源在生态系统中参与了物质流和能量流的运转过程,具有以下几个基本特性:

①组成因素的相互制约性和不可代替性

气候资源由太阳辐射、热量、水分、风、空气等因子构成,各个因子不仅具有各自的特性和功能,而且互相联系、互相影响。通常,一种气候因子的变化可能引起另一因子的相应变化,产生连锁反应,导致各因子之间相互作用、相互制约。例如,降水量多的地区往往太阳辐射较弱,太阳辐射强的季节温度较高,降水量多的时期比降水量少的同期温度偏低等。诸多因子的综合作用构成了一定地域范围内气候资源的本质属性和特点。

气候作为一种综合性的自然资源,必然具有其特定的内在结构,每个组成因素各有各的功能和作用,而且在人类生产和生活活动中各因子具有同等的重要性和不可代替性。例如,对于农作物来说,太阳辐射是进行光合作用的能源,水和空气中的 CO_2 是原料,温度是生存因子,制约其生长、发育和光合速率;它们都是作物有机体生命活动的基础,对作物生长、发育、产量及品质的形成起决定性的作用,而且各因子既不能相互代替,又缺一不可。

②时间变化的周期性和随机波动性

在时间上,气候资源具有较大的变率,有的属于周期性变化,有的属于随机性波动。气候资源寓于生态环境之中,由于受天文、地理等因素的制约,地球上大部分地区在天体运动的作用下都表现为昼夜交替、寒来暑往、四季更迭的循环往复现象。从总体上来说,气候资源是一种无穷无尽、循环供给的可再生资源,具有明显的周期性节律,不仅有明显的日变化、季节性变化,而且有年际和年代际的周期性变化。

光、热、水等气候因子一般稳定地进行有规律的周期性循环变化,但这种周期性节律循环并不是一成不变的固定模式,除了有小的气候波动和变化外,有时还会出现气候异常,表现为短时期内气候因子的起伏振荡在很大程度上偏离平均状态,对人们的生产和生活带来多方面的影响。例如,不同季节、不同年份各资源要素的绝对值不同,有的年份酷暑高温,降水稀少;有的年份持续低温,阴雨连绵;一段时期冬暖夏凉,春旱秋涝;一段时期倒春寒重复出现,大暴雨连年成灾。这些异常气候的发生都会造成气候资源数量和质量的变化。

③空间分布的差异性和不均衡性

由于太阳和地球的位置及其运动特点,地球表面的海陆分布及地形、地势等下垫面的特性不同,造成光、热、水等的空间分布差异,形成资源数量及其配置的地区性和不均衡,并且造成季节分配的差异性,从而在世界各地形成不同的气候类型。我国地表形态复杂,表现为平原、丘陵、盆地、高原、山地等各种地形。陆地广袤,海域辽阔,各地所处地理位置和下垫面状况不同,气候资源数量、质量均有很大差别。例如,在我国季风气候区,表现为离赤道越近,纬度越低,热量和水分越充足;相反,离赤道越远,纬度越高,热量和水分逐渐减少;就一个小地域范围来说,由于海拔高度不同,太阳辐射、温度、水分等气候资源要素的差异也可能很大;而且因海拔高度不同引起的气候差异往往比纬度不同引起的气候差异更显著。

气候资源以不同地带的地表形态为存在前提,没有陆地、海洋、生物及人类的社会生产活动,再多的气候资源也是没有意义的。气候、土壤、植物构成一个整体,气候资源与土地、生物资源相互依存,若没有肥沃的土壤与优良的作物品种,或者它们不与气候条件相配合,也就不能发挥气候资源的优越性,产量也难以提高。因此,只有不断培养土地肥力,因地制宜、适时种植,多种经营,将气候、土壤、作物三者相互协调,才能达到高产、稳产、优质的经济效果。

④开发利用的有限性和长远潜在性

气候资源之所以称为资源是在气候要素的一定数值范围内而言的。对于某一天、某个月或某一年来说,资源生态系统中的光、热、水等气候资源要素的数量是有限的,其量值的大小决定了它的可利用程度,制约着生物的生存、生长、发育和分布。对于一个地区,每年的光、热、水资源也是有一定数量的,如每年有一定的积温、降水量和总辐射量。气候资源尽管年年都可以得到,但是在一定的科学技术条件下,人们对它的认识以及开发利用的能力是有限的,这些都是气候资源有限性特点的表现。

然而,气候资源又是一种无限循环的再生性资源,可以年复一年地被开发利用。只要开发利用和保护管理相结合,就永远不会枯竭。随着科学技术的发展和生产条件的改善,采用先进的农业技术措施,培育优良的品种,就能不断提高光、热、水的利用率,达到增产的目的。就这一点而言,气候资源在生态系统和生产、生活中的利用潜力是巨大而长远的。

⑤气候资源的多宜性和两重性

气候资源能够满足人类社会在生产和生活活动中的多种需求。例如,在生态系统中,某一地区的气候资源既可以生长适应当地环境的植物,又可以繁衍生态类型相似的动物,具有多方面的适宜性,为农、林、牧、渔业生产向深度和广度发展提供了物质基础。

然而,气候资源又具有利弊两重性,对气候资源的开发利用也存在着风险,即灾害。由于生物的生态类型不同,对气候资源各要素的要求也不一样;一时一地的气候资源,对某些生物有利,对另一些生物则不利。例如,在我国的亚热带地区,夏半年高温多雨,水热资源丰富,有利于喜温植物生长,但对喜凉植物不利;冬半年低温少雨,水热资源欠丰富,喜凉植物尚能生长良好,喜温植物则常受干旱和低温危害。强劲的风力可用于发电,而当台风出现时,又往往造成巨大的经济损失。因此,在开发利用气候资源的同时,必须考虑防灾,趋利弊害,减小风险,才能充分发挥气候资源的开发利用价值。

2. 气候资源与其他资源的不同之处

气候资源又是一种特殊的自然资源,具有许多不同于其他资源的特殊性。因为气候既是自然环境的组成部分,又是自然资源的组成部分。最初人类为了生存而适应气候条件,气候只被认为是一种环境因素,随着社会的发展,气候条件已经不能满足生产的需要,人类才认识到气候也是一种不可缺少的自然资源。而且,在大多数情况下气候资源是一种综合性的资源,需要结合其他资源才能生产出产品,例如,农业气候资源必须结合土地资源和生物资源才能进行农业生产。

气候资源与其他资源的不同之处主要表现在以下几个方面:

①气候是由光照、温度、湿度、降水、风等要素组成的有机整体。各个气候要素都有可能在气候资源的形成中产生一定的影响,每个气候要素又可以有多种性质不同的统计量,表示其各个方面的特性。气候资源数量的多少,不但取决于各要素值的大小及其相互配合情况,而且还取决于不同的服务对象,以及和其他自然条件的配合情况,并不像石油、煤炭、金属等矿产资源那样多多益善。例如,对农作物而言,温度在一定范围内是资源,过高可能形成热害,过低又可能造成冷害或冻害;大气降水也必须在一定范围内才是资源,过多可能导致渍涝,过少又可能形成旱灾。干旱地区光、热资源虽然很丰富,但水资源短缺,限制了光、热资源的充分利用,从而使其价值大为降低。又如,阴雨天气对某些农作物的生长也许是有益的,但对旅游、工商业则可能带来不便甚至危害;积雪覆盖对保护某些作物安全越冬是有益的,而对冬季的畜牧业生产则又是有害的。

②气候有时间变化。这种变化,有的具有周期性,有的周期性不明显,而且变化规律难以掌握。例如,气温的昼夜变化、季节变化,大都是日日如此,年年如此;但是某一天或某一季节的天气,却并不是年年如此的。至于某段时间或多年的气候变化,虽然有一定的范围,但变化规律比较复杂,难以准确预测。因此,对气候资源的利用,必须因时制宜。我国古代农书《氾胜之书》中指出:"凡耕之本,在于趣时",《孟子》也说:"不违农时,谷不可胜食。"这都说明种植作物要掌握时机,如果错过农时,资源稍纵即逝,当然也就白白地浪费了。

③气候有地区差异。一方面,世界上任何一个地方都有其独特的气候特点,和其他地方的气候不可能完全相同。因此,气候资源的利用还必须因地制宜。《氾胜之书》中说:"种禾无期,因地为时。"意思是播种谷子没有固定的日期,随地方的不同而确定时间。另一方面,世界上有些地方尽管相距很远,气候条件虽不完全相同,但却彼此相似。因此,作物可以引种,牲畜可以豢养,利用气候资源的经验可以相互交流。

④气候是人力可以影响的。这种影响有的是有意识的,而有的是无意识的。由于气候条件与其他自然条件密切相关,人类在生产和生活活动中不断改造自然,常常会自觉或不自觉地改变了气候条件。例如,种草植树、蓄水灌溉等可以使气候环境变好;而毁林垦荒、填河平湖等则可能使气候条件变坏。人类有意识改善气候,目前大多局限在小范围内进行。例如,营造防护林、设置风障、建造排灌设施、玻璃温室、塑料大棚等。随着社会的发展和科技的进步,人类影响气候的能力将日益提高,所能改造的范围将日益扩大,能够改造的因素也将日益增多,甚至可以把

某些气候灾害转变为气候资源。

⑤气候资源是一种可再生资源。由光、热、水、风和大气成分等构成的气候资源，能够连续往复地供应给人类利用；不像石油、煤炭、金属等矿产资源那样是有限的，开采一点就少一点。气候资源的形成，归根到底是来自太阳辐射和地球自身，只要人类遵循自然规律，合理开发利用，保护管理得当，就可以反复、长久地进行利用和开发，为人类的现在和将来创造价值。

1.3.4 气候资源的利用原则

根据我国各地气候资源的特点，合理地开发、利用、保护和管理气候资源，科学地发掘气候资源的潜力，应该遵循以下几个基本原则：

①顺应自然，开发利用与保护管理相结合。我国古代农书《齐民要术》中说："地势有良薄，山泽有异宜；顺天时，量地力，则用力少而成功多；任情反道，劳而无获。"人类活动必须服从自然规律，因势利导，开发利用气候资源的同时也要注重环境保护，否则就会受到大自然的报复。气候在一定程度和范围内是可以人为影响的，但人工措施改善气候条件需要耗费一定的人力和物力，应考虑经济上的得失。此外，还要综合考虑经济效益、社会效益和生态效益，对气候资源进行长期的、科学的、有效的管理，切不可为了眼前利益和局部利益，造成长远的、整体的、不可挽回的损失。尽管如此，人类还应该想方设法加强对气候环境进行保护和改善，否则将会影响国民经济的持续发展。

②创造条件，最大限度地综合利用气候资源。我国人口多、耕地少，气候资源超负荷利用的现象比较普遍。例如，在不具备条件、不采取保护措施的情况下将热带多年生木本作物北移到亚热带地区，把亚热带多年生木本作物北移到温带地区，遇到异常冷害时，几年甚至十几年努力培育的林果往往毁于一旦。又如在两年三熟制地区推广一年两熟制，在一年两熟地区推广一年三熟制，不是热量条件不够就是水分供应不足，往往使作物的旱灾、霜冻、冷害增多或加重，以致得不偿失。但是，局地气候条件是可以改善的，气候资源也不是一成不变的；人们不应盲目滥用，而应运用新技术、新方法，最大限度地综合利用气候资源，科学合理地发掘气候资源潜力。例如，选择避风向阳的小气候环境并采取某些防寒措施，作物北移上山是完全可能的；培育早熟、高产、抗逆性强的作物品种，采取育苗移栽等措施以及间作、套作和混种等种植方式，可以有效提高复种指数。

③防灾避害，增加气候资源开发利用价值。减灾就是增利，气候灾害会消耗和浪费气候资源，使气候资源的价值大为降低，甚至全部丧失。只顾开发利用气候资源而忽视防御气候灾害，这种资源利用是不可靠、不科学的。合理利用气候资源，应该包括尽可能有效地避免或减轻气候灾害。对于气候灾害，抗不如防，防不如避。以作物防霜为例，霜冻来临之后，扶苗剪枝、松土施肥等善后措施虽然也可以

减少一些损失,但不如在霜冻来临之前采取熏烟、覆盖、灌水等措施,或者预先设置风障、营造防护林带更为经济有效。根据农业气候区划,把作物栽种在霜冻不易出现的地区和季节,则是更经济、更有效的气候资源利用。

④扬长避短,充分发挥气候资源的优势。气候资源有地区差异和时间变化,因此,在气候资源的利用上,如果扬长避短,则能收到事半功倍的效果。例如,在干旱地区,阳光充足、空气干燥、夏季温度高、昼夜温差大是其所长,而水分不足是其所短,若栽种耐旱的、蒸腾效率高的作物,诸如小麦、谷子、棉花、瓜果等,不但产量高,而且品质好。在西部高原及华北地区,光照条件充足但温度较低,使丰富的光照资源不能被有效利用,若在这些地区发展温室栽培,就可以把光照资源充分利用起来。又如在华中、华南的一年两熟或三熟地区,前后作物换茬的时期往往是一年中光、热、水等资源最丰富的时期,而此时前茬作物已经成熟,后茬作物又处于苗期,对光、热、水资源需求不多,造成大量的气候资源浪费,如果改种多年生木本作物,采取育苗移栽、改变种植制度和方式等措施,尽可能提高气候资源的利用效率,则可以显著提高农业产量。

⑤多种经营,善于利用气候资源的地区差和季节差。随着社会的发展和生活水平的提高,人们都喜欢冬天到华南、夏天到东北去旅游、休闲或疗养,相应地具有优良自然风景的地区也根据当地的实际条件不断开发特色旅游资源。在农业生产中,人们利用南方和北方、平原和山区气候资源的地区差异以及南方比北方季节早,平原比山区季节早的变化规律,为某些大城市提供特有的、新鲜的农产品。近年来在我国的许多城市中,新鲜瓜果、时令蔬菜和反季节蔬菜长年不断,就是善于利用近郊平原和远郊山区以及南方和北方气候资源差异的最好例证,从而使得各地市场繁荣,农产品供应充足,人民生活得到了很大的改善。

1.3.5　气候资源学的研究内容

随着社会的发展和科学技术的进步,人们对自然现象和自然规律的认识不断深化,学科发展过程中不断派生出一些新兴的边缘学科。气候资源学就是介于“气候学”和“自然资源学”之间的一门交叉学科。气候学主要研究构成气候的大气现象的长期统计特性,即天气的平均状况。包括气候要素的平均值,变化范围(距平),出现频率(气候概率)及其随地理纬度、海拔高度、季节等时间和空间变化规律。自然资源学则是研究自然界中可以转化为生产、生活资料的物质、能量以及自然资源与人类的相互关系的科学。

气候资源学以光、热、水、风、大气成分等气候资源要素及其组合为研究对象,分析气候资源的形成原因、分布特征和演变规律,研究其数量、质量、发展变化、空间分布及其开发利用、保护和管理的一门科学。气候资源学内容丰富,方法性强,其研究范围和涉及的领域十分广阔,在工业、农业、交通运输业、建筑业、旅游业以及环境保护、能源开发、国土整治、水利工程、生产布局、城镇规划等方面都有广泛的应用。

气候资源学与气候学及自然资源学关系最为密切。它要运用气候学的基本原理来阐明其资源的形成、分布与变化规律;同时它又服务于气候学的各个应用领域。气候资源作为自然资源的重要组成部分,它与自然资源中的其他组成部分,包括土地资源、生物资源等,都是相互联系、相互依存的。此外,气候资源学与物理学、化学、生物学、地理学等也有密切关系,一方面它广泛应用这些基础学科的基本理论,另一方面又可以拓展这些基础学科的应用领域。

气候资源学的主要内容,包括气候资源的形成及其物理基础,光能资源、热量资源、水资源、风能资源、空气资源等资源要素的分析评价与利用区划,气候资源的时空分布和变化规律,气候资源的综合开发、利用和保护、管理等。其主要任务包括分析光、热、水、风、大气成分等气候资源要素的数量、质量及其时空分布状况,研究气候资源各组成因素之间的关系,掌握它们相互组合的变化规律,揭示气候资源的特性,分析气候资源对农业及其他国民经济部门的影响和作用,研究气候资源的形成、演变和发展变化趋势,提出合理利用气候资源的途径和措施,以便充分挖掘气候资源利用潜力,发挥其综合利用价值。

参 考 文 献

[1] 李文华,沈长江.1985.自然资源科学的具体特点及其发展的回顾与展望,自然资源研究的理论和方法,北京:科学出版社,1—23

[2] 郭文卿.1997.中国山区资源体系和经济体系的地位.自然资源,**12**(3),4—9

[3] 霍明远,张增顺等.2001.中国的自然资源.北京:高等教育出版社,1—15

[4] 刘成武,杨志荣,方中权等.1999.自然资源概论.北京:科学出版社,25—28

[5] 韩湘玲.1999.农业气候学.太原:山西科学技术出版社,29—30

[6] 欧阳海,郑步忠,王雪娥等.1990.农业气候学.北京:气象出版社,7

[7] 张家诚.1991.中国气候总论.北京:气象出版社,14

[8] 中国自然资源丛书编撰委员会.1995.中国自然资源丛书——气候卷.北京:中国环境科学出版社,29—30

第二章　太阳辐射资源及其综合利用

太阳辐射是一种数量巨大的天然能源。由于在太阳内部深处具有极高的温度和上层的巨大压力，使得氢变为氦的热核反应能够不断地进行，从而产生了巨大的太阳辐射能量。据估计，目前太阳上氢的贮存量足以维持太阳继续进行热核反应长达 60 亿年以上。从这个意义上来说，太阳辐射是取之不尽、用之不竭的能源。

太阳辐射是地球上一切物理过程的能源和动力，是维持地球上一切生命的基础，更是地球上大气环流、天气和气候形成的根源。太阳以电磁波的方式不断向地球输送着能量；据估计，地球每年从太阳获得的能量相当于人类现有各种能源在同期所能提供能量的一万倍左右。但是，由于太阳辐射能量密度小，可变性大，目前人类只利用了太阳能中十分微小的一部分。所以，在当前环境不断恶化、能源日益短缺的情况下，研究开发利用太阳能资源，具有非常重要的实际意义。

2.1　太阳辐射与天文气候

太阳活动会引起地球磁场、电离层和臭氧层的变化和扰动，从而影响地球上的天气、气候。太阳活动与地球物理现象以及地球大气运动之间存在着非常显著的相关。太阳辐射的强弱取决于太阳活动的强弱，而太阳辐射既是地球上一切物理过程的能量来源，又是形成气候的重要因素。

2.1.1　太阳辐射类型

太阳辐射有光辐射、热辐射、太阳射电辐射和微粒流辐射四种。在当前的技术条件下，前两种类型已经构成了重要的太阳能资源。太阳辐射不仅以其热效应给予地球上的动植物一个适宜的环境温度条件，使其得以生存；更重要的是在阳光的作用下绿色植物表现出的光合效应、光形态效应和光周期效应，从而能够正常地生长发育，制造有机物质。

1. 太阳光辐射

太阳大气发射出来的连续光谱，是由不同波长组成的一条连续光带。观测表明，太阳光谱是吸收光谱。太阳所发射的连续光谱由于经过色球层（太阳的外部结构分为光球层、反变层、色球层和日冕）和地球大气的吸收，使得到达地面的太阳光谱中呈现暗线和暗区。因此，根据吸收线和吸收区的位置可判断太阳和地球大气的组成成分，根据它们的宽度和强度可以判断吸收物质的浓度。到达地球大气上界的太阳辐射光谱波长在 $0.17\sim4.0~\mu m$ 之间；其中大约有 50% 的能量在可见光谱区($0.4\sim0.76~\mu m$)，43% 的能量在红外光谱区($\lambda>0.76~\mu m$)，另有 7% 的能量在紫外光谱区($\lambda<0.4~\mu m$)；能量最大的波段在 $\lambda=0.475~\mu m$ 处。其分布如图 2.1 所示(图中同时给出标准海平面上的太阳辐照度曲线，阴影区域表示由大气各种成分引起的吸收，空白部分为散射引起的辐射损失)。

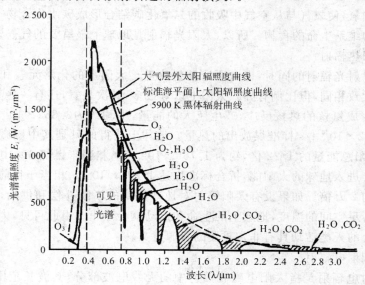

图 2.1　平均日地距离时太阳的光谱辐照度曲线[1]

紫外光谱区和红外光谱区的辐射，肉眼是看不到的；而在可见光谱区，波长介于某一特定波段的辐射或光，具有某种特定的颜色。视觉正常的人，在光亮的条件下都可以看到可见光谱内的各种颜色。可见光中各种波长对应的颜色，如表 2.1 所示。

表 2.1　光谱颜色与对应的波长范围[2]

颜色	典型波长/μm	波长范围/μm	颜色	典型波长/μm	波长范围/μm
紫	0.430	$0.390\sim0.455$	黄绿	0.560	$0.550\sim0.575$
深蓝	0.470	$0.455\sim0.485$	黄	0.580	$0.575\sim0.585$
浅蓝	0.495	$0.485\sim0.505$	橙	0.600	$0.585\sim0.620$
绿	0.530	$0.505\sim0.550$	红	0.640	$0.620\sim0.760$

太阳辐射能量 97% 以上处于 $0.29\sim3.0~\mu m$ 的较短波长范围内，称为短波辐射。地表及其以上的一切物体、空气、悬浮微粒和大气云层等发射的辐射，称为地球辐射；常温下 99.9% 以上的能量集中在 $\lambda>3.0~\mu m$ 的范围，称为长波辐射。短

波辐射包括太阳直接辐射、散射辐射、总辐射等。长波辐射则包括大气辐射、地面辐射、地球辐射等。通常人们所说的"太阳能"或"光能",主要是指太阳总辐射或光合有效辐射。

太阳的光辐射不仅给地球带来光明,地球上的植物生长和开花结果也是靠阳光来维持的。植物体内的叶绿素需要利用阳光进行光合作用,把从根部吸收的水分解为氢和氧,使氧气与从空气中吸收的二氧化碳结合形成碳水化合物;碳水化合物又是动物维系生命的食物。所以,太阳光辐射是地球上最重要的气候资源。

2. 太阳热辐射

太阳发射光辐射的同时,也向地球辐射热量。太阳上的化学元素和地球上的化学元素大致相同,但比例有异。太阳上以氢最多,其次是氦,还有一些其他元素。由氢核聚变成氦核的热核反应,产生巨大的能量,平均约为 3.865×10^{26} J/s,相当于燃烧 1.32×10^{16} t/s 标准煤放出的热量。地球上获得的只是其中极微小的一部分,只有太阳总能量的 1/22 亿,约为 1.765×10^{17} J/s,相当于燃烧 6×10^{6} t/s 标准煤。而每年进入地球的太阳能,折合标准煤达 1.296×10^{14} t,相当于目前全世界能源消耗量的 2 万倍。如果没有太阳辐射对地球能量的不断补偿和供给,地球温度将下降到行星空间的温度,地球上的生命和运动就会停止。由此可见,太阳热辐射对于地球上的人类活动具有非常重要的资源意义。

3. 太阳射电辐射

太阳射电辐射是指太阳电磁波辐射中的无线电波部分,其波长范围在 $10^3 \sim 10^{11}$ μm 之间,有宁静太阳射电、缓变太阳射电、爆发性太阳射电三种类型。太阳射电辐射的研究,不仅有助于研究太阳活动和太阳辐射的性质,而且还可以根据射电爆发的资料作为太阳活动的一种指标来研究日地关系。此外,太阳射电辐射对地球上的无线电通讯具有很大影响,爆发性射电会干扰甚至中断无线电通讯,从而造成直接或间接的经济损失。

4. 太阳微粒流辐射

太阳除了光辐射、热辐射和射电辐射以外,还发射出许多不同种类、不同性质的微粒,称为微粒流辐射。这种微粒流是由许多带正电荷的质子、带负电荷的自由电子和某些化学元素的原子核所组成的。太阳微粒进入地球大气以后,与高层大气中的空气分子碰撞,使空气中不带电的原子裂变成带电粒子,因而会造成电离层的扰动。同时,当这些原子和分子的离子重新捕获电子调整能量恢复到原来状态时,就会放出光子。不同的原子发出的光颜色也不同。这就是人们在极地地区能够看到色彩绚丽的极光的原因。

2.1.2　辐射场的表征

我们已经知道,太阳是地球和大气系统的能量源泉,太阳以电磁波辐射的方式向地球传递能量。通常,表示辐射传输能量大小和特征的基本表征量有辐射通量、辐射通量密度和辐射强度等。

1. 辐射通量(Radiant Flux 或 Radiant Power)

辐射通量 W 是指单位时间 $\mathrm{d}t$ 内通过空间任一表面的辐射能量 $\mathrm{d}Q$。对于辐射体而言,就是物体以辐射的形式所发射出的功率,即辐射功率。辐射通量的表达式为 $W = \mathrm{d}Q/\mathrm{d}t$,单位一般采用焦耳/秒(J/s)或瓦特(W)表示。

2. 辐射通量密度(Radiant Flux Density)

投射到单位面积 $\mathrm{d}s$ 上的辐射通量,称为辐射通量密度 E,也称为辐照度。实际上,就是在单位面积上单位时间内通过的辐射能量,表达式为 $E = \mathrm{d}W/\mathrm{d}s = \mathrm{d}Q/\mathrm{d}t\mathrm{d}s$。辐射通量密度的单位通常采用瓦特/米²(W/m²)表示。对于辐射体而言,单位面积上放射出的辐射通量称为辐射发射度,也称为辐射能力;对于接受体来说,接受面上的辐射通量密度称为辐照度。

3. 辐射强度(Radiant Intensity)

辐射强度 I,也称为辐亮度,是指在垂直于太阳光线方向的单位面积 $\mathrm{d}s_n$ 上,单位时间和单位立体角内所通过的辐射量。实际上,也就是单位立体角 $\mathrm{d}w$ 内的辐射通量密度。其表达式为

$$I = \mathrm{d}Q/\mathrm{d}t\mathrm{d}\omega\mathrm{d}s_n = \mathrm{d}Q/\mathrm{d}t\mathrm{d}\omega\mathrm{d}s\cos\theta = \mathrm{d}E/\mathrm{d}\omega\cos\theta \tag{2.1}$$

其中,θ 为天顶距。辐射强度的单位为瓦/米²·球面度(W/m²·sr)。

采用国际单位制(International System of Units),在世界气象组织的有关文件中称辐亮度 I 为辐射率(Radiance)。对于辐射体来说,辐射率 I 就是在垂直于辐射方向的单位面积上单位时间内单位立体角中放射出的辐射能;对于接受体来说,辐射率 I 就是接受表面与辐射方向垂直的单位面积上单位时间内单位立体角中所接受的辐射量。

如果辐射的性质是属于平行光线的辐射场,则辐射能只向同一方向传播;而 $\mathrm{d}s$ 面上的辐射强度就只取决于辐射能在单位时间内在垂直于平行光线方向上的面积 $\mathrm{d}s_n$ 上的投影,与视光源空间的张角无关,辐射强度 I 就可以用辐射通量密度来表示。

如果采用球坐标,以 $\mathrm{d}s$ 表示辐射体表面的面积元,$\mathrm{d}s'$ 为接受体表面的面积元,则有

$$\mathrm{d}\omega = \frac{\mathrm{d}s'}{r^2} = \frac{r\mathrm{d}\theta \cdot r\sin\theta \cdot \mathrm{d}\varphi}{r^2} = \sin\theta \cdot \mathrm{d}\theta \cdot \mathrm{d}\varphi$$

其中,r 为球半径;φ 为方位角(经度);θ 为天顶角(纬度);纬圈半径为 $r\sin\theta$。辐照度与辐亮度两者之间的关系,如图 2.2 所示。

对于单位半径,球面上的面积就是立体角的球面度数,整个球体的面积为

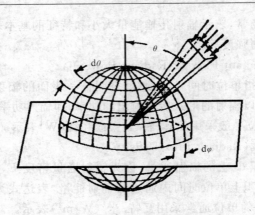

图 2.2 辐照度与辐亮度的关系

$4\pi r^2$。所以,整个球体空间的立体角球面度数为

$$\omega = 4\pi r^2/r^2 = 4\pi$$

则半球空间的立体角为 $2\pi(\mathrm{sr})$。

将上述关系代入辐射强度计算公式,可求出半球的辐射通量密度为:

$$E = \int_0^{2\pi} \mathrm{d}\varphi \int_0^{\pi/2} I\cos\theta\sin\theta\mathrm{d}\theta = 2\pi I \int_0^{\pi/2} \cos\theta\sin\theta\mathrm{d}\theta = \pi I \qquad (2.2)$$

上式表明,在各向同性的辐射场中,通过一个任意表面的辐射通量密度等于其辐射强度的 π 倍。显然,这里没有考虑辐射能量随波长的分布特性;而实际上,太阳辐射能量是随波长的不同而不同的(如图 2.1 所示)。所以,对于所有波长,辐射强度应该为

$$I = \int_0^\infty I_\lambda \mathrm{d}\lambda \qquad (2.3)$$

其中,I_λ 为单色光辐射强度,它是波长的函数。辐射强度随波长的分布函数,即辐射光谱。

2.1.3 地球上的天文气候

众所周知,影响气候的因素很多,包括太阳辐射、大气环流、大地形、离海远近等。如果不考虑地球上大气圈的作用和地形高低以及海陆分布的影响,那么地球上的气候就只取决于地球各处所获得的太阳辐射能量的多少,这种气候分布就称为天文气候。

地球上无大气时的太阳辐射能量是由太阳对地球的天文位置所决定的。太阳相对于地球的天文位置不同,造成太阳高度和可照条件在时间和空间上的变化,又因为地轴与地球公转轨道有一个倾角,所以到达地球的太阳辐射量不但存在着昼夜和季节变化,而且还存在着显著的地区差异。

1. 太阳常数与太阳辐射强度

通常,将平均日地距离情况下,地球大气上界与太阳光线垂直的单位面积上单位时间内所得到的太阳单色光辐射通量密度表示为 $I_{0\lambda}$,称为太阳辐照度频谱密度;对于全部太阳辐射光谱,即太阳辐射的积分通量密度,用 I_0 表示。由于太阳辐射积分通量密度的变化量很小,比较稳定,所以,人们通常将其称为"太阳常数"。实际上,所谓太阳常数 I_0 也不是绝对不变的,因为一方面太阳活动的变化会影响太阳辐射量,另一方面一年中的日地距离也是不断变化的。

由于太阳常数是确定太阳辐射量的基本数据,对于计算地球上的太阳辐射能量具有很重要的意义,为了研究太阳辐射对全球环境和气候的影响,需要了解太阳常数的平均值及其在长时间尺度(11 a 或 22 a 太阳活动周期)上的变化情况。因此,国内外许多科学家对太阳常数进行了一系列的研究。一般认为,I_0 的变化范围在 $1359 \sim 1396$ W/m^2;目前,普遍公认的太阳常数为 $I_0 = 1367 \pm 7$ W/m^2。这是根据 1969—1980 年高空探测和外层空间探测的实际资料,并采用不同方法进行统计计算后得出的比较精确的数值,而且与近年来采用卫星测量的数值比较一致。

2002 年 3 月至 9 月期间,中国科学院长春光学精密机械与物理研究所(国家载人航天工程太阳常数监测器课题)利用 3 台太阳辐照度绝对辐射计(SIAR—Solar Irradiance Absolute Radiometer)在我国神舟 3 号飞船轨道舱上进行了太阳辐照度测量,结果如表 2.2 所示。表中同时给出了美国地球观测卫星(EOS—Earth Observation Satellite)ACRIM Ⅲ 测量的太阳常数数据,两者之间的最大偏差不超过 0.2%。

表 2.2　SZ-3 在轨 SIAR 测试数据[3]

北京时	日平均太阳常数(W·m^{-2})	ACRIM 测量值(W·m^{-2})	北京时	日平均太阳常数(W·m^{-2})	ACRIM 测量值(W·m^{-2})
2002-03-30	1366.9	1365.5	2002-04-25	1369.2	1366.9
2002-04-02	1366.3	1365.7	2002-05-19	1366.2	1366.2
2002-04-03	1364.9	1366.1	2002-05-27	1364.2	1367.0
2002-04-17	1367.5	1366.8	2002-05-28	1365.0	1367.0
2002-04-18	1364.3	1366.9	2002-06-04	1365.7	1366.6
2002-04-19	1366.0	1366.9	2002-06-05	1364.4	1366.9
2002-04-21	1366.5	1366.8	2002-06-06	1366.4	1366.9
2002-04-22	1366.8	1366.8	2002-07-27	1365.5	
2002-04-24	1368.2	1366.8	2002-07-28	1366.0	

在地球大气上界,垂直于太阳光线表面上所获得的太阳辐射强度为 $I = I_0 a^2 / \rho^2$,其中 ρ 为日地距离,a 为日地平均距离。如果取日地平均距离等于一个天文单位

（即 $a=1$），太阳高度角为 h，则有

$$I = I_0 \sin h / \rho^2 = I_0 \cos\theta / \rho^2$$

将太阳高度角与地理纬度、太阳赤纬、时角的关系代入，得到

$$I = I_0 (\sin\varphi\sin\delta + \cos\varphi\cos\delta\cos\omega) / \rho^2 \qquad (2.4)$$

这就是地球上天文辐射强度的计算公式，其单位为 W/m^2。

2. 天文辐射日总量

地球大气上界单位面积水平面上某段时间 $t_1 \sim t_2$ 内的太阳总辐射量 Q_α 等于该水平面上的太阳辐射强度在这段时间的积分。可表示为

$$Q_{0t} = \int_{t_1}^{t_2} I \mathrm{d}t = \frac{I_0}{\rho^2} \int_{t_1}^{t_2} (\sin\varphi\sin\delta + \cos\varphi\cos\delta\cos\omega) \mathrm{d}t \qquad (2.5)$$

那么，地球上某纬度 φ 处每日的天文辐射总量就是从日出时刻到日没时刻这段时间的积分。由于时间与时角的关系为

$$\omega = (t - \Delta t) \cdot 2\pi / T'$$

其中，ω 为时角，T' 为地球自转周期（长度为 24 小时），Δt 为时差。可以将对时间的积分变换为对时角的积分，得到天文辐射日总量

$$Q_d = \frac{T' I_0}{2\pi\rho^2} \int_{-\omega_0}^{\omega_0} (\sin\varphi\sin\delta + \cos\varphi\cos\delta\cos\omega) \mathrm{d}\omega$$

由太阳高度角公式 $\sin h = \sin\varphi\sin\delta + \cos\varphi\cos\delta\cos\omega$，可以计算出任一地点、任意一天的日出、日没时角和可能日照时数。日出、日没时，$h=0$，有

$$\omega_0 = \arccos(-\operatorname{tg}\varphi \cdot \operatorname{tg}\delta)$$

在计算某地某日的天文辐射日总量时，I_0、T'、ρ、φ、δ 都是常量，则有

$$Q_d = \frac{T' I_0}{\pi\rho^2} (\omega_0 \sin\varphi\sin\delta + \cos\varphi\cos\delta\sin\omega_0) \qquad (2.6)$$

式中，太阳赤纬 δ 和地球轨道偏心率订正系数 $1/\rho^2$ 可以查天文年历，也可以采用经验公式[4]计算：

$$\begin{aligned}
\delta = [&0.006918 - 0.399912\cos T_R \\
&+ 0.070257\sin T_R - 0.006758\cos(2T_R) \\
&+ 0.000907\sin(2T_R) - 0.002697\cos(3T_R) \\
&+ 0.00148\sin(3T_R)](180/\pi) \qquad (2.7)
\end{aligned}$$

$$\begin{aligned}
1/\rho^2 = &1.00011 + 0.034221\cos T_R + 0.00128\sin T_R \\
&+ 0.000719\cos(2T_R) + 0.000077\sin(2T_R) \qquad (2.8)
\end{aligned}$$

其中，$T_R = 2\pi(d_n - 1)/365$ 为日角，以弧度表示；d_n 为日序（即 1 月 1 日为 1，2 月 1 日为 32，其余类推）。

由此，可以计算出地球上不同季节、不同纬度处每一天的天文辐射日总量，并

可分析地球上不同纬度处天文辐射日总量的主要分布特征。

此外,计算天文辐射日总量也可以用一年中变化比较均匀的太阳黄经 λ 代替太阳赤纬 δ,这样可以使天文辐射日总量的计算更为简单方便。根据球面三角正弦定律,可以得到 λ 与 δ 之间的关系为 $\sin\delta=\sin\lambda\sin\varepsilon$;其中,ε 为黄道平面与赤道平面的夹角,大约为 $23°27'$。而黄经 λ 在春分日为 $0°$,夏至日为 $90°$,秋分日为 $180°$,冬至日为 $270°$;一年中每相隔一天,λ 的变化量为 $360°/365.3d=0.986°/d$,近似为 $1°/d$。

在不考虑大气和地形变化的情况下,地球上天文辐射日总量随纬度和季节的时空分布,如图 2.3 所示。

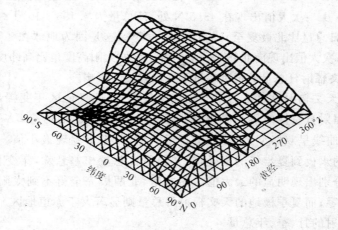

图 2.3　地球上天文辐射日总量的分布[5]

在二分日,天文辐射日总量在赤道地区最大,并随纬度的增加向两极逐渐减小,在南极和北极天文辐射日总量为零。从春分到夏至,最大日总量逐渐由赤道向北转移,北极地区天文辐射量迅速增大,并开始有永昼现象出现,随着时间的推移永昼区域逐渐扩大;至夏至日北极出现日总量最大值,而南极永夜区域达到最大。从夏至到秋分,最大日总量由北极向南转移;秋分以后南极地区天文辐射量逐渐增大,并出现永昼现象,而且随着时间的推移永昼区域逐渐扩大;至冬至日南极出现日总量最大值,而此时北极永夜区域达到最大。冬至以后,最大日总量又从南极逐渐向北转移。虽然极地地区太阳高度角很低,但由于日照时间长,其对天文辐射日总量的贡献超过了太阳高度角较低的影响,所以出现天文辐射日总量的极大值。

在 $15°N\sim15°S$ 的赤道附近地区,一年中天文辐射日总量的分布比较均匀,与中高纬度地区相比变化范围较小;其他地区随着太阳赤纬的变化,天文辐射日总量的分布比较复杂,季节差异也很大。夏至日北极出现一年中天文辐射日总量的最大值,从北极到 61.5°N 处随着纬度的降低而有所减小,在 61.5°～43.5°N 又逐渐增大,尔后由 43.5°N 向南直至赤道随着纬度的降低日总量不断减小,南半球则从赤道至 66.5°S 处随着纬度的增大而迅速减小。冬至日南极出现日总量最大值,随纬度的变化与夏至日完全相反。此外,南极冬至日的天文辐射日总量大于北极夏至日,南半球天文辐射量的冬夏季差异也大于北半球,这是因为地球在其公转轨道上冬至日的日地距离小于夏至日的结果。

一年中昼长的变化,使得天文辐射日总量的极值都出现在极地地区。冬至日南极出现天文辐射最大值,日总量可达 4.871×10^7 J·m^{-2}·d^{-1};次大值出现在 43.5°S处,日总量为 4.486×10^7 J·m^{-2}·d^{-1}。北极夏至日出现日总量最大值,可达 4.556×10^7 J·m^{-2}·d^{-1};次大值出现在 43.5°N 处,日总量为 4.196×10^7 J·m^{-2}·d^{-1}。南极冬至日的日总量比北极夏至日的日总量大 7%,这是因为地球在冬至日比夏至日更靠近太阳;次大值出现南北纬 43.5°处,由于该处太阳高度角比高纬度地区大,太阳高度角对天文辐射日总量的贡献超过了昼长较短的影响。

赤道地区天文辐射日总量的年变化幅度最小,而两极地区年变幅最大。在赤道地区,天文辐射日总量的最大值和最小值之间相差不大,约为 4.2×10^6 J·m^{-2}·d^{-1};年变化曲线呈双峰型,二分日出现最大值,二至日出现最小值。在南、北两极,从冬半年的永夜到夏半年的永昼,天文辐射日总量相差悬殊,年变化曲线为单峰型,二至日分别出现明显的最大值。冬季南、北两极完全得不到太阳照射,天文辐射日总量为零;而夏季极地的天文辐射日总量则显著大于赤道地区。

3. 天文辐射的月、季、年总量

M. Milankovitch 在研究天文因子对气候变化的影响时,提出了一套计算地球大气上界太阳辐射总量的较为完整的理论和方法,至今仍然被广泛地使用。即以天文辐射日总量计算公式为基础,将对时间的积分变换为对太阳黄经的积分,采用幂级数展开,在收敛半径范围内(纬度限于地球南极圈与北极圈之间)计算大气上界天文辐射的月、季、年总量。

对于纬度处于南北极圈之间的地区,天文辐射月总量为

$$Q_m = \frac{TI_0}{2\pi^2} \frac{1}{\sqrt{1-e^2}} \left[b_0 (\lambda_2 - \lambda_1) - \frac{\pi}{2} \sin\varphi \sin\varepsilon (\cos\lambda_2 - \cos\lambda_1) \right.$$

$$- \frac{b_1}{2} (\sin2\lambda_2 - \sin2\lambda_1) + \frac{b_2}{4} (\sin4\lambda_2 - \sin4\lambda_1)$$

$$\left. - \frac{b_3}{6} (\sin6\lambda_2 - \sin6\lambda_1) + \cdots \right]. \tag{2.9}$$

式中,b_0、b_1、b_2、……是因纬度而异的常数,称为 Milankovitch 常数;其数值如表 2.3所示。

表 2.3　Milankovitch 常数表[5]

纬度 φ	b_0	b_1	b_2	b_3	b_4	b_5	b_6
0	0.9591	−0.0413	−0.0004				
5	0.9558	−0.0407	−0.0004				
10	0.9458	−0.0399	−0.0004				
15	0.9293	−0.0360	−0.0004				
20	0.9065	−0.0334	−0.0003				
25	0.8777	−0.0289	−0.0002				
30	0.8429	−0.0232	−0.0001				
35	0.8028	−0.0163	0.0001				
40	0.7677	−0.0081	0.0002				
45	0.7084	0.0018	0.0005				
50	0.6558	0.0138	0.0009				
55	0.6014	0.0286	0.0014	0.0001			
60	0.5455	0.0477	0.0024	0.0002			
65	0.4932	0.0746	0.0045	0.0005	0.0001		
70	0.454	0.1223	0.0123	0.0024	0.0005	0.0002	
75	0.5161	0.3312	0.1029	0.0382	0.0111	0.0013	0.0003

对于永昼区,天文辐射月总量为

$$Q_m = \frac{TI_0}{2\pi \sqrt{1-e^2}} \sin\varphi \sin\varepsilon (\cos\lambda_2 - \cos\lambda_1) \tag{2.10}$$

同样道理,若将太阳黄经 $0°\sim90°$、$90°\sim180°$、$180°\sim270°$、$270°\sim360°$代入,就可以计算出春、夏、秋、冬各季的天文辐射总量。即

$$Q_{(0°\sim90°)} = Q_{(90°\sim180°)} = \frac{TI_0}{4\pi \sqrt{1-e^2}} (b_0 + \sin\varphi\sin\varepsilon) \tag{2.11}$$

$$Q_{(180°\sim270°)} = Q_{(270°\sim360°)} = \frac{TI_0}{4\pi \sqrt{1-e^2}} (b_0 - \sin\varphi\sin\varepsilon) \tag{2.12}$$

对于永昼区,天文辐射季总量为

$$Q_{(0°\sim90°)} = Q_{(90°\sim180°)} = \frac{TI_o}{2\pi \sqrt{1-e^2}} \sin\varphi\sin\varepsilon \tag{2.13}$$

由于北半球的夏半年是指从春分到秋分,即 $\lambda_1 = 0°$,$\lambda_2 = 180°$;而南半球的夏半年从秋分到春分,即 $\lambda_1 = 180°$,$\lambda_2 = 360°$;所以,不难证明北半球夏半年的天文辐射总量与南半球夏半年总量相等

将四季或者冬、夏两个半年的天文辐射总量相加,就是天文辐射年总量。即

$$Q_y = \frac{TI_0}{\pi \sqrt{1-e^2}} b_0 \tag{2.14}$$

对于永昼区,天文辐射年总量为

$$Q_y = \frac{TI_0}{\pi} \frac{1}{\sqrt{1-e^2}} \sin\varphi\sin\varepsilon \qquad (2.15)$$

　　南北半球不同纬度处大气上界的天文辐射年总量计算结果表明,夏半年与冬半年天文辐射总量的差值随纬度的增加而增大。由于 b_0 随纬度增高而减小,冬半年天文辐射总量从赤道向极地迅速递减;而夏半年总量从赤道到纬度 25°处是不断增大的,纬度 25°以上的地区又逐渐递减,直至纬度 50°附近才与赤道上基本一致;因此冬半年天文辐射总量随纬度增加而减小的速度显著大于夏半年,且愈接近冬至天文辐射总量随纬度增加而减小的速度愈快。以纬度 50°与 30°相比,夏半年总量只减小 8%,而冬半年总量减小了 46%;如果将极圈纬度 66.5°与回归线纬度 23.5°相比,则夏半年总量减小约 19%,而冬半年总量减小了 84%。因为

$$Q_s - Q_w = \frac{TI_0}{\pi} \frac{1}{\sqrt{1-e^2}} \sin\varphi\sin\varepsilon$$

所以,夏半年与冬半年天文辐射总量之差只有在赤道上才相等,其他地区都是随纬度增高而增大的;而且冬半年天文辐射总量的经向梯度明显大于夏半年。

　　天文辐射总量的经向梯度,不仅在冬、夏半年不同,而且在同一时期内也随纬度的不同而不同;一般在赤道附近和两极地区都比较小,而在中纬度地区最大。就全年而论,极地天文辐射年总量大约为赤道的 42%左右;从赤道至纬度 10°处年总量的相对变率为 1.4%,纬度 80°到极地为 3%,而在中纬度(50°~60°)地区年总量相对变率增大到 16.8%。所以,在中纬度地区围绕整个地球都有南北温度梯度很大的锋带和急流现象。气旋、反气旋的发生与温度梯度有关;中高纬度地区气旋、反气旋活动频繁,势力强大,除了动力因素以外,太阳辐射随纬度的变化造成热力分布不均匀也是一个重要原因。在极地地区, $\sin\varepsilon = 0.3987$;而在赤道上, $b_0 = 0.9591$,所以,极地与赤道上天文辐射年总量之比为 0.416。也就是说,极地所得到的天文辐射年总量仅为赤道上的 41.6%,而且在极地整个冬半年的天文辐射总量为零。所以,南、北两极非常寒冷。

　　影响地球气候变化的天文因子,也称为 Milankovitch 机制[6];它们并不影响全年到达地球的太阳辐射总量,只影响太阳辐射在地球上的季节分配和地理分布。所以,大气上界天文辐射量的时空分布规律在气候资源形成理论研究中是一个重要的外部强迫因子;同时,将天文辐射量与地表实际获得的太阳辐射量相比较,可以了解地球大气对太阳辐射的减弱作用。

2.1.4　地表辐射平衡

　　地球外围有一层大气圈,大气中含有各种气体分子和悬浮粒子。太阳发射的电磁波辐射通过地球大气时,大气中的气体分子和各种悬浮粒子与电磁波相互作用,产生折射、散射、反射和吸收等过程,使太阳辐射能量的传播受到影响,太阳辐

射被减弱,致使透射到地面的太阳辐射能量不仅在数量上比大气上界要小得多,而且光谱成分、传播方向等也发生了变化。

到达地球表面的太阳总辐射,包括通过大气圈直接到达地面的太阳直接辐射和由大气中的空气分子、浮游粒子所散射的来自天穹各个方向的太阳散射辐射两部分。到达地球的太阳总辐射并没有全部被地表所吸收,其中被地球表面吸收的部分称为吸收辐射,而被地表反射回大气中的那部分称为反射辐射。地球表面吸收太阳辐射的同时,也向大气和宇宙发出辐射,称为地球辐射或地面辐射。大气在吸收了太阳辐射和地面辐射以后也同样向地球和宇宙发出辐射,称为大气辐射。大气辐射中向地球发射的部分称为大气逆辐射,向宇宙太空发射的部分称为大气逸出辐射。地面辐射与大气逆辐射之差称为有效辐射。从辐射能量的光谱角度来说,太阳辐射光谱的波长相对于地球辐射和大气辐射的光谱要短;所以,太阳辐射属于短波辐射,而地球辐射和大气辐射属于长波辐射。

所谓地表辐射平衡,是指地球表面收入的全部辐射能量与支出的全部能量之间的数量关系,两者之间的差额称为地表净辐射 B。地表收入的辐射能量包括太阳直接辐射量 S、太阳散射辐射量 D 和大气逆辐射 G,地表支出的辐射能量包括地面对太阳辐射的反射辐射量 R 和地面本身发出的地面辐射 U。因此,地表辐射平衡方程可表示为

$$B = S + D - R + G - U = Q(1 - A) - F$$

其中,$Q = S + D$ 为太阳总辐射量;A 为地表反射率,即反射辐射量 R 与太阳总辐射量 Q 的比值;$F = U - G$ 为有效辐射量。

地表辐射平衡方程反映了地球上能量的收入和支出状况,特别是地表净辐射量的大小表示地面能量的盈余或亏缺,它在很大程度上决定了土壤上层和近地气层的温度分布,所以地表净辐射是一个重要的气候资源形成因子。地表辐射平衡状况对于研究地面与其下层土壤中的热量交换、地面与其上层大气之间的热量交换、蒸发和冰雪消融等微气象学方面的问题以及气团的形成和变性、辐射霜冻和辐射雾、低温预报等天气学方面的问题都有很重要的意义;此外,在气候资源利用区划、规划和指导农业生产,研究流域的水文气象特征和水分状况等方面也有很大的实际意义。

2.2　地面太阳辐射的气候学计算

太阳辐射通过地球大气时,其能量被削弱,到达地面的太阳辐射量远比大气上界小。确定地面太阳总辐射量,可以采用观测仪器直接进行测量,或者根据已知的辐射量和散射辐射量求和,也可以采用气候学方法进行计算。

2.2.1　地面总辐射计算公式

理论上,到达地球表面的太阳总辐射量就等于大气上界的天文辐射量与大气透明度系数的乘积。太阳辐射通过地球大气到达地表是一个相当复杂的过程,包括大气对太阳辐射的折射、散射、反射和吸收,通常用大气透明度系数表示地球大气对太阳辐射的减弱作用。由于大气透明度系数既是时间的函数,又随大气分子、水汽、尘埃含量、云状和云量等而变化,难以精确确定;所以,为了获得某一地区地面总辐射量的多年平均值,通常采用经验方法即气候学计算方法来确定。

1.地面总辐射的影响因子

大气对太阳辐射的削弱作用与天空遮蔽状况有关,主要受日照条件和云量的影响。所以,气候学计算方法中地面总辐射量的表达式为

$$Q = Q_i F(S_1, \overline{n}) \tag{2.16}$$

其中,F 为表示天空遮蔽度的函数;S_1 为日照百分率,即实际日照时数与可能日照时数的百分比;$\overline{n}$ 为平均云量;Q_i 为计算总辐射量的起始值,不同地区可以根据各地大气的特点采用不同的起始值。

通常,起始值 Q_i 有三种选择:一是天文辐射量 Q_0,即大气上界的太阳辐射量。大气上界没有散射辐射,实际上就是直接辐射量,可由太阳常数、纬度等因子求得。二是晴天太阳总辐射量 Q_A,即无云情况下的地面总辐射,可以通过对辐射观测台站实测资料的统计整理确定。三是理想大气总辐射量 Q_m,所谓"理想大气"是指不考虑大气圈中的水汽、各种悬浮微粒对太阳辐射影响的理想情况,也称为干洁大气。干洁大气中,太阳辐射的衰减只与臭氧、氧、二氧化碳的选择性吸收以及空气分子的散射有关。

天空遮蔽因子对地面太阳总辐射的到达量影响很大。日照百分率 S_1 和平均云量 $\overline{n}$ 都是表征天空遮蔽度的指标量,这两者之间必然存在着一定的联系。显然,天空总云量愈大,对太阳直接辐射的遮蔽作用愈大,地面接受的太阳直接辐射量就愈少;使得地面上的实际日照时数愈小,即日照百分率愈小。在地面总辐射的气候学计算方法中,两者实际上是可以互相取代的;而且一般认为采用日照百分率 S_1 比采用平均云量 $\overline{n}$ 更精确一些。因此,在计算地面太阳总辐射的实际工作中,大多采用 $Q = Q_i F_1(S_1)$ 或者 $Q = Q_i F_2(\overline{n})$ 等形式进行经验拟合。

2.地面总辐射的经验公式

计算地面太阳总辐射量的经验公式很多,国外学者一般采用云量作为天空遮蔽度的指标量,而国内学者大多采用日照百分率。

①晴天太阳总辐射量的计算

理论上,晴天太阳总辐射日总量的计算公式为

$$Q_A = \frac{T' I_0}{2\pi\rho^2} \int_{-\omega_0}^{\omega_0} P_m^m (\sin\varphi\sin\delta + \cos\varphi\cos\delta\cos\omega) \mathrm{d}\omega \qquad (2.17)$$

其中, P_m^m 为大气透明度系数。由于需要考虑晴天大气中水汽和尘埃的消光作用,而且 P_m^m 随所通过的大气质量的不同而不同,所以,精确确定干洁大气的透明度系数比较困难,理论计算非常复杂。

实际工作中,人们通常根据晴天条件下太阳总辐射的实际测量值,采用经验方法拟合大气透明度系数与太阳高度角 h、大气质量 m 之间的关系来确定晴天太阳总辐射量。例如,可以根据不同时刻水平面上晴天太阳总辐射的实测资料与相应的太阳高度角或其正弦值进行线性拟合,经验表达式为

$$Q_A = ah - b$$
$$Q_A = a\sin h - b \qquad (2.18)$$

其中, a、b 是与大气透明度有关的经验系数。也可以利用晴天条件下太阳总辐射量与太阳高度角 h、大气质量 m 之间的关系进行非线性经验拟合,表达式为

$$Q_A = a\sin h - b\sqrt{\sin h} \qquad (2.19)$$

式中, a、b 是与大气质量有关的经验系数。不同时刻的大气质量不同,相应的大气透明度状况也不相同。采用经验方法确定出不同太阳高度角时晴天太阳总辐射的瞬时通量,进而可得其日总量。

晴天太阳总辐射的月、季、年总量可以用天文辐射的月、季、年总量来推求其相应的关系式进行计算。大量实测资料的验证结果表明,天文辐射与晴天总辐射之间存在线性函数关系[5],即

$$Q_A = a + b Q_0 \qquad (2.20)$$

这里, a、b 代表一地的平均大气透明度状况。不同季节、不同地区晴天条件下的大气透明度状况也存在着明显的差异。

我国各地晴天太阳总辐射月总量的研究结果表明[7],冬半年各月晴天太阳总辐射月总量随地理纬度的增加而非线性减小,且减小速度较快;夏半年各月随纬度的增加先增大而后减小,最大值出现在35°N附近,且夏季月份随纬度的增大速度快于其减小速度。由于我国是季风气候,且地形变化复杂,所计算的全年各月晴天太阳总辐射量和北半球平均情况有所不同。就我国范围内的计算结果来看,平原地区和海拔 2500 m 以上的高原地区晴天总辐射的地形差异很明显。因此,实际计算晴天总辐射时,不同地区应该采用符合各地特点的经验系数,不能盲目套用。

②理想大气总辐射量的计算

理想大气对太阳辐射的削弱作用主要包括臭氧、二氧化碳和氧分子的选择性吸收作用以及空气分子的散射作用[8]。由于空气分子的吸收作用主要发生在臭氧层,而且二氧化碳和氧气的吸收作用较小,仅占空气分子吸收作用的 0.5% 以下;

因此,通过理想大气到达地面的太阳直接辐射量可以表示为[9]

$$S_m = \int S_{0\lambda} \cdot P_\lambda^m(O_3) \cdot P_\lambda^m(F) \mathrm{d}\lambda - \Delta K \qquad (2.21)$$

式中,$S_{0\lambda}$ 为大气上界波长为 λ 的太阳直接辐射;$P_\lambda^m(O_3)$ 为与臭氧分子吸收作用有关的大气透明度系数;$P_\lambda^m(F)$ 为与空气分子散射作用有关的透明度系数;ΔK 为二氧化碳和氧气吸收作用的订正值。

考虑到整层大气的散射作用,到达地表水平面上的理想大气散射辐射量可表示为

$$D_m = \frac{1}{2}(I_0 - S_m)\sin h \qquad (2.22)$$

按(2.21)式和(2.22)式可以分别计算出通过理想大气到达地面的瞬时太阳直接辐射量和散射辐射量,对一天的时间积分求和即可得到 Q_m 日总量;经过日地距离订正,进而可求出 Q_m 月总量。如果需要确定不同等压面上的 Q_m,则应对其进行气压订正。

③实际太阳总辐射量的计算

地面总辐射量是指实际大气条件下到达地球表面的太阳总辐射量,也就是大气上界的天文辐射量经过地球大气的减弱以后到达地表的太阳辐射量。地面总辐射量的大小不仅与地理纬度、太阳赤纬有关,还受大气透明度、天空晴朗程度等大气物理状态因子的影响。

A. Angstrom(1924)[10] 最早提出根据地面总辐射与日照持续时间建立线性回归方程的方法。目前,在地面总辐射气候学计算方法研究中,这一方法仍然被人们广泛采用。其关系式为

$$Q = Q_0(a + bS_1) \qquad (2.23)$$

式中,Q_0 为大气上界的太阳辐射量;S_1 为相对日照时数,即实际日照时数与可能日照时数之比;a、b 为经验系数。

实践表明,采用上式计算较长时段的平均地面总辐射具有较高的精度,而用于计算地面总辐射日总量则会产生 20% 以上的误差,计算时段越短,误差也越大。因此,后来有些学者在研究以日为单位的短期地面总辐射计算时,开始倾向于舍弃线性相关假设,转而致力于建立包括平均云量、总云量和低云量在内的非线性回归方程的研究[11~12],但对于计算短时期地面总辐射来说都没有取得令人满意的结果[13]。采用云量的经验表达式为

$$Q = Q_0(a - b\bar{n} - c\bar{n}^2)$$
$$Q = Q_A[1 - (a + bm)n] \qquad (2.24)$$

若分别考虑总云量 n 和低云量 n_L 的影响,可表示为

$$Q = Q_0[1 - a(n - n_L) - bn_L] \tag{2.25}$$

我国学者左大康等[7](1963)、翁笃鸣[14](1964)曾根据我国日射站的实测资料,采用(2.23)式的形式分别拟合了全国范围以及华南、华中、华北和西北地区的地面总辐射经验公式。

陆渝蓉、高国栋[15](1976)对云量和日照进行了各种形式的相关图分析,发现地面太阳总辐射与相对日照的关系远比云量的关系密切。两者的关系表达式为

$$Q = a + bQ_0S_1 \tag{2.26}$$

其中 a、b 是取决于大气透明度且随地理位置和季节而变化的经验系数。

王炳忠等[8](1980)根据相对总辐射 Q/Q_m 与日照百分率 S_1 之间的线性关系,建立了我国西北干旱地区的地面总辐射计算公式为

$$Q = Q_m(0.29 + 0.557S_1) \tag{2.27}$$

对于我国其他地区,考虑到大气中水汽含量对太阳辐射的削弱作用,所采用的经验公式为

$$Q = Q_m[0.18 + (0.55 + 1.11/E_n)S_1] \tag{2.28}$$

式中,E_n 为年平均绝对湿度,单位为 hPa。

张炳远等[16](1981)采用多元回归方法计算我国最大晴天总辐射量 Q_{Amax},经验公式为

$$Q_{Amaxi} = c_{0i} + c_{1i}\varphi + c_{2i}H + c_{3i}\overline{E}_i \tag{2.29}$$

由此可得地面总辐射月总量的计算公式为

$$Q_i = Q_{Amaxi}(a_i + b_iS_1) \tag{2.30}$$

式中,$i = 1, 2, \cdots, 12$,表示月份;c_{ki} 为各月方程的回归系数;φ 为地理纬度;H 为海拔高度;$\overline{E}_i$ 为各月平均绝对湿度。计算出逐月的太阳总辐射量后累加求和可得年总辐射量。该公式曾获得中国科学院自然资源综合考察委员会的介绍和推广应用,采用这一方法得到的全国 a、b 系数分区,如图 2.4 所示。

朱志辉等[17](1982)综合考虑海拔高度、水汽压和日照百分率的影响,采用多因子综合法计算地面总辐射月总量和年总量,提出的经验公式分别为

$$Q_m = Q_0(0.160 + 0.612S_1 + 0.0384S_1H$$
$$- 0.00313S_1\overline{E} - 0.000469H\overline{E}) \tag{2.31}$$

$$Q_y = Q_0(0.191 + 0.579S_1 + 0.0477S_1H$$
$$- 0.00518S_1\overline{E} - 0.00198H\overline{E}) \tag{2.32}$$

式中,$\overline{E}$ 为月或年平均水汽压;天文辐射月总量和年总量 Q_0 采用逐日求和的精确累计法确定。

刘新安等[18](2002)利用我国东北地区 9 个日射站的辐射观测资料,检验并比

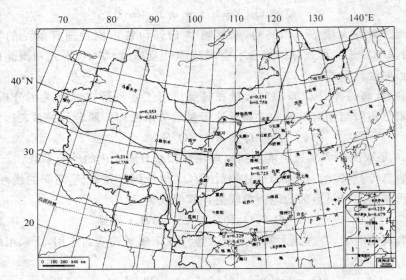

图 2.4　全国 a、b 系数分区[1]

较了国内常用的地面总辐射计算方法的误差和精度。结果表明：(2.31)式和 (2.32)式的平均相对误差分别为 4.0% 和 3.7%，复相关系数为 0.990 和 0.787，分别达到 0.01 和 0.05 显著性水平，明显优于其他方法，可用于东北各地的总辐射计算。此外，按(2.9)式计算天文辐射月总量误差较大，采用 Milankovitch 方法与逐日求和的精确累计法计算天文辐射月总量，两者相差 −5.62%～3.41%，表现为冬半年(9—3 月)偏小，而夏半年(4—8 月)又偏大。

2.2.2　地区总辐射计算方法

我国幅员辽阔，面积广大，气候资源十分丰富；同时，各地气候资源的分布又存在很大的差异。为了研究我国太阳能资源的分布特征并加以综合开发利用，需要计算各个地区的太阳总辐射量。因此，对于不同地区，地面太阳总辐射量的计算方法也不尽相同，需要根据各地的具体情况进行专门研究。原则上，应注意以下几个问题：

1. 选择合适的计算公式

由于各个地区的地面总辐射都有其特殊的分布规律，全国范围的地面总辐射计算不能代替各地区总辐射的计算，适合于全国的经验公式往往也不适用于各省、区的总辐射计算。因此，需要对各省区域总辐射进行单独研究，建立符合各地具体情况的地面总辐射经验公式。一般来说，应根据省级气象业务部门对总辐射计算精度的要求，检验已有的经验公式，确定出适用于本省区域范围的经验公式类型。

通常应根据当地的地理地形特点、实际大气状况以及所具备的历史资料等条件,尽可能采用晴天总辐射 Q_A 或最大晴天总辐射 Q_{Amax} 作为起始值的经验公式。因为晴天云量较少,对总辐射量的影响不大,观测值的离散程度较小,而且与日照百分率的相关性好。所以,选择这种类型的经验公式可以保证经验系数 a、b 的方差较小,综合程度较高,经验公式的稳定性也比较好。

省、区总辐射计算的精度,大多要求月总量相对误差小于 10%,年总量相对误差小于 5%。按照这一精度要求,对于某一具体地区,首先应对该地区内所有日射站的历史观测资料进行统计分析,了解本省、区范围地面总辐射的分布特征;然后,在对已有的各种类型地面总辐射气候学计算公式进行检验的基础上,决定经验公式的取舍,确定出适合于本省区域总辐射计算公式的具体类型;最后通过分析、比较、验算和误差分析,检验所选公式类型的合理性和精确性,最终选出合适的经验公式。

2. 确定计算公式的经验系数

省、区总辐射计算公式的经验拟合,通常采用回归分析方法。回归分析是一种分析变量相关关系的统计学方法,它通过对大量观测资料的统计处理,在变量之间错综复杂的关系中,找出反映客观事物规律的主要统计特征。回归分析包括线性回归、非线性回归、多元回归、逐步回归、回归效果分析和统计检验等。

影响地面总辐射的主要因素是大气透明度状况,即云量或日照百分率;而且大量统计资料表明,两者与地面总辐射量之间存在线性关系。因此,可以采用一元(或二元)线性回归方法来确定适用于各个地区具体情况的总辐射计算公式及其回归系数。

由于采用天文辐射 Q_0 作为起始值时,回归系数 a、b 的数值随地区和季节的变化非常显著,稳定性较差;所以,为了保证地面总辐射的计算精度,应该根据具体日射站按自然季节分别求出不同的 a、b 系数值,而不能笼统地使用一个 a、b 系数。

正确划分自然季节是提高地区总辐射计算精度的关键之一。实际工作中可以采用多种方法,例如,通过统计各日射站 Q 与 $Q_0 S_1$ 的月际差值,分析出地面总辐射的季节变化特点;也可以点绘 Q 与 $Q_0 S_1$ 的相关图,根据相关系数划分各地的自然季节;还可以进行统计假设检验,确定 a、b 系数差值是否属于本质差异来划分自然季节。

回归分析的主要任务,就是根据实际观测资料确定回归方程的具体形式。省区地面总辐射经验公式的拟合,通常采用"最小二乘法",即一元线性回归方法。根据省区内日射站的实测太阳辐射、常规气象台站的日照时数和云量观测资料来确定经验系数 a、b 的值。

实际工作中,也可以采用相对总辐射或者总辐射距平值进行统计分析,这样能更好地反映不同地区不同季节太阳总辐射的离散特征,以便得出更符合实际的经验方程。

3.经验方程的适用范围和回归系数分布图的绘制

根据日射站实际观测资料拟合经验方程,其作用主要有两个方面:一是可以了解一定区域范围内地面太阳总辐射的主要影响因素、变化规律和分布特点;二是可以利用所得经验方程来推算无日射观测地区的太阳总辐射量,这是拟合经验方程的主要目的,对于太阳辐射资源的开发利用更具有积极意义。

使用所拟合的经验方程计算地区总辐射量,必须分析其适用条件和适用范围。实际工作中,常用方法有两种:

一是采用经验方程分片的方法来计算地区总辐射。先采用日射站经验方程来计算该站所在气候区中其他各站的地面总辐射;然后,在两个气候区的交界处及其附近的台站,对其日照百分率进行统计假设检验,确定是否调整界线。显然,这种方法是假定日射站所在气候区的 a、b 值具有同一性,因而往往难以保证精度要求,且工作量较大。

二是采用绘制 a、b 系数分布图的方法来计算地区总辐射。根据本省范围内以及临近地区的各日射站所拟合的经验方程,将 a、b 系数按季节或不同月份绘制成区域等值线分布图;从图中查算出所要计算的台站各月的 a、b 值,再根据该站的地理纬度求出天文辐射量以及日照百分率,代入方程计算该站的太阳总辐射量。在绘制 a、b 系数分布图时,要充分考虑不同季节 a、b 值的地带性、地区性和地方性特点以及地形对 a、b 值的影响,制图应力求精确,以保证地面总辐射的计算精度。在区域气候分析业务中,经常使用这种方法。

2.2.3 直接辐射和散射辐射的计算

直接辐射和散射辐射的气候学计算,原则上和方法上都与地面总辐射的气候学计算相类似。通常采用的形式为

$$S = Q_i F_S(S_1)$$
$$D = Q_i F_D(\overline{n}) \tag{2.33}$$

1.太阳直接辐射量的计算

如果地球外围没有大气,则到达地球水平面上的天文辐射量就是地面直接辐射量,也就是太阳总辐射量。可以用天文辐射公式表示为

$$S_0 = \frac{I_0}{\rho^2}(\sin\varphi\sin\delta + \cos\varphi\cos\delta\cos\omega) \tag{2.34}$$

实际到达地面的太阳直接辐射量的计算,除了要考虑大气散射和吸收的减弱作用以外,还要考虑云的影响。云对太阳直接辐射的削弱很大,经过云的反射、吸收,太阳直接辐射量大大减弱,低云甚至不能透射直接辐射。由于大气透明度系数不易精确计算,在没有实际观测的情况下一般也采用气候学计算方法。归纳起来,

国外学者提出的经验表达形式[5]有

$$S = S_0 (S_1 + 1 - n)/2$$
$$S = S_0 [1 - (\bar{n} - n_L)/2] \qquad (2.35)$$
$$S = a(S_2 + b)$$

其中,n 为总云量;n_L 为低云量;$\bar{n}$ 为平均云量;S_1 为相对日照时数;S_2 为日照时数月总量。这些公式一般都回避直接确定大气透明度系数,采用常规台站的实测资料来推求太阳直接辐射量与日照或云量之间的相互关系。

由于太阳直接辐射量与日照百分率 S_1 的相关系数很高,所以,国内学者在计算实际到达地面的太阳直接辐射量时,几乎无一例外地都采用 $S = Q_0 F_S(S_1)$ 的经验拟合形式。但是,由于不同学者所使用的资料长度和日射台站数不同,其代表的 S/Q_0 与 S_1 之间的关系并不完全一致;因此,拟合得到的经验公式也略有差异。例如翁笃鸣[14](1964)曾根据我国 1957—1959 年 50 个日射站的资料得到华南、华中和西北地区的直接辐射日总量经验公式为二次曲线形式。但是,许多事实表明[19],在资料较长的情况下,S/Q_0 随 S_1 的变化是线性关系。

陆渝蓉、高国栋[15](1976)认为,到达地面的太阳直接辐射量取决于天文辐射量、大气透明度和天空的晴朗状况。利用我国 1964 年以前 76 个日射站的资料,经过相关检验发现直接辐射量与日照百分率 S_1 的线性关系最为密切,得出的太阳直接辐射量表达式为

$$S = a + b Q_0 S_1 \qquad (2.36)$$

式中,a、b 为表示各地大气透射性能的经验系数,且随各地的地理特征、水汽含量和季节变化而不同。该式表明,全阴天($S_1 = 0$) 时,直接辐射量 $S = a$,a 表示该地的阴空透射量;全晴天($S_1 = 1$) 时,直接辐射量 $S = a + b Q_0$,太阳直接辐射量也不等于天文辐射量,b 表示该地晴空大气的透射性能,即上式中第二项 $b Q_0 S_1$ 表示经过大气减弱后的天文辐射量。

2. 散射辐射量的计算

晴空无云时到达地面的散射辐射量主要取决于太阳高度角和大气透明度。散射辐射随太阳高度角的增大而增大,随大气透明度的增加而减小。一般情况下,散射辐射量比直接辐射量小,但也不是绝对的。某些时候散射辐射在总辐射中的比重就比较大,如在一天的早晚,太阳高度角比较小的时候;阴天或有云天气时,散射辐射量可比晴天大几倍。当地面有积雪或结冰时,地表反射率增大,散射辐射量也会增大;有时散射辐射量甚至比太阳直接辐射量还大。在高纬度地区冬季有积雪的多云天气,由于地面和云层之间的多次反射和散射作用,可以增大到达地面的总辐射量。

由于影响散射辐射的因素很多,而且这些因素又各有不同的物理性质和变化

特征,难以建立一个包含所有影响因素的理论公式。因此,实际工作中通常采用经验方法计算散射辐射量,特别是对于较长时期的平均值,气候学计算公式不但简单方便,而且具有一定的精度。归纳起来,国外学者提出的经验表达式[5]有

$$D_A = am^{-b} = a(\sinh)^{-b} \tag{2.37}$$

$$D = D_A(1-n_s) + kn_s(S_A + D_A) \tag{2.38}$$

$$D = k_1 S_A(1-\alpha) + k_2 \alpha t \tag{2.39}$$

式中,D_A 为晴天散射辐射量;S_A 为晴天太阳直接辐射量;m 为大气质量;h 为太阳高度角;$n_s=(1-S_1+\bar{n})/2$ 为云空参数,S_1 为相对日照时数,$\bar{n}$ 为平均云量;k 为云天散射特征系数;$\alpha=Q/Q_0$ 为相对总辐射,即地面实际太阳总辐射与天文辐射量之比;t 为月平均白昼时数;a、b、k_1、k_2 为经验系数。

国内学者大多采用平均云量 $\bar{n}$ 作为计算散射辐射的天空遮蔽程度的指标,这是因为散射辐射主要取决于空气中的气体和水汽分子以及气溶胶的散射,云量综合反映了大气中水汽和气溶胶的状况,所以比用日照时数作为遮蔽指标好。

翁笃鸣[14](1964)利用云量资料,分别拟合了我国四个大区的散射辐射日总量计算公式。其经验形式为

$$D = Q_0(a\bar{n} + b) \tag{2.40}$$

结果表明,华南、华中和华北地区线性方程的斜率比西北地区小得多,即西北地区 D/Q_0 随平均云量 $\bar{n}$ 增加而增大的速率较大,这主要是由于上述三个地区的低云量都比西北地区大所造成的。

陆渝蓉、高国栋[15](1976)根据实际资料对各种晴朗度指数进行了相关验证,发现平均云量对散射辐射的影响要比日照对散射辐射的影响更显著。提出的散射辐射经验公式为

$$D = a + bQ_0\bar{n} \tag{2.41}$$

式中,a、b 为表示大气透明度状况的经验系数,随季节和地区的变化而不同。

实际工作中,通常分别进行地面总辐射 Q、太阳直接辐射 S 和散射辐射 D 的气候学计算,以便检验所选经验公式的适用性和计算结果的精度。如果 $Q=S+D$ 的闭合误差在允许范围之内,能够满足计算精度的要求,则不仅表明所选的地面总辐射经验公式合适,而且也能证明太阳直接辐射和散射辐射量计算结果是可靠的;如果 $Q=S+D$ 的闭合误差较大,则必须重新选择或拟合经验公式。这在太阳辐射资源的推算工作中尤其重要,因为推算结果的精度直接影响到气候资源评价的合理性和准确性。

2.3　太阳辐射资源的分布与变化

地球围绕太阳公转,日地距离的改变使得到达地面的太阳辐射在一年中有

7%(较平均值变化±3.5%)的变化。日地关系决定了地球表面所接受的太阳辐射量既有日变化,又有季节变化,而且还有随纬度变化的基本特征。

2.3.1　地面总辐射

由于地球的周年运动产生季节的更替,使得各个纬度上所接受到的太阳辐射量并不相同,这就决定了地表的热量分布,同时也大体上决定了大气环流和湿润状况,从而在地球上的同一纬圈内就形成了气候特征大致相似的带状分布。

1. 全球分布特征

М. И. Будыко[20](1978)曾给出全球太阳总辐射年总量的地理分布图。如图2.5所示。地面总辐射年总量的全球分布特征,可归纳为以下几点:

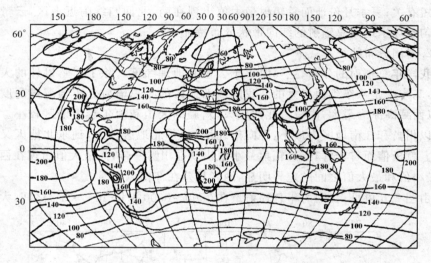

图 2.5　地球上年总辐射量(×41.855 MJ·m^{-2}·a^{-1})的地理分布[20]

①在南、北半球的中、高纬度地区,地面总辐射年总量呈纬向带状分布,且随地理纬度的增大而减小。但在热带低纬度地区年总辐射量数值并非最大,而且并不符合这种带状分布。因为在赤道附近地区一年中阴天的出现频率较大,云量比较多,致使地面总辐射年总量明显降低。

②在南、北半球的副热带地区,特别是在大陆上的沙漠地区,地面总辐射年总量最大。因为处于副热带高压的下沉辐散区域,大气透明度好,云量很少。地面总辐射极大值出现在非洲东北部地区,撒哈拉大沙漠的年总辐射量高达 8400 MJ·m^{-2}·a^{-1};其次是西亚、北非等其他地区,地面总辐射年总量都很大。

③在季风气候区以及气旋活动频繁、发展强烈的中纬度沿岸地区,由于云量分布不均匀使得年总辐射量的纬向带状分布遭到破坏。主要表现在印度半岛、亚洲东部沿海、印度洋西北部地区以及加拿大西海岸、北欧和南美洲西南沿岸地区。此

外,热带大洋东部地区由于受信风逆温和冷洋流的影响,年总辐射量也不遵循纬向带状分布。

④海洋上年总辐射量通常比同纬度的陆地上小,这是因为洋面上平均云量一般大于同纬度的陆地。赤道附近的热带和两极附近的寒带,太阳总辐射年总量可相差3倍以上,这正是对流层西风带产生的根本原因之一。

在南、北半球的冬、夏半年中,地面总辐射的地理分布也不相同。南、北半球月总辐射量夏季大于冬季,纬向带状分布特征冬季月份比夏季月份明显,而且月总辐射量的经向梯度冬季大于夏季。南、北半球冬季月份的地面总辐射分布都是从低纬度地区向相应半球的极区方向减小的,这与正午太阳高度角的减小和白昼时间的缩短有关;夏季月份地面总辐射最大值出现在南、北回归线附近地区,云量分布不均匀破坏了地面总辐射的纬向带状分布特征。

2. 全国分布特征

我国年总辐射的分布,主要取决于云量和地理纬度。除了川黔以外的大部分地区,基本上是从东到西增大的。我国西部地区的年总辐射分布与海拔高度相一致,以西藏高原为最大,内蒙古北部较大,新疆的天山和阿尔泰山地区较小。我国东部以川黔和江南地区为最小,并向南北增加,华北地区较大,到东北地区又趋于减少。就极值而言,全国年总辐射最小值出现在川黔一带,而最大值出现在西藏高原,最小值和最大值之间的差异明显,两者相差在2倍以上。

由图2.6可见,我国的年总辐射量在3500～8300 MJ·m^{-2}·a^{-1}之间,大体上

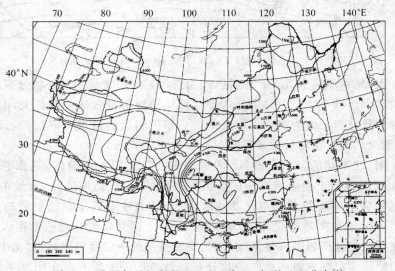

图2.6　我国年总辐射量(MJ·m^{-2}·a^{-1})的地理分布[1]

可以 5500 MJ·m^{-2}·a^{-1} 等值线作为东、西部分界线。此线以东的东北平原和华北平原大部、长江中下游平原、华南沿海以及滇南一隅,年总辐射量为 4500～5500 MJ·m^{-2}·a^{-1};四川盆地、贵州高原等地区,由于全年中云雾和阴雨天气较多,年总辐射量在 3500～4500 MJ·m^{-2}·a^{-1} 之间,是我国年总辐射量的低值区,最小值出现在四川盆地东南部。此线以西的内蒙古高原、黄土高原大部、青藏高原东北部、河西走廊以及新疆全境,年总辐射量在 5500～6500 MJ·m^{-2}·a^{-1} 之间。青藏高原西南部年总辐射量达到 6500～7500 MJ·m^{-2}·a^{-1} 甚至更高;特别是西藏西南部的狮泉河、定日、日喀则一带,年总辐射量在 7800～8300 MJ·m^{-2}·a^{-1} 之间,是我国年总辐射量的高值区,最大值就出现在青藏高原的西南部地区,与同纬度及其毗邻地区相比,仅次于撒哈拉大沙漠的全球最高值,与西亚、北非等其他地区的年总辐射量相近。

从全球年总辐射量的分布(图 2.5)中可以看出,我国西部地区是同纬度带中的一个高值区,而东部地区则是同纬度带中的一个低值区。因此,我国年总辐射量的分布具有十分显著的东西差异。这一特点在北半球是很突出的。

表 2.4 给出了我国和北半球各地年总辐射量的比较。低纬度地区的中国海口比新加坡的年总辐射量减少大约 480 MJ·m^{-2}·a^{-1},中纬度地区的上海、北京等地,与中高纬度的东京、纽约、索非亚、巴黎、伦敦、莫斯科等地相比,年总辐射量略高或接近。然而,无论低纬度或中高纬度,与地处高海拔的西藏定日比较,年总辐射量减少 2400～4500 MJ·m^{-2}·a^{-1},伦敦比定日减少一半以上。

表 2.4　我国和北半球各地年总辐射量的比较[1]

地点	纬度	经度	海拔 /m	总辐射量 /MJ·m^{-2}·a^{-1}
北　京	39°48′N	116°28′E	32	5480
上　海	31°07′N	121°23′E	8	4650
海　口	20°02′N	110°21′E	15	5260
定　日	28°38′N	87°05′E	4300	8160
东　京	35°41′N	139°46′E	28	4230
纽　约	40°46′N	73°52′W	16	4730
新加坡	1°22′N	103°55′E	32	5740
巴　黎	48°58′N	20°27′E	53	4020
伦　敦	51°08′N	0°19′W	5	3640
索非亚	42°49′N	23°23′E	572	5480
莫斯科	55°45′N	37°34′E	156	3730

太阳能资源一般以总辐射量表示。因此,上述全国年总辐射量的分布也反映了各地太阳能资源的状况。太阳能资源丰富的地区分布在西藏大部,新疆南部,青海、甘肃和内蒙古的西部。太阳能资源较丰富区分布在新疆北部,东北地区以及内

蒙古东部,华北及江苏北部,黄土高原、青海和甘肃东部,四川西部至横断山区以及福建、广东沿海一带和海南岛。东南丘陵地区,汉水流域以及四川、贵州、广西西部等地属于太阳能资源可利用区。川黔地区则为我国太阳能资源贫乏区。

3.时间变化规律

①总辐射的日变化。一般来说,一天中正午前后太阳辐射最强,日出、日落时最小,这是由太阳高度角所决定的。但是,地面总辐射日变化曲线并不对称于正午时刻,这是因为上午和下午大气透明度和云量不同所引起的。夏天,午后的天气比午前混浊而且多云,因此午后的太阳总辐射量较午前小;冬天,由于上午多雾,大气透明度出现相反的情况,因而总辐射到达量下午大于上午。

②总辐射的年变化。在我国,从冬季到夏季随着太阳高度角逐渐增大,白昼时间不断加长,地面接受的太阳总辐射能量也就增多。从夏季到冬季又逐渐减小,表现出明显的年变化特征。如果大气完全透明,则总辐射到达量完全取决于当地的太阳高度角。在这种情况下,北半球太阳总辐射量的最大值应该出现在6月份,最小值出现在12月份,逐月之间的变化是均匀的。然而,实际上由于各地的地理条件以及环流因素的影响,使得各个时期大气中的含水量和透明度有所不同,在一定程度上影响地面总辐射的年变化规律。如图2.7所示。

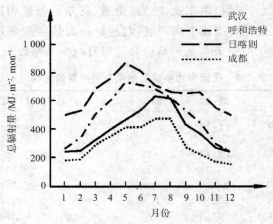

图2.7　我国不同气候区地面总辐射的年变化曲线[1]

太阳总辐射的年变化规律,特别是高值时段的出现时间,是太阳能资源利用和农业生产安排中应该充分考虑的一个方面。因为不同作物的生育期不同,其光能利用率也不相同。一般在作物播种或栽插后光能利用逐渐增大,到开花前后的茂盛生长期达到最大,尔后又逐渐降低,到成熟、收获期逐渐减小为零。如果能使茂盛生长期与总辐射量高值时段相一致,必将得到最好的光能利用效果,从而获得较高的作物产量。在华北以及其他一些地区,小麦等夏收作物抽穗至成熟期,正值太阳总辐射量最大的 5、6 月份，光合作用强，有机物积累多，这也是这些地区灌溉地小麦稳产高产的一个重要原因。

我国北方气候比较干燥，冬夏季节太阳高度角和日长差异较大；南方气候湿润，各季节太阳高度角和日长的差异较小。这表明，我国南方太阳总辐射量的年内分配比较均衡，而北方则集中在夏季；也就是说，我国南方太阳能资源的可利用季节比北方长。我国的作物生长季长度随地理纬度的增大而逐渐缩短，南方热带地区全年都可以生长作物，北部温带作物生长期较短，大多种植一季作物。所以，我国南方比较均匀的太阳总辐射年内分配，更有利于作物全年生长；而北方年内分配比较集中，夏季强度大，可以使生长季作物得到充分的阳光，从而获得较高的产量。这也是我国光热资源在地区和时间上配合较好的一个重要方面。

③总辐射的季节变化。一年中，太阳总辐射的季节变化非常明显。在我国三大气候区中，东部季风气候区的成都、武汉等地（图 2.7），地面总辐射月总量最大值出现在 7、8 月，最小值出现在 12、1 月，两者相差 $310 \sim 380$ MJ · m^{-2} · mon^{-1}；西北干旱区和青藏高寒区，总辐射月总量最大值都出现在 5 月份，最小值出现在 12 月，两者相差 $380 \sim 490$ MJ · m^{-2} · mon^{-1}。

我国东部季风气候区太阳总辐射的季节变化特征为，除了雨季开始比较晚的云南高原太阳总辐射春季（3—5 月）最大（2010 MJ · m^{-2} · quar^{-1}）、秋季（9—11 月）最小（1290 MJ · m^{-2} · quar^{-1}）以外，其他地区的太阳总辐射均为夏季（6—8 月）最大（$1350 \sim 1770$ MJ · m^{-2} · quar^{-1}）、冬季（12—2 月）最小（$530 \sim 840$ MJ · m^{-2} · quar^{-1}）。

在我国西北干旱区和青藏高寒区内，全年降水量不大，夏季降水较少，晴天较多，各地太阳总辐射量一般在 $2000 \sim 2500$ MJ · m^{-2} · quar^{-1} 之间。春季总辐射也比较丰富，各地大多在 1600 MJ · m^{-2} · quar^{-1} 以上。冬季是一年中太阳总辐射量最小的季节，西北干旱区一般不足 1000 MJ · m^{-2} · quar^{-1}，青藏高寒地区在 1000 MJ · m^{-2} · quar^{-1} 以上，狮泉河达到 1350 MJ · m^{-2} · quar^{-1}。

④极值出现时间。我国幅员辽阔，大气环流变化和地理环境差异很大，各地所获得的太阳总辐射量也不相同，其差异主要取决于当地的云量状况和大气透明度。就地面总辐射的极值出现时间来说，由于冬季环流比较均匀，最小值一般出现在每年的 12 月或 1 月，西藏高原和东南沿海个别地区出现在 2 月，仅云南西部受西南季风影响而出现在 7 月。夏季受东南季风和西南季风的影响，从初夏到盛夏多雨带由华南推移到华北和东北地区，致使总辐射最大值的出现时间各地很不一致。华南地区出现在前汛期（5、6 月）和后汛期（8 月）之间的 7 月份，长江流域出现在梅雨后的 7 月，而华北地区在雨季前的 6 月，东北地区则在 5 月份出现，我国东部地区总辐射最大值出现时间表现为随纬度增高而提前。西部地区恰好相反，总辐射

最大值出现时间随纬度增高而推迟,云南在雨季前的 3—4 月、西藏高原在 5 月、新疆地区在 6—7 月份出现。

　　⑤年变化幅度。地面总辐射量的年变化幅度主要与地理纬度有关;高纬度地区太阳高度角及日长的年变化比低纬度地区大,所以,总辐射的年变化幅度从低纬度向高纬度增大。在我国,由于受海洋的影响,夏季云量由南向北、由东到西而减小,这不仅增加了总辐射量年变幅由南向北增大的差异,而且还形成了我国西部地区总辐射年变化幅度明显大于东部地区的特征。另外,云南地区由于夏季受西南季风的影响,总辐射量的年变化幅度为全国最小。

　　4. 变化趋势和变化周期

　　地球大气上界太阳辐射的长期变化很小,而到达地面的太阳辐射量的变化则比较大。造成这种差别的主要原因是大气对太阳辐射的吸收、反射和散射作用,与大气成分、云量、大气中的水汽以及悬浮物等含量的长期变化密切相关。太阳辐射是引起全球气候变化的重要因子之一,人们已经注意到北半球(包括我国广大地区)在近几十年内到达地面的太阳总辐射有下降趋势,而且我国地面总辐射的长年变化中存在着不同尺度的变化周期。

　　导致到达地面太阳辐射的削弱,有自然因素也有人为因素的影响。自然因素包括火山爆发、森林和草原火灾等,火山爆发对太阳辐射的影响,主要是通过喷发到平流层的火山灰和硫化气体所形成的火山云在高空长期飘浮时对太阳辐射直接吸收和散射的结果。人为因素包括燃烧燃料、破坏自然植被等人类生产和生活活动,造成大气中的气溶胶含量不断增加,致使到达地面的太阳总辐射和直接辐射的逐渐减少。

　　图 2.8 基本上反映了我国地面总辐射量的多年变化特征[21]。就全国平均而言,1960—1990 年期间地面总辐射量表现为波动式下降趋势,平均每年减小约 0.37%。与此相反,同期全国产煤量却几乎是直线上升,我国大气中硫化气体含量、大气浑浊度也呈逐年上升趋势。这些都表明,产煤量和燃煤消耗量的逐年增加可引起大气中气溶胶粒子的增多,而大气浑浊度不断增加是我国地面总辐射逐年减少的一个重要因素。

　　查良松[22](1996)曾分析了我国地面总辐射变化量的全国分布特征。结果表明,春季,全国绝大部分地区地面总辐射都趋于减少,并在云贵高原和江南地区形成一减少带。夏季,地面总辐射量减少明显,减少量东部大于西部,长江流域是一个显著的减少带并分别向南、北方向延伸,减少量最大中心分别位于四川盆地和江淮地区;全国 58 个日射站的地面总辐射平均变化趋势为 $-16.8 \text{ MJ}/(\text{m}^2 \cdot 10\text{a})$,其中南京、合肥等地则以 $65 \text{ MJ}/(\text{m}^2 \cdot 10\text{a})$ 的趋势递减。秋季,四川盆地的减少中心已经消失,长江中下游的减少中心向东萎缩,减少量绝对值变小。冬季,地面

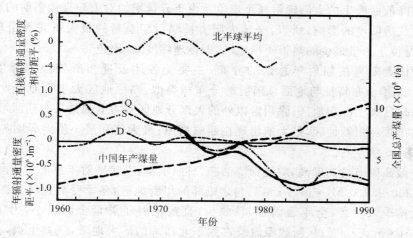

图 2.8 全国平均地面总辐射、直接辐射、散射辐射量和年产煤量的年际变化[21]

总辐射的主要减少区域位于黄河以南、南岭以北地区。

地面总辐射的周期性变化特征也比较明显,不仅具有月际变化周期,而且存在年际、年代际变化周期。丁裕国等[23](1991)利用重建的我国近百年地面太阳总辐射时间序列,分析得出 30a 以上、10~15a 和 5~7a 的年代际、年际变化周期。孙卫国等[21](1997)采用谱分析方法得出我国部分测站地面总辐射月总量的月际短周期变化,结果如表 2.5 所示。

表 2.5 我国部分测站地面总辐射月总量的变化周期($\alpha \geqslant 0.10$)[21]

站名	周 期 /月				
哈尔滨		5.9	4.0	3.7	2.6
北京	7.5	5.8	4.2		2.5
上海		5.8		3.6	2.6
杭州		5.7		3.8	2.5
福州		5.6		3.7	2.6
广州		5.7		3.9	2.9	2.5
武汉		5.8	4.1	3.2	2.5
郑州		5.4		3.6	2.6
成都		5.9	4.1	3.7	2.5
格尔木		5.8		3.8	2.7

2.3.2 太阳直接辐射

到达地表的太阳直接辐射量的分布特征与云量、大气透明度的地理分布有关。地球上云量的分布除了副热带地区以外,一般都是从赤道向极地方向逐渐增大的,同时大气透明度也随地理纬度的增大而增大,其结果似乎可以补偿因太阳高度角随纬度降低而产生的太阳辐射减小现象。由于云量增加对太阳直接辐射的影响超过了大气透明度的影响,所以,全球太阳直接辐射年总量的最大值并不出现在赤道,而是位于云量最少的热带干旱地区,即地理纬度 20°附近。

我国太阳直接辐射年总量的分布,主要受各地云量和所处地理纬度的影响[24]。基本分布特征与地面总辐射的分布相类似,高原地区大于平原和盆地,气候干燥地区大于湿润地区;除川黔以外的大部分地区基本上都是从东到西增大的;最小值出现在川黔地区,最大值出现在西藏高原;最大值和最小值差异明显,两者相差可达 5 倍左右。

青藏高原海拔高度高,空气稀薄洁净,日照丰富,直接辐射年总量为全国最大,高达 4200～5800 MJ·m^{-2}·a^{-1};与之毗邻的川黔地区,冬季受静止锋的影响,夏季受西南季风侵袭,全年云雨多,日照少,直接辐射年总量全国最小,为 1200～1700 MJ·m^{-2}·a^{-1};从新疆经内蒙古到东北西部的广大地带,气候干燥,多晴朗天气,虽然纬度较高,直接辐射年总量仍是全国较大区,大约为 2900～4200 MJ·m^{-2}·a^{-1};我国热带地区及东南沿海则因所处地理纬度较低,直接辐射年总量大于江南地区,一般都在 2900 MJ·m^{-2}·a^{-1} 以上。

各地太阳高度角的变化决定了太阳直接辐射的日变化和年变化。日变化的一般规律为:一天中太阳直接辐射最大值出现在正午,并随太阳高度角的降低而减小,日出、日落时为零。由于午前和午后大气透明度和云量状况的不同,日变化曲线并不对称于正午。

太阳直接辐射到达量具有明显的年变化,但由于各地的环流特征和水汽分布不同,其变化特征也有所不同。直接辐射的极值出现时间与地面总辐射相一致,最小值一般出现在 12 月或 1 月,西藏高原和东南沿海个别地区出现在 2 月,云南西部受西南季风影响出现在 7 月。最大值的出现时间差异较大,主要取决于当地的云量状况和大气透明度;我国西部地区直接辐射最大值的出现月份随纬度的增高而落后,东部地区随纬度增高而提前。年变化幅度虽然因地区而异,但基本特征是高纬大于低纬,西部大于东部。高纬度地区大于低纬度地区的原因主要是日照时数的冬、夏季差异所致,而西部大于东部则是因为东部地区夏季多云雨减弱了直接辐射的结果。

就全国平均而言,到达地面的太阳直接辐射量的多年变化特征也呈波动式下降趋势(图 2.8),平均每年递减 0.64%。直接辐射变化量的全国分布特征是:春季,全国绝大部分地区直接辐射都趋于减少,并在云贵高原和江南地区形成一个减少带;夏季,减少量的绝对值东部大于西部,长江流域为一显著的减少带,上海、南京、合肥和宜昌等地的太阳直接辐射量变化趋势在 −900 MJ/(m^2·10a)以下;秋季,直接辐射变化量的绝对值比夏季小,长江流域的减少带萎缩到 115°E 以东;冬季,太阳直接辐射减少中心位于华北平原、长江中下游平原、江南丘陵地区和河套西部地区。

就全年地面总辐射中直接辐射分量所占比例来看,直接辐射占总辐射的百分比以西藏高原为最大,达到 70% 左右;其次是沙漠和草原地区,大约为 60%～65%;比例最小的是云雨最多的川黔地区,直接辐射仅占总辐射量的 40% 左右,长江中下游及华南地区为 50%。这表明高原及干燥地区太阳直接辐射对地面热量供给的作用比散射辐射更重要,长江流域和华南地区两者处于同等地位,而川黔地区直接辐射甚至低于散射辐射的作用。

2.3.3　散射辐射

地表获得的散射辐射量的地理分布与云量、太阳高度角的地理分布有关。因为太阳高度角和云量随纬度的增大而出现相反的分布趋势,同时又受昼长和季节变化的影响,其结果使得散射辐射年总量随纬度的分布比较复杂,缺乏有规律性的变化。总体上,全球散射辐射年总量的经向变化不大,约为 1500～2000 MJ·m^{-2}·a^{-1}。然而,散射辐射到达量在地球能量平衡中所起的重要作用却是不容忽视的。由于太阳直接辐射到达量随纬度增大而明显减少,所以散射辐射愈向高纬度地区愈显得重要;尤其是在极地地区,散射辐射总量往往会大于甚至远大于直接辐射总量,成为极地热流入量的主要来源。

我国散射辐射年总量的分布特点是南部大于北部,西部大于东部;最大值出现在新疆塔里木盆地,最小值出现在我国北部。全国分布比较均匀,变化范围在1700～2900 MJ·m^{-2}·a^{-1}。在我国东部地区,南方日照时间长,水汽含量和云雨多,结果是散射辐射年总量南方大于北方,随纬度增高而减低。在我国西部地区,最大值出现在新疆塔里木盆地,并由此往南、北两个方向减少;青藏高原散射辐射量随海拔高度增大而减小。

散射辐射的日变化规律一般与太阳直接辐射相反,夏季下午大于上午,冬季上午大于下午,与大气中水汽含量的多少有关。由于散射辐射日变化不如直接辐射强烈,因此相对于直接辐射而言,散射辐射在太阳高度角较低时反而更加重要。

我国各地散射辐射季节变化的基本特征是,西北地区春季最大,其他地区夏季最大,全国都是冬季最小。由于我国地处东亚季风区,从冬到夏太阳高度角逐渐增大,白昼时间逐渐变长,夏季受海洋季风影响,大气中水汽含量多,所以夏季大于冬季;春季气旋活动频繁,云量较多,而秋季天高气爽,以晴天为主,所以春季大于秋季。极值出现时间全国范围内变化不大,最小值几乎都出现在 12 月份,最大值一般在 6—7 月份出现,西北和华北地区多风沙天气为 5 月,华南为 5 月,华东、华中地区为 6 月,东北及西藏为 7 月,都是发生在各地云雨最为集中的月份。

各地散射辐射的年际变化比较复杂。就全国平均来说,变化趋势并不明显(图

2.8)，散射辐射年总量在多年平均值上下呈波动式摆动。而区域平均变化又可分为4种类型[21]，东北为上升型，新疆为平稳型，华北地区为小波动型，长江中下游为大波动型；华南地区的散射辐射量具有与长江中下游地区相类似的变化趋势。查良松[22]（1996）认为，我国东北、华北绝大部分地区以及西北、华南部分地区、华南沿海和云贵高原西侧的散射辐射量是增大区，长江中下游流域、河套和华南部分地区为减少区。而且，春季散射辐射量在华北的增大区向南延伸，江南的减少区南退，减少量的绝对值变小；夏季我国东部和北部地区散射辐射量基本上是增大的，其他地区以减少为主；秋季我国东部的增大区向华北退缩，华南转变成增大区；冬季华北地区和华南沿海部分地区为散射辐射增大区。

　　散射辐射年总量占总辐射年总量的比例，除了与太阳高度角、大气混浊度有关以外，云量的大小及其变化对该比例也会产生很大影响。在我国高原地区，散射辐射占总辐射的比例仅为30%左右；西北气候干旱，草原及沙漠地区约为40%；华北和东北地区大约为40%～45%左右；长江中下游及其以南的气候湿润地区为50%；比例最大的是川黔地区，高达68%。散射辐射在云雨较多的地区比直接辐射占有更重要的地位，而在干燥地区却并不显著。由此可见，我国亚热带气候区域的散射辐射量也是非常重要的能量资源。

2.3.4　日照与日长

　　日照条件通常以测点受太阳照射的时间来表示。某地太阳可能照射的时数取决于地理纬度的高低，并随季节的转变而有所不同。但实际上一地日照时数的长短，不仅取决于地理纬度，而且在很大程度上取决于天气的阴晴和云量的多少。因此存在可能日照时数和实际日照时数两种数值。

　　日照有日照时数和日照百分率两种指标。实际日照时数反映一地实际日照时间的绝对值，单位为h（小时）；日照百分率表示实际日照时数与可能日照时数的相对值，单位为百分比（%），它能够反映一地因天气原因而减少的日照数量。

　　1. 日照的地理分布

　　我国年日照时数的地理分布和云量的分布相反，东南少而西北多，从东南向西北增加。如图2.9所示。年日照时数最大值出现在内蒙古西北、青海北部和西藏西部，我国年日照最多的台站是青海的冷湖，高达3550.0 h，平均每天10h日照。年日照时数最小值出现在四川盆地西部和滇东北地区，我国日照最少的台站为四川的峨眉，仅946.8 h，平均每天2.6h。

　　我国年平均日照时数大约在1200～3400 h之间。内蒙古西部、甘肃西北、南疆东部、青藏高原等地，全年干旱少雨多晴天，日照时数都在3000～3200 h，特别是内蒙古西北部、青海北部、西藏西部等地，年日照时数高达3400 h以上，是我国日照时数最多的地区。长江中上游、四川盆地、贵州高原、南岭山地等广大地区，气

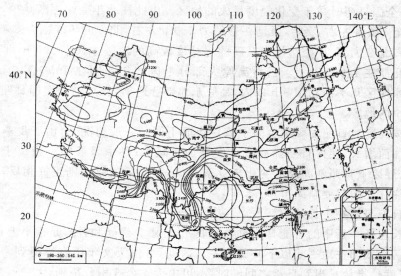

图 2.9 我国年日照时数(h)的地理分布[1,24]

候湿润,云雨较多,年日照时数为 1200～1800 h,为我国日照时数最少的地区。其余地区,如东北、华北、长江中下游、东南和华南沿海及其岛屿,除局部山地外,年日照时数普遍在 2000～2600 h 之间,基本上能够满足各种植物生长发育的需要。

我国年日照百分率的分布特征表现为川黔地区是全国日照百分率的一个低值中心,最小值出现在云南的盐津和四川的马边,仅 21%,是我国年平均日照百分率最低的台站。由川黔地区的低值中心向四周日照百分率逐渐增加,渭河、汉水、长江下游及东南丘陵地区,日照百分率小于 50%,淮河流域为 50%～60%,黄河下游和海河流域为 60%～70%,内蒙古在 70% 以上,东北山地为 50%～60%,辽河上游高达 70% 左右。青藏高原地区以藏东南日照最少,年日照百分率为 40%;由此向西、向北日照百分率增大很快,日喀则以西大于 70%,祁连山地在 60%～70% 左右,柴达木盆地日照百分率高达 70%～80%。西北地区的日照资源非常丰富,是我国日照条件最好的地区之一;甘肃、新疆的戈壁沙漠地区日照百分率大于 70%,新疆其他地区为 60%～70%;天山山地因云雨天气较多,日照百分率在 60% 以下。

2. 日照的季节变化

日照时数的年变化规律一般为冬季 12—2 月最小,夏季 6—8 月最大,尤其是在北方更为显著。西北、华北、青藏高原北部,春季日照时数大于秋季;东南沿海、长江中下游、四川盆地、贵州高原等地,一般秋季日照时数大于春季。

日照时数的年变化幅度主要受各地气候特征因素的支配。湘赣地区冬春阴雨连绵,日照很少,盛夏伏旱多晴热天气,日照资源相当丰富,年较差可达 180～200 h

以上,是全国日照时数年变化幅度最大的地区。由此往北年变幅逐渐减少,至长江一线减至 140 h 左右,秦岭、淮河一带约为 100 h 左右,北方的年变幅大多不足 100 h,只在黑龙江大部、中蒙边境以及新疆等纬度较高的地区才大于 100 h,北疆和大兴安岭北部在 140 h 以上。云贵高原大部分地区的年变幅在 100～140 h 之间。青藏高原地区几乎都在 100 h 以内,高原东北部普遍不到 60 h,是全国日照时数年变化最小的地区。

海拔高度对日照的影响也因季节转换而不同。一般情况下,由于夏季云量随高度增加而增大,使得日照随海拔高度增加而减少;冬季因云层一般位于山脉中部,在云层以下日照随高度的变化与夏季相似,而在云层以上则正好相反,所以冬季山顶往往比山麓要晴朗得多。

3. 日长与植物生长期

日长包括一天中的可能日照时数和晨光、昏影。晨光和昏影是指早上日出前、晚上日落后太阳在地平线以下 6° 的这一段时间,可由天文年历查算得到。通俗地说,日长就是指从日出到日落之间的时数,可由天文公式积分得到。

日长随纬度和季节而变化。夏半年日长随纬度增高而延长,到极圈太阳终日不落,形成极昼;冬半年相反,至极圈终日不见太阳,形成极夜。春分和秋分日,世界各地日长均为 12 h,昼夜相等。在北半球,夏至日日长最长,往后逐渐缩短,到冬至日日长最短。日长随纬度和季节有规律地变化,夏半年日长随纬度增高而变长,冬半年日长随纬度增高而变短,因而日长年变化幅度随纬度的增高而增大。

我国地域辽阔,南北跨越 50 个纬度。夏半年黑龙江最北部 54°N 左右日长达 17 h,而最南部曾母暗沙日长仅 12 h;冬半年我国最北部日长只有 7 h,最南部仍接近 12 h。无论冬、夏,南北日长相差均达到 4～5 h。在一年中,日长的季节变化随纬度增高而增大。在我国接近赤道的最南部地区,全年日长变化很小,即使在冬、夏至,日长亦达 12 h 左右。而我国最北部,冬至日和夏至日日长相差高达 10 h 左右。我国绝大部分地区,日长年变化在 3～8 h 之间,中纬度地区(30°～40°N)一般为 4～6 h。

我国各界限温度生长期的日长变化随纬度增高而延长,这是因为生长期随纬度和海拔高度增高而缩短,出现时段向夏季集中所致。表 2.6 反映了我国南方和北方部分地区日照时数的差异。从生长期日长来看,我国南方日长季节变化较小,有利于作物周年均衡生长,我国北方日长较南方长 2～3 h,从而使生长期较短的北方增加了光合作用的时间,有利于单季作物高产。我国各地不同季节显著的日长变化是植物种类和品种繁多的根本原因。在日长不同的地区和季节,既可生长长日性植物,又可生长短日性植物。鉴于我国不同地区和季节日长的明显差异,各地在作物的季节安排、品种选择、引种调种时应予以充分考虑。同样,在城市规划、建筑设计和太阳能开发利用上也应注意日长的这一特征。

表 2.6　我国部分地区的日照时数(h)[24]

地点	年		≥0℃期间		≥10℃期间		≥15℃期间	
	总量	日平均	总量	日平均	总量	日平均	总量	日平均
广州	1904	5.2	1904	5.2	1767	5.3	1483	5.6
长沙	1671	4.6	1628	4.7	1304	4.4	1130	5.9
南京	2171	5.9	1998	6.1	1478	6.5	1199	6.8
成都	1258	3.4	1258	3.4	1004	3.9	833	4.3
郑州	2374	6.5	2067	6.8	1547	7.2	1214	7.4
北京	2787	7.6	2155	8.0	1648	8.3	1346	8.4
哈尔滨	2628	7.2	1672	7.9	1182	8.1	870	8.2
拉萨	3019	8.3	2240	8.3	1159	7.9	177	7.7
乌鲁木齐	2781	7.6	2065	9.0	1540	9.6	1253	9.8

2.4　太阳能与作物生产

太阳辐射在植物生命过程中的巨大作用,主要表现在 4 个方面:太阳辐射能是植物制造有机物的唯一能源;是植物环境条件的重要组成部分和影响因素;不仅影响植物的发育过程,而且对植物的形态特征产生很大影响;太阳能也决定了地区作物的生产潜力。

2.4.1　光合有效辐射

1. 光合有效辐射的概念

不同波长的太阳辐射对植物所起的作用不同。波长为 0.72~1.0 μm 的红外光对植物起伸长作用,其中 0.7~0.8 μm 的近红外光对光周期和种子形成具有重要作用,并控制开花和果实的颜色。0.315~0.4 μm 的近紫外光起成形作用,能使植株矮化和叶片变厚。$\lambda < 0.315$ μm 的近紫外光具有杀伤作用,而 $\lambda > 1.0$ μm 的近红外光不参与生化反应,但具有热效应,对提高环境温度有一定作用。

光合有效辐射(Photosynthetically Active Radiation)是指植物光合作用所需要的一定波长范围内的太阳辐射能量,它是形成植物干物质的能量来源。在太阳总辐射光谱中,可见光谱的波长为 0.4~0.76 μm,大体上与绿色植物能够吸收的波长 0.4~0.75 μm 的辐射能相当,对植物有实际意义,能够参与光合成,具有光合效应;所以,称为光合有效辐射。

植物在制造有机物过程中,对太阳辐射能的吸收和利用具有一定的选择性。实验表明,叶绿素吸收太阳辐射的光谱区与光合作用效率的高值区相吻合。植物的光合作用光谱有两个高值区,分别位于红橙光波段和蓝紫光波段。大量试验证明,植物在波长为 0.3~0.8 μm 光谱的作用下完全可以生长发育。因此,植物生理学家把 0.3～0.8 μm(即 300～800 nm)波长范围内的太阳辐射称为生理辐射或生理有效辐射;而把 0.38～0.71 μm(也有人取0.40～0.70 μm)波长范围内的太阳辐射称为光合有效辐射。

　　2.光合有效辐射的计算

　　光合有效辐射是一种重要的气候资源,是光合潜力、潜在产量和作物生产模型研究中不可缺少的基础数据。由于光合有效辐射目前尚没有被列入常规日射台站的观测项目,所以在气候资源分析中,大多采用气候学方法来计算光合有效辐射量,通常有理论方法和经验方法两种。

　　到达地面或农田的光合有效辐射是太阳短波辐射的一部分,由直接光合有效辐射和散射光合有效辐射两部分组成。根据直接辐射和散射辐射强度的理论公式,对光合有效辐射的波长范围进行数值积分,即可得到光合有效辐射总量的理论计算公式[25]。

　　任一时刻到达地面或农田水平面上的光合有效辐射强度可表示为

$$Q_{PAR} = \int_{0.38}^{0.71} Q_\lambda \, d\lambda = \int [(1-K)S_\lambda + KS_\lambda(O_3, g, W)] \sin h \, d\lambda \qquad (2.42)$$

式中,$S_\lambda(O_3, g, W)$ 为大气中不含分子和尘埃散射的单色光太阳直接辐射强度;K 为表示地面反射特性和天气条件对散射辐射影响的系数;晴天时取 $K=0.5$,其他天气条件下为 $K=0.5\sin(h/3)$。理论上,如果从日出时刻积分到日落时刻,即可得到任一地点任一天的光合有效辐射日总量。

　　实际工作中,通常采用气候学方法计算光合有效辐射,这些经验公式都是根据太阳分光谱辐射的理论计算或在光合有效辐射实际测量的基础上建立起来的。大量观测结果表明,太阳总辐射中光合有效辐射所占比例具有相当的稳定性,但不是常数。最常用的经验形式为

$$Q_{PAR} = aQ \qquad (2.43)$$

式中,Q_{PAR} 为光合有效辐射($W \cdot m^{-2}$),Q 为太阳总辐射,a 称为光合有效辐射换算系数,即光合有效辐射与太阳总辐射之比。

　　刘洪顺[26](1980)、谢贤群[27](1985)等都曾根据光合有效辐射和太阳总辐射日总量的观测资料,提出线性关系式为

$$Q_{PAR} = aQ + b \qquad (2.44)$$

式中,a、b 为随季节变化而不同的经验系数。朱志辉[28](1985)根据总辐射和日照百分率之间的关系,提出的经验公式为

$$Q_{PAR} = Q(a + bS_1) \qquad (2.45)$$

　　长期以来,植物生理学家一直将太阳总辐射的1/2作为可见光能量,即相当于光合有效辐射;所以,国外学者大多取 $a=0.5$。国内学者根据不同时间、不同地

点、不同天气条件下获得的实验资料,认为 a 不是一个常数;其变化范围[28]为 0.47～0.52。

已有的研究结果表明,光合有效辐射换算系数受天文因子和气象因子的综合影响,a 值随太阳高度角、大气透明度、水汽含量以及云量等天气条件的变化而不同。就天文因子而言,太阳高度角的变化改变了太阳光线的光学路径长度,造成空气分子、气溶胶粒子和水汽等散射和吸收物质的量的变化,从而改变了太阳光谱结构,也改变了光合有效辐射在总辐射中所占的比例。就气象因子而言,大气透明度的增大必然使 a 值有所增大;而大气中水汽含量和云量的增多,增大了对红外辐射的吸收作用,从而使 a 值增大。所以,一般认为 a 值阴天大于晴天,雨天大于阴天[29];夏季大于冬季[30~31],随太阳高度角的增大而增大[26]。

对于某一具体地点,a 值的日变化和年变化则取决于该地点的地理位置和气候状况。周允华等[32](1996)曾利用山东禹城生态实验站的观测资料得出各月光合有效系数 a 的逐时平均值(表 2.7),并分析了其月平均值的日变化和年变化特征。结果表明,a 值具有明显的年变化,夏季月份不同时刻的月平均值与冬季月份相比存在显著差异,最大相对误差达 20%;而在同一月份,一天中太阳高度角较高时,a 值的变化并不大;而在早晚太阳高度角较低时,a 值有减小的趋势。显然,若将 a 取成常数,必然会引起光合有效辐射计算的系统误差。

表 2.7　禹城各月 a 的逐时平均值[32]

年	月	时间(地方时)											
		7	8	9	10	11	12	13	14	15	16	17	18
1991	4	0.36	0.41	0.43	0.44	0.44	0.45	0.45	0.45	0.44	0.43	0.40	0.32
	5	0.44	0.47	0.47	0.47	0.47	0.48	0.48	0.48	0.48	0.47	0.46	0.43
	6	0.47	0.48	0.49	0.57	0.54	0.53	0.53	0.54	0.53	0.54	0.53	0.49
	7	0.47	0.50	0.51	0.52	0.53	0.51	0.51	0.51	0.52	0.51	0.49	0.45
	8	0.44	0.49	0.51	0.52	0.52	0.51	0.51	0.52	0.53	0.51	0.48	0.41
	9	0.36	0.43	0.44	0.45	0.46	0.47	0.45	0.45	0.45	0.44	0.40	0.28
	10	0.41	0.44	0.45	0.45	0.46	0.46	0.46	0.46	0.46	0.46	0.46	
	11		0.41	0.42	0.42	0.43	0.44	0.43	0.43	0.44			
	12		0.41	0.42	0.42	0.42	0.43	0.44	0.42	0.43			
1992	1		0.39	0.42	0.43	0.42	0.43	0.43	0.43	0.42	0.42		

张佳华等[33](2000)在建立遥感 — 光合作物产量机理模型时,直接以遥感信息获取吸收光合有效辐射,结合文献结果[34]并通过进一步分析认为,黄淮海平原的冬小麦在拔节、抽穗期 $a = 0.44$,开花期 $a = 0.49$,灌浆、成熟期 $a = 0.48$。所以,对于作物的不同生育期也应取不同的 a 值。

由于光合有效辐射在太阳直接辐射和散射辐射中占有相当大的比重,所以,

Н. А. Ефимова[35]（1963）提出计算光合有效辐射的一般形式为

$$Q_{PAR} = K_S S + K_D D \tag{2.46}$$

其中，S 为水平面上的直接辐射，D 为散射辐射；K_S 和 K_D 分别为直接辐射和散射辐射换算成光合有效辐射的换算系数，随太阳高度角、大气混浊度和天气条件而变化。在中等大气透明度、太阳高度角不低于 $30°$ 时使用的经验公式为

$$Q_{PAR} = 0.43S + 0.57D \tag{2.47}$$

该式在我国应用非常广泛。据验证[26]，该式适用于计算年、月或生长期等长时间段的光合有效辐射量，但不宜用于短时间内的计算。

周允华[36]（1984）从辐射传输方程出发，在分析了影响光合有效辐射的主要气象因子后，建立的经验公式为

$$Q_{PAR} = (0.39 \pm 0.04)S + (0.49 \pm 0.04)D \tag{2.48}$$

此外，利用地面绝对湿度和总辐射建立的半经验半理论公式为

$$Q_{PAR} = (0.384 + 0.053 \lg e^*)Q \tag{2.49}$$

式中，e^* 为经过气压订正后的地面绝对湿度。研究结果表明，光合有效辐射换算系数 a、K_S、K_D 随太阳高度角、地理纬度和季节、天气条件而变化。主要表现为：①K_S、K_D 随太阳高度角 h 的增大而减小，且 h 较小（$h < 30°$）时变化速度较快。②K_S 夏季最大，春秋季次之，冬季最小，低纬度地区大于高纬度地区，高原大于平原。K_D 秋冬季大于春夏季，低纬度地区大于高纬度地区。a 在夏秋季略高于冬春季，低纬度地区略高于高纬度地区。③空气湿度和云量对 K_S、K_D 都有影响，a 随云量的增大而增大。

陆—气圈中物质与能量交换的核心过程是植物的光合作用，而光合有效辐射是影响光合作用过程的关键因子，在不同的陆地生态系统模型中，都是非常重要的输入参数。近年来，随着卫星资料和遥感技术的利用，光合有效辐射的确定方法也有了新的发展。例如，刘荣高等[37]（2004）以 MODIS 卫星数据为基础，反演晴空条件下影响光合有效辐射的大气因子参数、大气降水量、气溶胶等，提出了根据辐射传输方程反演高分辨率的陆地光合有效辐射的方法。

3. 光合有效辐射的分布

Н. А. Ефимова[35]曾详细分析了全球各月以及生长季节（日平均气温≥10℃）光合有效辐射的分布特征。全球陆地平原地区光合有效辐射年总量的纬向分布特征比较明显，但在山区这种纬向分布受到破坏。极地海岛上光合有效辐射年总量为 1257 MJ·m^{-2}·a^{-1}；中纬度地区为 2095～2514 MJ·m^{-2}·a^{-1}；亚热带和热带沙漠地区最高可达 3352～3771 MJ·m^{-2}·a^{-1}。生长季内光合有效辐射的分布表明，冻土和森林冻土带为 419～629 MJ·m^{-2}·a^{-1}，森林带为 838～1257 MJ·m^{-2}·a^{-1}，亚热带荒漠和半荒漠地区升高到 3352～3771 MJ·m^{-2}·a^{-1}，而热带

雨林地区光合有效辐射年总量下降到 $2933\sim3352$ MJ·m^{-2}·a^{-1},赤道雨林地区为 $2933\sim3143$ MJ·m^{-2}·a^{-1}。在北半球的大陆东部边缘地区,由于季风影响,光合有效辐射年总量比同纬度其他地区低。

我国光合有效辐射年总量的分布与太阳总辐射年总量的分布特征基本相似,最小值出现在川黔地区,最大值出现在西藏高原的南部边缘,年总量变化范围在 $1467\sim3771$ MJ·m^{-2}·a^{-1} 之间。由图 2.10 可见,2400 MJ·m^{-2}·a^{-1} 等值线自内蒙古东部经北京向南在河套东南过黄土高原,沿川西高原东缘南下至云南南部边境。此等值线以东的东北地区、华北平原大部、长江中下游平原、东南及华南沿海和岛屿,光合有效辐射年总量在 $2000\sim2600$ MJ·m^{-2}·a^{-1} 之间;长江中上游、秦岭山地、云贵高原、四川盆地等地区为 $1800\sim2200$ MJ·m^{-2}·a^{-1},是我国光合有效辐射的低值区。此等值线以西的内蒙古高原中西部、河西走廊及新疆大部分地区光合有效辐射年总量为 $2400\sim2800$ MJ·m^{-2}·a^{-1},青藏高原全境在 2800 MJ·m^{-2}·a^{-1} 以上,其中狮泉河、拉萨、定日等地高达 $3200\sim3400$ MJ·m^{-2}·a^{-1} 以上,是我国光合有效辐射的高值区。从全国来看,光合有效辐射年总量南北相差不大,东西差异非常明显,东部季风区虽然受局部地形影响,但等值线基本上呈东北—西南走向;而西部干旱区光合有效辐射的等值线分布,由于受横断山脉、西藏高原等大地形以及西南季风的影响而变得非常复杂。

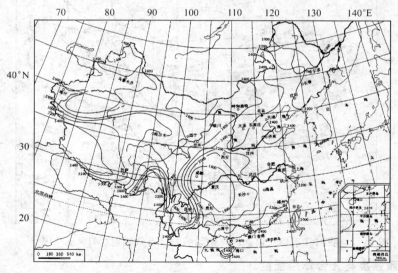

图 2.10　我国光合有效辐射年总量(MJ·m^{-2}·a^{-1})的分布[1,38]

绿色植物利用太阳光能将所吸收的二氧化碳和水转化为有机物质,温度是一个重要的条件;即使是喜凉、耐寒植物,也必须萌芽生长才能进行光合作用。青藏高原地区光合有效辐射年总量虽然比较大,但日平均气温≥0℃期间高原中西部的光合有效辐射量仅在 1400～1800 MJ·m⁻² 之间,比东北地区的 1200～1800 MJ·m⁻² 略高一些。≥0℃期间光合有效辐射在藏南谷地、云南高原北部的金沙江河谷、台湾和海南岛西南部为 2600 MJ·m⁻²。光合有效辐射年总量最小的贵州高原和四川盆地地区,由于地形屏障作用和所处纬度较低,≥0℃时期较长,光合有效辐射总量大约为 1600～2000 MJ·m⁻²,其余各地基本在 2000～2400 MJ·m⁻² 之间。相比之下,≥0℃期间我国西南地区的光合有效辐射远比东北地区大,这对植物生长发育和合成有机物质更有好处。

从日平均气温≥10℃喜温作物生长期的光合有效辐射分布(图 2.11)来看,华南沿海及其岛屿、云南高原南部及其西南部的低海拔河谷的光合有效辐射为 2000～2400 MJ·m⁻²;华北平原、长江中下游平原、四川盆地、贵州高原、黄土高原、内蒙古中西部、河西走廊、新疆大部都在 1400～1800 MJ·m⁻² 之间;东北地区、内蒙古东部、新疆部分地区为 800～1200 MJ·m⁻²;青藏高原的柴达木盆地、藏南谷地也达到 1000 MJ·m⁻² 左右,但高原中西部地区因地势高,全年日平均气温没有稳定通过 10℃时期,所以光合有效辐射量为零,基本上没有种植业。

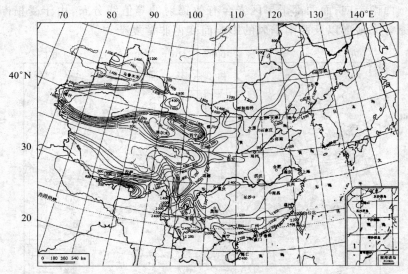

图 2.11 我国日平均气温≥10℃期间的光合有效辐射(MJ·m⁻²)[1,38]

2.4.2 光照强度与光合作用强度

太阳辐射强度直接影响植物的光合作用。在一定的光照强度范围内,植物的光合作用随光强的增加而增大;但是,当光强超过某一限度时,即使光照强度再增加,光合作用的强度也不再增加,此时的光照强度称为光饱和点;当光强减弱到某一限度时,光合作用强度与植物呼吸强度恰好相等,即观测不到二氧化碳的吸收和放出,此时的光照强度称为光补偿点。

1.单叶的光合曲线

光照强度与光合作用强度之间的关系,如图 2.12 所示。由图可见,C_4 植物(甘蔗、玉米)的光饱和点都比较高,木本植物(榉、糖槭)的光饱和点比草本植物(鸭茅)低。光合作用强度 P 与光照强度 I 之间符合双曲线关系,可表示为

$$P = bI/(1+aI) \tag{2.50}$$

由该式可知,当受光强度很大时,$P \to b/a$,光强达到饱和点,b/a 即为光饱和值;而当受光强度很弱时,$P \to bI$,光合作用强度与受光强度成正比,比值就是光合曲线的斜率。

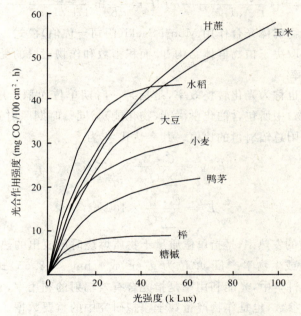

图 2.12　不同植物的光合曲线(CO_2 浓度 0.03%)[39]

必须指出,在自然条件下植物叶面上的光强并不是固定不变的。投射到叶面上的光照强度除了受天空中云状、云量的影响以外,还会因近地层风的影响造成植物叶片的摇摆,使得叶面上接受的光强发生变化。

2.植物群体的光合作用模式

一般来说,构建植物群体的光合作用模型估算植物的平均光合作用速率,应该以其单叶光合作用为基础,然后考虑时间和空间要素进行积分。

单叶的光合作用强度 P 与其呼吸强度 r 之差,称为植物的单叶净光合作用强

度 P_N；可表示为

$$P_N = \frac{aI}{1+bI} - r \qquad (2.51)$$

植物群体中光强的垂直分布与植物的叶面积垂直分布有关。M. Monsi 和 T. Saeki 认为，光强分布与累积叶面积指数 F 之间符合负指数规律[35]，即

$$I = I_H e^{-KF} \qquad (2.52)$$

式中，I_H 为冠层上的光照强度；K 为植物群体消光系数，与植物的几何结构、叶片角度、排列方式等有关；F 为累积叶面积指数。将（2.52）式代入（2.51）式，并对叶面积指数积分，则整个植物群体的净光合强度为

$$P_N = \int \left(\frac{bI_H e^{-KF}}{1+aI_H e^{-KF}} - r \right) \mathrm{d}F = \frac{b}{aK} \ln \frac{1+aI_H}{1+aI_H e^{-KF}} - rF \qquad (2.53)$$

这就是著名的植物群体光合作用 Monsi-Saeki（门司—佐伯）模式。显然，植物群体的光合作用强度取决于植物群体结构、叶面积指数和作物冠层的受光强度。

2.4.3　光能利用率

光能利用率也称为光化转换效率，是指某一时期单位面积土地上生产的干物质（作物光合产物）中所包含的化学潜能（物化能）与同一时期照射到该面积上的光合有效辐射或太阳总辐射量的比值。其表达式[39]为

$$E_{PAR} = \frac{C \cdot W}{\sum Q_{PAR}} \times 100\% \qquad (2.54)$$

$$E_Q = \frac{C \cdot W}{\sum Q} \times 100\% \qquad (2.55)$$

式中，C 为干物质的发热率，是指单位质量干物质燃烧时所放出的热量，单位为 J/g；W 为经济学产量或生物学产量，单位为 g/m^2 或 t/hm^2。（2.55）式称为广义的光能利用率。农业科学中，光能利用率是指光合有效辐射的利用率，它是光能资源农业评价中的重要参数，也是作物产量数学模拟研究中的重要数据。

1. 光能利用率的理论值

如果空气中二氧化碳含量正常、其他环境因素（如水、养分等）都处于最适宜状态、适宜的植物群体能承接 95% 以上的阳光并能合理分配、高光合效能的作物（如 C_4 植物）能充分利用阳光生产干物质，在这种理想条件下，光能利用率可按下式计算：

$$E_{PAR} = \frac{\sum Q\, a(1-\alpha)(1-\beta)(1-\gamma)(1-\rho)(1-\omega)\phi}{\sum Q_{PAR}} \times 100\%$$

$$= (1-\alpha)(1-\beta)(1-\gamma)(1-\rho)(1-\omega)\phi \times 100\% \qquad (2.56)$$

$$E_Q = \frac{\sum Q a(1-\alpha)(1-\beta)(1-\gamma)(1-\rho)(1-\omega)\phi}{\sum Q} \times 100\%$$

$$= a(1-\alpha)(1-\beta)(1-\gamma)(1-\rho)(1-\omega)\phi \times 100\% \qquad (2.57)$$

式中,a 为光合有效辐射与太阳总辐射的比值,通常取 $a = 0.5$;α 为叶面反射率,在生长旺季,一般植物对光合有效辐射的平均反射率为 8%;β 为透射率,当叶面积指数为 5(群体消光系数为 0.6)时,群体平均透射率约为 1%,近似取 $\beta = 0$;γ 为光饱和限制率,对于高光合效能的植物,可取 $\gamma = 0$;ρ 为非光合器官的无效吸收,这部分能量约占光合有效辐射总量的 10%;ϕ 为量子效率,可取 $\phi = 0.2063$;ω 为呼吸作用的消耗率,呼吸作用所消耗的有机物大约占光合作用中所形成的有机物的 33%。

2. 光能利用率的实际值

根据国内外学者的研究,光能利用率的理论值可以达到 6%～8%。但是实际光能利用率远低于理论值,世界上创记录的高产地块的光能利用率约为 3.5%～5.0%,一般的植物群体仅为 0.5%～1.5%,较好的高产地块为 1.5%～3.0%。根据 H. A. Ефимова[35] 的推算,全球光合有效辐射利用率仅为 0.86%。

光能利用率的实际值可按下式计算:

$$E_{PAR} = \frac{W A^{-1}(1-B)(1-H)C}{\sum Q_{PAR}} \cdot 100\% \qquad (2.58)$$

式中,W 为经济产量,单位为 kg/亩(1 亩 $\approx$ 666.7 m^2 = 1/15 hm^2)。A 为经济系数(即经济产量与生物学产量之比),对于不同的植物种类、品种、自然条件和栽培措施,其经济系数也不同;例如,棉花的经济系数平均为 0.14,大豆 0.18,甜菜为 0.60,甘薯 0.70;禾谷类作物大多在 0.3～0.5 之间,玉米、高粱约为 0.30,小麦 0.35,水稻 0.47。B 为植物质含水率,通常取 $B = 14\%$。H 为植物质含灰分率,可取 $H = 5\%$。C 为干物质的发热率,植物有机体含热量也因植物种类、生育阶段、植株器官、天气条件、季节等而不同,在我国气候生产潜力研究中,大多数学者取 C 的平均值为 1.781×10^4 J/g。

植物群体的实际光能利用率远低于光能利用率的理论值[25]。主要原因是:①光的漏射、反射和透射损失。在作物生长初期,叶面积较小,漏射率较大,入射的光合有效辐射大部分直接到达地面而不能充分利用;②外界环境条件的限制。作物的呼吸消耗是随生育进程而增大的,而二氧化碳、水分供应、温度条件等往往限制了光合作用能力的提高;③植物叶子光合能力的限制。随着生育期的推移,失去光合能力的老化叶片不断增加,特别是在成熟期,同化叶片所占比例急剧下降;④作物遗传特性的限制。C$_3$ 作物(小麦、水稻、大豆)的光合效率通常比 C$_4$ 作物(高粱、玉米)低,尤其是在高温、强光和干旱条件下更明显;植被内有些叶片对光条件的不适应使光能利用率较低。此外,作物群体光能利用率还与播种期、播种密度、灌溉、施肥以及天气条件等有关。因此,揭示植物群体光能利用率的动态特征,确定适宜的环境条件下各种作物以及品种类型的平均光能利用率是研究气候生产潜力、进行产量规划的必要条件。

　　限制光能利用的因素可分为两类,一类是环境因素,包括温度、水分、二氧化碳浓度等;另一类是作物群体因素,包括光合面积、光合能力和光合时间等。因此,提高光能转换效率的途径主要有:①选择良好的种植制度。在温度条件允许的情况下,一年中尽可能多的时间有作物生长,如轮作等;在阳光较强的季节,要具有较高的叶面积系数,使温度、光强、叶面积系数的乘积之和达到最大,如套作或间作。②选育优良品种。选育合理的叶型、株型、高光合效率、低光呼吸品种,以提高光化转换效率。③改善二氧化碳的供应条件。可以采取合理密植、改善作物群体的通风、透光条件,多施有机肥料或富含二氧化碳的化肥等措施。

2.4.4　光合生产潜力

　　光合生产潜力也称为光合潜力、光能潜力,是指在植物群体结构及其环境因素处于最适宜状态时,由光能所决定的产量潜力。也就是说,如果植物叶片周围二氧化碳浓度正常,温度条件适宜,水分供应充足,土壤养料充分,具有足够的叶面积承接 95% 以上的投射阳光,使太阳辐射能够被植物充分利用,则光能的一部分将转化为物化能而贮存在光合产物之中;其最终构成的含 15% 水分的干物质可以看成是最大的可能总生产量,即光合潜力。

　　光合生产潜力一般根据光能资源的丰富程度及群体转换太阳能的效率进行估算。从植物光合潜力与太阳辐射之间的关系出发,估算光合生产潜力的数学模型可分为线性模型和非线性模型两类。近年来,随着遥感技术的发展和应用,又产生了利用遥感信息结合光合特性建立作物光合产量估测模型的方法。

　　1. 线性模型

　　有学者认为,光合产物与太阳辐射能量成正比。因此,植物光合生产潜力 y_0 和太阳总辐射 Q 之间的关系可用线性模型表示为

$$y_0 = K_R \cdot Q \tag{2.59}$$

通过对植物光合生产过程中各种影响因素的分析,不同学者提出了不同的数学表达式,并讨论了式中各参数的物理意义及其取值。例如,龙斯玉[40](1980)提出了估算不同光能利用率情况下植物经济学产量的经验公式;杨荆安[41](1981)推导了两种光合产量表达式,并指出光合产量不仅与太阳辐射强度,还与作物品种类型、叶面积指数和植物株型等因素有关。

　　侯光良等[42](1985)考虑到在作物整个生育期中,作物群体对光合有效辐射的吸收率随叶面积增长而增大的线性函数关系,提出估算不同植物群体结构光合生

产潜力的经验公式为

$$y_0 = \sum Q a \delta (1-\rho)(1-\gamma)\phi(1-\omega)(1-B)^{-1}C^{-1} \tag{2.60}$$

式中，$\sum Q$ 为单位时间单位面积上的太阳总辐射，单位为 J/m²。a 为光合有效辐射换算系数，取 $a=0.49$。δ 为作物群体的光合有效辐射吸收率，在整个生育期中作物群体吸收率随叶面积的增长而增大，以线性函数形式表示为 $\delta=0.83L_i/L_0$，L_0 为最大叶面积系数，L_i 为某一时段的叶面积系数。ρ 为非光合器官的无效吸收率，通常取 $\rho=0.10$；γ 为光饱和限制率，在自然条件下可忽略，这里取 $\gamma=0$。ϕ 为通过光合作用机制的效率，即量子效率，取 $\phi=0.224$。ω 为呼吸作用的耗损率，取 $\omega=0.3$。B 为有机物的含水率，取 $B=0.14$。C 为每形成 1 g 干物质所需要的热量，取各种作物的平均值 $C=1.781\times10^4$ J/g。

黄秉维[43]（1985）在综合国内外研究成果的基础上，根据量子效率等概念，采用生物光化反应方法，同时考虑光合生产的各种限制因素，提出的经验公式为

$$y_0 = Q a (1-\beta)(1-\rho)(1-\alpha)I \cdot J \cdot K(1-\omega)(1-H)^{-1}(1-B) \tag{2.61}$$

式中，Q 为太阳总辐射量；a 为光合有效辐射换算系数，这里取 $a=0.495$；β 为作物群体的漏射系数，通常在 $0.05\sim0.07$ 之间；ρ 为非光合器官的光能吸收系数，一般取 $\rho=0.10$；α 为农田植被反射率，取 $\alpha=6.5\%$；I 为量子能量（单位为 Einstein）与通用辐射能量（W/m²）之间的单位换算系数，近似地有 1 W/m² $\approx 4.6\times10^{-6}$ Einstein/m² · s，这里取 $I=19.0$；J 为量子需要量，由于在植物光合作用过程中，合成 1 mol 碳水化合物平均需要 10 Einstein 光量子的能量，因此取 $J=0.1$；K 为有机物单位换算系数，将估算的有机物单位换算成实用总量单位，1 μmol $=30\times10^{-6}$ g；ω 为呼吸消耗系数，这里取 $\omega=0.25$；H 为光合产物中的无机物含量，即植物含灰分率，通常为 $5\%\sim10\%$，取 $H=0.08$；B 为植物生物量的水分含量，这里取 $B=0.15$。将上述参数代入，取光合生产潜力的单位为 kg/亩，总辐射通量单位为 MJ/m²，得 $K_R=2.4668$，即 $y_0=2.4668Q$。该式计算结果是量子需要量为 10 时的最大生物学产量。

2. 非线性模型

光合生产潜力不仅与太阳辐射强度有关，还与作物叶片以及作物群体对光能利用率的大小有关；竺可桢[44]（1964）曾分析了我国的气候特点及其与作物生产的关系，指出提高光能利用率可以显著增加我国长江流域的单季稻产量。由于光能利用率随作物品种、植株类型、叶面积指数等的不同而不同，具有动态特征，因此，在整个生育期中，由光能利用率决定的光合生产潜力也是非线性的。Х. Г. Тооминг（1977）提出的作物光合生产潜力表达式为[25]

$$y_0 = \int_0^{t_0} \frac{E(t)}{C(t)} Q_{PAR}(t)\mathrm{d}t \tag{2.62}$$

式中,t_0 为作物生育期长度;$E(t)$ 为作物生长期间的光能利用率;$C(t)$ 为干物质发热率。该式所得结果表示作物的干生物学产量。若考虑植物有机质中的含水率 B、含灰分率 H 和经济系数 A,则任一时段的光合生产潜力表达式为

$$y_0 = K \cdot A \cdot \sum Q_{PAR} \frac{\overline{E}}{C(1-\overline{B})(1-\overline{H})} \qquad (2.63)$$

不同学者对其中各参数的取值及其应用范围也不尽相同。

3. 遥感技术的应用

近年来,遥感技术在农作物估产方面的应用研究日益广泛[45~46]。已有的研究表明,在遥感估产中考虑农学、植物生理、生态机理方面仍然比较薄弱,从而影响了估产的精度,难以准确建立光谱资料、叶绿素含量、叶面积指数与光合作物产量的关系。因此,研究以农学和作物生理生态为基础的作物季节增长节律模型和光合生物量机理模型是提高估产精度的重点内容。

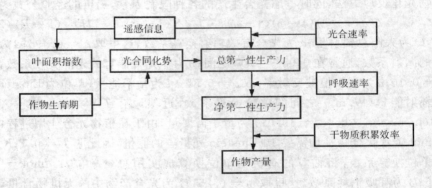

图 2.13　遥感—光合作物产量估测概念模型[33]

张佳华等[33](2000)认为光合作物产量的主要贡献因子是光合速率、光合时间和光合面积,结合作物呼吸速率和干物质累积效率,建立的光合产量概念模型,如图 2.13 所示。进而从遥感信息参数和植物生理生态参数出发,构建遥感—光合作物产量机理模型,其中包括直接以遥感信息获取吸收光合有效辐射,用作物光合同化势表示作物生育期中的光合时间,并将其引入到遥感—光合作物产量模型中,同时利用遥感信息求算作物光合速率,进而建立了遥感—光合作物产量模型。

必须指出,农作物定量分析和产量估算模型的精度还有待进一步提高。应该围绕建立生物量机理模型的研究,抓住反映作物生物量机理的生育期特性和光合特性等主要因素,并以遥感信息所反映的生物生长参数为主要模型参数,建立反映遥感—光合生物量估测机理模型,强化机理性。目前建立的遥感—光合估测作物产量的机理模型,由于该领域涉及的学科众多,仍需进一步改进和完善,才能用于

农田生态系统的生物量研究和作物估产的实际应用。

4. 光合生产潜力的分布

根据光合生产潜力估算公式,可以确定我国各地的光合潜力,并绘制出光合潜力分布图。根据(2.60)式计算的我国光合生产潜力的分布[38],如图 2.14 所示。

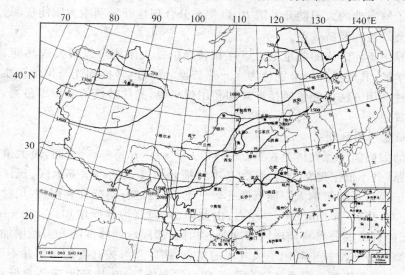

图 2.14　我国光合生产潜力(kg/亩)的分布[38]

光合生产潜力的地理分布与≥0℃期间太阳总辐射分布以及种植制度的分布密切相关。我国光合生产潜力的分布特征是,≥2500kg/亩的高值区主要分布在江西、浙江、福建、广东、广西玉林以东、台湾地区以及云南南部等地区;1500～2500kg/亩*的中值区分布在辽宁南端、河北、山西、陕西南部、山东、江苏、安徽、河南、湖南、湖北、四川、贵州、广西西部、云南东北和西北部、南疆等地区;上述地区以外均属于<1500kg/亩的低值区,包括东北、内蒙古、宁夏、甘肃、青藏高原大部、北疆和陕西北部等地区。

我国光合生产潜力年总量的地理分布与现实粮食产量的实际分布并不一致;这是因为农业实际产量除了受光照条件制约以外,还受温度、水分等气候条件、土壤条件、农业技术水平以及社会经济条件的影响。光合生产潜力只是其他条件处于适宜的情况下,充分利用光能资源而估算出来的农业最高产量;它可以启示人们利用一切可以采取的措施,在光合生产潜力较高的地区增加投资,最大限度地发挥农业投资的经济效益。

---

*　1 亩=1/15 hm²

2.5 太阳能的综合利用

人们通常根据太阳能的地区分布特点、时间变化规律以及影响太阳能利用的技术措施等,对一定区域范围内的太阳能资源进行分类和区划。区划的目的是为了进一步了解当地的太阳能开发潜力,以便充分合理地开发利用太阳能资源,产生最佳的社会效益和经济效益。

自然界中不同形式的能量是可以互相转换的。太阳能可以转换成热能、电能和生物化学能,其转换过程分别称为光—热转换、光—电转换和光—化学转换。在太阳能各种利用方法的能量转换方式和利用效率中,光热转换的利用率最高,实际应用也最普遍。

2.5.1 太阳能利用区划

我国的太阳能资源大体上在 $930 \sim 2840 \ kW \cdot h \cdot m^{-2} \cdot a^{-1}$ 之间,最大值出现在青藏高原,最小值出现在川黔地区,基本特征是西高东低。东部地区、长江中下游一带由于受云量的影响太阳能资源比较贫乏,只能进行季节性利用;四川盆地最少,只有 $1000 \ kW \cdot h \cdot m^{-2} \cdot a^{-1}$ 左右;由此向南、向北均有所增加,在 $30° \sim 40°N$ 附近,太阳能资源的分布与全球同纬度地区相反,即随地理纬度的升高而增加。这种南低北高的分布反映了我国季风气候的特点,纬度和海拔高度的作用并不明显。西部地区,太阳能资源主要受纬度和海拔高度的影响,分布特征为南高北低;青藏高原最丰富,可达 $2600 \ kW \cdot h \cdot m^{-2} \cdot a^{-1}$ 以上;新疆、内蒙古西部由于远离海洋,水汽、云量和降水都比较稀少,气候干旱,太阳能资源仅次于青藏高原。根据我国太阳能资源的分布特征,可以将全国划分为 4 个不同的太阳能资源利用区。分区标准如表 2.8 所示。

表 2.8 我国太阳能资源的分区标准[24]

区 名	太阳能资源量	主要分布地区
丰富区	$>1700 \ kW \cdot h \cdot m^{-2} \cdot a^{-1}$	青藏高原、西北及内蒙古大部
较丰富区	$1500 \sim 1700 \ kW \cdot h \cdot m^{-2} \cdot a^{-1}$	东北西部、华北大部、山东半岛北部、黄土高原南部、云南高原西北部、藏南谷地、新疆大部
可利用区	$1200 \sim 1500 \ kW \cdot h \cdot m^{-2} \cdot a^{-1}$	东北大部、华南南部、东南沿海及其岛屿、长江中下游、四川盆地周围山地、云南南部
贫乏区	$<1200 \ kW \cdot h \cdot m^{-2} \cdot a^{-1}$	四川盆地、贵州高原、湘鄂西山地

我国太阳能资源的地理分布主要取决于云量、地理纬度和海拔高度。如图 2.15 所示。图中太阳能资源丰富区是开发利用的重点,较丰富区的开发利用潜力也比较大,可利用区应因地制宜、因时制宜地进行季节性利用。在目前的技术条件下,贫乏区中的太阳能资源尚无开发利用价值。

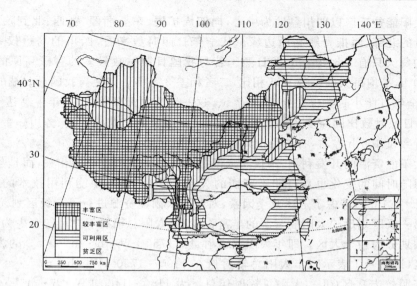

图 2.15　我国太阳能资源的分区[24]

太阳能丰富区分布在青藏高原、新疆西部和南部、甘肃中北部、宁夏以及内蒙古的中西部地区。这些地区年降水量一般都在 300 mm 以下,地理景观为草原、沙漠或雪原,气候干燥,大气透明度好,青藏高原海拔高,空气稀薄,所以太阳辐射年总量最大,而月际最大与最小及可利用日数差异较小,年际变化也比较稳定,是太阳能利用的最佳地区。目前,我国的太阳能开发利用主要在这一地区。

太阳能较丰富区分布在两个地带:一是新疆北部,最低值在准噶尔盆地;这里冷季由于下垫面为雪覆盖,反射率增大,再加上阴雾天气较多,太阳辐射相对较少;暖季的云量也比南疆地区多,所以太阳能较南疆小,北疆东部也比内蒙古西部的干旱沙漠地区小,这样就形成了一个太阳能资源较丰富区。但是,若与我国东部地区相比,仍然是一个相对的高值区。二是从内蒙东部向南经东北地区西部、华北、陕北、甘南、川西至西藏南端,基本上沿丰富区东部边缘的地带。这些地区的气候比太阳能丰富区湿润一些,大气中水汽含量较多,云量也较多,所以太阳辐射总量小一些。目前,该区的太阳能开发利用也比较广泛,仅次于丰富区。

太阳能可利用区主要分布在两个地区:一个是东北的大部分地区,一个是黄河下游以南地区,包括山东南部、河南、湖北、江苏、浙江、江西、安徽及四川西部和云南一小部分。该区太阳能年变化很大,最大值月与最小值月中可利用日数的比值均大于 2.0。也就是说,一年中各月的可利用日数出现明显的差异。最大值月份的太阳能资源不一定小于较丰富区,但最小值月份的太阳能不利于应用。所以,该区也称为季节性可利用区。

　　太阳能贫乏区以四川盆地为中心,向四周扩展,东至湘西、鄂西、北到陕南,南到云贵的北部,西抵青藏高原边缘。从全年日照时数来看,四川的马边仅 975.0 h,平均每天只有 2 h 40 min 的日照。若与我国日照时数最多的青藏高原的冷湖 3602.9 h,平均每天 9 h 52 min 相比,二者相差 3.7 倍。即使与我国最北端的漠河相比,全年日照小时数也要少 1425.7 h。这一地区阴天日数多,一年中高达 200~250 d,日照时数比同纬度东部地区少 30%~40%。黔东北的道真、务川一带,冬季日照时数仅 100 h 左右,有的月份几乎见不到直射阳光。

　　太阳能资源的开发利用,不仅与太阳能资源的丰富程度直接相关,而且与太阳能资源随时间的变化也具有非常密切的关系,同时还受太阳能利用技术的影响。王炳忠[47](1983)考虑了上述几个因素,对我国太阳能资源进行了三级区划。

　　第一级区划反映太阳能资源的丰富程度,以太阳总辐射年总量的多少为指标,将我国划分为四个大区。即年太阳总辐射量 $\geqslant 1750 \text{ kW} \cdot \text{h} \cdot \text{m}^{-2} \cdot \text{a}^{-1}$ 的为资源丰富区(以符号 I 表示);年太阳总辐射量在 $1400 \sim 1750 \text{ kW} \cdot \text{h} \cdot \text{m}^{-2} \cdot \text{a}^{-1}$ 之间的为资源较丰富区(II);太阳总辐射年总量为 $1150 \sim 1400 \text{ kW} \cdot \text{h} \cdot \text{m}^{-2} \cdot \text{a}^{-1}$ 的为资源较贫乏区(III);太阳总辐射年总量 $< 1150 \text{ kW} \cdot \text{h} \cdot \text{m}^{-2} \cdot \text{a}^{-1}$ 的地区则为资源贫乏区(IV)。

　　第二级区划反映太阳能资源的季节分配情况,以一年四个季节中日照时数 $\geqslant 6$ h 的天数出现最多的月份和出现最少月份的对比关系作为指标。每天日照时数以 6 h 为标准,这是因为如果一天中日照 < 6 h,则一般认为其太阳能没有利用价值。而天数出现最多的月份和出现最少月份的分布存在着明显的区域性,实际上反映了各地太阳能利用的有利季节和不利季节。日照时数 $\geqslant 6$ h 的天数,按照春(C,3—5月)、夏(X,6—8月)、秋(Q,9—11月)、冬(D,12—2月)进行统计,并以汉语拼音的首字母表示。在区划图中,以分数形式表示太阳能利用的有利季节及典型月份和不利季节及典型月份,分子为日照时数 $\geqslant 6$ h 天数出现最多的季节(月份),分母为天数出现最少的季节(月份)。因此,一地太阳能资源的年内变化幅度可表示为日照时数 $\geqslant 6$ h 的天数与日照时数 < 6 h 的天数之比。显然,年变幅越大,越有利于太阳能资源的开发利用。

　　第三级区划反映太阳能资源的日变化规律,以日照在一天中不同时段的变化为指标。根据国内大量台站的日照自记记录整理资料,规定按照真太阳时午前(q,9:00—10:00),中午(z,11:00—13:00 除以 2),午后(h,14:00—15:00)分时段统计,取年平均日照时数最长的那一个时段作为当地一天中最有利于太阳能利用的时间段,以此作为第三级区划的具体指标。

　　根据上述三级区划指标,将全国划分为 4 个一级区、24 个二级区和 32 个三级区,并绘制出全国太阳能资源分布区划图,图中各区填入指标符号。如图 2.16 所示[47]。例如,塔里木地区的区划符号为 Ⅰ Q/D(10/12)z,表示塔里木属于太阳能资源丰富区(Ⅰ),太阳总辐射年总量≥1750 kW·h·m^{-2}·a^{-1};这里太阳能季节分配特点是秋盛冬弱型,即日照时数≥6 h的天数,出现最多的是秋季(Q),出现最少的是冬季(D);10月份是太阳能利用天数最多的典型月份,12月是利用天数最少的典型月份;一天中最有利于太阳能利用的时间是中午(z)前后。

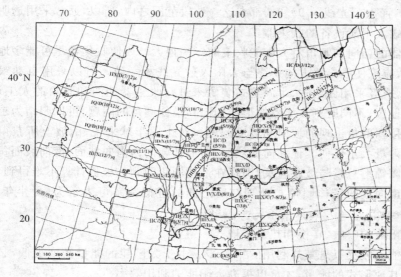

图2.16　我国太阳能利用区划[47]

由图可见,由于采用的一级指标值与表2.8中略有差异,所以一级区划结果在我国东北、闽粤沿海和海南等地与图2.15中也有所不同。但是,作为一种区划方法,考虑太阳能资源的时间变化规律,从开发利用角度来说,具有积极意义。

2.5.2　光热转换及其应用

光热转换是目前太阳能资源利用的主要方式,它是通过收集太阳光将其转换为热能的集热器来达到提高温度的目的。最简单的集热器是在涂黑的金属板上覆盖一层玻璃,防止集热器自身热辐射损耗。由于集热器对于波长＞4 μm的红外辐射不透明,所以具有"温室效应"。

通常,集热器有平板型和聚光型两种。前者由集光板、透明盖板、隔热层和外壳四部分组成,直接采集太阳光,集热面积和散热面积相当,不可能达到较高的温度。后者因为太阳辐射能的能量密度较低,要从集热器获得较大的功率,就必须扩大采集面积使热量汇集以便产生高温。这种集热器由聚光器、吸收器、太阳跟踪系统三部分组成,聚光器又可分为反射聚光和透射聚光两种类型[19]。

1.太阳能的收集

太阳能的热利用可以分为集光、集热和传热三个物理过程。所谓集光就是利用太阳能收集器尽可能多地收集太阳能,收集量的大小取决于收集器光学特性的好坏和太阳辐射的入射量的多少。

阳光通过平板玻璃时发生反射、吸收和透射,对于不同波长的光线来说,其反射率、吸收率和透射率是不同的。由于透明玻璃对波长为 $0.3\sim2.7\ \mu m$ 的透射率超过 80%,而太阳光线的 99.9% 都在这一波段范围之内,所以,通常采用透明玻璃作为热箱式太阳能设备的收集器。

收集器的朝向和倾角对太阳能收集的影响很大。要使收集器尽可能多地收集太阳光能,应该使收集器方向始终与太阳入射光线相一致。可以采用自动跟踪太阳的装置,或者采用固定式、半固定式装置来进行收集器朝向和倾角的人工调节。确定不同地区、不同时刻收集器的最佳朝向和最佳倾角的问题,可以归结为求坡面上最大直接辐射量出现的坡向和坡度问题。对于北半球来说,南坡上所获得的太阳直接辐射量大于任何其他朝向的坡面,即最佳朝向为南向坡面,南向坡面每天所接受的太阳辐射总量与坡度有关,即存在最佳倾角问题。根据计算不难得到,中高纬度地区南向坡的最佳倾角与地理纬度之间的近似关系可表示为:夏半年 $\alpha_m = \varphi - 25°$,冬半年 $\alpha_m = 0.89\varphi$,全年 $\alpha_m = 0.96\varphi$。

2. 太阳能的吸收、转换和热量传输

太阳能的收集只是其热利用的第一步。由于太阳能的能量密度很低,必须将其转换成其他形式的能量,才可以提高太阳能的利用效率。

太阳能的吸收由太阳能利用设备中的吸收器来完成。吸收器的作用就是将收集器所收集的太阳能尽可能多地吸收并转换成热能。衡量吸收器质量的基本原则,就是吸收率要大,而自身热辐射率要小。为此,通常采用不同工艺对光热转换装置中的吸收器表面进行技术处理,主要有 3 种类型:①涂黑表面、②选择性吸收表面、③选择性反射表面等。

热量传输方式有三种:传导、对流和热辐射。热传导是指当物体中存在温度梯度时,热能从高温区向低温区传递的物理过程。热传导依靠物体中分子运动进行,导热量的大小与物体的导热率、面积和温差有关。对流热交换是指运动着的流体和与其相接触的物体之间的热量交换。对流热交换的影响因素主要有流体的性质、接触面的形状、流动状态等,热交换量的大小与对流热交换系数、接触面面积和两者温差有关。辐射热交换是指物体本身所具有的温度而产生的热量交换;物体的温度愈高,辐射的能量就愈多。辐射热交换量的大小与物体的温度、热辐射率和表面面积有关。复合热交换是指几种热交换机制同时起作用的热量交换过程。

3. 太阳能的贮存

太阳能的贮存实际上是对光热转换的热能、光电转换的电能和光化转换的生化能的贮存;时间上又分为短期(日)贮存和长期(月、季)贮存。太阳能的热贮存方式主要是显热蓄热和潜热蓄热。

目前,大多数太阳能贮热装置都采用物质因温度变化而产生显热的方式来贮存热能。物体贮热量的大小与贮热介质的比热容、质量和温度变化量有关。蓄热材料有液体和固体两种。不同显热贮热介质的物理性质不同,其贮热性能差别很大。水作为液体蓄热介质具有许多优点:水的容积热容最大;资源丰富,稳定安全;水既是贮热介质又是传热介质,无需设置交换器,从而降低了成本,提高了效率。以水箱作为贮热器的太阳能系统,其蓄放热利用率等于某时段内实际可利用的热量与水箱总贮热量之比。固体蓄热介质的比热容比水小得多,但密度比水大;在相同体积时,通常采用的砾石贮热能力大约为水的40%。

潜热蓄热是利用某些物质在发生相变过程中需要放出或吸收热量的原理进行蓄热的一种方法。水化盐是目前使用最多的相变材料,具有较高的潜热效应。由于其在多次循环使用中是可逆的,所以成本比较低廉。

4. 太阳能热利用方式

目前,我国太阳能热利用方式主要有太阳能热水器、太阳房、太阳灶等。

①太阳能热水器。这是太阳能热利用中最具有代表性的一种装置,它的用途广泛,形式多样。近年来,太阳能热水器的普及很快,人们日益体会到利用太阳能这种低价能源的优越性。仅就华北地区而言,每年可使用太阳能热水器 6～8 个月,每平方米采光面积每日可获得 8400～16800 J 热量,相当于 1 kg 标准煤所产生的热量。目前,我国累计推广应用太阳能热水器已经超过 10^6 m²,其中大部分是集体使用的大型热水器,家庭住宅使用太阳能热水器的普及率也在不断增加。

②太阳房。自古以来,人们修房造屋大多选择坐北朝南的方位,而且设置若干窗户,把太阳的热量引入屋内,这是原始的太阳房。太阳房就是利用太阳的热能代替常规能源,使建筑物达到一定的温度环境的建筑。我国北方冬季和南方夏季因取暖或消暑需要消耗大量的能源,而矿物燃料是有限的,所以利用太阳能采暖和制冷的研究具有很大的应用前景。

热能以自然形式传送的太阳房,称为被动式太阳房。它完全依靠房屋的合理设计、建筑物方位的合理布局和窗户、墙、屋顶等建材的选择和配置来吸收和贮存太阳能,不需要安装特殊的动力设备就可以达到采暖的目的。由机电装置带动热循环系统的太阳房,称为主动式太阳房。一般由集热器、传热流体、贮热装置、管道、控制系统以及适当的辅助能源系统构成,此外还需要热交换器、水泵、风机等设备,对太阳能进行收集与转换,达到采暖或制冷的目的。常见的供暖系统一般以水或空气作为介质,采用主动方式人为控制室温,所以其造价比被动式太阳房高。目前,在一些经济发达国家已经建造了许多不同类型的主动式太阳房。

③太阳灶。从原理和结构上,太阳灶主要有箱式、聚光式和反射式三种类型。将箱式太阳灶置于阳光下经过长时间闷晒,缓慢积聚热量,箱内温度一般可达到120～150℃,所以也称为闷晒式。聚光式太阳灶是将较大面积的阳光聚集到锅灶底部,使温度达到较高的程度,以满足炊事的要求。反射式太阳灶除了集光加热以外,还利用反射聚集热量,其功能和效果更好。太阳灶利用太阳能蒸煮食物和水,适用于居民生活、保温器具、医疗卫生消毒等,对于燃料紧缺的地区具有重要的实用意义。太阳灶在我国西北地区利用效果较好。据不完全统计,在我国太阳能资源丰富和较丰富的地区,已经拥有太阳灶超过 10 万台,70％以上集中在青藏高原地区,经济效益良好;

太阳能温室、塑料大棚等设施也属于太阳能的热利用,在全国应用十分广泛。此外,还有太阳能锅炉、太阳能干燥器、蒸馏器等,都是运用太阳辐射能转换为热能的原理。目前,应用技术已经成熟或基本成熟,只是所需装置价格昂贵,在经济上用户难以承受而未能推广应用。

2.5.3 光电转换及其应用

太阳能的光电转换利用,是指太阳辐射能光子通过半导体物质转变成电能的过程,通常称为"光生伏打效应"。太阳能电池就是利用这种效应制成的最具有代表性的产品,它不仅能转换太阳的直射光,也可以利用太阳的散射光,甚至在一只蜡烛的光照下也能输出电流,因而大大拓宽了太阳能应用领域。同时,太阳能电池重量轻、无活动元件、无热、无气、无放射性,使用安全,大有发展前途,有可能成为未来的主要电力来源之一。

将太阳辐射能转换成电能一般有两种途径:一是光—电转换,称为光发电;二是光—热—电转换,称为热发电。

1.光电转换的基本原理

光电效应有外光电效应和内光电效应之分。外光电效应是当光照射到某些金属表面上时发生的现象,而内光电效应是当光照射到某些半导体材料上时发生的现象。根据内光电效应制成的光电元件又可分为两类:一类是利用光电导效应制成的各种光敏电阻,使用时需要外加直流电;另一类是利用光生伏打效应制成的各种光电池,即太阳能电池,使用时不需要任何外部电源。

纯半导体的导电能力比较差,如果将某些微量元素掺入到半导体中,可以显著增大其导电能力。在单晶硅半导体中掺入少量磷而形成的半导体,称为 n 型半导体;而在单晶硅半导体中掺入少量硼而形成的半导体,称为 p 型半导体。当 p 型半导体与 n 型半导体紧密接触联成一体时,在两者的交界面处就形成了 $p-n$ 结。由于交界面两侧存在正负电荷,就会产生一个由正电荷区指向负电荷区的电场;也就是说,在 $p-n$ 结内产生一个由 n 型区指向 p 型区的电场,称为内建电场。

在光照条件下,半导体元件中的原子价电子受到激发,在 n 型区和 p 型区都产生"光生电子－空穴对"。这些光生电子－空穴对也参加热运动,并在各个方向上迁移。由于 $p-n$ 结的存在,又可将迁移到 $p-n$ 结附近的电子－空穴对分开;p 型区内的少数电子被驱向 n 型区,而 n 型区内的少数空穴被驱向 p 型区,结果在 $p-n$ 结两侧形成过剩电子和空穴的积累,从而在 $p-n$ 结附近形成一个与内建电场方向相反的光生电场。这就是将光转换成电的过程。

2. 太阳能电池的基本特性

太阳能电池受到阳光照射就会产生电流。这种电流随着光强的增加而增大,当接受的光强一定时,可以将太阳能电池看成是恒流电源。光生电流流经负载,并在负载两端形成端电压。太阳能电池的输出功率 P 就等于负载上的电压 V 和电流 I 的乘积,表示为 $P=VI$。

太阳能电池的能量转换效率等于太阳能电池的最大输出功率与入射光功率之比。其影响因素包括环境因素和内部因素两大类。环境因素主要是太阳辐射强度和环境温度;太阳辐射强度与开路电压成正比,环境温度与开路电压成反比。内部因素即太阳能电池本身的因素,主要包括反射损失、长波损失和短波损失、复合损失、电压因子损失、串并联电阻损失等。

太阳能电池使用的材料,通常有硅、砷化镓、硒和硫化镉等几种。不同材料的太阳能电池,对太阳能的利用效率也不相同。硅太阳能电池的构造有两种类型:一种是以 p 型为基底,n 型为光照面,称为 n/p(反型)太阳能电池;另一种是以 n 型为基底,p 型为光照面,称为 p/n(正型)太阳能电池。n/p 型太阳能电池的耐粒子(电子、质子等)辐射损伤能力比 p/n 型电池强,所以通常用于宇宙飞行。

按照硅太阳能电池的制作方法,又可细分为结型、非结型、多层结型和异质结型等数种。薄膜型太阳能电池可分为多晶硅和非晶硅等。不同类型硅太阳能电池的光电转换效率不同,其中以由同一种半导体材料形成 $p-n$ 结的(即同质结型)太阳能电池的转换效率最高,可达 15% 左右;其次是由金属与半导体接触组成的非结型太阳能电池,转换效率为 12%～13%;以非晶硅为材料制成 $p-n$ 结的太阳能电池(无定型硅电池),转换效率仅为 5%～6%。

3. 太阳能电池发电系统

太阳能电池发电系统主要由太阳能电池(组件)方阵、蓄电池组、调节控制装置和阻塞二极管等组成。太阳能电池组件由若干个单体太阳能电池串并联而成;蓄电池组是太阳能电池发电系统的贮能装置,以便没有日照时为负载供电;调节控制器由电子线路和继电器等组成,起调节控制作用;阻塞二极管起单向导通作用,可以防止蓄电池的反向放电。建立太阳能发电系统,通常需要考虑太阳能电池组件电性能参数的设计、太阳能电池方阵组件串联数和并联数的确定、计算太阳能电池方阵的输出功率、确定蓄电池组的容量等问题。

目前,世界上许多国家都先后建立了太阳能发电站,如美国、法国、德国、意大利、丹麦、希腊、沙特阿拉伯、哥伦比亚等。据报道,2002 年澳大利亚新建的一座太阳能发电站,其圆形日光收集板半径达 3500 m,中央为 1000 m 高的塔楼,其发电量可供 20 万家庭使用,堪称世界之最。

4. 光电转换的实际应用

太阳能电池是太阳能利用中发展最快的技术之一。太阳能电池的优点很多。例如,电池寿命长,基本不需要管理和保养;无活动部件,故障率极小;无废弃物,不污染环境;无需架设电网输电,可节省投资等。所以,国内外都把太阳能电池看成是太阳能利用中最有活力和前景的应用领域。

太阳能电池的实际应用目前已经相当广泛。例如,可作为人造卫星电源、航标灯电源、交通信号、电围栏、通讯、电视、蒙古包照明等。建立太阳能电站,可以把太阳能电池方阵和自动跟踪、逆变以及计算机监测控制等技术融为一体。实践证明,利用太阳能发电虽然一次性投资较大,但经济效益高,使用周期长,对解决边远农村和牧区长期无电的问题具有重要意义。

2.5.4 光化转换及其利用

光合有效辐射是种植业中光化转换利用的典型例子。虽然绿色植物进行光合作用所利用的太阳能还不足投射到地面的太阳总辐射的 50%,但它是地球上一切生物生存和生命活动的基础,不仅人类每天吃的粮食和蔬菜、用的木材和轻工原料、动物的饲料和食饵等都是植物光合作用的产物,而且大量使用的煤、石油、天然气等石化燃料也是通过古代植物固定下来的太阳能。地球上植物光合作用每年进行的有机物质生产,要吸收千亿吨以上的二氧化碳,固定的太阳能比人类每年的总能耗高 1~2 个数量级。这充分说明太阳能是人类能量和物质的重要来源。

植物的光合作用是光化转换的普通形式,而光化反应则是光化转换的另一种形式。所谓"光化反应",是指某些气体(例如卤素及其化合物等)在太阳光照射下吸热分解、在其复合还原时释放出所吸收的太阳能的反应。目前,光化反应的研究还处于实验阶段,其实际应用仍需时日。

就能源而论,氢是自然界中最理想的燃料。氢燃烧后产生水,对环境没有污染;氢也可以长期贮存,还可以远距离输送;氢的热质高,可广泛用于不同用途的氢发动机,以缓解石油的短缺。然而,氢又不像煤、石油和天然气那样,可以直接从地下开采出来。要得到氢,必须从水中提取。工业上用电解水制氢,只能少量生产,而且成本较高。

地球上太阳能取之不尽,水也很多并广泛存在,若能把太阳能转化为氢能,那将为太阳能的利用开辟出一条更加广阔的途径。事实上,人们早已开始利用太阳能进行光化转换制氢的科学试验,并且提出了不同的制氢方法。例如光化学分解水制氢、光电化学电池分解水制氢、模拟植物光合作用分解水制氢、太阳光结合催化分解水制氢以及热分解水制氢等。在这些制氢方法中,只有热分解水制氢不属于光化转换。这些方法的光化转换效率一般都很低,进入实际应用还有很大距离,尚需进一步研究和改进。

参 考 文 献

[1] 霍明远,张增顺等.2001.中国的自然资源.北京:高等教育出版社,28—50

[2] Kondratiev K. Ya. 1969 Radiation in the Atmosphere. Academic Press,New York.

[3] 禹秉熙,方伟,姚海顺等.2004.神舟 3 号飞船上太阳辐射测量.空间技术学报,**24**(2),119—123

[4] Muhammad Iqbal. 1983. An Introduction to Solar Radiation. Academic Press, New York

[5] 陆渝蓉,高国栋.1987.物理气候学.北京:气象出版社,39—56

[6] 潘守文等.1994.现代气候学原理.北京:气象出版社,60—75

[7] 左大康,王懿贤,陈建绥.1963.中国地区太阳总辐射的空间分布特征.气象学报,**33**(1),80—98

[8] 王炳忠,张富国,李立贤.1980.我国的太阳能资源及其计算.太阳能学报,**1**(1),5—13

[9] 王炳忠.1982.太阳辐射在理想大气中的衰减.太阳能学报,**3**(4),24—37

[10] Ångström A. 1924. Solar and Terrestrial Radiation. *Quart. J. R. Met. Soc.*, **50**, 121—126

[11] Suckling P. W. and Hay J. E. 1977. A Cloud Layer-sunshine Model for Estimating Direct, Diffuse and Total Radiation. *Atmosphere*, **15**(4), 194—207

[12] Nyberg A. 1977. Determination of Global Radiation with the Aid of Observations of Cloudless. *Act. Agric. Acand.*, **27**, 297—300

[13] Chaver A. 1979. Estimation of Global Solar Radiation in Short-term Periods. *Archiv. Met. Geophys.*, *Ser. B*, **27**, 335—348

[14] 翁笃鸣.1964.试论总辐射的气候学计算方法.气象学报,**34**(3),304—315

[15] 陆渝蓉,高国栋.1976.我国辐射平衡各分量计算方法及时空分布的研究(I).总辐射和有效辐射.南京大学学报(自然科学版),**12**(2),89—108

[16] 张炯远,冯雪华,倪建华.1981.用多元回归方程计算我国最大晴天总辐射能资源的研究.资源科学,**3**(1),40—48

[17] 朱志辉.1982.太阳辐射时空分布的多因子计算.地理学报,**37**(1),30—37

[18] 刘新安,范辽生,王艳华.2002.辽宁省太阳辐射的计算方法及其分布特征.资源科学,**24**(1),82—87

[19] 李克煌.1990.气候资源学.郑州:河南大学出版社,21—220

[20] М. И. 布德科(Будыко).1980.地球热量平衡.沈钟译,北京:气象出版社

[21] 孙卫国,陈万隆,陈志鹏.1997.近 30 年中国地面太阳辐射变化特征.见《中国的气候变化与气候影响研究》,丁一汇主编,北京:气象出版社,132—139

[22] 查良松.1996.我国地面太阳辐射量的时空变化研究.地理科学,**18**(3)232—237

[23] 丁裕国,江志红.1991.近百年中国总辐射场变化的基本特征.气象科学,**11**(4):345—354

[24] 中国自然资源丛书编撰委员会.1995.中国自然资源丛书《气候卷》.北京:中国环境科学出版社,61—97,337—395

[25] 欧阳海,郑步忠,王雪娥等.1990.农业气候学.北京:气象出版社,124—193

[26] 刘洪顺.1980.光合有效辐射观测和计算.气象,**6**(6),7—8

[27] 谢贤群.1985.黄淮海平原冬小麦生育期的光合有效辐射分布特征.见《黄淮海平原治理和开发》第一集,左大康主编,北京:科学出版社,139—148

[28] 朱志辉,张福春.1985.我国陆地生态系统的植物太阳能利用率.生态学报,**5**(4),343—356

[29] K. J McCree . 1966. A Solarmeter for Measuring Photosynthetically Active Rediation. *Agric. Meteo.*, **3**, 353—366

[30] C. M. Britton 1976. Relationships of Photosynthetically Active Radiation and Short Wave Irradiance. *Agric. Meteo.*, **13**, 1—7

[31] 董振国,于沪宁.1983.农田光合有效辐射观测和分析.气象,**9**(7),25—27

[32] 周允华,项月琴.1996.光合有效量子通量密度的气候学计算.气象学报,**54**(4):447—455

[33] 张佳华,王长耀,符淙斌.2000.遥感信息结合光合特性研究作物光合产量估测模型.自然资源学报.**15**(2):170—174

[34] 董振国,于沪宁.1994.农田作物层环境生态.北京:中国农业科技出版社,34—56

[35] H. A. 叶菲莫娃(Ефимова).1983.植被产量的辐射因子.王炳忠译.北京:气象出版社,157—202

[36] 周允华,项月琴,单福芝.1984.光合有效辐射(PAR)的气候学研究.气象学报,**42**(4),387—397

[37] 刘荣高,刘纪远,庄大方.2004.基于 MODIS 数据估算晴空陆地光合有效辐射.地理学报,**59**(1),64—73

[38] 李世奎,侯光良,欧阳海等.1988.中国农业气候资源和农业气候区划.北京:科学出版社,8—26,124—145

[39] 冯秀藻,陶炳炎.1991.农业气象学原理.北京:气象出版社,17—71

[40] 龙斯玉.1980.气候生产力的研究之一——气候生产力模式.中国农业气象,**1**(3)11—16

[41] 杨荆安.1981.关于光合产量的计算公式.中国农业气象,**2**(2),18—23,36

[42] 侯光良,刘允芬.1985.我国气候生产潜力及其分区.自然资源,**7**(3),54—61

[43] 黄秉辉.1985.中国农业生产潜力——光合潜力.地理集刊,第 17 号,北京:科学出版社,15—22

[44] 竺可桢.1964.我国气候的几个特点及其与粮食作物生产的关系.地理学报,**19**(1),3—15

[45] 孙九林.1996.中国农作物遥感动态监测与估产总论.北京:中国科学技术出版社,1—100

[46] 王乃斌.1996.中国小麦遥感动态监测与估产.北京:中国科学技术出版社,1—305

[47] 王炳忠.1983.中国太阳能资源利用区划.太阳能学报,**4**(3),3—10

第三章　热量资源及其利用

　　热量资源是人类生产与生活所必需的资源。地球表面的热量主要来自太阳辐射,通过湍流运动和分子传导引起空气温度和土壤温度的变化;包括地表面与其上层大气之间的热量交换和地表面与其下层土壤之间的热量交换。虽然我国大部分地区位于中低纬度,热量资源丰富,但因地处欧亚大陆东岸,濒临太平洋,季风环流盛行;冬季北方冷空气势力强大,南下频繁,夏季热带气团和赤道气团北上,几乎控制了整个东部地区;加上占全国面积 1/4 的青藏高原和横断山脉等大地形的影响,使得热量资源的季节变化非常明显,地理分布差异较大。

　　热量资源的评价和利用是气候资源研究的一项重要任务。由于温度的剧烈变化对人类健康和各种生产活动都有很大的影响,所以在气候资源分析中,热量资源通常以温度的各种统计指标来表示。热量资源与农、林、牧、渔业生产密切相关;尤其是农业,它是对气候资源最敏感的一个生产部门。热量资源是作物生活所必需的环境条件之一,作物的生长发育需要在一定的温度条件下进行,而且温度需要积累到一定程度后才能完成其一定的生育期。对于不同的作物,高于其下限温度的季节长度和热量才是可以利用的热量资源;而各种作物或同一作物的不同发育阶段,其下限温度和最适温度范围差异较大。因此,对热量资源及其潜力的估算更复杂,其重要性也更大。

3.1　地表面的热量平衡

　　根据能量平衡原理,对于整个地球行星长年平均而言,全年中太阳辐射能的收入和支出是平衡的,其收支差额为零;但是,对于某一时期或地球上水圈、陆圈、大气圈的各个部分、各个地区来说,太阳辐射的收支并不一定相等,某些地方有能量积余,某些地方则为能量亏缺。辐射能转化为热量,按照所有物理量都有趋向平衡的物理属性,热量多余和热量不足的地方就会发生热量输送和交换。地球上的辐射收支差额主要是依靠地表面与其上层大气之间进行的湍流热交换,由空气和水体的运动带来或带走热量,地球上的水分蒸发或凝结所吸收或释放的潜热以及地表面与其下层土壤之间的传导热交换等过程来达到平衡;即在地球表面太阳辐射收支差额转化为热量的消耗或补偿之间的平衡称为地表热量平衡。

　　地表热量平衡方程可表示为

$$B = P + LE + Q_s \qquad (3.1)$$

其中,B 为地表净辐射通量,P 为感热通量,LE 为潜热通量,Q_s 为土壤热通量;单位为 $W \cdot m^{-2}$。

3.1.1 热量通量的计算方法

1. 梯度扩散法

根据湍流扩散理论,下垫面与近地层大气之间在垂直方向上的感热和潜热通量输送方程可表示为[1]

$$P = -\rho c_p K \frac{\partial T}{\partial z}$$
$$\qquad (3.2)$$
$$LE = -\rho K \frac{\partial q}{\partial z}$$

式中,ρ 为空气密度,c_p 为空气的定压比热,K 为湍流系数,T 为气温,L 为汽化潜热容,q 为比湿,z 为高度。假设近地层中湍流通量不随高度变化,下垫面温度和比湿分别以 T_0、q_0 表示,z 高度处的温度和比湿为 T、q,则对上式积分可得

$$P = \rho c_p D(T_0 - T)$$
$$\qquad (3.3)$$
$$LE = \rho L D(q_0 - q)$$

其中,D 为下垫面与近地层大气之间在垂直方向上湍流输送的积分特征量,

$$D = \frac{1}{\int_0^z \frac{dz}{K}} \qquad (3.4)$$

称为外扩散系数,它是高度的函数,且具有风速的量纲。

在近中性大气层结条件下,不考虑动量、感热和潜热的属性输送差异,外扩散系数 D 又可以表示为

$$D = C_D \bar{u} \qquad (3.5)$$

式中,C_D 称为曳力系数(或拖曳系数、阻滞系数),$\bar{u}$ 为平均风速。曳力系数是一个无量纲量,而且随高度和风速的变化很小。因此,实际工作中近地层感热和潜热通量可按下式计算[2]

$$P = \rho c_p C_D \bar{u}(T_0 - T)$$
$$\qquad (3.6)$$
$$LE = \rho L C_D \bar{u}(q_0 - q)$$

根据整体空气动力学,任意大气层结条件下近地层湍流输送通量可表示为[3]

$$\tau = \rho u_*^2 = \rho C_D \bar{u}^2$$
$$P = \rho c_p C_T \bar{u}(T_0 - T)$$
$$\qquad (3.7)$$
$$LE = \rho L C_E \bar{u}(q_0 - q)$$

其中,C_D 为曳力系数;C_T、C_E 分别为湍流对热量、水汽的整体输送系数,又分别称

为 Stanton 数和 Dalton 数；T_0、q_0 分别为粗糙高度 z_0 处的温度和比湿。根据近地层温、湿、风梯度观测资料，可以确定出不同大气层结情况下 C_D、C_T 和 C_E 的瞬时值，进而可得其平均值[4]。实验结果表明，它们的可能变化范围比较小，量级一般为 10^{-3}，因此，在湍流输送通量的气候学计算中通常被视为常数。

实际工作中，我国气象工作者乐于采用(3.6)式的形式。由于近地层梯度资料需要专门观测，所以曳力系数一般采用经验拟合法来确定。即先根据近地层湍流通量的观测值或理论计算值、平均风速和地气温差等气象资料，按(3.6)式确定出 C_D；再根据 C_D 的物理意义，选择适当的气象因子，采用经验方法建立曳力系数 C_D 的气候学计算公式。由此，利用常规台站的气象资料即可进行感热和潜热通量的气候学计算。

对于不同的地区，曳力系数的确定可以采用类似于地区总辐射公式中经验系数 a、b 的确定方法，事先绘制出各地区不同季节的曳力系数等值线分布图，以便在计算热量通量时直接查取 C_D 值。一般认为，影响曳力系数的主要因素是动力因子 $\bar{u}$。考虑到 10 m 高度平均风速容易获得（常规台站的风速观测高度），所以，目前常见的曳力系数 C_D 的经验关系拟合形式为

$$C_D = a + b/\bar{u}_{10} \tag{3.8}$$

其中，a、b 为经验系数。该式从实用目的出发，仅考虑拖曳系数的单一影响因子，具有一定的局限性。孙卫国等[4](1998)曾利用农田植被层上方的实验资料，采用多元回归方法对曳力系数 C_D、整体输送系数 C_T 和 C_E 进行了经验拟合，同时考虑粗糙度 z_0、稳定度参数 z/L 和平均风速 $\bar{u}$ 对曳力系数的影响，并对曳力系数的性质进行了讨论。

2. 鲍文比－能量平衡法

I. S. Bowen[5](1926)曾定义感热通量与潜热通量之比为

$$\beta = \frac{P}{LE} = \frac{c_p}{L} \frac{\Delta T}{\Delta q} \tag{3.9}$$

后来人们将 β 称为鲍文比。代入(3.1)式，可得到计算近地层感热和潜热通量的表达式

$$P = \frac{\beta(B - Q_s)}{1 + \beta} \tag{3.10}$$

$$LE = \frac{B - Q_s}{1 + \beta} \tag{3.11}$$

由此可见，在已经具有地表净辐射 B 和土壤热通量 Q_s 的实测值或计算值的情况下，如果能够从气候学角度确定鲍文比 β，亦可解决感热和潜热通量的气候学计算问题。

由(3.3)式,鲍文比 β 又可表示为

$$\beta = \frac{c_p(T_0 - T)}{L(q_0 - q)} \tag{3.12}$$

由于活动面温度 T_0 和该温度下的空气比湿 q_0 难以确定,采用地面温、湿度代替又往往产生比较大的误差,所以,实际工作中大多采用经验拟合法确定 β。其关键是要根据当地的实际情况,选择合适的气象影响因子,可以考虑近地层平均风速、地气温差、水汽压、降水量等,采用多元回归方法建立 β 的经验关系式。例如,陈万隆等[6](1984)在研究青藏高原感热和潜热旬总量计算方法时,统计发现鲍文比 β 和地气温差与海平面水汽压之比 $\Delta T/e_0$ 在双对数坐标中表现为非常明显的线性关系,并由此建立了鲍文比 β 的经验计算公式。

鲍文比—能量平衡法计算的蒸发量与大型蒸渗仪实测值相比,在没有平流条件下两者相当一致;但在有平流影响时计算值大约比实测值偏低 20%。采用鲍文比—能量平衡法计算我国青藏高原及其邻近区域地面潜热旬总量的平均相对误差大约为15%[6],计算全国地表感热年平均通量密度的平均相对误差在 13% 左右[7]。

3. 土壤热通量的确定

土壤中的热量传输主要由热传导方式进行,其大小取决于土壤本身的组成及热力状况,是由于土壤温度分布不均匀引起的。土壤热通量和土壤温度的变化和分布,对作物栽培和土地利用等具有重要作用。

土壤热通量的确定方法很多。目前,实际工作中大多采用热流板进行直接测量;在不具备观测仪器的情况下,也可以利用常规气象台站的土壤温、湿度观测资料,根据土壤热传导方程进行近似计算。对于某地的热量条件分析来说,可以采用经验方法进行土壤热通量的估计。

土壤热通量(特别是地表面的热通量)与地表净辐射通量相关密切,可以利用热流板和净辐射表的同步观测资料,根据不同天气条件分析 Q_s 随 B 的变化,确定其统计关系,再根据这一关系由 B 的观测值估计土壤热通量的大小。但是,由于在一天当中,Q_s 和 B 的比值随时间变化很大,且晴天通量的日总量有可能为零,因此,一般不宜用日总量来确定 Q_s 和 B 之间的经验关系。此外,由于白天存在蒸发,影响土壤湿度,从而影响土壤热通量,因此,应将白天和夜间两者的观测资料分别进行统计处理。

土壤热通量与土壤层中某一深度的土温变化之间的关系也非常密切,可以利用土壤温度变化幅度来估计 Q_s。例如,在苏格兰的裸地、矮草地和高草地上的观测结果表明,10 cm 深度的土温变化与地表土壤热通量 Q_s 之间存在着明显的线性相关。徐兆生等[8](1984)在我国青藏高原(5—8月)的统计结果表明,唯有 5～20 cm 层土温差值与实测土壤热通量的线性相关最好,而其他层次的土温差较小,相关不理想。因此,利用这种关系和土温观测资料,也可以近似确定土壤热通量。当

然,对于不同地区,应根据当地的实际观测资料统计分析两者之间的经验关系,不能盲目套用。

3.1.2　热量通量的变化特征

地表热量来自太阳辐射,由于地球自转和下垫面性质的差异,致使热量分布随时间和地理条件而发生变化。影响地面和大气之间热量交换的因素主要是由于下垫面受热不均匀形成温度梯度差异的热力因素和由于地形障碍形成风速梯度差异的动力因素。因此,热量的分布和变化与地面增温以及地理条件有关。

1. 感热通量的时空变化

全球地表与大气之间的感热输送年总量的地理分布,如图3.1所示。在除南极大陆以外的所有陆地表面和大部分海洋表面上,感热通量的年总量为正值,即热量从地表向大气输送。大陆上的感热通量由高纬度地区向低纬度地区增大,而且在干燥地区感热通量明显大于湿润地区。感热输送最大值出现在热带沙漠地区,其年总量可达 $2300 \sim 2500$ MJ·m^{-2}·a^{-1};而在潮湿的热带森林地区,感热输送年总量仅为 $420 \sim 840$ MJ·m^{-2}·a^{-1}。随着地理纬度的增高感热输送量逐渐减小,在北半球大陆北部沿岸地区仅 210 MJ·m^{-2}·a^{-1} 左右,与北半球中纬度充分湿润地区相当。

海洋上感热通量从低纬度向高纬度地区增大,洋面上有强大暖流影响的地区和高纬度没有结冰的地方,感热输送年总量较大,北半球大洋西部和北部海区超过 1670 MJ·m^{-2}·a^{-1};而在赤道附近,由于水面和流经水面上方的气流之间的温差较小,由洋面向大气输送的感热年总量不足 420 MJ·m^{-2}·a^{-1}。在有冷洋流作用的地区以及南半球的西风漂流区,感热输送年总量为负值。

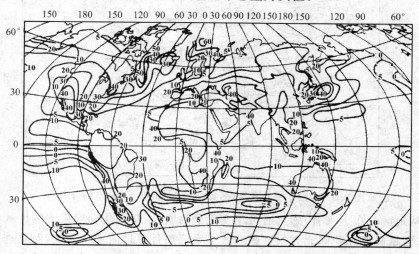

图 3.1　全球年感热通量($\times 41.868$ MJ·m^{-2}·a^{-1})的分布[9]

　　感热输送的季节变化在陆面和洋面上也表现为不同的形式。大陆上感热输送月总量随净辐射量的变化而变化。中纬度地区,夏季出现最大值,冬季出现最小值;在南北纬度大于 40° 的高纬度地区,感热输送月总量夏季为正,冬季为负但数值较小;从赤道至南北纬 40° 的陆面上全年感热输送均为正值;在低纬度地区,感热通量的年变化主要取决于湿润程度,感热输送月总量最大值出现在大气降水量最小的月份。大洋上感热输送的季节变化与冷暖洋流、大气环流的季节转换等关系密切。

　　我国感热输送年总量的地理分布,如图 3.2 所示,大体上从东南向西北逐渐增大。东部地区感热通量的等值线基本上是纬向分布,华南、华中和中南地区最小,一般在 420 MJ·m^{-2}·a^{-1} 左右;从华北到东北地区的东南部逐渐增大到 1200 MJ·m^{-2}·a^{-1} 以上,再向北又有所减小。在东经 110°~100°E 之间(昆明—成都—银川一线)感热通量等值线转变为经向分布,从东向西略有增大。西部地区的感热通量等值线则围绕高原和盆地分布,在地形较低的地方形成闭合圈,如塔里木盆地、柴达木盆地和雅鲁藏布江流域,感热输送年总量出现最大值,通常可达 2000 MJ·m^{-2}·a^{-1} 以上;其次,在青藏高原、准格尔盆地和新疆东部一带,感热年总量也比较大。

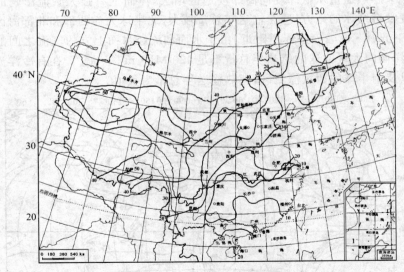

图 3.2　全国年感热通量(×41.868 MJ·m^{-2}·a^{-1})的分布[1]

　　从地区分布上来看,感热通量年变化最为明显、年变化幅度最大的地区在新疆北部、西藏高原和我国北方。这些地区冬季感热月总量通常小于零,而夏季可高达 160~250 MJ·m^{-2}·mon^{-1},年变幅最大。塔里木盆地全年各月的感热通量值都是全国最高,但是月际变化较小,年变幅只有 120 MJ·m^{-2}·mon^{-1}左右。在东南沿海和江南平原地区,由于降水充沛,气候湿润,蒸发消耗热量多,全年除了冬季月份以外,感热通量都是全国的低值区,冬季最小值在 40 MJ·m^{-2}·mon^{-1}以下,夏季也只有 80 MJ·m^{-2}·mon^{-1}左右。云贵高原和横断山脉地区,地形复杂,同时受西南季风的影响,感热通量自西向东的梯度变化比其他地区大。最高值不是出现在夏季而是在春末,可达 200 MJ·m^{-2}·mon^{-1},最低值也不出现在冬季而是在雨季,大约为 40~80 MJ·m^{-2}·mon^{-1},年变化幅度较大。

我国感热通量的年变化以夏季月份最大,冬季月份最小;晴天干燥地区的感热通量年变幅远比阴雨湿润地区大,西部内陆地区的年变幅比东部沿海地区大;而东部地区的东北、华北地区的年变幅又大于东南沿海地区和西南地区。

感热通量日变化的一般规律是上午不断增大,中午前后达最大值,下午又不断减小,夜间出现最小值。天气类型和地理特征不同,日变化规律也不同;阴天的感热通量日变幅远比晴天小,内陆地区的日变幅比沿海地区大。

2.潜热通量的时空变化

潜热通量即蒸发所消耗的热量,主要取决于蒸发量的大小,而地表蒸发量又取决于下垫面湿润状况、近地层温度和风速等因素。所以,就北半球各纬度的平均情况来说,大陆上的潜热通量比海洋上小,冬季比夏季小,稳定天气条件下比不稳定天气条件小,内陆比沿海地区小。

潜热输送年总量的全球分布,如图 3.3 所示。在海洋和大陆表面,由于净辐射及水汽可能供应量的不同,在海岸附近洋面和陆地上潜热年总量彼此差别很大,海陆交界处等值线具有不连续的突变现象。大陆表面的潜热输送因受到气候条件的制约而具有明显的非带状分布特征。赤道地区潜热通量最大,年总量在 2500 MJ·m^{-2}·a^{-1}以上;热带纬度以外的地区潜热通量总体上随纬度的增加而减小。在充分湿润地区,潜热通量的大小主要取决于净辐射量的大小;随着地表净辐射从低纬向高纬度地区不断减小,潜热输送年总量也从热带雨林地区的 2900~3300 MJ·m^{-2}·a^{-1}减小到大陆北部沿岸的不足 420 MJ·m^{-2}·a^{-1}。在不够湿润的干燥地区,潜热通量因土壤水分供应不足而减小,并与气候的干旱程度成反比;在热带沙漠或半沙漠地区,年蒸发量接近于该地区数量很小的年降水量,潜热输送出现最小值。

一般来说,大陆上冷季蒸发量较小,最大值发生在暖季的开始或暖季中期,所以陆面上暖季潜热输送明显大于冷季;但是海洋上却正好相反,即冷季大于暖季,这是因为冷季水面与空气之间的温差比较大,平均风速也比暖季大,从而导致洋面上冷季潜热输送增大。冬季,洋面上潜热输送月总量的分布特征与年总量分布基本相似,暖洋流的加强作用在各大洋都有明显表现。夏季,暖洋流的影响随着海流

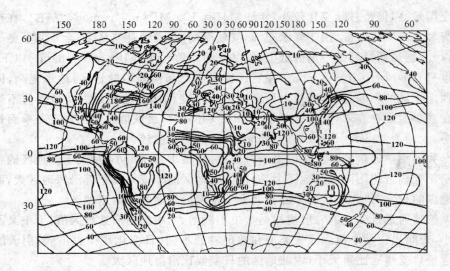

图 3.3　全球年潜热通量($\times 41.868$ MJ・m^{-2}・a^{-1})的分布[9]

能量的减弱而减小,同时夏季平均风速较小,水面与空气温差不大,使得潜热输送显著减小,各大洋差别不大。

　　我国潜热输送年总量的时空分布与我国的季风气候以及我国的地理特征密切相关,如图 3.4 所示。潜热年总量的最大值出现在东南沿海一带,可达 1600 MJ・m^{-2}・a^{-1} 以上,最小值在西北沙漠地区,不足 200 MJ・m^{-2}・a^{-1}。潜热年总量随纬度的增大而逐渐减小,尤其是在我国的东部地区有明显的规律性:广西、广东、福建、浙江、江苏、湖南、江西一带潜热输送最大,年总量为 1600 MJ・m^{-2}・a^{-1};安徽、山东、河南、河北一带次之,达到 1250 MJ・m^{-2}・a^{-1} 左右;到东北地区则减小为 800 MJ・m^{-2}・a^{-1}。我国中部地区的云南、四川年总量为 $800 \sim 1200$ MJ・m^{-2}・a^{-1},陕西、甘肃东部为 $400 \sim 800$ MJ・m^{-2}・a^{-1},内蒙古地区则不足 400 MJ・m^{-2}・a^{-1}。我国西部的青藏高原由于地势高、温度低,潜热年总量较小,仅为 $200 \sim 400$ MJ・m^{-2}・a^{-1} 左右;最小值出现在南疆沙漠地区,全年都在 125 MJ・m^{-2}・a^{-1} 以下。我国潜热年总量的这种自南向北、从东到西减小的分布特征主要是由于水分供应条件所造成的,这种分布与我国年降水量的分布特征非常相似。

　　我国潜热输送月总量的变化特征表现为冬季最小,夏季最大。冬季,淮河和秦岭以北地区潜热通量很小,只有秦岭以南地区达到 20 MJ・m^{-2}・mon^{-1} 以上,长江以南和华南一带,可达 80 MJ・m^{-2}・mon^{-1};春季,除了青藏高原地区以外,我国其他地区潜热输送都有所增加;进入夏季以后,气温升高,降水增多,蒸发量很大,潜热输送逐月增加,到 7、8 月份达到全年最大值;东部江南地区为全国最高,月

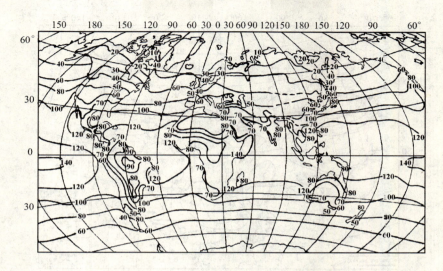

图 3.5　全球净辐射年总量（×41.868 MJ·m^{-2}·a^{-1}）的分布[9]

区,其强度都大于相应的大陆地区,冬季主要的热汇区都在大陆上。夏季与冬季相比,无论是冷、热源的位置还是其强度,都有明显的变化,分布形式基本上与冬季相反,即主要的热源区在大陆上。以西藏高原为中心的亚洲高原地区热源强度最大,其次是北美落矶山的高原地区;因为高原在夏季的受热作用通过湍流输送给大气的热量非常巨大。同样,欧洲大陆、加拿大等陆地也从冬季的热汇区转变为夏季的热源区。

我国地表冷、热源的分布情况与地表净辐射年总量的分布相一致,因为就全年平均而言,土壤热通量近似为零。由图 3.6 可见,我国是一个热源区,各地净辐射年总量均为正值,最大值出现在海南岛,可达 2900～3350 MJ·m^{-2}·a^{-1};最小值出现在川黔地区,大约 1450 MJ·m^{-2}·a^{-1};珠江流域、黄淮及华北地区较大,为 2300 MJ·m^{-2}·a^{-1};浙江、福建和云南等地较小,大约 2100 MJ·m^{-2}·a^{-1}左右;云南虽然所处纬度较低,但因受西南季风影响,净辐射年总量并不大。西藏高原和新疆地区与华北相当。

我国净辐射的季节变化随地理纬度和地形条件而不同。最小值出现在 12 月或 1 月;最大值出现时间各地不一,东北、华北和内蒙古地区出现在雨季到来之前的 5 月或 6 月,东南沿海地区出现在梅雨之后的 7 月,川黔一带出现在 8 月,云南地区因受西南季风影响出现在 4 月和 9 月。西藏高原和新疆沙漠地区,冬季出现最小值,夏季出现最大值。此外,在西藏高原内部、东北北部以及新疆天山以北地区,冬季有 1～2 个月是冷源区,其他地区全年各月都是热源区,例如雅鲁藏布江流域全年就没有热汇时期,而且冬季冷源区的强度很弱,时间较短,范围也不大。可

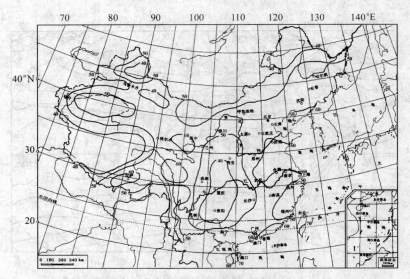

图 3.6　全国净辐射年总量($\times 41.868$ MJ·m^{-2}·a^{-1})的分布[1]

见,我国的热量资源非常丰富。

　　冬季,我国东部地区的东北北部是冷源区,其他地区均为热源区,其分布特点是随纬度的降低而增大,最大值在海南岛、福建、广西以及云南和横断山脉东南一带。我国西部,西藏高原内部、天山以北地区在冬季是冷源区,天山以南为热源区,塔里木盆地热源强度较大。

　　夏季,全国各地都是热源区,而且强度最大。我国东部等值线基本上沿海岸线呈经向分布;东南沿海地区最大,横断山脉东南、昆明附近较小,南北差异不大。我国西部,地理和地形条件的影响十分明显,西藏高原地区形成向高原中心递减的等值线闭合中心,新疆塔里木盆地和准噶尔盆地都是高值区。

　　春季是从冬到夏的转换季节。3月份,我国东部地区等值线分布是纬向型的,海南岛最大,东北地区最小,南北相差3倍以上;到5月份,等值线已基本上转变为经向型分布,南北差异不大。西藏高原春季增温加热很快,从3月到5月可增大4～5倍;新疆塔里木盆地3月份是从内向外递减的闭合中心,5月份则转变为从内向外递增的闭合中心,中心强度增大1.5倍左右。

　　秋季是从夏到冬的转换季节。9月份,我国东部地区等值线分布仍为沿海岸线的经向型分布,南北变幅小于东西变幅;11月份,等值线分布转变为纬向型,南北变幅远大于东西变幅。四川盆地秋季为低值中心。我国西部,西藏高原11月比9月减小了1倍左右;新疆塔里木盆地热量变化比较稳定。

3.2 热量资源的表示和确定方法

地面获得太阳辐射能量以后,通过湍流交换和分子传导的形式向大气和土壤输送热量,从而导致空气温度和土壤温度的变化。显然,温度是热量的一个状态函数,是地表热量状况的反映和标志。在一个封闭系统中,温度与热量成正比;在近地层中,空气温度是地表净辐射、空气密度、气压等因子的函数。由于温度能反映气候条件的综合影响,在一定条件下也能反映热量状况,因而在热量资源分析以及农业气候研究中,通常以空气温度作为主要指标。所以,人们习惯上所说的"热量"已经成为一个含义广泛、约定俗成的术语。

热量资源的表示方法可分为 3 类:一是用时间长度来表示热量资源,常见的有无霜期、生长季、日平均气温≥0℃、5℃、10℃、15℃、20℃的持续日数等;二是用温度强度表示热量资源,通常用年平均气温、最热和最冷月平均气温、极端最高和极端最低气温、气温日较差、年较差等;三是用热量的累积程度来表示热量资源,包括活动积温、有效积温、大于某一界限温度的积温等。

3.2.1 无霜期和生长季

无霜期和生长季的长短可以作为衡量热量资源的时间尺度。在我国各地,终霜期以后大多数喜温植物开始生长;而从初霜期开始大多数喜温植物已经枯黄。无论南方和北方,对于植物来说,无霜期和生长季往往并不一致,因为植物有喜热、喜温、喜凉、耐寒等生态类型,对寒冷的忍耐能力不一样。一般来说,耐寒植物生长季比无霜期略长,喜温植物生长季比无霜期短得多。所以,无霜期长于喜温作物的生长季,但短于喜凉作物的生长季。

无霜期的确定方法比较简单。无霜期是指终霜次日至初霜前一日之间的时期。霜的观测是以气象观测场及其附近有无白色凝结物为依据,在高寒干旱的青藏高原和西北等地,平均气温低,昼夜温差大,土壤和空气都十分干燥,冬春季节气温很低,但地面不一定有白色凝结物;春秋季节水分相对较充足,夜间强烈辐射冷却后,地面反而容易出现白霜。因此,无霜期与地面最低温度和空气最低温度≥0℃的初、终日期密切相关。

由于霜的观测存在一定的缺陷,所以,实际工作中农业部门通常采用地面最低温度≥0℃初、终日之间的天数作为无霜期。据研究[10],在我国大部分地区,用地面最低温度≥0℃初、终日之间的天数作为无霜期与实际观测的无霜期非常相近。但是,在我国西部干旱地区这两种方法之间差异较大,内陆和高寒干旱荒漠地区,由于全年土壤和空气都非常干燥,从春末到冬初,虽然夜间地面最低温度常可降到0℃以下,却见不到霜。这说明,实际观测的无霜期在干旱地区与当地的低温状况很不一致。因此,在气候资源分析中,应该采用地面最低温度≥0℃的持续日期作为无霜期,以使所反映的热量条件更符合实际情况。

3.2.2　农业界限温度

在植物生长期的热量资源分析中,通常要确定并分析生长期的温度指标。由于不同作物开始生长和停止生长的温度不同,所以,在确定地区生长期和热量条件满足程度时,通常结合当地主要作物采用农业界限温度来进行分析。所谓"农业界限温度"就是对农业生产有指示、临界意义的温度,使用最为广泛的指标系统是0℃、5℃、10℃、15℃和20℃日平均气温。实际应用时应结合各地气候特点和农业生产条件,通过具体分析而有所侧重,可对其中一个或几个指标进行分析;一般在一年一熟制地区大多采用≥10℃指标、多熟制地区采用≥0℃指标作为当地农业界限温度进行生长季和热量资源的分析。

1. 界限温度出现日期和持续日数的农业意义

生长期可分为气候生长期和作物生长期[11]。气候生长期是指某地区一年内农作物可能生长的时期;作物生长期,对于一年生作物是指从播种到成熟的一段时期,对于多年生作物是指从春季萌发到冬季进入休眠为止的一段时期。例如,南京地区气候生长期一般从春季日平均气温稳定通过0~3℃到冬季日平均气温稳定降至0~3℃的一段时期。

指标系统中采用日平均气温0℃计算气候生长期的依据是:①春季日平均气温稳定通过0℃,标志着地面冰雪开始融化,土壤开始解冻,喜凉耐寒植物萌发生长,早春作物可以开始田间耕作;秋季日平均气温稳定通过0℃,标志着土地开始冻结,植物枯萎或休眠越冬,大田农事活动基本结束等。因此,≥0℃的时期可以代表整个农业生产年度,称为适宜农耕期。②日平均气温在0℃以下的持续日数,称为寒冷期,也是我国北方冬小麦的越冬期。根据对某些越冬作物的观察,发现北方冬小麦在日平均气温稳定降至6~0℃时,仍能缓慢生长;当日平均温度稳定降至0℃以下时,只要日最高气温达到0℃以上,冬小麦仍能有微弱的生命力;所以,采用≥0℃作为界限指标对北方农业生产有指导意义。③全国各地除台湾和海南岛全年日平均温度在10℃以上之外,春季日平均温度从0℃上升到10℃与秋季从10℃下降到0℃相距的日数都在1~1.5个月以上,长江流域、西南高原等地春季相隔60~80天;如果用10℃作为界限指标来计算生长期和积温,则生长期将缩短2~2.5个月,积温减少450℃~900℃;所以,采用0℃指标能比较准确地反映全部农业生长季节和地区热量资源。④青藏高原气候寒冷,海拔4300~4500 m以上地区终年日平均气温都在10℃以下,所以,采用≥0℃作为界限指标,有利于对全国范围的热量资源进行比较和评价。

指标系统中采用5℃是因为春、秋季日平均气温稳定通过5℃的日期与越冬作物及大多数林木恢复和停止生长的日期大体上一致。春季日平均气温稳定通过

5℃,马铃薯、春油菜等喜凉作物开始播种,冬小麦进入分蘖盛期,多种树木开始生长,喜凉牧草普遍进入青草期,牲畜膘情恢复,体重开始增加;秋季日平均气温稳定通过 5℃,温带树木进入休眠期,喜凉牧草普遍枯黄,秋播小麦处于冬前抗寒适应阶段。所以,通常将日平均温度在 5℃ 以上的时期称为植物生长期。农业生产中 ≥5℃初日也是早春作物开始播种的日期。

采用 10℃的依据是:①日平均气温≥10℃的持续期,既是喜温植物的生长期,也是喜凉植物的旺盛生长期。春季日平均气温稳定通过 10℃时,喜凉早春作物已开始迅速生长,某些多年生作物开始迅速积累有机物质;杏花盛开,桃花怒放,小麦拔节,油菜花开;喜温作物可以开始播种。秋季稳定通过 10℃时,喜凉作物和某些多年生作物的光合作用显著减弱,喜温作物也开始停止生长;梧桐叶完全变色,桑树开始落叶,而胡桃叶已几乎落光。可见,日平均气温≥10℃是农作物和木本植物有机质形成的主要时期,即形成同化产物的主体生育期在日平均温度≥10℃的时期内。②我国温带面积较广,中高纬度地区大多数农作物的生育期与≥10℃时期相当;≥10℃初日也是水稻、棉花、玉米、花生等作物的播种时期,而≥10℃终日则是喜温作物停止生长的日期。③≥10℃期间的积温与蒸发力之间存在一定的数量关系,可以推求地表蒸发力。

采用 15℃界限指标是因为稳定通过 15℃时期是喜温作物的适宜生长期。日平均气温≥15 ℃不仅是花生、棉花的播种期,而且是一般喜温作物旺盛生长、茶叶开始采摘、热带作物组织分化的界限温度。≥15℃初日是水稻栽插、棉花开始安全生长的日期;≥15℃终日是冬小麦播种、水稻和玉米等停止灌浆、影响棉铃生长和纤维成熟的日期,热带作物已停止生长。

20℃界限温度是热带作物生长期的指标温度,也是大秋喜温作物灌浆的适宜下限温度,特别是在水稻栽培地区必须将水稻的抽穗扬花期安排在≥20℃时段,才能保证安全齐穗。由于各地生态气候类型不同,栽培品种和类型各异,所以,采用日平均气温稳定通过 20℃的终日作为水稻安全齐穗的下限日期。

根据上述指标系统,不同地区可以采用不同的界限温度作为不同类型作物的生长期,并可根据研究目的和本地区特点进行适当改进。

2. 界限温度出现日期和持续日数的确定方法

确定界限温度初、终日期的统计方法很多。如果具有历年逐日平均气温资料,可以采用两倍偏差法、日平均气温绝对通过法、候平均气温绝对通过法、三日连续偏低法和五日滑动平均法;如果只有累年月、旬、候平均气温资料,则只能采用候平均气温绝对通过法或图解法,但精度较低,偏差较大[11]。

(1)两倍偏差法。所谓"偏差"是指各日平均温度与各界限温度之差;偏差有正偏差、负偏差或为零。在春季,某时段内持续各日的正偏差之和大于该时段以后出现的所有各次连续各日负偏差之和的绝对值的两倍,则该时段的第 1 天就确定为稳定通过该界限温度的初日。在秋季,若某时段内连续各日的负偏差之和的绝对值大于该时段以后出现的所有各次连续各日正偏差的两倍,则该时段的前 1 天就确定为稳定通过该界限温度的终日。

(2)日平均气温绝对通过法。就是在春(秋)季的逐日平均气温中,挑选第 1 个(最后 1 个)其后(前)没有低于某界限温度的日期,作为稳定通过该界限温度的初(终)日。该方法适用于某些具有高价值经济作物的热量条件分析。

(3)候平均气温绝对通过法。与日平均气温绝对通过法类似,就是在春(秋)季逐候平均气温中,挑选出其后(前)候平均气温不低于某界限温度的第 1 个(最后 1 个)候,取该候的第 1 天(最后 1 天)作为初(终)日。

(4)3 日连续偏低法。就是在春(秋)季,以最后(先)一次出现的连续 3 天或 3 天以上各天日平均气温都低于某界限温度的后(前)1 天,作为稳定通过该界限温度的初(终)日。

(5)5 日滑动平均法。由春(秋)季开始出现高于(低于)某界限温度之日起,在依次算出的每个连续 5 日平均气温中,挑选出第 1 个其后不再出现低于(高于)该界限温度的 5 天,并在这 5 天中挑选出第 1 个(最后 1 个)大于或等于该界限温度的日期,作为稳定通过该界限温度的初(终)日。该方法稳定性较好,农业气象部门普遍使用这一方法。

各种确定方法的统计结果都有一定的偏差,偏差的大小随地区、季节、气候特点和资料长度等而异。一般认为,5 日滑动平均法和 3 日连续偏低法的统计结果比较接近,而二倍偏差法差异较大。如表 3.1 所示。

根据各年稳定通过界限温度的初、终日,可以统计得出多年平均初、终日。具体方法步骤是:①首先确定基本月,计算各年累积天数,方法是从历年初日中选择最早出现的月份作为基本月,以基本月的第 1 天作为起始日,计算各年距起始日的天数。②求出多年平均累积天数 N,即以各年累积天数之和除以统计年数。③确定多年平均初日。当多年平均累积天数 N 小于基本月的天数(n)时,基本月的第 N 天就是多年平均初日;当 N 大于 n 时,则基本月之后第 1 个月的第($N-n$)日就是多年平均初日。④采用同样方法可求多年平均终日日期。

仅了解界限温度的多年平均初、终日期,对于农业生产来说是不够的,因为它没有给出有关界限温度初、终日期历年变化情况的任何信息。在农业生产中,需要了解各种界限温度初、终日期在各个时段内的出现概率,以及在某一时段之前某种界限温度稳定通过的可能性;也就是说,还需要掌握它们在不同时期出现的频率和保证率。只有掌握了这些数据,才能确切地提出不同作物的适宜播种期、收获期以及如何配置作物品种等合理化建议。计算频率、保证率的常用方法有:频率表法、经验频率法、均方差法等。

表 3.1　界限温度稳定通过 10℃初、终日期统计方法的比较(月/日)[11]

台站名称	初　日			终　日			持续日数			资料年数
	二倍偏差法	5日滑动平均	3日连续偏低	二倍偏差法	5日滑动平均	3日连续偏低	二倍偏差法	5日滑动平均	3日连续偏低	
沈阳	4/23	4/26	4/24	10/16	10/9	10/9	177	167	169	47
兰州	4/10	4/17	4/7	10/17	10/13	10/13	191	180	180	27
北京	4/5	4/7	4/6	10/28	10/24	10/26	207	201	204	48
上海	3/30	4/3	4/2	11/25	11/18	11/18	241	230	231	84
汉口	3/21	3/28	3/28	11/24	11/19	11/19	249	237	237	38
成都	3/2	3/10	3/9	11/29	11/24	11/25	273	260	262	28
广州	3/4	3/20	3/24	1/3	12/5	12/5	306	261	257	28

3.界限温度出现日期和持续日数的分析和应用

　　各地界限温度初、终日期和持续日数确定以后,可以根据这些资料分析其地理分布和时间变化特点及其与农业生产的关系。为了比较不同地区之间稳定通过某界限温度日期的差异,可以将各地界限温度稳定通过的平均初、终日期填入空白地图;然后考虑各地的地理位置、海陆分布、地形特点、海拔高度以及土壤条件等地理因素,按一定的间距画出等值线;也可以选出若干有代表性的站点,绘制出农业界限温度起止日期示意图。根据等日期线的分布和图中各界限温度起止日期的迟早,结合各界限温度的农业意义,便可以分析各地春耕、春播、秋收、秋种时期的迟早,各种类型作物可能播种期、收获期以及作物越冬、返青的先后等,可以比较科学地提出合理安排农业生产的建议。

　　对春秋季各界限温度初日(或终日)之间持续日数的分析,可以了解春秋季节升温或降温的速度,从而对农作物生长发育和产量形成的影响作出正确评价。通常可以从以下两个方面进行分析:

　　①对比分析地区之间或年代之间稳定通过某界限温度的出现日期和持续日数与农业生产的关系。这里,以对比分析四川盆地和长江中下游地区日平均温度稳定通过 15℃、20℃的初终日期和持续日数与双季稻栽培的关系为例,介绍其方法步骤。首先,选择对比站点,四川盆地可取成都、重庆、南充、泸州四站,长江中下游选择汉口、常德、九江、安庆、吴县五站。然后,分别计算日平均温度≥15℃初日、≥20℃终日以及≥15℃的持续日数在不同时段(候)的出现频率和保证率。最后,进行早稻移栽期、双季晚稻后期以及双季稻的本田生育期等热量条件的对比分析;≥15℃初日可作为早稻移栽的适宜日期。通过实际资料的计算可以得到,成都早稻在 4 月 25 日前后移栽的保证率为 90%,其他三个站≥15℃初日出现在 4 月 15 日

之前的保证率为 80％；而长江中下游≥15℃初日出现在 5 月 5—10 日前后,比成都迟 15 d,比重庆迟 25 d。因此,四川盆地早稻栽插期一般比长江中下游提早 15～25 d 左右。

　　②对比分析地区之间或年代之间稳定通过相邻两界限温度日期的间隔日数及其与作物生产之间的关系。例如,我国冬小麦种植地区,秋季温度从 15℃降到 5℃的时期正是冬小麦从播种到分蘖阶段,是奠定植物体基础的重要时期。如果秋季气温下降缓慢,间隔日数长,则麦苗素质好,有效分蘖就多;反之若降温较快,间隔日数短,则冬前分蘖不足,对冬小麦安全越冬极为不利。初冬季节日平均气温下降到 5～0℃期间,是冬小麦越冬锻炼时期,这段时期的气象条件和持续日数的长短与冬小麦分蘖拔节、积累糖分、增强越冬抗寒能力关系很大。春季日平均气温从 0℃增加到 10℃时期,正是冬小麦从返青到拔节阶段,是决定小麦每穗粒数的关键时期。如果这段时间升温缓慢,间隔日数较长,则可以从时间上保证大穗大粒的形成。我国青藏高原春季 0～10℃持续时间长达 70～80 d,冬小麦分化充分,常见100 粒以上的大穗,大田平均穗粒数在 40 粒以上;而华北各地 0～10℃时期仅为30～40 d,小麦幼穗分化时间短,致使冬小麦穗粒数仅为高原地区的 1/2～1/3;所以,高原上小麦产量高,春季升温迟缓是其原因之一。因此,分析相邻两界限温度之间持续日数的分布特点,可以反映不同地区春、秋过渡季节的热量特征及其对农业生产的利弊程度。

3.2.3　温度强度指标

　　空气温度和土壤温度属于地带性因子,受非地带性因素的影响也很强烈。某一地区的温度强度,通常用平均温度和极端温度来表示,其数值的大小能够反映当地热量资源的丰富程度。

　　1. 气温

　　平均气温能够综合反映一地的热量状况,通常以年平均气温、月平均气温、最热月和最冷月或四季代表月(1、4、7、10 月)平均气温等来说明热量资源的年际变化和季节分配情况,采用最热月平均温度对热量强度进行分析和评价是常见的方法之一。

　　极端气温包括极端最高气温和极端最低气温,都是一地有观测记录以来出现的瞬时值,是热量资源的两个限制因子。极端最高气温过高,易使植物遭受热害而灼伤;极端最低气温过低,则易造成冷害、冻害导致植株死亡,极端最低气温对热量资源的有效利用起破坏作用。越冬期间作物的热量条件分析,包括极端最低气温及其多年平均值、最冷月平均温度、负积温以及最低温度的持续时数等指标。

　　为了反映一地温度强度的变化,有时也采用最高温度与最低温度的差值,即温度较差来表示热量状况,包括气温日较差和年较差等。某一地区的气温日较差大,意味着白天气温高,光照必然充足,植物制造的有机物质比较多;夜间温度低,植物的呼吸作用弱,消耗的有机物质相对较少,有利于营养物质的积累。从生态气候学的观点来看,这是一笔很大的财富。但是,气温日较差也并非越大越好,过大的日较差对生物是有害的。

2.地温

土壤温度包括地面温度和地中温度。地面温度过高,强烈的烘烤作用可使种子失去发芽能力,高温会导致热害,植株容易被灼伤;反之,土壤温度过低,种子也不能发芽,植株根系活力减弱;若土壤冻结,根系无法吸收水分,形成生理干旱,植株便停止生长,甚至冻死或旱死。显然,在植物生长过程中,气温和土壤温度对能量转换的制约作用是很明显的;适宜的土壤温度,有利于有机物质的合成和积累。

地面(0 cm)温度包括平均地面温度、极端最高和极端最低地面温度。一般来说,平均地面温度比平均气温大约高 2～3℃,极端地面最高温度比极端最高气温高 25～30℃左右。极端最高和极端最低地面温度对植物的利弊应视其高低程度而定。如果高温超过了大多数喜温作物忍耐的极限,低温亦超过了许多耐寒植物所能忍受的程度,将导致部分热量资源失去效用。

地中温度观测通常为 5 cm、10 cm、15 cm、20 cm、40 cm、80 cm 深度,少数台站有 160 cm 和 320 cm 等深度的观测。土壤温度的变化规律与气温相似,但随时间变化的位相比气温变化滞后,并受土壤性质、结构、含水量以及地表植被或覆盖物的影响。对于大多数农作物来说,根系密集分布于 40 cm 以上土层,灌木和小乔木的根系也主要集中在观测深度以上。从植物扎根土壤的角度来说,地温作为热量资源的组成部分和气温同样重要。因此,研究土壤温度状况,对于充分合理地利用热量资源也具有实际意义。

3.2.4　温度累积指标

研究热量条件对植物生长发育的影响,只考虑温度强度显然是不全面的,因为在同样的温度强度下,温度作用的时间不同,所产生的效应也就不同。所以,在理论研究和实际应用中,既要考虑温度强度,也要考虑温度影响的持续时间。为此,可采用具有以上两种作用的温度累积指标——积温来评价一个地区热量条件的农业意义。

1.积温的概念

在其他生活因子基本满足的条件下,在一定的温度范围内,植物生长发育与温度成正比,而且只有当平均温度累积到一定的总量时,植物的生长发育才能完成,这一温度积累的总量就称为积温。也就是说,积温是表示某一地区热量累积量的一个指标。界限温度初、终日期间的积温能够反映作物可能生长期内的温度强度和持续时间,代表生长期内可能提供农业利用的热量。一般认为,积温能够代表地区热量资源的生物学潜力。

积温学说,就是关于温度与植物生长发育关系的研究。归纳起来,其基本论点有三个[12]:在其他条件基本满足的前提下,温度对植物的发育起主导作用;植物生长发育要求一定的下限温度,对于某些时段还存在上限温度问题;植物完成某一发育阶段需要一定数量的积温。

假设植物平均发育速度与该植物发育期最低温度以上的温度总和成正比,并符合线性关系,则积温可表示为

$$E = N(\overline{T} - B) \tag{3.13}$$

式中,N 为植物某发育期的天数;E 为 N 天的有效积温;$\overline{T}$ 为 N 天的平均温度;B 为该发育期的下限温度。上式又可写为

$$\frac{1}{N} = \frac{\overline{T} - B}{E} \tag{3.14}$$

这里,$1/N$ 为植物发育速率。由此可知,在植物所要求的积温值 E 一定的条件下,平均温度低发育就慢,平均温度高则发育快。实践证明,植物某一发育期或整个发育期所要求的积温值基本上是稳定的,因而平均温度与发育速率大致上呈线性关系;也就是说,积温学说基本上是符合实际的。

2. 积温的特点

热量资源分析的实际工作中,应用最广泛的是活动积温和有效积温。这是两个不同的概念。通常将高于(包括等于)生物学下限温度的日平均温度称为活动温度,植物某一发育阶段或整个生育期内活动温度的累积总和,即为活动积温。每天的活动温度减去生物学下限温度的差值,称为有效温度;植物某一发育阶段或整个生育期内有效温度的总和,即为有效积温。可分别表示为

活动积温 $$A = \sum_{i=1}^{N} T_i, \ (T_i \geqslant B) \tag{3.15}$$

有效积温 $$E = \sum_{i=1}^{N} (T_i - B) = \sum_{i=1}^{N} T_i - BN, \ (T_i > B) \tag{3.16}$$

式中,T_i 为发育期中第 i 天的日平均温度。显然,活动积温 A 包括等于生物学下限温度的温度,而这一部分温度对作物生长发育是不起作用的无效温度;而有效积温 E 就避免了活动积温的这一缺点。但是,从严格意义上来说,有效积温也不应该包括高于上限温度的那一部分热量。

活动积温常用于农业气候中热量资源的分析。由于生物学下限温度 B 不同,所以有多种活动积温。例如,当 B 为 0℃、5℃、10℃、15℃和20℃时,其活动积温就分别称为≥0℃活动积温、≥5℃活动积温、≥10℃活动积温等。如前所述,这几种活动积温各有其特殊的农业意义,其中应用最广泛的是≥10℃活动积温。主要

农作物所需要的≥10℃活动积温，如表 3.2 所示。

表 3.2　不同作物生长期所需要的≥10℃活动积温[12]

作　物	早熟型（℃）	中熟型（℃）	晚熟型（℃）
水稻	2300～2600	2800～3500	3500～4100
棉花	2600～3100	3200～3600	4000
小麦	———	1400～1700	———
玉米	2100～2400	2500～2700	＞3000
高粱	2200～2400	2500～2700	＞2800
谷子	1700～1800	2200～2400	2400～2600
大豆	———	2500	＞2900
马铃薯	1000	1400	1800

积温与日照时数、气温日较差、夏季温度等因素有关，还因作物品种的不同而不同，同一种作物在不同地区所需要的积温往往也不相同。以我国为例，表现为以下两种情况[13]：一是在我国西北干旱地区，作物生长期内阴雨天少，晴天多，日照充足，作物生长发育较快，所需积温相对减少，生育期也相对地缩短；再者，这些地区气温日较差大，一般可达 13～16℃，有利于光合产物的积累；因此，在水分条件满足的条件下，积温的有效性高，作物所需积温通常要比同纬度的东部平原地区少。二是在我国西南的云贵高原地区，由于地处低纬度、高海拔，往往出现界限温度持续期较长而导致温度强度不够，再加上云雾多，日照不足，气温日较差小，因而要满足作物的热量强度要求，喜温作物的生育期就会延长，所需积温要比同纬度的东部地区多。例如，在我国东部地区，由于夏季日平均温度较高，水稻可以种植在≥10℃积温为 2500℃甚至 2000℃的地区，而在云贵高原和川西地区往往需要3500℃积温才能种植。

不同作物所需积温随地理纬度的变化规律也不相同。例如，我国水稻和棉花的同一品种在各个发育阶段和整个生长期中所需要的≥10℃活动积温由南向北随地理纬度的增高而增大；而小麦各个发育阶段和整个生长期所需的≥10℃活动积温则随纬度增高而减小[14]。这是因为水稻和棉花是短日照作物，原产于低纬度地区，随着纬度的增高，光照长度加长，生育期延迟，使所需积温增加；另外，随着纬度增高，整个生长期中的平均温度降低，也使生育天数增多，从而使所需要的积温增加。相反，小麦是长日照植物，原产于高纬度地区，随着纬度的增高，光照长度加长，发育期提前，使得所需积温比原生地减少。

积温在农业生产中的应用，主要表现在以下几个方面：

①鉴定一个地区的热量资源。一个地区的积温值表示当地的热量资源状况。一种作物的积温值反映了该作物生长发育对热量的要求。因此，将地区积温与各

种作物的积温进行对比分析,可以了解该地区的热量条件与作物生产的关系,为合理利用当地的热量资源提供科学依据。

②引种和品种推广的依据之一。从外地引种或向内地推广某一品种,首先要鉴定该作物品种所需要的积温,然后再与引种或推广地区的积温资料进行对比分析,得出能否引种或推广的科学结论。

③负积温是低温灾害的指标之一。负积温就是某时段内低于 0℃ 的逐日平均气温的总和。它在一定程度上反映了低温的强度和持续时间的综合影响,常用来表示冬季寒冷程度和作物越冬条件好坏的判据。

④作为对物候期、收获期、病虫害发生期预报的重要参数。某一作物由一个生育阶段到另一个生育阶段所需要的有效积温比较稳定,因而可以利用有效积温和生物学下限温度预测未来生育期的开始日期。

3. 积温的计算

活动积温和有效积温的计算,通常采用常规气象台站观测的气温资料,有时也可以采用农业气象观测资料。实际计算时,作物生育期积温一般采用累计法,即按照定义式(3.15)和(3.16)先求出逐日的活动温度、有效温度,然后将其累加,求出作物生育期内的活动积温和有效积温。

多年平均积温是指历年界限温度初、终日之间大于各界限温度的各日平均气温总和的算术平均值。实际计算时,可以利用历年日平均气温进行计算,也可以由累年日平均气温资料求得。在全月各日平均气温都大于某界限温度的月份,该月积温可用月平均气温乘以月总日数进行计算。

(1)生物学下限温度 B 的确定

确定生物学下限温度 B,通常有两种方法:

① 图解法。根据田间试验获得的平行观测(包括物候和平均气温)资料,计算某种作物的发育速率 $1/N$;取横坐标为发育时段内的平均温度,纵坐标为发育速率,建立发育速率与发育期平均温度之间的线性关系;根据资料点的分布趋势可得到一条直线,过 $1/N=0$ 点作水平线与该直线相交,再由此交点作垂直线交于温度轴,所得到的温度值就是生物学下限温度 B。如图 3.7 所示。

② 最小二乘法。将有效积温表达式(3.16)改写为一元线性方程 $y=a+bx$,其中 $y=\sum T_i, x=N, a=E, b=B$;利用历年各发育阶段的日平均温度和发育期天数的资料,根据所掌握的作物生物学特性知识和实践经验,先假定一个下限温度 $\hat{B}$ 值,并计算所求发育期内日平均温度 T_i 大于 $\hat{B}$ 的总和 $\sum T_i$;然后,采用最小二乘法求出回归系数 a、b 值(即有效积温 E、下限温度 B);将所得 B 值与假定的 $\hat{B}$ 比较,若两者相差不超过 1℃,则认为 $\hat{B}$ 即为所求;若两者相差较大,则重新计算,反

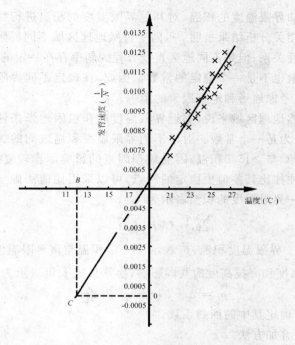

图 3.7　图解法确定生物学下限温度示意图

复进行,直到两者相差小于 1℃ 时为止。实际工作中,一般只需重复 2～3 次即可求出符合条件的 B 值。这种方法计算精度较高,适合观测资料较多时使用。

(2)发育速率上限温度 M 的确定

对植物发育来说,当温度高到一定限度以后,若再升高,作物的发育虽然仍能进行,但其发育速率却不再加快,这一界限温度称为发育速率上限温度 M(或称为有效温度上限)。它不同于作物发育三基点中的最高温度。

发育速率上限温度 M 可以在人工气候箱中采用模拟实验方法确定,也可以根据田间试验资料采用经验方法近似计算。实际工作中,可以在气温绞低的季节或地区种植某一种作物,求出其有效积温,这是在没有高温影响、不出现上限温度情况下的积温值;再利用同一作物在高温季节或高温地区的物候资料,扣除由于光照条件不同使发育期延长或缩短的影响,求出在高温条件下的发育期天数,这是出现上限温度情况下的最短天数;根据无高温影响下的有效积温与发育期最短天数之比,可以求出一天中该作物最大可能利用的有效温度;将这一最大有效温度加上生物学下限温度所得到的温度值,作为该种作物发育速率上限温度的近似值。

(3)不同界限温度之间积温的换算

确定不同界限温度之间积温的换算关系具有实用意义,若能求出其定量关系,便可以从某一已知界限温度的积温,对其他界限温度的积温进行估计。我国不同界限温度积温的相关分析结果表明[15],同一自然地理区域不同界限温度的积温之间存在较好的线性关系;但是不同地区直线方程的斜率存在一定的差异,各界限温度积温之间的差值也不是一个稳定的常数。因此,在确定不同界限温度之间积温的换算关系时,应考虑地形和地理因素的影响。

　　对于同一自然地理区域来说,邻近界限温度的积温因地形条件差异而略有不同,但仍可近似认为是一个常数。对于不同界限温度积温之间的关系,如$\geqslant 0\,℃$与$\geqslant 10\,℃$积温或$\geqslant 0\,℃$与$\geqslant 15\,℃$积温,因受地理因素的影响而比较复杂,但根据某些气象要素的比值往往比其差值更稳定的特点,可以采用比值法确定其换算关系和订正值。即将某一界限温度的积温表示为

$$\sum T_i = p_i \sum T_{\geqslant 0\,℃} \tag{3.17}$$

其中,$\sum T_i$为某一界限温度积温;p_i表示$\geqslant 0\,℃$积温与该界限温度积温的换算系数。考虑到地理纬度和海拔高度的共同影响,换算系数p_i可表示为

$$p_i = a + b\varphi + c\varphi^2 + dH \tag{3.18}$$

根据实际资料,可确定其中的回归系数。

　　(4)正交谐波叠加方法

　　宛公展[16](2000)认为,温度的年变化主要受一系列周期性因素影响,如季节变化、大气环流的半年准周期振荡等;因此,可以用一族正交的正弦谐波叠加,拟合逐日气温的年变化曲线,进而计算活动积温。

　　设年内温度月平均序列为$X_t(t=1,2,\cdots,T)$,表示为正交谐波形式

$$X_t = A_0 + \sum A_k \sin(\omega kt + \theta_k) \tag{3.19}$$

式中,A_0为平均振幅,A_k为第k个谐波的振幅,θ_k为相应的初始相位,$\omega = 2\pi/T$为圆频率,T为基波长度。展开上式,可得

$$X_t = A_0 + \sum [a_k \cos(\omega kt) + b_k \sin(\omega kt)] \tag{3.20}$$

则

$$A_k = \sqrt{a_k^2 + b_k^2}, \quad \theta_k = \mathrm{tg}^{-1}(a_k/b_k) \tag{3.21}$$

式中的有关参数可以利用一组递推公式进行计算。若设定初值为$U_{k,n+2} = U_{k,n+1} = 0$,则有

$$U_{k,t} = X_t + 2U_{k,t+1}\cos\omega k - U_{k,t+2} \tag{3.22}$$

最终可得到

$$A_0 = \sum X_t/n$$

$$a_k = 2(X_1 + U_{k,2}\cos\omega k - U_{k,3})/n$$

$$b_k = 2(U_{k,2}\sin\omega k)/n \tag{3.23}$$

通常,取正交谐波波数 $k=n/2$ 或 $n/3$。该方法适用于计算我国温带年平均气温为单峰型分布地区的活动积温。

试验研究和实际应用中都发现,作物所要求的积温值,不论是活动积温还是有效积温,都存在着不稳定的现象,即使在同一地区、同一作物品种所要求的积温值,在不同年份也不相同[12]。造成积温不稳定的原因很多,主要是由于某些作物发育速度与温度之间存在非线性关系,以及高温抑制作物发育等原因,导致积温出现不稳定现象。尽管如此,积温仍然是一个较好的热量指标,积温的变动仍然比生长期持续日数的变动要小得多。为了提高积温的稳定性,人们又提出了有效积温变量[17]、当量积温[18]、光温度和光温积[19]等热量指标。

3.3 热量资源的分布特征

我国幅员辽阔,地形起伏显著,气温变化幅度很大。新疆吐鲁番盆地曾出现 49.6℃ 的高温,黑龙江的漠河又曾有过 -52.5℃ 的低温记录。东部地区从南到北具有热带、亚热带、暖温带和寒温带气候分布,西部青藏高原又有高山寒带和全年冰冻气候区。全国热量资源分布不均匀,土壤植被差异很大。热量是人类生产生活的重要条件,直接影响农作物的生育、产量及品质,影响人们的工作效率和生活的舒适程度。因此,对我国热量资源状况进行科学分析,了解各地的热量分布特征和变化规律,对于合理利用气候资源,发展国民经济具有积极意义。

3.3.1 无霜期的分布

地面凝结成霜,表明地面最低温度已在 0℃ 以下,作物有可能遭受冻害。农业生产中经常分析地面最低温度 ≥0℃ 的初、终日期以及初终日之间的持续日数(即无霜期),用以衡量作物大田生长时期的长短[20]。显然,某地无霜期越长,表明可供植物生长的热量资源越丰富。

我国东部地区地势比较平坦,北方冷空气入侵时一般能顺利向南推进。因此,秋季自北向南逐渐出现初霜,而春季从南向北终霜先后结束;地理纬度越低,初霜出现越晚,终霜结束越早,无霜期越长。我国东北大、小兴安岭山地无霜期较短,大约 100 d;东北平原无霜期在 150 d 左右,而且初霜较早,一般 9 月中、下旬出现;所以,只能一年一熟,种植生长期较短的作物。华北平原 10 月中、下旬出现初霜,4月上、中旬终霜结束,无霜期为 180~200 d;一般两年三熟,南部可一年两熟。北京、天水、昌都一带以北和以西地区,除少数河谷和塔里木盆地以外,全年无霜期均在 200 d 以下,其中海拔 4300 m 以上的青藏高原中部没有绝对无霜期;西部黄土高原无霜期约 150 d,新疆北部一般在 100~150 d,南部在 150 d 以上,吐鲁番可达 200 d,且盆地内部无霜期长而四周山区无霜期短。江淮地区无霜期在 220~240 d

左右,可稻麦两熟;江南丘陵地区无霜期较长,一般在 270 d 左右,是我国双季稻的主要产区。四川盆地因受地形屏障作用,无霜期比同纬度的长江中下游地区长 50 d 左右。南岭山地及以南地区无霜期在 300 d 以上,全年都可种植作物;雷州半岛以南、南海诸岛、台湾西南部、云南南部等地,全年无霜期为 350~365 d,是我国橡胶、椰子等热带经济作物的主要产区。我国西南的一些河谷地区,如怒江、澜沧江、金沙江、元江等局部地区,无霜期亦可达 350 d 以上;但是云南中北部地区因受怒江、金沙江等河谷入侵的冷空气影响,海拔高度又比较高,使得无霜期比同纬度东部地区短 30~60 d 左右。

3.3.2　界限温度的分布

1. 日平均气温稳定通过 0℃初日、终日和持续日数

我国各地日平均气温稳定通过 0℃初日日期的基本分布特征是,由北向南随地理纬度减低而提前,随海拔增高而推迟[21]。东北地区日平均气温稳定通过 0℃的初日,在大兴安岭北部为 4 月下旬,往南逐步提前,到辽东半岛已是 3 月中旬。内蒙古大部分地区始于 4 月上旬,最北的呼伦贝尔草原推迟到 4 月中、下旬,南部则提早到 3 月中、下旬。华北平原由北向南从 3 月上旬逐渐提前至 2 月中旬,黄土高原由于海拔较高推迟至 3 月上、中旬。南疆地区因纬度较低和天山的屏障作用稳定通过 0℃初日始于 2 月下旬,北疆地区则延迟至 3 月中旬,山地更晚,推迟至 4 月上旬。秦岭、淮河以南至南岭之间 1 月中、下旬便已稳定通过 0℃,南岭以南、四川盆地和云南大部全年日平均气温均在 0℃以上。青藏高原,从藏东南的 1 月下旬向西、往北逐渐推迟到 5 月中旬,藏北高原甚至推迟到 6 月上旬日平均温度才稳定通过 0℃。

日平均气温稳定通过 0℃终日日期的分布规律与初日分布相反,由北向南随地理纬度减低而逐渐推迟。黑龙江北部最早,10 月中旬日平均气温便已≤0℃;东北、内蒙古大部、青海、北疆山地在 10 月下旬;东北和内蒙古的南部、新疆大部、黄土高原地区为 11 月上、中旬;华北平原自北向南从 11 月中旬推迟至 12 月中旬;秦岭淮河以南至南岭之间 12 月下旬日平均气温≤0℃。青藏高原地区,藏北高原在 9 月中旬日平均气温已稳定在 0℃以下;往东南随着地势和纬度的降低,稳定通过 0℃终日的出现日期逐渐推迟,至藏东南地区,12 月上、中旬日平均气温才开始稳定在 0℃以下。

我国各地≥0℃持续日数的基本分布特征是由南向北、自东向西逐渐减少。如图 3.8 所示。华南和云南大部以及四川盆地,≥0℃持续日数都为 365 d;淮河秦岭以南、南岭以北的广大地区为 320~360 d;华北平原 250~320 d 左右,内蒙古大部分地区均为 200~250 d;东北地区的大、小兴安岭日平均气温≥0℃持续日数不足

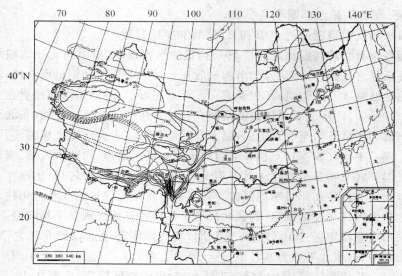

图 3.8 我国日平均气温≥0℃的持续日数(d)[20]

200 d;黄土高原南部为 250～300 d,由此向西北减少到 250 d 以下;我国新疆的塔里木、吐鲁番、哈密等地,因天山屏障日平均气温≥0℃的持续日数为 240～270 d;青藏高原地区则从藏东南的 300 d 以上向西北方向逐渐减少,到藏北高原已减少到 150 d 以下;雅鲁藏布江河谷中游一带大约 210～300 d,柴达木盆地为 180～210 d,羌塘高原和喀喇昆仑地区仅为 90～180 d 左右。

2. 日平均气温稳定通过 5℃的持续日数

一般来说,日平均气温稳定通过 5℃的持续期可作为越冬或早春作物的生长期,≥5℃是野外最佳施工期的温度条件选择指标和我国北方取暖期结束的温度指标[21]。我国日平均气温≥5℃持续期的分布表明,北回归线以南以及台湾沿海地区,全年日平均气温都稳定在 5℃以上;由此向北,≥5℃的持续期逐渐缩短。我国东南丘陵地区从 1 月下旬开始,到 12 月底终止,≥5℃持续期在 340 d 以上;长江以南、南岭以北的江南地区为 280～320 d;四川盆地为 300～350 d。长江下游及淮河流域,开始于 3 月上旬,结束于 11 月下旬或 12 月上旬,≥5℃持续期为 260～280 d。华北平原春季雨水稀少,升温很快,3 月中旬日平均气温开始≥5℃,11 月中旬结束,持续期为 230～260 d,比同纬度的黄土高原长 30 d 左右。内蒙古地区≥5℃持续期约为 150～180 d。东北地区是我国东部≥5℃持续期最短的地区,东北平原约 180～210 d,北部 5 月初才开始,9 月底就终止,≥5℃持续期不足 150 d。西北地区≥5℃持续期有 200 d 左右,南疆受到地形保护与华北平原相当,在 230～250 d 以上。青藏高原≥5℃持续期从藏东南的 200 d 以上向西北递减到

100 d 以下,藏北高原西部则不足 50 d。

3. 日平均气温稳定通过 10℃初日、终日和持续日数

我国各地日平均气温稳定通过 10℃初日的出现日期,由南向北随地理纬度的增加而逐渐延迟。两广沿海、云南南部一般在 1 月中下旬即开始出现≥10℃初日,到南岭山地已是 3 月上旬,长江中下游在 3 月下旬,但上游四川盆地提早在 3 月上旬出现≥10℃初日;华北平原和渭河流域在 3 月下旬与 4 月上旬之间,东北平原和内蒙古南部为 4 月下旬至 5 月上旬,黑龙江北部和内蒙古大部则推迟到 5 月中旬,是东部出现日平均气温≥10℃初日最晚的地区。黄土高原、内蒙古西部、新疆北部日平均气温≥10℃初日出现在 4 月下旬至 5 月上旬,南疆地区较早,出现在 3 月下旬至 4 月上旬。青藏高原日平均气温≥10℃初日从藏南谷地的 5 月上旬往北和往西随着地势的升高而逐渐推迟,到藏北高原 7 月份才开始出现日平均气温≥10℃。

日平均气温稳定通过 10℃的终日日期,在我国东部地区以黑龙江北部最早,出现在 9 月中旬,东北平原为 9 月下旬至 10 月上旬,华北平原推迟至 10 月下旬到 11 月上旬,长江流域在 11 月中旬至 12 月上旬,华南地区最晚,出现在 12 月下旬。内蒙古东部地区日平均气温≥10℃终日出现在 9 月中旬,内蒙古西部及黄土高原和准噶尔盆地为 9 月下旬至 10 月上旬,塔里木盆地则出现在 10 月中下旬。在青藏高原、藏北高寒地区 7、8 月期间日平均气温已在 10℃以下,往东南随着地势和纬度的降低日平均气温≥10℃终日逐渐推迟,藏南谷地 9 月中旬日平均气温才稳定在 10℃以下。

图 3.9 为日平均气温稳定通过 10℃持续日数的全国分布图。全年日平均气温稳定通过 10℃的地区,仅限于台湾省北部、海南岛、雷州半岛以南以及元江河谷、西双版纳地区,持续期为 365 d。由此向北日平均气温≥10℃持续期逐渐缩短,华南和滇西南地区为 300~350d,福州、广西梧州、河池一线以南在 300 d 以上;从南岭往北直至华北平原北部的广大地区,在 200~250 d 之间,北京、山西运城、西安、宝鸡一线以南在 200 d 以上。四川盆地因地形屏障的影响,冬季冷空气难以入侵,持续期可达 250~280 d,比同纬度东部地区长 30 d 左右。东北平原≥10℃持续期为 140~180 d,内蒙古东部、吉林东部和黑龙江全省都在 150 d 以下,大、小兴安岭地区不足 130 d,漠河站仅 100 d 左右。黄土高原及西北地区≥l0℃的持续期大都为 150~200 d,南疆塔里木、吐鲁番盆地在 200 d 以上。青藏高原上,雅鲁藏布江河谷、柴达木盆地和川西高原河谷的农牧区大约在 100~150 d,高海拔的高原主体部分持续期只有几天至几十天,藏北高原西部甚至没有出现日平均气温稳定通过 10℃的时期。

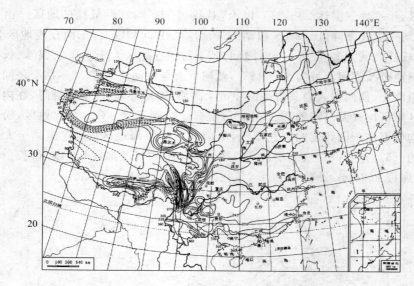

图 3.9　我国日平均气温≥10℃的持续日数(d)[20]

4. 日平均气温稳定通过 15℃的持续日数

全国只有台湾省南端和海南岛南端日平均气温全年都在 15℃以上。海南岛的大部分地区≥15℃持续期为 320 d 以上;由此往北,持续期不断缩短,华南地区为 250～300 d,南岭以北至华北平原大约在 150～200 d 左右,东北平原为 100～150 d,黑龙江北部日平均气温≥15℃持续期不到 80 d。黄土高原、河西走廊、内蒙古西部大多在 100～150 d 之间;北疆山地在 100 d 以下,而准噶尔和塔里木盆地分别为 125 d 和 150 d 以上。青藏高原除东南部边缘和柴达木盆地从 7 月上、中旬至 8 月上、中旬有 30 d 左右日平均气温≥15℃以外,其余地区都不出现日平均气温≥15℃时期。

与前类似,我国日平均气温≥20℃初日的出现日期也随纬度的增加而逐渐推迟,华南地区出现在 3 月下旬至 4 月中旬,东北地区推迟到 6 月下旬至 7 月上旬;终日出现日期随纬度的增加而逐渐提早,华南地区出现在 10 月下旬至 11 月中旬,而东北地区提早到 7 月下旬至 8 月中旬;≥20℃持续期的热量资源南方优于北方,低海拔地区优于高海拔地区。

3.3.3　平均气温的分布

平均气温能够综合反映一地的热量状况,其数值大小和分布特征是热量资源丰富程度和地区差异的具体表现。

1. 年平均气温

我国年平均气温的地理分布,如图 3.10 所示。两广沿海地区、海南岛及台湾沿海地区,年平均气温达 22~24℃以上,是我国年平均气温最高的地区。由此向北,年平均气温逐渐降低。25°N 以南的华南地区在 20℃以上,东南丘陵地区为 18~20℃;长江流域大多在 16~18℃之间,其上游河谷地区大于 18℃。汉水、长江下游三角洲地带及淮河流域为 14~16℃,黄河下游与海河流域在 12~14℃之间。从华北平原往北、往西进入内蒙古高原和黄土高原,因地势陡升,温度骤降,在内蒙古中部地区年平均气温已降低到 2℃以下,河套地区则不到 8℃。东北地区,松辽平原年平均气温高于同纬度的东北山地,由南向北从沿海地区的 9℃递减至大兴安岭北部的 -5℃左右,整个大、小兴安岭地区的年平均气温都在 0℃以下,长白山上的天池(海拔 2624 m)只有 -7.3℃,是我国东部地区最冷的台站。

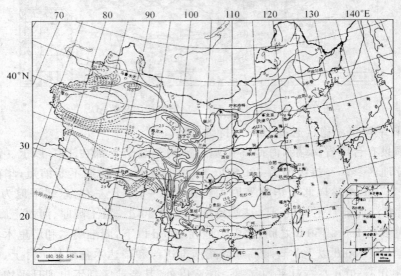

图 3.10 我国的年平均气温(℃)分布[20]

我国西部年平均气温分布除受纬度差异影响外,还受地形地势的显著影响。新疆地区的总体趋势是北疆低于南疆,年平均气温分布受地形的影响非常显著,其分布和盆地形状有关,盆地中央温度高,四周温度低;南疆塔里木盆地年平均气温为 10~12℃,准噶尔盆地大约在 6~8℃之间。由盆地向四周气温迅速降低,至天山和昆仑山地气温已低到 0℃以下。贵州高原大部分地区海拔高度为 1000 m 左右,年平均气温在 15℃左右;云南高原因境内海拔高度相差悬殊,年平均气温由元江谷地的 22℃向西北递减到 4℃,南北气温相差高达 18℃,相当于 46°N 的哈尔滨与 23°N 的广州之间的温度差异。青藏高原的年平均气温大致上从东南向西北递减,藏东南地区在 12~20℃之间,藏南谷地中部为 4~10℃,至藏北高原和阿里地区温度降到 -4℃以下。

我国年平均气温等值线分布表明,除了黄河以南、四川盆地和云贵高原以东地区与纬圈大致平行以外,其余地区大多沿地形等高线分布(图3.10)。但是,一年内冬、夏季节的平均气温分布却有明显差别。冬季1月平均气温等值线分布趋势与年平均气温等值线分布大体相似(图3.11);而夏季7月的平均气温等值线,因受地面热力状况的支配,沿纬圈平行分布的特征几乎完全被破坏(图3.12)。

2.冬季(1月)平均气温

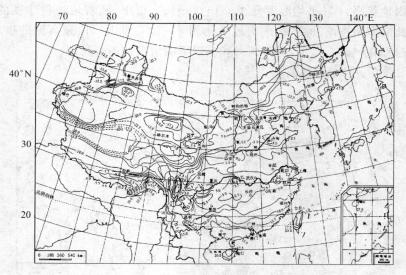

图3.11　我国最冷月平均气温(℃)分布[20]

冬季温度状况既是热量资源,又是作物生长的限制因子;在衡量农作物越冬条件时,大多采用最冷月平均气温和年极端最低气温作为指标。大兴安岭北部是我国最冷的地方,1月平均气温达到-30℃左右,平均最低气温在-36℃以下,极端最低气温可达-47℃;例如,1969年2月13日漠河站气温曾经降到-52.5℃,是我国现有气温记录中的最低值[21]。东北平原与华北北部1月平均气温在-10~-20℃之间,平均最低气温为-16~-26℃,极端最低气温可达-30~-40℃;华北平原与黄土高原地区在0~-10℃之间,极端最低气温大约-20~-30℃。0℃等温线在东部地区大致位于秦岭淮河一线,西部地区沿青藏高原东坡折向西南终止于西藏高原东南部。我国东部平均最低气温的0℃线位于长江附近,江淮之间冬季凌晨仍可见冰冻现象。长江流域1月平均气温为2~6℃,四川盆地可达6~8℃,是我国同纬度上冬季最暖的地方。南岭以南月平均气温一般在10℃以上,海南岛南部沿海和台湾南端升高到20℃以上,南海诸岛中最南部的曾母暗沙月平均气温高达26℃;但是,极端最低温度只有雷州半岛以南地区才在0℃以上。

　　由于冬季北疆地区为寒潮通道,南疆受天山阻挡,冷空气不易侵入,地理纬度又比北疆低,因此南疆比北疆暖。准噶尔盆地为冷中心,1月平均气温低于－20℃,极端最低温度在－35～－40℃以下,富蕴站1960年1月21日曾达－51.5℃,仅次于东北的漠河[21];由盆地冷中心向四周气温逐渐升高,南疆1月平均气温一般为－8～－10℃,和田一带为－6℃左右。贵州高原最冷月气温大约在4～6℃之间,而云南高原则从南部的16.6℃向西北递减到－3.8℃,境内南北温差达20℃左右。藏北高原也因地势高,1月平均温度低至－16～－18℃以下;随着地势和纬度的降低,气温由此向东南逐渐升高,藏东南地区达到2～10℃以上。西藏高原的极端最低气温普遍都在－32℃以下,但降到－40℃以下的情况并不多见。

　　3.夏季(7月)平均气温

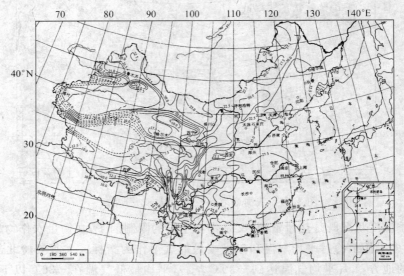

图3.12　我国最热月平均气温(℃)分布[20]

　　夏季我国广大内陆地区全年最热月份几乎都出现在7月,东部受东南季风和海洋影响的滨海地区最热月大多为8月份;只有云南高原和藏南谷地,因受印度洋西南季风的影响,在雨季来临之前的5、6月成为一年中最热的月份。热量资源分析中,通常用最热月平均气温表示喜温作物所需要的高温条件。

　　在我国,夏季风向北伸展很远,而且夏季北方太阳高度角虽然比南方低,但白昼时间比南方长,仍有较强的太阳总辐射,所以最热月平均气温的南北差异远比冬季最冷月小。例如,哈尔滨与广州之间的温度差值由1月的32.7℃减小到7月的5.6℃,我国最南端的南沙群岛和最北端的漠河站最热月平均气温也只相差10℃左右;东西方向上,山东半岛、江苏北部沿海地区因受海洋影响,最热月平均气温略低于同纬度的内陆平原[22]。全国最热月平均气温最高的地方不是最南端的南沙群岛,而是西北海拔最低的吐鲁番盆地;最热月平均气温最低的地方不是最北端的漠河,而是海拔最高的青藏高原。

我国最北端的漠河站 7 月平均气温已达 18.4℃,东北平原在 22℃以上,兴安岭山地因海拔较高,纬度偏北,一般在 20℃以下。华北平原最热月平均气温为 25~27℃,淮河以南、两湖盆地和川东地区大多在 27.5℃以上,长江沿岸的重庆、武汉等城市和湘江、赣江谷地或盆地中平均气温较高,可达 29~30℃。我国东部的沿海地区及其岛屿,由于大量的太阳辐射热量消耗于蒸发,因而夏季比内陆地区凉爽,成为旅游避暑胜地。新疆戈壁沙漠地带,月平均气温在 26℃以上,高于同纬度东部地区。特别是吐鲁番盆地,四周高山环绕,盆地中部却在海平面高度以下,下垫面又有戈壁滩,地面易于受热但不易扩散到盆地之外,成为全国夏季最热的地方;7 月平均气温为 32.5℃,平均最高气温达 39.9℃,日最高气温≥35℃的高温天气全年平均有 98.4 d,其中 37.3 d 日最高气温超过 40℃,极端最高气温曾出现47.6℃的全国最高纪录[21]。青藏高原地势高耸,即使在盛夏 7 月大部分地区月平均气温也在 8℃以下,有的地方只有 5℃左右,比东部平原地区低 18~20℃左右;柴达木盆地和雅鲁藏布江河谷最热月气温在 15℃以上。

4.气温年较差和日较差

我国气温年较差的分布趋势是北方大,南方小,等值线大体上为东西走向。我国气温年较差最小的地方是西沙珊瑚岛,仅 5.7℃;年较差最大的是黑龙江边的嘉荫站,高达 49.4℃。漠河、二连浩特、额济纳旗、阿勒泰、准噶尔盆地等 44°N 以北地区的年较差都在 40℃以上,冬、夏季热量资源相差非常悬殊;济南、石家庄、临汾、延安至兰州一线,年较差为 30℃左右;武夷山、南岭(26°N 左右)以南小于20℃。青藏高原大部分地区气温年较差都在 18~28℃之间;川西、云南和藏东南地区在 15℃以下,云南省 25°N 以南地区甚至不足 12℃,是我国大陆上同纬度气温年较差最小的地区。

我国年平均气温日较差的分布特点是南方低纬度地区小,北方高纬度地区大;东南沿海地区小,西北内陆地区大。我国南方因气候湿润年平均气温日较差最小,东南沿海、川黔和两湖盆地均在 8℃以下,秦岭、淮河一线以南小于 10℃,由此向北至华北平原增大到 10~12℃;黄土高原和东北大部分地区在 12~14℃左右。内蒙古、新疆的戈壁沙漠地区,可达 14~16℃以上。青藏高原空气干燥而稀薄,气温日较差在 14~16℃以上,比东部平原地区大 1~2 倍。气温日较差大的地区,白天温度高,作物的同化作用速度加快,夜晚温度低,作物的呼吸作用速度缓慢,有利于作物体内营养物质的积累,可使粮棉产量提高,瓜果品质好。

由于海水对气候的调节作用使得我国东南沿海岛屿的气温日较差很小,仅为

5℃左右,比内陆地区普遍小2～6℃;但北方海陆之间的差值较南方大,这与北方内陆气候比南方干燥有关。气温日较差的大小还受地形的影响,在谷地和盆地,由于空气流通不畅,白天有暖空气积聚,夜间有冷空气堆积,气温日较差大多比四周高山上大。例如,新疆伊犁河谷的气温日较差达13～15℃以上,比周围高地大2～3℃;而孤立山峰上的情况却正好相反。地形对气温日较差的影响还表现在坡向上,通常在云雨较多的迎风坡气温日较差小,晴朗少云的背风坡气温日较差大。天气条件也是决定气温日较差大小的一个重要因子,云雨多的地方气温日较差小,云雨少的地方日较差大。四川盆地是最为典型的气温日较差的低值区域,由于白天多云雨,反射了大量太阳辐射,地面又因水分蒸发消耗了大量热量,致使白天气温不易升高;夜间天空常有云层,阻碍地面与大气的长波辐射交换,地面降温不剧烈,因而气温日较差较小。

3.3.4　积温的分布

　　日平均气温≥0℃期间的积温,可以反映一个地区农事季节内的热量资源。我国日平均气温≥0℃积温的分布,如图3.13所示。日平均气温≥0℃积温等值线在我国东部和东南部季风气候区大体上与纬圈平行;在云贵高原、四川盆地、秦巴山地及青藏高原东南部边缘等值线走向形态奇特,形成不少高、低闭合中心;除此之外,青藏高原、塔里木盆地、准噶尔西部山区、河西走廊、大兴安岭等高原、盆地和山地,日平均气温≥0℃积温等值线走向都与等高线平行,说明这些地区的热量资源分布主要受地形支配。

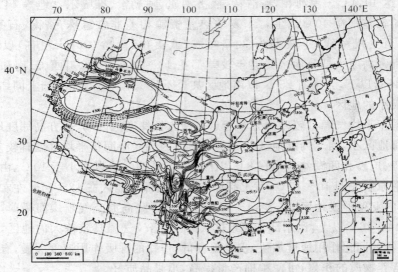

图 3.13　我国日平均气温≥0℃积温(℃)[20]

　　东北的大、小兴安岭是我国东部地区热量资源最少的地区,日平均气温≥0℃积温不足 2500℃。由此向南逐渐增加,东北平原为 3000～4000℃,华北平原为4500～5500℃,长江中下游地区为 5500～6500℃,上游四川盆地大多在 6000℃以上,华南地区为 7000～8000℃,到两广沿海地区、元江河谷、海南岛及台湾沿海日平均气温≥0℃期间的积温都在 8000℃以上。云贵高原北部,因海拔较高,热量条件比同纬度的东部地区差,日平均气温≥0℃积温约在 4500～5000℃之间。青藏高原地势更高,藏南谷地可达 2500℃以上,并向西北减少,到藏北高原西部已不足1000℃。西北地区日平均气温≥0℃积温大多在 3500～4000℃之间,南疆热量条件较好,可达 4500℃以上。

　　日平均气温≥5℃积温的分布趋势与日平均气温≥0℃积温的分布大体相同。热带、亚热带地区全年≥5℃积温在 6500～7000℃以上,到北亚热带减少到 5500℃左右;暖温带大部分地区在 4000～5000℃,而寒温带则不足 2000℃;青藏高原温度水平低,≥5℃持续期短,除了藏东南河谷和柴达木盆地≥5℃积温可达 2000℃以外,高原中西部广大地区普遍低于 500℃。与日平均气温≥0℃积温相比,江南地区春雨绵绵,温度回升慢,≥5℃积温比≥0℃积温偏少 300℃左右;四川盆地冬春季节比较干暖,约偏少 100～200℃;青藏高原偏少 200℃以上;北方广大地区春季干燥少雨,气温回升很快,≥5℃积温比≥0℃积温只偏少 100℃左右。

　　日平均气温≥10℃持续期内的积温可以反映喜温作物生长期内的热量状况。如图 3.14 所示,东北大、小兴安岭地区因地理纬度高,日平均气温≥10℃积温在我国东部地区最少,普遍不足 2000℃,大兴安岭中北部小于 1500℃,热量资源贫乏。长城以北,冬季严寒,但夏季温度仍比较高,大部分地区≥10℃积温可达 2000～3000℃或以上。长城以南地区≥10℃积温在 3500℃以上,华北平原为 4000～5000℃,长江流域一般在 5000～5500℃,四川盆地可达 5500～5900℃,比东部同纬度地区高 500℃左右。南岭以南地区≥10℃积温在 7000℃以上,海南岛及台湾南端可达 8500℃以上。云贵高原海拔较高,≥10℃积温大多不足 4500℃。进入青藏高原,≥10℃积温随着地势升高由东南往西北迅速减少,藏南谷地为 2000℃左右,而高原主体部分则不足 500℃,热量资源严重不足;高寒地带日平均气温低,藏北高原甚至没有稳定的≥10℃积温。新疆因气候干燥,≥10℃积温比同纬度海拔相当的地区高;南疆和吐鲁番、哈密等地超过 4000℃,准噶尔盆地为 3500～3800℃,海拔较高的山地一般在 2000℃以下。

　　日平均气温≥15℃积温可以衡量喜温作物积极生长期的热量条件。全国日平均气温≥15℃积温等值线的分布趋势与≥10℃积温比较相似,但在西南和西北地区受地形影响更为明显。热带、南亚热带地区≥15℃积温普遍在 5500～7000℃以上,北亚热带、暖温带降低到 3000～4000℃,到寒温带已不足 1000℃。海南岛南部

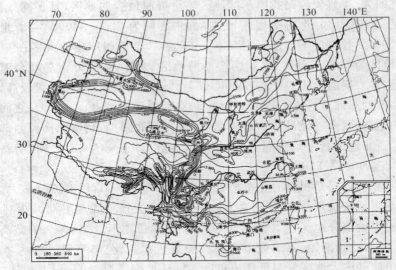

图 3.14 我国日平均气温≥10℃积温（℃）[20]

和台湾省南部沿海地区≥15℃积温可达 8500℃以上，华南其他地区普遍为 6000～7000℃。南岭以北、淮河秦岭以南的广大地区为 4000～5000℃，华北平原为 3500～4000℃。我国东北从辽东半岛的 3000℃往北递减，到大、小兴安岭地区减小到 1500℃以下。黄土高原≥15℃积温在 2000～3000℃，北疆地区大多在 2500℃以上，南疆在 3500℃以上。青藏高原除东南部边缘和柴达木盆地中部≥15℃积温达到 500℃以上外，其余地区基本上没有≥15℃积温；由于河谷、盆地的聚热作用和地势急剧升高导致气温迅速递减，在河谷、盆地和高原边缘积温等值线十分密集。

积温不仅能够表示一地的热量资源，作为农业气候区划的热量指标，而且还可用来确定一地的种植制度和适宜栽培的作物。因此，了解并掌握我国各地积温的分布和变化规律，对于热量资源分析、农业气候区划以及工农业生产合理布局等都具有重要意义。

3.4 热量资源与农业生产

热量是动植物乃至人类生存繁衍的重要生态条件。虽然温度只是物质运动的一个表征量，并不直接参与植物的光合生产和动物的代谢活动，即使由温度所反映的空气和土壤热含量，也不作为热能参与物质生产中的能量交换过程。然而，环境热量的多少，决定生物的生存、发育、生态类型和地域分布，制约第一性和第二性物质生产，实际上发挥着资源的作用。因此，把热量称为资源，就是要明确它在生态环境中的地位、与其他资源要素的关系以及在物质生产中所扮演的角色，弄清楚这些问题,对于发挥气候资源的整体生产潜力具有十分重要的意义。

3.4.1　温度对作物生产的影响

作物的生长过程是有机质的积累过程,受光合作用和呼吸作用这两个相反过程所制约;因此,温度对作物生长所形成的生物学产量的影响,归根到底是温度对光合和呼吸过程的影响。了解温度变化与植物生化反应的关系,有助于理解温度指标与植物生长发育的本质联系。

Vant Hoff 定律[12]表明,温度每增高 10℃,化学反应速率增大 1 倍。但是,对于植物生活中的生化反应过程,这一定律并不完全适用。在一定的温度范围内,随着温度的升高,植物生命过程的最初阶段确实是加快的;但是当温度超过一定范围时,光合和呼吸作用的强度就会逐渐减弱下来;如果温度进一步升高,光合和呼吸作用就会完全停止。由于生物化学反应比一般化学反应复杂得多,所以应对该定律进行修正。根据"一定温度范围内,植物的同化量随温度增高而增大"的原理[23],可以采用实验方法建立植物的同化量$\bar{y}$与日平均温度$\bar{T}$之间的经验关系,如$\bar{y}=a\bar{T}+b$;由此,可得到$t_0\sim t$时段内植物生物化学总量的表达式

$$y(t) = y_0 + \int_{t_0}^{t} \bar{y}\mathrm{d}t = y_0 + \int_{t_0}^{t} (a\bar{T}+b)\mathrm{d}t \tag{3.24}$$

这里,y_0为前期积累的生物学重量;a、b为经验系数。

温度对作物光合和呼吸作用的影响是非线性的,各有其自身的温度三基点。作物光合作用的三基点温度与其呼吸作用的三基点温度并不相同。研究表明[12],作物光合作用的最适温度低于呼吸作用的最适温度;当温度超过光合作用的最适温度以后,光合强度减弱而呼吸强度仍然很强,此时呼吸消耗大于光合积累,因此作物的净光合作用降低。一般情况下,光合作用与呼吸作用的比值随着温度的升高而减小,超过光合最适温度的环境条件对作物生产是不利的。光合最适温度因植物种类、地理环境、生长季节而不同,因此,根据环境温度选择适宜的作物,使其光合最适温度与环境温度大体一致,对于作物生产具有非常重要的意义。

温度对作物生长发育的间接作用是影响叶面积的增加。对于植物叶面积的增加,通常也有一个最适宜温度,在低温或高温条件下,植物叶面积的增长速度也会减慢。

对作物生产有重要影响的热量因子,除了三基点温度以外,还有最低致死温度和最高致死温度。环境温度过低时,植物受害或致死,包括冷害、冻害和霜冻,因低温发生时段和强度而异。温度过高时,植物也会受害或致死,称为热害。

冷害一般是指农作物生育期内气温偏低引起的生育期推迟或生殖器官机能受到损害而造成农业减产的现象。例如,在杂交水稻育种中就常遇到夏季日平均气温低于 23℃的冷害,造成温敏不育系的育性波动,导致制种失败[24]。冷害有延迟

型(作物营养生长期遇到低温,使生长期延迟而减产)、障碍型(作物生殖生长期遇到低温,使生殖器官的生理活动受到破坏而减产)和混合型(上述两种相继或同时发生)三种。

冻害是指植物在休眠期或停止生长时期发生的温度在 0℃ 以下或长期在 0℃以下引起植物细胞原生质受损、丧失生理活力而死亡的现象。冻害主要发生在我国北方和长江中下游地区,一般出现在 12—2 月份,影响最大的是冬小麦和柑桔,而且不同植物的最低致死温度也不相同。冻害程度不仅取决于冷空气的强度和持续时间,还与作物品种、受冻部位、耕作技术、田间管理、土壤性质等有关。

霜冻是指植物生长季内植株冠层附近气温短时间突然下降到 0℃ 以下,使植物体内水分冻结所引起的伤害。霜冻的危害程度除了取决于降温强度以外,还与作物种类、发育阶段、气温回升速率等因素有关。我国中纬度地区常有霜冻发生;发生在秋季的霜冻会使成熟较晚的作物受害或过早停止生长,降低产品的产量和质量;发生在春季的霜冻危害返青后的越冬作物和春播作物幼苗的生长。

热害是指因环境温度过高导致植物受到伤害。植物生命活动的最高致死温度为 45~55℃,高温使植物灼伤,导致生命活动停止。例如,干热风就是一种高温、低湿、并伴有较大风速的综合性气象灾害。这些气象灾害限制了气候资源优势的发挥和利用。

3.4.2　光温生产潜力

光温生产潜力是指在一定的温度条件下,其他环境因素和作物因素都处于最适宜状态时,作物充分利用太阳光能产生的植物质[11]。光温生产潜力是由太阳光能和热量资源共同决定的作物产量。一般认为,它能够代表灌溉地和水田作物的潜在产量,是指在高投入和最优管理水平下的特定作物在当地可能达到的作物产量的上限。

植物的物质生产率不仅与太阳光能有关,而且与温度有关。温度对光合作用、呼吸作用和干物质积累的影响很大;作物生长期内,光合作用随温度增高而增大的速率很快,在最适温度时达到最大值,尔后随温度增高而缓慢减小;而呼吸作用随温度增高为线性变化,增大速率小于光合作用速率;所以,作物生长期内有机物的增长速率先随温度增高而增大,达到最大值以后又随温度增高而迅速减小[25]。因此,在作物生产潜力的估算中,应考虑对温度的非线性影响进行订正。

1. 温度订正系数表达式

在作物光合生产潜力估算的基础上,引入一个温度订正系数 $f(T)$ 即可估算光温生产潜力,表达式为

$$y_1 = y_0 \cdot f(T) \qquad\qquad (3.25)$$

光温生产潜力的估算,关键是拟定一个合适的温度订正系数 $f(T)$。由于温

度与作物生长发育的关系比较复杂,所以,不同学者提出了不同形式的温度订正系数表达式,归纳起来主要有以下三种类型。

①分段线性拟合型

温度对作物光合速率的影响因作物种类而异,但都有一个大体上相似的形式。邓根云[26~27](1980,1986)认为,在最适温度到接近上限温度 M 的范围内生物学产量比较稳定,提出线性温度订正系数,其表达式为

$$f(T) = \begin{cases} 0, & T \leqslant 0℃ \\ \dfrac{T}{30}, & 0℃ < T < 30℃ \\ 1, & T \geqslant 30℃ \end{cases} \qquad (3.26)$$

式中,T 为月平均气温。显然,该式的生物学下限温度为 0℃,这对于喜凉作物是合适的;而最适温度为 30℃,适合于喜温作物,对喜凉作物则明显偏高。

李克煌[28](1981)根据作物与月平均气温的试验资料,提出按喜凉作物和喜温作物分别建立温度订正系数,表达式为

对于喜凉作物

$$f(T) = \begin{cases} 0, & T \leqslant 3℃ \\ \dfrac{T-3}{17}, & 3℃ < T < 20℃ \\ 1, & T \geqslant 20℃ \end{cases} \qquad (3.27)$$

对于喜温作物

$$f(T) = \begin{cases} 0, & T \leqslant 10℃ \\ \dfrac{T-10}{15}, & 10℃ < T < 25℃ \\ 1, & T \geqslant 25℃ \end{cases} \qquad (3.28)$$

这里,喜凉作物的下限温度和最适温度分别为 3℃ 和 20℃,喜温作物的下限温度和最适温度分别为 10℃ 和 25℃。上式中没有考虑作物最适温度到上限温度范围内的热量对作物光合速率的影响,认为我国各地月平均气温很少出现大于 30℃ 的情况,没有超过最适温度范围。

侯光良等[29](1985)采用分段线性拟合法建立温度订正系数的经验关系式,对我国的气候生产潜力及其分区进行了研究。谢云等[30](2003)在分析近 40 年中国东部地区夏秋粮食作物农业气候生产潜力时空变化时,根据温度对不同种类作物影响的差异,采用的温度订正系数为

对于喜凉作物

$$f(T) = \begin{cases} 0 & T < 3℃ \\ T/32 & 3℃ \leqslant T < 21℃ \\ 2 - T/30 & 21℃ \leqslant T \leqslant 32℃ \\ 0 & T > 32℃ \end{cases} \tag{3.29}$$

对于喜温作物

$$f(T) = \begin{cases} 0 & T < 6℃ \\ 0.027T - 0.162 & 6℃ \leqslant T < 21℃ \\ 0.086T - 1.41 & 21℃ \leqslant T < 28℃ \\ 1 & 28℃ \leqslant T < 32℃ \\ -0.083T + 3.67 & 32℃ \leqslant T < 44℃ \\ 0 & T \geqslant 44℃ \end{cases} \tag{3.30}$$

式中,喜凉作物的下限温度、最适温度和上限温度分别为 3℃、21℃和 32℃,喜温作物的下限温度、最适温度和上限温度分别为 6℃、28℃和 44℃,并考虑了最适温度到上限温度范围内的热量对作物光合速率的影响。

②二次曲线拟合型

由于作物光合作用速率与温度之间的关系是非线性的,近似于抛物线,所以,有的学者对温度订正系数采用二次曲线进行经验拟合。

王书裕[31](1981)在估算东北及内蒙古东部地区水稻光温生产潜力时,提出的温度订正系数为

$$f(T) = (5.00217T - 0.0694T^2) \times 10^{-2} \tag{3.31}$$

式中,T 为光合作用温度(即日间有光合作用时的温度)。

于沪宁等[32](1982)在分析河北省栾城县的光热资源和农作物光温生产潜力时,利用实验资料拟合得到

$$f(T) = 4.3 \times 10^{-2} T - 5.8 \times 10^{-4} T^2 \tag{3.32}$$

式中,T 为光合作用温度。

高亮之[33](1984)在研究中国水稻的光温资源和生产潜力时,拟合得到

$$f(T) = -2.33 + 0.25T - 0.00463T^2 \quad (籼稻)$$
$$f(T) = -1.85 + 0.23T - 0.00463T^2 \quad (粳稻) \tag{3.33}$$

式中,T 为日平均气温。

龙斯玉[34](1985)研究江苏省气候生产潜力时,提出的温度订正系数为

$$f(T) = 0.028 + 0.00348T + 0.00352T^2 - 0.0001192T^3 \tag{3.34}$$

式中,T 为光合作用温度。

采用抛物线拟合的缺点是使下限温度 B 和上限温度 M 关于最适温度 T_0 对称,导致上限温度偏高;而从三基点温度的一般规律来看,它们是不对称的,即从 B

$\sim T_0$ 的温度范围大于 $T_0 \sim M$ 的温度范围。

侯光良等[35](1990)提出采用指数型温度订正系数,表达式为

$$f(T) = \exp\{a[(T-20)/10]^2\} \tag{3.35}$$

式中,a 为常数,当日平均气温 $T \leqslant 20$ 时,$a = -1$;当 $T > 20$ 时,$a = -2$。李开元等[36](1997)在建立黄土高原南部旱作水分产量潜势计算模型时也采用指数型订正系数进行参数修正。王素艳等[37](2003)对两种方法进行了计算比较,发现采用分段线性拟合型所得到的温度订正系数比指数型偏高 $0.04 \sim 0.08$,光温生产潜力相应偏高 $4\% \sim 8\%$ 左右。

③界限温度间隔日数拟合型

朱志辉等[38](1985)根据联合国粮农组织(Food and Agricultural Organization of the United Nations)提供的 20 余种主要作物最高生产率和白昼温度的对应数据,采用外包络线的方法,求得相对生产率,得出适宜温度 $10 \sim 30$℃ 范围内的日数对作物产量的贡献,记为 N_{10},并假定 $0 \sim 10$℃ 期间的日数对产量的贡献相当于 $\geqslant$ 10℃ 的日数对产量贡献的 $1/2$,记为 $(N_0 - N_{10})/2$,则温度订正系数为

$$f(T) = \frac{(N_0 - N_{10})/2 + N_{10}}{365} \tag{3.36}$$

式中,N_0 为日平均气温 $\geqslant 0$℃ 的日数,N_{10} 为日平均气温 $\geqslant 10$℃ 的日数。显然,上式是计算光温生产潜力年总量的温度订正系数;若计算月总量,分母应为每月的天数,N_0、N_{10} 分别为日平均气温 $\geqslant 0$℃、$\geqslant 10$℃ 且保证率达到 80% 的日数[39]。

2. 光温生产潜力综合模式

联合国粮农组织(FAO)农业生态地带项目研制的模式,称为农业生态地带法[39~42](Agro-Ecological Zone Methodology)。模式不仅综合考虑了不同品种作物的特性、生长发育和产量形成的动态进程,以及作物光合作用、呼吸作用与光照、温度之间的关系,而且还比较全面地考虑了影响作物生长发育的多个气候因素。该方法具有一定的理论依据,适用于大面积作物生产潜力的计算。

农业生态地带法是在光合生产潜力计算的基础上,考虑温度和不同作物的生理特性,采用干物质生产率、叶面积指数、最大干物质生产量、收获部分干物质等参数计算光温生产潜力。光温生产潜力 y_1 的计算公式为

$$y_1 = 0.5 \cdot bgm \cdot C_N \cdot C_L \cdot C_H \cdot N \tag{3.37}$$

其中,bgm 为当作物的最大叶面积指数 $\geqslant 5$ 时所达到的最大总生物量生产率,单位为 $\text{kg} \cdot \text{hm}^{-2} \cdot \text{d}^{-1}$;并且取作物的干物质生产率 $y_m = 20~\text{kg} \cdot \text{hm}^{-2} \cdot \text{h}^{-1}$。当温度发生变化,$y_m \geqslant 20~\text{kg} \cdot \text{hm}^{-2} \cdot \text{h}^{-1}$ 时,

$$bgm = F(0.8 + 0.01y_m)b_0 + (1-F)(0.5 + 0.025y_m)b_c \tag{3.38}$$

当 $y_m < 20~\text{kg} \cdot \text{hm}^{-2} \cdot \text{h}^{-1}$ 时,

$$bgm = F(0.5 + 0.025y_m)b_0 + (1 - F)(0.05y_m)b_C \qquad (3.39)$$

式中，C_N 为干物质生产订正系数，喜温作物取 0.5（即假定全生育期的平均总干物质生产率为最大总干物质生产率的一半），喜凉作物取 0.6；C_L 为作物的叶面积订正系数；C_H 为作物收获系数；N 为生育期天数；F 为一天（白天）中阴天所占的份数，表达式为

$$F = (R_{SC} - 0.5R_S)/0.8R_{SC}$$

其中，R_{SC} 为有植被覆盖地面时晴天最大光合有效辐射，R_S 为有植被覆盖地面时实际入射的短波辐射量，单位均为 $J \cdot cm^{-2} \cdot d^{-1}$；$b_0$ 为在一定地区全阴天时标准作物的最大总干物质生产率（$kg \cdot hm^{-2} \cdot d^{-1}$）；$b_C$ 为在一定地区全晴天时标准作物的最大总干物质生产率（$kg \cdot hm^{-2} \cdot d^{-1}$）。

　　实际应用时应注意叶面积指数、最大 CO_2 同化速率与温度的关系，以便根据各地的作物品种和实际生长情况进行必要的修正。采用这种方法，需要有系统的作物和气候相互关系的试验研究数据，需要建立不同作物、不同地区、不同季节这些数据的标准值。因此，目前这一综合模式往往受实验数据和实验条件的限制而难以广泛应用。

　　3. 光温生产潜力的分布

　　光是作物进行物质生产的重要能量源泉，但必须配合其他环境条件，诸如气候环境（温度、水分）、土壤环境（土地肥力）和人为因素（农业技术措施）等才能得以完成。没有合适的温度相配合会限制光能生产潜力的发挥；温度低于作物的生物学下限或高于其上限温度时光合产物趋于零。青藏高原的某些地区，尽管太阳辐射资源丰富，却因气候寒冷，终年积雪而无植物生存。所以，我国各地光温生产潜力的分布存在很大差异。

　　侯光良等[22]（1988）根据（3.30）和（3.35）式分别对喜温作物和喜凉作物进行温度订正，采用的光温生产潜力计算公式为

$$y_1 = y_0 f(T) = 2.47 \times 10^{-6} \sum Q \frac{L_i}{L_0} f(T) \qquad (3.40)$$

单位为 kg/亩。式中，Q 为太阳总辐射量，L_0 为最大叶面积系数，L_i 为某一时段的叶面积系数。由此得到我国光温生产潜力的地理分布，如图 3.15 所示。

　　光温生产潜力主要受太阳辐射和温度条件的制约。由图可见，光温潜力≥2000 kg/亩的高值区分布在≥0℃积温 7500℃以上的滇、桂、粤、闽南部和台湾地区；1750～2000 kg/亩的次高值区分布在≥0℃积温 5500～7500℃的贵州高原以东、长江流域以南、南岭山地以北以及云南南部的临沧、思茅和广南地区；1000～1750 kg/亩的中值区分布在≥0℃积温 4000～5500℃的内蒙古、辽中以南、长江下游以北的西南、西北、华北和华东的北部以及新疆的南部地区；750～1000 kg/亩的

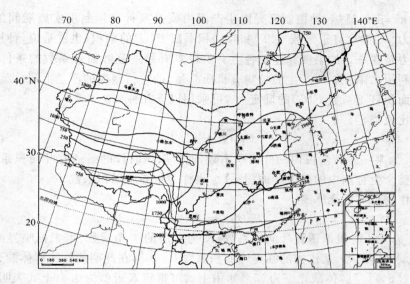

图 3.15 我国光温生产潜力的分布[22]

次低值区分布在 ≥0℃ 积温 2500(青藏高原为 2000)～4000℃ 的东北、内蒙古大部、新疆北部、柴达木盆地、藏南谷地和川西高原地区；250～750 kg/亩的低值区分布在 ≥0℃ 积温为 2500℃ 以下的大兴安岭北部地区；青藏高原上的吉迈、玉树、班戈和改则地区光温生产潜力则在 250 kg/亩以下。

3.4.3 种植制度生产潜力

估算光温生产潜力,前提条件是除了温度以外的环境因素和作物因素处于最适宜状态。随着农业科学技术的发展,土、肥、水、种等条件都可以逐步达到最适宜状态,而要求作物群体在温度允许的时期内具有足够的叶面积来承接 95% 以上的投射阳光,则是不可能达到的;因为作物群体本身有其发展过程,不同生育期具有不同的截光率。

叶面积系数是影响作物群体截光率的重要因素,夏季光合有效辐射很大,温度条件对作物发育也很适宜;但是,如果叶面积系数较小,作物群体的实际截光率较低,这时即使光温生产潜力很大,作物实际产量仍然很低。在农耗期间,如果没有光合器官,则光温资源也不能被有效利用。可见,叶面积系数直接影响光温生产潜力的发挥。叶面积系数与种植制度关系密切,不同的种植制度以及同一种种植制度下作物不同生育期最适宜的叶面积系数及其制约的作物群体截光率差异很大;因此,在探讨种植制度生产潜力时,必须考虑叶面积系数的订正。

种植制度光温生产潜力 y_1 可以表示为

$$y_1 = y_0 \cdot f(T) \cdot F(G) = y_1 \cdot F(G) \qquad (3.41)$$

单位为 kg/亩。显然，种植制度光温生产潜力就是某种种植制度实施期间的光合生产潜力 y_0、温度订正系数 $f(T)$ 和叶面积系数 $F(G)$ 的乘积；也就是说，种植制度生产潜力是在一定的温度和作物各生育阶段具有最适宜叶面积系数的条件下，作物充分利用太阳光能所产生的植物有机质总量，即种植制度的产量上限。

叶面积订正系数 $F(G)$ 的确定[29]，可采用以下几种方法：

1. 比值法

$$F_1(G) = L_i/L_0 \qquad (3.42)$$

式中，L_i 为某一生育阶段内的叶面积系数，通常取该时段的最适宜叶面积系数；L_0 为作物整个生育期中的最大叶面积系数，也称为临界叶面积系数。

2. 作物群体截光率

$$F_2(G) = 1 - e^{-KL} \qquad (3.43)$$

式中，L 为某一时段最适宜叶面积系数；K 为叶层的消光系数，可根据临界叶面积系数 L_0 求得。例如，某作物的临界叶面积系数 $L_0 = 5$，在此期间作物群体漏光率要求不超过 5%（即群体截光率为 95%），由上式可推得 K 近似为 0.6。上式表明，作物群体截光率随叶面积系数的增大而增大。

3. 综合法

$$F_3(G) = \sum \left[F_2(G)_i \cdot \alpha_i \right] \qquad (3.44)$$

即某种作物整个生育期的叶面积订正系数 $F_3(G)$ 是各级叶面积系数所制约的平均截光率 $F_2(G)$ 和该叶面积系数持续时间占整个生育期比重 α 的乘积之总和。显然，上式计算的是整个生育期的叶面积订正系数。

3.4.4 热量资源的农业利用

1. 热量资源与种植业

北半球从赤道到极地可分为热带、亚热带、温带、寒带等气候带，作物也有喜热、喜温、喜凉和耐寒等种类。在热带地区，太阳高度角大，获得的热量多，温度的年内、年际变化缓和，主要生长耐热喜温的多年生木本植物和水稻、甘蔗等粮食、经济作物。亚热带地区则不同，夏半年气温较高，可种植水稻、玉米、甘薯等喜温作物；冬半年最冷时有霜或雪，只能生长冬小麦等喜凉作物。亚热带有两个生长季，种植喜温和喜凉两种不同生态类型的作物是其基本特征。温带地区一年中有一段裸地作物不能生长或停止生长的时期，作物以喜凉的麦类、马铃薯等为主。寒带大部分时间都有冰雪，气候寒冷，只有少量矮生灌木生长，不能裸地栽培作物。

各气候带中的作物分布是由各地热量资源所决定的，因为各种生态类型作物的生长发育不仅要求一定的温度，而且完成其生育周期要求一定的时间和累积温度。各种作物同一或不同生育期都有其三基点温度，高于下限温度，作物开始生长发育，光合作用逐渐增强；接近或达到最适宜温度，发育速度加快，光合作用旺盛，但适宜生长温度不等于光合作用最适宜温度；超过上限温度，生长发育减缓乃至停止，呼吸作用超过光合作用。几种主要作物的三基点温度、全生育期及其热量指标，如表 3.3 所示（全生育期中带有括号的数值为≥0℃日数和积温）。

表 3.3　几种主要作物全生育期的热量指标[20]

作物名称	三基点温度 /℃			全生育期	
	下限	最适	上限	日数 /d	积温 /℃
水　稻	10～12	30～32	40～42	110～150	2400～3300
玉　米	8～10	30～32	40～44	100～140	2200～3000
棉　花	13～14	28	35	120～240	3500～4800
烟　草	13～14	28	35	120～180	3000～4500
小　麦	3～5	20～22	30～32	(110～280)	(1600～2400)
油　菜	4～5	20～25	30～32	(100～240)	(1400～2500)
豌　豆	1～2	20～25	30～32	(120～210)	(1500～2300)

我国地理环境复杂，作物种类繁多，热量资源地区性差异大。因此，应区分不同地区不同作物品种的热量指标，不能一概而论。例如，一般认为冬小麦生长发育的下限温度是 3～5℃，上限温度为 30～32℃，最适温度为 20～22℃，全生育期大约 240～270 d，≥0℃积温 1700～2400℃；但是，在我国青藏高原，太阳辐射强烈，受寒潮冷空气影响较小，温度升降缓慢，冬季温度水平较高，拉萨和汇孜（海拔高度分别为 3658 m 和 4040 m）等地种植冬小麦，在日平均气温≥0℃时即返青生长，灌浆成熟期日平均气温最高也只有 11.5～15.5℃，全生育期长达 320～340 d，≥0℃积温为 2100～2300℃。可见，虽然拉萨和江孜两地的热量资源不能全部满足冬小麦热量指标的要求，但实际上冬小麦生长发育良好，单位面积产量也比较高。

温度影响作物的产量和品质。实践证明，在较高平均温度下，小麦千粒重较低但籽粒蛋白质含量高；而在较低平均温度下，小麦产量高但籽粒蛋白质含量较低。我国北方生产的小麦蛋白质含量高，面食口感好，这与小麦成熟期的日平均温度较高有关。小麦蛋白质的地理分布与气温年较差的地理分布基本一致，抽穗成熟期的日平均温度与蛋白质含量呈线性增大关系。

2.热量资源与林业

温度对树木生长发育的影响与温度对农作物的影响基本一致。温度在林木生命过程中起重要作用，林木的光合、呼吸、蒸腾以及林木的生长发育、物质积累等都要求一定的温度强度和一定温度的持续时间，极端温度也会危害树木的生长发育。林业生产是大农业生产的重要组成部分，森林分布主要受热量资源的制约。在热量资源充足的热带，林业生产以多年生木本植物为主，而在热量资源一般的温带和热量资源贫乏的寒带，夏季月平均气温不足 10℃的地方，一般乔木不能生长。对于大多数温带树种来说,气温在 5℃以上萌芽,10℃开始生长,15℃以上开花,25～30℃持续期为最适宜生长期。

温度还影响森林的类型和地理分布。我国南部的热带森林,仅见于东南沿海及岛屿至西南山地的低海拔河谷地区,常年温度变化缓和,活动积温在 7500～8200℃以上,最冷月平均气温高于 15℃。全年分为干、湿两季,树木只在干季落叶或换叶;树木种类较多,海滨及南海岛屿大多为常绿林。人工经济林木一般要求较高的热量水平,气温 15℃以上组织分化,18℃开始生长,20～30℃生长旺盛;最低气温低于 5℃就会受害,0℃左右冻害严重。因此,热带经济林木和果树的发展,主要受温度条件的制约。

我国的亚热带森林,主要生长在≥0℃积温为 5500～6100℃(西部地区 4800～5900℃)至 7500～8200℃之间、最冷月平均气温 0～4℃以上的地区。由于南北热量差异悬殊,天然林和人工林类型和树种组成都有显著不同。南亚热带为季风常绿阔叶林,主要分布在台湾中北部、福建南部、广东和广西西北部、贵州西部、云南中南部广大地区。中亚热带的丘陵山地仍为常绿阔叶林,但在海拔 800～1500 m 地区已出现常绿、落叶阔叶混交林。随着热量的减少,北亚热带为常绿、落叶阔叶混交林,且常绿阔叶树种进一步减少,落叶阔叶树种成为优势树种,主要分布于青藏高原以东、秦岭至淮河一线以南地区。此外,亚热带的丘陵山地和高原地区,还广泛分布着比较喜温的松、杉、柏等树种,形成较大面积的松林和松栎混交林,是亚热带森林的重要组成部分。

亚热带地区果树和经济林木种类众多,对热量资源要求都比较高。例如荔枝,枝梢生长的最低气温为 16～18.5℃,24～29℃时生长最快,冬季气温达－5～－3℃时就会受到不同程度的冻害。茶树在日平均气温高于 10℃时开始萌芽,20～25℃生长旺盛,35℃以上新梢生长速度减慢,秋季气温低于 14℃时停止生长。云南大叶种茶树在最低气温－2℃时开始有冻害,而小叶种茶树耐寒能力较强,在－13～－12℃嫩叶、新梢的冻害尚不严重。所以,可种茶树的热量指标为极端最低气温－20～－14℃以上,其多年平均值高于－15～－10℃,≥10℃活动积温 3500～4500℃以上。其他亚热带经济林木和果树,要求的热量大都比荔枝低,与茶树大致相同,并有一定的适应范围。

温带≥0℃积温小于 5500～6100℃,森林结构简单,树种大为减少,与热带、亚热带有本质区别。暖温带森林大多由落叶阔叶栎类组成,也有少数常绿、半常绿阔叶树种,主要分布于秦岭淮河以北、黄土高原东部、燕山山脉至辽东半岛以南区域。中温带以红松为主,伴有云杉、冷杉、枫树、桦木等组成的针叶和落叶阔叶混交林,集中分布于小兴安岭和长白山地区。寒温带≥0℃积温低于 2100℃,森林组成以兴安落叶松为优势树种,主要分布于大兴安岭北部地区。

3. 热量资源与畜牧渔业

畜牧、渔业的发展是农业现代化的标志之一,经济发达国家畜牧业在农业中所占比重一般都超过 50%,有的甚至高达 90%。畜牧、渔业生产涉及陆地和水域,包括第一性和第二性生产,诸如天然草场的分布、饲草、饲料的引种栽培、畜禽的合理布局与产量品质,鱼类的生活习性与汛期、气温与水温的相互影响等,都与热量资源有关。

我国的自然条件,特别是气候条件决定了我国畜牧业的适应范围极为广阔,草地资源、饲料资源和牲畜资源都十分丰富。按照对温度条件的要求和反应,牧草和作物一样也有喜温和喜凉之分。喜温型牧草多产于低纬度地区,对温度的要求较高;生长发育快产量高,但大多数营养成分较低,粗纤维含量高。喜凉型牧草多产于高纬度、高海拔地区,对温度的要求较低;生长发育缓慢产草量低,但营养成分高,粗纤维含量少,具有较高的利用价值。我国华南及西南地区,冬季短暂且无严寒,可以充分利用热量资源种植饲料类作物,既可获得牲畜饲料,又可培养土地肥力。我国西部和北部牧区,冬季严寒,主要生长禾本科和莎草科的喜凉牧草,产量低,营养价值也不高;应考虑改善牧草结构,提高饲料营养水平。

我国畜禽的分布与食物条件关系密切,但是受温度条件的影响也非常明显。例如,水牛主要分布于淮河流域以南,黄牛、绵羊则主要分布于北方,牦牛集中在青藏高原,山羊、猪、鸡、鹅、鸭等几乎全国各地都有饲养。这是因为有的畜禽对温度的适应性较弱,而有的畜禽对温度的适应性很强;而且它们在不同生育阶段,对适宜温度的要求也不相同。

温度条件对蚕桑和养蜂业的生产也很重要。不仅饲用植物和蜜源植物的分布、生长发育受温度条件的影响,蚕、蜂本身对温度条件的要求也比较严格。桑蚕正常发育的温度为 20~30℃,当最低温度低于 7℃、最高温度高于 40℃ 时便不能生存。蜜蜂是一种变温昆虫,体温可随气温高低而变化,安全采集花粉的温度中蜂为 10~40℃,意蜂为 14~38℃;当温度下降到 6℃ 时,意蜂个体就会冻僵,超过 40℃ 高温时就会死亡。

对于渔业和水产养殖来说,水是鱼类生活的基本前提,在一定的水资源保证下,以水温为代表的水体热量资源是决定鱼类分布和安全生长发育的主要气候条件,也是决定初级生产力的环境基础。刘乃壮等[43](1991)应用通用水温计算模式推算出我国东部大陆淡水水温的年变化,并以主要淡水鱼类生长的界限水温为指标,对东部地区水域进行了不同生态类型的鱼类养殖安全水温区划和鱼类生长的水体热量资源区划。研究结果表明,以年最冷旬平均水温 10℃ 作为暖水性鱼类的生存北界,该等值线东起浙江的温州,经赣州、郴州、贵阳,西至云南西部的丽江,大体上位于北纬 26°~27°N 之间;冷水性鱼类不耐高温,以年最热旬平均水温 25℃

作为冷水性鱼类的生存上限,该等值线东起河北的沧州,经石家庄向南至新乡,再向西至运城、商县、汉中,直至四川的雅安、西昌一线。这一结果可以为制定大尺度水域开发、养殖布局和因地制宜的养殖技术提供有益的帮助。

我国热带海域渔场水温高,主要适应喜高温的热带鱼类的生长。亚热带海域渔场水温比较适宜,有利于鱼类的生长,终年可以繁殖,群体补充快,一年四季都可以捕捞。温带海域渔场的水温四季变化明显,春季鱼类回游、产卵和生长,秋季回游越冬,形成春、秋季两个鱼汛。寒带海域渔场水温低,水中食物较贫乏,鱼类生长繁殖缓慢。我国南海、东海南部和东海北部、黄海、渤海等渔场分别属于亚热带和温带渔场,热量资源适中,有利于鱼类繁殖生长。由于海水温度的年变化位相比气温落后,秋冬季海水温度高于气温,春夏季正好相反。

生产实践中,在进行鱼、虾、贝、藻类等水产引种养殖时,应注意海区、滩涂、池塘以及江、河、湖、沼的热量条件与引种区热量条件的相似性,否则很可能导致引种养殖失败。浅水养殖往往会因为水温过高而引起缺氧,造成鱼虾等大量死亡。

总之,农业生产各部门因生产对象不同,所要求的生长期、温度强度和积温也不相同。生长期、温度强度和积温都是热量资源的重要组成因子,与农、林、牧、渔业生产有着密切的关系。

3.5　热量资源分析方法

在热量资源分析中,通常都需要统计一些温度指标,并绘制一些分析图表,以便了解热量资源的变化规律和分布特征。例如,根据各站多年平均积温的统计结果,可以采用等值线图的方法来分析各界限温度积温的空间分布特征;通过积温保证率的计算,可以绘制积温保证率曲线来分析积温在历年中的变化情况,确定某一地区的作物配置和适宜性分析等。分析图表在科研工作中的应用十分广泛,有必要掌握其制作方法。

3.5.1　热量资源的统计量及其统计方法

在气候资源分析和评价中,经常使用的统计量有平均值、极端值、较差、频率、保证率、距平、变率等;此外,方差、均方差、相关系数的应用也比较多见。

1. 平均值、极端值和较差

平均值代表一个变量观测记录取值的集中趋势或集中位置,是指全部观测记录的算术平均。在进行热量资源分析和评价时,几乎所有气象要素都需要以平均值来表征其气候学统计水平;如人们经常使用的日平均温度、多年平均温度、多年平均积温等。积温的多年平均值可以表示一地的热量累积水平。例如,北京地区≥0℃的积温为4622.5℃,根据华北平原地区冬小麦要求0℃以上积温为2100～2300℃,早熟夏玉米要求2200～2300℃;由此可知,北京地区常年可以冬小麦与夏玉米复种。

在气候资源分析中,仅了解某地一年或多年平均状况是远远不够的,不足以解决实际问题,还必须考虑出现在气候序列中气象要素的极端值。极端值就是观测值中的最大值和最小值,极端值对农业生产和人们日常生活的影响很大,常常会造成严重的自然灾害。极端值一般从观测记录中挑取,但由于有的观测记录年代较短,不能满足某些实际问题的需要;因此,也可以从统计学出发,设计出一些极值的概率统计模型,用以推算不同重现期的极大值。前者称为实测极端值,后者称为理论极端值。

在对气候资源要素进行日、月或年等一定时间范围内的变化规律分析时,较差是一个常用的概念。较差是观测值中的最大值与最小值之差,所以又称为极差。例如,一年内最热月平均温度和最冷月平均温度之差,表示一年中月平均温度的变化幅度,年较差愈大说明温度变化愈剧烈。在热量资源分析和评价中,常用温度年较差和日较差作为某地热量资源质量的一个重要指标。实际工作中,有时较差也可以用最大值与最小值的比值来表示,以反映气象要素变化的相对大小。

2. 频率和保证率

设对某随机现象在同样条件下进行了 n 次观测,其中事件 A 出现了 m 次,则比值

$$P(A) = \frac{m}{n} \qquad (3.45)$$

称为事件 A 在 n 次试验中出现的频率;m 为频数,n 为样本数。

设 $x_1, x_2, \cdots\cdots, x_n$ 是气候资源要素 X 的 n 个观测值,将它们按从小到大的顺序排列为 $x_1^* \leqslant x_2^* \leqslant \cdots\cdots \leqslant x_n^*$,若以 $F_n^*(x) = P(X < x)$ 表示上述观测值中 $X < x$ 的频率,则函数

$$F_n^*(x) = \begin{cases} 0 & x \leqslant x_1^* \\ \dfrac{m}{n} & x_m^* \leqslant x \leqslant x_{m+1}^* \\ 1 & x > x_n^* \end{cases} \qquad (3.46)$$

称为观测值的频率分布函数[44]。由于式中的频率是观测值小于某数 x 的频率,当 x 从小到大变化时,频率也由小到大累加;为区别于观测值出现在某区间中的频率,实际工作中又称它为不及累积频率分布。若将观测值按从大到小的顺序排列,则表示观测值中 $X > x$ 的频率函数 $1 - F_n^*(x)$ 称为超过累积频率分布。

保证率即累积频率,是指小于等于或大于等于某要素值出现的可能性。例如,某地的多年平均积温只能反映该地区常年的热量累积水平,却不能说明积温在历年的变化情况。因此,在热量资源研究中,需要分析不同级别积温出现的保证率,

以便了解该地的热量条件对不同品种作物所需热量的保证程度,分析该地区适宜栽培的作物品种以及力求稳产高产的技术措施等。

除了采用累积频率分布描述观测值的分布以外,还可以采用频率分布图表的形式更为直观地描述观测值的分布。对于离散型气候变量的观测值,通常统计各变量的可能出现的频数和频率,采用表格的形式给出,这种表习惯上称为频率分布表。如表 3.4 所示。

表 3.4 某站 1951~2000 年霜日出现频率

霜日(天)	0	1	2	3	4	5	6	7
频数(年)	2	4	14	12	8	5	3	2
频率(%)	4	8	28	24	16	10	6	4

对于连续型气候变量的观测值,由于其可能取值是不可穷举的,所以不应该统计各个观测值出现的频率,而应统计它在某一范围内出现的频率。为此,可将观测值的变化范围划分成若干连续但不重叠的区间,统计观测值在各个区间内的出现频率,并且将统计结果列成二维表的形式,即可得到连续型变量的频率分布表。如表 3.5 所示。

表 3.5 某站 1951~2000 年≥15℃积温的频率分布

组序	1	2	3	4	5	6	7
组限(℃)	1700~1550	1550~1400	1400~1250	1250~1100	1100~950	950~800	800~650
组中值(℃)	1625	1475	1325	1175	1025	875	725
组频数(年)	2	5	14	15	8	4	2
累积频数(年)	2	7	21	36	44	48	50
组频率(%)	4	10	28	30	16	8	4
频率密度(%)	0.027	0.067	0.187	0.2	0.107	0.053	0.027
不及保证率(%)	100	96	86	58	28	12	4
超过保证率(%)	4	14	42	72	88	96	100

在频率分布表中,每一个区间称为组,区间的长度称为组距,各区间的端点分别称为上、下组限,每一组的中点数值称为组中值。这种计算频率和保证率的方法,适用于样本资料较长(一般在 30 年以上)的情况,通常称为频率表法。

若样本资料年代较短,采用频率表法计算保证率,可能会引起较大的误差,因此,可采用经验频率法。经验频率公式为

$$P_m = \frac{m}{n+1} \times 100\% \tag{3.47}$$

式中,m 为按要素值大小顺序排列的序号,顺序可根据具体需要由小到大或由大到小排列;n 为样本数;P_m 为序号 m 的保证率。

为了使频率分布表能正确反映观测资料的统计特征,分组统计频数时应注意以下几个问题[44]:

①分组数目要适当。对于一定数量的观测资料,若分组过少,每组数据过分集中,则不能全面地反映序列的频率分布特征;若分组过多,各组内数据数目较少,过于分散,会使统计结果带有较大的偶然性,也不能反映其频率分布特征。根据经验,一般分组数以 $2.5\lg n \sim 5.0\lg n$ 之间为宜。

②组限的记法。一般来说,只有连续变量才作分组统计,因此组限必须是连续的,即相邻两组上、下限不应该间断。若有间断,其间隔也不能大于观测仪器的最小读数。对于离散气候变量,有时也分组统计出现频率,此时组限应取气候变量本身的可能值,而不应取其他数值。

③频数的统计。分组统计频数时,若采用连续组限,为了计数时不至于重复,一般规定当观测值为组限值时,应将其记入组中值较大的一组内。这样统计是为了与频率分布函数的定义相一致。

④变量最大值组和最小值组的组中值,应分别取在实测最大值和实测最小值附近为宜。若资料中的最大值和最小值分别为 $x_{\max}$ 和 $x_{\min}$,且决定分为 k 组,则只要取组距 h 为

$$h = \frac{x_{\max} - x_{\min}}{k-1} \tag{3.48}$$

就能使 $x_{\max}$ 和 $x_{\min}$ 恰好是最大值组和最小值组的组中值。实际工作中,为了便于统计,一般取与上述组距相接近的整数作为组距。

⑤组距的划分可以相等,也可以不相等。在气候统计中,一般都是等距的。

表 3.4 和表 3.5 的统计结果也可以图的形式表示。对于离散型变量的频率分布图,一般以线段长度表示各种可能出现的频率。由于离散变量取值的总体概率分布是离散的,所以不宜采用频率密度曲线或频数多边形的形式。连续型变量的频率分布图,一般用直方图来表示。图中各长方形的宽等于组距,各组的频率用长方形的面积来表示。由于变量是连续的,所以用曲线表示频率密度更为恰当;可以折线联结直方图中各长方形顶边的中点,并在起点和终点各扩展 1/2 组距,即得频率密度曲线。

保证率图一般以曲线形式表示不及或超过某要素值的可能性。如图 3.16 所示。由(3.46)式可知,与每一不及累积频率值相应的坐标应该是相应组的上限;而在绘制超过某一要素值的保证率曲线时,坐标应取相应组的下限。

3. 距平和变率

设某气象要素 X 的 n 个观测值为 $x_1, x_2, \cdots\cdots, x_n$,其平均值为 $\bar{x}$,则各个观测值 x_i 与 $\bar{x}$ 之间的差值就称为距平。距平常以序列的形式出现,如 $x_1 - \bar{x}, x_2 - \bar{x}$,

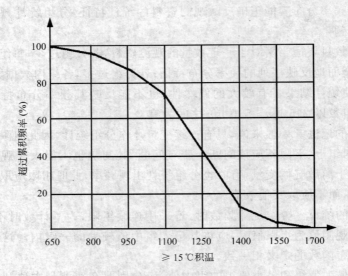

图 3.16　积温保证率曲线图

……，$x_n - \overline{x}$。在气候资源分析中，为使问题显得简单明了，常用距平序列来代替原观测记录序列。

　　变率是表示随机变量频率分布离散情况的特征量，用以反映观测值的变化程度；通常用来说明气候变量观测值年际变化的大小。变率有绝对变率和相对变率之分。绝对变率是距平绝对值的平均，也称为平均偏差，其表达式为

$$V_a = \frac{1}{n}\sum_{i=1}^{n}|x_i - \overline{x}| \tag{3.49}$$

　　由于许多变量都具有平均值越大其绝对变率也越大的特点，为了比较水平不同的量的变化程度，通常采用相对变率来说明气候变量观测值年际或月变化的大小。相对变率是绝对变率与平均值的百分比，即

$$V_r = \frac{\frac{1}{n}\sum_{i=1}^{n}|x_i - \overline{x}|}{\overline{x}} \times 100\% \tag{3.50}$$

显然，变量的平均值较小或接近于零时，使用相对变率就失去了实际意义。一般认为，变率比极差精确，因为变率考虑了变量的全部观测记录。

　　在气候资源分析和评价工作中，除了需要统计一些特征量以外，还经常使用一些行之有效、形象直观的图示方法。

3.5.2　热量资源时变图和等值线图的绘制

　　热量资源分析中，经常需要分析某地某气候要素值随时间的变化，以了解该要素的长年变化规律和变化趋势；并且可以与其他地区该要素的变化规律相比较，分

析其差异和原因。实际工作中,最常见的方法就是绘制该要素的时变曲线。

图 3.17 为某站 1954—2003 年月平均气温距平(实线)、10 年累积距平(虚线)的年际变化曲线和根据资料拟合的 50 年气温变化趋势线。由图可以分析该站不同年代的气温差异和平均气温的变化趋势。①该站气温变化的阶段性特征非常明显,1980 年以前为偏冷期,月平均气温出现负距平居多;1980 年以后为偏暖期,月平均气温明显高于多年平均值。②50 年中该站月平均气温不断增高,气温升高幅度 70 年代比 60 年代升高 0.18℃,80 年代比 70 年代升高 0.61℃,90 年代又比 80 年代升高了 0.52℃。③该站气温的时间变化规律反映了气候变暖的总体趋势,与本地区及全国平均情况基本一致,但增温幅度存在差异。

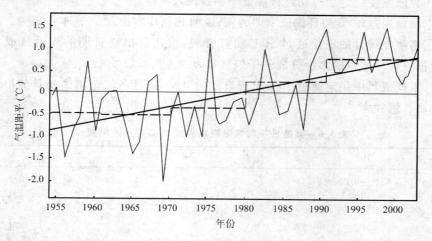

图 3.17　某站 1954—2003 年月平均气温距平曲线及其变化趋势

在热量资源分析中,不仅需要分析单站点气候要素的时间变化规律,还要分析多站点要素值在空间上的分布差异;等值线图为气候要素的空间分布规律研究提供了一个行之有效的手段,尤其是对于较大地理范围的气候背景分析更显示出它的优越性。例如,在本章第一节和第三节中引用的不同区域的地理分布图形,就为各个热量要素的分析和讨论提供了方便。

等值线图的绘制需要具备所研究区域中的多站点资料,站点分布应均匀且具有一定的密度,根据各站点要素值的大小绘制各条等值线或闭合圈;站点之间等值线的走向,还应考虑地形特点和不同下垫面类型对该要素的影响,以便使所绘制的等值线图能够反映当地的实际情况。

目前,已有一些比较成熟的数据处理和图形绘制的应用软件系统。例如,我国气象工作者乐于使用的 GrADS(Grid Analysis and Display System),通过其集成环境对气象数据进行读取、加工、图形显示和打印输出,所有数据在 GrADS 中被视为纬度、经度、层次和时间的 4 维场；数据既可以是格点资料，也可以是站点资料；该系统操作简便，功能强大，显示速度快，类型多样，图形美观。此外，美国 MathWorks 公司推出的数学软件 MATLAB(Matrix Laboratory)，也具有优秀的数值计算能力和卓越的数据可视化功能，可以使利用计算机绘图更为简单方便。

3.5.3　热量资源保证率曲线图的绘制及其应用

各界限温度的平均初终日期、持续日数和积温因其年际变化比较大，很不稳定，为了使农业生产有成功的把握，需要计算它们的保证率。热量资源保证率是指热量要素在某一界限以上或以下出现的概率，与其出现频率有关。

1. 界限温度稳定通过初终日保证率曲线图及其应用

以稳定通过 10℃ 初日保证率图为例，说明其制作方法[11]。基本步骤为：

①将事先统计的稳定通过 10℃ 初日资料，按初日出现日期的先后排成一序列，根据资料样本数的多少分成若干组。如表 3.6 所示。

②根据资料中稳定通过 10℃ 出现日期的早晚，统计各组范围内初日的出现频数，计算各组频率。

表 3.6　某站日平均气温稳定通过 10℃ 初日频率表

组　序	1	2	3	4	5	6
时段(m/d)	3/16～3/20	3/21～3/25	3/26～3/30	3/31～4/4	4/5～4/9	4/10～4/14
组中值	3/18	3/23	3/28	4/2	4/7	4/12
频　数	1	2	8	4	5	1
累积频数	1	3	11	15	20	21
组频率%	4.8	9.5	38.1	19.0	23.8	4.8
保证率%	4.8	14.3	52.4	71.4	95.2	100

③计算保证率，即累积频率。累积频率就是在时段以前日平均气温稳定通过 10℃ 初日可能出现的频率；对于要求日平均温度达到 10℃ 以上才能开始生长的作物来说，也就是可以安全生长的保证程度。

④绘制保证率曲线。取横坐标为稳定通过界限温度的日期，纵坐标为保证率；将各组保证率点绘在图中，并连接成一条平滑的曲线，即为保证率曲线。

如图 3.18 所示。图中实线为采用频率表法计算的结果（表 3.6），虚线为采用经验频率法计算的结果。

界限温度初、终日保证率曲线图的应用非常广泛。其作用在于：①若已知某界限温度初、终日的保证率，可以从曲线中反查出其出现的可能日期。例如，图 3.18 中 10℃ 初日保证率为 80%，其对应的出现日期为 4 月 6 日。②若已知某界限温度的初日或终日，也可以由图中查出其保证率。例如，若已知某地某年稳定通过

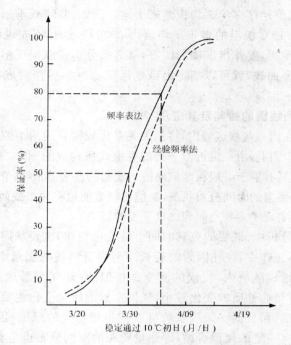

图 3.18 某站日平均温度稳定通过 10℃初日保证率曲线图

10℃初日为 3 月 30 日,则可以很方便地查出相应的保证率为 50%左右;若要求喜温作物播种日期的保证率达到 80%,则此时就不宜进行播种,而应推迟到 4 月 6日以后。

2. 积温保证率曲线图及其应用

活动积温保证率的计算也可采用频率表法或经验频率法。采用频率表法计算积温保证率时,先将历年活动积温值从大到小排列,根据其极值确定分组数,然后列表统计出各组的频数,计算出组频率和保证率;最后根据各组的保证率,列出各级别的积温保证率表,点绘出积温保证率曲线图。同样,也可以绘制岀积温矩平值的保证率曲线图,如图 3.16 所示。

实践证明,同一自然地理区域内,积温保证率曲线基本上是一致的,并不随各地多年平均积温的多少而变化;所以可在同一自然地理区域内选择有较长年代记录的台站,制作出代表该地区的积温保证率曲线图。利用该图,便能根据该地区内任一地点的多年平均积温和作物的热量要求,查出所属范围内各地热量条件对各种作物和品种的保证情况,分析出各地能够栽培哪些作物,或者需要采取哪些相应的措施,才能保证稳定高产等,其实用意义很大。

积温保证率曲线常用于作物的配置和适宜性分析,一个地区是否适宜栽培某种作物,不能仅以该地区多年平均积温来决定。例如,栽培双季稻要求≥10℃积温4900℃,而某地≥10℃积温的多年平均值为5000℃,这并不能说明该地区每年都能成功地栽培双季稻,要作出准确的回答,就必须分析积温保证率。有了代表某一地区的积温保证率曲线,就可以确定出该地区积温对各种作物成功栽培的保证程度和该地区的适宜温度。

3.5.4   热量资源列线图的绘制及其应用

列线图是指在同一气候区域内,将相关关系比较密切的两个或两个以上气候要素值反映在同一个图上,由一组近似平行的等值线所构成的图形。它是等值线图的一种,但从形式上又有别于一般在区域底图上绘制的要素等值线;它将地理位置抽象化,不仅关注气候要素的时间分布状况,又能比较方便地将两个或两个以上气候要素表示在平面图上,实现了多维空间到二维平面的转换。

在热量资源分析中,既要研究其时间上的变化规律,也要掌握其空间上的分布特征;但是在实际工作中,往往因为缺乏长序列的资料或数据量太大而难以进行。由于在一个自然地理区域内,气候的演变是相似的;即气候形成的三个基本因素中,太阳辐射和下垫面性质的变化较小,气候要素的历年变化主要是由大气环流的逐年变化所造成的,而且同一天气系统可以控制相当大的范围;因此,同一地区内气候要素的变化有一定的规律可循,即热量资源的空间分布也是有规律的,这样就有可能根据某些既有代表性又有长年气候观测资料的测站来分析一定地区气候要素随时间变化的规律。热量资源列线图就是综合分析地区热量资源时空变化规律的一种实用方法。

1. 界限温度初、终日保证率列线图的制作和应用

以某地日平均气温≥5℃初日的保证率列线图为例[11],一般步骤为:

①首先,在同一自然地理区域内选择具有不同气候特点并有长年观测记录的若干台站,分别制作稳定通过5℃初日保证率曲线图;

②由保证率曲线图查出各台站不同保证率级别(5%、10%、……、90%、95%)所对应的日平均气温稳定通过5℃的初日日期;

③统计各台站稳定通过5℃的多年平均初日日期。由于某一界限温度稳定通过日期的差异是各台站所在地的自然环境差异所引起的,所以每一个多年平均初日日期就代表一个台站;

④以多年平均初日日期为纵坐标,不同保证率下的可能出现日期为横坐标,将各台站的平均初日、不同保证率级别及其可能初日资料点绘于图中;然后将等保证率点连成平滑曲线,可得该地区日平均气温稳定通过5℃初日的保证率列线图。如图3.19所示。

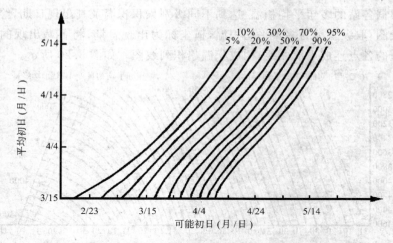

图 3.19　某地区日平均气温稳定通过 5℃初日的保证率列线图

　　根据保证率列线图,只要知道同一地区内某站日平均气温稳定通过某界限温度的多年平均初日,就可以查出任一保证率下的可能出现初日。对于资料年代较短的测站,只要将短期平均初日订正延长到长年平均初日,也可以比较准确地查出不同保证率的可能初日。对于无测站地区,可以利用推算的平均初日查图,所得可能初日也能够反映当地的大致情况。

　　不同自然地理区域的列线图具有不同的分布形式。因此,这一分析方法能够将热量资源等农业气候因子的时间变化规律在地域上的差异清晰地表示出来,在农业气候研究中应用甚广。此外,界限温度初终日之间的持续日数、霜冻、降水量等都可以应用这一方法进行分析。

　　2. 积温累积列线图的绘制和应用

　　了解一地的多年平均积温、积温保证率情况,对于安排农业生产是很有帮助的;但对于作物播种以后的生育状况,还必须了解积温的累积情况。在同一自然地理区域内,积温累积变化具有一定的相似性;因此,可以进行各地区积温累积列线图的分析。

　　这里,以某地区≥10℃积温累积列线图的制作为例,说明其制作步骤。

　　①绘制各台站的积温累积曲线图。首先选择本地区范围内具有长年观测资料的台站,统计日平均气温稳定通过 10℃的平均初终日和各旬的积温值,并计算逐旬积温累积值,再分别绘制各站的积温累积曲线图。

　　②从各站的积温累积曲线图中查出达到不同级别累积积温(如 0℃、500℃、1000℃……)的出现日期。查算时积温间距可根据需要而定,通常取间距为 100℃或 250℃,以便绘制出间距适当的列线图。

③根据各站的多年平均积温、达到不同级别累积积温及其出现日期,绘制积温累积列线图;取纵坐标为多年平均积温,横坐标为出现日期;将各站出现的相同积温累积值的各点连成平滑曲线,构成积温累积列线图。如图 3.20 所示。

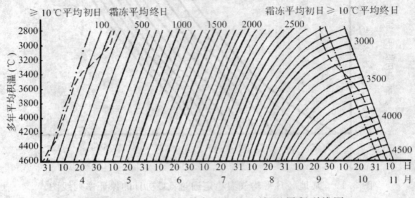

图 3.20　某地区日平均气温≥10℃积温累积列线图

若已知某站的多年平均积温值,利用积温累积列线图可以查出作物生长期中任何一天所累积的平均积温,计算出累积到一定积温值的出现日期以及生长期中任一时段内的平均积温等;当已知某种作物成熟所需要的平均积温以及生物学下限温度结束或开始的日期时,可以分析该作物是否能成熟或者热量是否有剩余等情况。对于资料年代较短的台站,可以将多年平均积温订正到基本时期,也能利用积温累积列线图进行热量资源分析。

这一类列线图不仅反映了热量资源等农业气候要素的时间变化规律,而且也能反映出某一地区该要素的空间变化规律,在农业气候研究中应用很广泛。从应用效果来看,可以解决农业气象资料年代短缺的困难;可以根据不同地区列线图分布形式的差异,为农业气候分区规划提供参考;还可以用于分析农业生产中的某些实际问题,如某一地区早稻、晚稻品种的合理搭配、山区作物的可能栽培期等。

3.其他类型的热量资源列线图的应用

根据热量资源的变化特点以及农业生产的实际需要,可以制作各种形式的热量资源分析图表。例如,根据热量条件与作物播种期、成熟期的关系,可以绘制最迟播种期推算图,为农业生产提供服务;根据作物生长发育以及山地热量条件的关系,可以制作不同坡向、坡度的积温累积列线图,用于分析作物生长发育与地形、海拔高度的关系等。

图 3.21 和图 3.22 分别为浙江省农科院和龙泉县气象站根据龙泉山区≥10℃多年平均积温和积温累积值绘制的晚稻最迟播种期推算图和早稻成熟期推算图。根据不同早稻品种从播种到成熟期、晚稻从播种到安全齐穗期所要求的积温以及

晚稻品种所要求的最长秧龄,利用此图可以因地制宜地搭配早稻和晚稻品种的种植,为农业生产部门提供合理化建议。

　　例如,龙泉的东书乡海拔 460 m,多年平均积温 4783℃,≥10℃初日为 3 月 27日,终日 11 月 17 日,≥20℃终日为 9 月 17 日。早稻珍汕品种从播种到成熟要求≥10℃积温 2600℃,晚稻京引 15 号自播种到齐穗要求≥10℃积温 1700℃,最长秧龄为 30 天。根据上述条件,由图 3.22 可查得该地早稻珍汕的成熟期为 8 月 2 日,从图 3.21 可查得晚稻京引 15 号的最迟播种期为 7 月 7 日,两者重叠时间 26 天,与晚稻要求的最长秧龄相差 4 天;也就是说,对于这两个品种而言,收获和栽插之间尚有 4 天富余,说明在该乡将这两个水稻品种搭配种植是完全可行的。

　　海拔高度的变化对温度的影响很大。随着海拔高度的增加,气温下降,土壤、植被以及农林牧副业都会产生明显的垂直地带性分异;所以,山地热量资源分析的实用意义很大。图 3.23 为根据天目山北侧不同海拔高度上的日平均气温资料绘制的≥10℃积温累积列线图[45]。它反映了该地区≥10℃积温与海拔高度之间的关系,利用它可以分析该地区不同高度山地上的热量条件,如积温累积值、秋季低温受害指标和受害日期随海拔高度的分布规律以及作物安全栽培的上限高度等。

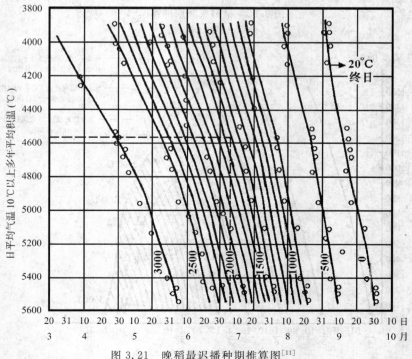

图 3.21　晚稻最迟播种期推算图[11]

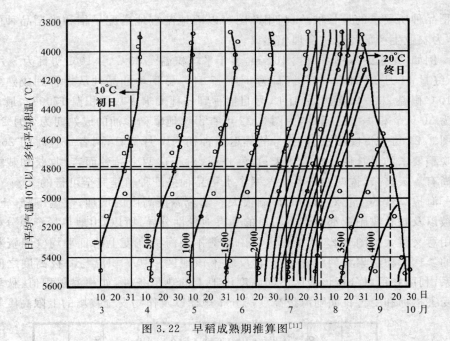

图 3.22　早稻成熟期推算图[11]

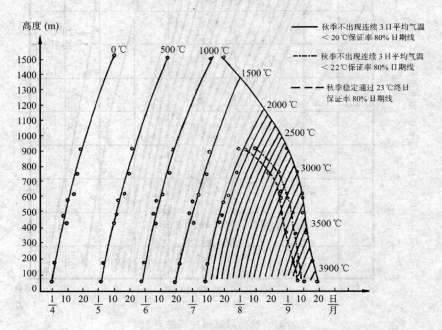

图 3.23　天目山北侧≥10℃积温累积列线图[45]

3.5.5　热量资源周期图的应用

在我国,由于不同年份冬、夏季风的进退时间、强度、影响范围以及大气环流特点都不尽相同,使得各地温度的年际变化很大,热量资源很不稳定。所以,在气候资源分析中,研究一个地区热量资源的周期性变化具有重要意义;它不仅能够揭示气候变化中热量因素的中、短周期,而且能够反映热量条件的未来变化趋势,进而为中长期农业发展规划提供科学依据。

国内外学者曾采用传统的谱分析和周期图等方法对积温随时间的变化规律进行了研究。结果表明,$\geqslant 10\,℃$活动积温、有效积温和持续日期都具有明显的周期性变化,一般都存在 $2\sim 3\,a$ 和 $7\sim 8\,a$ 的变化周期,而且不同地区的周期性振荡强度也存在差异。例如,根据上海、青岛和天津等地的长期气温资料,采用滑动平均方法对活动积温、有效积温和持续日期进行中短周期分析,发现积温和持续日期都具有 $7\sim 8\,a$ 和 $2\sim 3\,a$ 的周期性波动,尤其是 $8\,a$ 周期最为显著[46,47]。根据哈尔滨、齐齐哈尔、牡丹江等地 1950—1980 年 $\geqslant 10\,℃$ 积温资料,采用谐波分斤方法作周期图,得到了类似的结果[12],但以 $3\,a$ 的周期性振荡强度最大,$8\,a$ 和 $7\,a$ 周期次之。如图 3.24 所示。

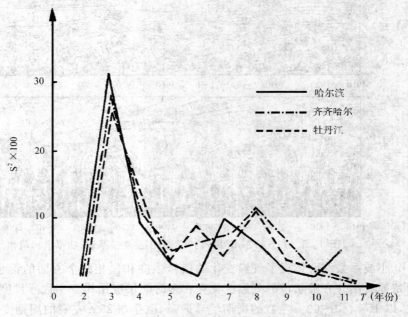

图 3.24　积温变化周期图[12]

近年来,小波变换方法在大气科学领域得到了广泛的应用。小泾变换产生一系列"瞬时"波谱信号估计,能够准确揭示时间序列中瞬时频率结构随时间的变化;

它在时频域中都具有良好的多分辨特性和局部化特征,能够很方便地得出气候时间序列在各个层次上的变化趋势和各层次气候突变点的具体位置;特别适用于气候变化的多层次时间尺度结构、局部突变特征以及正常气候变化中所附带的瞬态反常现象的分析。娄德君等[48](2004)采用小波变换方法,分析了齐齐哈尔市近百年来气温变化的多时间尺度结构和局部化特征,结果如图 3.25 所示。

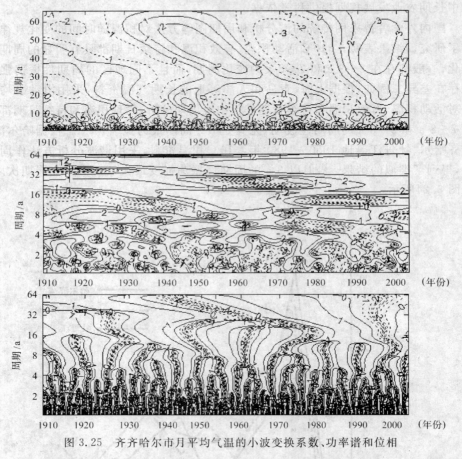

图 3.25　齐齐哈尔市月平均气温的小波变换系数、功率谱和位相

　　小波系数综合体现了气温变化的信号强度和位相两个方面的信息,由图可以清楚地看出齐齐哈尔市的气温变化存在多时间尺度结构。年代际尺度的周期性变化,以 15 a、40~60 a 左右的周期信号最强,也存在 25 a 左右的周期变化但强度稍弱。不同尺度的周期性变化存在阶段性特征,40~60 a 左右的周期存在于所讨论的整个时域中,气温变化表现为两个偏冷期和两个偏暖期,即 20 世纪初至 20 年代末的偏冷期,1915 年前后最冷;30 年代初至 50 年代后期的偏暖期,1950 年前后较

暖;50年代末至80年代中期的偏冷期,其中70年代最冷;以及80年代中期以后的偏暖期,又以90年代中后期最暖。25 a左右的周期性变化存在于20世纪30年代以前,它在40~60 a大尺度偏冷期中又表现为一个相对冷期和一个相对暖期。15 a左右的周期存在于40年代初至80年代,表现为三个偏冷期和三个偏暖期。10 a以下年际尺度的周期性变化表现在准2 a、4 a、4~6 a和8 a左右的时间尺度上;不同尺度的周期信号都比较显著,而且在时域上呈现出局部化特征。

小波功率谱的时频域分布反映了不同尺度周期信号的强度,可以揭示信号序列的内部频率结构,能够给出序列中所包含的不同尺度振荡相对贡献的完整描述。由图可见,准2 a、4 a、4~6 a和40~60 a的周期振荡最为显著,振荡能量强大,表现为小波功率谱等值线分布的高值区或闭合圈;此外,8 a、15 a左右的周期振荡也通过了信度为0.05的F检验,说明这两个尺度的周期振荡对齐齐哈尔市气温变化的贡献也比较大;其他尺度的周期振荡强度较弱。时域中年际尺度周期振荡的总体贡献在20世纪50年代以前比50年代以后大,而年代际尺度的周期振荡则在50年代以后更显著。

小波系数的位相在时频域中的分布可以用来探测信号突变点在时域中出现的具体位置,不同尺度周期的突变特征表现为小波系数的等位相线从大尺度区域向小尺度区域的辐合。近百年来齐齐哈尔市月平均气温距平序列存在不同尺度周期的突变特征,40~60 a尺度的冷暖突变点位置出现在1924、1955和1989年前后,这与全国冷暖交替平均状况(1920、1955、1987年)大体一致。其他尺度的冷暖突变都有阶段性特征,尺度越小对应的冷暖交替越频繁。10 a左右尺度辐合到1 a尺度上有6个突变点,分别位于1912、1933、1941、1950、1969和2001年,说明在这些年齐齐哈尔市的气温均有异常变化。根据多年平均气温资料对比分析结果表明,这些年份都出现了气温变化的极值。

气候变化不但有全球性,而且有局地性。近百年来,全球变暖的趋势十分明显。王绍武曾指出[49],全球气温近100年约上升了0.5℃;其中又存在着阶段性和突变性:1940—1970年略冷,80年代最暖,三次突变性增温分别出现在1895、1925、1980年;中国的气温变化则不同,中国气温近100年上升了0.09℃,20年代及40年代最暖,80年代接近常年。气候变化必然会导致气候资源要素的改变,特别是某一地区水热资源的改变必将对其未来的农业生产布局以及由此而引起的一系列农业对策和措施产生重大影响。因此,有必要采用不同方法研究气候资源要素的变化规律;随着时间的推移,长年观测资料的不断丰富以及研究的不断深入和发展,气候资源变化周期的研究和应用也会愈来愈广泛。

参 考 文 献

[1] 陆渝蓉,高国栋.1987.物理气候学.北京:气象出版社,357—452

[2] 潘守文.1994.现代气候学原理.北京:气象出版社,971—1011

[3] D. A. Haugen(豪根)著.微气象学.李兴生等译,1984,北京:科学出版社,27—99

[4] 孙卫国,刘树华.1998.农田植被层上方湍流通量输送特征分析.南京气象学院学报,21(2),251—257

[5] Bowen I S. 1926. The Ratio of Heat Losses by Conduction and by Evaporation from Any Water Surface, *Phys. Rev.*, **27**, 779—787

[6] 陈万隆.1984.关于青藏高原感热和潜热旬总量计算方法的初步研究.见《青藏高原气象科学实验文集》(二),北京:科学出版社,35—45

[7] 高庆先.1996.中国地表感热的气候学计算及其分布.南京气象学院学报,**19**(2),238—244

[8] 徐兆生,马玉堂.1984.青藏高原土壤热通量的测量、计算和气候学推广方法.见《青藏高原气象科学实验文集》(二),北京:科学出版社,24—34

[9] М. И. Будыко(布德科).地球热量平衡.沈钟译,1980.北京:气象出版社

[10] 霍明远,张增顺等.2001.中国的自然资源.北京:高等教育出版社,50—82

[11] 欧阳海,郑步忠,王雪娥等.1990.农业气候学.北京:气象出版社,63—123

[12] 冯秀藻,陶炳炎.1991.农业气象学原理.北京:气象出版社,72—152

[13] 韩湘玲.1999.农业气候学.太原:山西科学技术出版社,90—138

[14] 丘宝剑,卢其尧.1987.农业气候区划及其方法.北京:科学出版社,78—117

[15] 李世奎,王石立.1981.我国不同界限温度积温的相关分析.中国农业气象,**2**(1),37—43

[16] 宛公展.2000.用正交谐波叠加方法估算各地活动积温.中国农业气象,**21**(2),50—52

[17] 沈国权.1980.影响作物发育速度的非线性温度模式.气象,**6**(6),11—13

[18] 沈国权.1981.当量积温及其应用.气象,**7**(7),25—27

[19] 黄登轩.1982.光温度及其在农业气候中的应用.见《农业气候资源分析和利用》文集,福州:福建科学技术出版社

[20] 侯光良,李继由,张谊光.1993.中国农业气候资源.北京:中国人民大学出版社

[21] 中国自然资源丛书编撰委员会.1995.中国自然资源丛书《气候卷》.北京:中国环境科学出版社,98—156

[22] 李世奎,侯光良,欧阳海等.1988.中国农业气候资源和农业气候区划.北京:科学出版社,27—79,124—145

[23] 牛文元.1981.农业自然条件分析.北京:农业出版社

[24] 卢兴桂,袁潜华,姚克敏等.2001.水稻光温敏核不育系生态适应性研究.北京:气象出版社,1—43

[25] 坪井八十二.新编农业气象手册.侯宏森等译,1985.北京:农业出版社

[26] 邓根云,冯雪华.1980.我国光温资源与气候生产潜力.自然资源,**2**(4),13—18

[27] 邓根云.1986.气候生产潜力的季节分配与玉米的最佳播期.气象学报,**44**(2),66—72

[28] 李克煌.1981.河南作物生产潜力的估算和分析.农业气象,**2**(3),8—13

[29] 侯光良,刘允芬.1985.我国气候生产潜力及其分区.自然资源,**7**(3),54—61

[30] 谢云,王晓岚,林燕.2003.近40年中国东部地区夏秋粮作物农业气候生产潜力时空变化.资源科学,**25**(2),7—13

[31] 王书裕.1981.东北及内蒙古东部地区水稻的光温气候潜力.自然资源,**3**(4),41—46

[32] 于沪宁,赵丰收.1982.光热资源和农作物的光热生产潜力——以河北省栾城县为例.气象学报,**40**(3),73—80

[33] 高亮之,郭鹏,张立中等.1984.中国水稻的光温资源与生产力.中国农业科学,**17**(1),17—23

[34] 龙斯玉.1985.江苏省农业气候资源生产潜力及区划的研究.地理科学,**5**(3),218—226

[35] 侯光良,游松才.1990.用筑后模型估算我国植物气候生产力.自然资源学报,**5**(1),60—65

[36] 李开元,李玉山.1997.黄土高原南部旱作水分产量潜势计算模型及其参数修正.应用生态学报,**8**(1),43—48

[37] 王素艳,霍治国,李世奎等.2003.中国北方冬小麦的水分亏缺与气候生产潜力——近40年来的动态变化研究.自然灾害学报,**12**(1),121—130

[38] 朱志辉,张福春.1985.我国陆地生态系统的植物太阳能利用率.生态学报,**5**(4),343—356

[39] 吴连海.1992.土地的人口承载潜力研究中作物生产力估算方法评价.中国农业气象,**13**(1),28—32

[40] 王恩利,韩湘玲.1990.黄淮海地区冬小麦、夏玉米生产力评价及其应用.中国农业气象,**11**(2),43—48

[41] 郭岐峰,傅硕龄.1992.我国农业生产潜力的研究进展.地理研究,**11**(4),107—117

[42] 赵安,赵小敏.1998.FAO-AEZ法计算气候生产潜力的模型及应用分析.江西农业大学学报,**20**(4),528—533

[43] 刘乃壮,郑美秀.1991.淡水鱼类水温区划的气候生态探讨.水产学报,**15**(1),10—18

[44] 马开玉,丁裕国,屠其璞等.1993.气候统计原理与方法.北京:气象出版社,13—41

[45] 周子康.1982.浙江省天目山区稻作热量气候垂直带和稻作制度.见《农业气候资源的分析和利用》文集,福州:福建科学技术出版社

[46] 王馥棠.1981.10℃积温及其持续期的中短周期分析.气象学报,**39**(3),87—94

[47] 王馥棠.1982.近百年我国积温的变化与作物产量.地理学报,**37**(3),52—60

[48] 娄德君,孙卫国,李治民.2004.近百年齐齐哈尔市的气温变化.气象,**30**(12),65—67

[49] 王绍武.1994.近百年气候变化与变率的诊断研究.气象学报,**52**(3),261—273

第四章　水分资源及其利用

　　水作为地球上一种重要的自然资源,具有其他资源无法替代的重要作用,即维持人类生命的作用、维持工农业生产和维持良好环境的作用。水是一种可再生的动态的自然资源。在自然界中,水分循环过程周而复始,长年不息。但是,在水分－大气－土壤－生物系统中,周转总量是有限的。在一定的地区和时间范围内,水资源并不是取之不尽,用之不竭的。据估计,可利用水量的理论值是陆地上降水量与蒸发量之差,大约 4×10^{13} m^3;其中,有效水仅占 1/3。

　　水分资源即水资源,是指能被人类直接利用的地表水和地下水。对于一个地区来说,水分资源包括大气降水、土壤水、地表径流和地下水 4 个部分,其中大气降水直接补给土壤水和地表径流,也间接影响地下水。因此,大气降水是地面水分资源的主要收入项,在水分资源分析中占有重要地位。但是,大气降水不能表达水分收支情况,更不能反映大气－土壤－植物系统中的蒸散、地表径流等水分支出。科学地评价某地区的水分资源,应该采用地表水分平衡方程,进行逐项分析,最终以水分收支差值或收支比值来反映该地区的水分状况。

4.1　地表面的水分平衡

　　水是地球上大气圈和水圈的组成部分,是一切生物维持生命和生长发育的必要条件。在大气科学中,水分因子是一个重要的气象要素,是气候分析、干湿区划、降水预报以及人工影响天气等方面的基本内容。在气候资源学中,各个资源要素并不是孤立的,水分资源和热量资源往往既相互联系又相互影响,而且互为因果。一个地区的水分含量、水汽输送量和水的相变取决于该地的热力条件;而一个地区的水分分布和变化又会调节和改变当地的热量状况,从而影响其天气和气候。此外,一个地区的水分收支及其变化,对于工农业生产和国民经济建设有着密切的关系和影响,如农业生产规划、水电工程和大型建筑设计等都需要估算水资源,进行旱涝预测等。因此,了解并掌握地表的水分平衡状况很有必要。

4.1.1　地球上的水分含量

　　地球上的水分含量极其丰富,遍布于海洋及陆地。根据近年来世界上各方面专家的综合估计[1],积蓄在海洋、大气和陆地上的天然水资源总量约为 1.386×10^{18} m^3;其中,海洋水大约为 1.35×10^{18} m^3,占 97.4%;陆地水大约 3.6×10^{16} m^3,

占 2.6%；大气中的水分大约为 1.3×10^{13} m^3，仅占水资源总量的百万分之 9.6。如表 4.1 所示。然而,数量如此之多的水中能被人类直接利用的却极为有限。

表 4.1 地球上积蓄水和流动水分类及数量[1]

积蓄水分类	估计数量 / km³	流动水分类	估计数量 / km³
1. 海洋水	1 350 000 000	1. 蒸发总量	496 000
2. 大气水	13 000	从海洋面	425 000
3. 陆地水	35 977 800	从陆地面	71 000
其中:河流	1 700	2. 降水总量	496 000
淡水湖	100 000	降到海洋	385 000
内陆咸水湖	105 000	降到陆地	111 000
土壤含水分	70 000	3. 入海径流总量	39 700
地下水	8 200 000	河流	27 000
冰盖/冰川	27 500 000	地下供水	12 000
生物群	1 100	冰川融水	700

1. 地表水分

地球表面的水分包括海洋、陆地上的河川、湖泊、沼泽以及地表积雪、积冰和冰川等所蕴藏的水。

地球表面 70.8% 是海洋。太平洋、大西洋、印度洋和北冰洋互相沟通连成一体,包围着亚欧大陆、非洲大陆、美洲大陆、澳大利亚大陆和南极大陆。南半球的海洋面积大于北半球,北半球海洋面积占其表面积的 61%,而南半球占 81%。世界上海洋的平均深度为 3795 m,所含水的总体积大约为 $1.35 \times 10^{18} m^3$。

我国是世界上河流众多的国家之一,外流流域占全国总面积的 64%;主要是流入太平洋的长江、黄河、黑龙江和珠江等,占全国外流流域的 88.9%;其次是流入印度洋的怒江、雅鲁藏布江等河流,占全国外流流域面积的 6.5%:流入北冰洋的额尔齐斯河流域面积最小,位于新疆西北部。我国面积在 1 km² 以上的天然湖泊有 2800 个,人工水库数以万计,都是我国地表水资源的组成部分。沼泽中约 75% 的水分消耗于蒸发,25% 形成径流且径流量主要发生在春夏半年的雨季。我国的沼泽受地形和气候条件的影响,主要分布在东南沿海地区、东北永冻土地区、西北内陆和青藏高原地区。

极地地区和高山的山峰上,大气降水因气温很低而以固体形式降落到地面,而且终年不化,不断堆积形成积雪。通常,将终年不融雪地区的高度下限称为雪线。雪线高度并不是固定的,随气温、湿度、地形条件的变化而变化,随季节和地理纬度的不同而不同。雪线以上的积雪因温度和压力的不断变化而逐渐形成冰层。我国喜马拉雅山、昆仑山和天山都是重要的冰川分布区。据统计,我国西部高山的现代冰川面积有 57000 km²,以西藏为最多,新疆次之,再次是青海和甘肃。当冰川滑动到雪线以下时,因吸收热量而融化,形成径流。我国现代冰川大多数属于大陆性冰川类型,海拔高气温低,年消融量很小,仅相当于 1100~2600 mm 水层。

2. 地下水分

地下水又称潜水,一般可分为浅层地下水和深层地下水两部分,其中接近地面的浅层地下水与地表水分的关系最密切。浅层地下水是指地壳表层土壤中因地面降水或凝结水渗透的水分,即流动水;深层地下水是指在地下深层因地球内部水汽凝结或水成岩生成的水分,称为原生水。浅层地下水直接参与全球水文循环,补给条件好,水量可逐年更新,受人类活动的影响很大。

地下水资源的分布,主要受大气降水和地表水体分布的制约,其次是地形地貌和水文地质条件等因素的影响。我国年平均地下水资源的总体分布趋势是从东南沿海向西北内陆地区逐渐递减,与我国年平均降水量、年平均径流量的分布趋势大体相似。根据水利部门的水资源评价结果[2],我国年平均浅层地下淡水总量约为 8288×10^8 m^3,其中平原地区年平均地下水资源量为 1873×10^8 m^3,山地丘陵地区为 6762×10^8 m^3,山丘区与平原区地下水资源重复计算量为 348×10^8 m^3;各流域片平均年地下水资源量,如表 4.2 所示。

表 4.2　我国各流域片平均年地下水资源量[2]

流域片名称	计算面积 /km²	山丘区 /10⁸ m³	平原区 /10⁸ m³	重复计算量 /10⁸ m³	全流域片 /10⁸ m³
黑龙江流域片	890634	223.6	221.9	14.8	430.7
辽河流域片	340824	95.7	108.2	9.7	194.8
海滦河流域片	277796	124.6	178.2	37.6	265.2
黄河流域片	775364	292.1	157.2	43.7	495.6
淮河流域片	297861	107.2	296.7	10.9	393.0
长江流域片	1758169	2218.0	260.6	14.4	2426.2
珠江流域片	580581	1027.8	92.7	5.0	1115.5
浙闽台诸河片	239199	561.8	51.9	0.6	613.1
西南诸河片	851406	1543.8	—	—	1543.8
内陆河流域片	2710144	535.5	486.0	201.7	819.8
额尔齐斯河	52730	31.9	20.0	9.4	42.5
北方 6 流域片	1799898	1410.6	1468.3	327.9	2551.0
南方 4 流域片	3429355	5351.4	405.1	19.9	5736.6
全国总计	8747081	6762.0	1873.4	347.8	8287.6

3. 大气含水量

空气中的水汽也是水分资源要素之一。大气中的水分主要来自于大陆和大洋的水分蒸发,因此远比地表水少,也比地下水少。地表水、地下水和空中水三者的比例大约为 105∶10∶1。大气中含水量的多少体现在空气湿度上,空气湿度的大小取决于供应水分的水源距离、促使蒸发的热力状况、造成水汽交换和输送的气流运动等因素。

地球上的平均水汽压分布表明,大气中的水汽含量随地理纬度的增高而减小,低纬度地区可比高纬度地区大 6 倍以上。由于大气中的水汽依靠气流上升运动和湍流混合作用而传输到高空,因而随着高度的增加大气中水汽含量的递减速度很快;一般从地面到 1～2 km 高度,水汽压减小了 50%,到 5 km 高度水汽压只有地面的 1/10 左右。由于冬夏季热力条件的差异,致使水汽压夏季最大,冬季最小,具有明显的季节变化。

我国东南临近海洋,西北深居内陆,所以大气中年平均水汽含量从南向北、从东到西逐渐减小;珠江流域以南及其沿海岛屿是我国水汽资源最丰富的地区,最大值出现在西沙珊瑚岛;我国西北荒漠和戈壁地区是我国水汽资源最贫乏的地区,最小值出现在青海的茫崖。华南地区年平均水汽含量大约为40～45 mm,长江流域 30 mm 左右,黄河流域在 20 mm 以下,到东北地区仅15 mm;西南地区全年水汽含量为 20～30 mm,西藏高原东南边缘的雅鲁藏布江流域约为 10～20 mm;我国西部除新疆天山北麓全年可达 10 mm 以外,整个西部地区大气中水汽含量都很小。东部地区不论冬夏大气中水汽含量的分布都是从南到北减小的,且南北差异冬季大于夏季。东西部相比,夏季不论低纬度或高纬度地区,都是东部水汽含量大于西部,但在冬季黄河以北地区却与西部相差不大。

我国大气中绝对湿度的季节变化表明[3],无论东南沿海还是西北内陆,我国大气中月平均绝对湿度最小值几乎都出现在温度最低的 1 月,最大值一般出现在温度最高的 7、8 月份。春、秋季相比,从西南到东北一般秋季大于冬季,仅北疆地区春季大于秋季;因为准噶尔盆地和阿尔泰山西南迎风坡受大西洋湿润气流影响,春季降水量多于秋季。

4.1.2 地球上的水分输送

对于地面来说,海洋中的水分输送为洋流输送,陆地上的水分输送为径流输送;而对于大气来说,则主要依靠大气环流和湍流运动输送水汽。

1. 洋流输送

洋流是海洋中水分输送的主要方式,有了洋流才能使大量的海水从一处流向另外一处;对于整个海洋总水量的盈亏来说,洋流输送并不起作用,但是对于其流域的气候形成、气候变化以及海洋内生物资源的发展来说,洋流的影响却是非常巨大的。

2. 径流输送

在水分循环过程中,地面和地下的水分汇聚到河川流域后输出的水量称为径流。对于一个闭合的流域,其多年平均径流量就等于该流域内降水量与蒸发量之差。影响径流的形成和径流大小的因素,主要是流域的自然地理环境,包括气候因素(降水、蒸发等)、地理因素(地形特征、水域面积、植被覆盖等)、土壤和土质因素(土壤结构、下渗性能等)。通常,一次降水的总径流量包括地面径流、地表径流和地下径流三部分。

3. 大气中的水汽输送

地球上的水汽输送包括垂直输送和水平输送,其根本原因是热力因素和动力因素综合影响的结果。水汽的垂直输送和交换是通过蒸发凝结和湍流扰动等过程以蒸发和降水的方式实现的。水汽的水平输送则是大气中和地面上的水汽在水平方向上的输送和交换,对地球上的水分循环起很大作用。

我国的水汽来源主要有3个方面,一是由西南气流输送的来自孟加拉湾和印度洋的水汽,二是由西北气流输送的来自大西洋和北冰洋的水汽,三是由偏南或偏东气流输送的来自南海或东海及太平洋的水汽。这些水汽的输送与我国的大气环流特征以及季风进退密切相关。冬季,我国受来自西伯利亚的大陆冷高压控制,西风和北风输送占主导地位;但由于水汽含量少,水汽输送量并不大,基本上是纬向型分布,随纬度增高而减少,南北差异不大。夏季,因副热带高压西伸北进,东风和南风输送大大加强,水汽输送量比冬季大得多,其分布特征是随离海洋距离的增大而减小。

我国全年水汽输送量的最大值出现在长江以南的两湖平原地区、西南云贵高原以及横断山区,东北辽东半岛夏季的水汽输送量也比较大,西北地区则以天山北麓较大。由于这些地区距离水源较近,又受季风影响,再加上有利的地形条件,所以水汽输送量都比较大。大气中的水汽含量一般随高度增大而减小,但是由于水汽输送取决于水汽含量和风速的综合影响,因此水汽输送量并不随高度而减小。我国的最大水汽输送高度一般在 700 hPa 左右,夏季略高一些而冬季稍低。此外,青藏高原对我国的水汽输送存在着明显的屏障作用和分流作用;在高原上空,最大水汽输送层比周围地区升高 100 hPa 左右,高原阻挡着下层富含水汽的西南气流北上,致使西北内陆成为我国最干旱的地区。

4.1.3　地球上的水分循环

在太阳辐射的热力作用下,海水被蒸发成水汽并在大气中凝结成云,其中一部分由于空气的水平运动而被输送到大陆上空,又在浮力作用下抬升冷却,水汽凝结成雨滴或冰晶,形成液态或固态降水降落到海洋和陆地上。有的降水在降落过程中就已经被蒸发,而有的降水被地表植物截留,再通过蒸腾作用重新回到大气中。到达地面的降水,一部分流入江河湖泊,形成地表径流回归大海;一部分渗透到地下深层变成地下水,最终以地下径流的形式汇入海洋;还有一部分地表水分重新被蒸发成水汽进入空中,在适当的条件下凝结再以降水的形式降落到地面。这一循环往复的水汽输送和相变过程,就称为水分循环。如图 4.1 所示。

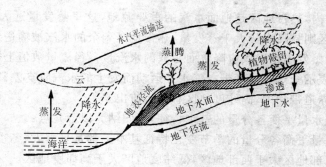

图 4.1　水分循环示意图

在水分循环过程中,海洋、大气、地面和土壤通过降水、蒸发、径流和渗透进行水分交换;海洋向陆地输送水汽,陆地则向海洋注入径流。海洋上蒸发的水汽被带到大陆上凝结降落,再流归海洋,这种海陆之间的水分交换过程,通常称为外循环。陆地上的水蒸发后在空中凝结成水滴仍降落到大陆,或者海洋上的水蒸发后在空中凝结成水滴仍降落在海洋,这种局部的水分循环称为内循环。

在一个有限区域内,由区域以外通过水平输送进入该区域上空的外来水汽所形成的降水,称为外来降水(外雨);由当地蒸发产生的水汽所形成的降水,称为内部降水(内雨);而该区域的总降水量就是内雨与外雨之和。因此,通常将区域内总降水量与外来降水量之比,称为水分循环系数[4]。

4.1.4　地球上的水分平衡

在自然环境中,就多年平均而言,无论是全球或是一个区域,大气降水代表水分资源的收入项,地表蒸发和径流代表水分资源的支出项,收入和支出的水分基本上是平衡的。

1. 地表面的水分平衡

在一定的时间范围内,所研究地区的地表水分总收入与总支出的差额等于该地区地表土壤水分含量的变化,这就是该地区的地表水分平衡。地表水分收入项主要包括:降水量、地面水分凝结量、地面流入水量和下层土壤流进的水量;支出项包括:蒸发量、地面流出水量和下层土壤流出水量。

对于长年平均情况,地面水分凝结量不大,可忽略不计;地面上流进和流出水量之差,就是地表径流量;下层土壤流进和流出的水量也大致相当,部分差值可以作为土壤水分含量的变化量。因此,一个闭合流域中地表面的水分平衡方程可表示为

$$r = E + f + \Delta\omega \tag{4.1}$$

式中,r 为降水量,E 为蒸发量,f 为地表径流量,$\Delta\omega$ 为土壤水分变化量。

全球范围内,热带地区是地面水汽的重要源地,这里蒸发量远大于降水量,而中、高纬度地区则是降水量大于蒸发量;热带地区剩余的水汽被输送到中、高纬度,以补充那里因蒸发不足以供应降水而亏缺的水汽量。径流量数值上等于降水量与蒸发量之差,表示全球各纬度带空气水平运动而发生的水汽收支差额;热带地区有径流流入,近赤道带和中、高纬度地区有径流流出。

我国地表水量平衡各分量的基本特征,可归纳为以下几点:

①我国水量平衡各分量的季节变化特征基本上都是夏季大,冬季小;空间分布特征一般是东部地区大于西部地区,低纬度地区大于高纬度地区。

②我国东部和西部相比,冬季由于全国都受西北大陆性气团控制,气候寒冷干燥,所以水量平衡各分量都很小,东西部差异不大。春季以后,东部降水增加,气温升高,蒸发也增强,水分收支量越来越活跃,直到夏季形成高峰;而西部高纬度地区,由于深居内陆,水分收支仍然比较小。因此,在高纬度地区东西部形成显著的差异,东高西低且相差悬殊;但是这种差异随纬度降低而趋于缓和,因为我国南部夏季同时受西南季风和东南季风的影响,所以低纬度地区东西部差异不大,甚至有时会出现西部大于东部的情况。

③我国高纬度与低纬度地区相比,冬季低纬度地区水分收支都大于高纬度地区;夏季,东部降水和蒸发随纬度的差异并不十分明显,但是由于冬春季低纬度比高纬度地区湿润,夏季又多暴雨,所以低纬度地区的径流量远大于高纬度地区;高纬度地区的径流量小于蒸发量,而低纬度地区夏季径流量大于蒸发量。在我国西部,夏季低纬度地区的水分收支比高纬度地区大且南北差异明显。

④我国东南沿海和长江中下游地区水分收支量春季比秋季大,而西部地区和东北地区却是秋季比春季大。

⑤我国东部,北方(东北、内蒙古和华北)和南方(福建、两广地区)由于冬夏季水分收支差异比较大,所以年变化幅度比中部(中原地区、长江流域、两湖平原等地)大;中部地区的水分收支量全年分布比较平稳。在我国西部,由于西北地区全年都很干燥,水分收支的年变化幅度很小;而西南地区的年变化幅度与东南沿海地区相当。

2. 大气中的水分平衡

大气中的水分平衡是指某一地区在给定的一段时间内,大气中总收入的水汽量与总支出的水汽量之差,应该等于该地区这一段时间内大气中水汽含量的变化量。大气中的水汽收入项包括地面蒸发到大气中的水汽 E 和由外界输送到该地区整层大气中的水汽 Q_{ain};水汽支出项包括该地区大气凝结降落到地面的降水量 r 和该地区整层大气中向外输送出去的水汽 Q_{aout}。通常,将所研究地区大气中输入和输出水汽量之差,称为该地区大气中的水汽净输送量,即 $\Delta Q_a = Q_{ain} - Q_{aout}$;将地面蒸发到大气中的水汽量 E 与大气凝结降落到地面的降水量 r 之差,称为该地区地气之间的水汽净交换量,即 $\Delta R = r - E$。

由此可得某一地区大气中的水分平衡方程为

$$\Delta Q_a - \Delta R = \Delta q_a \tag{4.2}$$

式中,Δq_a 为大气中水汽含量的变化量。显然,大气中的水分平衡问题涉及大气中水汽含量的变化、大气中的水汽输送以及地气系统之间的水汽交换,是一个比较复杂的问题。

我国大气中水分平衡各分量的基本特征,可归纳为以下几点:

①在大气水分平衡各分量中,水汽含量的变化量所占比重很小,尤其是在我国东部湿润地区,大气中水汽净输送量和地气之间的净交换量分别占 $40\% \sim 50\%$ 左右,而水汽变化量所占比重不足 10%,说明我国大气中的水分含量变化不大。此外,我国大气中水汽含量的月际变化和年变化幅度也比较小,不论沿海或内陆地区,年变幅都不超过 ± 25 mm。

②我国大气中的水汽净输送量和地气之间的净交换量,数值比较接近,其月际变化和年变化特征也基本一致。一般上半年水汽净输送量大于净交换量,下半年水汽净交换量大于净输送量,表明大气中的水汽输送是地气之间水汽交换的保证。

③我国大气中水分平衡各分量的数值都是东部大于西部,南方大于北方;低纬度地区东西部差异较小,地理纬度愈高东西部差异愈大。这主要是由于距离水源远近的影响所致。

④除了新疆天山山麓以外,其他地区各分量都是冬季最小,夏季最大。南方的变化幅度大于北方,东部地区的变化幅度大于西部,这与我国的大气环流特点有关。冬季全国都受西北气流控制,水汽含量很少;夏季盛行来自海洋的偏南气流,从东南沿海到西北内陆水汽含量不断减少。所以,近海地区水汽输送和交换比较活跃,而内陆地区则比较干燥;新疆天山山麓主要受大西洋和北冰洋气流调剂的影响而有所不同。

⑤季风进退对大气中水分平衡的影响和作用非常明显。在我国大气中水汽净输送量和地气之间净交换量的年变化中,对于东南和西南地区,上半年有一明显的月际突增量,而下半年又有一个月际突减量,其出现月份与我国东南季风、西南季风的北进、南退时间非常一致,最大值和最小值的出现月份也与季风强度相吻合。

3. 地气系统的水分平衡

由地表水分平衡方程(4.1)式和大气中的水分平衡方程(4.2)式,不难得到整个地气系统的水分平衡方程,即

$$\Delta Q_a = \Delta q_a + \Delta \omega + f \tag{4.3}$$

可见,整个地气系统中的水汽净输送量的大小受大气中水汽含量的变化、土壤水分

含量的变化和地表径流等因素的影响。

4.2 水分资源的确定方法

水资源评价通常以某一地区或流域为研究对象,涉及该流域内平均降水量、蒸发量和地表径流量等的定量分析,与土壤、植物、地下径流、水利设施、工农业用水等因素有关,问题比较复杂。但是,对于多年平均来说,流域内的降水量、蒸发量和径流量三者之间基本上保持平衡,即地表水分平衡中主要是降水、蒸发和径流这三个因子。径流除地表径流外,还包括地下径流,而后者很难测定,所以,通常采用降水量与蒸发量之差作为总径流量。因此,降水量和蒸发量的统计和计算就显得尤其重要。

4.2.1 降水量的统计

大气降水是地表水资源的主要来源。进行区域水分资源分析时,首先必须了解该地区的平均降水量,即面雨量。年、季、月降水量或特殊时段的多年平均面雨量,在水资源评价中都是基本数据。此外,降水变率的分析可以揭示一个地区大气降水的稳定程度;为了进行区域水资源规划,通常还需要确定不同保证率情况下的面雨量等。

1. 年、季、月、旬降水量

这几个降水指标都采用实际观测资料直接进行统计,用于气候分析和农业气候的水分资源分析。年降水量是地区干旱和湿润程度的指标,从全国范围来看,通常以年降水量 400 mm 等值线作为划分我国干、湿区域的界限。在季风气候特征突出的我国,季降水量的分析具有重要意义。我国夏半年降水量占全年降水的 78.5%,而冬半年降水仅占年降水总量的 21.5%。由于雨季和热季相同,形成了比较优越的农业气候条件。春季降水量,在黄河以北各地仅占年降水量的 10%~15%,有"春雨贵如油"、"十年九旱"之说。

月降水量一般按民用月份统计。由于各月天数不同,所以在表示降水量的年变化时需要进行各月等长处理。常用方法有两种:一是将月降水量都转化为 30 天等长的月降水量,即 31 天的月份原降水量减小 3.3%,2 月份(28 天)增大 5.8%。二是将月降水量都转化为 30.438 天(1 年的 1/12)等长的月降水量,即 2 月份乘以 1.077,31 天的月份乘以 0.982。关于旬降水量的统计,可采用类似方法将降水量转化为 10 天等长的旬降水量来进行分析。

2. 降水变率

降水量的年际变化较大,通常采用降水量的相对变化率(简称"降水变率")V来表示。任意时段(年或月)的降水变率表达式为

$$V = \frac{\frac{1}{n} \sum |x_i - \overline{x}|}{\overline{x}} \cdot 100\% \qquad (4.4)$$

式中,n 为样本数;x_i 为各年(或月)降水量;$\overline{x}$ 为多年平均年(或月)降水量;$(x_i - \overline{x})$ 称为年(或月)降水距平。显然,降水变率表示降水平均变化量占平均降水量的百分比。

实际工作中,也常使用"降水距平百分率",表达式为

$$V = \frac{1}{n} \sum \frac{(x_i - \overline{x})}{\overline{x}} \cdot 100\% \qquad (4.5)$$

按照气候学一般原理,旱涝的发生主要取决于降水量的变化,即旱涝与降水变率密切相关。因此,人们普遍使用降水变率、标准差或降水量大小出现的频率等参数作为旱涝指标,来衡量一个地区的旱涝或旱涝程度[5]。降水变率具有明显的季节变化[6],一般来说,月降水变率和季降水变率都大于年降水变率。

3.降水保证率

降水保证率表示降水量达到某一级别的保证程度,以百分数表示。与界限温度保证率的计算方法类似,可将年或月降水量分组,按不同降水量级别统计历年各组的出现频数,并计算组频率,再将各组频率累加,得到各级别降水量的保证率;由此可绘制出降水保证率曲线图,供水分资源分析中使用。

降水保证率也可以采用理论概率分布模式[7]来确定。拟合降水量资料的概率分布曲线,有多种理论模式。根据国内外学者的研究,通常采用正态分布模式和 Γ 分布模式。

正态分布的分布函数为

$$F(u) = \frac{1}{\sqrt{2\pi}} \int_{-\infty}^{u} e^{-\frac{1}{2}t^2} \, \mathrm{d}t \qquad (4.6)$$

式中,$u = (x_i - \overline{x})/\sigma$ 为标准化变量。$F(u)$ 值可以用样本记录的平均值和均方差给出 u 的估计值查标准正态分布函数值表得到。施能等[8](1988)对我国部分测站的月、季降水量以及区域平均降水量进行了正态性检验。结果表明,经过时间、空间平均的降水量正态性较好,对降水量作立方根变换后正态化率可达 95%。月降水量经过平方根转换后也基本上服从正态分布[9]。

Γ 分布的概率密度函数为

$$f(x) = \frac{1}{\beta^{\alpha} \Gamma(\alpha)} x^{\alpha-1} e^{-\frac{x}{\beta}} \qquad x > 0 \qquad (4.7)$$

式中,α 为形状参数,β 为尺度参数;参数估计通常采用矩法和极大似然法[7]。由于用矩法估计参数不能充分利用样本中的信息,故以极大似然法估计较好。张耀存等[10](1991)曾对 Γ 分布参数的极大似然估计法进行了改进,提高了参数估计的精

确性。丁裕国[11]（1987）验证了我国月降水量的概率分布模式，认为除个别地区和个别月份以外，绝大部分地区的月降水量都服从 Γ 分布。

此外，在同一自然地理区域内，各种保证率的降水量与平均降水量具有相互关系[12]。可以各地平均降水量为横坐标，以 10%、20%、$\cdots$、90% 等保证率的降水量为纵坐标，按不同地区绘制相关图，建立经验方程，根据某地的月平均降水量来估算各种保证率的降水量。

4.区域平均降水量

区域平均降水量也称为面雨量。其一般表达式为

$$\bar{r} = \frac{1}{A}\sum_{i=1}^{n} A_i r_i \tag{4.8}$$

式中，r_i 为降水量；A_i 为降水量的权重；$A = \sum A_i$，一般代表区域面积。

区域平均降水量的计算应力求合理。常用的方法有算术平均法、泰森多边形法、等雨量线法和平均高程法等。

①算术平均法。根据某区域内各雨量站同时刻的降水量，取其算术平均值作为区域平均降水量，即假定各站降水量 r_i 的权重相同（$A_i = 1$）。该方法计算简便，适用于地形平坦、测站较多且分布比较均匀的地区。

②多边形法。将流域内及其邻近地区的每 3 个雨量站用直线相连，形成多个三角形，并尽可能使其三个内角差别不大；然后对各条连线作垂直平分，由垂直平分线连成若干个多边形，面积为 A_i，在每个多边形内部都有一个测站，其降水量为 r_i。如图 4.2 所示。由此，以每个多边形内的雨量站所测得的降水量 r_i 代表该多边形面积 A_i 上的降水量，按（4.8）式求得区域平均降水量。该方法的精确度取决于多边形内雨量站的代表性，在地形复杂、测站稀少的山区精度较差，适用于地形起伏不大、测站代表性较好的流域。

该方法也称为泰森多边形面积权重法。如图 4.3 所示面积上的平均降水量为

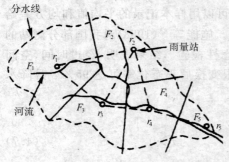

图 4.2　划分多边形的方法

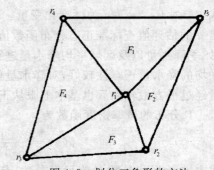

图 4.3　划分三角形的方法

$$\bar{r}=\frac{1}{\sum\limits_{i=1}^{4}A_i}\Big[A_1(\frac{r_1+r_4+r_5}{3})+A_2(\frac{r_1+r_2+r_5}{3})+$$

$$A_3(\frac{r_1+r_2+r_3}{3})+A_4(\frac{r_1+r_3+r_4}{3})\Big]$$

$$=\frac{1}{\sum\limits_{i=1}^{4}A_i}\Big[r_1(\frac{A_1+A_2+A_3+A_4}{3})+r_2(\frac{A_2+A_3}{3})+$$

$$+r_3(\frac{A_3+A_4}{3})+r_4(\frac{A_1+A_4}{3})+r_5(\frac{A_1+A_2}{3})\Big]$$

该式表明,测站雨量 r_i 的权重 A_i 等于其周围三角形面积之总和的 $1/3$。

③ 等雨量线法。该方法以所研究区域的降水量分布图为基础,假设等雨量线的标值为 $r'_i(i=1,2,\cdots,m)$,相邻两条降水量等值线之间的面积为 $A_i(i=1,2,\cdots,m-1)$,平均雨量为 $r_i=(r'_i+r'_{i+1})/2$;则区域平均降水量为

$$\bar{r}=\frac{1}{A}\sum_{i=1}^{m-1}\frac{A_i}{2}(r'_i+r'_{i+1}) \tag{4.9}$$

若区域内等雨量线有闭合中心,且中心数值为 r'_0 ,围绕中心的闭合等值线数值为 r'_1 ,其所围面积为 A_0 ,则闭合等值线内的平均降水量为

$$r_0=\frac{1}{A_0}\Big[\frac{1}{3}(r'_0-r'_1)A_0+r'_1A_0\Big]=\frac{1}{3}r'_0+\frac{2}{3}r'_1 \tag{4.10}$$

两式之和就是整个区域的平均降水量。这种方法的计算精度取决于等雨量图的质量,通常可利用降水量与海拔高度的关系来推算无观测站山区的降水量,以提高等雨量图的精确性。

④平均高程法。首先根据资料确定降水量与海拔高度之间的经验关系;这里为简单起见,假定雨量 r 随海拔高度 h 呈线性变化,即

$$r=a+bh \tag{4.11}$$

式中 a 、b 为经验系数。如果能够求出流域的平均高度,就可以利用上式推算出区域平均降水量。为此,可利用大比例尺的地形图确定面积权重;设地图上相邻两条地形等高线之间的面积为 $A_i(i=1,2,\cdots,m)$,这两条等高线的平均高度为 h_i ,则流域的平均海拔高度为

$$\bar{h}=\frac{1}{A}\sum_{i=1}^{m}h_iA_i \tag{4.12}$$

根据降水量与海拔高度之间的经验关系,可得到流域平均降水量。这种方法适用于山区降水量的估算,其精度与关系式中的经验系数有关。

4.2.2　蒸发力的确定

目前,采用常规器测方法所获得的蒸发量资料还不能令人满意,比较准确的资

料很少,所以主要还是采用间接方法进行蒸发量计算。大体上有三个方面:一是根据气象要素的观测记录,采用经验方法确定蒸发速率;二是利用水汽湍流扩散方程进行的蒸发研究,即微气象方法确定蒸发量;三是借助于地表热量平衡方程和水量平衡方程来确定蒸发量。

　　计算蒸发量,通常需要先确定蒸发力,然后再计算实际蒸发量。所谓蒸发力,是指下垫面足够湿润的条件下,水分保持充分供应时的最大蒸发量,也称为最大可能蒸发或潜在蒸发(Potential Evaporation)。这是一种理想情况下的陆面蒸发,实际上相当于自由水面的蒸发量。蒸发力的大小取决于气象条件和下垫面性质;在同一种气象条件下,蒸发力因下垫面性质的不同而存在很大的差异。

　　1. 经验公式法

　　确定蒸发力的经验公式很多,归纳起来主要有以下两种类型:

　　①根据空气饱和差确定蒸发力。以表示蒸发和空气湿度之间关系的道尔顿(Dalton)定律为基础,即水面蒸发与饱和差成正比,经验公式的基本形式为

$$E_0 = a(e_s - e) \tag{4.13}$$

式中,e_s 为蒸发面温度下的饱和水汽压,e 为蒸发面上方空气的实际水汽压,E_0 为蒸发力;a 为蒸发力与饱和差的比例系数,可根据实验资料采用经验方法确定。此类经验公式只适用于陆面充分湿润,饱和差是影响蒸发的主要因子时月蒸发力的经验估计。

　　②根据气温和积温确定蒸发力。主要考虑热量条件对区域蒸发的影响,认为蒸发量主要受气温的制约。估算蒸发力的经验表达式为

$$E_0 = a + bT + cT^2 \tag{4.14}$$

式中,a、b、c 为经验系数;T 为年平均气温。该式适用于海洋性气候地区,在大陆性气候地区应用效果较差。

　　根据气温确定蒸发力的结果难以令人满意,因为平均温度对蒸发力的影响较小。然而积温与地表净辐射之间相关密切[13],因此,可以利用积温来计算不同气候条件下的蒸发力。经验表达式为

$$E_0 = c \cdot \sum T \tag{4.15}$$

式中,c 为蒸发力与活动积温的比例系数;$\sum T$ 为日平均气温≥10℃期间的活动积温。М. И. Будыко 取 $c=0.18$;我国学者[14]确定的经验系数为$c=0.16$。

　　上述经验公式所考虑的影响因子单一,使其适用性受到限制;但是方法简单,计算方便,对于某些精度要求不高的情况仍有一定的意义。

　　2. 热量平衡法

　　该方法以地表热量平衡方程为基础,考虑充分湿润下垫面上感热通量很小以及土壤热通量全年平均近似为零的情况,对地表热量平衡方程进行简化进而确定

蒸发力。

①根据地表净辐射量确定蒸发力。M. И. Будыко 认为[13]，对于一个水分供应充足、下垫面充分湿润的地区，感热通量与潜热通量、净辐射量相比要小得多，可以忽略不计；就全年平均而言，土壤热通量近似为零；在蒸发面温度等于空气温度的假设条件下，该地区的年蒸发力主要由地表净辐射量所决定。因此，有

$$E_0 = B/L \qquad (4.16)$$

式中，B 为下垫面充分湿润条件下的净辐射量；L 为潜热系数。

上式表明，某一地区地表所获得的太阳辐射能量全部用于蒸发水分，显然与实际情况不符，必然会使计算结果产生较大的误差；而且对于时间尺度较短或空间尺度较小的湿润下垫面来说，计算蒸发力时不应忽略蒸发面温度与空气温度的差异；此外，对于短时间尺度的蒸发力计算，也不能不考虑土壤热通量在地表热量平衡中的作用。

②根据鲍文比确定蒸发力。对于任一蒸发面，应用鲍文比的概念，将(3.9)式代入热量平衡方程，可得

$$E_0 = \frac{B - Q_s}{L(1 + \beta)} \qquad (4.17)$$

考虑到蒸发面温度 T_s 与空气温度 T 的差异，由(3.12)式可得

$$\beta = \frac{c_p p}{0.622L} \cdot \frac{T_s - T}{e_s - e} \qquad (4.18)$$

式中，c_p 为定压比热容；p 为气压。

由于缺乏蒸发面温度的观测资料，应用(4.17)式计算蒸发力尚有一定的困难。因此，实际工作中计算湿润表面蒸发力时，大多采用综合计算法。

3. 综合计算法

这一类方法综合考虑了地表热量平衡方程、近地层湍流扩散方程以及湿润表面的蒸发过程与空气温湿度的关系，是一种既具有一定的理论基础又便于实际应用的蒸发力计算方法。其中，尤以 H. L. Penman 和 M. И. Будыко 提出的计算公式最具代表性；经过几十年的发展和完善，Penman 公式已经成为世界公认的理想方法，广泛应用于农业、气象和水文等领域的蒸发计算，取得了良好的效果。

①Penman 公式

H. L. Penman[15]（1948）对英国的可能蒸发进行了长期的实验研究，提出了自由水面蒸发力的计算公式为

$$E_0 = \frac{\Delta B + \gamma E_a}{\Delta + \gamma} \quad (\text{mm/d}) \qquad (4.19)$$

式中，B 为开阔水面或充分湿润表面上的净辐射量（需换算为蒸发量的单位 mm/d）；Δ 为气温等于蒸发面温度时饱和水汽压随气温变化曲线的斜率(mm/℃)；γ 为

干湿球温度表湿度换算公式中的常数,通常取 $\gamma=0.486$;E_a 为干燥能力(mm/d),即空气动力项。

饱和水汽压曲线斜率 Δ 的计算式为

$$\Delta = \frac{e_a}{273+T_a}\left(\frac{6463}{273+T_a}-3.927\right) \tag{4.20}$$

这里,以气温 T_a 时的水汽压 e_a 代替蒸发面温度 T_s 时的饱和水汽压 e_s。

实际应用中,人们发现 Penman 公式存在某些不足,因此,许多学者对 Penman 公式进行了一系列的改进,联合国粮农组织(FAO)提出的有植被覆盖的 Penman 修正公式[16]为,

$$E_0 = \frac{\omega B/L + E_a}{1+\omega} \qquad (\text{mm/d}) \tag{4.21}$$

式中,ω 为综合考虑不同温度和海拔高度下净辐射对蒸发力影响的权重因子;表示为

$$\omega = \frac{p_0}{p}\frac{\Delta}{\gamma} \tag{4.22}$$

其中 p_0 为海平面气压,p 为测点气压。净辐射量的修正公式为

$$B = Q_0(1-A)(a+bn/N) - \sigma T_a^4(0.56-0.092\sqrt{e})(0.1+0.9n/N) \tag{4.23}$$

式中,水面反射率取 $A=0.05$,对于湿润裸地取 $A=0.10$,新鲜绿色植被取 $A=0.20$;经验系数 a、b 对于不同地区取不同的数值,在冷温带地区,取 $a=0.18$,$b=0.55$;干热带地区,取 $a=0.25$,$b=0.45$;湿润的热带地区,取 $a=0.20$,$b=0.42$。相应的干燥力 E_a 的修正公式为

$$E_a = 0.26(1+\alpha u)(e_a-e) \qquad (\text{mm/d}) \tag{4.24}$$

式中,u 为 10 m 高度的风速,单位为 m/s;α 为风速订正系数,取 $\alpha=0.387$;若考虑海拔高度 h(单位 m)的影响,则为

$$E_a = 0.26(1+0.387u)(e_a-e)(1+0.00005h) \tag{4.25}$$

如果计算时间短于 1 年,则还应该考虑土壤热通量对蒸发力的影响;即(4.21)式中的 B 应为 $(B-Q_S)$。

为了适用于农田蒸散量的计算,H. L. Penman 和 J. L. Monteith 等又先后引入了气孔阻抗等参量,以反映植物群体结构对农田风场的影响以及其他参量对蒸发力的影响。Penman—Monteith 修正公式[17]为

$$E_0 = \frac{\Delta(B-Q_S) + \rho c_p(e_s-e)r_a^{-1}}{\Delta + \gamma(1+r_c \cdot r_a^{-1})} \tag{4.26}$$

式中,r_a 为中性层结大气的动力学阻抗,表达式为

$$r_a = \ln(\frac{z-d}{z_0}) / (\kappa^2 u) \qquad (4.27)$$

式中,$\kappa = 0.41$ 为 Karman 常数;u 为 z 高度处的平均风速;零平面位移 $d = 0.63H$,粗糙度 $z_0 = 0.13H$,H 为植株高度。r_c 为植被叶层阻抗,由气孔阻抗 r_s 和叶面积指数 LAI 确定,其表达式为

$$r_c = (\sum_{i=1}^{n} \frac{LAI}{r_{si}})^{-1} \qquad (4.28)$$

　　Penman 公式在世界上许多国家都得到了广泛的应用,我国学者也应用它进行蒸发力和潜在蒸发量的计算、干湿期划分和干湿气候区划、农田水分平衡研究等,并取得了良好的效果。一般认为,在湿润地区 Penman 公式的计算结果比较精确,而对于干燥地区结果往往存在较大的计算误差。主要是因为采用经验公式计算净辐射量和干燥力,其中的经验系数存在局限性,应用于其他地区必然有是否适用的问题;所以,实际应用时应根据各地的实际资料拟合适用于本地条件的经验参数。因此,我国学者根据我国的气候特点和各地的实际观测资料,针对 Penman 公式中的经验参数进行了一系列的订正[18,19]和改进性[20]研究。

　　Penman 公式的理论基础坚实,概念比较清楚,计算时可以采用常规气象资料,便于实际使用,经过近 60 年的检验,仍然被公认为计算湿润表面蒸发力的一种比较理想的方法。只要结合各地的实际资料,对其中的有关参量加以修正,就可以取得较好的结果。实践表明,Penman 公式在我国华北地区应用效果较好;在南方、东北和西南地区计算结果偏高,而在西北干旱地区计算结果偏低。

　　②Будыко 公式

　　М. И. Будыко[13](1961)在分析充分湿润表面总蒸发与净辐射、空气温度、湿度、土壤湿度关系基础上,以湍流扩散公式为依据,建立了计算湿润陆面蒸发力的公式。М. И. Будыко 认为,确定充分湿润陆地表面上的蒸发力可以采用与确定水面蒸发力相似的方法。根据水汽扩散方程,湿润陆地表面上的蒸发力与取决于蒸发面温度 T_s 的空气湿度饱和差 $(q_s - q)$ 成正比,即

$$E_0 = \rho D (q_s - q) \qquad (4.29)$$

式中,D 为外扩散系数;q_s 为 T_s 下的饱和比湿;q 为空气比湿,可由常规观测的水汽压值 e 换算。

　　根据大量实验资料,М. И. Будыко 建议取外扩散系数 D 的平均值为 0.63 cm/s。如果有充分湿润陆面或农田热量平衡观测资料,也可采用微气象学方法确定外扩散系数,即

$$D = \frac{B - Q_s}{\rho c_p (T_s - T_a)[1 + \dfrac{L}{c_p}(\dfrac{q_1 - q_2}{T_1 - T_2})]} \qquad (4.30)$$

为了确定蒸发面温度 T_s 及相应的 q_s,将地表热量平衡方程中的净辐射 B、感热通量 P、潜热通量 LE 分别表示为蒸发面与空气的温度差和湿度差函数的形式。在蒸发面充分湿润的条件下,

$$LE_0 = \rho LD(q_s - q) \tag{4.31}$$

$$P = \rho c_p D(T_s - T_a) \tag{4.32}$$

$$B = B_a - 4\delta\sigma T_a^3(T_s - T_a) \tag{4.33}$$

这里,B_a 为 $T_s = T_a$ 时充分湿润陆面的净辐射量,其经验表达式为

$$B_a = Q_0(1 - A)(1 - an - bn^2) - s\sigma T_a^4(1 - cn)(c_1 - c_2 e_a) \tag{4.34}$$

式中,Q_0 为晴天总辐射,A 为蒸发面反射率,n 为云量,空气温度 T_a 取绝对温标;$\delta = 0.95$ 为灰体系数;a、b、c、c_1 和 c_2 为经验系数。代入热量平衡方程,可得

$$B_a - Q_S = \rho LD(q_s - q) + (\rho c_p D + 4\delta\sigma T_a^3)(T_s - T_a) \tag{4.35}$$

式中,土壤热通量 Q_S 可采用观测值或计算值。

根据马格努斯(Magnus)公式,蒸发面温度 T_s 下的饱和比湿 q_s 可表示为

$$q_s = \frac{0.622 e_a}{p} \times 10^{\left[\frac{7.45(T_s - 273)}{T_s - 38}\right]} \tag{4.36}$$

联立(4.35)和(4.36)式,可确定 T_s 及相应的 q_s;代入(4.29)式便可计算蒸发力 E_0 的数值。

Будыко 公式具有可靠的物理基础,并得到大量实验资料的证实。在前苏联的物理气候和农业气候研究中应用广泛;在我国也被应用于水分资源的评价和干旱问题的研究,都取得了较好的效果。但是,同样存在用空气温度代替蒸发面温度确定饱和水汽压的缺点。一般认为[14],Будыко 公式与 Penman 公式的计算结果比较一致,年总量的分布也大体相同;但对于冬半年各月蒸发力,Будыко 公式计算结果偏大,而夏半年各月又略偏小,存在一定的计算误差;旬蒸发力的计算精度也以 Penman 公式较好。

4.2.3 蒸发量的计算

由于目前常规台站小型蒸发皿所测得的蒸发量不能代表任何蒸发面的实际蒸发,因此,蒸发量的确定通常采用间接的气候学计算方法。至于微气象学方法(空气动力学方法、梯度扩散法、涡旋相关法等)虽然能够得出比较精确的蒸发量,但是需要专门的梯度和脉动观测资料,一般气象台站难以实际应用。近年来的蒸发研究中,人们大多采用微气象学方法对一些著名计算公式中的经验参量进行改进和修正,这方面的研究成果很多。

1. 年蒸发量的计算

一个区域或某个闭合流域的年蒸发量的气候学计算,最简单的方法就是水量平衡法。由(4.1)式,若以水文年为研究时段,各年的贮水变化量 $\Delta\omega$ 有正有负,其

多年平均值趋于零。则闭合流域多年平均水量平衡方程为

$$E = r - f \tag{4.37}$$

这里，r 为年降水量，f 为年径流量。由此可见，任一流域年径流量若能精确确定，则年蒸发量 E 的计算结果就比较可靠；而对于较小地理范围，f 很难精确确定；无水文观测的地区，则完全不能使用该方法。

为了解决气候学和水文学中的实际问题，20 世纪中人们提出了一系列经验计算公式；从综合考虑水热条件出发，根据陆面年平均蒸发量与降水量、径流量以及辐射热流入量之间的关系，采用经验方法确定年蒸发量的实验表达式。例如，Э. М. Ольдекоп 和 P. Shreiber 提出的经验公式[13]分别为

$$E = E_0 \, \mathrm{th} \, \frac{r}{E_0} \tag{4.38}$$

$$E = r(1 - e^{-\frac{E_0}{r}}) \tag{4.39}$$

式中，E_0 为年蒸发力；th 表示双曲线正切。М. И. Будыко 认为，在充分湿润地区，蒸发量主要取决于辐射热流入量的大小，即年蒸发力 $E_0 \approx B/L$；取上述两式的几何平均，可得年平均蒸发量和降水量与净辐射量之间的依赖关系为

$$E = \sqrt{\frac{B}{L} \, \mathrm{th} \, \frac{Lr}{B} [r(1 - e^{-\frac{B}{Lr}})]} = \sqrt{\frac{Br}{L} \, \mathrm{th} \, \frac{Lr}{B} (1 - \mathrm{ch} \frac{B}{Lr} + \mathrm{sh} \frac{B}{Lr})} \tag{4.40}$$

式中，ch 和 sh 分别为双曲线余弦和双曲线正弦。该式也称为"水热平衡联系方程"，B/Lr 称为辐射干燥指数，用以表示一个地区的湿润程度。实践表明[21]，该式比较适合干旱地区的年蒸发量计算；而在季风气候区容易形成地表径流，应用效果相对较差，原因是该式没有考虑下垫面状况。

Н. А. Багров 认为，影响陆面实际蒸发的因子可以归结为气候条件和景观地貌因子两类[14]。一个地区的实际蒸发 E 与潜在蒸发 E_0 之比是空气水分饱和程度的重要特征量，E/E_0 愈接近于 1，空气愈接近于饱和；反之，E/E_0 愈接近于 0，空气愈干燥。因此，$(1 - E/E_0)$ 可以表示空气中水汽饱和差的程度。当降水 r 有一增量 $\mathrm{d}r$ 时，蒸发也会得到一定的增量 $\mathrm{d}E$ 且应该与 $(1 - E/E_0)$ 成正比。由此，得出蒸发量与降水量、蒸发力之间的关系式为

$$\frac{\mathrm{d}E}{\mathrm{d}r} = 1 - (\frac{E}{E_0})^n \tag{4.41}$$

式中，指数 $n \geqslant 0$。它反映了降水的非均匀性，表示地形因素、土壤水分状况以及植被覆盖程度对蒸发的影响。由上式可得

$$r = \int_0^E \frac{\mathrm{d}E}{1 - (\frac{E}{E_0})^n} \tag{4.42}$$

实际工作中，蒸发量的计算精度取决于参数 n 值的精确性。可根据当地历年

的 E/E_0 和 r/E_0 资料,事先绘制出不同 n 值的列线图,以供计算年蒸发量时查取适合本地区的 n 值。根据江苏、浙江两省水文气象资料的计算结果[21],江浙平原地区 $n=4/3$,沿海地区 $n=1.1$,盆地 $n=0.9$,山区 $n=0.7$。

傅抱璞[22](1981)认为,在一定地区和一定蒸发力条件下,蒸发量随降水量的变化率是剩余蒸发力(E_0-E)和降水量的函数;而在一定的水分供应或一定降水量条件下,蒸发量随蒸发力的变化率是剩余降水量($r-E$)和蒸发力的函数。由此得到根据蒸发力和降水量计算年蒸发量的公式为

$$E = E_0 \{ 1 + \frac{r}{E_0} - [1 + (\frac{r}{E_0})^m]^{\frac{1}{m}} \} \tag{4.43}$$

式中,m 为下垫面特征参数。实际工作中,也可以根据 E/E_0 和 r/E_0 资料事先绘制出区域 m 值查算图。采用该式计算某站年蒸发量时,可利用水量平衡方程(4.37)和计算蒸发力的(4.16)式,先确定出该地区的年蒸发量 E 和蒸发力 E_0,然后查取 m 值;再根据常规气象资料确定该站 E_0,利用(4.43)式计算该站的年蒸发量。检验结果表明[23],该式与水量平衡法所得结果比较接近;(4.40)式的计算误差比(4.38)式大而比(4.39)式小,(4.43)式误差最小。

2.月蒸发量的计算

М. И. Будыко[13] 在综合分析了陆面蒸发与土壤湿度的关系后认为,当土壤湿度 W 大于某一临界湿度 W_k(临界土壤有效水分含量)时,充分湿润陆面的蒸发量 E 取决于气象因素,并等于蒸发力 E_0;当土壤中有效水分含量降低到临界值 W_k 以下时,不充分湿润陆面的蒸发量便低于蒸发力,而且正比于土壤有效水分含量;即

$$E = E_0, \qquad W \geqslant W_k$$
$$E = E_0 \frac{W}{W_k}, \quad W < W_k \tag{4.44}$$

利用上式计算月蒸发量,需要确定各月的平均土壤含水量;可利用水量平衡方程(4.1)式推求 W,以月初和月末的土壤湿度 W_1 和 W_2 之差表示土壤水分含量变化 $\Delta\omega$;则月份平均土壤湿度为 $W=(W_1+W_2)/2$,由此可得,$W<W_k$ 时,即不充分湿润陆面的月蒸发量为

$$E = E_0 \frac{W_1 + W_2}{2W_k} \tag{4.45}$$

对于 $W<W_k$ 的月份,有

$$W_2 = \frac{1}{1 + \frac{E_0}{2W_k}} [W_1(1 - \frac{E_0}{2W_k}) + r - f] \tag{4.46}$$

对于 $W \geqslant W_k$ 的月份,有

$$W_2 = W_1 - E_0 + r - f \tag{4.47}$$

实际计算时按月依次进行,第 1 个月的 W_1 可以取实际观测值或推算估计值,第 1 个月的降水量 r_1 可采用冬季总降水量 r 与冬季蒸发力 E_{01} 之差代替,即 $r_1 = r - E_{01}$。计算过程采取逐步逼近法;即当最后 1 个月的月末土壤湿度等于第 1 个月的月初土壤湿度时为止;否则应反复迭代,逐步逼近。

上式中的径流量 f 可以取水文观测值,也可以按下式确定,即

$$f = \begin{cases} \alpha \cdot r \dfrac{W}{W_H}, & r < E_0 \\ r \dfrac{W}{W_H} \sqrt{\alpha^2 \left[1 - (1 - \dfrac{E_0}{r})^2\right] + (1 - \dfrac{E_0}{r})^2}, & r > E_0 \end{cases}$$

式中,W_H 为土壤有效持水量;α 为与降水强度有关的系数,一般随降水强度的增大而增大;М. И. Будыко[13] 得到的 α 值为 0.4~0.8,高国栋等[21] 求得我国江浙地区的 α 值为 0.4~0.6。

Н. А. Багров 认为,月蒸发量不仅与空气饱和程度有关,而且与土壤湿度的变化有关[4]。其计算月蒸发量的基本思路与年蒸发量计算相同,采用水分量度参量 W' 来表示月蒸发量 E、空气饱和程度参量 $(1 - E/E_0)$ 以及景观参量 之间的关系。即

$$W' = \int_0^E \frac{dE}{1 - (\frac{E}{E_0})^n} \tag{4.48}$$

式中,W' 由月降水量与月土壤水分参量之和表示。计算过程从春季温度 $\geq 0℃$ 的月份开始,第 1 个月的水分量度参量 W'_1 为该月降水量与空气温度 $< 0℃$ 月份总降水量之和;下一个月的水分量度参量 W'_2 为该月降水量与前 1 个月土壤水分量度参量之和,以此类推。

对于一个有限区域来说,热量条件和水分供应情况是影响陆面蒸发的主要因素。高桥浩一郎[24](1979)根据平均气温和降水量资料拟合的陆面月蒸发量经验公式为

$$E = \frac{3100r}{3100 + 1.8r^2 \exp(-\dfrac{34.4T}{235.0 + T})} \tag{4.49}$$

式中,T 为月平均气温;r 为月降水总量。

该方法简单方便,可以直接利用常规气象资料推算区域月总蒸发量,适用于地势平坦、植被茂盛、地表径流较小的半温润半干旱地区。由于该式中没有考虑下垫面参数,因此对于地表不均一的地区应进行地形影响订正。

3. 旬蒸发量的计算

L. Turk 利用全球 230 个流域水量平衡各分量的资料,综合考虑蒸发与降水、蒸发力、土壤水分、植物的关系,拟合的旬蒸发量计算公式为

$$E = \frac{r + a + V}{\sqrt{1 + (\frac{r+a}{E_0} + \frac{r}{2E_0})^2}} \tag{4.50}$$

这里,r 为旬降水量;E_0 为旬蒸发力,取决于旬平均气温和旬太阳总辐射量;V 为植物因素影响蒸发的函数,取决于植物干物质增长量、蒸腾系数和土壤湿度变化量;a 为裸露土壤中水分的减弱函数,取决于田间持水量与土壤实际含水量之差。该式是根据西欧湿润地区的实验资料建立的,应用到大陆性气候地区,由于景观特征发生了很大变化,往往会产生比较大的计算误差[25]。

4.2.4　径流量的计算

水分循环过程中,地面和地下的水分汇聚至河川流域后流出的水量,称为径流。表示径流的特征量有径流量、径流率、径流深、径流系数等。

径流量 Q 是指单位时间内流经河流某一断面的水量。表达式为

$$Q = W/t \quad (\text{m}^3 \cdot \text{s}^{-1}) \tag{4.51}$$

径流总量 W,即某一时段内径流的总量。表达式为

$$W = \sum Q_i t_i = Q \cdot tT \quad (\text{m}^3) \tag{4.52}$$

河川一年中的总径流量为 $W = 31.54 \times 10^6 Q (\text{m}^3)$。

径流率 M,是指单位面积 S 上每秒钟内的径流量。

$$M = Q/S \times 1000 \quad (\text{m}^3 \cdot \text{km}^{-2} \cdot \text{s}^{-1}) \tag{4.53}$$

径流变率 M_f 为各年的径流率 M_i 与多年平均径流率 M_m 之比。

$$M_f = M_i/M_m \tag{4.54}$$

径流深 Y 是指某时段内径流量均匀分布于整个流域面积时的水层厚度。

$$Y = \sum Q t/S \times 10^{-3} \quad (\text{mm}) \tag{4.55}$$

同理,降水深可表示为 $R = \sum r t/S \times 10^{-3} (\text{mm})$。

径流系数 α,即径流量与降水量之比。

$$\alpha = f/r = Q t/S r \tag{4.56}$$

类似地,有蒸发系数 $\beta = E/r$。

水文学中,多年平均径流量通常根据水文站积累的多年(40 年以上)水文观测资料,采用对每一年的径流率 M_i 求和再取平均的方法来确定。

估算某流域年内径流量的变化,比计算多年平均径流量要困难得多;因为一年内各时段的降水量分布不均匀,各流域年内的水情变化也不同,流域内土壤含水量(即蓄水量)还具有季节性变化等,使得年内径流量 f 的确定比较困难。因此,某一时段(季、月)的径流量,通常根据水量平衡方程(4.1)式并考虑流域内蓄水量的变化来确定。流域蓄水变化量 $\Delta\omega$ 取决于流域的调剂能力,与河流的补给来源有

关。河流补给主要包括雨水补给、冰雪融水补给和地下水补给等。

雨水补给是径流中的主要方面。我国的雨水补给大体上可占年径流量的60%～80%,浙闽丘陵和四川盆地的河流个别月份可达80%～90%以上,西北内陆地区雨水稀少,在径流中已退居次要地位,一般只占年径流量的5%～30%。

季节性积雪融水在径流中的比重各地不一。中纬度地区积雪不多,几乎没有融水补给;西北干旱地区,雨水很少,但是该地区不仅有季节积雪,还有高山融冰,成为河流的重要补给源,如天山西段补给水可占年径流量的50%～55%,西藏珠穆朗玛峰北坡绒布冰川的融水量占年径流量的66%左右。

地下水在年径流组成中所占的比重主要与各地的气候有关。湿润地区一般不超过40%,例如四川盆地不足年径流量的10%;干旱地区则可超过40%。鄂尔多斯高原南部无定河的中上游,地下水补给占全年径流量的80%左右。

4.3　水分资源的分布规律

我国水资源的分布特点是东南西北差异较大,一年四季分配不均,年际变化很不稳定。我国季风盛行,降水受季风进退的影响,因而季节分配很不均匀,全国各地降水强度差异也很大。我国北方,尤其是一些大城市近年来不同程度地发生缺水现象,人均年水资源量只有全国平均水平的1/5,而且开发利用已经超过了70%;某些地区人口和经济的增长远远超过了水资源的承受能力,如京津地区入境水量不断减少,地表水资源严重不足,地下水开采过度,水的供需矛盾日益加剧。因此,研究水资源的变化规律和分布特征,为合理利用和规划水资源提供科学依据就显得十分必要。

4.3.1　降水量的分布

就全球而言,洋面上年降水量最大值出现在太平洋,最小值出现在北冰洋;陆地上年降水量最大值出现在南美洲,因为那里大部分地区都位于赤道气候带内,而最小值出现在澳洲;全球陆地上平均年降水量大约为800 mm左右,亚洲平均年降水量为740 mm。

我国陆面降水总量大约为$6.1889 \times 10^{12} \text{ m}^3$,全国平均年降水量为648 mm,年降水量在地域分布上差异很大,南方高于而北方低于全球和亚洲陆面平均降水量;我国西北内陆地区 ,面积约$3.35 \times 10^6 \text{ km}^2$,占全国陆地的35%以上,而降水总量为$4.99 \times 10^{11} \text{ m}^3$,仅占全国陆面降水总量的8%左右。这种极不均匀的水资源分布,形成了多雨、湿润、半湿润、半干旱和干旱等不同地带。人们为了解决这种不平衡,人为地采取南水北调、引滦入津等工程措施来调剂我国的水资源。

1. 我国年降水量的分布

由于受大气环流、海陆位置以及地形地势等因素的影响,我国年降水量的地区分布很不均匀。我国位于欧亚大陆东侧,东部和南部濒临太平洋和印度洋,大部分地区受东南季风影响,滇西地区和西藏东南部受西南季风的影响,而新疆北部的水汽主要来自北冰洋。因此,形成了东南多雨、西北偏旱的特点,年降水量东多西少、南多北少,从东南沿海向西北内陆迅速递减,等雨量线大体呈东北—西南走向。如图 4.4 所示。我国年降水量最大的地区是江南平原和东南沿海地区,高达 1500～2000 mm 左右;年降水量最小的地区在西北沙漠,仅 20 mm 左右;两者相差达 100 倍。

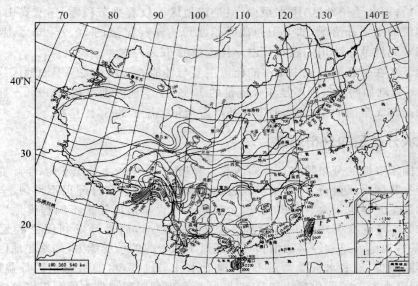

图 4.4　我国的年降水量(mm)分布[26]

年降水量 400 mm 等值线沿大兴安岭西麓向西南,经通辽、呼和浩特、兰州、拉萨附近,终止于西藏东南部。此线东南为气候湿润或比较湿润地区,东南沿海的广东、广西东部、福建、江西和浙江大部以及台湾等地年降水量都在 1500 mm 以上,长江中下游地区为 1000～1600 mm;其中台湾、海南岛山地、广东中部及北部湾西北部,年雨量都达到 2000 mm 以上;华南地区为 1600～1800 mm,江南地区为 1400～1600 mm。这些地区降水充沛,分布着各种热带、亚热带喜温好湿的经济林木和果树,也是我国水稻的主要产区。淮河、秦岭一带以及辽东半岛,年降水量在 800～1000 mm 之间,黄河下游、渭河、海河流域和大兴安岭以东地区为 500～750 mm 左右;东北地区以长白山地区及鸭绿江流域雨量最多,一般可达 700 mm以上,东北平原为 500～600 mm。这些地区降水量不足,以小麦、玉米、高粱、棉花等旱地作物为主。400 mm 等值线以西的地区,湿润的夏季风已成强弩之末甚至不能到达,年降水量迅速减少,黄河中、上游和大兴安岭以西年降水量在250～400 mm 之间,为我国的农牧过渡地带。西北内陆各地年雨量在 100～200 mm 之间;新疆的天山北坡,由于受西北气流的影响,年降水量稍大一些,可达 150

～400 mm。这些地区因水分不足,只能生长牧草,适宜发展畜牧业和灌溉农业。我国西部地区降水量分布受地形影响非常明显,从宁夏往西到西藏高原内部,年雨量少于 100 mm。新疆深居我国内陆,东南季风鞭长莫及,西南季风又受阻于世界屋脊,只有大西洋和北冰洋输入我国西北的水汽,使得新疆地区的年降水量分布从西向东减少,且北疆多于南疆;从而导致全国雨量最少的地区并不是我国的西北边缘,而是柴达木和塔里木盆地。

云南高原的降水量分布比较复杂,少雨和多雨地区的年降水量大约在 500～2500 mm 之间,相差可达 5 倍。除滇西北以外,年雨量从金沙江河谷向四周增大。普洱地区南部为 2000 mm 左右,滇南在 1400 mm 以上,中部和滇东为 600～800 mm,滇西北为 500～600 mm。贵州高原年降水量在 1100～1300 mm 之间。

青藏高原的年降水量自藏东南地区的 4000 mm 以上向西北迅速减少到 50 mm 以下。位于雅鲁藏布江下游的巴昔卡,降水最为丰沛,年降水量达 4495 mm,是我国降水分布的高值中心之一。随着向高原腹地深入,年降水量急剧减少,至日喀则达 439 mm,阿里地区的善和站年降水量仅为 53 mm。从藏东南往北,降水量减少也很快,藏北高原为 400～600 mm;高原东北部为 300～400 mm。至柴达木盆地年降水量减至 25 mm 以下。由藏东南往东,怒江、金沙江和澜沧江流域相对于周围地区来说降水偏少,一般在 400 mm 以下。而高原东部边缘是高原大地形坡度最大的地方,空气上升运动较强,年降水量相对较大,一般在 600～800 mm 左右。四川盆地的西侧山地年降水量在 1200 mm 以上,雅安地区超过了 1800 mm,有"天漏"之称。

2. 地形、海拔高度与降水分布

大地形对降水量的分布影响很大。气流流经山地时,由于地形的强迫抬升作用加强了空气的垂直运动,有利于水汽凝结成云致雨,所以山区降水量明显多于邻近的河谷、平原地区。新疆的阿尔泰山脉、青藏高原北部边缘的祁连山、横贯我国中部的秦岭山地、东北的长白山以及浙闽交界的武夷山等地都表现为年降水量的相对高值区(图 4.4)。大地形影响降水量分布的特点是迎风坡降水明显大于背风坡。在气流十分潮湿的情况下,迎风坡一侧的雨量甚至在山麓前很远的地方,就开始比平地明显增大,通常将这种现象称为"超前降水"。同样,在背风坡一侧由于焚风效应造成的背风坡雨量减少现象,也不是一到山麓马上终止,一般会维持一段距离,称之为"雨影区"。因此,对于每一个高大的山脉都可能出现超前降水区、迎风坡多雨区、背风坡少雨区和雨影区等地形影响区域。

地形对降水量分布的影响,首先表现为山脉迎风坡多雨和背风坡多晴的明显差异。由于我国受东南和西南季风的影响,使得山区迎风坡的降水量普遍大于背风坡。例如,台湾岛东部有高山,迎风坡年降水量可达 4000 mm 以上,台湾东北的火烧寮位于迎风坡,年降水量高达 6489 mm,是我国年降水最多的地方;而台湾海峡处于背风一侧的雨影区之中,年降水量只有 700～800 mm,两者相差 5～6 倍。受东南季风控制较显著的江南丘陵地区,山体都比较矮小;例如海拔不足 2000 m 的武夷山,迎风坡(东南坡)山脚下年降水量为 1900 mm,海拔 940 m 高度达 2848.6 mm,而北坡和西北坡山脚下年降水量只有 1539 mm 和 1813 mm。受西南季风控制的喜马拉雅山脉南坡上海拔 3810 m 的聂拉木年降水量为 617.9 mm,而北坡海拔 3836 m 的日喀则年降水量却只有 431.2 mm,并在喜马拉雅山脉北麓形成一个东起隆子、西至普兰横跨 11 个经度以上的雨影区。

　　海拔高度对降水量分布的影响,表现为山地降水量一般都随海拔升高而增大;在较大的山体中还存在最大降水高度,即从山麓向上降水量逐渐增加,到达最大降水高度后又随海拔升高而逐渐减小[27]。如图 4.5 所示。由我国七大名山的降水分布(表 4.5)可以看出,年降水量和降水日数都是山顶多于山麓,海拔高度每上升 100 m,北方孤立山顶年降水量大约增加 20～30 mm,南方孤立山顶增加 40 mm 以上;各地降水日数增加 2～3 d。这说明年降水量随海拔高度的递增率在湿润山区较快,且低层增大比高层快。但是,年雨量随高度的增加是有一定限度的,到达一定的高度时降水量达到最大值,再往上降水量又逐渐减少,这个高度就叫做最大降水高度[28]。

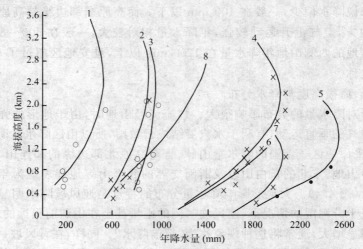

图 4.5　山区年降水量随海拔高度的分布[27]

（1. 天山北坡；2. 秦岭北坡；3. 秦岭南坡；4. 峨眉山；
5. 黄山；6. 湖南资兴；7. 东部亚热带山区；8. 长白山区）

表 4.5　我国名山孤峰山顶及山麓降水量的比较[28]

站　名	泰山	五台山	华山	黄山	南岳	庐山	峨眉山
海拔高度(m)	1531	2896	2065	1840	1266	1164	3047
年降水量(mm)	1078.4	828.5	879.0	2065.1	1998.1	1916.0	1856.8
年降水日数(d)	98.8	135.3	127.4	182.2	192.0	171.4	261.0
站　名	泰安	原平	西安	屯溪	衡阳	九江	峨眉
海拔高度(m)	129	837	397	147	101	32	447
年降水量(mm)	704.4	425.7	578.0	1641.7	1325.3	1395.3	1519
年降水日数(d)	76.6	78.5	95.8	155.0	159.6	138.9	184

最大降水高度与气候的湿润程度有关。一般来说，气候湿润地区的最大降水高度较低，个别可低至山麓；反之，干燥地区的最大降水高度较高，干旱沙漠地区甚至不出现最大降水高度。例如，皖南黄山的最大降水带大致出现在 1000 m 左右，秦岭山地为 2000～2500 m，干燥地区的新疆山地在2000～4000 m之间；天山北坡最大降水带出现在 2000～2200 m 高度，南坡为 3000～3500 m。最大降水高度的出现位置还随季节而变化。例如，夏季天山北坡的最大降水高度在 3500 m 以上，冬季山前地带约为 1200 m 左右。

3. 我国降水的年内分配

我国季风盛行，降水量受季风进退的影响，季节分配很不均匀。南方 5—6 月为梅雨季节，易出现洪涝和渍害，7—8 月相对少雨，易发生伏旱；我国北方 4—6 月份雨水较少，常发生春旱，7—8 月份雨水相对较多，易发生洪涝。这些灾害的发生，会使有限的水分资源不能被有效地利用。

我国季风气候的一个显著特点是夏季风来临是缓慢渐进的，而其消退却非常迅速。通常情况下，3 月初夏季风就开始影响我国华南地区，4 月中旬才影响到华中，影响到华北则要迟到 6 月中旬，直至 8 月中、下旬我国大部分地区都在夏季风的控制之下；而冬季风 9 月初开始南下，并很快到达华中，9 月下旬就能影响到华南，仅 1 个月左右冬季风已遍布我国东部大陆。因此，就全国而言，10—3 月在冬季风控制下降水量较少，为干季；6—8 月是夏季风的鼎盛时期，降水量集中，为湿季；4、5 月和 9 月则表现为干湿季的过渡特征。

在我国东部地区，降水常呈带状分布，雨带近似为东西向，而且随季风的进退有明显的季节性推移。10 月中旬以后至次年 1 月中旬以前，雨带在南岭以北摆动。3、4 月份开始，由于高空西风急流及伴随的准静止锋带的存在，江南两湖地区降水量明显增多。5 月上旬雨带仍位于长江与南岭之间，6 月上旬移至华南；至 6 月中旬，副热带高压第一次北进，雨带从华南移到长江流域并一直维持到 7 月上旬，形成为期 20 多天的梅雨。7 月中旬起，副热带高压第二次北进，雨带到达黄河流域及其以北地区。副高第三次北进发生在 7 月底至 8 月初，长江中下游地区在副热带高压控制之下,雨量很少,往往出现伏旱;到 8 月中旬,雨带到达东北、华北、河套一线的最北位置。盛夏开始后,华南地区在热带辐合带的影响下,常形成年内降水的次大值。8 月底至 9 月初,随着副热带高压的迅速南退,雨带在半个月左右的时间内就退到长江流域;9 月下旬,我国大部分地区降水已不多,出现秋高气爽的天气,但在冷空气南下路径西侧的川黔一带,往往形成连绵的秋雨天气。10 月中旬以后,东部大陆已建立了稳定的冬季风形势,整个大陆雨季结束,雨带撤退到华南沿海。

我国西部地区的降水与西南季风和青藏高原季风有关,雨区呈片状向北、向西扩大;雨季从东向西推迟,自南向北推进速度比东部地区快,雨季长度西部大于东部。同一纬度上,夏季风开始时间比东部地区略迟,5 月中、下旬高原东北部地区进入雨季,云南南部 5 月下旬开始进入印度洋夏季风雨季,6 月中、下旬西部地区全部进入雨季。我国西部夏季风衰退时间也迟于东部地区;9 月上旬柴达木盆地雨季结束,9 月中旬云南南部地区的夏季风雨季结束;因东部地区秋雨影响,雨区无明显南撤规律。

4.我国降水的年际变化

图 4.6 为我国年降水变率的分布。由图可见,自青藏高原东部经西南地区进入广大的长江以南直至东南丘陵一带,年降水变率一般都在 15% 以下,是全国降水变率比较小的区域;西南地区的降水变率小于同纬度东部地区,云南南部、川西南和滇南都不到 10%,是全国降水变率最小、降水量最稳定的地区。台湾北部经常处于迎风面,降水变率也比较小。东南沿海、台湾南部以及海南岛等地因台风雨较多,降水变率比江南地区大,可达 15%～20% 以上。东北大部分地区年降水变率在 15% 以下,大兴安岭和长白山一带仅 10% 左右,冀北山地也在 15% 以下;大兴安岭山前平原地区降水变率高达 20% 左右,东北其他地区大多在 15%～20% 之间。华北和淮河流域的降水变率显著偏高是我国气候的一个重要特点。河北降水变率大于 25%,河北中部和河套一带可达 30%,如北京及保定地区高达 30% 以上;淮河流域年降水变率也在 20% 以上。西北干旱气候区,除山区以外一般都大于同纬度东部地区,降水变率大都在 25% 以上;甘肃和新疆的戈壁沙漠地区是全国降水变率最大的地区,高达 40% 以上;吐鲁番、塔里木和柴达木盆地以及内蒙古的额济纳旗年降水量变率为 40%～50%,沙漠中心区域甚至超过 50%。

由于不同月份之间降水量的偏差很大,所以年降水变率一般小于月降水变率。统计结果表明[28]我国大部分地区各月降水量的相对变率明显大于年降水变率,随着季节的不同最大月降水变率在不同地区交替出现,这是造成我国旱涝频繁发生的原因之一。我国黄淮海地区年降水变率最大,出现旱涝的机会较多;长江中下游地区伏旱严重,发生频率可达 90% 以上,下游因受台风影响发生频率略小于中游

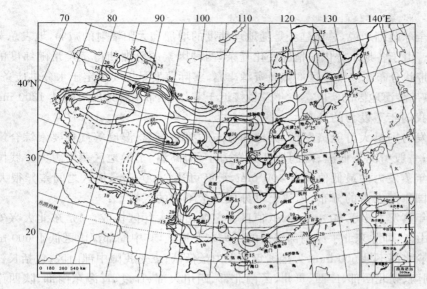

图 4.6 我国年降水量相对变率的分布[29]

地区;华南雨季较长,登陆台风多,夏季发生洪涝的频率大,可达70%;东北地区干旱多于洪涝,但涝灾对当地农业的危害更重;西南地区夏秋季节除四川盆地东部干旱频率达33%以外,其他地区发生旱灾的概率较小,干旱主要发生在冬春两季,并且多见于川黔两省。西北地区降水稀少,洪涝频率极小,但少数暴雨也会对农牧业生产造成很大影响。

无论是年降水量变率还是月降水量变率,大体上都有以下几个分布特点:①降水量越大,变率越小;反之,降水量越小,变率越大。因此,在干燥气候区域和湿润气候区域的干季,降水变率大;湿润气候区和雨季降水变率小。②山地的迎风坡降水变率小,背风雨影区降水变率大。③在极锋、气旋性降水的区域和降水季节,降水变率小;东部地区低变率中心往往伴随着极锋雨带由南向北出现季节性推移;而气团雨、台风雨以及寒潮爆发带来降水的地区和季节,降水变率大、可靠性差。

此外,降水强度也是水分资源质量评价的指标之一。降水强度适中,大气降水才有可能被充分利用;降水强度太大,水分大量流失,降水的有效性就差,反而容易造成洪水泛滥,不利于农业生产。

4.3.2 蒸发量的分布

蒸发是构成水分循环的重要因素,可分为蒸发力和陆面蒸发两类。蒸发力通常以水面蒸发量表述;而陆面蒸发是指陆地表面的直接蒸发量与土壤蒸发和植物蒸腾所产生的蒸散量之和,一般小于蒸发力,受气压、气温、地温、湿度、风和太阳辐射等气象要素的综合作用。影响蒸发量时空分布的主要因素是热量条件和水分供应情况。

就全球范围来说,总体趋势是随地理纬度的增加和太阳辐射的减弱,地表总蒸发量减小。由于各地水分供应情况变化复杂,两种因素的叠加使得蒸发量随纬度的变化呈非带状分布。热带地区的热量资源丰富,实际蒸发量主要决定于水分供应条件。例如,热带沙漠地区的实际蒸发年总量接近于零,而热带雨林地区可高达 1300 mm。

1. 我国年蒸发力的分布

蒸发力即最大可能蒸发量,其地区分布主要是气温、湿度等气象要素综合影响的结果;一般情况下低温、湿润地区蒸发力小,而高温、干燥地区蒸发力大。我国多年平均年蒸发力的最低值只有 400 mm,最高可达 2600 mm,地区之间差异很大。

我国年蒸发力的分布,大致上可分成三个不同的区域[3]:

①年蒸发力小于 800 mm 的低值区。主要由两大片区构成,一是东北大兴安岭和长白山区,即除东北平原南部以外的广大东北地区,其中局部深山区低于 600 mm,大兴安岭北部不足 500 mm,为全国年蒸发力最低区;二是我国中部山区,包括长江中下游、湖南、湖北西部、广西、贵州、云南北部、四川大部、甘肃、青海东南部、陕西南部山地以及从青藏高原巴颜喀拉山到喜马拉雅山南麓,这一带面积较大,约占我国总面积的 1/4。此外,西北的天山、阿尔泰山、祁连山等,东南部的皖南山地、大别山、黄山和湖南、江西红壤土山区,四川盆地、汉中盆地等局部地区也低于 800 mm。

②年蒸发力介于 800～1200 mm 的中间值区。该区分布广泛,主要包括东北平原大部、海滦河流域的山区和海河平原北部、华北平原南部、长江流域大部、浙闽台丘陵山地和青藏高原的部分地区。

③年蒸发力大于 1200 mm 的高值区。主要分布在 5 个片区,一是西北高原和盆地高值区,包括内蒙古高原西部、鄂尔多斯高原、阿拉善高原、河西走廊及其以北地区,新疆天山和阿尔泰山以外的地区和青海的柴达木盆地等;其中,从阿拉善高原向西到新疆东北的淖毛湖一带,年蒸发力达 2400 mm 以上,是我国年蒸发力最大值区。二是青藏高原高值区,包括藏北高原和藏南雅鲁藏布江中上游一带,一般可达 1200～1400 mm。三是华北、东北平原高值区,包括华北平原中部和辽河上游以西的丘陵平原地区。四是华南沿海高值区,包括广东、广西南部、福建沿海、台湾西部沿海等地,一般可达 1200～1400 mm;海南岛年蒸发力普遍高于 1400 mm,其西部沿海地区高温少雨,可达 1600～1800 mm,是我国南方年蒸发力最高的地区。五是云南高值区,包括除滇东高原东部、怒江和澜沧江上游等地以外的云南境内大部分地区,其中楚雄的元谋站年蒸发力高达 2318.4 mm。

蒸发力的年内分配,主要受年内温度和湿度季节变化的影响。寒冷的冬季,蒸发力小;天气干燥而气温又较高的月份蒸发力大。我国北方蒸发力的年内分配比较集中,连续 3 个月蒸发力最大通常出现在 4—6 月或 5—7 月,3 个月之和大约占全年蒸发力的 40%～50%；蒸发力最大值的出现月份，东北和华北地区大多为 5月，西北地区则为 7 月。在我国南方蒸发力连续 3 个月最大的月份则通常为 7—9月，3 个月之和占全年蒸发力的 30%左右。北方地区，蒸发力连续 3 个月最小的月份一般为 12—2 月，3 个月之和占全年蒸发力的 4%～10%；而南方各地则常出现在 1—3 月，3 个月之和占全年的 17%左右，远高于北方地区。由于影响蒸发力的温度、湿度、风速和太阳辐射等气象要素在相同区域内的年际变化不大，所以水分循环各要素中相同区域内蒸发力的年际变化远小于降水量和径流量的年际变化。

2. 我国的陆面蒸发

蒸发量的分布取决于各地的降水量和热量收支状况。如图 4.7 所示。我国年蒸发量等值线分布从东南向西北递减，由东南沿海 800 mm 左右减小到西北内陆的 50 mm 左右。从淮河、巫山到云贵高原以南的广大地区，气候湿润，降水充沛，蒸发力得以充分发挥，陆面蒸发基本上接近于水面蒸发。长江流域以南地势低平，降水较多，气候湿润，年蒸发总量在 600 mm 以上，武夷山和南岭山地年蒸发量也有 600～700 mm，东南沿海和两湖盆地在 800 mm 以上，年最大蒸发量在广东沿海以及洞庭湖和鄱阳湖流域，可达 900 mm。从云贵高原、四川盆地以北到黄河中下游地区以及东北大平原，年蒸发量一般在 400～600 mm 之间。我国西部地区地形复杂，深居内陆，气候干燥，无大量水分可供蒸发，所以陆面蒸发很小。我国年蒸发量最小值出现在内蒙古西部、西藏高原内部和新疆塔里木、准噶尔、柴达木盆地，全年蒸发量不足 50 mm。我国年蒸发量的这种分布形式，主要是由于水分供应条件所造成的；所以，年蒸发量的分布与降水量分布基本一致。

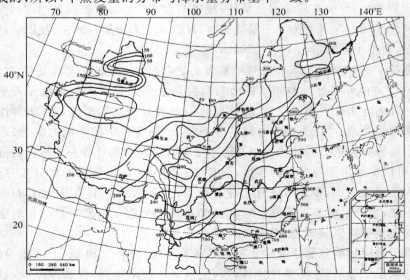

图 4.7　我国年蒸发量(mm)的分布[4]

一年中,我国蒸发量以冬季最小,夏季最大。冬季 12—2 月,黄河以北地区,由于气候寒冷,水分供应不足,陆面蒸发甚微,黄河流域与长江流域之间月蒸发量仅 10～20 mm,最大月蒸发量出现在两湖盆地和东南沿海地区,每月可达 30 mm 左右;4 月份以后,夏季风开始活跃,蒸发量逐月增加,长江以南地区月蒸发量增至 50 mm 以上,最大值出现在两湖盆地,可达 70 mm 左右;东北及华北北部 20～30 mm,新疆及青藏高原东部 10～20 mm;夏季 7—9 月,我国华南和长江中下游地区月蒸发量都在 100 mm 以上,华北和东北辽松平原月蒸发量也达 100 mm,川黔盆地约为 80 mm,天山以北地区 7、8 月蒸发量仅 10 mm 左右。秋季,大部分地区蒸发量与春季趋势基本一致,大兴安岭以西、华北、西北、青藏高原等地蒸发量微不足道,东南沿海约 30～40 mm,其余地区 10～40 mm 左右。

3. 我国的干湿状况

在气候区划、水分资源综合评价以及作物需水量分析工作中,人们通常采用干燥度或湿润度、水分盈亏等指标来反映一个地区的干湿状况。干燥度越小,气候越湿润;干燥度越大,气候越干旱。

干燥度一般采用年蒸发力与年降水量之比来表示,即 $H = E_0/r$。干燥度的倒数,称为湿润度,表示为 $K = r/E_0$。当某一地区的降水量大于蒸发力时,$H < 1.0$,$K > 1.0$,表示降水量除了满足蒸发所需要的水分之外,还有剩余,该地区气候湿润;当降水量小于蒸发力时,$H > 1.0$,$K < 1.0$,表示该地区降水量不能满足蒸发所需要的水分,该地区气候干旱;而当降水量等于蒸发力时,$H = 1.0$,$K = 1.0$,表示该地区的水分收支基本平衡。在我国的气候区划[29]工作中,通常采用干燥度作为一级区划指标,反映各地的水分条件;规定 $H < 1.2$ 为湿润气候区,$1.2～2.0$ 为半湿润气候区,$2.1～4.0$ 为半干旱气候区,$H > 4.0$ 为干旱气候区。我国各地干燥度的分布,如图 4.8 所示。

水分盈亏量一般用年降水量与年蒸发力之差来表示,即降水蒸发差[14],表示为 $D = r - E_0$;也可以蒸散差即蒸发力与蒸发量之差来表示。水分盈亏表示一个地区水分收入与水分支出的差额,能够反映一地水分可能供给量与作物群体需求量之间的相互关系,可以为确定合理的灌溉定额、制定科学的灌溉方案、采取必要的耕作措施等提供依据。如果采用月降水量和月蒸发量来计算一个地区的湿润程度,不仅可以反映出干湿月份的多少,而且可以同时计算出该月的水分盈亏量;当降水量大于蒸发量时,$D > 0$,该月水分有盈余;当降水量小于蒸发量时,$D < 0$,该月水分亏缺;当降水量等于蒸发量时,$D = 0$,该月水分收支平衡。我国各地年水分盈亏量的多年平均值分布,如图 4.9 所示。

我国干燥度和水分盈亏量的分布趋势基本一致。$H = 1$ 和 $D = 0$ 两条等值线,在东北地区位于哈尔滨、长春、沈阳以东,呈东北—西南走向;在黄淮流域,自山东

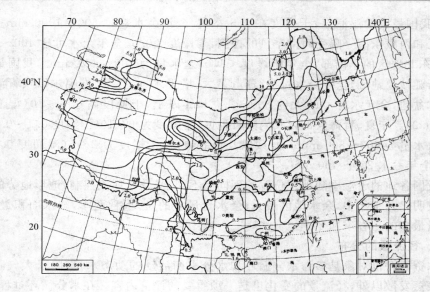

图 4.8　我国干燥度的分布[29]

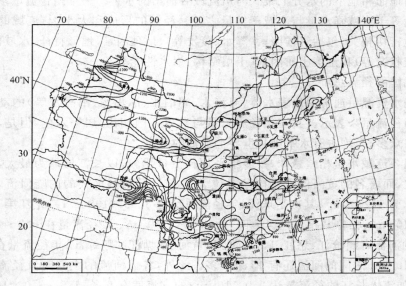

图 4.9　我国年水分盈亏量(mm)的分布[14]

半岛东部经淮河到秦岭一带,大致呈东西走向;在四川西北地区折向西南,到西藏雅鲁藏布江下游的中缅边界。此线西部和北部为干旱区,$H>1$,$D<0$,表现为不同程度的水分亏缺;该等值线的东部和南部为湿润区,$H<1$,$D>0$,水分有不同程度盈余。江浙地区、东南沿海平原和海南岛东部,由于受东南季风的影响,降水充沛,是我国最大的湿润区,干燥度在 0.5 左右,全年余水超过 600～1000 mm。西南地区和西藏东南一隅受西南季风的控制,干燥度＞0.5,全年余水可达 400～600 mm。东北地区的东南部,全年干燥度＜1.0,余水量为 200～400 mm。我国最干旱的新疆沙漠地区,全年降水量少,蒸散量大,塔里木、吐鲁番、准噶尔以及青海的柴达木盆地,全年水分亏缺大约 800～900 mm 以上,干燥度高达 5～10(湿润度 0.1～0.2)。宁夏、青海大部以及内蒙古地区,干燥度为 2～10(湿润度 0.1～0.5),全年缺水量为 600～800 mm。西藏以及华北地区,干燥度为 2～5(湿润度 0.2～0.5),全年亏水 200～400 mm。

我国各地的干湿季随地理位置的不同而不同,受季风环流控制,地形地势的影响比较明显。一年中,余水地区最大、余水量最多的是夏、秋两季,缺水面积最大、缺水量最多的是春季和冬季。

4.3.3 径流量的分布

水资源评价对象是参与水分循环和水分平衡活动的动态水量;除了大气降水和地表蒸发散以外,径流量的变化也是一项重要的评价内容。在水分循环过程中,径流是指地面和地下的水分汇聚到河川流域后输出的水量。一个闭合流域多年平均径流量等于流域降水量与流域蒸发量之差。径流的形成和大小,与流域的自然地理环境密切相关,包括气候因素(降水、蒸发等)、地理因素(地形特征、水域面积、植被覆盖状况等)和土壤土质因素(土壤结构、渗水性能等)。

1. 我国的径流总量

地表水资源量通常用地表水体(河流水、湖泊水、冰川水、沼泽水等)的动态水量即河川径流量来表示。我国年径流总量与世界各国相比,居第六位,但是,由于我国人口众多,人均占有水平则是世界上最低的国家之一。

我国各流域水量相差悬殊,按多年平均径流量比较,以长江流域为最大,珠江流域次之,而著名的黄河仅居全国第九位[30]。长江是我国最大的内陆河流,年径流量为 $9.755×10^{11}$ m³;其次是珠江,年径流总量为 $3.36×10^{11}$ m³;黑龙江第三,为 $2.709×10^{11}$ m³;雅鲁藏布江位居第四,为 $1.654×10^{11}$ m³;年径流量在 $0.3～1.0×10^{11}$ m³ 的河流有澜沧江、怒江、闽江、淮河、黄河、钱塘江和鸭绿江;年径流量在 $0.7～3.0×10^{10}$ m³ 之间的河流还有 15 条之多。此外,各大河流的主要支流径流量也很大;例如流入长江的径流量达 $3.0×10^{10}$ m³ 的支流就有 9 条,$1.5～3.0×10^{10}$ m³ 的支流有 14 条。仅就这一点来说,我国的河川径流量是相当可观的。

我国是中低纬度地区山岳冰川最发育的国家之一。冰川是指地球表面寒冷地区多年积雪积累起来的具有一定形态并运动着的冰体,是地表水体的重要组成部分。我国的冰川总覆盖面积大约为 $5.87×10^8$ km²,占全球冰川覆盖面积的 0.36％。我国的冰川主要分布在甘肃、青海、新疆、西藏、四川、云南等省、区的高寒山区,大陆性冰川占 80%,海洋性冰川主要位于念青唐古拉山脉的东段[31]。我国冰川总储量大约 5.13×10^{12} m³,多年平均融水量为 5.6×10^{10} m³。西藏是我国拥有冰川水资源最多的地区,大约占全国总量的 60%;其次是新疆地区,约占 34%。分布在内陆河流域的冰川水资源大约为 2.36×10^{10} m³,占内陆河流域多年平均水资源总量的 24%。

湖泊是陆地上比较封闭的天然水体,能自然调节河川径流量并具有供水、灌溉、航运及养殖等功能,也是水资源的重要组成部分。湖泊的地理分布及类型主要取决于湖水的补给和排泄条件,排水不畅的地区湖泊较多;湿润的外流区域以淡水湖为主,干旱的内流区域则以咸水湖居多。我国的天然湖泊很多,面积在 1 km² 以上的就有 2300 个(不包括时令湖),其中面积在 1000 km² 以上的大湖 12 个。湖泊水面总面积约 72000 km²,总储水量 7.088×10^{11} m³,其中淡水储量仅 2.26×10^{11} m³,约占湖泊总储水量的 32%。我国的淡水湖主要分布在东部平原地区、东北平原及山地和云贵高原[31]。在长江、淮河中下游以及黄河下游地区,湖泊水面 21600 km²,储水量约 7.1×10^{10} m³,我国著名的五大淡水湖(鄱阳湖、洞庭湖、太湖、洪泽湖、巢湖)皆分布于此。我国东北地区湖泊面积约 2370 km²,储水量约 1.9×10^{10} m³,如镜泊湖、五大连池、白头山天池等。云贵高原地区湖泊面积约 1100 km²,储水量大约 2.9×10^{10} m³,主要有滇池、洱海、抚仙湖和泸沽湖等,大多以景色秀丽而闻名。青藏高原和蒙新地区的湖泊也比较多,但大多是内陆咸水湖或盐湖,淡水储量有限。

大气降水是我国河川径流的主要补给水源。水利部门 20 世纪 80 年代的水资源评价结果[2]表明,我国多年平均降水量为 648 mm,其中约 44% 形成河川径流,折合为多年平均河川径流量高达 2.7115×10^{12} m³。据估算,由降水直接形成的河川径流量占全部径流量的 71% 左右;由降水渗入地下含水层后又在枯水季渗出补给河流的水量约占 27%;由降水不断补给高山冰川和积雪同时又不断融化而形成的河川径流量大约占 2%。

2. 我国的径流分布

受大气降水、地表蒸发和下垫面条件的综合影响,河川径流量的地带性变化很大,并具有一定的规律性。我国河川径流的形成与分布主要受自然降水的制约,多年平均年径流量的地理分布与年降水量的分布特征相似,即总的趋势是由东南向西北递减,但因其同时还受地形、地质、土壤、植被等下垫面条件的影响,与年降水量的地理分布又有所不同。如图 4.10 所示。在我国东南沿海的浙江、福建和广东等地区,年径流总量高达 800~1200 mm 左右,长江流域大约为 400~800 mm,云南西部地区年径流量为 500~600 mm,西南横断山脉以及雅鲁藏布江流域为 300~400 mm 左右,黄河流域年径流量为100~200 mm,华北、内蒙古、东北大兴安岭以西地区在 50 mm 以下,新疆高山附近地区也在 50 mm 以下,最小值出现在新疆沙漠地区,全年径流总量近似为零。

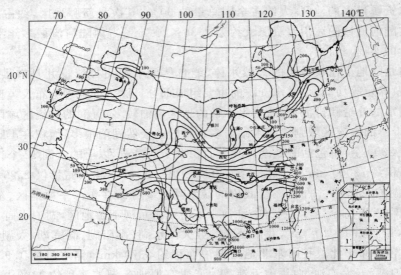

图 4.10　我国年径流量(mm)的分布[4]

　　根据我国降水和径流的分布特征,结合自然条件按照多年平均年径流深的地区变化,全国可划分为丰水带、多水带、过渡带、少水带和干涸带 5 个不同水量级别的径流地带[28,30]。如图 4.11 所示。

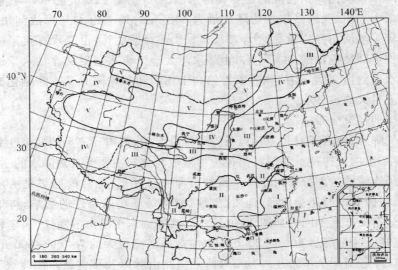

图 4.11　我国径流地带区划示意图[28]

　　丰水带,年径流深大于 800 mm,相当于年降水量大于 1600 mm 的多雨带,包括浙江、福建、台湾、海南、广东大部及安徽、江西、湖南、广西部分地区,以及西藏东南部和云南西部。年径流系数一般在 0.5 以上,部分山地最高可达 0.8 以上。

　　多水带,年径流深在 200～800 mm 之间,相当于年降水量为 800～1600 mm 的湿润带,包括淮河及长江流域大部、西江流域上游、云南大部、西藏东部和黄河中上游部分地区,以及东北东部山地。此带范围较广,南部年径流系数一般为 0.4～0.6,北部一般为 0.2～0.3,山区超过 0.4,局部可达 0.6。

　　过渡带,年径流深介于 50～200 mm,相当于年降水量为 400～800 mm 的半湿润带,包括大兴安岭和松嫩平原的一部分、辽河下游平原、黄淮海平原、山西和陕西大部、青藏高原中部和祁连山山区,以及新疆西部山区。年径流深一般山区大于平原,年径流系数平原地区为 0.1 左右,山区为 0.2～0.4。

　　少水带,年径流深介于 10～50 mm,相当于年降水量为 200～400 mm 的半干旱带,主要包括松辽平原中部、辽河上游地区、内蒙古高原南缘、黄土高原大部及青藏高原西北部分地区。年径流系数一般为 0.1 左右,有的地区小于 0.05,水资源极为短缺,西部地区土地沙漠化日趋严重,黄土高原水土流失现象普遍,水资源利用条件较差。

　　干涸带,年径流深小于 10 mm,相当于年降水量小于 200 mm 的干旱带,包括内蒙古高原、阿拉善高原和河西走廊,柴达木、准噶尔、塔里木、吐鲁番盆地等平原部分;干涸带一般河网不发育,多为间歇性流水,径流小,流程短;在剥蚀丘陵地区,年径流深大多小于 5 mm,径流系数介于 0.01～0.03;在广阔的沙漠腹地,分布有湿地及小海子等特有的地表水体形式,对该地区畜牧业的发展具有重要的意义,绿洲农业多分布于山前河流两岸的平原地带。

　　我国河川径流的形成与丰枯主要取决于降水及其特性,同时受热量、下垫面等条件的综合影响;河川径流的多年变化与降水变化趋势基本一致,但变化幅度比降水量的变化幅度大。

　　3. 气候变化对径流量的影响

　　随着全球气候变暖和人类开发利用自然资源力度的加大,生态环境明显退化且日益恶化,已经对人类生存与发展构成了严重威胁。我国处在中纬度生态脆弱地区,水资源短缺日趋严重而且分布很不均匀,严重影响我国的社会和经济发展。过去几十年,我国平均温度与全球的变化趋势大致相同,呈逐渐上升的趋势,暖冬现象明显;我国降水变率大,降水量具有年际和年代际变化,各地旱涝频繁且一年四季都可发生。据 IPCC(Intergovernmental Panel on Climate Change)预测,由于人类活动的影响,全球变暖趋势还要加剧[32]。所以,研究气候变化对水资源的影响,尤其是在我国西北和华北地区[33],具有十分重要的意义。

气候变化对径流量的影响可归结为水热条件的改变导致径流量发生变化。由水量平衡方程可知,影响地表水资源和径流量的气候因子主要是气温、降水量和蒸发量;水热条件不仅是直接影响陆面蒸发和土壤含水量的物理因素,也是影响径流的主要因子。由此,可根据水文气象资料,统计分析地表径流量的变化特征,建立径流量与气温、降水量、蒸发量等气候因子之间的数学关系,分析气候变化和人类活动对地表径流量的影响。

李荣等[34](2006)对黄河上游湟水流域实测径流量的多年变化特征进行了分析,发现自 1950 年以来湟水来水量总体上呈逐年递减趋势,以 $1.15 \times 10^8 \text{m}^3 /$ (10a)的气候倾向率减少;大体上经历了两个丰水和枯水时期,20 世纪 70 年代以前和 80 年代为丰水期;70 年代和 90 年代以后为枯水期,尤其是在 90 年代以后径流量减少趋势加剧。而同期流域内年平均降水量呈减少趋势,气候倾向率为－1.3 mm/(10 a);年平均气温呈显著增暖趋势,气候倾向率高达 0.24℃/(10 a);此外,流域年蒸发量也以 2.17 mm/(10 a)的速率不断增大。统计结果表明,同期流域内年径流量与年平均降水量的相关系数高达 0.88,两者关系密切,变化趋势基本一致;径流量与年平均气温之间也存在着较好的负相关关系,说明气温的高低对径流的丰枯起重要作用。因此,气候变化对径流及其相关产业的影响已不容忽视。

4.4 农田水分条件分析

在土壤—植物—大气系统(SPAS—Soil-Plant-Atmosphere System)中,水是植物生活所必需的因子,植物是该系统中水分循环的一个重要环节,它联系着土壤和大气之间的水分交换;而植物所消耗的水分又是该系统中水分分配的一个重要方面。因此,水是植物生活的基本因子,也是植物正常生长发育的环境条件。

在光照、热量资源满足的条件下,水分就成为农业产量高低的决定性因素。一个地区农业气候生产潜力如何,不仅与光、热、水资源的多少有关,而且还取决于它们的相互配合情况。所以,区域水分资源的数量和质量及其季节分配、年际变化等是农业生产中人们非常关注的问题,也是气候资源应用研究的主要问题。

对于一个地区来说,一定时段的大气降水量是该地区气候条件的主要特征量,也是该地农业生产潜力的常用评价指标。但是,如果仅根据大气降水量的多少,不考虑作物正常生长发育对水分的需求和消耗,便不能正确地评价该地水分资源的优劣及其农业生产潜力的大小。因此,为了正确评价水分资源对农业生产的影响,了解农田水分供应情况,必须掌握作物正常生长发育对水分的需求和消耗规律。长期以来,国内外的植物生理学家、气候学家和农业气候学家从各自不同的角度,讨论了作物需水量、耗水量的概念和意义,提出了不同的估算方法,并在此基础上建立了水分资源的农业评价方法。

4.4.1　土壤水分分析

土壤由固体颗粒、水分和空气组成。土壤水分在吸附力、毛管力和重力的作用下运动,并与植物对水分的利用产生联系;由于作用力的相互转换,导致土壤水分含量发生变化。

1. 土壤水分指标

土壤含水量即土壤湿度 W,通常有 3 种表示方法:一是重量百分数 W_m,即土壤中的实际水分重量(湿土重量与干土重量之差)占干土重量的百分比;二是容积百分数 W_v,即土壤中的水分容积占土壤总容积(固体颗粒的容积、空气容积和水分容积之和)的百分比;三是水层厚度 W_h,即一定厚度土壤层中所含有的水量,以水层厚度(mm)表示。

从土壤水分对植物生长发育有效性的角度,可以确定一些具有农业意义的土壤水分指标,即土壤水分常数。常用的有以下几个:

①田间持水量 W_H,又称为土壤最大持水量,是指在不受地下水影响时土壤所能保持的最大水分含量,即土壤中毛细管悬着水达到最大时的土壤含水量。W_H 是土壤有效水分的上限,当土壤水分含量超过田间持水量 W_H 时,多余的水分将以重力水的形式向下渗透或形成地表径流。

②毛细管断裂水量 W_k,是指土壤中毛细管悬着水减少到一定程度失去连续性而发生断裂时的土壤含水量;它随土壤性质和结构而异,大约为田间持水量的 65%。当土壤水分下降到 W_k 时,植物从土壤中吸水困难,生长受阻,所以又称为生长阻滞含水量,它是土壤适宜水分的下限。

③凋萎湿度 W_p,又称凋萎系数、萎蔫系数,是指土壤水分下降到植物不能再从土壤中吸取水分时的土壤含水量。当土壤水分下降到 W_p 时,植物因缺乏水分而丧失膨压,即使是在夜间蒸腾作用很小时也不能恢复膨压而呈永久凋萎状态。所以,W_p 是土壤有效水分的下限。

④有效水分含量 W_e,是指植物能够完全吸收的水分。数值上等于土壤含水量与凋萎湿度之差,即 $W_e = 0.1 \cdot h \cdot \rho(W - W_p)$;单位为 mm,其中 W、W_p 以重量百分数表示,h 为土层厚度(cm),ρ 为土壤容量。当土壤含水量 W 等于田间持水量 W_H 时,称为最大有效水分贮量。

植物最适宜的土壤湿度通常为田间持水量的 65%~80%。这是因为小于毛细管断裂水的土壤有效含水量移动缓慢,属于迟效水;而田间持水量因土壤中孔隙被水充满,缺乏空气,也不利于植物根系吸收水分;所以,当土壤含水量为田间持水量的 65%~80% 时,能够保证土壤中水分与空气的恰当配合,植物根系生长发育正常,从而有效地吸收水分。

2. 土壤水分变化的影响因素

影响土壤水分变化的因素主要有气候条件、水物理特征、地形和土壤水来源等。在中高纬度地区,冻结现象也是土壤水分的重要影响因素。此外,局地小气候特征以及作物的生长发育等对土壤水分也有明显的影响。

①气候条件。在不同自然地带的土壤水分形成中,温度和降水起主导作用。气候的地带性是土壤地带性和土壤水地带性的主要原因,降水充沛,土壤湿度大;温度高,空气干燥,蒸发强,土壤湿度就小。因此,可以采用年降水量与年蒸发力之比作为指标,表示热力条件和大气降水对土壤水分状况的综合影响。

②土壤水物理特性。土层厚度、土壤的机械组成、密度和结构等土壤物理特性,对作物根层土壤水分变化具有明显的影响。例如,在砂土和砂壤土地区大气降水容易向下渗透与地下水汇流,补给地下水;黏土地区下渗现象较弱,容易形成浅层水和地表径流。由于土壤含水量、土壤水分状况、土壤水文常数都与土壤组成密切相关,所以在土壤水分的农业气候分析中,通常采用"土壤有效水分贮量"这一物理量,以保证不同土壤类型的水分含量具有可比性。

③地形特征。地形对土壤水分含量的影响是多方面的,在相同的气候条件下,地形影响坡地的土壤水分再分配,而且地形的形状、范围、坡向和坡度等对水分再分配的影响也不相同[35];此外,地表覆盖、土壤颜色等对土壤湿度也有影响。地形对土壤水分的影响主要表现在地形对大气降水、地表径流和土壤蒸发的影响上。

④地下水深度。土壤温度、透气性能、作物根系的发育状况等都与地下水深度有关。地下水深度受各地的天气气候条件影响;一般情况下,地下水深度与降水量呈反相关,降水量愈大的地区地下水深度愈浅。土壤水分贮量与地下水深度具有一定的同步性;即土壤有效水分贮量随地下水深度的下降而减小,随地下水深度的上升而增大。

3.土壤水分贮量的确定方法

土壤水分贮量的气候学计算方法[14]大体上可以分为动力学方法、水量平衡方法和经验方法等三种类型。

①动力学方法

土壤水分变化取决于大气降水、人工灌溉和蒸发条件,大气降水和灌溉水通过土壤表面入渗并向较干燥的土壤延伸。确定土壤水分的动力学方法以土壤水分运动方程为依据;对于水平均匀、平坦且无限伸展的下垫面条件,通常可以不考虑土壤水分的水平运动[36]。

土壤水分的垂直运动方程可表示为

$$\frac{\partial W}{\partial t} = \frac{\partial}{\partial z}K(P)\frac{\partial P}{\partial z} - \frac{\partial K(P)}{\partial z} \tag{4.57}$$

式中,W 为土壤的容积湿度;K 为土壤水分传导系数(m/d);P 为土壤水压(m),z

为土层深度(m)。显然,要求解该方程,必须确定土壤水分传导系数。实验研究表明[35],K 与水的密度、动力粘滞性、土壤渗透能力等有关,K 随土壤湿度的增大而增大;土壤水压也与土壤湿度有关,通常根据实际观测资料确定,也可以参考有关的土壤物理文献。

这种方法一般适用于研究降水和灌溉在田间的入渗、土壤水分蒸发和土壤溶液中的盐分或某些有害化学物质的迁移过程,对土壤水分变化进行理论求解。

②水分平衡法

任一时段作物根层土壤的水分平衡方程可表示为

$$W_a = (W_0 + r_n + M_t + M_n + \lambda) - (E + E_t + N_t + f + N_b) \tag{4.58}$$

式中,W_a、W_0 分别为期末、期初作物根层土壤水分含量;r_n 为到达土壤表面的降水量;M_t 为地下水补给量;M_n 为地表水补给量;λ 为土壤孔隙的水汽凝结量;E 为土壤蒸发量;E_t 为作物蒸腾和光合作用耗水量;N_t 为地下渗水量;f 为地表径流量;N_b 为作物根层水分侧向流出量。

对于旱作农业地区,当农田地下水水位较深时,上式可简化为

$$W_a - W_0 = r_n - (E + E_t) - f = r_n - ET_a - f \tag{4.59}$$

这里,ET_a 为农田实际蒸散量,即农田总蒸发。

③经验方法

土壤水分的变化与大气降水、气温、前期土壤湿度、土壤类型、作物种类以及作物生育期密切相关。国外学者大多采用多元线性回归方法,考虑影响土壤水分变化的主要气象因子,拟合某一时段土壤有效水分的变化量。经验表达式为

$$\Delta W = at + br + cW_0 + d \tag{4.60}$$

式中,ΔW 为土壤有效水分变化量;W_0 为期初土壤有效水分含量;t 为平均气温;r 为降水量;其余为经验系数。若考虑影响土壤水分变化的其他因子,可根据不同作物和生育期,分别建立不同土壤类型和不同气候类型地区的经验方程。

我国北方有农谚"麦收隔年墒"、"伏里有雨好种麦",充分说明了前期夏秋季降水对来年春季墒情的影响。肖嗣荣等[37](1985)在研究河北省旱涝时,利用邯郸、石家庄、唐山等站的土壤湿度资料,建立了初春及秋季土壤水分含量与前期降水量之间的经验关系,表达式为

$$W_C = 65 + 0.13r_1 + 0.08r_2 + 0.5r_3$$
$$W_Q = 15 + 0.35r_4 + 0.55r_5 \tag{4.61}$$

式中,W_C、W_Q 分别为初春(2月底)和秋季(8月上旬末)的土壤湿度;$r_1 \sim r_5$ 依次为上一年7—8月、9—11月、12月—2月、当年7月和8月上旬的降水量。

4.4.2 植物需水量分析

水在植物生活中的作用是多方面的。水是绿色植物进行光合作用的基础原料

之一,是有机物形成和转化过程的直接参加者;水是植物吸收各种矿物营养元素的溶剂和传输者,固态的有机物和无机物只有溶解于水,植物才能吸收和传输;水是植物有机体的主要成分,支撑着整个植物体,使植物保持一定的形态;水是植物适宜环境条件的组成因子和调控者。因此,进行农田水分分析,需要了解植物正常生长发育对水分的需求以及农业生产活动的水分条件。

1. 植物的水分需求

在农业气候学中,植物需水量可定义为,在大田条件下,适宜的植物群体根系能源源不断地得到水分供应时,在植物生长期内的某一段时期或全生育期,植物的同化作用、蒸腾过程和物理蒸发过程以及土壤蒸发过程等对水分的总需求量[14]。这一定义包含了植物需水量的三个前提:首先,植物需水量是在大田条件下、植物生长过程中对水分的总需求量,不仅包括植物本身对水分的需求量,还包括农田水热状况对水分的需求量;其次,农田水分供应始终是充足的,植物生长的同化过程、植物体内的水、土壤水的蒸发等过程不会受到水分供应的限制;第三,"适宜的植物群体"表明,农田水分条件分析不是对单个植株所形成的简单环境条件,而是对植物群体构成的复杂环境条件进行的分析。

在植物生长过程中的水分需要,主要包括以下 4 个部分:

①植物同化过程对水分的需求和植物体内包含的水分。据测定,这部分水分需求量占总需求量的比例很小,一般只占 0.15%～0.2%,占植株蒸腾量的 1%～2%,最多占 5%。

②植物蒸腾需水。植物蒸腾过程是生物过程和物理过程的综合。植物蒸腾需水量因植物种类、品种类型、植株年龄、气象条件、土壤性质等而异,水分对植物物质生产的影响取决于空气温、湿度和土壤含水量;植物蒸腾需水还与植株年龄等植物学因子有关,如叶面积、气孔的体积、分布和结构、角质层的厚度、细胞膨压、细胞水势等。

③土壤蒸发需水。大田条件下,土壤蒸发对于调节植物生长环境、保持 SPAS 的生态平衡起积极的作用。在作物生长初期,生产有机物较少,植物蒸腾有限,则 SPAS 得到的能量大多消耗于 SPAS 的增温,起到调节环境的作用。在植物生长旺季,土壤蒸发微弱,植物蒸腾强大,为植物生长创造了有利条件。

④植株表面蒸发需水。在雨后或春秋季节的上午,植株表面往往会截留或凝结一部分液态水;当气温升高时,这部分液态水通过蒸发过程而进入大气。在植物生长旺季,植株可截留相当多的降水;这部分降水在到达地面之前大都消耗于蒸发。

上述水分需求可归纳为两类:植物同化需水和蒸腾需水属于植物生理过程中对水分的需求,称为生理需水;而土壤蒸发需水和植株表面蒸发需水是 SPAS 中形成良性生态环境的需求,称为生态需水。

2. 作物需水量的影响因素

作物需水量数值上等于生长茂盛的大田作物叶面蒸腾量和植株间土壤蒸发所消耗水量的总和,即农田的潜在蒸散量。作物需水量的大小取决于天气气候条件、土壤给水性能和作物的生物学特性,影响因素包括太阳辐射、气象条件、植物生态生理以及田块面积大小等。

①净辐射量的影响。由植物蒸腾和土壤蒸发过程引起的水分变化取决于这一过程中的能量大小,地表获得的净辐射主要用于蒸发、加热空气或加热土壤;能量的分配取决于蒸发过程中可利用水量的多少。

②气象因素的影响。凡是影响植株蒸腾和土壤蒸发的因子都直接或间接地影响植物群体需水量,气象条件是影响作物需水量的主要因素,不仅影响蒸散速度,还直接影响作物的生长发育。

③植物因素的影响。植物生态方面的差异,如植株高度、形态、根部生长情况、群体密度等,都影响植物群体需水量;生理方面的影响则比较复杂。

④土地面积大小的影响。需水田块的大小,在一定程度上可以调节失水量,特别是当大面积干燥地中包围着一小块湿润地时,这种现象更为突出。

3. 植物需水量的确定

SPAS 中植物水分消耗的生理过程和物理过程的复杂性,使得植物生理需水量的测量和计算方法的研究存在较大的困难。因此,目前还没有形成普遍公认且科学可靠的农田植物群体需水量的测定方法以及具有生理学和物理学基础的计算方法。长期以来,人们普遍采用间接方法来描述和估计 SPAS 中植物群体的需水量,实际工作中,使用最广泛的参量是蒸发力和潜在蒸散,通过计算蒸发力和潜在蒸散量间接地估算农田植物群体的需水量。

植物需水量从生物本身对水分的需求角度来讨论植物与水分的关系,而潜在蒸散是从水分充分供应农田的水分能量转化与平衡的角度来讨论农田的水分消耗;所以,潜在蒸散是水分充分供应农田植物群体需水量的气象学描述和农业气候指标。由于不同作物农田的热量平衡在不同生育期各分量是不相同的,所以不同农田的潜在蒸散量也不相等;然而,目前还难以准确测定大范围内不同农田的热量平衡及其各个分量。为了解决这一具体计算问题,农业气候学中引入了"作物系数"和"参考作物潜在蒸散量"的概念。根据参考作物潜在蒸散量和各种作物的作物系数,确定各种作物农田的潜在蒸散量和需水量。

参考作物潜在蒸散的定义为:广阔均匀的农田,在水分充分供应的条件下,生长期间的矮秆绿色植物充分覆盖地面时,单位时间内通过植物蒸腾和土壤蒸发过程损失的水分总量。在这一定义中,"广阔均匀的农田"、"矮秆作物"和"充分覆盖地面"是参考作物潜在蒸散定义的必要条件,"水分充分供应"、不限制农田的"植物蒸腾和土壤蒸发过程"是参考作物潜在蒸散定义的充分条件和首要条件。

作物系数 K_C 可定义为

$$K_C = ET_m/ET_0 \qquad (4.62)$$

式中，ET_0 为参考作物潜在蒸散量（mm）；ET_m 为任一作物农田的潜在蒸散量（mm）。作物系数 K_C 实质上反映了不同蒸发面的物理学和生物学特性对能量输送的影响以及对蒸发和蒸腾过程的影响。

几种主要作物不同生育期覆盖率的作物系数，列于表 4.6。可见，作物系数不仅因作物而异，而且作物覆盖率对作物系数也有明显影响；作物系数随作物覆盖率的增加而增大，当覆盖率达到 $80\% \sim 90\%$ 以上时，作物系数趋于 1.0。此外，细粒谷类、豆类作物以及苜蓿的覆盖率为 100% 时，其作物系数接近于 1.0；而玉米、甜菜和马铃薯等稀播作物的作物系数则小于 1.0，表明这一类作物密闭农田的潜在蒸散小于参考作物潜在蒸散。

表 4.6　几种主要作物的作物系数与覆盖率[38]

覆盖率(%)	20	30	40	50	60	70	80	90	100
细粒谷类	0.19	0.25	0.37	0.51	0.67	0.82	0.94	1.02	1.04
豆类	0.23	0.30	0.39	0.51	0.63	0.76	0.88	0.98	1.07
马铃薯	0.13	0.20	0.30	0.41	0.53	0.65	0.76	0.85	0.91
玉米	0.23	0.29	0.38	0.49	0.61	0.72	0.82	0.91	0.96
苜蓿	0.47	0.55	0.68	0.79	0.90	1.00	1.00	1.00	1.00
牧草	0.87	0.87	0.87	0.87	0.87	0.87	0.87	0.87	0.87
甜菜	0.13	0.20	0.30	0.41	0.53	0.65	0.76	0.85	0.91

参考作物潜在蒸散量是作物需水预测中的关键参数。由于该参数受多种因素的影响，在较大区域范围内实际测定具有较大难度；所以，通常采用模型进行估算。FAO 推荐的 Penman-Monteith 方法是目前计算参考作物蒸散量的最可靠方法[39]；相对而言，该方法有较充分的理论依据，所计算的参考作物蒸散量仅受当地气候条件的制约，与作物种类、土壤类型等无关。段永红等[40]（2004）利用北京市各气象站点的长期观测资料，使用 Penman-Monteith 方法计算了各站点逐月参考作物蒸散量，并在此基础上使用插值生成参考作物蒸散量的灰度分布图与等值线图，分析了参考作物蒸散量的时空分布特征。

实际工作中，估算潜在蒸散量的经验方法方便有效。大体上可分为两类，一是考虑水热条件的影响，建立潜在蒸散量与平均气温、空气湿度、太阳辐射等因子之间的经验关系；二是考虑作物因素和地形地势等的影响，对蒸发力进行订正，确定潜在蒸散或植物需水量。

C. W. Thornthwaite[41] 曾根据美国中西部半干旱地区多年田间试验的数据，建立了用月平均温度估算潜在蒸散月总量的经验公式：

$$ET_m = 1.62(\frac{10T}{I})^a \quad \text{(cm)} \tag{4.63}$$

式中，T 为月平均气温；a 为经验系数；I 为热指数，是 12 个月指数值 I_i 之和，计算公式为

$$I = \sum_{i=1}^{12} (\frac{t_i}{5})^{1.514}$$

这里，t_i 为第 i 月的平均气温；经验系数 a 的计算公式为

$$a = 6.75 \times 10^{-7} I^3 - 7.71 \times 10^{-5} I^2 + 1.7921 \times 10^{-2} I + 0.49239$$

此外，H. F. Blaney 和 W. D. Criddle[42]根据美国西部中等灌溉地的蒸发、气温和日长资料，建立了灌溉地月潜在蒸散量的估算公式；M. E. Jensen 和 H. R. Haise[43]根据美国西部不同作物、不同时期大约 1000 份取样测量报告，利用日平均气温和太阳辐射资料建立了一个估算潜在蒸散的方法，考虑到空气湿度的影响，M. E. Jensen 等[44]又提出了一个修正公式。应用结果表明[14]，在湿润地区 Blaney-Criddle 方法的计算结果偏高 $10\% \sim 20\%$，在干旱地区偏低 $10\% \sim 20\%$。与渗水测定仪的实测潜在蒸散量相比，Jensen-Haise 方法在平流较弱的月份结果较好，而在平流较强的月份估算的潜在蒸散量仍然偏低[45]。

H. L. Penman 指出，在农田供水充足的条件下，作物需水量 E_m 与同一气象条件下的自由水面蒸发量 E_0 成正比[46]，即

$$E_m = K_C E_0 \tag{4.64}$$

式中，K_C 为作物系数；蒸发力 E_0 采用(4.19)式计算；由此可推算充分湿润农田的作物需水量。作物系数因气候条件、作物种类、发育期和生产水平而异，可根据所研究地区土壤蒸发和农田蒸散的实验资料和蒸发力的计算值来确定。我国学者左大康[47](1985)、程维新[48](1985)等曾根据田间试验资料对河北省、华北平原以及黄淮海地区的作物系数进行过研究，得出了冬小麦、玉米、棉花等主要作物及其不同生长期内的 K_C 值。

周晓东等[49](2002)在中国荒漠化气候类型区划方法研究中，根据同一气候资料，分别应用 Thornthwaite 方法和 Penman 公式计算潜在蒸散量，并据此计算湿润指数，划分我国的荒漠化气候类型区，确定荒漠化潜在发生范围。同时对上述两种潜在蒸散量计算方法在我国荒漠化气候类型区划中的适用性进行了比较分析；结果表明，Penman 公式法比 Thornthwaite 方法更具有合理性。

4. 植物需水量的分布特征

由潜在蒸散量的地理分布可以说明植物群体需水量的分布特征。尚宗波等[50](2001)根据 1951—1980 年全国太阳辐射、月平均气温、降水量、相对湿度、日照百分率和风速资料，利用改进后的 Penman 公式估算了全国 954 个气象台站各

月的潜在蒸散量,并与 905 个气象站 10860 个有效的蒸发量观测资料进行了比较,结果表明改进后的 Penman 公式具有很高的准确率;然后,将各站、月的潜在蒸散量累加得到各站全年潜在蒸散总量,利用生态信息系统进行了图形分析,并绘制了全国年潜在蒸散量的空间分布图。

我国年潜在蒸散量较小的地区主要集中在大兴安岭北端、贵州高原东部、大娄山地区、四川盆地、川西山地以及青海东南部等地区;年潜在蒸散量较大的地区位于内蒙古西部、河西走廊、宁夏、甘肃北部、罗布泊地区、新疆南部和北疆准噶尔盆地,云南昆明、山东北部和天津等地年潜在蒸散量也比较大。此外,利用改进后的 Penman 公式分别估算并分析了当前气候情景以及各月降水增加 10% 、各月平均气温分别增加 1.5℃ 、3.0℃ 和 4.5℃ 等 3 种假定未来气候情景下的潜在蒸散和干燥指数及其分布规律,以研究中国水分状况对全球气候变化的敏感性。结果表明,随着气温的增加,全国潜在蒸散量小于 2000 mm 的地区面积比例迅速减少,而大于 2000 mm 区域面积比例迅速增加。由此得出结论,随着气温的升高,潜在蒸散量将增大,我国将变得更加干燥。

分析蒸发力的季节变化是了解作物需水量季节变化的主要方法。蒸发力的季节变化与各地的气候条件有关,季风气候区的蒸发力年变化曲线一般为双峰型,而非季风气候区为单峰型[14]。例如,我国东部地区的广州、济南、沈阳等地蒸发力年变化均有两个峰值,广州分别出现在 1 月和 8—9 月,济南出现在 5—6 月和 9—10 月,而沈阳出现在 4—5 月和 8—9 月;显然季风气候区蒸发力的夏季低值与雨季由南向北推移密切相关。我国西部地区从南部的拉萨到北部的哈密,蒸发力年变化曲线只有一个峰值,且峰值出现时间从南到北逐渐推迟;拉萨年变化最大值出现在 5—6 月,兰州为 6—7 月,哈密 7—8 月出现蒸发力最大值。

4.4.3 植物耗水量分析

植物的水分需求包括生理需水和生态需水,主要用于植物蒸腾和土壤的蒸发,数值上等于农田的潜在蒸散量。植物的水分消耗也包括生理和生态两个方面,主要用于生长发育和土壤蒸发,数值上等于农田的实际蒸散量。两者之间既有联系又有区别。

1. 植物的水分消耗

作物耗水量是指在实际农田条件下,给定面积上作物群体蒸腾量和土壤蒸发量的总和;数值上作物耗水量就等于农田的实际蒸散量。这是从水分资源有效利用的角度给出的定义。在实际农田条件下,水分供应往往不够充分,达不到适宜的程度;作物生长发育等生理过程和土壤蒸发等物理过程所消耗的水分,一般低于适宜水分供应条件下的水分消耗量。所以,实际条件下的农田蒸散量小于潜在蒸散量;在干旱地区的非灌溉地段,农田实际消耗的水量远低于潜在蒸散量。

植物吸收的水分绝大部分用于蒸腾。植物蒸腾所消耗的水分超过其全部吸收水分的 4/5,其余不足 1/5 的水分用于植物体的其他生理消耗,植物新陈代谢活动中实际消耗的水分只占 1%。在有植被的情况下,农田土壤蒸发约占总蒸散量的 10% 左右。

2.植物耗水量的影响因素

植物耗水量的影响因素主要包括天气气候条件、土壤湿度、作物因素和农业技术水平等。

①天气气候。天气气候条件不仅直接影响植物的蒸腾和土壤的蒸发过程,还通过植物生长、植物的群体结构间接地影响植物蒸散。所以,太阳辐射、空气温湿度以及风速等是影响植物耗水量的主要因素。

②土壤含水量。农田蒸散消耗的水分来自土壤,所以农田蒸散过程与土壤湿度关系密切。当土壤水分含量超过临界土壤湿度时,农田实际蒸散过程不受土壤水分的限制,主要取决于农田的能量供应;当土壤水分含量低于临界土壤湿度时,农田蒸散量随土壤水分含量的增加而增大。

③作物因素。当土壤水分含量低于适宜水分含量时,作物种类及其生长状况是农田实际耗水量的重要因素。作物生育期和作物群体结构特征是作物因素的主要参量,作物总耗水量与生育期的长短密切相关,而作物抗旱性能只是作物对水分利用效率和作物利用深层土壤水分能力的表征。

④农业技术。农业技术水平的高低直接影响作物水分的消耗,粗放的农业栽培技术会导致农田水分的无效消耗增大,而精耕细作则能够提高水分利用效率,减少地表径流,增强土壤的保水能力。

3.植物耗水量的确定

蒸散仪(Lysimeter)或渗水测定仪是测量蒸散量的专用观测仪器,通常分为称重式和漂浮型(测量压力)两种[45]。利用蒸散仪直接测定农田实际蒸散量准确可靠,精度较高,通常作为标准值用于检验各种蒸散计算公式,对其进行适当的修正和改进;同时,蒸散仪也可用于确定作物系数、计算农田水分盈亏等。这种精密仪器一般仅在某些科研院所和大型科研项目中使用,而在农田水分分析的实际工作中,大多仍采用各种计算方法确定农田实际蒸散量。

目前,蒸散量的计算方法[16]大体上可分为水文学方法、气候学方法和微气象学方法等。国内外学者大多采用微气象学方法计算农田蒸散量,近年来遥感技术也被应用于区域蒸散量的确定[51]。

①水文学方法

根据土壤水分平衡方程,实际蒸散量 ET_a 可表示为

$$ET_a = r + IR - I - f \pm \Delta\omega \tag{4.65}$$

式中,IR 为灌溉水量;I 为渗透水量。利用水文气象资料,降水量 r、灌溉量 IR 和径流量 f 是容易确定的;渗透量 I 可采用测量值或估算值;土壤水分变化量 $\Delta\omega$ 可根据一定时间内定期取样进行重量分析、中子探测或其他方法测量得到的单位容积土壤中的含水量来确定。

水文学方法一般用于为计划用水收集资料或制定灌溉方案等,其精确度取决于降水、径流和土壤水分变化量的测量精度;有时某些参量的测量误差很大,难以保证实际蒸散量的计算精度。

②气候学方法

М. И. Будыко 在研究陆面总蒸发与土壤湿度关系的基础上,得出不充分湿润陆面总蒸发与蒸发力、土壤湿度和临界土壤湿度之间的联系方程,即(4.44)式。将其应用于农田,则对于不充分湿润的农田来说,农田总蒸发 E 即农田实际蒸散量 ET_a,包括植株蒸腾和株间土壤蒸发,也就是植物耗水量;对于充分湿润农田来说,农田总蒸发 E 接近于蒸发力 E_0,实际蒸散量近似等于潜在蒸散量 ET_m。

采用 Будыко 公式计算农田蒸散,包括确定蒸发力 E_0、临界土壤有效水分含量 W_k 和土壤有效水分含量 W 等参量。E_0 按(4.29)式计算;W_k 可根据实测资料采用经验方法确定,也可以采用文献[20]值,一般约为最大田间持水量的 70%～80%,与作物生育阶段和各地气候条件有关;土壤湿度 W 按(4.45)～(4.47)式确定,计算过程可采用逐步逼近法[14]。

康绍忠[52]等(1994)对无降水(或灌溉)时段土壤含水量低于田间持水量农田的土壤水分平衡方程进行简化,并根据我国西北和华北地区部分台站小麦田的实测资料,经过统计分析和数学推导后,得到农田实际蒸散与土壤水分、气候因子和植物因子之间的经验关系为

$$ET_a = -\frac{\mathrm{d}W}{\mathrm{d}t} = \begin{cases} (aI+b)ET_m & (W \geqslant W_k) \\ (aI+b)\left(\dfrac{W-W_k}{W_k-W_p}\right)^d & (W < W_k) \end{cases} \qquad (4.66)$$

式中,W 为土壤含水量;W_k 为临界土壤含水量;W_p 为凋萎湿度;I 为叶面积指数;这几个参量均可采用实测值或文献值。潜在蒸散量 ET_m 可采用气候学公式估算值。a 和 b 为生物学因素对农田实际蒸散 ET_a 影响函数中的经验系数,随作物种类和地区而不同;d 为经验指数,表示土壤因素对 ET_a 的影响。

若假设期初土壤含水量为 W_0,则将上式对时间积分,即可得到无降水(或灌溉)时段 t 内农田实际蒸散量的气候学计算公式。当有降水(或灌溉)时,根据降水量(或灌溉量)和降水时间(或灌期)的不同,蒸散量的计算可按不同情况进行积分。

③微气象学方法

近代微气象学和生物科学的发展,从不同角度推动了农田蒸散确定方法的研

究。除了将涡旋相关技术[53]应用于水汽通量的直接测量以外,国内外学者又提出了空气动力学方法、鲍文比－能量平衡法、能量平衡－空气动力学阻抗综合法等计算方法。这些方法都具有一定的物理基础,但几乎又都带有某些局限性[54]。

空气动力学方法的理论基础是 Monin-Obukhov 相似理论[53],根据通量梯度关系,将近地层风速、气温和湿度的无因次廓线梯度以相似函数表示;对高度积分可得通量—廓线关系[55],根据梯度观测资料,采用迭代方法[56]可确定出湍流特征参量 u_*、T_*、q_* 和 L,进而可得农田蒸发耗热量。即

$$\lambda E = -\rho \lambda u_* \cdot q_* \tag{4.67}$$

式中,ρ 为空气密度,λ 为汽化潜热系数,u_* 动力摩擦速度,q_* 为特征比湿。

I. S. Bowen 假设近地层感热和潜热的湍流系数相等,并以差分形式代替微分形式表示感热通量 P 与潜热通量 λE 之比,即鲍文比(3.9)式。由此,根据地表热量平衡方程可得近地层潜热通量的表达式(3.11)式。将其应用于农田下垫面,利用两个高度的气温差和水汽压差、净辐射和土壤热通量资料,也可以确定农田总蒸发量。

能量平衡－空气动力学阻抗综合法,根据地表能量平衡方程和空气动力学理论,结合遥感表面温度测量技术确定农田实际蒸散。早在 20 世纪 60 年代初期,J. L. Monteith[57](1963)把 H. L. Penman 等提出的叶片气孔阻抗概念推广到植物冠层表面,建立了计算作物总蒸发的阻抗法。即

$$\lambda E = \frac{\rho \varepsilon \lambda}{p} \left(\frac{e_s - e_a}{r_c + r_a} \right) \tag{4.68}$$

这里,e_s 为叶细胞面饱和水汽压;e_a 为叶面实际水汽压;r_c 为作物冠层阻抗;r_a 为空气动力学阻抗。

随着红外测温技术的发展,许多学者先后提出在能量平衡模式中利用作物表面温度和近地层湍流运动的关系来改进 J. L. Monteith 建立的阻抗法。改进后的基本形式为[58]

$$\lambda E = B - Q_S - \rho c_p (T_c - T_a)/r_a \tag{4.69}$$

式中,T_c 为作物表面温度;T_a 为空气温度;$r_a = \ln[(z-d)/z_0]^2$ 为中性层结时的空气动力学阻抗,在非中性层结条件下需进行稳定度订正。

由于 Penman-Monteith 公式全面考虑了能量平衡、空气动力学阻抗和作物冠层阻抗对农田蒸散的综合影响,适用于任何水分状况和植被类型;因此,得到了国内外学者的普遍使用。许多学者对(4.26)式中的空气动力学阻抗提出了不同形式的层结稳定度订正公式[58];例如,谢贤群[59](1988)提出的订正公式为

$$r_{aM} = r_a + \frac{\psi_h}{\kappa u_*} = r_a \left\{ 1 + \frac{\psi_h}{\ln[(z-d)/z_0]} \right\} \tag{4.70}$$

其中,ψ_h 为积分相似函数,d 为零平面位称。

陈镜明等[60](1988)从植物小气候原理出发,提出"剩余阻抗"的概念,并将(4.69)式进一步改进为

$$\lambda E = B - Q_s - \rho c_p \frac{T_c - T_a}{r_{aM} + r_{bH}} \tag{4.71}$$

式中,r_{aM} 为经过层结稳定度订正后的空气动力学阻抗,r_{bH} 为热量传输对应于动量传输的剩余阻抗。

4. 植物耗水量的分布特征

影响某一地区植物耗水量的决定性因素是当地的热量条件、水分供应和植被分布情况,几种因素的综合影响形成植物耗水量的地理分布特征。一般来说,随着地理纬度的增高,太阳辐射能量减少,植物耗水量也逐渐减小。但是,在水分供应起主导作用的地区,植物耗水量随纬度的变化就变得比较复杂。例如,我国东部湿润地区和同纬度的西部干旱地区的年实际蒸散量相差悬殊,可达 5~10 倍甚至以上。地表植被覆盖率越大,植物耗水量越多,我国东部气候湿润,以农业、林业为主,植被稠密;而我国西北地区气候干旱,荒漠面积远大于植被覆盖面积,沙漠地区年实际蒸散量不足 50 mm。从我国太阳辐射和年降水量的分布特征,可推知我国植物耗水量的分布:总体上东部大于西部,南方大于北方,从东南沿海向西北内陆地区逐渐减小,与年降水量及植被分布特征基本一致。

植物耗水量因太阳辐射和降水量的季节变化而变化,湿润地区暖季最大,冷季最小;干旱地区雨季大于旱季。我国植物耗水量的年变化特征是冬季最小,春季逐渐增大,夏季达到最大值,秋季又逐渐减小;与我国太阳辐射、降水量的年内分配以及植物生长季节、农业地域类型等有关。

4.4.4 农田水分供需平衡分析

农田水分供需平衡是指某一时段内某一土壤容积中获得的水分与消耗的水分之差额。对于一个地区,通常逐项进行分析和定量估算,最终以水分收支差值来反映该地区的水分盈亏,或者以收支比值来表征该地区的干湿程度。

农田水分的收入项主要包括:大气降水 r、灌溉水 g、毛细管上升水 M、凝结水 N 和侧向流入水 f_H 等。支出项主要包括:地表径流 f、农田蒸散 ET、渗漏水 I_L 和植被对降水的截留 J 等。因此,一般情况下,农田水分平衡方程可表示为

$$\Delta W = r + g + M + N + f_H - f - ET - I_L - J \tag{4.72}$$

式中,ΔW 为某时段内土壤水分的变化量。

左大康[47](1985)、丘宝剑[61](1987)等认为,无灌溉条件下旱作农田水分供需平衡方程为

$$B_w = (r + c) - (f + I) + (W_1 - W_2) - E_m \tag{4.73}$$

式中，B_w 为农田水分盈亏量(mm)；r 为作物生育期的总降水量，c 为地下水对土壤水的补给量，f 为地表径流，I 为降水下渗补给地下水量，(W_1-W_2) 表示作物生育期开始到结束时段内土壤含水量的变化，E_m 为作物需水量。方程中$(r+c)-(f+I)$ 称为农田水分补给量[47]，$(r-f-I)$ 称为有效降水量[62]；而$(r+c)-(f+I)+(W_1-W_2)$ 则称为作物耗水量[63]，数值上等于农田的实际蒸散量[61]。

1.地下水对土壤的补给量

地下水对土壤水的补给量 c，在汛期由于降水下渗作用占优势，可以忽略不计；但是在非汛期，c 值可能很大，必须予以考虑。c 值的大小取决于地下水位、地面覆盖和土壤性质等，有作物的农田比裸地的潜水蒸发量要大得多。研究表明[64]，冬小麦深层供水量大约为 168～291 mm，占耗水量的 25.5%～60.8%；当地下水位在 1.5～3.0 m 时，小麦植株对潜水的蒸腾量可占同期替水总蒸发量的 72%～94%。丘宝剑等[61](1987)在河北省石家庄市的农田观测发现，当地下水位为 1 m 时，c 值高达 265 mm；地下水位为3.1 m 时，c 值只有 46 mm。安徽省水利科学研究所在五道沟的观测资料也表明，地下水位为 1 m 时，c 值为 382 mm；2 m 时为 122 mm，3.7 m 以下时 c 值很小，可忽略不计。

地下水补给量的确定方法有两种，一是根据农田实测资料确定 c 值，二是采用经验方法确定 c 值。左大康[47]等(1985)根据实测资料研究得到河北平原地区主要作物生育期的 c 值为，冬小麦 84 mm，夏玉米 72 mm，棉花为 131 mm。肖嗣荣等[37](1985)根据地下水位等资料确定出冀东平原春季 c 值为 60 mm，山前平原春季为 40 mm。李克煌[65](1988)在研究干旱指标时曾采用水面蒸发量和地下水位深度计算地下水对土壤水的补给量 c。丘宝剑等[61](1987)在计算黄淮海平原农田水分补给量时，采用作物需水量和潜水蒸发系数计算地下水补给量。

2.有效降水量

有效降水量是指渗入地表以下土壤层中的净水量。由于非汛期降水较少，强度也不大，故 f、I 可不予考虑，即非汛期实际降水量近似为有效降水量；在汛期，特别是 7—8 月份，降水较多，强度也比较大，由于产生地表径流和降水下渗补充地下水，实际降水量不能全部被作物利用，所以必须考虑 f 和 I。

径流量 f 等于降水量与径流系数 α_f 的乘积。径流量的年内分配常采用经验方法确定。李克煌等[65](1988)假定年径流深 y 与年降水量 r 成正比，采用比值法确定各旬的径流深 y_x，即 $y_x/r_x=y/r$。左大康等[47](1987)在确定黄淮海平原地区冬小麦、棉花、夏玉米生育期径流量 f_x 时采用的经验公式为 $f_x=\beta \cdot r \cdot f$；其中，$\beta$ 为作物全生育期径流量占年径流量的百分比。

深层渗漏量 I 取决于降水强度、土壤物理性质和前期土壤湿度等多种因素。短时间的暴雨不利于降水下渗，不同性质土壤的下渗速度也不同。上层土壤湿度较小时,也不会对地下水产生补给。因此,深层渗漏量 I 可表示为 $I = r \cdot K_r$;其中 K_r 为入渗系数,即深层渗漏量与同期降水量之比。

由此,年有效降水量可表示为

$$r - f - I = r - r \cdot \alpha_f - r \cdot K_r = r[1 - (\alpha_f + K_r)] \tag{4.74}$$

式中,$(\alpha_f + K_r)$ 也称为径流入渗系数[37]。

3. 作物生长季降水量

从全国范围来看,喜凉作物生长季一般为日平均气温稳定 ≥0℃ 时期。作物生长季的降水量及其分布趋势,大多数地区与年降水量相差不大。我国喜凉作物生长季降水量的分布表现为从东南向西北减小的趋势,如图 4.12 所示。南部和东南部大约在 800～1000 mm 以上,中北部和西部广大地区,除长白山等地生长季降水量达 900 mm 以上外,其余地区均不足 900 mm。生长季降水量 400 mm 等值线比年降水量 400 mm 等值线略偏东南,900 mm 等值线仍在淮河以北;西部地区变化不大。

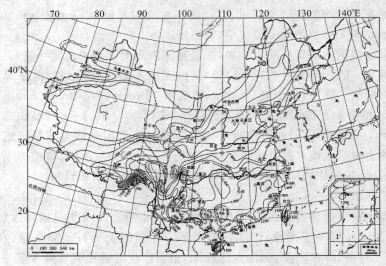

图 4.12　我国喜凉作物生长季(日平均气温 ≥0℃ 期间)的降水量(mm)[26]

我国热带—南亚热带地区以热带农业为主,热带喜温作物的生长季大约为日平均气温稳定 ≥10℃ 时期。我国喜温作物生长季的降水量,如图 4.13 所示。南部和东南部大多在 900～1000 mm 以上,中北部和西部除长白山少数地区大于 900 mm 外,其余均在 800 mm 以下。喜温作物生长季降水量 400 mm 等值线与喜凉作物生长季降水量 400 mm 等值线相比,北段从大兴安岭以西移到了大兴安岭以东,河北、山西、陕西境内东移至长城以南,中南段在青藏高原东南部抵雅鲁藏布江下游也有较大范围东移。喜温作物生长季在西部地区降水量小于 400 mm 的范围比喜凉作物生长季降水量小于 400 mm 的范围显著扩大。

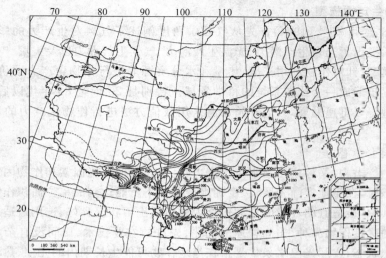

图 4.13　我国喜温作物生长季(日平均气温≥10℃期间)的降水量(mm)[26]

4.农田水分盈亏

根据各地多年平均气象资料计算并绘制的全国年水分盈亏量的分布图(图 4.9)只能表示各地水分盈亏的一般气候特征,具体年、季和月的农田水分供需平衡状况会因气候变化、农业生产布局和种植制度的改变而产生差异。因此,在分析某一地区某一时期的农田水分供需平衡状况时,应根据当地的降水量和影响农田蒸散的太阳辐射、平均气温、湿度和风速等气象资料,结合当地的主要作物和地形特点进行具体分析。例如,王石立等[66](1995)对华北地区小麦水分亏缺程度、时空变化规律及其与小麦干旱的关系进行了研究;陈云浩等[67](2002)利用遥感数据对我国北方不同地表覆盖条件下的区域水分盈亏状况进行了分析;刘安麟等[68](2004)根据卫星遥感资料和有关气象资料,对陕西省关中地区春季干旱进行监测研究等。总之,只有符合当地实际的农田水分分析结果和客观科学的评价,才能为指导农业生产、发展地方经济提供可靠的气象服务。

4.5　水分资源理论的应用

我国所拥有的水分资源总量有限,处于世界中等偏下水平,属于贫水国家。我国水资源特点是地区分布不均匀、水土配合不协调,季节分配不平衡、年际变化很显著,从而导致供需矛盾突出、旱涝灾害频繁。某些人为因素又造成水土流失严重、水域污染日增,水资源管理混乱、保护不力,开发利用效率低下,直接影响国民经济的可持续发展。因此,水资源理论的应用研究,对于合理开发、保护和综合利用水资源,促进我国国民经济持续、稳定的发展具有非常重要的实际意义。

4.5.1 作物生产力模型

在我国,竺可桢[69](1964)首先从气候学角度阐述了气候对生产力的影响,之后人们先后提出了光合生产潜力、光温生产潜力、气候生产潜力以及土壤－气候生产潜力等模型,针对作物利用光能、热量和水分资源等进行作物生产力评价,生产潜力研究逐步形成一个比较系统的科学领域。特别是 20 世纪 80 年代以后,生产力数值模型得以迅速发展,人们开始普遍采用数值方法进行作物生产力的动态模拟研究。

1.气候生产潜力

气候生产潜力,又称为光温水生产潜力,是指在其他环境因素和作物因素处于最适宜状态时,在当地实际光照、温度和水分条件下所能达到的单位面积作物的最高产量。其中,最适宜的环境因素和作物因素包括土壤状况良好、选用最适应当地生长环境的优良作物品种、田间管理最优化、先进的农业技术、田间没有杂草和病虫害等理想状态;实际光温水条件是指在当地作物可能生长期内的光照、热量和水分资源的实际供应状况。气候生产潜力在土地分等定级、土地适宜性评价、农业气候区划、农业生产实践等方面具有重要的理论与实践意义。

光温生产潜力 y_1 的确定方法是对光合生产潜力 y_0 进行温度订正。采用类似的方法,在光温生产潜力估算的基础上,对 y_1 或者种植制度光温生产潜力 y_I 进行水分供应条件的订正,即可得到气候生产潜力 y_2 或者种植制度气候生产潜力 y_{II};这种方法称为阶乘法。因此,有

$$y_2(R,T,W) = y_1(R,T) \cdot f(W) \tag{4.75}$$
$$y_{II}(R,T,W,G) = y_1(R,T,G) \cdot f(W) \tag{4.76}$$

式中, $f(W)$ 为水分订正系数。订正方法主要有以下几种:

①水分有效系数

湿润系数是农业气候学中常用的水分指标,许多学者采用多种形式的湿润系数对光温生产潜力进行水分订正,估算气候生产潜力。归纳起来,水分订正系数 $f(W)$ 的表达式大体上可以分为三类:一是采用降水量与蒸发力的比值[70~72];二是取实际蒸散量与最大可能蒸散量的比值[73];三是用土壤有效水分含量与田间持水量的比值[74]。

中国农业科学院农业气象研究室[70](1983)在估算我国小麦气候生产潜力时,采用降水量与蒸发力的比值来表示水分供应的满足程度。朱志辉等[71](1985)也认为,如果将降水量进行人为的合理划分,并根据不同情况选择旱生和湿生植物,则对这种理想情况下气候生产潜力的估算可以用降水量 r 与蒸发力 E_0 的比值对光温生产潜力 y_1 进行订正。订正系数 $f(W)$ 的一般表达式为

$$f(W) = \begin{cases} 1 & r \geqslant E_0 \\ r/E_0 & r < E_0 \end{cases} \tag{4.77}$$

在我国,通常将比值 r/E_0 称为水分有效系数。研究表明[72],我国水分有效系数的等值线分布基本上呈东北—西南走向;秦岭以南的湿润地区,水分有效系数大于 1.0,个别地区等于或小于 1.0;从淮河到黄河流域,减小到 0.6 左右;太行山区较高,水分有效系数为 $0.8\sim0.9$;东北地区的水分有效系数为 $0.5\sim0.8$;云贵高原和青藏高原东南部为 $0.7\sim0.9$;西北内陆地区,水分有效系数一般小于 0.3,天山以北逐渐有所增大。

侯光良[73](1986)认为,区域实际蒸散量等于降水量减去流出该区域的水量,即 $ET_a = r - Cr = (1 - C)r$;流出水包括从地表和渗入耕作层以下的流出量,C 为流出水量占降水量的比例系数。则水分订正系数可表示为

$$f(W) = \begin{cases} \dfrac{(1-C)r}{ET_m} & 0 < (1-C)r < E_0 \\ 1 & (1-C)r \geqslant E_0 \end{cases} \tag{4.78}$$

式中,ET_m 为最大可能蒸散量。

邓根云[74](1986)认为,水分对产量的影响表现为土壤供水量对作物需水量的满足程度,可以采用土壤有效水分含量与田间持水量之比来度量。即

$$f(W) = (W - W_p)/(W_H - W_p) \tag{4.79}$$

式中,W 为土壤含水量,W_p 为作物凋萎时的土壤含水量,W_H 为田间持水量,单位均为 mm。

谢云[75](1999)在计算气候生产潜力时,采用由水分收入与支出之比表示的水分供应满足程度作为水分影响函数,即

$$f(W) = (r + g)/ET_m \tag{4.80}$$

式中,g 为灌溉水量(mm)。

②经验方法

根据作物产量和气象资料,分析水分供应条件对作物产品的影响,选择合适的参量,可以建立水分条件与气候生产潜力之间的经验关系,并以此作为水分订正系数。例如,采用干燥度 K 作为水分因子的订正系数[14],经验公式为

$$f(W) = \dfrac{c}{1 + e^{a+bK}} \tag{4.81}$$

式中,K 为各月的干燥度;a、b、c 为经验系数,可根据当地实际资料采用经验拟合方法确定。

Miami 模型[76]是根据世界各地植物产量(第一性生产力)与年平均气温 T、年降水量 r 之间的关系建立起来的,表达式为

$$y_T = \frac{3000}{1 + e^{1.315 - 0.119 \cdot T}} \quad (\text{g} \cdot \text{m}^{-2} \cdot \text{a}^{-1}) \tag{4.82}$$

$$y_r = 3000(1 - e^{-0.000664 \cdot r})$$

则气候生产力为

$$y_2 = C_E(y_T + y_r) \tag{4.83}$$

式中，$C_E = 0.4$ 为经济系数。

③ FAO 方法

FAO 方法[77] 采用相对产量差与相对蒸散差的比值，对经过叶面积订正的光温生产潜力 y_m 进行水分订正。可概括为三个基本要点，即作物产量反应系数 K_y 的表达、最大可能蒸散量 ET_m 的确定和实际蒸散量 ET_a 的估算。

当一个地区的降水量不能满足作物生育期的水分需要时，作物生长发育就会受到水分亏缺的影响，产量就会降低。这种由于水分不足而造成的产量降低（以相对产量差表示）可以用作物相对蒸散差（实际蒸散 ET_a 相对于潜在蒸散 ET_m 的不足）来描述。当 $ET_a = ET_m$ 时，若其他条件都能满足，则作物产量为光温生产潜力 y_m；当 $ET_a < ET_m$ 时，作物产量就会降低，实际产量为 y_a。由此，可认为相对产量差（$1 - y_a/y_m$）与相对蒸散差（$1 - ET_a/ET_m$）两者之间近似呈线性关系。

作物产量反应系数，即相对产量差与相对蒸散差之比。表达式为

$$K_y = \frac{1 - y_a/y_m}{1 - ET_a/ET_m} \tag{4.84}$$

其中，实际产量 y_a 可以理解为自然光温水条件下的作物产量；经过叶面积订正后的光温生产潜力 y_m 作为理论产量。作物实际蒸散量 ET_a，即作物在其生长期内实际消耗的水分含量；最大可能蒸散量 ET_m，即作物需水量。几种主要作物不同生育期的产量反应系数 K_y，如表 4.7 所示。

表 4.7　几种主要作物不同生育阶段的产量反应系数[78]

作　物	营养生长期	开花期	产品形成期	成熟期	全生育期
冬小麦	0.2	0.6	0.5		1.15
玉　米	0.4	1.5	0.5	0.2	1.25
棉　花	0.2	0.5		0.25	0.85

由此，不难得到作物实际产量 y_a 的表达式为

$$y_a = y_m \left[1 - K_y \left(1 - \frac{ET_a}{ET_m}\right)\right] \tag{4.85}$$

即气候生产潜力。若要估算灌溉条件下的气候生产潜力，则应考虑降水和灌溉水总量对作物产量形成的影响。

最大可能蒸散 ET_m 可以表示为参考作物蒸散量 ET_0 与作物系数 K_C 的乘积。

作物系数与作物种类、生长发育阶段等因素有关;表 4.6 给出了几种主要作物的作物系数随覆盖率的变化。

最大可能蒸散量也可以采用 Penman-Monteith 公式(4.26)式进行计算;R. G. Allen 等[79](1989)曾利用叶面积指数改进了其中作物冠层阻抗的确定方法,提出了该公式的简便计算方法;并在 1992 年得到了 FAO 的推荐,朱自玺[80](1996)曾介绍了具体计算公式以及美国的农业气象和农田蒸散研究。

实际蒸散量是指作物在其生长发育期间实际消耗的水量。在旱作条件下,作物消耗的水分主要来源有两个,一是大气降水,二是土壤有效水分含量。在没有实测资料时,土壤含水量可按下式确定,即

$$W_a = W_{a-1} + r - K_C ET_0 \tag{4.86}$$

式中,W_a 为当前生育期的土壤含水量,W_{a-1} 为前一生育期的土壤含水量,单位都以 mm 表示。若当前生育期为播种—出苗期,则其前一生育期含水量就是播种前的农田土壤含水量,可以采用实测资料或经验公式进行估算。由此,可确定实际蒸散量,即

$$ET_a = \begin{cases} ET_m & r + W_{a-1} \geqslant ET_m \\ r + W_{a-1} & r + W_{a-1} < ET_m \end{cases} \tag{4.87}$$

FAO 方法在我国的应用非常广泛。郑剑非[81](1982)、赵宝聚[82](1987)、赵安[83](1998)等采用这种方法分别计算了北京市、河北沧州、江西赣州地区冬小麦、玉米、水稻等作物的气候生产潜力,并对水资源的合理利用提出了最佳灌溉方案、对土地进行等级评定和农业气候区划等;王恩利等[78](1990)对黄淮海地区冬小麦和夏玉米的气候生产力进行了评价;王石立等[66](1995)对华北地区小麦水分亏缺的时空变化规律及其与小麦干旱的关系进行了分析等。

2.广义的气候生产潜力

作物生产力模型研究中,除了考虑光、温、水因素影响以外,还应该考虑土壤、农业技术、气候变化和气候灾害等因素对作物产量的影响。因此,不少学者在传统的气候生产潜力基础上,又进行了土壤、灌溉、农业技术、气候变化等因子的订正。

①土壤订正。土壤—气候生产潜力,即光温水土生产潜力[38],是指除光、温、水、土之外的其他自然环境条件都适宜、社会经济最佳、在最优化管理条件下,无杂草病虫害并选用最优良品种,在当地作物可能生长期内由实际光照、温度、水分和土壤条件所决定的作物产量上限。可表示为

$$y_3 = y_2 \cdot C_S \tag{4.88}$$

式中,C_S 为土壤订正系数。

土壤订正系数的确定,一般根据当地土壤性质、土层厚度、侵蚀状况、坡向坡度、排水性能、地下水位以及养分条件等因素对作物产量形成的影响进行综合分析

以后,将采用综合评价方法确定的土壤评分等级作为订正系数;也可以利用土壤和产量的实际资料,采用多元回归分析方法拟合其经验表达式。

王效瑞等[84](1996)对山区作物气候生产潜力的估算进行了研究,讨论了平地与坡地有关参数的计算和修正问题,提出了海拔高度、坡向、坡度等地形因子订正后的山区作物气候生产潜力的具体计算方法。

②灌溉订正。对于缺水地区,灌溉是作物水分供应的主要来源,对农作物产量影响很大。与前类似,根据地区水分资源对光温水生产潜力 y_2 进行灌溉订正后,所获得的生产能力可作为远期或近期有可能实现的作物产量目标。表示为

$$y_4 = \left(y_1 \cdot B + y_2 \cdot C + \sum_{i=1}^{n} y_{2i} \cdot D_i\right)/A \tag{4.89}$$

式中,B 为保证水分充足灌溉地的播种面积;C 为旱地无灌溉条件的播种面积;D_i 为第 i 种灌溉方案的播种面积(灌水方案 $1,2,\cdots,n$);y_{2i} 为第 i 种灌溉方案所获得的某种作物的光温水生产潜力;A 为该作物在该地的总播种面积。

黄志英等[85](2003)以河北省为例,通过对小麦和玉米的气候生产潜力估算得出雨育和灌溉两个系列的气候生产潜力。结果表明,自然降水条件下,生产潜力很低,仅为光温生产潜力的 50% 左右;而在灌溉条件下,作物的灌溉潜力可达到光温生产潜力的 80%。

③农业技术水平订正。科学技术是第一生产力。对于某一地区,考虑近期可能投入的肥料量以及近期可能达到的农业技术水平,对光温水生产潜力 y_2 进行农业技术水平订正后,所获得的生产能力可作为近期可能达到的作物产量目标。表达式为

$$y_5 = y_2 \cdot K_B \cdot C_T \tag{4.90}$$

式中,K_B 为根据各种作物产量折算的肥料利用率;C_T 为农业技术水平订正系数。通常,一个地区农业技术水平的高低与作物品种改良、病虫害防治技术、栽培措施以及肥料利用率等因素有关。

④气候变化与灾害订正。随着工农业生产的迅速发展以及生态环境的不断变化,大气中 CO_2 等温室气体不断增加,从而引起全球气候变化。由于影响作物生产力的气温、降水、太阳辐射等因素都在发生变化,对人类社会生产活动产生了深远的影响,对农作物的影响则更为直接,已经引起了世界科技界和各国政府的普遍关注。因此,江爱良[86](1991)提出,在作物生产力模型研究中,以光合生产潜力为基础,逐步进行温度和水分订正后,还应进行气候年际变化和气候灾害引起减产的修正。吴宜进等[87](1999)对湖北省的气候生产力与农业可持续发展进行了研究,采用的气候生产力表达式为

$$y_2 = y_0 \cdot f(T, W, D) \tag{4.91}$$

式中,y_0 为光合生产力;$f(T, W, D)$ 为温度、水分、气候年际变化和灾害引起减产

（D）的订正函数。

郭建平等[88]（1995）利用我国东北地区 100 个气象站的气象和产量等资料,分析了东北地区主要粮食作物的气候适应性;分别计算了玉米、水稻、大豆、高粱和谷子等作物的气候生产潜力,并采用线性规划方法对东北地区主要农作物种植结构提出了调整意见。自 20 世纪 80 年代以来,国内外许多学者在模拟温室效应对气候变化的影响和气候变化的生物效应等方面做了大量的研究工作,并对 CO_2 倍增、紫外辐射增大后主要农作物的生产潜力进行了估算[89]。谢云等[90]（2003）利用我国东部 129 个气象站的逐年气象资料,计算了夏秋粮食作物逐年和多年平均气候生产潜力,并分析了近 40 年我国东部地区气候生产潜力的时空变化。

3.作物产量形成的动态模拟

随着电子计算机技术和作物产量模拟技术的迅速发展,人们运用系统的观点、动态的观点不断探索在计算机上模拟农业生产的基本过程,以便为农业生产提供更加迅速、准确、优化的农业气候评价结果。作物生产力的评价,也可以从作物生长发育的生理机制入手,采用数学模型描述作物生长发育和产量形成的全过程,并在计算机上进行动态模拟。

作物生产力的数学动态模拟,主要包括 3 部分内容:

①确定模拟对象和模拟参数。可选择基础资料比较完备的主要农作物,如水稻、小麦等;输入参数和输出参数的选择和确定对模型的建立和运行影响很大,包括大量的环境参数(光、温、水、土、肥等)、作物生理及遗传参数(生育期、叶龄、光合生产、形态性状、产量形成等);计算机模拟的时间步长一般以“日”为单位,因为气象要素、光合作用、呼吸、蒸腾、发育等都具有日变化。

②建立和调试数学模型。在作物全生育期中,每一种作物都要经历一定的生长和发育过程,作物外部形态和内部物质的变化就是这两个过程的结合。因此,实际模拟时应充分反映作物生长和发育过程的区别和联系;选择并建立的模拟模型通常应包括生育期模型、叶龄模型、器官形成模型、光合作用模型、呼吸作用模型、产量形成模型等;模型中的参数取值可以由实际观测资料、田间试验或室内实验数据确定,也可以根据理论分析或专家经验值进行调试。

③模拟结果的评价和模型的应用。只有当模拟结果与当地的实际情况相符合,模型才有应用价值。这就要求模型不仅能反映一个地区相对稳定的气候特点、农业生产布局和结构以及作物生产的相对稳定性,而且还能反映出这一地区气候的年际变化、气候资源要素发生剧烈变化时对作物生长发育及产量形成的影响等;只有这样,才能为当地产量预报、灌溉方案、田间水肥管理等生产技术措施提供决策依据和行动方案。

在气候生产潜力数值模拟研究方面,许多学者从不同角度或侧面研究生产力估算的系统模型,同时又引进更多自然资源因子以及深化生理机制的生态区域法,对多种主要作物的生产力进行数值模拟,取得了丰富的研究成果。例如,陈国南[91](1987)采用 Miami 模型对我国自然植被的生物生产量进行测算;侯光良等[92](1990)利用 Miami 模型、Thornthwaite Memorial 模型和 Chikugo 模型估算我国的植被气候生产力;冷流影[93](1992)对地理信息系统支持下的中国农业生产潜力进行了分析。

刘建栋等[94,95](1999,2000)对黄淮海地区冬小麦光温生产潜力、东北三省春玉米气候生产潜力进行了数值模拟研究,绘制了气候生产潜力分布图,并指定模式水分因子为最适状态,分析了春玉米光温生产潜力的分布状况,在此基础上给出了水分增产力的分布图。林文鹏等[96](2000)利用水分有效系数对漳州市水稻气候生产潜力进行了研究,并探讨了基于 GIS 的水稻气候生产潜力研究方法,运用光、温、水生产潜力计算模型,计算了漳州市各县水稻气候生产潜力,并与现实产量进行对比分析,确定了该市水稻气候生产潜力的优势区,据此提出了发挥水稻气候生产潜力的途径和措施。王素艳等[97](2003)从水分平衡角度,采用数理模式构建了估算气候生产潜力的水分订正函数,计算了我国北方逐年的气候生产潜力,分别以相对变率、变异系数以及由水分亏缺引起的减产率和水分亏缺率等为指标,分析近年来我国北方冬小麦水分与气候生产潜力的动态变化。

作物的最高产量潜力是否有极限,一直是学术界争论的问题。同一作物在不同的种植地区其最高产量潜力极限不同,这主要取决于当地的温度、降水和土壤等条件。为了研究水稻产量潜力以及高产区域分布,蔡承智等[98](2006)建立了我国水稻产量潜力的预测模型,根据 FAO 和 IIASA(国际应用系统分析研究所)基于中国 1961—1997 年的统计资料共同开发的 AEZ 模型,运用 GIS 平台计算了我国 41 个农作制亚区的水稻生产潜力,并指出了单产最高潜力分布区域。研究认为,我国水稻最高产量潜力主要分布在江淮江汉平原、南岭丘陵和四川中部丘陵等地区,其高限大约是目前我国水稻大面积产量的 2 倍。显然,这对于指导我国水稻高产育种及栽培具有重要的参考意义。

气候生产潜力的估算与评价不仅可以作为区域农业分区、制定作物产量计划和农业发展规划、确定投资方向和有关农业政策的重要依据,而且还是估算土地人口承载能力的基础。此外,气候生产潜力数值模拟的动态研究可以揭示作物生育规律、产量形成与环境条件相互作用机制,对定量分析气候、土壤、作物资源利用程度和潜力、产量限制和影响因子等都是一种有效的手段。气候生产潜力的数值模拟研究在理论上和实践上都具有非常重要的意义。

4.气候生产潜力的分布

全球陆地自然植被气候生产潜力年总量的最大值出现在热带湿润地区,最小值出现在干旱沙漠地区。全球纬向分布特征明显,赤道地区为高值区,随着向南北两极地理纬度的增高,气候生产潜力逐渐下降;赤道附近最高值可达 30000

kg/hm²，而在北半球的大陆北部边缘地区只有 2000 kg/hm²；大陆东、西两岸地区气候生产潜力的纬向分布特征受到破坏，其中南、北美洲的西海岸地区尤其明显，基本上变为经向分布；此外，在南亚和中亚山地气候生产潜力受地形影响非常明显。

　　我国气候生产潜力的分布，如图 4.14 所示。东部地区的基本特征是气候生产潜力随地理纬度的增高自南向北递减，大部分地区等值线呈东北—西南走向，华南地区等值线呈东西走向；这反映了气候的地带性和季风气候的影响。西部地区气候生产潜力的分布较为复杂，受地形影响明显。全国气候生产潜力＞1750 kg/亩以上的高值区位于年降水量＞1600 mm 的华南地区南部和台湾岛；1500～1750 kg/亩的次高值区分布在年降水量为 1200～1600 mm 的长江下游以南、云贵高原以东、南岭山地以北以及云南南部边缘地区；500～1500 kg/亩的中值区分布在年降水量为 400～1200 mm 的大兴安岭、太行山以东、长江流域以北以及云贵川大部、西藏东南部地区；500 kg/亩以下的气候生产潜力低值区主要分布在年降水量为 400 mm 以下的内蒙古、新疆、青藏高原大部和陕西、甘肃、宁夏、山西的部分地区，尤其是西北干旱地区仅250 kg/亩甚至更低。

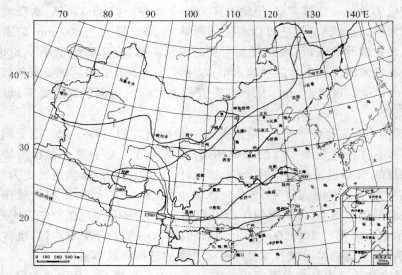

图 4.14　我国气候生产潜力（kg/亩）的分布[26]

4.5.2　种植制度及结构优化模式

　　种植制度（Cropping System）是指一个地区或生产单位农作物种植的种类组成、熟制、种植类型与方式，并与当地气候资源、生态环境、生产条件等相适应的综合体。主要类型有单作、复种、套种、间（混）作和多重种植等。合理的种植制度要求作物群体与自然资源环境特点,特别是光热水等特点相适应,并提高其转换效率。目的是为了获得社会、经济和生态效益,达到稳产高产、优质高效,使农业生产持续均衡的发展。

水分条件在热量能够满足的地区往往是多熟种植的关键因素;因为多熟种植比一熟种植耗水量大,高产作物又比中低产作物的耗水量大。研究表明[99],京津地区两年三熟制在低产水平下耗水量约为 400～500 mm/a,一年两熟制耗水量大于 800 mm/a,高产的小麦—玉米两熟则至少在 800 mm/a 以上;双季稻一般要比一季稻多耗水 50% 以上。因此,实现多熟高产必须要有水分保证,要研究多熟种植与水分需求之间的关系,以便经济合理地用水;同时,应根据不同地区的水分条件选种对水分要求不同的作物。一般来说,谷、黍、高粱需水量较少;玉米早期需水少而后期需水多;小麦需要的水分较多,且冬小麦比春小麦需水更多;水稻的需水量最大。与多熟制种植有关的水分条件,除了降水量、蒸散量和土壤湿度以外,还与水利、水文条件、地下水、径流量、渗漏量等有关。

从我国大范围农业布局来看,多熟种植与水分的关系十分明显[38]。年降水量小于 200 mm 的地区,只有在灌溉的条件下才能有农业;年降水量在 600 mm 左右的地区,相应的热量也比较丰富,旱地大多为小麦—谷子(豆子)两熟,水浇地可有小麦、玉米两熟,低洼易涝地还可以有麦稻两熟;年降水量大于 800 mm 的秦岭—淮河以南、长江以北地区,可以有较大面积的麦稻两熟;而年降水量小于 800 mm 的地区,只有在灌溉条件下才能种植水稻;双季稻一年三熟的地区则要求年降水量在 1000 mm 以上。事实上,我国从北到南有相当大的耕地面积都需要灌溉,才能实现多熟高产。

从我国的水分资源特点来看,旱涝灾害对种植制度的威胁很大。由于雨量年内分配不均匀,往往造成季节性的干旱和雨涝,使农业产量下降。在我国华北地区,年降水量的 60% 以上都集中在 7—8 月份,极易发生夏涝,低洼地区更为严重,这对麦收后的夏播作物非常不利;9 月降水较少,经常发生秋旱,影响大秋作物灌浆;发生伏旱的概率虽小,但严重的年份对作物产量影响很大。在长江以南地区,尽管年降水量一般都在 1000 mm 以上,但是因降水的季节分配不均匀,也常有季节性干旱和雨涝,这必然影响各地多熟种植类型的选择和具体实施。

作物适宜播种期也是水分资源理论实际应用的一个例子。我国北方旱地作物春玉米的播种期,一般是在春季温度回升到 10 ℃ 以上时抢墒播种,使用的品种一般是晚熟或中熟品种。但是,我国北方春季通常干旱少雨,雨季一般到 7 月上旬或其以后才能到来,而春季抢墒早播的春玉米到 6 月中、下旬即可达到需水关键期;因此,经常会遇到"卡脖子旱"而严重减产,甚至颗粒无收。邓根云等[100](1988)通过资料分析发现,仅从热量状况来看,旱地玉米的可播期为 4 月中旬到 7 月上旬,长达 80～90 天,难以得出最佳播种期;为此,他们从光照、温度和水分条件综合考虑,应用气候生产潜力理论,计算不同品种不同播种期各种保证率下的气候生产潜力,绘制出气候生产潜力与播种期之间的关系曲线图,根据曲线所示的最大理论产量所对应的播种期来确定旱地玉米的最佳播种期。

李全胜[101](2000)对中国亚热带东、西部山区水分资源和热量资源的时空分布规律进行了比较研究,根据亚热带东、西部山区的自然环境和水热资源的垂直分布规律,结合粮食作物生产和主要经济林果对水热资源的要求,对亚热带东、西部山区粮经作物适宜种植区域和种植高度进行了分析,探讨了水热资源对农业生产空间布局的影响。

4.5.3 作物水分供需规律和最佳灌溉方案

根据年、月、旬降水量的时空分布,保证率曲线以及各种列线图,对照不同作物对水分条件的需求,可以进行区域水分资源的农业评价,分析作物的水分供需规律,提出合理用水、科学灌水的农业气候依据。这方面的研究,称为农田水分盈亏分析,其理论基础是农田水分供需平衡方程。常用的水分盈亏指标有降水蒸发差、蒸散差等。降水蒸发差定义为降水量与蒸发力之差,它反映了某地水分收入和支出的相互关系,表示某地水分可能供给量与作物群体需求量之间的关系;其数值大小可以为决定某地的灌溉定额、制定合理的灌溉方案等提供参考依据。蒸散差定义为最大可能蒸散量与农田实际蒸散量之差,可用于计算农田的合理灌溉定额,分析农田水分供应情况等。

左大康等[47](1985)利用农田水分平衡方程(4.73)式,对我国黄淮海平原地区的冬小麦、夏玉米、棉花等各个生育期的农田水分盈亏量进行了计算分析。赵聚宝[63,82](1986,1987)采用 FAO 方法分析了河北平原地区玉米和冬小麦的水分供需状况;发现春玉米的需水规律与生育期降水的季节分配不吻合;究其原因,主要是因为春玉米播种过早,致使春玉米的需水关键期处于雨季到来之前,形成"卡脖子旱"而减产。根据不同播种期气候生产潜力的计算分析表明,正常年份适时晚播,不仅可以节约灌溉用水,而且可以保持较高的产量水平。在计算分析沧州地区冬小麦的水分供需状况和灌溉参数时,除了计算冬小麦需水量、实际耗水量和气候生产潜力以外,还计算了水分满足率、产量降低率、灌水量、耗水系数等参数。由此,结合当地的水分供需状况,可以根据理论产量的高低、耗水系数的大小等指标寻求产量高且耗水系数最小的方案,即为最佳灌溉方案。王石立等[66](1995)从土壤—作物—大气系统出发,考虑底墒和灌溉因素,计算并分析了华北各地多年来小麦田的土壤水分平衡状况;根据华北地区农业生产情况,分别确定了冬季和春季的灌溉时间和灌溉水量标准;在此基础上,以各发育阶段农田实际蒸散与最大可能蒸散的差值来衡量小麦水分亏缺程度,分析了水分亏缺的时空变化规律及其与小麦干旱的关系。

4.5.4　旱涝分析和干湿指标的研究

旱涝与干湿之间的区别在于,旱涝是指某一地区短时期内的异常天气气候,而干湿是指一个地区常年的水分平衡状况的气候特征。旱涝的发生并不取决于当地多年平均降水量的多少,而是与降水量的年际变化有关。根据竺可桢的研究[69],若雨量比常年增减达 25％,则作物已受到伤害;若达 40％,则无收获可言。因此,洪涝不仅可以在湿润气候地区发生,而且也可以在干燥气候地区发生;干旱现象也是如此,不仅经常发生在干燥气候地区,在湿润气候区也会因长久无雨或少雨而引起干旱。

最常见的旱涝指标是考虑降水量的多少和降水量距平的大小。当作为水量平衡主要收入项的降水量明显偏离正常值时,在一定程度上就反映了旱涝的程度;但是,自然环境的水分状况,不仅取决于大气降水的多少,还取决于大气降水的再分配以及前期水分在土壤中的贮存量;也正因为如此,同样的降水异常值在不同地区旱涝分析中的反映也有很大差异。因此,在旱涝指标中,只考虑大气降水量的多少是不全面的。

1. 干湿指标

一个地区气候的干湿程度以及农业水分供应情况,不仅取决于水分收入的多少,还与农业水分的消耗有关;也就是说,与作物正常生长发育、产量形成所消耗的水以及维持适宜的环境条件所必需的生态耗水有关。因此,采用降水量与蒸发力的比值或蒸发量与蒸发力的比值(或其倒数),运用地理比较法确定气候干燥度或湿润系数是地理气候、农业气候研究中常用的方法。

干湿指标的基本表达式为

$$K = r/E_0 , \quad H = E_0/r \tag{4.92}$$

这里,K 称为湿润系数、湿润指数或湿润度;H 称为干燥度或干燥指数。在气候区划中,式中 r 为年降水量;E_0 为年最大可能蒸发量。在农业气候水分资源分析评价中,r 表示农业水分收入项,可以是降水量,也可以是降水量与其他水分收入项之和;E_0 表示水分支出项,如作物群体需水量或农田需水量;干湿程度只表示农田的"条件"水分平衡[14],即作物的水分供求关系,并不表示地区水分全部收支的真正平衡。

干湿指标的经验表达式很多[13,41,102];不同学者考虑的影响因子也不尽相同,包括日平均气温>10℃或>0℃时期的活动积温、月平均气温、净辐射量及其同期降水量、农业生长季及其前期降水量、月平均相对湿度或空气饱和差、期初和期末土壤水分含量或有效水分贮量等。

2.旱涝指标

旱涝灾害的形成,不仅受降水量的多少和季节分配的直接影响,而且还与地形、植被条件、土壤性质、水利设施以及作物抗旱耐涝能力等因素有关。因此,随着研究对象和目的不同,旱涝的定义和指标也不完全相同。概括起来,可分为气象指标、水文指标和农业指标等 3 种类型。

一般来说,大范围的旱涝主要是由于降水量的异常所致;因此,在气象部门的气候评价工作中,采用降水距平百分率结合降水量作为指标,就基本上能够反映旱涝的实际情况。中国气象局曾制定了具体的干旱指标和雨涝指标,如表 4.8 和表 4.9 所示。各地气象部门也根据当地旱涝灾害的特点及其对农业生产的影响提出了相应的旱涝指标。

表 4.8　干旱指标[28]

干旱期	降水量距平百分率(%)	
	旱	重旱(或大旱)
连续三个月	$-25\%\sim-50\%$	$-50\%\sim-80\%$
连续二个月	$-50\%\sim-80\%$	-80% 以上
连续一个月	-80% 以上(关键月)	

表 4.9　雨涝指标[28]

雨涝期	涝	大涝
一旬	$250\sim350$ mm(东北 $200\sim300$ mm)（华南、川西地区 $300\sim400$ mm)	350 mm 以上(东北 300 mm 以上)（华南、川西地区 400 mm 以上)
两旬	$350\sim500$ mm(东北 $300\sim450$ mm)（华南、川西地区 $400\sim600$ mm)	500 mm 以上(东北 450 mm 以上)（华南、川西地区 600 mm 以上)
一个月	$100\%\sim200\%$(华南 $75\%\sim150\%$)	200% 以上(华南 150% 以上)
二个月	$50\%\sim100\%$(华南 $40\%\sim80\%$)	100% 以上(华南 80% 以上)
三个月	$30\%\sim50\%$	50% 以上

从农业应用角度出发,近年来关于旱涝指标研究的发展趋势是力图把旱涝指标建立在土壤水分平衡的基础上。常用方法有两种,一是系统分析方法,即对土壤—作物—大气系统进行分析,提出确定旱涝指标的实验式和土壤水分的推算方法;二是实验方法,即建立农田水分试验基地,对主要粮食作物进行实验研究,得出作物各生育期的适宜水分指标和旱涝指标。

程纯枢[103](1986)提出采用最大可能蒸散 ET_0 和实际蒸散量 ET_a 计算相对缺水率 I_R 和干旱等级的划分;并规定,相对缺水率 $I_R<10\%$ 为不干旱月;$10\%\sim40\%$ 为轻干旱月;$>40\%$ 为干旱月。由此,可对连续干旱月出现的次数、出现的时段、干旱强度等进行统计分析,研究旱涝的时频变化规律。李克煌等[35](1988)认为,干旱指标 K 是田间持水量差额 ΔD 与土壤最大有效含水量($W_H - W_P$)的比值;将 $K = 0.5$ 认为是干旱的开始,$K = 0.8$ 认为是严重干旱的开始。肖嗣荣等[37] (1985)从农田水分平衡方程出发,根据作物生长季可供水量 A 与同期作物需水量 E_m 的比值确定农业旱涝指标 K。韩湘玲[38](1992)采用 FAO 的农业生态区法,以实际耗水量 ET_a 与作物需水量 ET_P 的比值表示干旱程度,对黄淮海平原地区、京津地区、江淮平原的盐城地区的干旱等级和涝渍类型进行了研究。

田国良等[104](1992)关于旱情遥感监测模型研究的结果表明,利用作物缺水指数 CWSI(Crop Water Stress Index)与土壤水分之间的关系,可以进行区域农田的旱情监测。作物缺水指数定义为

$$CWSI = 1 - ET_a/ET_P \tag{4.93}$$

对于某一区域,实际蒸散量和潜在蒸散量是大气、土壤和植被等各圈层蒸发和蒸腾的综合反映,其比值反映了区域水分盈亏状况。因此,一个地区的作物缺水指数越大,表示该地区越干旱。当作物缺水指数为 1 时,表示该地区极端干旱。

气象部门很早就开展了包括土壤水分在内的农业气象观测。遥感技术的迅速发展,已突破了传统的以实验点为基础的土壤水分监测方法。田国良等[105] (1993)利用NOAA/AVHRR卫星遥感数据计算热惯量和作物蒸散,在农田蒸散计算的基础上进行土壤含水量模型研究,提出地表归一化温度指数模型。马蔼乃[106](1997)提出基于卫星遥感的作物缺水指数,揭示了土壤水分与遥感数据间的内在联系。目前,已经存在的多种土壤含水量遥感模型大多集中在对农田或作物的缺水监测,而对大面积区域土壤含水状况的遥感研究开展较少[107]。

陈云浩等[67](2002)采用改进的区域蒸散量计算模型[51],尝试利用区域缺水指数对我国北方地区水分盈亏状况进行监测。模型的主要功能是依据能量平衡和水分平衡原理建立不同地表覆盖条件下的区域缺水量计算方法,实现利用遥感数据对我国北方缺水状况的宏观监测和快速反应。刘安麟等[68](2004)根据能量平衡原理,从简化潜在蒸散量的计算入手,对作物缺水指数法干旱遥感监测模型进行了简化。简化后的干旱监测模型涉及因子减少,计算量明显降低;而作物缺水指数仍然充分考虑了下垫面的植被覆盖状况和地面风速、水汽压等气象要素。

4.5.5　土地荒漠化研究

荒漠化是一个全球性的环境问题。荒漠化对中国社会经济的可持续发展造成的危害是十分惊人的,已经成为中国最严重的生态灾害之一和首要的环境问题。土壤水分匮乏可造成区域土地荒漠化、土地生产潜力下降以及其他自然资源和人类生存环境的恶化,甚至诱发突发性灾害事件(如沙尘暴)。据不完全统计,我国多年平均受旱面积约占全国耕地总面积的 19.6%。近年来我国北方连续出现严重

旱情,对自然环境及人类生存环境都产生了很大影响。因此,如何正确、客观地监测和评估当前我国北方的水分盈亏状况和土地荒漠化范围,对于进一步了解我国北方的生产和生存条件,制订区域生态环境保护、资源开发与利用以及经济发展规划等,都具有十分重要的现实意义。

1994 年经过国际荒漠化公约政府间谈判委员会(INCD)的多次讨论,正式通过了《联合国关于在发生严重干旱和/或荒漠化的国家特别是在非洲防治荒漠化的公约》[108]。该公约将荒漠化定义为"包括气候变异和人类活动在内的种种因素造成的干旱、半干旱和亚湿润干旱地区的土地退化"。同时明确了干旱、半干旱和亚湿润干旱区的范围,认为"干旱、半干旱和亚湿润干旱地区"是指年降水量与潜在蒸散量之比在 0.05~0.65 之间的地区,但不包括极区和副极区。干旱、半干旱和具有干旱灾害的半湿润地区是荒漠化发生的环境背景。荒漠化潜在发生范围的确定,不仅影响到一系列与之相关的方针、政策、法规等战略性重大决策的制定和实施,同时也直接影响对荒漠化的监测和治理。

确定荒漠化潜在发生范围,关键在于荒漠化气候类型区的划分,即通常意义上的干湿区划分。国内外学者曾提出许多干湿区划分方案。慈龙骏等[109](1997)采用 INCD 推荐的 Thornthwaite 公式计算潜在蒸散量进而确定湿润指数,并据此绘制了我国第一张荒漠化气候类型分布图,首次初步确定了我国荒漠化的潜在发生范围。张煜星[110](1998)利用干燥度和湿润指数相关性的理论结果,利用由干燥度推导的湿润指数确定荒漠化气候类型区划面积;区划结果大体上与我国的气候特点相一致。

周晓东等[49](2002)分别采用 Thornthwaite 公式和 Penman 公式计算潜在蒸散量和湿润指数,划分我国的荒漠化气候类型区并确定荒漠化潜在发生范围的区域面积;同时对上述两种方法在我国荒漠化气候类型区划中的适用性进行了比较分析。首先,将湿润指数 I_M 表示为年降水量(mm)与年潜在蒸散量(mm)之比;然后,根据 I_M 划分出 3 个荒漠化气候类型区,即 $0.05 \leqslant I_M < 0.20$ 为干旱区,$0.20 \leqslant I_M < 0.50$ 为半干旱区,$0.50 \leqslant I_M < 0.65$ 为亚湿润干旱区;最终将三者的总体分布确定为荒漠化气候的潜在发生范围。

我国荒漠化气候的区域分布状况,如表 4.10 所示。全国荒漠化气候的潜在发生范围总面积大约为 4236649.5 km²,占国土总面积的 44.1%,分布于全国 19 个省(市、自治区)。荒漠化潜在发生范围,包括西北的绝大部分地区、青藏高原和华北的大部、东北的中西部地区以及云南省和海南省的一小部分地区。

表 4.10　我国荒漠化气候类型的区域分布[49]

地　区	亚湿润干旱区 面积/km²	半干旱区 面积/km²	干旱区 面积/km²	荒漠化潜在发生范围 面积/km²	占全国/%
北京	12160	2414		14574	0.34
天津	7498			7498	0.18
河北	99510	46290		145800	3.44
山西	106100	13330		119430	2.82
内蒙古	84870	529300	275800	889970	21.01
辽宁	35700	9515		45215	1.07
吉林	26400	32280		58680	1.39
黑龙江	52860	19720		72580	1.71
山东	43830			43830	1.03
河南	30690			30690	0.72
海南	20.5			20.5	0.00005
四川	37140	10960		48100	1.14
云南	12400	2382		14822	0.35
西藏	122200	450700	4266600	999500	23.59
陕西	23230	38120		61350	1.45
甘肃	37010	74580	128800	240390	5.67
青海	109400	297000	162000	568400	13.42
宁夏	7269	33880	10130	51279	1.21
新疆	5741	189700	629100	8245411	9.46
合计	854048.5	1750171	1632430	4236649.5	100.00

　　目前,我国荒漠化研究中还存在着两个尚待解决的问题,一是极干旱区潜在范围的修正,二是南方湿润地区的荒漠化问题。

　　我国荒漠化研究所确定的极干旱区范围与《公约》的定义以及实际荒漠面积存在一定的差异。例如,根据 Penman 公式法确定的极干旱区范围为 1 050 000 km² 左右,而我国所有沙漠和戈壁的总面积为 1 282 400 km²;其中,塔里木盆地和柴达木盆地的外围地区属于极干旱区,这与该地区的气候特点是一致的,而按照《公约》的定义该地区不应属于荒漠化潜在发生范围。尽管由于附近高山上的大气降水和冰雪融水的影响,该地区在景观上以荒漠草场和草甸草场为主,但同时也存在着草场逐渐退化的现象,根据荒漠化的有关定义,该地区的荒漠化问题实际上是客观存在的。因此,应该将这一地区纳入荒漠化气候的潜在发生范围;也就是说,有必要进一步对极干旱区范围进行修正。

　　我国南方湿润地区的荒漠化问题也应引起重视。1994 年 3 月,亚太经合会和联合国环境署在曼谷召开的荒漠化防治国际公约亚太区域执行附件讨论会[111]上,重申了 1992 年 11 月在德黑兰亚太经合会荒漠化防治网络会上提出的观点,荒漠化还应该包括"湿润半湿润地区由于人为活动引起的环境向着类似荒漠景观的变化过程"。因此,我国南方湿润地区也存在荒漠化潜在发生区,但是仅根据湿润指数显然不能够确定其范围。在《中国 21 世纪人口、环境与发展白支书》中,认为南方湿润地区的荒漠化土地在扩大,提出"对南方土地荒漠化的研究更应重视"。因此,探索适宜的方法用于确定南方湿润地区荒漠化潜在发生范围,对南方土地荒漠化的研究与防治有着极其重要的意义,应该成为我国荒漠化研究亟待解决的理论问题之一。

参 考 文 献

[1] 方子云.1998.保护水环境促进长江经济带的可持续发展.人民长江,(1)

[2] 水利电力部水文局.1987.中国水资源评价.北京:中国水利水电出版社

[3] 霍明远,张增顺.2001.中国的自然资源.北京:高等教育出版社,82—95,115—203

[4] 陆渝蓉,高国栋.1987.物理气候学.北京:气象出版社,372—406,453—540

[5] 盛承禹.1986.中国气候总论.北京:科学出版社

[6] 程纯枢,王炳忠.1986.我的降水量变率.见《中国农业气候资源和农业气候区划论文集》,北京:气象出版社

[7] 马开玉,丁裕国,屠其璞等.1993.气候统计原理与方法.北京:气象出版社,42—130

[8] 施能,陈辉.1988.论我国 35 个测站的月、季降水量以及按区域平均降水量的正态性.气象,**14**(3),11—15

[9] 杨观竹.1983.陕西省年、月降水量的理论频数分布.高原气象,**2**(2),38—43

[10] 张耀存,丁裕国.1991.降水量概率分布的一种 Γ 型通用模式.气象学报,**41**(1),82—86

[11] 丁裕国.1987.降水量概率分布的一种间接模式.南京气象学院学报,**10**(4).34—42

[12] 么枕生.1984.气候统计基础.北京:科学出版社

[13] М. И. Будыко.1960.地表面热量平衡.李怀瑾译,北京:科学出版社

[14] 欧阳海,郑步忠,王雪娥等.1990.农业气候学.北京:气象出版社,194—293

[15] Penman H. L. 1948. Natural Evaporation from Open Water, Bare Soil and Grass. *Proc. Roy. Soc.*, London, **A193**, 120—146

[16] 谢贤群,左大康,唐登银.1991.农田蒸发测定与计算.北京:气象出版社,134—142

[17] Monteith J. L. 1981. Evaporation and Surface Temperature, *Quart. J. Roy. Meteo. Soc.*, **107**, 1—27

[18] 邓根云.1979.水面蒸发量的一种气候学计算方法.气象学报,**37**(3)

[19] 陶祖文,裴步祥.1979.农田蒸散和土壤水分变化的计算方法.气象学报,**37**(4),79—87

[20] 裴步祥.1989.蒸发和蒸散的测量和计算.北京:气象出版社

[21] 高国栋,陆渝蓉,李怀瑾.1980.我国陆面蒸发量和蒸发耗热量的研究.气象学报,**38**(2),71—82

[22] 傅抱璞.论陆面蒸发的计算.1981.大气科学,**5**(1),25—33

[23] 谭冠日,王宇,方锡林等.1984.陆面蒸发公式的检验.气象学报,**42**(2),105—111

[24] 高桥浩一郎.1979.月平均气温月降水量以及蒸发散量的推定方式.天气(日本),**26**(12)

[25] 李克煌.1985.论豫西山区的水分平衡和气候干燥度.河南大学学报(自然科学版),**15**(1). 4—13

[26] 侯光良,李继由,张谊光.1993.中国农业气候资源.北京:中国人民大学出版社

[27] 高绍凤,陈万隆,朱超群等.2001.应用气候学.北京:气象出版社,16—66

[28] 中国自然资源丛书编撰委员会.1995.中国自然资源丛书《气候卷》.北京:中国环境科学出版社,157—207

[29] 张家诚.1988.中国气候总论.北京:气象出版社,125—156,440—452

[30] 施嘉炀.1996.水资源综合利用.北京:中国水利水电出版社

[31] 中国自然资源丛书编撰委员会.1995.中国自然资源丛书《水资源卷》.北京:中国环境科学出版社

[32] Houghton J. T.,Meira Filho L. G.,Callander B. A.,et al. 1995. IPCC 1995:the Science of Climate Change . Cambridge:Cambridge University Press

[33] 施雅风.1995.气候变化对西北华北水资源的影响.济南:山东科学出版社

[34] 李荣,孙卫国,阮祥等.2006.气候变化对湟水径流量的影响分析.人民黄河,**28**(12),39—41

[35] Романова Е. Н. 1981.基本气候要素的小气候变化.王炳忠译,北京:科学出版社,1—139

[36] 傅抱璞,翁笃鸣,虞静明等.1994.小气候学.北京:气象出版社,38—82

[37] 肖嗣荣,郭康.1985.关于农业旱涝指标的研究.地理研究,**4**(2),58—66

[38] 韩湘玲.1999.农业气候学.太原:山西科学技术出版社,90—138

[39] 顾世祥,王士武,袁宏源.1999.参考作物蒸发量预测的径向基函数法.水科学进展,**10**(2),123—128

[40] 段永红,陶澍,李本纲.2004.北京市参考作物蒸散量的时空分布特征.中国农业气象,**25**(2),22—25

[41] Thornthwaite C. W. 1948. An Approach toward a Rational Classification of Climate. *Geogr. Rev.* ,**38**,55—94

[42] Blaney H. F. and Criddle W. D. 1950. Determining Water Requirements in Irrigated Areas from Climatological and Irrigation Data. *USDA Soil Conservation Service Tech.* ,Paper No.96,48

[43] Jensen M. E. and Haise H. R. 1963. Estimating Evapotranspiration from Solar Radiation. *J. Irrigation Drainage Div. Amer. Soc. Civil Eng.* ,**89**,15—41

[44] Jensen M. E.,Robb D. C. N. and Franzoy C. E. 1970. Scheduling Irrigation Using Climate-crop Soil Data. *J. Irrigation Drainage Div. Amer. Soc. Civil Eng.* ,**96**,25—38

[45] Rosenberg N. J.1982.小气候—生物环境.何章起等译,北京:科学出版社,172—217

[46] 李克煌.1990.气候资源学.郑州:河南大学出版社,163—283

[47] 左大康,许越先,陈德亮.1985.河北省平原地区主要作物农田水分盈亏分析.地理研究,**4**(1),24—31

[48] 程维新.1985.作物生物学特征对耗水量的影响.地理研究,**4**(3),26—33

[49] 周晓东,朱启疆,孙中平等.2002.中国荒漠化气候类型划分方法的初步探讨.自然灾害学报,**11**(2),125—131

[50] 尚宗波,高琼.2001.中国水分状况对全球气候变化的敏感性分析.生态学报,**21**(4),528—537

[51] 陈云浩,李晓兵,史培军.2001.我国西北地区区域蒸散量计算的遥感研究.地理学报,**56**(3),261—268

[52] 康绍忠,刘晓明,熊运章等.1994.土壤—植物—大气连续体水分传输理论及其应用.北京:中国水利电力出版社,122—147

[53] Haugen D A.微气象学.李兴生等译,1984.北京:科学出版社,1—156

[54] 孙卫国,申双和.2000.农田蒸散量计算方法的比较研究.南京气象学院学报,**23**(1),101—105

[55] 孙卫国.1993.近地面层普适函数和湍流通量的确定方法.见《中国农业小气候研究进展》,北京:气象出版社,76—84

[56] 孙卫国,刘树华.1995.农田植被层上通量—廓线关系的研究.南京气象学院学报,**18**(3):404—409

[57] Monteith J. L. 1963. Gas Exchange in Plant Communities. *Environmental Control of Plant Growth*, L. T. Evans, editor, Academic Press, New York, 95—112

[58] 谢贤群.1993.测定农田蒸散量的几种微气象方法.见《中国农业小气候研究进展》,北京:气象出版社,59—75

[59] 谢贤群.1988.一个改进的计算麦田总蒸发量的能量平衡—空气动力学阻抗模式.气象学报,**46**(1),104—108

[60] 陈镜明,唐登银.1988.遥感方法和蒸散计算方法估算农田蒸散量的比较.科学通报,**33**(20),59—61

[61] 丘宝剑.1987.黄淮海平原农业气候资源评价.北京:科学出版社

[62] 朱自玺,牛现增,侯建新.1988.麦田水量平衡的动态分析.中国农业气象,**9**(2),3—5

[63] 赵聚宝.1986.玉米的水分供需特征及提高其利用率的途径——以河北青县为例.中国农业气象,**7**(3),9—14

[64] 李玉山,喻宝屏.1980.土壤深层储水对小麦产量效应的研究.土壤学报,**17**(1),45—56

[65] 李克煌,施其仁,千怀遂.1988.干旱指标的初步探讨.河南大学学报(自然科学版),**18**(1),3—9

[66] 王石立,娄秀荣,沙奕卓.1995.华北地区小麦水分亏缺状况初探.应用气象学报,**6**(增刊).42—48

[67] 陈云浩,李晓兵,李霞等.2002.不同地表覆盖条件下区域水分盈亏的遥感分析.地球科学进展,**17**(2),283—288

[68] 刘安麟,李星敏,何延波等.2004.作物缺水指数法的简化及在干旱遥感监测中的应用.应用生态学报,**15**(2),210—214

[69] 竺可桢.1964.论我国气候的几个特点及其与粮食作物的关系.地理学报,**30**(1),1—13

[70] 中国农业科学院农业气象研究室农业气候组.1983.我国小麦生长期气候资源及其合理利用.中国农业气象,**4**(2),21—26

[71] 朱志辉,张福春.1985.我国陆地生态系统的植物太阳能利用率.生态学报,**5**(4),55—58

[72] 冷疏影.1992.我国的农业生产潜力.见《能量水分平衡与农业生产潜力网络试验研究》,北京:气象出版社

[73] 侯光良.1986.关于我国作物气候生产潜力估算问题的初步讨论.见《中国农业气候资源和农业气候区划论文集》,北京:气象出版社,197—203

[74] 邓根云.1986.气候生产潜力的季节分配与玉米的最佳播期.气象学报,**44**(2),66—72

[75] 谢云.1999.中国粮食生产对气候资源波动响应的敏感性分析.资源科学,**21**(6),15—19

[76] Leith H.,Wittaker R. H. 1975. Modeling the Primary Productivity of the World. *Primary Productivity of the Biosphere*,New York,Springer Verlag,237—263

[77] FAO. 1979. Crop Yields Response to the Water. Roma,3—44

[78] 王恩利,韩湘玲.1990.黄淮海地区冬小麦、夏玉米生产力评价及其应用.中国农业气象,**11**(2),43—48

[79] Allen R. G.,Jensen M. E.,Wright J. L. and Burman R. D. 1989. Operational Estimates of Reference Evapotranspiration. *Agronomy Journal*,**8**,653—661

[80] 朱自玺.1996.美国农业气象和农田蒸散研究.气象,**22**(6),3—9

[81] 郑剑非,卢志光.1982.北京市冬小麦气候生产潜力及干旱期间最佳灌水方案.农业气象,**3**(4),20—25,31

[82] 赵聚宝.1987.沧州地区冬小麦的水分供需特征及水资源的合理利用.气象,**13**(5),25—29

[83] 赵安,赵小敏.1998.FAO-AEZ法计算气候生产潜力的模型及应用分析.江西农业大学学报,**20**(4),528—533

[84] 王效瑞,田红.1996.山区作物气候生产潜力估算中参数的计算和修正问题.应用气象学报,**7**(4),500—506

[85] 黄志英,梁彦庆,葛京凤.2003.作物气候生产潜力估算及有效增产途径探讨.农业现代化研究,**24**(6),47—52

[86] 江爱良.1991.气候生产力估计的一种新模式.中国农业气象,**13**(1),21—25

[87] 吴宜进,熊安元,杨荆安.1999.湖北的气候生产力与农业持续发展.长江流域资源与环境,**8**(4),405—410

[88] 郭建平,高素华,潘亚茹.1995.东北地区农业气候生产潜力及其开发利用对策.气象,**21**(2),3—9

[89] 郑有飞,万长建,徐维新.1997.未来气候变化时南京地区冬小麦气候生产潜力估算.中国农业气象,**18**(3),16—20

[90] 谢云,王晓岚,林燕.2003.近40年中国东部地区夏秋粮作物农业气候生产潜力时空变化.资源科学,**25**(2),7—13

[91] 陈国南.1987.用迈尔密模型测算我国生物生产量的初步尝试.自然资源学报,**2**(3),270—278

[92] 侯光良,游松才.1990.用筑后模型估算我国植被气候生产力.自然资源学报,5(1),60—65

[93] 冷流影.1992.地理信息系统支持下的中国农业生产潜力研究.自然资源学报,7(1),73—81

[94] 刘建栋,于强,傅抱璞.1999.黄淮海地区冬小麦光温生产潜力数值模拟研究.自然资源学报,14(2),169—174

[95] 刘建栋,傅抱璞,金之庆.2000.东北地区春玉米农业气候资源数值模拟.中国农业气象,21(1),5—8

[96] 林文鹏,陈逢珍,陈霖婷等.2000.GIS支持下的漳州市水稻气候生产潜力研究.福建地理,15(1)

[97] 王素艳,霍治国,李世奎等.2003.中国北方冬小麦的水分亏缺与气候生产潜力——近40年来的动态变化研究.自然灾害学报,12(1),122—131

[98] 蔡承智,Velthuizen H.,Fischer G.等.2006.基于 AEZ 模型的我国水稻产量潜力的农作制区划分析.种子,25(2),6—9

[99] 韩湘玲.1983.多熟种植.北京:农业出版社,70—105

[100] 邓根云,王树森.1988.作物适宜播种期的农业气候基础.中国农业气象,9(2),15—17

[101] 李全胜.2000.中国亚热带东西部山区热量和水分资源的比较分析及其对农业布局的影响.浙江大学学报(农业与生命科学版),26(2),219—224

[102] 中国科学院自然区划工作委员会.1959.中国自然区划(初稿).北京:科学出版社

[103] 程纯枢.1986.我国气候干湿条件的分布特点.见《中国农业气候资源和农业气候区划论文集》,北京:气象出版社

[104] 田国良,杨希华,郑柯.1992.冬小麦旱情遥感监测模型研究.环境遥感,7(2),83—89

[105] Tian Guoliang.1993.Estimation of Evapotranspiration and Soil moisture and Drought Monitoring Using Remote Sensing in North China Plain. *Space and Environment*, IAF, Graz Austria

[106] 马蔼乃.1997.遥感信息模型.北京:北京大学出版社

[107] 陈述彭,童庆禧,郭华东等.1998.遥感信息机理研究,北京:科学出版社

[108] 中华人民共和国林业部防治荒漠化办公室.1994.联合国关于在发生严重干旱和/或荒漠化的国家特别是在非洲防治荒漠化的公约.北京:中国林业出版社

[109] 慈龙骏,吴波.1997.中国荒漠化气候类型划分与潜在发生范围的确定.中国沙漠,17(2),107—111

[110] 张煜星.1998.中国荒漠化气候类型的分布.干旱区研究,15(2),46—50

[111] ESCAP/UNEP. Regional Meeting on the Asia Pacific Input to the International Convention to Combat Desertification. Bankok, 1994/3/7—9, 23—24

第五章　风能资源及其利用

风是指空气的水平运动。风是矢量,既有风向,又有风速。空气流动所产生的动能,比人类迄今为止所能控制的能量大得多;风和太阳能一样,也是一种取之不尽、用之不竭的清洁能源,开发利用的潜力很大。凡是平均风速较大的地区,都可以常年或季节性地利用风能而不必考虑运输和环境污染等问题。风是一种自然现象,风向影响工厂布局、城镇规划,风速影响建筑物的设计、农作物生长等。因此,风能资源及其利用也是气候资源学的一项重要研究内容。

风是一种动力,能够促进近地层热量、水汽、CO_2 以及大气中其他物质的再分配,利用这些特性可以为人类造福。风作为能源早在古代已为人们所利用。风作为自然资源,可以调节室内空气温度和湿度。在大气污染日益加剧的环境下,风是稀释污染物的一种重要的大气自洁机制。因此,在新建工厂和城镇规划时,应充分考虑近地层风速在污染扩散中的作用,以便充分利用大气自洁能力,达到减低建筑成本和生产成本、改善居住环境的作用。风向是城市规划中必须考虑的因素,尤其是在山区城市规划中,风对于农业生产也很重要,许多农作物的花粉、农田植被层中的 CO_2 等都依靠风力传播和输送。风还是一种有利的干燥条件。总之,风是气候资源的一个重要组成部分,利用风能可以取得一定的社会效益和经济效益,具有广阔的开发利用前景。

5.1　风能计算方法

在气候资源分析中,衡量某地风能资源潜力的大小,通常以风能密度和风能可利用小时数表示;或者采用两者的乘积来表示,称为风能储量。对于一个地区来说,年、季、月平均风速或极端最大风速只能反映该地风能资源的基本状况;从实际利用角度出发,人们通常采用有效风能密度和有效风能时数来评价一地风能资源的可利用程度。

5.1.1　风能和风能密度

计算分析风能资源潜力,揭示风能随时间的变化和地域上的分布规律,对于风能资源规划、开发利用等具有重要意义。目前,风能的利用方式主要是将风所具有的动能转化为电能或机械能等形式;因此,计算风能的大小,实际上就是计算气流的动能。

1. 风能公式

风能是空气水平运动所产生的能量,风能的大小主要取决于风速。由物理学可知,一个质量为 m,速度为 u 的气块,其动能为 $mu^2/2$。单位时间内气流以速度 u 垂直流过截面积 F 的气流体积为 $s=uF$,流过的空气质量为 $m=\rho s=\rho uF$;ρ 为空气密度(kg/m^3)。在风能利用的风速范围内,假设空气是不可压缩的;此时气流所具有的总能量(单位为 W)为

$$W = \frac{1}{2}\rho F u^3 \tag{5.1}$$

在风工程中,习惯上称为风能公式。由此可见,风能的大小与空气密度 ρ、气流通过的面积 F 和风速 u 的 3 次方成正比。空气密度和风速随地理位置、海拔高度、地形条件以及天气气候等因素而变化;因此,在风能计算中,风速取值是否精确对风能估算的准确性影响很大。

风能的利用一般通过风力机叶轮的转动来实现能量的转换或专输。截面积 F 实际上就是风轮旋转一圈所扫过的面积,即 $F=\pi D^2/4$;这里,D 为风轮的直径。通过风轮的气流,由于有一部分空气从叶翼中间流过,其动能没有被有效利用;冲击到叶翼的气流在叶翼周围产生涡旋,也会使叶翼运动受阻。因此,风能利用系数 K 一般小于 1;对于大型风力机,利用系数 K 可达 0.4,而小型风力机一般只有 0.3 左右。因此,风力机的实际功率为

$$W = \frac{\pi}{8}K\rho D^2 u^3 \tag{5.2}$$

式中,空气密度 ρ 在标准大气压下的数值为 1.2255 kg/m^3,代入上式可得

$$W = 0.481KD^2u^3 \quad (W) \tag{5.3}$$

该式适用于海拔高度 $h<500$ m 的地区;若海拔高度 $h\geqslant500$ m,则应对空气密度 ρ 进行气压订正,即 $\rho=\rho_0 p_0/p$ 或采用经验公式[1]进行订正;例如,

$$\rho = 1.2255e^{-0.0001h} \tag{5.4}$$

2. 平均风能密度

风能密度是指单位时间内通过垂直于气流的单位截面积上的风能。将(5.1)式中 F 取单位面积,可得瞬时风能密度(W/m^2);对时间积分并取平均,有

$$\overline{W} = \frac{1}{T}\int_0^T \frac{1}{2}\rho u^3 dt \tag{5.5}$$

称为平均风能密度;u 为对应时刻 t 的风速(m/s);T 为时段总时数(h)。一般情况下,可以忽略空气密度随时间的变化;但是,由于风速变化的随机性,不可能确定出风速随时间变化的具体函数形式;所以积分上式存在一定的困难,只能采用其实测的离散值近似估计平均风能密度。即

$$\overline{W} = \frac{\rho}{2n} \sum_{i=1}^{n} u_i^3 \qquad (5.6)$$

式中，n 为 T 时段内风速观测次数。但是，这样计算平均风能密度，当样本 n 较小时，计算结果的误差往往比较大。如果已知风速的概率密度函数 $f(u)$，则平均风能密度可以表示为

$$\overline{W} = \frac{1}{2} \int_0^\infty \rho u^3 f(u) \mathrm{d}u = \frac{1}{2} E(\rho u^3) \qquad (5.7)$$

这里，E 为数学期望。假设 ρ 与 u^3 无关，则上式可写成

$$\overline{W} = \frac{1}{2} E(\rho) E(u^3) \qquad (5.8)$$

由于 $E(u^3)$ 可表示为

$$E(u^3) = \mu_3 + 3\sigma^2 \mu + \mu^3 = \sigma^3 [\beta_1 + 3\mu/\sigma + (\mu/\sigma)^3] \qquad (5.9)$$

式中，μ，σ 和 μ_3 分别为风速概率分布的平均值、均方差和三阶中心矩；β_1 为偏度系数。因此，只要计算出 u^3 的数学期望，就可以确定平均风能密度。

平均风能密度除了与空气密度、平均风速有关以外，还与风速分布的均方差和偏度系数有关。实际资料的分析结果表明[2]，风速的概率分布为正偏态分布，即 $\beta_1 > 0$；但 β_1 的影响较小，而均方差 σ 的影响却比较显著。如果忽略上式方括号中的第二项，则风速的数学期望就等于风速概率分布平均值 μ 的 3 次方；这样，可能给结果带来 10% 的误差[3]。因此，仅用平均风速计算平均风能密度，难以反映风能的真实情况。

3. 有效风能密度

风力机通常有三种设计风速，即启动风速、额定风速和切断风速；而且对于不同类型的风力机，其设计风速也不完全相同。启动风速是指能够使风力机开始运转时的风速，通常取小时平均风速 3 m/s。额定风速是指风力机安全运转时的风速，达到或超过这一风速时，由限速器限制风轮转速，输出功率不再增大。当风力机超过某一极限风速时，风力机有损坏的危险，必须中止其运行；这一极限风速称为切断风速，我国一般取小时平均风速 20 m/s。因此，通常将从启动风速到切断风速之间的风速，即 3～20 m/s 之间的风速，称为有效风速；按照有效风速计算的风能密度，即有效风能密度 $\overline{W}_e$。

由 (5.5) 式，有

$$\overline{W}_e = \frac{1}{T'} \int_0^{T'} \frac{1}{2} \rho u^3 \mathrm{d}t \qquad (5.10)$$

式中，T' 为有效风速总时数，称为有效风能（可利用）小时数。或者，由 (5.7) 式，有

$$\overline{W}_e = \frac{1}{2} \int_{u_1}^{u_2} \rho u^3 f'(u) \mathrm{d}u \qquad (5.11)$$

式中，$f'(u)$为有效风速的条件概率密度函数，其形式为

$$f'(u) = \frac{f(u)}{F(u_2) - F(u_1)} \tag{5.12}$$

其中，F 表示风速的概率分布函数；u_1 为启动风速；u_2 为切断风速，u 为有效风速。显然，有效风能密度是指在单位时间内通过单位截面积的有效风速所具有的动能；它是一个可利用风能潜力大小的指标量。

5.1.2　风速的概率分布

平均风速可以反映一地的风状况，但是对于风能资源评价来说，又采用年、月平均风速就显得很不充分。当年平均风速相当但其各种等级风速的出现频率大不相同时，所计算的风能就会有很大的差异。以我国的长春和满州里为例，年平均风速都是 4.2 m/s，但年平均有效风能长春为 1190 kW，满州里却只有 851 kW，两地相差达 41％；又如西沙和五道梁的年平均风速均为 4.8 m/s，但有效风能时数相差 892 h。所以，采用平均风速计算风能是不恰当的，应该以风速频率来计算风能和可利用时数，才能准确反映一地的风能资源潜力。

根据风速频率的分布，可以了解一年中出现某一特定风速的发生时数。其确定方法是，利用自记一日 24 次风观测资料，将风速分为不同等级，如 1，2，…，20，…（ m/s），统计出一年内各等级风速的出现次数（小时数）占总次数的百分比。如图 5.1 所示。可见，各地风速的频率分布大致为正偏态分布。

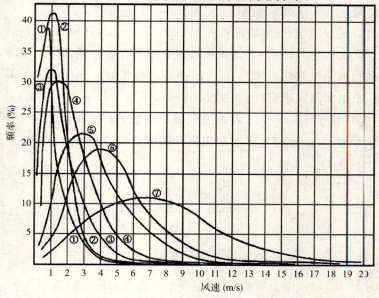

图 5.1　我国各地风速的频率分布[2]

（①澜沧，年平均风速 0.9 m/s；②成都，1.0 m/s；③昌都，1.6 m/s；
④拉萨，2.1 m/s；⑤吴县，3.5 m/s；⑥塘沽，4.6 m/s；⑦台山，8.0 m/s）

　　描述风速的概率分布有多种模式[4]。国内外许多学者都认为，Weibull 分布对于风能计算来说是一种比较理想的模式[5~7]。20 世纪 70 年代以来，随着风能发电和能源气象的兴起，人们普遍采用 Weibull 分布研究各地风速和风能资源。此外，Gamma 分布、Gumbel 分布通常用于拟合最大风速的概率曲线，风能资源评估中也常采用 Rayleigh 分布拟合风速概率曲线。

　　1. 两参数 Weibull 分布

　　两参数 Weibull 分布的概率密度函数可表示为

$$f_2(u) = a\,cu^{c-1}\exp(-au^c) \qquad (u \geqslant 0) \tag{5.13}$$

对上式从 $0 \sim u$ 积分，可得风速的 Weibull 分布函数为

$$F(u) = 1 - \exp(-au^c) \tag{5.14}$$

式中，u 为风速；c 为形状参数；$a^{-1/c}$ 为尺度参数。a 和 c 可根据风速资料确定。于是，(5.8)式中的数学期望 $E(u^3)$ 可表示为

$$E(u^3) = \int_0^u u^3 f_2(u)\mathrm{d}u = a^{-3/c}\Gamma(1+3/c) \tag{5.15}$$

式中，Γ 为 Gamma 函数。

　　风速分布概率密度函数表达式中的参数估计有多种方法，如矩法、最小二乘法、均值和方差估计法、最小误差逼近法、极大似然法等[8]。常用的有 3 种：

　　①采用最小二乘法确定参数。

　　由(5.14)式，经数学处理后可写成 $\ln\{-\ln[1-F(u)]\} = \ln a + c\ln u$ 的形式，令 $\ln\{-\ln[1-F(u)]\} = y,\ln a = a',\ln u = x$，则变换为直线方程，即 $y = a' + cx$。根据风速资料采用最小二乘法可求出 a' 和 c，进而可得参数 $a = \exp(a')$。具体计算步骤为：首先，根据实测风速资料，分别统计 $0 \sim u_1,u_1 \sim u_2,\cdots,u_{n-1} \sim u_n$（其中 $u_{n-1} < u_n$）各组风速频数 $f_1,f_2,\cdots,f_n$ 和风速的累积频数 $F(u_1)=F_1,F(u_2)=f(u_1)+f_2,\cdots,F(u_n)=F(u_{n-1})+f_n$；再次作变换，$\ln u_i = x_i,\ln\{-\ln[1-F(u_i)]\} = y_i$；从而，有

$$c = \frac{\sum\limits_{i=1}^{n}(x_i - \overline{x})(y_i - \overline{y})}{\sum\limits_{i=1}^{n}(x_i - \overline{x})^2} \tag{5.16}$$

$$a' = \overline{y} - c\,\overline{x}$$

其中，$\overline{x}$、$\overline{y}$ 分别为 x_i、y_i 的平均值。由此，参数 a 亦可确定。

　　②采用风速样本平均值 $\overline{u}$ 和均方差 σ_u 估计参数。

两参数 Weibull 分布的均值和均方差分别为

$$\mu = \int_0^\infty u f_2(u)\mathrm{d}u = (\frac{1}{a})^{\frac{1}{c}}\Gamma(1+\frac{1}{c}) \tag{5.17}$$

$$\sigma^2 = \int_0^\infty (u-\mu)^2 f_2(u)\mathrm{d}u$$

$$= (\frac{1}{a})^{\frac{2}{c}}\{\Gamma(1+\frac{2}{c}) - [\Gamma(1+\frac{1}{c})]^2\} \tag{5.18}$$

由此可得

$$\frac{\sigma}{\mu} = \frac{\{\Gamma(1+\frac{2}{c}) - [\Gamma(1+\frac{1}{c})]^2\}^{1/2}}{\Gamma(1+\frac{1}{c})} \tag{5.19}$$

显然，上式等号右边仅包含待定参数 c，采用风速样本统计量 $\sigma_u/\bar{u}$ 代替 σ/μ，即可求得 c。但直接求解比较困难，可采用近似表达式[9]，即

$$c = 0.9846(\sigma_u/\bar{u})^{-1.0944} \tag{5.20}$$

该式形式简单，便于实际使用。根据所计算的 c 值，利用风速样本平均值 $\bar{u}$ 代替 (5.17)式中的 μ，可确定出参数 a 的值。

③采用风速样本平均值 $\bar{u}$ 和多年平均最大风速 $\bar{u}_{max}$ 估计参数。

设 T 时段（月、季或年）内最大风速的多年平均值为 $\bar{u}_{max}$，则由(5.14)式有

$$1 - F(\bar{u}_{max}) = \exp(-a\bar{u}_{max}^c) = 1/T \tag{5.21}$$

式中，T 的取值可分为两种情况：若逐时风速资料的取值时距为 1 h，则 $T=d\times 24$；若时距为 10 min，则 $T=d\times24\times6$。d 为 T 时段内的天数。

由(5.17)和(5.21)式，可得

$$\frac{\bar{u}_{max}}{\bar{u}} = (\ln T)^{\frac{1}{c}}\Big/\Gamma(1+\frac{1}{c}) \tag{5.22}$$

可见，只要根据多年风速资料，统计出 $\bar{u}$ 和 $\bar{u}_{max}$ 代入上式即可确定参数 c。但是，由上式直接求解比较繁琐；实践经验表明[9]，c 值的范围在 1.0～2.6 之间，相应的 $\Gamma(1+1/c)\approx0.9$，所以上式可近似表示为

$$c = \ln(\ln T)/\ln(0.9\bar{u}_{max}/\bar{u}) \tag{5.23}$$

或者表示为更加逼近的近似式

$$c = [\ln(\ln T) - 0.1407]/[\ln(\bar{u}_{max}/\bar{u}) - 0.1867] \tag{5.24}$$

根据所得 c 值，并以 $\bar{u}$ 代替(5.17)式中的 μ，即可求得参数 a。

参数 a 和 c 确定以后，可由(5.15)式计算 u^3 的数学期望。此外，(5.8)式中空气密度的数学期望 $E(\rho)$ 可以取 T 时段内的平均空气密度，即

$$\bar{\rho} = \frac{1.276}{1+0.00366t}(\frac{p-0.378e}{p_0}) \tag{5.25}$$

式中,t 为该时段的平均温度($\mathrm{°C}$),p 和 e 分别为测站气压和水汽压(hPa),p_0 为海平面气压。至此,由(5.8)式可求出平均风能密度。

对于 $u_1 \sim u_2$ 之间的有效风能密度,由(5.11)式有

$$\overline{W}_e = \frac{1}{2}\,\overline{\rho}\int_{u_1}^{u_2} a\,cu^{c-1}\exp(-au^c)\left[\exp(-au_1^c) - \exp(-au_2^c)\right]^{-1}\mathrm{d}u \quad (5.26)$$

采用数值积分方法可计算出有效风能密度。

2. 三参数 Weibull 分布

对于偏态分布的经验拟合,采用三参数 Weibull 分布模式拟合风速概率分布,理论上应该比采用两参数 Weibull 分布更加吻合。

三参数 Weibull 分布的概率密度函数为

$$f_3(u) = \frac{ab^{\frac{c}{a}}u^{c-1}}{\Gamma(c/a)}\exp(-bu^a) \quad (u \geqslant 0) \tag{5.27}$$

式中,$b^{-1/a}$ 为尺度参数;a、c 为形状参数。当 $a = c$ 时,即简化为两参数 Weibull 分布概率密度函数。

如果参数 a、b、c 为已知,则相应的平均风能密度为

$$\overline{W} = \frac{1}{2}E(\rho)E(u^3) = \frac{1}{2}\,\overline{\rho}\int_0^\infty u^3 f_3(u)\mathrm{d}u$$

$$= \frac{1}{2}\,\overline{\rho}\,b^{\frac{3}{a}}\Gamma\left(\frac{c+3}{a}\right)\Big/\Gamma\left(\frac{c}{a}\right) \tag{5.28}$$

有效风能密度为

$$\overline{W}_e = \frac{\overline{\rho}\displaystyle\int_{u_1}^{u_2} u^3 f_3(u)\mathrm{d}u}{2\displaystyle\int_{u_1}^{u_2} f_3(u)\mathrm{d}u} \tag{5.29}$$

在风速概率密度分布的拟合实践中,若已知总体分布密度的类型,则采用极大似然法一般都能够获得较好的参数估计值。所以,极大似然法是一种行之有效的参数估计方法[9]。根据数理统计,n 个随机样本的联合概率密度函数,称为随机样本(x_i, y_i)的似然函数;参数的极大似然估计就是选取适当的参数估计值,使得样本似然函数达到极大值的一种参数估计方法。(5.27)式的极大似然方程组为

$$\begin{cases} aT_3 + \ln b - \phi(c/a) = 0 \\ abT_1 - c = 0 \\ abT_2 - cT_3 - 1 = 0 \end{cases} \tag{5.30}$$

式中

$$T_1 = \frac{1}{n}\sum_{i=1}^n u_i^a$$

$$T_2 = \frac{1}{n} \sum_{i=1}^{n} u_i^a \ln u_i \tag{5.31}$$

$$T_3 = \frac{1}{n} \sum_{i=1}^{n} \ln u_i$$

$$\phi(z) = \frac{\mathrm{d}}{\mathrm{d}z} \ln \Gamma(z) \tag{5.32}$$

这里，$z = c/a$；ϕ 称为双 Gamma 函数；其近似表达式[10]为

$$\phi(z) \approx -0.577216 + (z-1) \sum_{j=1}^{k} [j(j+z-1)]^{-1} + \ln \frac{k+z-0.5}{k+0.5}$$

根据经验，可取 $k=5$。

由(5.30)式中的第 2、3 个方程，有

$$c = \frac{T_1}{T_2 - T_1 T_3} \tag{5.33}$$

$$b = \frac{1}{a(T_2 - T_1 T_3)} \tag{5.34}$$

再代入(5.30)式的第 1 个方程，可得到关于参数 a 的方程

$$aT_3 - \ln[a(T_2 - T_1 T_3)] - \phi\left[\frac{T_1}{a(T_2 - T_1 T_3)}\right] = 0 \tag{5.35}$$

由于 T_1 和 T_2 都随参数 a 的变化而变化，同时上式又是 a 的隐式方程；所以，可先给定 a（设为 a_1），计算 T_1 和 T_2，再用数值方法求解上式，得到 a 的近似值（设为 a_2）；当 $|a_2 - a_1| < \varepsilon$ 时，将相应的 T_1、T_2、T_3 和 a 值代入(5.33)和(5.34)式可求得参数 b、c。最后，由(5.28)和(5.29)式计算平均风能密度和有效风能密度。

理论上，三参数 Weibull 分布一般比两参数 Weibull 分布更符合风速频数的经验分布。朱超群[9]（1993）根据在南京八卦洲铁塔上观测的风资料对两种模式进行了对比分析；结果表明，三参数 Weibull 分布模式计算的平均风能密度误差≤3%，而两参数 Weibull 分布模式的计算误差≤5%；对于有效风能密度的计算，同样三参数 Weibull 分布模式的计算误差较小；但是随着高度的增加，两者计算误差逐渐接近。在确定两参数 Weibull 分布模式参数的三种方法中，最小二乘法估算的平均风能密度误差最大，采用风速样本平均值和均方差估算的计算误差最小，而采用风速样本平均值和最大风速多年平均值估算的平均风能密度，误差介于二者之间；有效风能密度的计算误差也存在类似的情况。

3. Γ（Gamma）分布

Γ 概率分布也称为 Pearson Ⅲ 型分布，是一种重要的偏态分布函数。在应用气候领域，多用于拟合一定概率条件下最大风速（如具有一定重现期的年最大风速）的概率曲线。Γ 分布的概率密度函数和分布函数[8]的形式为

$$f(x) = \frac{1}{\beta^{\alpha} \Gamma(\alpha)} (x-a)^{\alpha-1} e^{-\frac{x-a}{\beta}} \qquad (a \leqslant x < \infty, \quad \alpha, \beta > 0) \qquad (5.36)$$

$$F(x) = \frac{1}{\beta^{\alpha} \Gamma(\alpha)} \int_{a}^{x} (t-a)^{\alpha-1} e^{-\frac{t-a}{\beta}} \, dt \qquad (\alpha, \beta > 0) \qquad (5.37)$$

根据概率分布,最大值重现期可由概率分布函数给出,即

$$T(x) = \frac{1}{1 - F(x)} \qquad (5.38)$$

则得概率

$$P(x \geqslant x_T) = 1 - F(x_T) = \int_{x_T}^{\infty} f(x) \, dx = \frac{1}{T} \qquad (5.39)$$

式中,a 为随机变量 X 可能取得的最小值;α 为形状参数;β 为尺度参数;α、β 都是随机变量的数字特征;$\Gamma(\alpha)$ 是参数 α 的 Γ 函数;x_T 为最大值。

令 $\Phi = (X-m)/\sigma$,并记 $\overline{\Phi}$ 的取值为 φ,则有

$$\varphi = \frac{x-m}{\sigma}$$
$$x = m + \sigma\varphi \qquad (5.40)$$
$$dx = \sigma d\varphi$$

这里,$\overline{\Phi}$ 为 Γ 分布的离均系数,$\overline{\Phi}$ 值可查表获得;m 为数学期望;σ 为均方差。由矩法可求得各参数的解,即

$$\alpha = 4/c_S^2$$
$$\beta = \sigma c_S / 2 \qquad (5.41)$$
$$a = m - 2\sigma/c_S$$

由极大似然法,可求得

$$\alpha\beta = \overline{x} - a, \quad m = \alpha\beta + a = \overline{x}$$
$$\sigma = c_V \overline{x} = \sqrt{\frac{1}{n} \sum (x_i - \overline{x})^2}$$

式中,c_S 为偏度系数;c_V 为变差系数。代入(5.39)式,有

$$P(\overline{\Phi} \geqslant \varphi_T) = \frac{\left(\frac{2}{c_S}\right)^{\frac{4}{c_S^2}}}{\Gamma\left(\frac{4}{c_S^2}\right)} \int_{\varphi_P}^{\infty} \left(\varphi + \frac{2}{c_S}\right)^{\frac{4}{c_S^2}-1} \exp\left[-\frac{2}{c_S}\left(\varphi + \frac{2}{c_S}\right)\right] d\varphi \qquad (5.42)$$

其中,φ_P 为给定概率的离均系数。可见,对于给定的 φ_P(因而也是给定的 x_T)值,其概率 $P(\overline{\Phi} \geqslant \varphi_T)$ 或 $1/T$ 只与偏度系数 c_S 有关;因此,给定一个 c_S 值,就可以由(5.42)式求出概率 P 和 φ_P 的一一对应值。统计学中给出了不同概率 P 在不同偏度系数 c_S 时的离均系数 φ 值表,实际工作中可查表确定 φ 值。

　　实际计算时,先从样本资料中得到最大风速平均值 $\bar{x}$、变差系数 c_V 和偏度系数 c_S,然后根据 c_S 和给定的概率 P 查 Γ 分布的离均系数表,可得 φ_P,再利用(5.40)式计算 x_P,即

$$x_P = \bar{x}(1 + c_V\varphi_P) \tag{5.43}$$

可得指定概率 P 所对应的最大风速值 x_T。

　　4. Gumbel 分布

　　Gumbel 理论分布属于指数型概率分布,也常用于拟合最大风速的概率曲线。其概率密度函数[8]为

$$f(x) = ae^{-y-e^{-y}} \tag{5.44}$$

其中,$y = a(x-b)$,$-\infty < x < \infty$;$a > 0$ 为尺度参数;b 为分布密度的众数。

　　利用极大似然法可求得对应于特定重现期 T 的极值 x_T,即

$$x_T = \bar{x} - \frac{\bar{y}}{\sigma_y}\sigma_x - \frac{\sigma_x}{\sigma_y}\ln[-\ln(1-\frac{1}{T})] \tag{5.45}$$

式中,$\bar{x}$ 为样本平均值;σ_x 为样本均方差;$\bar{y}$、σ_y 是与样本数 n 有关的均值和均方差;统计学中给出了 Gumbel 分布不同样本数 n 所对应的均值 $\bar{y}$ 和均方差 σ_y 的查算表。因此,不难得出一定重现期 T 的年最大风速 x_T。

　　5. Rayleigh 分布

　　Rayleigh 分布模型[11]也常用于拟合风速概率分布,概率密度函数为

$$f(x) = \frac{x}{\sigma^2}\exp(-\frac{x^2}{2\sigma^2}) \tag{5.46}$$

式中,参数 σ 可以采用极大似然法估计。

　　该模型国外学者使用较多[6,12],常用于风能资源评估、风电场规划设计和风电开发项目中的风速分布拟合;在某些专门用于风电场选址的风能资源评估系统中,也大都将 Rayleigh 分布模型作为一种风速分析方法来使用。

　　风速概率密度函数 $f(u)$ 确定以后,则风能可利用时数可按下式计算:

$$T' = N\int_{u_1}^{u_2} f(u)\mathrm{d}u \tag{5.47}$$

对于两参数 Weibull 分布,由(5.13)式有

$$T' = N[\exp(-au_1^c) - \exp(-au_2^c)] \tag{5.48}$$

式中,N 为统计时段(月、季或年)中的总时数(或总天数)。

5.1.3　风能的计算方法

　　在我国平均风能和有效风能密度的计算中,由于风速 u 的取值方法不同,形成了三种计算风能的方法:一是以小时平均风速计算风能密度;二是以日平均风速计算风能密度;三是以年、季、月平均风速计算风能密度。比较结果表明[13],以小

时平均风速计算风能密度的精度最高,但是没有风速观测资料的地方也就无法估算风能;以日平均风速计算风能密度,虽然精确度稍差,但对于没有风速观测的地方,可以采用推算的日平均风速估算风能。

1. 以小时平均风速资料计算风能

由于风速是一个随机变量,一般无法给出风速随时间变化的函数形式,通常只能采用观测的离散值近似计算风能。显然,观测的时间间隔愈小,愈能逼近风能密度的实际值。据研究[1],采用小时平均风速计算风能已经足够精确。对 10 分钟平均风速与 1 小时平均风速的回归分析表明,这两种平均风速的差异极小。因此,也可以利用一天 24 次 10 分钟平均风速计算风能密度。具体方法有两种[14]:

①直接利用风速资料计算风能

由于风速具有年际变化,必须有足够长的风速观测资料序列,才能保证计算精确度。计算每个代表年份的风能,通常采用自记报表每天 24 次 10 分钟平均风速资料进行风速分级(间隔一般为 1 m/s),统计出每一个等级风速出现的次数和频率,然后计算平均风能密度。计算式为

$$\overline{W} = \frac{1}{N}\sum_{i=1}^{n}\frac{1}{2}N_i\rho u_i^3 \tag{5.49}$$

式中,N_i 为相应等级风速 u_i 的出现次数,在自记风速资料中就是该风速出现的全年累积小时数;N 为总次数,即全年总时数。空气密度的变化可以忽略不计,年平均空气密度可按(5.25)式计算。

②利用风速概率分布计算风能

利用 Weibull 分布拟合实际风速分布的概率模型,是分析风能的有效工具。前面已经分别介绍了两参数 Weibull 分布和三参数 Weibull 分布模型拟合中各参数的确定方法;平均风能密度 $\overline{W}$、有效风能密度 $\overline{W}_e$ 和风能可利用时数 T' 的计算公式分别为(5.8)、(5.11)和(5.48)式。

实际工作中,通常采用的两参数 Weibull 分布概率密度函数形式为

$$f_2(u) = \frac{c}{k}\left(\frac{u}{k}\right)^{c-1}\exp\left[-\left(\frac{u}{k}\right)^c\right] \tag{5.50}$$

其中,c 为形状参数;k 为尺度参数。C. G. Justus 等[15](1978)曾采用最小二乘法估计参数 k 和 c;吴学光等[16](1998)采用最小误差逼近算法确定;S. H. Jangamshetti 等[7](2001)采用均值和方差估算法;丁明等[17](2005)采用极大似然法根据实测的风速数据计算风速概率分布参数。若以样本平均风速 $\overline{u}$ 代替两参数 Weibull 分布的均值 μ,样本标准差 σ_u 代替两参数 Weibull 分布的均方差 σ,则有两参数估算式[18]为

$$c = (\sigma_u/\overline{u})^{-1.086} \tag{5.51}$$

$$k = \overline{u}/\Gamma(1 + 1/c) \tag{5.52}$$

由此,平均风能密度、有效风能密度和风能可利用时数的计算公式分别为

$$\overline{W} = \frac{1}{2}\rho \, k^3 \Gamma(1 + \frac{3}{c}) \tag{5.53}$$

$$\overline{W}_e = \frac{\frac{1}{2}\rho(\frac{c}{k})}{\exp[-(\frac{u_1}{k})^c] - \exp[-(\frac{u_2}{k})^c]} \cdot \int_{u_1}^{u_2} u^3 (\frac{u}{k})^{c-1} \exp[-(\frac{u}{k})^c] \mathrm{d}u \tag{5.54}$$

$$T' = N\{\exp[-(\frac{u_1}{k})^c] - \exp[-(\frac{u_2}{k})^c]\} \tag{5.55}$$

式中,N 为全年总时数;u_1 为启动风速;u_2 为切断风速;u 为有效风速。

杨振斌等[18](2001)采用上述方法开发了用于风电场选址的风能资源评估软件。朱瑞兆等[19](1983)采用(5.23)式确定形状参数 c,利用 10 分钟平均风速资料采用上述方法计算了我国 300 多个台站的有效风能密度、年有效风能可利用时数和有效风速出现时间百分率,并进行了全国风能区划。

2. 以日平均风速资料计算风能

考虑到风速的阵性和风力设备的损耗功率,王石立等[20](1986)将有效风速指标定义为日平均风速≥5 m/s,略高于风力机的启动风速。据统计,在日平均风速≥5 m/s 的情况下,出现小时平均风速大于风力机启动风速的时间可达 80%～90%,连续两天以上出现大于启动风速的时间占 70%～80%;因此,日平均风速≥5 m/s 的时间是风力机基本上能够运转做功的时间,可以作为估算风能资源的界限指标。此外,通过统计分析得出日平均风速的 3 次方代替小时平均风速 3 次方平均值的订正系数 P;该订正系数在我国秦岭—淮河以南为 1.2～1.4,平均为1.3;在秦岭—淮河以北为 1.4～1.7,平均为 1.5;内地高山地区为 1.5,西北和青藏高原地区为 2.0 左右;订正系数 P 随季节的变化在海拔高度较低($h \leqslant 100$ m)的地区可以不予考虑。由此,得出各地离地面 10 m 高处的有效风能计算公式为

$$W = \frac{u^3 D^2 KtP}{2080} = 4.81 \times 10^{-4} u^3 D^2 KtP \tag{5.56}$$

式中,W 为有效风能(kW h);u 为平均风速(m/s),由日平均风速≥5 m/s 的累积风速除以其相应日数求得;D 为风力机的风轮直径(m);K 为风能利月系数,一般取 $K=0.3$;t 为时间(h),将日平均风速≥5 m/s 的日数以小时数表示;P 为订正系数,按地区取不同的值。在计算高海拔地区的有效风能时,还应考虑空气密度随海拔高度的变化。

3. 用月、季、年平均风速资料计算风能

根据实测资料,耿宽宏[21](1986)研究了中国沙区≥3 m/s 有效风速时数 t_1 与

风速平均总时数 t_0 的比值 t_1/t_0 和月（季、年）平均风速 $\bar{u}$ 之间的关系，得到

$$t_1/t_0 = 19.03\,\bar{u} - 6.52, \qquad \bar{u} < 3.6 \text{ m/s}$$
$$t_1/t_0 = 28.82 + 9.05\,\bar{u}, \qquad \bar{u} \geqslant 3.6 \text{ m/s} \tag{5.57}$$

式中，t_1/t_0 为有效风速的出现率。由于月、季、年的风速平均总时数 t_0 为定值，则由月、季、年平均风速，利用上述关系可确定相应时段有效风速的可能时数 t_1。

根据实测资料拟合得到中国沙区 $\geqslant 3$ m/s 风速全年出现时数 t_1(kh) 与全年可供风能 E_n(kHp/h) 之间的经验关系式为

$$E_n = 1425 e^{0.0005 \cdot t_1} \tag{5.58}$$

将 (5.57) 式的关系代入，可得 E_n 与年平均风速的经验关系式为

$$E_n = 4944.4\,\bar{u} - 2894.1, \qquad \bar{u} < 2.9 \text{ m/s}$$
$$E_n = 13622\,\bar{u} - 28035, \qquad \bar{u} \geqslant 2.9 \text{ m/s} \tag{5.59}$$

其中，风能单位的换算关系为 1 Hp=75×9.80665 J。上式的计算结果与采用实际风速时数分类统计值相比较，其最大相对误差<10%。

4. 用数值模拟方法估算风能

一般来说，某地或局部地区的风能资源评估，可以根据实测资料直接进行风能的统计分析。但是，对于较大范围的地理区域，由于历史资料存在较大的时空间隔以及测站周围地形、地物和地表粗糙度的影响，只能代表测站周围的风特性，不能全面描述风场发生、发展的物理过程。因此，利用气象、海洋和遥感观测资料，通过中尺度大气模式采用数值模拟方法估计和预测较大区域的风场分布，就成为一种经济有效的途径。

李晓燕等[22] (2005) 提出通过历史观测资料和中尺度大气模式相结合的风能数值模拟方法，为沿海地区风能资源的分析评估提供具有一定时空分辨率的风场数值分析产品。探讨了将海洋站逐时测风资料、卫星微波遥感散射计风场反演资料融入中尺度大气模式 MM5 的同化方法，并针对广东沿海区域天气个例进行了模拟试验，将实验结果与实测值进行了统计对比分析。结果表明，时空分辨率较高的经过质量控制的观测资料的同化，对风场模拟结果具有一定的改善作用。

穆海振等[23] (2006) 针对现有气象站数量有限，尤其是沿江、沿海地带测站稀少的现状，对数值模式在风能资源评估中的应用进行了尝试。首先，利用澳大利亚联邦科学与工业研究组织研发的 TAPM 数值模式对上海地区的风场进行了数值模拟计算；然后，利用同步的气象站观测资料对风速模拟结果进行统计释用订正处理，从而提高了模式计算结果的准确性和可靠性；最后，得出分辨率为 3 km 的全年平均风速和风能密度分布图，由此可以全面了解上海地区的风能资源分布，尤其是用现有气象站观测资料难以反映的沿海沿江地区和近海海域的有关信息。

总之,关于风能的计算应根据研究目的和所具备的资料条件选择合适的计算方法。对于某地风能资源的评价,通常利用常规台站的多年气象观测资料中 10 分钟或 1 小时平均风速来计算风能密度;而对于一个地区或大范围风能资源的分布研究,一般采用日、月、季、年平均风速并考虑风速概率分布模型;无实测资料的地区可采用推算的平均风速估算风能。

5.2　风能资源的时空分布

据估算,全球可利用的风能每年约 2×10^{10} kW,我国为 2.53×10^8 kW 左右。随着现代工业的发展,人类在大量消耗有限的矿产资源的同时又造成日益严重的环境污染;而风能的开发和利用,不仅能够有效地避免这两个问题,而且可以造福人类。因此,研究风能资源的时空分布规律很有必要。

风是大气中热力与动力作用的产物,又输送着空气中的热量和水分,由此形成不同的天气现象和气候特征;民间有"北风变寒,南风转暖,东风主雨,西风主晴"等气象谚语。地面风不仅受气压场分布的支配,而且在很大程度上受地形与地势的影响。山隘和海峡能改变气流运行的方向并使风力加大,丘陵、山地因磨擦作用大使风速减小,多见平稳天气;而孤峰、山顶和高原地区则又比平地风急。因此,风的地理分布比较复杂。就我国风能资源的时空分布而言,具有两大特点:一是局地差异大;二是昼夜和季节变化明显。

5.2.1　风能的地理分布

风能分布具有地域的规律性,这种规律反映了大型天气系统的活动和下垫面作用的影响。了解我国各地风能的分布差异,可以因地制宜、充分合理地开发利用风能资源。

1. 年平均风速的分布

风速的大小主要取决于气压梯度,同时还受地形、地势等因素的影响。我国年平均风速的分布特点可归纳为:北方风大,南方风小;沿海风大,内陆风小;平原风大,山地风小;高原风大,盆地风小。如图 5.2 所示。

在 40°N 以北,年平均风速普遍大于 3 m/s;内蒙古北部和东北平原,风速可达 4 m/s 以上;阴山以北和新疆著名的百里风区,风速超过 5 m/s;其中一些山隘、峡谷的风速更大。例如,新疆的阿拉山口为 6.0 m/s,吐鲁番与哈密之间的十三间房年平均风速高达 9.3 m/s。但是,在东北山地却因地面粗糙度大,对气流的磨擦阻碍作用强,年平均风速大多在 2～3 m/s 或以下;准噶尔盆地和塔里木盆地由于冷空气易于堆积,下层空气比较稳定,风速也很小,一般不足 2 m/s。

从 40°N 往南,年平均风速逐渐减小。东南平原地区风速略大一些,华北平原地处南北气流的交换通道,风速可达 3.5 m/s 左右,苏皖平原、洞庭、鄱阳湖区以及

湘赣流域风速一般在 2.5～3.0 m/s。丘陵山地风速明显偏小，黄土高原为 2～3
m/s 左右，西南地区及东南丘陵等地风速不足 2 m/s，地形闭塞的四川盆地风速在
1 m/s 以下，是全国年平均风速最小的地区。

　　东南沿海地区的风速，一般都在 3 m/s 以上；台湾海峡因狭管效应以及海面对空
气流动的阻力小，风速超过 7 m/s，是全国年平均风速最大的地区。随着地势的增
高，年平均风速逐渐增大。云贵高原风速可达 2～3 m/s；青藏高原腹地，大部分测站
风速高达 4～5 m/s。横断山脉的地势虽然也比较高，但因山脉南北走向对偏西大风
的阻挡和减弱作用明显，风速较小，一般不到 2 m/s。平原地区孤峰山顶的年平均风
速普遍较大，往往可达 5～9 m/s 甚至更大。峨眉山处在背风面，风速仅 3.2 m/s。

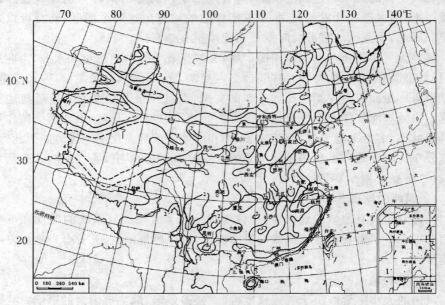

图 5.2　我国年平均风速(m/s)的分布[24]

　　下垫面性质的不同导致气压梯度力的产生；所以，风能分布受地形地势的影响
而局地差异很大。在我国风速较大、风能资源丰富的地区中，也有风速较小、风能
资源欠丰富的局部闭塞小环境，即使在我国东南沿海及其岛屿地区也有被障碍物
阻挡了强大风力和盛行风向的"避风港"；相反，在风速小、风能资源贫乏的地区中，
孤立的高山、两山之间的风口和局部地形所形成的狭管两端，不仅风速大，而且风
能资源也很丰富。在山顶、隘口、狭谷、湖滨以及沿海岛屿等地，各站的年、月平均
风速都很大，如表 5.1 所示。

　　2.大风和大风日数的分布

　　常规气象台站的年最大风速和极大风速分别是 10 分钟平均风速和瞬时风速
的极值；主要是由于强台风或强寒潮天气造成的，也有雷暴大风的极值；青藏高原

的风速极值与强锋区将高空西风急流的动量下传等有关。

表 5.1　我国沿海岛屿及高山站全年各月平均风速(m/s)[25]

地　点	月　份												年
	1	2	3	4	5	6	7	8	9	10	11	12	
阿拉山口	3.3	4.2	6.5	7.9	8.1	7.5	6.9	6.8	6.2	5.8	5.1	3.8	6.0
天池	15.3	14.5	13.8	12.8	11.1	7.4	7.0	6.9	8.4	11.0	15.0	16.9	11.7
五台山	13.3	12.3	10.8	9.7	8.2	7.1	5.9	5.7	7.0	8.8	12.1	13.5	9.5
伍道梁	6.4	6.7	6.5	5.3	4.9	4.4	4.3	3.7	3.9	4.0	4.6	5.9	5.1
嵊泗	7.6	7.4	7.4	7.5	6.5	6.1	7.2	7.0	6.9	7.2	7.2	7.3	7.1
黄山	6.5	6.4	6.6	6.4	5.6	5.8	6.6	5.2	4.8	5.0	5.4	5.9	5.8
南岳	5.9	6.4	6.8	7.6	6.9	6.9	8.2	6.2	5.4	5.3	5.4	6.3
九仙山	6.5	7.2	7.9	7.8	7.4	7.0	7.1	6.6	6.5	6.6	6.7	5.9	7.0
太华山	7.1	7.9	8.2	7.7	5.9	4.9	4.5	3.6	4.1	4.8	5.4	6.3	5.9
台山	9.1	9.2	8.2	7.1	6.7	7.3	8.0	7.7	7.9	9.3	9.9	9.3	8.2

在我国东部,沿海地区以及台湾、海南岛的平原地区,最大风速和极大风速均在 40 m/s 以上,曾有 50 m/s 以上的极值记录。由沿海向内陆,极值迅速减少;秦岭、淮河以南最大风速大都在 24 m/s 以下,其中粤北、湖北大部分以及西南大部分地区最大风速不足 20 m/s,川东、鄂西一带只有 15 m/s 左右,是全国最大风速最小的区域。由秦岭、淮河向北,最大风速逐渐增大。华北和黄土高原地区大都为 24～28 m/s 左右,内蒙古、宁夏、东北大部以及河西走廊等地最大风速在 28～32 m/s 之间,有些地区可达 32 m/s 以上。东北山地的最大风速只有 20～24 m/s。新疆西部、藏北高原和阿里地区,年最大风速均在 32 m/s 以上,有些地方高达 40 m/s 以上。新疆其他地区和青藏高原东北部,最大风速为 24～28 m/s,极大风速达 28～32 m/s。塔里木盆地的极大风速约为 24～28 m/s 左右。

大风是指风力达到或超过 8 级(17.2 m/s)的强风。我国年大风日数的地理分布,归纳起来有以下几个主要特点:

①我国沿海岛屿和孤峰山顶是大风日数最多的地方。沿海岛屿的年大风日数大多超过 100 d,台湾海峡及沿岸地区有的超过 150 d。两广沿海及岛屿的大风日数一般不超过 50 d。大风日数的等值线与海岸线平行,从海岸向内陆迅速递减,至离海 50 km 左右的东南沿海地区大风日数一般只有 25 d 左右,离海 100 km 左右的东南丘陵地区大风日数已减至 5 d 以下。各地孤峰山顶的大风日数几乎都在 100 d 以上,吉林天池最多,全年可达 268.7 d,是全国大风天气最多的地方。

②青藏高原各地大风日数的分布受地形地势的影响非常显著。高原主体部分大风天气特别多,藏北、阿里和日喀则以西地区,全年大风日数在 100 d 以上,安多达 158.2 d,是我国大风日数最多、范围最大的地区。在海拔 3000 m 以下或山脉呈南北走向的三江流域,大风日数较少,一般都在 30 d 以下。

③从大兴安岭经河套直至天山一线以北的广大地区,大风日数大多在25 d以上,内蒙古大部分地区可达50 d以上,北部边境一带多达80~100 d。东北的辽河平原和松花江河谷地区全年大风日数也超过50 d。我国北方的大风主要是强冷空气入侵造成的,大风日数由北向南逐渐减少,至黄土高原南部已不足10 d。

④四川盆地、贵州、湘西和鄂西地区,由于北方冷空气受山脉阻挡难以入侵,冬半年又处于南北西风气流的背风区内,夏秋季节的台风到此也都大为减弱或根本没有影响;所以这里是我国大风日数最少的地区,全年大风日数少于5 d,有些地方还不足2 d。

⑤由于地形的狭管效应,在盛行气流与山谷隘口走向一致时常出现风速加大的现象,大风日数也明显增多。例如,新疆阿拉山口全年有164.5 d出现大风,达板城的大风日数为159.4 d。

3. 风能贮量的分布

为了对风能资源开发的可能性、开发规模和潜在能力进行决策,了解一个地区乃至全国的风能贮量是很有必要的;因为风能利用究竟有多大的发展前景,对它的总贮量需要有一个宏观的估计。一个地区的风能资源贮量取决于该地区风速的大小和有效风速的持续时间。

薛桁等[26](2001)根据(5.38)式计算了全国900多个气象台站10m高度的年平均风能密度,并绘制了全国年平均风能密度分布图。结果表明,全国10 m高度年平均风能密度分布有3个高值区:一是中蒙边境地区,这里地形平坦,寒潮大风和气旋大风畅通无阻,风能密度普遍在100~200 W/m²,最大值高达200 W/m²以上,是全国风能资源最大的区域;二是新疆北部地区,由于天山山脉对西北气流的阻挡,使得准噶尔、吐鲁番盆地风速较大,形成年平均风能密度的高值中心,而且等值线梯度很大;三是东南沿海地区,海面摩擦力很小,空气的动能损失较少,因而风速较大,再加上台湾海峡的狭管效应,使得这一地区成为10 m高度风能密度的高值区,等值线梯度最大。10 m高度年平均风能密度的低值区位于我国西南的云南、贵州、四川、湖南、湖北以及西藏东南部地区,这些地区地形崎岖,不受台风侵袭,寒潮大风难以到达,即使到达也已大为减弱,所以年平均风能密度很小;南岭和武夷山地因地形屏障年平均风能密度也在10 W/m²以下。除此之外,我国大部分地区10 m高度年平均风能密度都在10~50 W/m²之间。

我国各省的风能贮量与全国的风能总贮量,如表5.2所示。其中,"理论可开发量"是指各省10 m高度的风能总贮量;全国合计为322.6×10¹⁰ W。实际可供开发的风能资源,按上述理论总量的1/10估计,并考虑风力机叶片的实际扫掠面积(对于1m直径风轮的面积为0.5²×π=0.785 m²),因此再乘以面积系数0.785,即为各省的"实际可开发量"。全国风能实际可开发量合计为25.3×10¹⁰ W。

表 5.2　全国及各省 10 m 高度风能储量（×10^10 W）[26]

省　份	风能密度等级区间（W/m²）						理论可开发量	实际可开发量	平均储量（kW/km²）
	<10	10～25	25～50	50～100	100～200	>200			
内蒙古	—	0.3904	3.6480	24.8000	40.2560	9.6000	78.6940	6.1775	695.48
辽　宁	—	0.1333	1.2833	2.2333	4.0667		7.7166	0.6058	514.44
黑龙江	—	0.4768	2.7220	11.5966	7.1513		21.9467	1.7228	477.10
吉　林	—	0.1966	1.0444	4.9761	1.9044		8.1215	0.6375	451.19
青　海	0.0066	1.7607	5.4818	8.7382	14.8582		30.8455	2.4214	428.41
西　藏	0.7435	1.5848	8.5924	14.9673	26.1442		52.0322	4.0845	423.88
甘　肃	0.1008	1.1818	2.6417	3.9626	6.6738		14.5607	1.1430	373.35
台　湾	—	—	0.4950	0.6600	0.1800		1.3350	0.1048	370.83
河　北	—	0.5512	2.2687	2.2183	2.7561		7.7943	0.6119	357.87
山　东	—	0.3064	1.9309	1.4362	1.3404		5.0139	0.3936	334.26
山　西	—	0.0319	2.4734	2.3617	0.0638		4.9308	0.3871	328.72
河　南	—	0.4590	1.4821	2.7410	—		4.6821	0.3675	292.63
宁　夏	—	0.0045	1.3918	0.4939			1.8902	0.1484	286.39
江　苏	—	0.0431	2.1837	0.6151	0.1845		3.0264	0.2376	286.05
新　疆		6.2439	16.0576	12.4750	7.8049	1.1515	43.7329	3.4330	273.33
安　徽		0.2341	2.3720	0.5853			3.1914	0.2505	245.49
海　南		0.1383	0.3889	0.1729	0.1153		0.8154	0.0640	239.82
江　西	0.0531	0.3813	2.2656	1.0313			3.7313	0.2929	233.21
浙　江	—	0.6036	0.7692	0.2367	0.3550	0.1183	2.0828	0.1635	208.28
陕　西	0.2305	0.7289	1.5262	0.4984	—		2.9840	0.2342	157.05
湖　南	0.0805	1.1917	1.8681	—			3.1403	0.2465	149.54
福　建	0.2165	0.4330	0.2320	0.2474	0.3711	0.2474	1.7474	0.1372	145.62
广　东	0.3932	0.4893	1.1068	0.3204	0.1748		2.4845	0.1950	138.23
湖　北	0.1081	1.0749	1.2720				2.4550	0.1927	136.39
云　南	0.5115	1.8555	2.3035				4.6705	0.3666	122.91
四　川	1.1083	2.6769	1.7662				5.5514	0.4358	99.130
广　西	0.4658	1.1684	0.2921	0.2152			2.1415	0.1681	93.110
贵　州	0.5424	0.5328	0.2062	—			1.2814	0.1006	75.380
全国合计							322.6001	25.3000	

注：河北含北京市、天津市，江苏含上海市，四川含重庆市。

4.有效风能密度的分布

张家诚等[2]（1988）曾计算了我国各地的有效风能密度和全年有效风速累积小时数，分别绘制了全国有效风能密度和全年有效风速累积小时数的地理分布图，如图 5.3 和图 5.4 所示；并对我国风能资源的分布特点进行了分析。

①我国东南沿海及岛屿为风能资源最大区。≥200 W/m² 的有效风能密度等值线与海岸线平行，沿海岛屿的有效风能密度在 300 W/m² 以上，有效风能出现时间百分率高达 80%～90%，全年有效风速累积时间为 6000～7000 h 左右，风速≥8.0 m/s 的时间也有 3000 h。但是，从海岸向内陆因丘陵连绵，冬半年冷空气南下

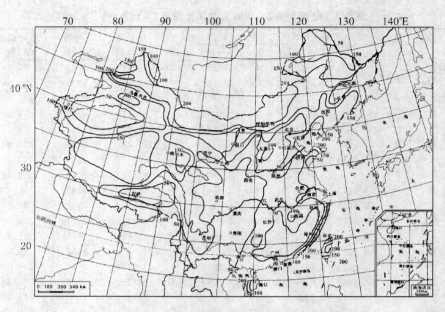

图 5.3　我国有效风能密度(W/m²)的分布[2]

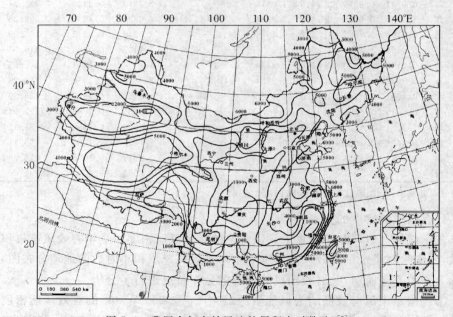

图 5.4　我国全年有效风速的累积小时数(h)[2]

时很难长驱直入;夏半年台风登陆在离海岸 50 km 后,风速就减小了 68%;所以东南沿海仅在从海岸向内陆 50 km 以内的地方有较大风能。随着向内陆距离的增加,风能锐减,在距离海岸不到 100 km 的地带,风能密度就降到 50 W/m² 以下,反而成为全国风能最小区之一。

沿海岛屿上风能都很大。其中,台山列岛风能密度高达 534.4 W/m²,有效风能出现时间百分率为 90%,全年有效风速累积出现 7500 h;相当于风速≥3 m/s 的时间平均每天达 21 h,是我国现有记录中风能资源最大的地方之一。我国有海岸线 11000 km,面积在 500 m² 以上的岛屿有 6536 个,电力供应不足比较突出,而这些地方恰好是我国风能资源最丰富的地区,采用风能发电解决电力不足的问题具有广阔的前景。我国 10~200 kW 以上的风力发电机组基本上都集中在这一地区,也是我国风力田可能发展的地区。

②内蒙古和甘肃北部为风能资源次大区。这一带终年在西风带控制之下,且又是冷空气入侵首当其冲的地方,有效风能密度在 200 W/m² 以上,有效风能出现时间百分率为 70%,有效风速全年累积 4000 h 以上,≥8.0 m/s 风速全年有 1000 h 以上;而且从北向南逐渐减小,风能减小梯度比东南沿海地区小。其中,风能最大的虎勒盖地区≥3.0 m/s 和≥8.0 m/s 风速的累积时数分别为 6500 h 和 3000 h。这一地区虽然比东南沿海及岛屿上的风能密度小一些,但分布范围较大,形成了一大片风能资源丰富区,是目前我国小型风力发电机应用最为广泛的地区。

③黑龙江和吉林东部以及辽东半岛沿海地区的风能资源也比较大。这一地区有效风能密度在 200 W/m² 左右,全年有效风速累积时间达 4000 h,≥8.0 m/s 风速的累积时数大约在 750 h 左右。

④青藏高原北部、三北地区北部和东南沿海离海岸 50 km 以内的地区为风能较大区。这 3 个地区风能密度都在 150~200 W/m² 之间,全年有效风速累积时间有 4000 h,≥8.0 m/s 风速的累积时数达 1000 h 以上。其中,青藏高原全年有效风速累积时数可达 5000 h,但是由于海拔高,空气密度小,所以风能密度也相对较小;4000 m 高度处的空气密度仅为地面空气密度的 67%,也就是说,同样是 8.0 m/s 的平均风速,在平原地区风能为 313.6 W/m²,而在海拔 4000 m 的高原地区只有 209.9 W/m² 左右[19]。所以,如果仅按≥3.0 m/s 和≥8.0 m/s 的累积小时数,青藏高原应属于风能最大区,但是实际风能密度远比东南沿海地区小。

⑤两广沿海、云南西部、三北地区南部以及长江与黄河之间的广大地区为风能资源季节性可利用区。这些地区有效风能密度大约在 50~150 W/m² 之间,可利用风能时间百分率为 30%~40%,有效风速全年累积时数为 2000~3000 h,≥8.0 m/s 风速累积时数在 500 h 左右。其中,有的地方在冬、春季风能可以利用,而有的地方在夏、秋季可以利用,存在着明显的差异。

⑥云贵川、甘肃、陕西南部、河南、湖南西部和福建、广东、广西的山区以及雅鲁藏布江河谷、塔里木盆地为我国风能资源最小区。有效风能密度都在 50 W/m² 以

下,可利用风能只有 20% 左右;有效风速全年累积时数在 2000 h 以下,≥8.0 m/s
风速时数不足 50 h。在这一地区中,又以四川盆地和西双版纳的风能资源为最
小,全年静风频率都在 60% 以上;年平均风速在 0.5~1.0 m/s 之间,≥3.0 m/s 风
速的全年累积时数仅 300 h,≥8.0 m/s 风速只有几个小时。所以,除了高山顶和
峡谷等特殊地形以外,这一地区风能潜力很低,无开发利用价值。

5.2.2　风能的时间变化

开发利用风能资源,不仅需要了解其地理分布特征,还应研究其时间变化规
律。考虑风能资源的季节变化特点,可以合理安排能量储蓄和峰谷互补措施,也是
设计蓄电装置和备用电源的重要参数。

1. 风能的日变化

我国各地的平均风速和风能资源都具有明显的昼夜变化特征。一天中,上午
6~8 时风速较小,然后逐渐增大,午后 15~17 时达到最大值;尔后逐渐减小,夜间
变化缓慢,次日凌晨最小甚至为静风。孤立山顶风速的昼夜变化与山麓平原相反,
最小值出现在午后,最大值出现在夜间;这样的风速昼夜变化对风能丰富区和较丰
富区的实际利用不利,因为它不能保证白天持续稳定的能量供应。对于风能资源
可利用区和贫乏区,一天中最大风速出现在午后则对风能利用比较有利;例如四川
的康定,全年≥3.0 m/s 的有效风速累积时数只有 3623 h,风能资源并不丰富;但
是在全年各月每天的 12~18 时均有 6 h 左右风速≥3.0 m/s 的时段,且保证率在
80% 以上,尽管可利用时间不长,但其风能资源仍然具有较大的利用价值。

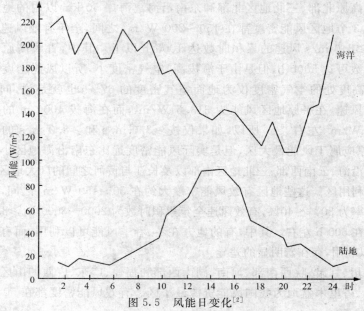

图 5.5　风能日变化[2]

风能的日变化特征与下垫面性质有关,可分为陆地型和海洋型两种。如图5.5所示。在陆地表面上,夜间(20~08时)风速较小,白天(08~20时)风速较大,一般午后出现最大值。因为此时下垫面最热,对流旺盛,高层动量下传使近地层风速增大。日落后,地面逐渐冷却,空气层结趋于稳定因而风速减小;一直到日出后地面受热,层结趋于不稳定,风速又开始增大。在海洋上,风速日变化与陆地上相反,夜间风能大,白天风能小,最小值出现在20~21时左右。这是因为白天海温高于气温,夜间海温低于气温所致。这两种风能日变化在大型天气过程影响较小时才比较显著。

风速日变化还随高度的增加而改变。如图5.6所示。根据武汉146 m铁塔上的风速观测资料,风速日变化大致以15 m高度为分界;在15 m高度以上,从清晨7时开始风速逐渐趋于下降,午后1时左右达到最小值,而后又逐渐增大,到夜间21~22时趋于平缓,深夜达到最大值。在15 m高度以下,出现相反的日变化规律。此外,风速日变化幅度与季节、高度也有很大关系;一般来说,冬季风速日振幅小于夏季,山麓风速日振幅小于山顶。

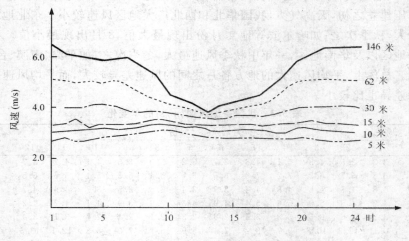

图 5.6　不同高度上的风速日变化[2]

2.风速的季节变化

平均风速的季节变化,取决于形成风的天气系统。各月平均风速的地理分布与年平均风速的分布特征基本一致。就全国而论,全年风速最大的时期大多出现在春季,华南地区秋冬季最大;风速最小的时期,各地差异较大,夏、冬秋季都可出现。如图5.7所示。

冬季,我国在蒙古高压控制之下,每当冷空气南下时就会形成较大的风速;春季,冷暖气流交换频繁,所以春季是一年中风速最大的季节。我国的华北和西北地

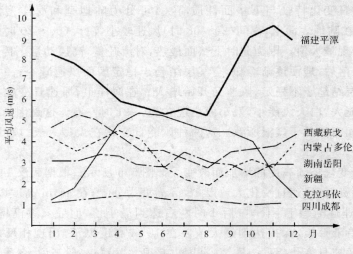

图 5.7　各月平均风速的变化[24]

区,春季风速最大,冬季次之;例如,塘沽、朱日和、达坂城、玉门等地(表 5.3);秋季蒙古高压建立之初,天高气爽,我国华北和西北广大地区风速较小。东北地区春季风速最大,秋季次之;如哈尔滨等地 4 月份出现最大值,8 月出现最小值。我国东南沿海地区以及华南地区,一年中秋季风速最大,冬季次之;如平潭、南澳、台山、马公等地。总体上,平均风速大的地方各月之间的风速差异较大,而平均风速小的地方月际差异也比较小。

表 5.3　我国各地风速(m/s)的年变化

地　名	月　份												年
---	1	2	3	4	5	6	7	8	9	10	11	12	
哈尔滨	3.3	3.5	4.3	5.1	4.6	3.7	3.2	3.0	3.5	4.1	4.2	3.7	3.8
达坂城	6.8	5.7	6.2	7.2	7.3	6.5	5.7	5.4	5.3	5.1	5.6	6.5	6.1
玉门	4.8	4.7	4.8	4.8	4.4	3.9	3.4	3.6	3.5	3.7	4.6	4.7	4.2
塘沽	4.2	4.5	5.0	5.6	5.4	4.9	4.3	3.9	3.9	4.1	4.2	4.2	4.5
张家口	3.8	3.6	3.6	3.8	3.5	2.9	2.3	2.1	2.4	2.7	3.1	3.4	3.1
五台山	13.3	12.3	10.8	9.7	8.2	7.1	5.9	5.7	7.0	8.8	12.1	13.5	9.5
朱日和	6.6	5.6	5.6	6.7	6.4	5.4	4.6	4.2	4.8	5.2	6.1	6.2	5.6
成山头	8.2	7.6	7.1	6.8	6.2	5.5	5.1	4.8	5.6	6.7	7.6	7.5	6.6
嵊泗	7.6	7.4	7.4	7.5	6.5	6.1	7.2	7.0	6.9	7.2	7.2	7.3	7.1
台山	9.1	9.2	8.2	7.1	6.7	7.3	8.6	6.7	7.9	9.3	9.9	9.3	8.2
马公	9.1	8.4	7.1	5.5	5.2	4.6	4.3	4.1	5.6	8.3	9.4	9.1	6.7
南澳	4.6	4.7	4.2	3.7	3.4	3.1	3.2	3.0	3.8	5.2	5.2	4.8	4.1
东方	4.6	4.6	4.0	4.3	5.1	5.2	5.4	4.4	3.7	4.0	4.7	4.6	4.6
涠州岛	5.6	5.6	5.0	4.3	3.9	4.8	5.3	4.7	3.7	4.4	5.0	4.7	4.6
大理	3.5	3.7	3.6	3.1	2.4	1.8	1.5	1.2	1.2	1.4	2.0	2.5	2.3
昆明	2.5	2.9	2.9	2.9	2.7	2.2	1.9	1.4	1.5	1.7	1.9	2.0	2.2
那曲	3.3	3.9	4.0	3.7	3.3	2.9	2.3	2.1	2.2	2.4	2.5	2.6	2.9

根据我国各地风速的季节变化特征,可划分为以下几个区域:

①北方风大区。西北、华北和东北地区是我国全年各月风速都比较大的地区。冬季寒潮经过这些地区南下,春季气旋活动频繁,所以这些地区冬春季节风速较大,春季出现全年风速最大值;各月平均风速达 $4 \sim 5$ m/s 左右,阴山以北地区超过 6 m/s。全年风速最小值出现在盛夏。东北山地各月平均风速比东北平原地区大约偏小 $1 \sim 2$ m/s。

②北疆风大区。新疆北部,春季冷锋和高空低压槽过境较多,冷暖平流很强,地区之间容易产生较大的气压梯度,因而全年风速以春季最大。各月风速除盆地内不足 3 m/s 以外,其余都在 3 m/s 以上;北疆西部以及某些山口,风速大于 $4 \sim 5$ m/s。但冬季处在蒙古高压控制之下,冷空气聚集在盆地之中,下层空气稳定,风速最小,各月风速不足 2 m/s,准噶尔盆地在 1 m/s 以下。

③黄土高原风小区。黄土高原是我国北方风速较小的地区。风速年变化也是春季最大,风速达 $2.5 \sim 3.0$ m/s 左右;除了山西在盛夏出现风速最小值以外,其他地区都是秋季最小,风速一般在 2 m/s 以下。

④沿海风大区。沿海地区风速大于内陆地区,这一特点全年都存在。但沿海各地的风速年变化各不相同。渤海沿岸春季海上高压较强,东北低压发展,华北地形槽加深,所以气压梯度大,风力强,风速可达 5 m/s 以上;盛夏期间风速较小,但也在 3 m/s 以上。黄海沿岸也是春季风大,达 4 m/s 以上;秋季由于变性冷高压比较稳定,所以风速最小,不足 3 m/s。东海沿岸,尤其是台湾海峡,秋季北方冷高压加强南下,海上台风活跃北上,形成很大的气压梯度,再加上海峡的狭管效应,所以秋季风速最大,浙江沿岸风速在 $5 \sim 6$ m/s 以上,福建沿岸超过 $8 \sim 9$ m/s;初夏因受副热带高压脊的控制,风速最小。南海沿岸秋冬季盛行强劲的东北季风,所以风速最大,一般可达 3 m/s 以上,而盛夏出现风速最小值。

⑤湘江风大区。湘江流域东西两侧都为山地,北边是江汉平原,南边贯穿湘桂河谷,地形呈狭管状;冬季冷空气沿江南下,盛夏南风沿湘江北上,所以全年风速都比较大。每年 3—4 月和 7 月份风速最大,一般在 3 m/s 以上。

⑥东南丘陵风小区。东南丘陵地区各月风速均小于 2 m/s,季节变化不明显。一般说来,武夷山地 2—3 月份风速稍大一些,晚秋风速略小一些;南岭山地冬季风大,盛夏风小。

⑦云贵高原风大区。云贵高原冬春季节气温变化大,南北温差显著,由此引起气压水平梯度增大,所以风速也比较大,可达 $2 \sim 3$ m/s 以上;盛夏风速较小。但是,滇西南地区属于全年风小区,季节变化不大。

⑧四川风小区。以四川盆地为中心,北到甘南和汉中平原,南至贵州北部,是一个典型的全年各月风速都比较小的地区。各月风速均在 2 m/s 以下;全年以春

季风大,秋季风小。

⑨青藏高原风大区。青藏高原也是一个全年各月风速都比较大的地区。春季高空副热带西风急流稳定维持,风速最大,一般可达 4～5 m/s 以上;海拔 6000 m 左右的地方,风速高达 12 m/s;夏秋季节大多在 2 m/s 左右。

3. 大风日数的季节变化

在我国的大部分地区,由于春季冷锋和高空槽过境较多,气旋活动频繁,再加上地面增温迅速,对流比较强盛,因此,一年之中以春季大风天气出现最多;但在南方山地丘陵和川湘黔交界区域却是盛夏多大风,东南沿海和台湾地区在秋冬季大风日数最多。大风日数最少的时期是夏、秋两季,也有的地方出现在冬季。

①冬季(以 1 月为代表)。冬季多大风的地区有两个:一个是沿海岛屿,由于强劲的东亚冬季风不断侵袭,长江口以北及台湾海峡内的岛屿,大风日数都在 15 d 以上,南海诸岛少于 5 d,其他地区在 5～15 d 之间。另一个是藏北、阿里和日喀则以西的地区,由于南支西风气流的动量下传,大风日数均在 10 d 以上。

②春季(以 4 月为代表)。春季我国北方和青藏高原的大风天气比冬季明显增多。青藏高原一般都有 5 d 以上的大风,且大风日数由东往西不断增加,阿里地区大风日数超过 20 d。41°N 以北的北方地区,大风日数大多在 5 d 以上,且由南向北增加,内蒙古北部可达 10～15 d。由于冬季风势力的减弱,沿海岛屿的大风天气比冬季少得多,大多不足 10 d,南海诸岛少于 2 d。我国南方,除云南高原大风增多到 2～5 d 以上外,其他地区仍在 2 d 以下。

③夏季(以 7 月为代表)。全国各地的大风日数与春季相比减少很多;与蒙古接壤的地带、青藏高原西部以及新疆等地,大风日数一般为 5～10 d,沿海岛屿、长江口以北地区为 5～10 d 左右,长江口以南不到 5 d。我国东部及西南地区的大风日数一般都不足 1 d。

④秋季(以 10 月为代表)。全国大部分地区的大风日数继续减少,特别是青藏高原,东部为 2～3 d,西部在 5 d 以上,是高原大风出现最少的季节;即使在我国北方的最北部,大风日数也只有 2～5 d;但沿海地区的大风日数比夏季增多,岛屿站大多在 8 d 以上,台湾海峡甚至超过 10 d。

4. 风能的季节变化

我国风能资源的季节变化明显,如表 5.4 所示。以云南保山和内蒙古土默特左旗分别代表风能资源贫乏区和可利用区,保山站年平均风速为 1.7 m/s,最大月平均风速为 2.3 m/s(3 月),最小月平均风速为 1.2 m/s(8 月);土默特左旗年平均风速为 2.2 m/s,年变化幅度略大于保山。土默特左旗≥3 m/s 风速的累积时数最大值出现在 5 月,高达 376 h,超过该月总时数的一半;其余月份均不足当月总时数的 50%,12 月出现最小值,只有 153 h;≥2 m/s 风速的累积时数也比较大,全年有

9 个月的相对时数超过 50％,5 月最多达 524 h,11 月最少为 311 h。保山站的风速时数也具有一定的年变化,但变化幅度小于土默特左旗;土默特左旗≥3 m/s 的风能密度 5 月最大达 172 W/m²,9 月最小仅为 47 W/m²;而保山站≥3 m/s 的风能密度 2 月最大为 70 W/m²,8 月最小仅 31 W/m²。

表 5.4　中国土默特左旗和保山不同风速的风速时数和风能密度[25]

项目	地点	月　　份												年
		1	2	3	4	5	6	7	8	9	10	11	12	
平均风速 /m·s⁻¹	土旗	1.7	2.1	2.6	3.1	3.3	2.6	2.0	1.8	1.9	1.9	1.6	1.7	2.2
	保山	1.7	2.2	2.3	2.1	2.0	1.9	1.7	1.3	1.3	1.3	1.2	1.4	1.7
平均时数 /h ≥2 m/s	土旗	349	385	463	480	524	492	418	413	403	370	311	313	4911
	保山	258	301	349	321	323	305	290	188	190	196	170	206	3086
≥3 m/s	土旗	170	206	300	337	376	303	212	177	198	198	154	153	2784
	保山	191	238	258	238	218	174	151	86	103	112	96	136	2001
风能密度 /W·m⁻² ≥2m/s	土旗	36	61	76	109	125	55	33	24	26	47	38	39	58
	保山	47	57	53	45	36	26	22	19	23	27	25	33	36
≥2m/s	土旗	68	108	115	154	172	87	59	48	47	83	72	75	99
	保山	61	70	67	58	50	41	34	31	36	42	38	45	52

各地风能的季节变化存在很大差异。图 5.8 给出了北京和海口两地的风能年变化曲线。可见,北京地区冬季风能最大,春季次大,夏季最小;而海口则在秋季出现风能最大值,春末夏初出现最小值;而且北京风能的年变化幅度远大于海口的年变化幅度。

总的来说,我国风速和风能最大的季节,在中北部和西部一般为春季和冬季,

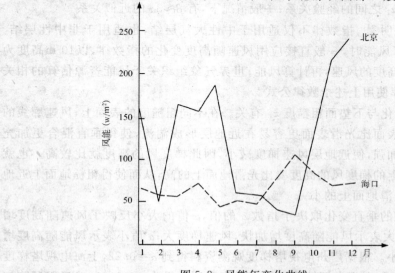

图 5.8　风能年变化曲线

风能最小的季节为夏、秋季;东南沿海及岛屿由于受台风等影响,秋季风速和风能最大,夏季最小。各地风能资源的年变化幅度,内陆地区大于沿海及其岛屿,北方大于南方。

5.2.3 风能的垂直变化

风能资源通常以离地面 10 m 高度处的风速大小来衡量;但是,对于大型风力机,还需要考虑几十甚至 100 m 高度即整个近地层中的风速变化。所以,在风能利用中往往需要推算不同高度上的风能密度。

在近地层中,风能随高度的变化实际上取决于平均风速随高度的变化。各高度上的风速变化主要是由于地面对空气的摩擦阻碍作用而引起的,而且地面摩擦力的影响随离地面高度的增加而减小;所以,近地层平均风速随高度增加而增大,其增大的数值一般服从指数律。最常用的公式为

$$u_n = u_1 (\frac{z_n}{z_1})^\alpha \qquad\qquad (5.60)$$

式中,u_n 和 u_1 分别为 z_n 和 z_1 高度处的平均风速;α 为平均风速随高度变化的指数,它除了与大气层结有关以外,还与下垫面粗糙度 z_0 有关;对于平坦地面,α 的取值在 $0.145 \sim 0.190$ 之间。

由此,平均风能密度随高度的变化可表示为:

$$W_n = W_1 (\frac{z_n}{z_1})^\beta \qquad\qquad (5.61)$$

式中,β 为平均风能密度随高度变化的指数,根据实际观测资料可拟合 β 与下垫面粗糙度 z_0 以及 u_1 之间的经验关系;一般情况下,有 $\beta \approx 3\alpha$ 的近似关系。

观测结果表明[27],指数律不仅适用于中性大气层结,也适用于非中性层结。国外学者在计算风能时,一般直接应用风速随高度变化的指数律,以 10 m 高度为基础,订正不同高度的风速,再计算风能;世界气象组织关于风能资源估算的相关文件[28]中也推荐使用上述指数律公式。

指数 α 的变化与下垫面粗糙度 z_0 有关。在不同粗糙度的表面上,风速廓线的变化很大,粗糙表面比光滑表面更容易在近地层形成湍流,使得垂直混合更加充分;混合作用的加强,使近地层风速梯度减小,因此梯度风的高度就比较高。也就是说,粗糙地面上的梯度风的高度要比光滑地面上的高,从而使得粗糙地面上近地层中的风速比光滑地面上的小。

近地层风速的垂直变化取决于指数 α 的值,α 值的大小反映了风速随高度增加的快慢。α 值大表示风能随高度增加快,风速梯度大;α 值小表示风能随高度增加慢,风速梯度小。根据广州电视塔梯度观测资料得到 $\alpha = 0.22$,上海电视塔梯度观测得到 $\alpha = 0.33$;南京大厂镇跨江铁塔梯度观测结果为 $\alpha = 0.21$;武汉阳逻跨江

铁塔梯度观测得到 $\alpha=0.19$，大风（平均风速 $\geqslant 10\ \text{m/s}$）时 $\alpha=0.16$；北京八达岭风能试验站的铁塔（104 m）梯度观测得出 $\alpha=0.19$，大风时 $\alpha=0.17$；内蒙古锡林浩特风能试验站铁塔（120 m）梯度观测结果为 $\alpha=0.23$。

近地层平均风速及其廓线结构，除了受下垫面粗糙度的动力作用以外，还受近地层湍流输送的热力影响，即与大气层结稳定度有关[29]。南京大厂镇附近 125 m 高的跨江铁塔和近地面层的梯度观测资料表明，离地面高度愈高，风速梯度愈小，层结稳定度对风速廓线的影响愈显著；而在高度比较低的情况下，由于地表粗糙度的影响，风速梯度很大，从而使大气层结对风速廓线的影响表现不明显。所以，近地层风速随高度的变化，稳定层结时最快，中性层结时次之，不稳定层结时最慢。

国家标准《建筑结构荷载规范》[30]中规定，在平原乡村、丛林、小城镇，取 $\alpha=0.16$。若以 10 m 高度为基准，则可计算出不同高度与 10 m 高度上平均风速的比值以及发电量的比值，如表 5.5 所示。结果表明，如果风力机架设高度为 30 m，则平均风速比 10 m 高度处增大 19%，而风能可达 10 m 高处的 1.69 倍；如果架设高度为 50 m，则平均风速增大 29%，风能为 10 m 高处的 2.16 倍。由此可见，适当选择风力机架设高度，对提高风能的捕获能力具有明显的效果。此外，由近地层风速随高度的变化规律可知，在高度较低的气层内，风能随高度的增加速度较快，如 30 m 高处的风能大约是 10 m 高处的 1.69 倍，但是随着高度的继续增加，风能增大速度则逐渐缓慢，如 100 m 高处与 80 m 高处相比，仅增大了 30%。因此，如何合理地选择风力机安装高度，对提高风力机的投入产出比具有重要的实用意义。

表 5.5 近地层各高度风速和风能变化的比例系数

离地面高度(m)	$\alpha=0.16$	
	风速比值	发电量比值
5	0.89	0.72
10	1.00	1.00
15	1.07	1.22
20	1.12	1.40
30	1.19	1.69
40	1.25	1.95
50	1.29	2.16
60	1.33	2.35
70	1.36	2.54
80	1.40	2.72
90	1.42	2.87
100	1.44	3.02

5.3　风能资源的区划方法

由于大型天气系统的活动和下垫面类型的影响,使得风能分布具有地域的规律性。因此,可以根据风能分布的特点和各地风能大小的实际情况,选择合适的评价指标,进行风能资源的分类和区划。区划的目的,是为了充分有效地开发利用风能资源,了解各地的风能差异和开发利用前景。

世界气象组织(WMO)曾对全球的风能资源进行了估算[28],并按风能密度和相应的平均风速将全球风能分为 10 个等级。但是,这种风能区划方法对我国的分区存在较大偏差,如内蒙古地区比实际风能分布偏小,黄河和长江中下游地区又偏大,而对青藏高原地区的风能则标明"不了解"。

由于风能资源的开发利用与有效风能的大小、风能的季节变化等有着密切的关系,而且风速的局地变化很大,使得风能的地域分布比较复杂;因此,风能资源的区划具有其特殊性。

5.3.1　我国的风能分区

据宏观估计[25],我国风能的理论可开发量为 3.226×10^{10} kW,实际可开发量为 2.53×10^9 kW。我国学者在进行风能分区时,考虑了有效风能密度和有效风速全年累计小时数这两个表征风能资源的主要参数,将我国风能资源的分布划分成 4 个大区,如图 5.9 所示。风能丰富区、较丰富区、可利用区和风能贫乏区的划分标准和各区所占面积比例,如表 5.6 所示。

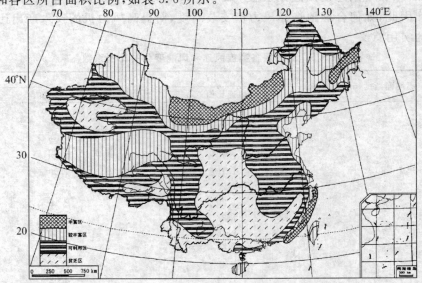

图 5.9　我国风能资源的分布[25]

表 5.6　我国风能分区及各区所占面积百分比[25]

指　标	丰富区	较丰富区	可利用区	贫乏区
年平均有效风能密度(W・m⁻²)	>200	200～150	150～50	<50
3～20 m/s 风速年累计小时数(h)	>5000	5000～4000	4000～2000	<2000
≥6.0 m/s 年累计小时数(h)	>2200	2200～1500	1500～350	<350
占全国面积比例(%)	8	18	50	24

5.3.2　风能区划指标

为了能够充分合理地利用风能,必须根据风能资源的分布特点,确定出不同等级的区划指标,进行风能资源利用区划。风能区划涉及许多问题,包括风能密度的大小、有效风能利用时数、风能的季节分配以及一定时间长度重现期的极端最大风速等。风能密度愈大、利用小时数愈多,则风力机利用效率就愈高;风能的季节变化,不仅影响风力机的利用效率,而且也是设计蓄电装置和备用电源的重要参数。为使风力机安全可靠地运行,在设计风力机极限风速时必须考虑一定重现期的最大风速。

朱瑞兆[19](1983)采用三级区划指标,对我国风能资源进行了区划。

第一级区划指标是年平均有效风能密度和全年有效风速累积时数(表5.6)。将年平均有效风能密度大于 200 W/m²,3～20 m/s 有效风速的年累积小时数大于5000 h 的地区划分为风能丰富区,用罗马数字"Ⅰ"代表;将年平均有效风能密度在 150～200 W/m² 范围内,3～20m/s 有效风速年累积 4000～5000 h 的划为风能较丰富区,用"Ⅱ"表示;将年平均有效风能密度 50～150 W/m² 和有效风速年累积2000～4000 h 的划为风能可利用区,用"Ⅲ"表示;将年平均有效风能密度 50 W/m² 以下、3～20 m/s 有效风速年累积在 2000 h 以下的地区划为风能贫乏区,用"Ⅳ"表示。在代表这 4 个区的罗马数字后面,再以大写英文字母 A～L 分别表示各个地理区域。

第二级区划指标是一年中各个季节的风能大小和有效风速出现的小时数。利用每日 4 次定时观测的多年风速资料,先将全国各台站风速≥3 m/s 的小时数点绘出年变化曲线;然后将变化趋势一致的归为一类,作为一个亚区;再将各季有效风速累积小时数相加,并按大小次序排列。这里,春季是指 3—5 月,夏季为 6—8月、秋季为 9—11 月,冬季为 12—2 月,分别以 1、2、3、4 表示春、夏、秋、冬四季。如果春季有效风速(包括有效风能)出现小时数最多,冬季次多,则用"14"表示;如秋季最多,夏季次多,则用"32"表示,依此类推。

第三级区划指标是风力机最大设计风速。一般取当地 30 年一遇的最大风速。在此风速下,要求风力机能抵抗垂直于风向的平面上所受到的压强,使风力机保持稳定和安全,不致产生倾斜或被损坏。关于最大设计风速的取值问题,一般认为,不能简单地取几十年观测资料中的一个最大风速值,因为这种取值存在观测的抽样误差,是不合理的;应该取在一定概率条件下的最大风速,即具有一定重现期的年最大风速,作为风力机的最大设计风速。由于风力机使用寿命一般为 20～30 年,为了安全起见,取 30 年一遇的最大风速值作为最大设计风速。因此,以"一般空旷平坦地面、离地 10 m 高度、30 年一遇、自记 10 分钟平均最大风速"作为计算标准,分别计算全国 700 多个气象站的 30 年一遇最大风速;然后,按最大风速将全国各地划分为四个等级的风压类型:最大风速在 35～40 m/s 以上(瞬时风速为 50 ～60 m/s)的特强最大设计风速,称为特强压型;最大风速为 30～35 m/s(瞬时风速为 40～50 m/s)的强设计风速,称为强压型;风速为 25～30 m/s(瞬时风速为 30 ～40 m/s)的中等最大设计风速,称为中压型;风速在 25 m/s 以下的弱最大设计风速,称为弱压型;并分别以小写英文字母 a、b、c、d 表示。

　　根据上述区划指标,对我国的风能资源进行利用区划。首先,通过具体计算,确定出风能资源的优势类型、组合特点和区域单位的连续性,将全国风能资源分布划分为 4 个大区和 30 个小区;然后,将全国各地所属的区、类、型都以规定的符号表示在地图上。例如,符号"ⅠA34a"表示东南沿海地区为风能丰富区、秋冬亚类、特强风压型;其含义是我国东南沿海地区风能资源丰富,年平均有效风能密度大于 200 W/m²,有效风速累积时数大于 5000 h,风能资源季节分配特点是秋季最大,冬季次之,30 年一遇最大风速达到 35 m/s 以上,属于特强压型。

　　我国风能资源的区划结果,如图 5.10 所示;其中各区的风能资源类型和主要分布地区,列于表 5.7。

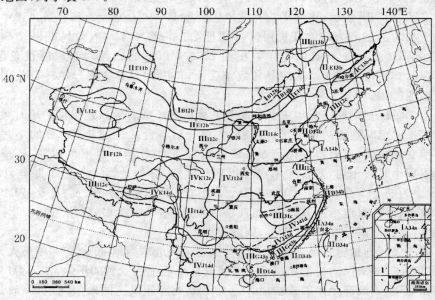

图 5.10　我国的风能区划[19]

表 5.7　我国风能资源分类表[19]

区及代号	类及代号	型及代号	总代号	主要分布地区
风能丰富区（Ⅰ）	秋冬(34)	特强压(a)	ⅠA34a	东南沿海及其岛屿、台湾西部、南海群岛
	夏春(21)	强压(b)	ⅠA21b	海南岛西部
	春冬(14)	强压(b)	ⅠA14b	山东、辽东沿海
	春夏(12)	强压(b)	ⅠB12b	内蒙古北部西端和锡林浩特盟
	春冬(14)	强压(b)	ⅠB14b	内蒙古阴山到大兴安岭以北
	春秋(13)	强中压(bc)	ⅠC13b—c	松花江下游
风能较丰富区（Ⅱ）	秋冬(34)	强压(b)	ⅡD34b	东海沿海（离海岸 20～50km）地区
	春冬(14)	特强压(a)	ⅡD14a	海南岛东部
	春冬(14)	强压(b)	ⅡD14b	渤海沿岸
	秋冬(34)	特强压(a)	ⅡD34a	台湾东部
	春秋(13)	强压(b)	ⅡE13b	东北平原
	春冬(14)	强压(b)	ⅡE14b	内蒙古南部
	春夏(12)	强压(b)	ⅡE12b	河西走廊及其邻近地区
	夏春(21)	强压(b)	ⅡE21b	新疆北部
	春夏(12)	强压(b)	ⅡF12b	青藏高原
风能可利用区（Ⅲ）	冬秋(43)	强压(b)	ⅢG43b	福建沿岸（离海岸 50～100km）、广东沿海
	春冬(14)	特强压(a)	ⅢG14a	广西沿海、雷州半岛
	春秋(13)	强压(b)	ⅢH13b	大小兴安岭山地
	春夏(12)	中压(c)	ⅢI12c	辽河流域和苏北
	春冬(14)	中压(c)	ⅢI14c	黄河、长江中下游
	秋春(31)	中压(c)	ⅢI31c	两湖和江西
	春夏(12)	中压(c)	ⅢI12c	西北五省、区的一部分及青藏东部和南部
	春冬(14)	中压(c)	ⅢI14c	川西南和云贵北部
风能贫乏区（Ⅳ）	春夏(12)	弱压(d)	ⅣJ12d	四川、甘南、陕西、鄂西、湘南和贵北
	冬春(41)	弱压(d)	ⅣJ41d	南岭山地以北
	冬秋(43)	弱压(d)	ⅣJ43d	南岭山地以南
	春冬(14)	弱压(d)	ⅣJ14d	云贵南部
	春冬(14)	弱压(d)	ⅣK14d	雅鲁藏布江河谷
	春夏(12)	中压(c)	ⅣK12c	昌都地区
	春夏(12)	中压(c)	ⅣL12c	塔里木盆地西部

5.3.3　各区及其类型区的主要特征

1. 风能丰富区

由图 5.10 可见，该区主要分布在东南沿海、山东、辽东沿海及其海上岛屿（Ⅰ A 区）、内蒙古北部（ⅠB 区）和松花江下游（ⅠC 区），面积约占我国匡土总面积的 8％左右。

ⅠA 区由于面临海洋，风力强大。愈向内陆，风速愈小，等值线与海岸线平行，是全国风速最大的地区。由表 5.8 可见，除了高山站以外，全国所有年平均风速≥

7 m/s 的地方,都集中在这一地区;平潭站年平均风速高达 8.7 m/s,是全国平地上风速最大的台站。该区有效风能密度在 200 W/m² 以上,海岛上可达 300 W/m² 以上,其中平潭站最大,达 749.1 W/m²。该区风速≥3 m/s 的全年累积小时数在 6000 h 以上,风速≥6 m/s 的累积小时数全年超过 4000 h;平潭站分别为 7939 h 和 6395 h;也就是说,该站 3~20 m/s 的有效风速平均每天有 21 小时 45 分钟,这里的风能潜力十分可观。其他海岛站风能资源也都非常丰富。该区风能大的原因,主要是海面比起伏不平的陆地表面摩擦阻力小,在气压梯度力相同的条件下,海面上风速比陆地上大得多。

表 5.8　全国年平均风速≥6 m/s 的站点[24]

省名	地点	海拔高度(m)	年平均风速(m/s)	省名	地点	海拔高度(m)	年平均风速(m/s)
吉林	天池	2670.0	11.7	福建	九仙山	1650.0	6.9
山西	五台山	2895.8	9.0	福建	平潭	24.7	6.8
福建	平潭海洋站	36.1	8.7	福建	崇武	21.7	6.8
福建	台山	106.6	8.3	山东	朝连岛	44.5	6.4
浙江	大陈岛	204.9	8.1	山东	青山岛	39.7	6.2
浙江	南麂岛	220.9	7.8	湖南	南岳	1265.9	6.2
山东	成山头	46.1	7.8	云南	太华山	2358.3	6.2
宁夏	贺兰山	2901.0	7.8	江苏	西连岛	26.9	6.1
福建	东山	51.2	7.3	新疆	阿拉山口	282.0	6.1
福建	马祖	91.0	7.3	辽宁	海洋岛	66.1	6.1
台湾	马公	22.0	7.3	山东	泰山	1533.7	6.1
浙江	嵊泗	79.6	7.2	浙江	括苍山	1373.9	6.0
广东	东沙岛	6.0	7.1	内蒙古	宝音图	1509.4	6.0
浙江	堡山岛	66.8	7.0	内蒙古	前达门	1510.9	6.0
山东	砣矶岛	66.4	6.9	辽宁	长海	17.6	6.0

　　风能的季节分配,山东、辽宁半岛与东南沿海也有差异。东南沿海、台湾及南海诸岛秋季风能最大,冬季次之,这与秋季台风活动频率有关。表 5.9 给出了我国全年各月台风的出现频率。可见,登陆我国的台风以秋季最多,出现频率占全年的54%。西北太平洋台风影响我国大致有 3 条路径,无论哪一条路径都可使东南沿海风力加大。这一地区由台风引起的极端瞬时最大风速在 60 m/s 以上;例如,花莲为 65 m/s,厦门为 60 m/s,汕头为 52.1 m/s,台北高达 70~75 m/s,为全国之冠。30 年一遇的自记 10 分钟平均风速可达 40~45 m/s,这是风能利用的一个不利条件。山东和辽东半岛沿海春季风能大,冬季次之;但 30 年一遇最大风速小于东南沿海,约为 30 m/s。

表 5.9　全年各月台风出现频率[24]

月份	1	2	3	4	5	6	7	8	9	10	11	12
频率(%)	1.5	1.2	1.6	2.8	3.7	6.3	14.0	21.4	8.9	13.6	9.6	5.1
	—	—	0.5	2.0	5.1	7.7	14.8	15.3	23.0	12.2	13.9	5.6

ⅠB区是我国内陆风能资源最好的地区,内蒙古北部年平均有效风能密度在 200 W/m² 以上,个别地区可达 300 W/m²。≥3 m/s 的有效风速累积小时数为 5000～6000 h,虎勒盖尔站高达 7659 h。风速≥6 m/s 的年累积小时数在 3000 h 以上,个别地点在 4000 h 以上(如朱日和为 4181 h)。该区受蒙古高压控制,每次冷空气南下都可造成较强风速;而且地形平坦,风速梯度小,春季风能较大。30 年一遇最大风速可达 30～35 m/s,属于全国次大区。

ⅠC区位于松花江下游,有效风能密度在 200 W/m² 以上,风速≥3 m/s 的年累积时间为 5000 h,风速≥6 m/s 的累积时数全年在 3000 h 以上。该区的大风大多数是由东北低压所致;东北低压春季最易发展,秋季次之,所以该区春季风能最大,秋季次大。30 年一遇最大风速为 25～30 m/s,比ⅠA区和ⅠB区小。

2. 风能较丰富区

集中分布在我国沿海海岸(ⅡD区)、三北地区北部(ⅡE区)和青藏高原(ⅡF区),面积约占我国国土面积的 18%。除了青藏高原以外,该区是Ⅰ区由北向南或沿海岸向内陆的扩展,形成大风的天气系统也与Ⅰ区相同。Ⅱ区与Ⅰ区相比,有效风能密度较小。该区风速较大,各有不同的原因。一是因为沿海地区海陆差异以及台风影响很大;二是因为三北地区直接受冷空气侵袭,特别是冬半年,寒潮、冷空气南下,冷锋过境后大多伴有大风;三是青藏高原地势高,平均海拔在 4500 m 以上,受高空西风气流的影响,地面形成大面积的大风区。

ⅡD区从广东汕头沿海向北,沿东南沿海ⅠA区经江苏、山东、辽宁沿海到东北丹东。这一区域的有效风能密度为 150～200 W/m²,有效风速累积时数全年达 4000～5000 h。在长江口以南,一般秋季风能大,冬季次之;长江口以北,通常春季风能大,冬季次之。但是,该区 30 年一遇最大风速远比Ⅰ区的最大风速小,约为 25～30 m/s。

ⅡE区从东北的图们市向西,沿燕山北麓经河套,穿越河西走廊,过天山直到新疆阿拉山口以南,横穿我国三北地区的北部。该区的有效风能密度为 150～200 W/m²,风速≥3 m/s 的年累积时数为 4000～4500 h。ⅡE区又分成四个副区:即东北平原春秋区、内蒙古春冬区、内蒙古河西春夏区和北疆夏春区。前三个副区春季风能最大,北疆地区夏季风能最大。30 年一遇最大风速约为 30～32 m/s。

ⅡF区位于青藏高原。该地区有效风能密度一般在 150 W/m² 以上,个别地区(如五道梁)可达 180 W/m²;但 3～20 m/s 有效风速全年累积时数却比较多,一般在 5000 h 以上(如茫崖为 6500 h)。若不考虑有效风能密度,仅以≥3 m/s 风速出现时间进行区划,则该地区应该为风能丰富区;但是,由于这里海拔高度都在 3000~5000 m 以上,空气密度较小(表 5.10),同样大的风速,在这里风能密度却比较小;所以该地区属于风能较丰富区。

海拔高度对风能密度影响很大。由表 5.11 可见,同样是 8 m/s 平均风速,上海的风能密度为 313.3 W/m²,而呼和浩特为 286.0 W/m²,两地海拔高度相差 1000 m,风能密度相差 10%。林芝与上海两地海拔高度相差约 3000 m,风能密度相差 30%;那曲与上海高度相差 4500 m,风能密度则相差 40%。由此可见,海拔高度越高,空气密度越小;当风速相同时,风能密度随海拔高度增大而减小。所以,计算青藏高原(包括高山)地区的风能资源时,必须考虑空气密度的影响,否则计算结果将明显偏高而不能反映实际情况。

表 5.10　空气密度随海拔高度的变化[24]

海拔高度(m)	<100	500	1000	1500	2000	2500	3000	3500	4000
空气密度(g/cm³)	1.23	1.17	1.11	1.05	1.00	0.95	0.90	0.86	0.82
比　值	1.00	0.95	0.90	0.85	0.81	0.77	0.73	0.70	0.66

表 5.11　风速相同时风能密度(W/m²)随海拔高度的变化[24]

平均风速 (m/s)	海拔高度				
	4.5m (上海)	1063.0m (呼和浩特)	1984.9m (阿合奇)	3000.0m (林芝)	4507.0m (那曲)
3	16.5	15.1	13.5	11.8	10.0
5	76.5	69.8	62.4	54.4	46.4
8	313.3	286.0	255.5	223.0	190.0
10	612.0	558.1	499.1	435.5	371.1

青藏高原海拔较高,离高空西风带较近。春季随着地面增热,对流加强,上下层冷暖空气交换,西风急流的动量下传使风力增强,所以这一地区春季风能最大;夏季转为东风控制,西南季风爆发,雨季来临,但由于热力作用强大,对流活动频繁且旺盛,风力也比较大。该地区 30 年一遇最大风速为 30 m/s,虽然极端最大风速可达 12 级,但由于空气密度小,风压却只相当于平原地区的 10 级风压。

3. 风能可利用区

该区分布于两广沿海(ⅢG 区)、大小兴安岭山地(ⅢH 区)和东起长白山向西经华北平原过西北到我国最西端贯穿我国东西的广大地区(ⅢI 区),面积约占我国国土面积的 50%。该区的风能资源,作为农村能源可以季节性利用,但在山顶、隘口等良好地势条件下风能资源仍比较丰富,也可以安装大型风力机。

ⅢG 区位于南岭以南,包括福建海岸向内陆 50~100 km 左右的地带。有效风能密度为 50~100 W/m²，有效风速累积时数全年为 2000~4000 h，大体上从东向西逐渐减少。该区虽然处于我国大陆的南端，但冬季仍有强冷空气入侵，其前面的冷锋可越过该区到达南海，使这一地区风速增大。所以，该区冬季风速最大；秋季受台风的影响，风速也比较大。广东沿海的阳江以西地区，包括雷州半岛，春季风能最大，冬季风能次大；极端最大风速和东南沿海差不多，30 年一遇自记 10 分钟平均风速可达 37 m/s 甚至更大，也是全国最大风速区之一。

ⅢH 区为东北大、小兴安岭山地，有效风能密度在 100 W/m² 左右，年有效风速累积时数为 3000~4000 h。影响这一地区风速的天气系统主要是东北低压，而冷空气对该区的影响较小，只有冷空气路径偏北时才能影响到这里。由于该区风速受东北低压影响较大，所以春、秋季风能资源丰富。该区 30 年一遇最大风速为 30~32 m/s。

Ⅲ I 区为东起长白山、向西经华北平原、过西北到我国最西端贯穿我国东西的广大地区。由于其中间有风能贫乏区（Ⅳ）分隔，使得该区分为东-西两部分，形状与希腊字母"π"很像。"π"字形的前半部分，包括西北各省的一部、川西和青藏高原的东部与南部。有效风能密度大约为 50~100 W/m²，≥3 m/s 有效风速的累积时数全年为 4000 h 左右。这一地区春季风能最大，夏季次之；但在雅鲁藏布江两侧风能春季最大，冬季次之。30 年一遇最大风速为 25~30 m/s。"π"字形的后半部分，分布在黄河和长江中下游。这一地区春、冬季风能较大；但在江西和湖南南部秋季风能相对较大，春季次之。30 年一遇最大风速为 25 m/s 左右。

4. 风能贫乏区

该区集中分布于四川、云南、贵州和南岭山地（ⅣJ 区）、雅鲁藏布江流域（ⅣK 区）和塔里木盆地西部（ⅣL 区），面积约占全国总面积的 24%。因地形闭塞，山峦重叠，故风速较弱，除个别山顶外，风能不宜利用。

ⅣJ 区以四川为中心，西面是青藏高原，北面为秦岭，南面是大娄山，东面为巫山和武陵山等，四面都有高山环绕。所以，这一地区为全国最小风能区，有效风能密度在 50 W/m² 以下；成都仅为 35 W/m² 左右。有效风速的全年累积时数为 2000 h；成都仅 400 h，恩施、景洪两地更小。该区 30 年一遇最大风速为全国最小，仅 20~25 m/s。

ⅣK 区为雅鲁藏布江流域，河谷两侧大多为高山。由于地形屏障使得冷、暖空气很难入侵，所以风力很小，有效风能密度在 50 W/m² 以下。该区 30 年一遇最大风速约为 25 m/s。

ⅣL 区位于塔里木盆地西部，亦为高山所环抱；冷空气偶尔越过天山，但为数不多，所以该区风速较小。30 年一遇最大风速为 25~28 m/s 左右。由于塔里木盆地东部是一个马蹄形的开口，冷空气可以从东面灌入，从而使风速增大；所以，塔里木盆地东部属于风能可利用区,而西部属于风能资源贫乏区。

综上所述,我国风能资源的区域分布特点主要表现在三大地区:一是东部地区,从沿海到内地,风能资源由丰富区逐渐过渡到贫乏区;二是蒙新地区,从北向南,由风能丰富区转变为风能可利用区;三是青藏高原,从东南向西北,风能资源由可利用区过渡为较丰富区。根据风能区划和风能的实际分布情况,我国的风能利用应重点开发风能丰富区(东南沿海、内蒙古北部、松花江下游等)和风能较丰富区(沿海丘陵地区、三北北部、青藏高原中北部等),特别是要优先开发这些地区中无电、缺电的农、牧、渔业区的风能资源,以解决生活和生产用电问题,促进这些地区的经济建设发展,提高人民的生活水平。

5.4   风能资源的开发利用

人类利用风能已有三千多年的历史。古代《物原》中记载:"燧人以匏济水,伏羲始乘桴,轩辕作舟楫……夏禹作舵加以蓬碇帆樯。"故可认为,夏朝的禹是帆的创始人。东汉时期的《释名》一书中,对"帆"的解释为"随风张幔曰帆"。风车始于明代,《天工开物》中的记载为:"扬郡以风帆数扇,俟风转车,风息则止。"《物理小识》中也有记载:"用风帆六辐,车水灌田,淮扬海堨皆为之"。

风能是一种可再生的清洁能源。20 世纪 70 年代以来,随着能源危机的出现和环境污染日益严重,为了减轻污染,保护环境,使国民经济走向可持续发展的道路,许多国家都开始重视开发和利用风能资源,风能利用技术得到了迅速发展,不断降低使用成本并已取得了可喜的成果。目前,风能资源的开发利用已经成为世界利用可再生能源的重要组成部分。

5. 4. 1   风能利用系统

风能利用系统是指将自然界中风的能量经过特定的装置转化为人们所需要的便于使用的能量系统,简称风能利用系统。一般由 4 个部分组成,即风力发动装置、作功装置、传动变换装置和能量储存装置。

1. 风力发动装置

发动装置的作用是把风能转化为机械能。装置的组成包括风轮、塔架及其他附属部件。风轮是整个风能利用系统中最主要的部件,由 1 个或多个叶片组成;其作用是捕捉并吸收风能,将其转化为机械能。塔架是为了使风轮具有良好的工作条件而设置的,以便使风轮在理想的高度上达到最佳工作状态。附属部件包括风力机底座、调向器、回转体、调速器、停车制动器等。

2. 作功装置

风轮所获得的机械能被用来带动各种用途的工作机。这些工作机(如发电机、水车、水泵、粉碎机、碾米机、磨等)统称为风能利用系统中的作功装置。

3. 传动和变换装置

通常风轮不能与工作机直接安装在一起,需要一个中间设备来改变转速和传动方向,或将直流电变为交流电,这个中间设备就是传动变换装置,即传递能量和协调运转的装置。目前,风能利用系统中采用的大多是机械传动和各种变换器。

4. 储能装置

自然风力制约着风轮是否转动和转动的快慢,只有在启动风速和切断风速之间才能输出能量,而且在有效风速范围内输出的能量随风速的增大而增加,大于或小于有效风速范围时则没有能量输出。能够将风速较大时捕获的多余能量储存起来,以备无能量输出时使用的部件或设备,就称为储能装置。例如,风力机配置的蓄电池组等,此外还有抽水储能、压缩空气储能、电解水储能等多种方式。

转换效率是评价风能利用系统的一项重要指标,包括风能捕获系统效率、传动系统效率、能量输出系统效率和储能系统效率等。整个风能系统的效率取决于各个组成部分的效率和各组成部分的最佳组合。目前,风能利用系统的转换效率仍然比较低,传统的风车利用率<20%,低速风力发动机为30%,新式的高速风力发动机也仅能利用40%;而理论上,风轮转换风能的最大值为59.3%。因此,提高风能利用系统的转换效率也是风能利用研究的一个重要内容。

5.4.2　风能资源评估系统

目前,我国正处于国民经济持续发展时期,资源和能源的需求急剧增长,常规能源生产带来的环境问题已不容忽视,迫切需要加强洁净能源的开发[31]。改善能源结构,利用可再生能源,减轻环境污染,已经成为我国能源工业关注的热点。据估算[32],我国的陆上风能资源总储量为 32.26×10^{11} W,开发利用潜力很大。因此,开发利用风能资源,对于国民经济发展具有十分重要的意义。

随着我国大规模发展风力发电的必然趋势,对各地风能资源进行评估日益成为风能利用研究的重要课题。风能资源评估是风能开发利用的前提,是风电场选址和建设的关键。过去,对于大范围或局部地区的风资源普查大多数都是基于对风资料的收集和计算,凭借一定的原则和经验来判断一个区域风能资源的地理分布,并在此基础上进行风电场场址的选择;这种方法显然不能适应风能资源开发利用快速发展的需要。为此,2002 年中华人民共和国国家质量监督检验检疫局专门制定了《风电场风能资源评估方法》(GB/T18710—2002)。

在我国风能资源评估的实际工作中,通常采用丹麦国家实验室风能研究所开发的 WASP(Wind Atlas Analysis and Application Program),即风图谱分析及应用程序,这是目前世界上比较公认的权威风资源评估软件。该软件对于平坦地形条件的风资源评估具有良好的功能和评估效果;但是,应用于复杂地形条件,往往不能准确估算风能资源的实际状况,计算结果误差较大,仅具有参考价值。因此,目前迫切需要解决的问题,就是瞄准国际前沿科技手段,应用卫星遥感技术、地理信息系统以及中小尺度气象学等相关学科的新技术、新成果,建立适合我国特点的风能资源评估系统。

近年来,我国许多学者一直致力于开发适合我国国情的风电场选址技术和风能资源评估系统的研究。杨振斌等[18](2001)研制了用于风电场选址的风能资源评估软件,其系统流程如图 5.11 所示。该软件采用均值及标准差法进行 Weibull 双参数估算;根据对全国 800 多个气象站测风记录的计算误差分析结果表明,计算误差降低约 5%～8%;为了与我国测风资料相适应,采用 16 个方位进行风能资源评估,使评估结果更加客观、准确;该软件还集成了风参数的年变化和月变化分析子系统,用户界面采用 Visual Basic 语言开发,操作简单,使用方便,为我国风电场选址和风能资源评价提供了一个有效的分析工具。

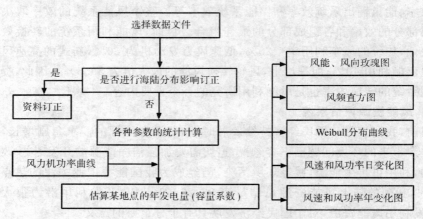

图 5.11　风能资源评估系统流程图[18]

杨振斌等[33](2003)还将卫星遥感技术、地理信息系统以及复杂地形上的风实测与风场模拟相结合,提出了一套应用于风能资源综合评估和风电场选址的分析系统。首先,应用卫星遥感反演出地形、地貌特征,融合地理信息数字高程数据,获得三维的陆地资源卫星图像,在三维地形上进行风场的数值模拟和分析,得出区域风能分布图,用以进行风电场的宏观选址;然后,根据宏观选址结果,通过在备选风电场进行风状况实地观测,应用系统中的风能资源分析软件对实测资料进一步进行可行性分析,为风电场的开发作好前期准备工作。该软件中,风向按 16 个方位进行分析,增加了若干重要参数的计算和相关图、表的演示。其设计流程中,首先考虑风电场场地受海陆分布的影响,将已知的观测资料订正到所在场地;然后计算各种所需的参数,包括场地的空气密度、年平均风速、Weibull 分布参数值、总风能密度、有效风能密度、有效风速累积时数等,各风向下的风频、风能以及按 Weibull 分布估算的风能密度、有效风能密度和有效风速累积时数,按给定的待选风电机组功率曲线估算该风电场的年发电量。该软件还可给出风速和风能的月变化图、全年及各月的日变化图、各等级风速的风频直方图、风速的分布曲线、全年及各月的风向玫瑰图以及全年和各月的风能玫瑰图等。

邱凉等[34](2004)研制开发的风能资源评估系统,考虑到风能资源评估需要大量数据处理和制图量大等特点,以 Visual Basic 作为基础开发工具,利用 SQL Server 数据库技术,将风能资源评估系统化、自动化,实现了评估准确、高效的目的,完善了各地风能信息评价的功能,使风能评价工作在 Windows 平台下实现了数据导入、提取、修改、订正和评价等功能,提高了工作效率和服务质量。实践证明,该系统能够缩短风能资源的评价周期,提高数据处理的可靠性。软件界面直观,易于操作,适合于非专业人员使用。该软件在山东潍坊和珠海横琴岛风电场风能评估项目中,经过实地应用验证,系统性能良好,在风能资源评估中发挥了较好的作用。

5.4.3 风电场选址的气象问题

1987 年美国学者提出,将为数众多的大中型风力发电机集中安装在同一场地上,并网运行,统一管理,由计算机控制共同向电网输送电力,形成所谓的"风电场"(Wind Field)或称"风力田"(Wind Farm)。显然,风电场是应用现代科学技术对风能资源进行大规模开发利用的一种方式,它的兴起标志着风力发电进入了具有实用意义和商品价值的新阶段。

风电场的场址选择至关重要。因为场址选择与是否能够达到风能利用的预期目标、是否能够取得最佳的经济效益等密切相关。风电场选址既要考虑当地的能源短缺情况和自然条件,又要考虑经济、技术、环境、交通、生活、距离输电线路远近等因素;但最重要的还是气象条件,即风场状况。应该选择风能资源最有利的地方,力求最大限度地发挥风力机的效能。

1. 场址选择的基本原则

风电场选址是一门综合性技术。风能受大气候背景以及地形、地貌等因素的影响,而且风能在时间上的分布是不稳定、不连续的,在空间上的分布又是分散的,具有很强的地域性。要选择一个最佳的风电场场址,首先要充分利用已有的气象资料,分析多年平均风速的分布规律,选择风能资源丰富区作为拟建场区;还要运用流体力学原理对候选地区进行详细的分析筛选,判断可能建场的具体地点;在此基础上进一步分析比较,确定出具有代表性的候选场址,并进行风状况的实地观测;观测期至少一年,除了观测 10 m 高度上的风向、风速以外,还应该观测风力机安装高度上的风向、风速,以便精确估算风能密度和确定风速的垂直切变。

①充分利用气象资料

利用常规气象台站的风速资料,首先对一个区域的平均风速进行分析,了解风能资源的分布情况;结合气象专家的经验,考虑地形、水体、植被等因素,从大范围中选出较为合适的拟建场地区。这种方法适用于距离气象站较近,且地形平坦,粗糙度比较均匀的地区。根据气象台站的风速资料,按平均风速的大小可以初步确定出我国各地大、中、小型风力机可能布点的地区;其中适合安装大型风力机的地区,就可以考虑作为拟建风电场的场址位置,大约相当于年平均风速为 6 m/s 以上的地区。

②风状况的实地观测

若地形比较复杂,需要进行短期的现场对比观测。在条件允许的情况下,应尽可能对候选场址的风场和风梯度进行至少一年的实地观测,了解当地风能密度以及风速随高度变化的实际情况,为场址选择提供科学准确的依据。如果急需就一个风电场的地址进行决策,来不及作一年的对比观测时,也应该进行短期的实地观测,采用类似于气候资料超短序列订正的方法,对候选场址进行年平均风速及风速年变化的估计。

③场址选择的一般方法

场址选择可分为三个步骤:一是风能资源分析;利用常规气象台站的观测资料,从较大的地理尺度、气候背景进行分析,根据平均风能密度、有效风能密度、有效风速累积时数和计算的 30 年一遇最大风速值,评价风能开发利用的前景和优势。二是风能实地调查;在风能资源分析的基础上,对候选场址的风能状况进行详细的实地考察;设立专门的观测站点,收集场址测站的风资料,绘制相关图表,计算分析场址站点的风能变化、频率分布和湍流度等,并与常规气象站的同期资料进行对比分析;准确确定风力机的设计参数。三是风电场或风力机最佳位置的选择和确定;在风能资源分析和实地考察的基础上,对复杂地形条件下的风速变化进行详尽分析之后,通过反复比较和筛选,确定出风电场或风力机的具体位置,同时分析风力机尾流扰动的影响,估算风电场装机容量和年发电量等。

2.场址选择的技术标准

根据风能资源评估结果进行选址,应选择风能最有利的地区建场,以增大风力机的效率,提高能量供应的经济性、稳定性和可靠性,并尽量减少自然灾害对风能有效利用、风力机寿命以及安全生产的影响。

①选择风能资源丰富的地区

衡量风能资源丰富程度的参数主要是年平均风速、有效风能密度和有效风速可利用小时数。根据我国风能资源的实际情况,风电场应该建在年平均风速≥6 m/s 的地区,风速持续性好、静风期短,年平均有效风能密度≥300 W/m²,有效风速累积小时数在 5000 h 以上,风力发电机在设计风速下全年运行小时数不低于 2500 h。目前,国际上没有统一的技术标准;美国要求风电场建在年平均风速达到 7 m/s 以上的地区,规定年平均风速达 7、8、9 m/s 的地方分别为较好、好、最佳的风电场场址;国际电工委员会下属的技术委员会在风力发电设备安全会议上提出,年平均风速为 6、7、8 m/s 的地点分别为较好、好和最佳的风电场场址。

　　②选择风向比较稳定的地区

　　一般来说,主导风向的频率在 30% 以上就认为是稳定的。风向越稳定,风能利用效率越大,风力机的发电量也就越稳定。所以,风向变化越小越好,同一风向持续时间越长越好。在具体选址时,需要根据当地的风资料制作风向频率玫瑰图,用来确定当地的盛行风向及其稳定度。盛行风向是指出现频率最多的风向。风电场选址考虑风向影响时,应根据各个方位上的风能分布,按风向统计风能的大小;对于大多数地点来说,通常总有一个风向起主导作用。因此,选址时应充分考虑地形的影响。

　　③选择容量系数较大的地区

　　风力机容量系数是指某地风力机实际能够得到的平均输出功率与风力机额定功率之比。它是衡量某一地区各类风力机安装后潜在输出能力的一个评估指标。容量系数愈大,表示风力机实际输出功率愈大。在风速满足一定概率分布的情况下,根据风力机的平均输出功率,可以确定容量系数。美国风电场的容量系数取 35%,平均为 16%。我国风状况较差,只有在沿海地区、内蒙古北部、新疆的一些风口和藏北地区容量系数在 20% 以上,其他地区均在 20% 以下。所以,我国风电场的容量系数一般取 20%~30%。

　　④选择风能变化较小的地区

　　风能日变化越小,风力机输出功率越稳定,对风电场的运行和整个电网的安全越有利。风能日变化主要与下垫面性质有关,可分为陆地型和海洋型两种。陆地型一般是午后风能最大,日出前最小;海洋型风能日变化与陆地型相反,夜间风能大,白天风能小。这两种类型的日变化只有在大型天气过程影响微弱时才比较明显。各地风能的年变化也存在很大差异;我国东北地区春季风速最大、秋季次之;华北和西北地区春季最大,冬季次之;东南沿海及南海之滨是秋季最大,冬季次之。一般来说,平均风速较大的地方各月之间的风速差异也比较大,平均风速小的地方月际差异也小。

　　⑤选择湍流强度小的地区

　　湍流强度是表征湍流发展程度的物理量,也是风速阵性度的一种量度,即脉动风速标准差与平均风速之比。瞬时风向、风速或两者同时急剧变化形成的无规律扰动,通常会对风力机性能产生不利的影响甚至造成损坏。湍流强度受大气稳定度和地面粗糙度的影响。它不但降低风力机的输出功率,而且还会使风力机产生振动、荷载不均匀甚至过载,影响风力机的使用寿命。因此,应避免将风力机安装在某些能够引起强烈湍流的障碍物或特别粗糙的地形附近,应尽可能使风力机安装高度范围内风速的垂直切变较小。在其他条件相同的情况下,风电场的场址应选择在低湍流区。

⑥尽量避开灾害性天气频发的地区

影响风力机的气象灾害主要包括台风、龙卷风、雷暴、积冰、盐雾、沙尘暴等。在风电场选址时,一般很难完全避免这些灾害;因此,在设计安装以及使用管理上,必须充分考虑风力机的安全和防护。根据当地的气候条件、场址方位、海拔高度和场地内及其周围的地形判断可能出现的气象灾害所造成的影响,气象专业人员的实践经验以及对气象灾害发生规律的分析,可以对遭受这些灾害的可能性作出客观的估计,包括对某些灾害的出现概率进行定量的分析和评估。

3.场址选择的具体分析

初步确定风电场场址以后,还要考虑局地地形、地物的影响;因为风不仅受气压场分布的支配,而且在很大程度上受地形的影响。风的局地差异很大,需要由气象专业人员为风力机拟定位置提供中小尺度的气候分析;关键是要选择一个因地形影响而使风速增强的地点安装风力机,例如与盛行风向平行的山谷、正对盛行风的海峡和海角、山脊和隘口等有利地形。

世界气象组织推荐的根据地形特点选择风力发电机安装位置的对策,概括了风电场选址的基本过程。如图5.12所示。首先,应确定盛行风向。在有风向观测资料的地方,根据资料绘制出风向频率玫瑰图,确定出当地的盛行风向;而在没有观测资料可以利用的地方,应进行实地考察和调查,了解当地的天气气候背景,结合地形特征,运用流体力学的原理判断流场情况,从而确定出盛行风向。其次,应按照地形类别进行判断分析。可分为平坦地形和复杂地形两种情况;在平坦地形条件下选择风电场,主要是判断地面粗糙度和地面障碍物的影响;对于复杂地形条件则主要考虑环境流场、近地层的物理过程和下垫面特征等因素的影响。

世界气象组织的有关文献规定:平坦地形要满足两个条件,即风电场周围地形在4～6 km半径范围内的相对高差应小于50 m,同时地形高长比(H/L)应小于0.03;场址上风方向1 km范围内地表粗糙度比较均匀,才可以作为平坦地形。

①粗糙度的影响

下垫面的热力和动力作用是引起近地层风速垂直变化的主要原因,前者与空气温度层结稳定度有关,后者与地面摩擦效应即地面粗糙度有关。当大气层结为中性时,湍流运动则完全由动力因素所致。

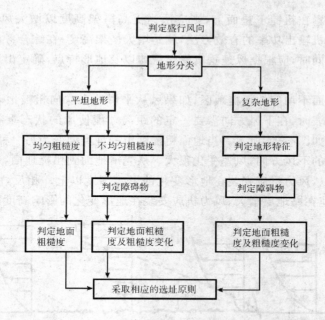

图 5.12　根据地形特点确定风力机位置的对策[28]

　　下垫面粗糙度影响风速随高度的变化[35]。如图 5.13 所示。3 种地表面类型分别为大城市、城郊和开阔的平原。可见,粗糙表面的近地层风速梯度比光滑表面小,而开阔平原上的风速比城市下垫面的风速更快地达到梯度风风速;也就是说,在开阔地区摩擦层以下,同一高度上的城市风速比开阔地面上小。

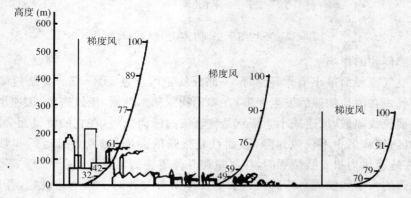

图 5.13　粗糙度对风速廓线的影响(风速与梯度风的百分比)[35]

　　由于风速随高度递增的速率与地面粗糙度有关,而且风能的大小与风速的 3 次方成正比;所以,风电场应尽可能选择在空旷平坦、光滑和障碍物少的地方。如果将风力机设置在粗糙下垫面上,则应适当提高塔架高度以增大风能捕获能力。通常增加风力机输出功率的有效方法,就是增大塔架高度;在综合考虑风力机造价和输出功率的同时,应根据风速垂直变化规律以及地形特点,确定出风力机的最佳安装高度。

对于下垫面不均匀的粗糙地区,如果风从平滑地表吹向粗糙地表或由粗糙地表吹向平滑地表时,在下风方向需要一定的距离才能使风的状态重新适应新的下垫面粗糙度。如图 5.14 所示。当地面粗糙度由一种类型变为另一种类型时,在两种类型衔接处的下风方向,风速变化很大。从光滑地面到粗糙地面,风速在贴地层明显减小;所以,风力机应安装在地形变化的影响高度以上。相反,由粗糙地面到光滑地面,风速在贴地层增大,风力机应安装在地形变化的影响高度以下。

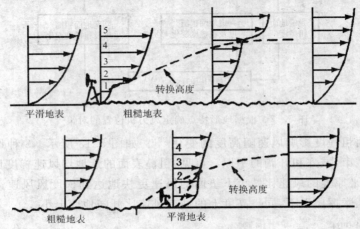

图 5.14　不均匀下垫面上风速廓线的改变[24]

②障碍物的影响

当空气流经简单小型障碍物时,一部分从正面越过,另一部分将绕过障碍物;从而使气流在障碍物前后发生变形,在障碍物顶部和两侧,流线密集,风速增强;而在背风面流线辐散,风速减小。特别是气流流过障碍物时,在它的背风面会形成尾流扰动区;尾流区中不仅风速降低,而且有很强的湍流,对风力机运行非常不利。因此,在选择风力机安装位置时,应尽量避开障碍物的尾流扰动。

尾流的大小和强弱与障碍物的大小及体型有关。对于单个建筑物,其尾流扰动的影响高度一般为建筑物高度的 2 倍左右,其下风方向的影响距离可达建筑物高度的 20 倍。密度较大的防风林带也会产生气流扰动,林带前对气流的影响范围大约为树高的 5 倍,在防风林带下风方向 10～15 倍树高范围内风速都有明显减少。世界气象组织曾给出了不同形状(即不同高宽比)的建筑物尾流中,平均风速、有效风能和湍流强度随下风方向距离的变化,如表 5.12 所示。

表 5.12 不同形状建筑物尾流区风速、风能、湍流的变化(%)[36]

建筑物形状 (高宽比)	下 游 距 离								
	5H			10H			20H		
	风速降低	风能减少	湍流增强	风速降低	风能减少	湍流增强	风速降低	风能减少	湍流增强
4	36	74	25	14	36	7	5	14	1
3	24	65	15	11	29	5	4	12	0.5
1	11	29	4	5	14	1	2	6	
0.33	2.5	7.3	2.5	1.3	4	0.75	—	—	—
0.25	2.0	6.0	2.5	1.0	3	0.50	—	—	—
尾流区高度	1.5H	1.5H	1.5H	2.0H	2.0H	2.0H	3.0H	3.0H	3.0H

③复杂地形的影响

复杂地形上影响气流的因素包括环境流场、近地层的物理过程和下垫面特征等。由于地形复杂,在同一大气环流背景下,各种不同地形单元上的风速存在明显不同;即使是同一种地形,其不同部位的风速也具有很大差异。一般来说,山区风速比平原小;但在山脊、山峰、风口等处风速显著增大,而在山间盆地、河谷或背风坡等处风速明显偏小。根据实地观测资料计算的不同地形条件下风速与平地风速的比值,如表 5.13 所示。

表 5.13 山地不同地形与平地风速的比值[24]

地形	平地平均风速 3~5 m/s	平地平均风速 6~8 m/s
山间盆地	0.95~0.85	0.85~0.75
弯曲河谷	0.80~0.70	0.70~0.60
山背风坡	0.90~0.80	0.80~0.70
山迎风坡	1.10~1.20	1.10
峡谷口或山口	1.30~1.40	1.20

④海陆影响

在气压梯度力相同的条件下,由于海面摩擦阻力比陆地小,低层大气中海面上的风速比陆地大,近海地区的风能资源比内陆地区丰富得多;海岸带附近的风能潜力一般比内陆地区大 50% 左右,是设置风力机的理想地带。因此,世界上许多国家的风电场大多建在沿海地区。

由于海洋和陆地下垫面粗糙度明显不同,使得海陆风速差异非常显著。根据从海岸到内陆不同距离处风速变化的统计分析发现,陆地风速随离海岸距离的增加呈负指数规律衰减,即离海岸愈近陆地风速减弱愈显著。若以海岸线附近的风速为 100%,则距离海岸 10 km 处的陆地风速已减弱为 55%,20 km 处风速下降到 47%;随着离海岸距离的进一步增加,风速减弱逐渐变缓。

此外,在沿海地区,由于海陆热力性质存在很大差异,通常会形成海陆风。在近地面出现海风或陆风的同时,高空相应地出现与海风或陆风方向相反的气流,形成局地环流。海陆风以一日为周期,一般出现在没有外来气压系统入侵干扰的晴朗微风天气条件下。

⑤风力机的阵列布置

为了在所选场址内能够最大限度地提高风电产量,风力机一般布置成阵列形式。阵列布置与当地盛行风向以及地形特点相适应,更有利于风力机对风能的捕获和利用。此外,为确保风电场达到最大的输出功率,保持风力机阵列损失在一个可以接受的有限范围之内,需要对风力机的阵列布置和间隔进行优化。

研究风力机尾流扰动特征和阵列损失,通常采用现场测试、建立数学模型和风洞试验等方法[37]。对风电场进行风力机间隔布置和尾流影响的现场测试,了解风力机之间的相互影响,以避免输出功率受到一定程度的抑制。国际上通常采用风力机风轮直径 D 的 5~8 倍作为下风方向间隔,横向间隔为 2D,进行风力机阵列布置。现场测试结果表明,风力机尾流影响是由风力机间隔、地形、平均风速和湍流强度等因素引起的,而这些因素都与阵列所在位置密切相关。

建立数学模型可用于复杂区域的阵列布置分析,便于对阵列布置的性能提供评估;但是数学模型对于大型阵列尾流扰动引起的速度和能量亏损的预测精度及其可靠性,仍有待进一步研究。风洞试验通常以一个按实际风力机比例缩小的模型或者一个代表风力机群的模型,进行尾流扰动影响的模拟实验。瑞典的风洞试验结果表明,风力机间隔至少应在 6D 以上;我国的风洞实验认为,间隔在 12~13D 最为理想。但是,风洞模拟试验结果必须利用现场观测数据进行验证。

5.4.4　风能资源的利用现状及开发策略

我国风能资源开发利用的重点地区,主要集中在沿海一带、"三北"地区和青藏高原中北部。"三北"地区和青藏高原中北部风能资源丰富,但地广人稀,经济文化落后,城市少,交通不便,农牧民居住分散,电网覆盖率低,我国无电农牧业大多集中在这一地区。根据该区风能特点和缺电现状,应大力发展风电,而且风力机也更适合在牧民分散的牧区使用。沿海风能丰富带城镇多,人口稠密,经济发达,电网覆盖率高,但也存在能源紧缺问题。电力供应不足,已经成为影响人民生活和经济发展的重要制约因素。海岛是沿海电力供应的薄弱环节,而沿海和海岛风能资源丰富,有条件发展大型风力机、开发风力田和风电场,应成为风能开发利用的重点。

我国是世界上最早利用风能的国家之一,但是比较系统地开发利用风能是从20 世纪 70 年代中期以后开始的。这一时期,主要开展了三个方面的工作:一是风力提水机的应用与改进;二是小型风力发电机的研制与推广;三是风电场建设。应用小型风力发电机是解决无电地区农牧民用电的有效途径。近年来有的地方从当地实际情况出发,还应用了柴油-风力联合发电、风力-水力互补供电、风能-太阳能互补发电系统等,用电范围从生活领域扩大到生产领域,把小型风力发电机的推广应用提高到一个新的水平。我国风电场建设始于 20 世纪 80 年代中期,建设初期主要采用进口风力发电机组。在 20 世纪 90 年代中期,我国已开始批量生产500~600 kW 风力发电机组并推向市场,技术日臻成熟,造价相应下降。

统计结果[38]表明,从 1986—2002 年,我国在 11 个省(自治区)建立了 32 个风电场,扣除不起作用和已拆除的风力机,风电装机容量达到 466.15 MW。表 5.15给出了 2002 年各省的装机容量,其中辽宁、新疆、广东和内蒙古风能利用发展很快,4 省(区)总装机容量占全国总装机容量的 75%;3 个顶级风电场分别位于新疆的达坂城、广东的南澳和内蒙古的辉腾锡勒,总装机容量占全国的 37.3%。

表 5.15 2002 年各省(区)装机容量[38]

省 份	装机台数	装机容量(MW)	所占百分率(%)
辽 宁	173	102.51	21.99
新 疆	188	89.65	19.23
广 东	165	79.29	17.01
内蒙古	149	75.84	16.27
浙 江	56	33.05	7.09
吉 林	49	30.06	6.45
甘 肃	29	16.20	3.48
河 北	30	13.45	2.89
福 建	20	12.00	2.57
海 南	18	8.70	1.87
山 东	9	5.40	1.16
合 计	886	466.15	100

我国每年的总装机容量和新建装机容量的变化情况,如图 5.15 所示。由图可见,我国风能资源开发利用的发展过程大体上可以分为 3 个阶段:①1986—1990年为探索、论证阶段,表现为装机规模和单机容量都比较小;在这一时期,仅建成 4个风电场,装备了 32 台风力机,总容量为 4.215 MW,其中最大单机容量为 200kW,每年新增容量仅 0.843 MW。②1991—1995 年为论证成功并逐步发展时期,5 年中又新建了 5 个风电场,装备了 131 台风力机,装机容量累计达 33.285 MW,平均每年增加 6.097 MW,最大单机容量达到 500 kW。③1996 年以后,装机规模不断扩大,平均每年新增容量为 61.8 MW,最大单机容量达到 1300 kW。

从我国风电场单机容量以及国产风力机所占市场份额的逐年变化,也可以看出我国风能利用的发展情况。如图 5.16(a)所示,1991—2002 年我国平均单机容量(新增容量与风力机数之比)和主导单机容量(代表该时期已安装的绝大多数风力机的单机容量)都反映了风力机的基本变化趋势;1992—1996 年我国风力机的主要类型是 200~300 kW,而 1997—2002 年主要是 600 kW 的风力机;只有 2001

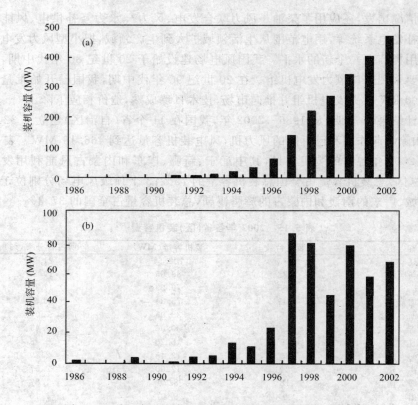

图 5.15　我国每年总装机容量(a)和新建装机容量(b)[38]

年在仙人岛风电场新建了 4 台 1300 kW 的风力机组。此外,风力机的生产技术也是影响一个国家风能产业发展水平的重要因素。目前,我国 200~600 kW 风力机的制造技术已相当成熟,国产化程度也越来越高,如图 5.16(b)所示。

　　表 5.16 给出了截至 2004 年 12 月 31 日世界各国风电总排名的前 10 强。根据世界风能协会成员国调查及调研报告的统计结果[39],2004 年我国新增装机容量197.0 MW,增长 34.7%,风电总装机容量已达 764.0 MW,位居世界第 10 位;然而,与世界上风电发展大国相比,总装机容量仍存在很大的差距。但是,随着我国可再生能源法的颁布和国家经贸委新能源发展计划的实施,必将进一步推动我国风电产业的稳定、持续发展,风能资源利用前景将更加广阔。

　　近年来,世界风电市场一直保持快速发展态势,新增装机容量不断刷新。因此,要充分利用我国的风能资源,使其成为广大农牧业区重要的辅助能源,必须研究开发利用策略,以获得最大的社会效益和经济效益。

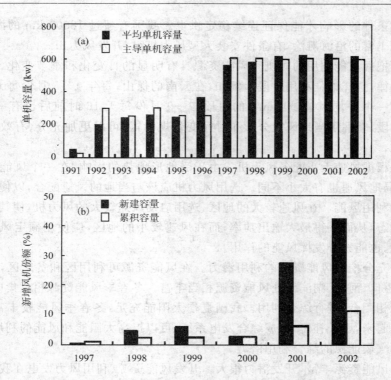

图 5.16　我国新建风力机单机容量(a)和国产风力机所占市场份额(b)的逐年变化

表 5.16　截至 2004 年 12 月 31 日世界各国风电总装机排名前 10 强[39]

国　家	2004 年新增 装机容量/MW	2004 年风电 装机增长率/%	2004 年底风电 总装机容量/MW
德国	2019.7	13.8	16628.8
西班牙	2061.0	33.2	8263.0
美国	370.0	5.8	6740.0
丹麦	7.0	0.2	3117.0
印度	875.0	41.5	2985.0
意大利	221.0	24.4	1125.0
荷兰	170.0	18.7	1078.0
日本	390.2	77.1	896.2
英国	240.0	37.0	888.0
中国	197.0	34.7	764.0
全球合计	8321.0	21.2	47616.4

①应充分发挥风能资源丰富区和较丰富区的优势。在我国华东、华南、"三北"和青藏高原中北部地区,应该充分利用高山、草原、海岛、滩涂等有利条件,建造高山风力电站,安装大型风力发电机,适当增加风力机的架设高度,使其不受地理和

天气气候条件的影响才能保证连续稳定供电。我国有超过 18000 km 的海岸带，又有风能丰富的沿海滩涂，有条件安装大型风力机组，开发风力田。

②应把握风能利用的时机。风能资源具有明显的日变化和季节变化，应掌握其变化规律，选择最佳利用时段。例如，在云南的保山，每年 1—5 月份每天 16 时左右都有一个平均风速 $\geqslant 4$ m/s 的时段，7—9 月份每天 16 时前后也有一个 $\geqslant 3$ m/s 的时段；掌握了当地风能分布和时间变化规律，就可以更加充分、有效地利用风能资源。

③应根据风速大小配备风力机。由于受地形地势的影响，在一个风能资源丰富区内，局地风速也有大小不同。选用风力机应该与当地的风速配合，以便能够最大限度地利用风能。在风速较大的地区，选用启动风速较大的风力机，使其保持最佳运行状态，从而获得最大输出功率；而在风速较小的地区，应使用额定风速较小的风力机，也能充分发挥风能的作用。

④应充分挖掘风能资源的利用潜力。在风能资源可利用区和贫乏区，也有不少山顶、隘口、河畔、湖滨等处风能资源相当丰富。冬春季风能资源相对集中，可以与太阳能相配合，进行综合利用。我国夏季太阳能充足，冬春季风能较丰富，若将两者结合起来，取长补短，组成综合发电系统，可以提高太阳能和风能的利用效率，充分发挥气候能源的综合利用潜力。

我国风能资源丰富，开发潜力很大。开发风能资源、利用风力发电在我国虽然只有数十年历史，但其发展速度很快。目前，我国政府和各级部门已经采取了一系列措施，国家经贸委专门制订了"新能源和可再生能源产业发展计划"，预计到 2015 年我国风力发电装机总量将达到 7×10^9 W，并逐步拓宽风能产业，未来我国的风能资源利用将进入多元化发展阶段。

5.5　风向风压及其应用

在工业布局、城市规划和建筑设计中，为了控制空气污染对居民生活的危害，需要对工矿企业、城镇发展进行功能分区；设计建筑物结构也要考虑风对建筑物所形成的压力大小，增强高层建筑的抗风能力。因此，必须对风向、风压进行研究，以解决实际问题。

5.5.1　盛行风向

我国是典型的季风气候，冬、夏季节分别受属性不同的气流控制，产生明显的季节风，盛行风向交替变更。

1. 冬季风向分布

我国冬季是冷高压的鼎盛时期，高压中心位于蒙古高原和新疆北部地区。我国除西北地区处在大陆高压中心的西南边缘以外，其他地区均位于大陆高压的南

侧和东南侧;所以,全国大部分地区都是盛行偏北风向,各地风向实际偏北的角度
与其相对于高压中心的位置有关。东北大部和内蒙古西部以西北风为主;但是,在
内蒙古东部和松嫩平原因受地形槽的作用盛行西南风和西风。华北平原北部也因
地形槽的作用盛行西南风,华北平原南部和黄土高原的盛行风向在北和西北之间。
秦岭、黄河下游以南直到华南的广大地区,盛行风向为偏北和东北风;但在辽东半
岛至台湾海峡之间的沿海地区,还是以北和西北风为主。云南东部和广西西部多
东南风,云南西部多西南风。青藏高原东南部盛行偏南风,东北部为东北风,其他
地区一般为偏西风。北疆西部以西北风为主,东部则为偏东风;南疆东部多东北
风,西部盛行西至西南风。

2.春季风向分布

我国春季是冬夏季风的转换季节。此时大陆增温迅速,冷高压势力衰退,在中
亚细亚和日本海上空分裂为两个中心,西南和东北地区各为低压所控制,形成鞍型
气压场。各地盛行风向大多与冬季基本一致,发生明显变化的地区有两个:一是山
东半岛以南包括长江下游直至两广沿海地区,盛行风向为南到东南风,表明暖湿的
夏季风春季已经活跃在华南和东部沿海地区;二是黄土高原,因其位于不同性质气
团的辐合带位置,气旋活动频繁,风向比较凌乱,山西多东南风,河套盆地为偏南
风,渭河流域以偏东风为主,河套西部又盛行东北风。

3.夏季风向分布

我国夏季气压场形势与冬季相反,大陆为热低压盘踞,气压场梯度由海洋指向
大陆,盛行风向以南至东南风为主。从辽东半岛直至台湾海峡的沿海地区盛行东
南风;由东北平原经华北平原直到华南的云贵高原,大多为南至西南风;但四川盆
地盛行偏北风。在川西高原和山地,大致上以 $30°N$ 为界,以南地区盛行偏南风,
以北地区则为西风或西北风。青藏高原以唐古拉山为界,以南地区盛行东南风,以
北地区盛行东到东北风。黄土高原地区的风向仍然比较凌乱,其南部及河西走廊
盛行东到东南风,河套盆地为南风和西南风;内蒙古地区偏东风和偏西风都比较盛
行;新疆大部分地区盛行西北风和西风,东部多东北风。

4.秋季风向分布

我国秋季是夏季风与冬季风的转换季节。由于冬季风来得迅速且稳定维持,
不像春季时由夏季风代替冬季风那样缓慢地逐渐推进。秋季近地面已经确立了冬
季风的形势,夏季风势力减弱并且逐步退出大陆,各地大多盛行稳定的偏北风,盛
行风向接近于冬季的形势。

5.5.2 风向类型

城市规划和工业布局需要保持生态平衡和环境不受或少受污染,满足工业生
产和居民生活需要,气候条件是一个很重要的因素。大气污染物的扩散与风向、风

速密切相关。风向决定了污染物的传输方向,风速大小决定了污染物的扩散能力。因此,应根据当地多年平均风向和风速变化特点制订规划和设计布局,进行正确的功能分区。

　　规划设计中,通常采用风玫瑰图或污染系数风玫瑰图作为参考资料,以反映当地的多年平均风状况,任何一张规划图中都应该标注当地的盛行风向(或风速)。所谓"风玫瑰图",就是在极坐标图上绘制出某地多年(或季、月)平均各风向的出现频率或各种风向的平均风速。因其图形与玫瑰花相似而得名,可分为风向频率玫瑰图和风速玫瑰图等。

　　风向频率玫瑰图的绘制方法是:以测点为圆心,任意长为半径画圆;将半径若干等分(视风向频数的大小而定)并画出若干同心圆,表示各风向的出现频率;再将圆周16等分,表示风向的16个方位并依次标注上风向符号;静风频率一般标注在圆心位置;然后,将根据多年实测资料所统计的各风向出现频率点绘于图中,并以折线相连;所得图形即为该地的风向频率玫瑰图,出现频率最大的风向即为盛行风向。如图5.17所示。采用类似方法可以绘制风速频率玫瑰图。

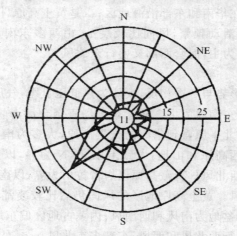

图5.17　风向频率玫瑰图

　　风向变化与大气环流、地形、水体等因素有关。在山区风向变化很大,往往相邻的两地风向差异悬殊;但是在地形变化不大或平坦地区,同一天气过程影响下风向变化基本上是一致的。我国幅员辽阔,各地风向变化比较复杂,采用风玫瑰图的方法研究风向规律一般只能根据其相似形状来划分风向类型。朱瑞兆[40](1985)曾根据我国600多个台站1、7月和年风向频率玫瑰图,将我国各地的盛行风向划分为季节变化型、主导风向型、无主导风向型和准静止风型等4个大区7个小区,如图5.18所示。

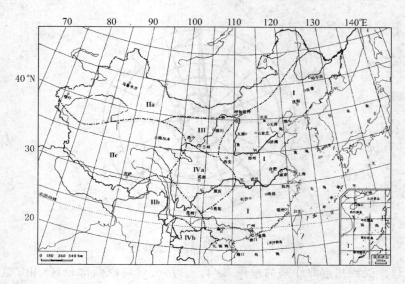

图 5.18　城市规划风向分区图[40]

1. 季节变化型

季节变化型是指该地的盛行风向随季节变化而转变,其冬夏季风速大体相当而风向基本相反,存在两个主导风向。通常,若某地 1 月和 7 月的风向变化在 135°～180°之间,就称为季节变化型;主要分布在我国东部(Ⅰ区),即从大兴安岭经内蒙古穿越河套地区,绕过四川东部,直至云贵高原一线以东地区。季节变化型风向稳定,冬夏季盛行风向频率一般在 20%～40%之间,且冬季盛行风向的出现频率比夏季大。如福建平潭站,1 月 NNE 风向频率为 48%,7 月 SW 风向频率为 32%,冬季盛行风向频率比夏季多 16%。桂林 1 月 NNE 风向频率为 51%,7 月 S 风向频率为 14%,冬夏季盛行风向频率相差 37%。

在季节变化型地区进行城市规划时,不能仅用年风向频率玫瑰图。例如,在南昌年平均风向玫瑰图中(图 5.19),全年盛行北风(实线),而实际上夏季月份出现西南风的风向频率也很高(虚线)。所以,在季节变化型地区,应同时考虑冬、夏季和全年的风向频率才能制定出比较合理的规划。应采取的规划对策是避开冬、夏季对吹的风向,选择最小风频的方向布置工业区和居住区,尽可能减少工业区对居住区造成的空气污染。

2. 主导风向型

主导风向即盛行风向,是指一年中基本上只有一个方向的风。通常,若全年风向变化在 90°范围之内,就称为主导风向型。主要分布在 3 个地区:一是新疆、内蒙古和黑龙江北部(Ⅱa 区),这一地区常年在西风带控制之下,风向偏西,即使是在

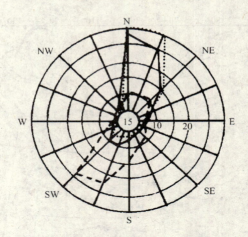

图 5.19 南昌风向频率玫瑰图[41]

盛夏也很少受到热带海洋来的季风影响。二是云贵高原西部地区（Ⅱb区），常年为西南风。若按风的性质和天气状况，该区属于西南季风区。冬季风（11—4月）大多来自南支西风带，风向偏南；夏季风（5—10月）风向也偏南，但风来自印度洋。例如，该区中的昆明（图 5.20）全年主导风向为 SW 风（实线），1月（点线）和7月（虚线）都是 SW 风为主导风向；三是青藏高原地区（Ⅱc区），近地层为山谷风，山谷风之上为冬夏交替的高原季风，在高原季风之上则为终年不变的西风层；由于高原山风或谷风得不到发展，不像其他地区的山谷风那样发生昼夜转换，所以全天只有一个方向的风。例如，喜马拉雅山北坡昼夜都吹南风（山风），而在青藏高原北坡则大多吹北风（谷风）。

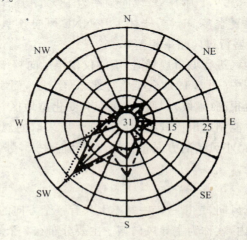

图 5.20 昆明风向频率玫瑰图[41]

在主导风向型地区,虽然造成主导风向的原因不同,但风向基本上终年不变。由于污染物总是向污染源的下风方向输送和扩散,且风向频率越高其下风一侧受污染的机会越多,风速愈小其下风一侧受污染的程度愈严重。因此,规划设计时应将排放有害物质的重工业和化工等企业安排布置在常年主导风向的下风一侧,而将居住区布置在上风一侧。

3. 无主导风向型

无主导风向型是指全年风向不定,没有一个比较突出的盛行风向;各个方向的风频都比较小,一般都在10%以下。主要分布在宁夏、甘肃的河西走廊、陇东以及内蒙古的阿拉善左旗等地(Ⅲ区)。在冬季,影响我国的4条冷空气路径(西北路、东路、西路、东路加西路)都不同程度地影响这一地区,使得该区风向多变;夏季,偏南风很难到达这一地区,而且冷空气还会不时南下,使得这里各个风向频率相当,无明显差异。所以,在这一地区无上风、下风方向之分。

对于无主导风向型地区,在城市规划和工业布局时,应着重考虑风速大小对污染物的影响。一般风速愈大,污染物浓度愈低,即污染物浓度与风速大小成反比,而污染扩散区域与风速大小成正比。为了考虑风向和风速的综合影响,常用污染系数来表示,即某一方向的风向频率与该方向平均风速之比。也就是说,某方向的污染系数与该方向风向频率成正比,与该方向平均风速成反比。根据实测风资料可以计算出各风向的污染系数,绘制出污染系数风玫瑰图。因此,对于无主导风向型地区,进行城市规划和工业布局时,应将向大气排放有害物质的工矿企业布置在污染系数最小的方位或最大风速的下风方向上,而将居住区布置在污染系数最大方位的上风位置或污染系数最小方位的下风位置。

4. 准静止风型

由于常规测风仪器的启动风速大多为 1.5 m/s,所以气象站所观测到的静风其实是风速<1.5 m/s 的准静风,实际上绝对静风很少出现。根据朱瑞兆[40](1985)提出的标准,准静止风型是指全年平均静风频率在 50%～60% 以上,年平均风速<1.0 m/s 的风分布地区。主要分布在我国四川盆地附近,包括陇南、陕南、鄂西、湘西和黔北等地(Ⅳa 区)和西双版纳地区(Ⅳb 区);前者属于东南季风,后者属于西南季风。在这两个地区,静风频率很高而年平均风速很小。

顾庭敏[42](1991)认为,年平均静风频率在 50% 以上,年平均风速在 1.5 m/s以下的,即为准静止风型。由于一年中有 50% 以上的时间无风,排放的污染物难以被传输扩散,往往会导致污染物在空气中积累,有害物质浓度很高,从而导致严重污染事件。因此,在准静止风型地区进行城市规划和工业布局时,应根据大气污染扩散公式计算污染物的地面最大浓度 q_{max} 和地面烟云轴线上出现最大浓度的距离 x_{max},将排放有害物质的重污染企业设置在居住区的卫生防护距离之外,这一距离大致相当于 10～20 倍排放源高度。相关部门制定的"全国工业企业卫生防护距离标准"中对我国 12 类工业企业卫生防护距离作出了具体的规定。此外,在城郊结合部、山区和海岸地区布置工厂和居住区时还要考虑以一天为周期的城郊风、山谷风、海陆风等局地环流的影响,通常将生产区和居民区的排列方向与局地环流的方向相垂直,以避免局地环流日夜转换所造成的重复污染。

5.5.3　地方性风

在我国许多地方,不仅存在着风向、风速的季节性变化,而且还有以 24 h 为周期的地方性风,风向的日变化很有规律。

1.海陆风

由于海洋和陆地物理属性的差异,造成海陆受热不均匀,白天陆地表面增温比海洋快,空气上升,而海面上空气密度大,气流下沉,并流向大陆以补充空气上升地区的气流,陆地上升的空气则从高空流向空气下沉的地区,补充下沉气流,形成一个完整的局地热力环流;夜间,环流的方向正好相反。于是,在沿海地区,白天有海风吹来,晚间有陆风入海。海陆风的特征与下垫面接受的太阳辐射量有关,而太阳辐射既有季节变化,又随地理纬度不同而不同;所以,我国沿海的海陆风特征也随各地海岸带地段不同而不同,风能资源随着海陆过渡而发生变化。

渤海海岸地区,海风一般开始于日出后 3～4 h,结束于日落前 1 h 至日落后 2～3 h;海风风速大于陆风风速,海风通常为 3～4 m/s,陆风为 2～3 m/s,在海、陆风发生转换期间会有短暂的静风。出现海陆风的日数,冬季最少,夏秋季较多;原因是冬季气压梯度较大,梯度风较强,致使海陆风常被掩盖;而夏秋季节恰好相反,使海陆风得以显现。此外,各地海陆风出现日数的多少还与其地理位置等因素有关。海陆风的垂直伸展高度也随地区和季节的不同而不同;夏季海风伸展高度一般高于秋冬季,平均高度约 350 m;陆风四季变化不大,平均为 120 m 左右。海风向内陆可延伸 20 km,对于调节夏季高温天气作用很大;因此,我国渤海的海滨城市大多成为夏季避暑胜地,旅游资源十分丰富。

浙江沿海地区,各地海陆风的日变化基本上具有相同的规律;海风强而维持时间短,陆风弱但维持时间长。在海岸线附近,海陆风发生转换的时间最早,日变化特征最明显,离海岸越远则发生转换的时间越迟,日变化特征越不明显。海陆风季节变化明显,冬季有利于陆风发展,海风维持时间短,伸展范围和风速都比较小;而夏季则完全相反。浙江沿海的海陆风垂直伸展高度大约为 600 m,向内陆可延伸50 km 左右。

华南沿海地区,日变化规律是上午由陆风转变成海风,而且海风风速逐渐增大,大约到 14 时前后达最大值;然后开始逐渐减弱,并于日落后又由海风转换为陆风,清晨陆风达到鼎盛时期。一般情况下,陆风维持时间比海风长,但风速比海风小;全天陆风长达 15 h,风速不到 1 m/s;而海风只有 9 h,风速通常在 1.5 m/s 以上。海陆风发生转换的时间在近海岸处比内陆地区早,日变化特征也比内陆明显;冬季陆风转换为海风的时间比其他季节迟,内陆推迟时间更长;而海风转换为陆风的时间变化不大。冬季海风向内陆的伸展范围也比较小。

2. 湖陆风

在湖泊和陆地之间也会因湖陆之间的热力差异而形成湖陆风。例如,洞庭湖畔的岳阳全年均可出现湖陆风,以暖季最为强盛,夏半年各月均有 10 d 左右的湖陆风。陆风转为湖风的时间一般出现在上午 9~10 时,下午 18 时前后又由湖风转为陆风。湖陆风转换时间的迟早主要取决于湖陆受热和冷却速度的快慢。

3. 山谷风

在山区或山脉与平原交接的地区,也会出现局地热力环流。白天风来自平原或谷地,形成谷风;夜间风沿着山坡吹向谷地或平原,出现山风。

傅抱璞[43](1983)曾根据长江三峡河谷等地的实际观测资料,对山谷风进行了比较全面的分析。结果表明,在长江三峡的河谷地区,一般在日出后 1.5~3 h 开始出现谷风,随着太阳辐射的增强,地面升温增热,风速逐渐增大,至正午前后出现最大值;尔后由于太阳高度减低,辐射收入减少,温度不断下降,风速便逐渐减弱,到傍晚日落前 0.5~2 h 谷风平息代之以山风。山风风速在 20 时左右达到最大,然后缓慢减弱;随着沿坡下滑的空气逐渐增加,山风的速度又逐渐增大,至日出以后才很快减弱,直至最后平息代之以谷风。在谷地中,地面山风风逐沿坡向下增大,并在山坡的下部达到最大值;再向谷底,风速迅速减小。谷风风速最初沿坡往上逐渐增大,并在山坡上部达到最大值;再向山顶风速又转为逐渐减小。山谷风风速的大小,决定于大气层结情况和山坡坡度的陡缓以及谷地的深度。一般来说,谷风风速随大气层结不稳定度的增加而加强,山风风速则随大气层结稳定度的增加而增大。地形高差愈大,山坡愈陡,地面植被愈矮小,气温日较差愈大,则山谷风愈强,出现频率也愈多。相反,山坡愈缓,地面植被愈密而高,山谷风的厚度愈大。通常,谷风的厚度都比山风大。山谷风的出现与强弱还随季节不同而变化。冬季,白天太阳辐射弱,地面和空气增热缓慢,谷风很少出现,山风出现的频率平均比谷风大 1~2.5 倍。夏季,太阳高度和温度日变化大,为局地环流的形成创造了有利条件。一般情况下,冬季山风强于谷风,夏季谷风强于山风;山风强度冬季大于夏季,谷风强度夏季大于冬季。

4. 冰川风

在冰川覆盖的地区,由于冰川上的气温终日都比同高度自由大气的温度低,因而经常出现一种与山风相似的冰川风。这种下山风几乎昼夜不断,而且和一般山区的山谷风情况相反,并不是日出前最盛,而是在当地时间正午至午夜这段时间内比较强盛,日落前风速最大,后半夜至正午前后较弱。冰川风的平均厚度大约 1 km,最大厚度可达 2 km 左右。

5.5.4 风压计算及应用

任何一个地面建筑物都必须抵御来自气候的作用力,这种作用力就是风荷载。风荷载表示自然界中的风对建筑物结构的各个部分或整个建筑物所造成的平均压力或瞬间压力,即所谓"风压"。风压是建筑设计中必须考虑的重要因素,其取值是否正确直接影响到各种建筑物、构筑物、架空线路、广播电视高塔、各种桥梁等大中型工程的经济造价和使用安全。因此,风压的研究具有重要意义。

1. 基本风压的概念

在建筑学中,把风对建筑物的作用力分为空气静力作用和动力作用两种,即稳定风压和脉动风压。稳定风压又称为基本风压,是指在一定的时间间隔内风对建筑物的作用力不随时间变化的静压力。脉动风压也称为风振,是指空气的不规则乱流运动所形成的压力。风振通常用"风振系数"表示。在一般的房屋设计中,只考虑基本风压;只有在设计柔性构筑物和高层建筑物时才考虑脉动风压。

风压是指垂直于气流的平面上所受到的风的压强。一个建筑物所受风压的大小与该建筑物的体型、高度等有关。建筑物上实际受到的风压,称为风荷载;其表达式为[41]

$$W = \beta_z \cdot K \cdot K_z \cdot W_0 \qquad (\text{kg/m}^2) \qquad (5.62)$$

式中,W_0 为基本风压(kg/m^2);K 为风荷载体型系数,即风吹到建筑物表面所引起的压力或吸力反应与按实验风速计算的理论风压之比,与建筑物的体型、尺寸等有关;K_z 为风压随高度变化的系数;β_z 为风振系数。

基本风压是指垂直于风向的单位面积上所受到的最大压强,其计算公式可由流体力学理论导出。根据伯努利方程,风速与压力的关系为

$$P + \frac{1}{2}\rho u^2 = P_0 \qquad (5.63)$$

式中,P 为静压,即气流本身所具有的压强;ρ 为空气密度,u 为风速,$\rho u^2/2$ 即动压,它随时可以转化为静压力;P_0 为总压。显然,当气流的速度 u 降低为零时,气流的动压全部转化为静压,产生最大压力;也就是说,风压是指动压全部转化时所增加的压强。因此,基本风压 W_0 实际上就是气流的总压与静压之差,即

$$W_0 = P_0 - P = \frac{1}{2}\rho u^2 \qquad (5.64)$$

式中,ρ 的单位为 kg/m^3,u 的单位为 m/s,W_0 的单位为 N/m^2。

风压研究需要考虑空气的重度(r)。按牛顿第一运动定律,物体的重量与物体质量之间的关系为 $f=mg$,这里 g 为重力加速度;所以,空气重度与空气密度的关

系为 $r=\rho g$。则有

$$W_0 = \frac{r}{2g}u^2 \qquad (\text{N/m}^2) \tag{5.65}$$

该式称为标准风压公式。

2. 风压系数的确定

在风压研究中,通常把 $r/2g$ 称为风压系数。取常温、常压($t=15℃$,$p=1013.25$ hPa)条件下,干空气的重度 $r=0.01225$ kN/m³,空气密度 $\rho=1.2505$ kg/m³,重力加速度 g=9.8 m/s²,则得

$$W_0 = \frac{r}{2g}u^2 = \frac{1}{1600}u^2 \qquad (\text{kN/m}^2) \tag{5.66}$$

这里,风压系数为 1/1600。

事实上,地理纬度和海拔高度不同,空气重度和重力加速度也将随之变化;所以,风压系数是一个变量。一般情况下,风压系数随空气密度的变化而不同;而空气密度又是气温、气压、湿度和海拔高度的函数。所以,不同地区的风压系数变化比较大。例如,北京($h=52.3$ m)风压系数为 1/1600,成都($h=505.9$ m)为 1/1640,乌鲁木齐($h=850.8$ m)为 1/1760,贵阳($h=1071.2$ m)为 1/1860,昆明($h=1891.3$ m)为 1/2000,五台山($h=2895.8$ m)为 1/2100,拉萨($h=3658.0$ m)为1/2550。可见,海拔高度 500 m 以下风压系数变化不大,而 500 m 以上风压系数差异显著。

风压系数的大小,直接关系到风压值的计算精度。由上式可知,在风速相当的条件下,风压系数取值不同,风压值差异很大。如风速为 30 m/s,当风压系数为 1/1600时,风压为 0.56 kN/m²;风压系数为 1/1900 时,风压为 0.47 kN/m²;风压系数为 1/2550 时,风压为 0.35 kN/m²。当风压系数从 1/1600 变化到 1/2550 时,基本风压值相差 0.21 kN/m²,约占 36%。所以,实际工作中,精确确定当地的风压系数非常重要。

由气象学知识可知,空气密度为干空气密度 ρ_d 和水汽密度 ρ_v 之和,即 $\rho=\rho_d+\rho_v$;设气压为 p,水汽压为 e,则有

$$\rho = \frac{p-e}{R_dT} + \frac{e}{R_vT} = \frac{p}{R_dT}\left[1 - \frac{e}{p}\left(1-\frac{R_d}{R_v}\right)\right] \tag{5.67}$$

将干空气比气体常数 $R_d=287$ J·d⁻¹·kg⁻¹,水汽比气体常数 $R_v=461$ J·d⁻¹·kg⁻¹代入,得

$$\rho = \frac{p}{R_dT}\left[1 - 0.378\frac{e}{p}\right] \tag{5.68}$$

将标准大气压 $p_0=1013.25$hPa、$T_0=273°K$ 时,$R_d=p_0/\rho_0T_0$ 代入

$$\rho = \frac{\rho_0 T_0}{T} (\frac{p - 0.378e}{p_0}) \tag{5.69}$$

将 $T = t + 273$ 以及标准大气压、273°K 时的干空气密度 $\rho_0 = 1.293 \ \mathrm{kg \cdot m^{-3}}$ 代入

$$\rho = \frac{1.293}{1 + 0.00366t} (\frac{p - 0.378e}{1013.25}) \tag{5.70}$$

由于风压是指最大压强,所以上式中的 p、e、t 也应该取最大风速时的相应值;但是,根据实践经验,采用年平均值计算空气密度 ρ,所产生的误差并不大,一般 < 2%。所以,为了方便起见,通常都采用年平均的 p、e、t 计算空气密度和风压系数。

根据朱瑞兆[40,44](1985,1991)的计算,采用多年平均气温、气压和湿度计算的风压系数,在我国沿海地区为 1/1700,内陆为 1/1600,青藏高原为 1/1800～1/2500;例如,上海为 1/1740,拉萨为 1/2600 等。差异主要是由于气压和湿度的不同所致;一般情况下,气温对风压系数的影响远比气压和湿度小。由于空气密度随海拔高度的增加而减小,所以,风压系数一般也随海拔高度的增大而减小;根据全国 300 多个台站的资料,得出风压系数与海拔高度的经验公式为

$$y = 0.0644e^{-0.0001h} \tag{5.71}$$

3. 基本风压标准

由标准风压公式(5.65)式可知,风压与风速的平方成正比。因此,风压计算中风速的取值标准(即设计风速)对于风压的计算至关重要。实测风速的大小与观测时距、观测次数、仪器安装高度、下垫面状况等因素有关;而设计风速标准值的选取,国际上尚无统一规定,各个国家都根据本国具体情况进行适用研究和规定。

我国的风压标准已经过多次修改和完善,2002 年 1 月 10 日国家建设部和国家质量监督检验检疫总局联合发布了中华人民共和国国家标准《建筑结构荷载规范(GB50009-2001)》。目前,我国建筑结构荷载规范中对风压标准的新规定为[45]:"一般空旷平坦地面,离地 10 m 高处 50 年一遇的自记 10 min 平均最大风速。"

我国建筑结构荷载规范的制定,考虑了多方面的因素。①由于仅利用瞬时风速不能反映风灾事故的严重程度,故采用 10min 平均风速;同时,平均风速是一个稳定值,且我国采用的风速自记资料都是 10 min 时距。②基本风速的统计样本为年,取一年仅出现一次的最大风速;根据年最大风速的序列推求得到的 50 年一遇最大平均风速,在建筑物的整个使用期中遇到的机会比较多,因此计算的基本风压比较适中。③取离地高度为 10 m,反映了我国大多数建筑的一般高度和常规气象站测风仪器的设置高度。

按照我国的规范要求,计算风压所要求的风速为离地 10 m 高度自记10 min平均风速。但是,实际工作中有的测风高度不一定是 10 m,观测时距和记录方式也不尽相同;这就存在着测风高度、观测次数和观测时距的订正问题。对于高度订

正,可以采用近地层风速廓线进行换算,但要注意实际有效高度,消除周围障碍物的影响。不同观测时距、观测次数中的最大风速之间存在线性关系,这一点已在国内外许多研究工作中普遍被人们所接受;因此,在进行时距变换时,可以采用线性回归方法。

4.我国的风压分布特征

朱瑞兆等[41](2001)按我国建筑结构荷载规范的规定,将全国700多个气象站近30多年的风资料统计结果绘制成全国风压分布图。由于国家建筑结构荷载规范要求50年一遇风压值,铁路、公路桥涵要求100年一遇、发电厂冷却塔规定50年一遇、输电和送电线路是10、20年一遇的风压值,所以分别计算了10、20、30、50和100年一遇全国各地的风压值,并绘制成全国分布图。由于这些分布图的等风压线走向趋势都很相似,仅在数值上有所差异,故这里仅以50年一遇的风压分布为例,分析其主要特征。

影响我国风压分布的因素,主要包括大气环流背景、海陆分布差异、地形动力作用和海拔高度影响。50年一遇的风压分布,如图5.21所示。

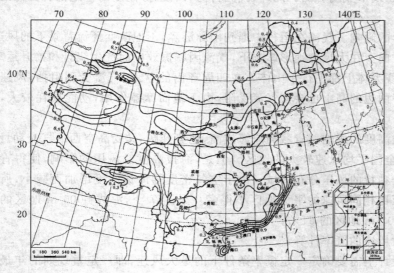

图5.21　全国基本风压(kN/m²)的分布[41]

①大气环流的影响。我国风压分布受大气环流的影响非常明显,主要表现在3个区域:一是受热带气旋影响的东南和华南沿海地区及其岛屿,因受台风影响,风压最大。由图可见,沿海地区风压明显大于内陆,等风压线密集且由海岸向内陆很快减小;愈向内陆等值线愈稀疏,风压减小愈缓慢。沿海地区每年的最大风速不一定都是台风形成的,但是几十年资料中的极大值往往是由台风造成的;我国瞬时

极端最大风速大多出现在这一地带。二是受冷空气影响的三北地区,风压也比较大,主要与强冷空气活动有关。冬半年蒙古高压不断南下,每当冷锋过境都会出现大风降温天气;三北地区为冷高压前锋,所以风速最大。由于冷空气南下时受暖空气影响而逐渐变性,风力不断减小,图中等风压线也从北向南依次减小。三是云贵高原和长江中下游地区,因气流受地形影响,风压较小。由于青藏高原的阻挡,高空西风急流绕高原而过,使得长江中下游地区风速较小;又由于秦岭山地的影响,冬季冷空气不易南下,即使冷空气到此也已经变性,风力减弱;夏半年西太平洋热带气旋也很难到达云贵川一带,即使强台风偶尔到此,其强度也已大为减弱;虽然有时会受到孟加拉湾热带风暴的影响,但并不强烈,风速较小。所以,这一地区是全国风压较小区。

②海陆的影响。气流流经海面时由于摩擦力较小,风速较大。由沿海向内陆,由于地面摩擦作用使得动能消耗很快,风速减小;所以,等风压线由沿海向内陆减小很快,且与海岸线平行。海南岛上的风压分布也是如此,风压由海岸向海岛中心减小,等风压线形成闭合圈。此外,我国台湾、西沙、澎湖列岛等地都有类似的风压分布特点。

③地形的影响。气流在运行中遇到山脉屏障,不但改变环流背景下的风速,还会改变其方向。在大尺度地形影响下,气流因摩擦效应而产生绕行和抬升运动;所以,等风压线大体上都平行于山体。在四周环山的盆地,气流受到阻挡,风速明显较小。河谷两边的高山也会使气流受阻,由于地面摩擦作用,动能损耗较大,所以风速较小。

④海拔高度的影响。青藏高原海拔高,地势开阔,又受高空西风气流动量下传的影响,是全国平均风速较大的地区。但是,海拔高度对风压的影响,使得青藏高原成为一个独特的风压分布区域。由于空气密度随海拔高度增加而减小,所以高原上的风压比相同风速的平原地区小得多。据计算[24],海拔 5000 m 地区的风压只有海拔 500 m 地区的 61%。

5. 最大风速的概率计算

建筑设计上需要确定一定概率条件下的最大风速,即一定重现期的年最大风速。重现期也称为再现期,是指某气象要素的极值重复出现的平均时间间隔。统计学中称为极值推断。

我国建筑规范中要求的 50 年一遇最大风速,可以采用概率曲线外推法根据极值分布来确定。这种方法将年最大风速值看成是彼此之间相互独立的随机变量,气候统计中认为将逐年最大风速作为统计样本是适宜的,可以把经过审定的逐年最大风速样本值组成一个随机变量序列,研究它们的分布规律,也就是极值分布问题。例如,某站有 n 年风速观测资料,则 n 个年最大风速值可以构成该站年最大风速的一个子样本,根据子样本的最大风速频率分布可以估计总体样本的最大风速概率分布,从而外延推算出 50 年一遇的最大风速。

在数理统计中,可以采用某些经验的和理论的频率曲线进行最大风速概率的估算。经验频率曲线是根据已有实测风速资料,计算其经验频率并点绘在概率格纸上,根据图中各点画出一条光滑曲线,根据曲线的趋势进行外延,以求得超出序列长度的概率值;这种方法与每个人的主观判断因素有关,推断值往往因人而异,一般不单独使用。理论频率曲线是指按统计学方法指定某一形式的曲线方程,根据曲线方程进行外延推算,可以减少外延主观性的缺陷。目前,常用的拟合最大风速的概率曲线主要有 Gamma 分布、Gumbel 分布和极值 I 型分布等。所求出的理论配置曲线是否能够真正代表实际风速出现的规律性,还要通过适合度检验来判定;常用方法有 χ^2 检验法、柯尔莫哥洛夫检验法等。

根据上述方法,可以求出任一重现期的最大风速;代入风压公式,便可求出各种重现期的风压。为了便于实际使用,以 50 年一遇为基础推算的不同重现期风压比值,如表 5.17 所示。表中的比值范围,对于 50 年和 100 年重现期,上限大致适用于我国东南和华南沿海,下限适用于东北、华北、西北、长江中下游和西南地区;而对于 10 年、20 年和 30 年重现期,比值下限适用于东南和华南沿海,比值上限适用于我国其他地区。

表 5.17　不同重现期与 50 年一遇的风压比[41]

不同重现期	10 年	20 年	30 年	50 年	100 年
比值范围	0.74～0.78	0.83～0.86	0.88～0.96	1.00	1.09～1.11
平均比值	0.75	0.84	0.90	1.00	1.08

6.风载体型系数和风压高度变化系数的确定

风载体型系数是处于风场中的建筑物所受到的实际压力或吸力与按实验风速计算的理论风压(即在风洞试验时计算的风压)的比值。建筑物风载体型系数的测定,是在风洞中放入按比例缩小的建筑物模型,利用测压孔测定模型表面上的压力分布。风洞气流可以改变,模型方位也可以转动,从而得到不同风速、不同风向条件下的表面压力分布。另外,也可以实测建筑物表面的压力分布;由于实测方法受下垫面和周围环境影响很大,现在各个国家大都采用风洞试验的结果。

风载体型系数只能表示稳定风压在建筑物上的分布,并不能反映风的动力作用。风载体型系数的大小与建筑物的尺度比例有关,同一建筑物体型如果长、宽、高的比例改变,风载体型系数 K 值的大小也发生变化。例如,迎风墙面,高度与长度之比 h/L 越大,则 K 值越大。近年来我国进行了几十种建筑物体型的风洞试验,结果表明,迎风垂直面 $K>0$,背风垂直面 $K<0$,顺风侧立面 $K<0$;迎风坡屋

面随坡度变化而变化,K 值有正有负。我国规范取 $K=0.8$;但是,当 h/L 发生变化时,相应的 K 值也不同。例如,当 $h/L \leqslant 0.1$ 时,$K=0.5$;当 $0.2 < h/L < 0.3$ 时,$0.7 < K < 0.8$;而当 $h/L \geqslant 0.4$ 时,$K=0.9$。

基本风压规定的是 10 m 高度处的风压,而高层建筑和高耸构筑物的高度通常可达 $200 \sim 300$ m。因此,不同高度处的风速应根据近地层风速随高度的变化规律来确定。实测资料表明,风速随高度变化符合指数规律,即风速高度变化系数 K_z 可表示为

$$K_z = \frac{u_n}{u_1} = \left(\frac{z_n}{z_1}\right)^\alpha \tag{5.72}$$

式中,指数 α 与地面粗糙度有关。我国现行荷载规范将地貌划分为 4 种类型:A 类为近海海面、海岛、海岸、湖岸及沙漠地区;B 类为田野、乡村、丛林、丘陵及房屋较稀疏的中小城镇和大城市郊区;C 类为密集建筑群的城市市区;D 类为具有密集建筑群且有大量高层建筑的大城市市区。各类型区的梯度风高度分别取 300、350、400 和 450 m,而且在同一大气环流背景下不同类型区上空梯度风高度处的风速应该相同。取 $z_1=10$ m,则各类型区的指数 α 分别为 0.12、0.16、0.22 和 0.30。

由于风压与风速的平方成正比,因此风压随高度的变化规律也取风速的平方,则 A、B、C、D 类地区的风压高度变化系数 K_z 分别为

$$K_z^A = 1.378\left(\frac{z_n}{10}\right)^{0.24} \qquad , \qquad z \leqslant 300 \text{ m}$$

$$K_z^B = \left(\frac{z_n}{10}\right)^{0.32} \qquad , \qquad z \leqslant 350 \text{ m}$$

$$\tag{5.73}$$

$$K_z^C = 0.616\left(\frac{z_n}{10}\right)^{0.44} \qquad , \qquad z \leqslant 400 \text{ m}$$

$$K_z^D = 0.318\left(\frac{z_n}{10}\right)^{0.60} \qquad , \qquad z \leqslant 450 \text{ m}$$

由此,可确定不同高度不同地貌类型区的风压高度变化系数值(表 5.18)。

7. 风振问题

由风速脉动对建筑结构所造成的压强,称为风振。对于高层建筑物和构筑物,在结构设计上都要考虑"风振"问题。若将瞬时风速以平均风速与脉动风速之和代入风压方程,可得包含脉动风压的表达式为

$$W = \overline{W} + W' = \frac{1}{2}\rho \overline{u}^2 \left(1 + \frac{2u'}{\overline{u}} + \frac{u'^2}{\overline{u}^2}\right) \tag{5.74}$$

式中,脉动风压与风速的阵性度有关。

阵风对建筑物的影响,主要取决于物体的线度和水平扰动尺度的相对关系。如果垂直于气流的物体面积相当大,由于距离较远的点上横向和纵向风脉动的相

关性很小,对于整个墙面面积来说不同风脉动具有相互补偿作用,所以此时可以不考虑阵性风的影响;而对于狭长结构的物体,就必须考虑阵性风脉动的影响。此外,结构物根据其自身的刚度,亦即其自振频率的不同,也会对风脉动产生不同的响应。对于一般的房屋,由于整体刚度较大,受风脉动的影响较小;而对于高耸的建筑物以及其他柔性结构,就不能忽略风荷载的脉动影响。

表 5.18　风压高度变化系数[41]

离地面或海平面	地 貌 类 别			
高度(m)	A	B	C	D
5	1.17	1.00	0.74	0.62
10	1.38	1.00	0.77	0.62
15	1.52	1.14	0.74	0.62
20	1.63	1.25	0.84	0.62
30	1.80	1.42	1.00	0.62
40	1.92	1.56	1.13	0.73
50	2.03	1.67	1.25	0.84
60	2.12	1.77	1.35	0.93
70	2.20	1.86	1.45	1.02
80	2.27	1.95	1.54	1.11
90	2.34	2.02	1.62	1.19
100	2.40	2.09	1.70	1.27
150	2.64	2.38	2.03	1.61
200	2.83	2.61	2.30	1.92
250	2.99	2.80	2.54	2.19
300	3.12	2.97	2.75	2.45
350	3.12	3.12	2.94	2.68
400	3.12	3.12	3.12	2.91
≥450	3.12	3.12	3.12	3.12

我国建筑荷载规范规定,对于建筑高度大于 30 m、高宽比大于 1.5 倍的房屋结构,以及基本自振周期大于 0.25 s 的塔架、桅杆、烟囱等高耸建筑结构,应采用风振系数(或风压脉动系数)来考虑脉动风压的影响。风振系数即脉动风压与基本风压的比值。

设某刚性结构物的受风面积很小,求其脉动风压的方差,这在理论上称之为"点压"问题。因为受风面积小,可以认为脉动风压为全相关;则由谱函数积分面积可求得脉动风压的均方差为

$$\sigma_0 = 4.9 \sqrt{D \cdot \overline{W}_0} \qquad (5.75)$$

式中,D 为取决于地面粗糙度的曳力系数;$\overline{W}_0$ 为离地面 10 m 高度处的 10 min 平均风压。

脉动风压是根据建筑结构物的重要程度和基本风压时距长短来确定的,我国

以 10min 为时距,其脉动风压为

$$W' = 2.5\sigma_0 \tag{5.76}$$

所以,在一定的概率下,10 m 高度处的最大风压 W 为

$$W = \overline{W}_0 + 2.5\sigma_0 = (1 + 12.2\sqrt{D})\overline{W}_0 \tag{5.77}$$

其中,$m = 12.2\sqrt{D}$ 为 10 m 高度的风压脉动系数。则有

$$W = (1 + m)\overline{W}_0 = \beta\overline{W}_0 \tag{5.78}$$

这里,$\beta = W/\overline{W}_0$ 即为风振系数。

对于非点压的情况,即结构物受风面积较大时,风振系数还应考虑建筑结构的自振频率和阻尼。

参 考 文 献

[1] 朱瑞兆,薛桁. 1981. 风能的计算和我国风能的分布. 气象,**7**(8),28—30

[2] 张家诚. 1988. 中国气候总论. 北京:气象出版社,378—401

[3] Joseph P. and Herressy J. R. 1977. Some Aspects of Wind Power Statistics. *J. Appl. Meteor.* ,**16**(2)

[4] Blanchard M. and Desrochers G. 1984. Generation of Autocorrelated Wind Speeds for Wind Energy Conversion System Studies. *Solar Energy* ,**33**(6),571—579

[5] 朱超群. 1983. Weibull 分布在风能计算中的应用. 南京大学学报(自然科学版),**19**(2),183—189

[6] Jangamshetti S. H. and Rau V. G. 1999. Site Matching of Wind Turbine Generators:A Case study. *IEEE Trans on Energy Conversion* ,**14**(4),1537—1543

[7] Jangamshetti S. H. and Rau V. G. 2001. Optimum Sitting of Wind Turbine Generators. *IEEE trans on Energy Conversion* ,**16**(1),8—13

[8] 马开玉,丁裕国,屠其璞等. 1993. 气候统计原理与方法. 北京:气象出版社,42—76,391—422

[9] 朱超群. 1993. 风能计算及其随高度的变化. 太阳能学报,**14**(1),9—17

[10] 么枕生. 1984. 气候统计基础. 北京:科学出版社

[11] 马振华. 2000. 概率统计与随机过程. 北京:清华大学出版社

[12] Feijoo A. E, Cidras J, Dornelas J. L. G. 1999. Wind Speed Simulation in Wind Farms for Steady-state Security Assessment of Electrical Power Systems. *IEEE Transactions on Energy Conversion* ,**14**(4),1582—1588

[13] 丘宝剑,卢其尧. 1987. 农业气候区划及其方法. 北京:科学出版社

[14] 朱瑞兆,祝昌汉,薛桁. 1988. 中国太阳能-风能资源及其利用. 北京:气象出版社

[15] Justus C. G, Hargraves W. R, Mikhail A. *et al*. 1978. Methods for Estimating Wind Speed Frequency Distributions. *J. Appl. Meteor.* ,**17**(3),350—353

[16] 吴学光,陈树勇,戴慧珠. 1998. 最小误差逼近算法在风电场风能资源特性分析中的应用.

电网技术,**22**(7),69—74

[17] 丁明,吴义纯,张立军.2005.风电场风速概率分布参数计算方法的研究.中国电机工程学报,**25**(10),107—110

[18] 杨振斌,薛桁,袁春红等.2001.用于风电场选址的风能资源评估软件.气象科技,**29**(3),55—58

[19] 朱瑞兆,薛桁.1983.中国风能区划.太阳能学报,**4**(2),9—18

[20] 王石立,李世奎.1986.我国风力资源的初步估算.见《中国农业气候资源和农业气候区划论文集》,北京:气象出版社

[21] 耿宽宏.1986.中国沙区的气候.北京:科学出版社

[22] 李晓燕,余志.2005.基于 MM5 的沿海风资源数值模拟方法研究.太阳能学报,**26**(3),400—408

[23] 穆海振,徐家良,柯晓新等.2006.高分辨率数值模式在风能资源评估中的应用初探.应用气象学报,**17**(2),152—159

[24] 中国自然资源丛书编撰委员会.1995.中国自然资源丛书《气候卷》.北京:中国环境科学出版社,208—224,337—395

[25] 霍明远,张增顺.2001.中国的自然资源.北京:高等教育出版社,95—101

[26] 薛桁,朱瑞兆,杨振斌等.2001.中国风能资源贮量估算.太阳能学报,**22**(2),167—170

[27] 谭冠日,严济远,朱瑞兆.1985.应用气候.上海:上海科学技术出版社

[28] WMO.1981.World Wind Energy Resource Distribution Estimates.WMO,Technical Note,175

[29] 孙卫国.1994.近地层风速廓线的特征分析.见《第四届全国风工程及工业空气动力学学术会议论文集》,中国空气动力学会风工程与工业空气动力学专业委员会,上海:55—60

[30] 中国建筑科学研究院.1989.中华人民共和国国家标准.建筑结构荷载规范,(GBJ 9—87),北京:中国计划出版社

[31] 贺德馨.1999.中国风能开发利用现状与展望.太阳能学报,20(特刊),144—149

[32] Xue Heng,Zhu Ruizhao,Yang Zhenbin *et al.* 2001.Assessment of Wind Energy Reserves in China.*Acta Energiae Solaris Sinica*,**22**(2),167—170

[33] 杨振斌,薛桁,王茂新等.2003.卫星遥感地理信息与数值模拟应用于风能资源综合评估新尝试.太阳能学报,**24**(4),536—539

[34] 邱凉,鱼京善,秦树林.2004.风能资源评估系统开发与应用.能源环境保护,**18**(2),33—35

[35] Davenport A. G. 1965.The Relationship of Wind Structure to Wind Loading,Wind Effects on Building and Structure.London,Ider Majesty's slationery office

[36] WMO.1985.Climate,Urbanization and Man.WCP

[37] 梁水林.1997.风能资源的评估及风电场场址的选择.电力勘测,(3),55—60

[38] Wang Xiaorong,Wang Weisheng,Dai Huizhu.2004.Wind power industry in China.*Electricity*,(1),41—43

[39] 世界风能协会. 2005. 2004 年全球风能发展统计报告. 中国风能,(1),9—10

[40] 朱瑞兆. 1985. 风与城市规划. 城市气候与城市规划. 北京:科学出版社

[41] 高绍凤,陈万隆,朱超群等. 2001. 应用气候学. 北京:气象出版社,16—66,158—218

[42] 顾庭敏. 1991. 华北平原气候. 北京:气象出版社

[43] 傅抱璞. 1983. 山地气候. 北京:科学出版社

[44] 朱瑞兆. 1991. 应用气候手册. 北京:气象出版社

[45] 中华人民共和国建设部. 2002. 中华人民共和国国家标准. 建筑结构荷载规范,(GB50009 —2001),北京:中国建筑工业出版社

第六章　空气资源及其利用

　　大气中的氧气是动植物维持生命的基础,二氧化碳则是植物进行光合作用的重要原料;空气中的负离子素有"空气中的维生素"、"长寿素"之称,对人体具有保健、治病的功能;大气中的电学、声学和光学现象也都存在着开发利用的价值。所以,气候资源的内涵是极其丰富的。但是,到目前为止,在人类生产和生活活动中,人们利用的气候资源主要仍限于太阳辐射、温度、水分和风等方面;特别是这些资源时空变化很大,认识和监测它们的变化对利用这些资源是极为重要的。大气成分的变化比较缓慢,近年来二氧化碳浓度的变化已经引起人们的普遍关注,但是这种关注主要在于对大气环境的保护。因此,在气候资源学中,除了论述光、热、水、风等资源以外,还应包括空气资源的研究内容。

6.1　空气资源的概念

　　人类生活在低层大气圈内,每时每刻都在呼吸着空气。医学数据表明,一个人5个星期不吃饭或5天不喝水还可以存活,可是5分钟不呼吸空气就会死亡。一般人每天大约需要 1.3 kg 食物,2.0 kg 水,而空气则需要 13.6 kg 之多。可见,空气对于维持人的生命是非常重要的。尽管空气作为生命要素之一的重要性,早已为世人所知,但是作为一种重要的自然资源却往往被人们所忽视。

6.1.1　空气资源的属性

　　大气、大气环境与气候资源是自然界、自然环境与自然资源三个概念在气候领域中的具体化,它们表示了自然界与人类关系之间三个不同深度的层次。

　　大气是包围地球的大气圈的整体,属于客观存在的自然界的一部分;大气环境是指对人类有影响的那一部分大气,包括大气成分、气象条件和大气污染物等诸多物理因子。由于现在人类文明已经高度发达,大气的组成部分都会直接或间接地对人类的生存和发展产生一定的影响,所以整个大气都已经成为自然环境的组成部分。因此,在大气与大气环境之间,目前并不存在着整体与部分的差别,而是只存在着概念上的差别。

　　空气作为一种自然资源,它的概念及其价值的形成是与人类利用气候资源的水平分不开的。只有在人类利用它的水平达到一定的程度,它才具有可利用性和一定的紧迫感,这时才可能形成有关它的资源概念与价值。同时,这种概念还将随着社会的发展而日益明确,空气资源价值也将不断升高。例如,生活在低海拔平原地区或以农牧业为主的乡村居民并没有意识到空气是一种自然资源,而生活在海拔较高的高山、高原地区或空气污染严重的重工业区的居民就能够感受到新鲜空气的价值。所以,人类对气候资源的利用程度和利用范围将随着时代的发展而不断扩大。

按照功利主义的概念,凡属对人类有用的东西都是资源。自然资源是自然界中可以用于为人类提供福利的自然物质和能量的总称。从广义来说,它包括全球范围内的一切要素;既包括过去进化阶段中无生命的物理成分,也包括地球演化过程中的产物。自然资源是人类生产与生活的物质基础,生产实质上就是对自然资源进行再加工,从而创造财富的过程。原料、能源和一切生产所必需的物质条件都有可能成为资源;而成为资源必需具备两个条件,一是需要具有一定的紧缺感,二是需要一定的开发成本和应用技术,与一定的开发利用水平联系在一起。

空气能够为人类生活和生产活动提供原料、能源和必不可少的物质条件。空气是一种客观存在的物质,人们早就知道它的存在。因为人、动物、植物依靠呼吸空气,消耗养分,获得能量维持生命。呼吸需要氧气,氧气不足,就会出现各种生理反应,轻者感觉不舒服,重者产生窒息。绿色植物进行的光合作用,为一切生物(人类、动物、植物自身)制造有机物,使之得以生存;而光合作用则需要二氧化碳作为原料。蛋白质是生命的基础,它的重要成分是氮,而氮又是空气中含量最多的一种气体。人类衣食住行的能量来源,除核能、水电、太阳能、地热能等以外,其他大多数是由物质燃烧所获得,而燃烧需要氧气。不难看出,空气与物质世界和人类社会有着千丝万缕的联系,是人们衣食住行不可缺少的物质和能源。

随着科学技术的发展,人类活动空间的日益扩大,如对高山、高原进行科学实验、旅游探险、资源开发和生产劳动;到达一定的海拔高度,由于空气稀薄,氧气减少,人体就会出现种种生理功能反应,轻者头晕、头疼、气急、胸闷、恶心呕吐、眼底出血,重则发生水肿,甚至危及生命。家畜也有类似于人的反应,如我国西藏海拔3800 m的林周种畜场,从欧洲低海拔地区引种的西门达尔牛,由于不适应西藏高原的低气压而患心脏病,9个月就死亡了 1/3;后来将牛转移到海拔 2900 m的林芝种畜场,便逐渐适应了下来。这些情况表明,随着海拔高度的上升,气压下降,氧分压降低,密度减小,供氧不足,在低海拔地区"取之不尽,用之不竭"的空气资源,在高空、高原或高山上就显得非常宝贵了。生理生态学家认为,在海拔 3000 m 高度,空气资源就会对人畜的生理功能产生严重影响,这是根据空气资源的空间分布格局和人畜的生理生态适应状况所确定的。

空气资源属于可更新资源,这一点与矿产类自然资源不同。矿产资源是一次性使用资源,不能再行恢复。例如,煤燃烧后变成二氧化碳等气体,放出热量,剩余少量灰分,再也不能生成煤。然而,空气在不断地变化和运动之中,其中的某种气体有时会变成另一种气体或物质,另外一些气体或物质又会变成原来的气体;如此往复循环,变成新的空气。例如,生物通过呼吸代谢,有机物腐烂分解,使空气中的氧变为二氧化碳,氧气减少,二氧化碳增加;而植物的呼吸作用,吸收二氧化碳,放出氧气,又使空气中的氧气增加,二氧化碳减少。地球上的这种碳氧循环,使空气中的这两种气体保持相对稳定的含量,氧的体积相对含量为21%,二氧化碳为3/10000左右。此外,还有一些循环变化则使空气中的其他成分保持其相对稳定的数值,以维持空气中各种成分的常定比例。

空气资源具有良好的流动性,这一点与生物、土地等资源不同。自然界中,由于各个物种遗传特性和适应能力的差异,生物资源的地理分布显示了明显的地域性;每个种群都在自己比较固定的分布区域内繁衍生长,随时间的变化比较缓慢。然而,地球上的空气却处在不停地运动之中,具有快慢不等、强弱不同的水平运动和垂直运动;近地层空气具有强烈的湍流特征,空气的不同组成部分及其物理属性相互混为一体,即使是干冷和暖湿两种性质完全不同的空气,在地面摩擦作用下也没有清晰的分界线。因此,一定区域内的空气质量往往趋于一致。

空气资源是人力可以影响的资源。资源受到人工影响会发生变化,甚至是严重的变化,而这种变化往往是不自觉的。从20世纪70年代起,世界科技界开始认识到气候变化的严重性,从而引起公众舆论与各国政府的关注。人类活动将大量物质排放到大气之中,引起大气化学组成成分的变化,并造成全球性的气候变化;其中影响最为严重的就是二氧化碳浓度增加,使得大气中温室效应增强,引起全球性增温。全球增温促使气候资源的地理分布发生变化,有的地方水分条件恶化,有的地方虽然气候条件有所改善,但是开发利用这些新增的气候资源还需一个技术过程;在这个过程完成之前,改善后的气候对当地原有的生产制度来说,仍然可能是一种灾害。除二氧化碳以外,氟氯烃(CFC)等物质的释放还会减少臭氧层中的臭氧含量,从另一个角度危害人类的健康和引起气候变化。

空气资源是一种宝贵的资源。尽管它在地球上分布最广而且普遍存在,在地表、水、土壤和生物体内部都存在一定量的空气,但是新鲜空气的数量也是有限的;特别是随着现代工业的发展,各种污染物已使世界上许多城市新鲜空气的补给日趋紧张,人们已经认识到空气污染的严重性和改善空气质量的紧迫性,以致不得不采取一系列的大气环境保护措施。空气资源的功能具有广泛性,它不但对生物的生命维系不可或缺,而且在工业、农业和科学技术的各个领域都发挥着巨大的作用,还为人类排放的气体污染物提供了净化和贮存的场所。因此,在研究空气资源及其开发利用的同时,必须注重对大气环境质量保护的研究。

总之,空气和光、热、水、风等气候资源一样,具有自然资源所共有的一切属性。

空气是一种具有时空变化、可再生、能恢复、可反复使用的资源。正是由于空气具有一切自然资源的共同特点，所以说空气也是一种资源。而且，空气与其他气候资源要素一样，既具有普遍存在性又具有非线性特征；对于某些人类活动，它是有益的，就是一种资源；而对另外一些活动可能不利，它就是一种灾害。因此，只有在特定条件下、一定的数值范围之内，空气才成为真正的资源。

6.1.2　空气资源质量评价

为了有效地开发利用空气资源，必须对空气资源质量进行客观而科学的评价，了解其过去的历史、目前的现状和未来的发展变化。

根据 I. Prigogine 的耗散结构理论[1]，对于一个与外界有物质、能量交换的开放系统，熵的变化 ds 可以分为两部分：一部分是系统本身由于不可逆过程所产生的，叫做熵产生 dis，dis 为正值；另一部分是系统与外界交换物质、能量所引起的，称为熵流 des，des 有正、负而且可以为零；则对于整个系统，熵的变化为 $ds = dis + des$。如果 $des < 0$ 且其绝对值 $> dis$，则 $ds < 0$，这意味着系统的熵逐渐减少，系统将从无序趋于新的有序。当形成有序之后，若 $ds = 0$，即 $dis = -des$，则系统可维持一个低熵的非平衡态的有序结构。

空气资源具有较高的负熵贮存。原始大气圈处于远离平衡态的非线性、非平衡态，它与外界不断进行着物质和能量的交换。由于太阳能、地核能以及生物能等低熵能量的输入（$des < 0$），使得系统的熵变化 $ds < 0$，从而使原始空气系统从无序逐步达到现在的稳定有序状态，即所谓"耗散结构"状态[2]。通过这一漫长的过程，空气资源中贮存了一定的负熵资本，从而使其具有潜在的做功的能力。人类对自然资源的开发利用，从本质上说也就是对资源中贮存的负熵的利用。

大气环境容量是空气资源质量评价的客观标准。某一区域的大气环境容量越大，说明其空气资源质量越高；反之，意味着已经承纳了相当数量的污染物质，其空气资源质量就差。大气环境容量是指在一定地区对于某种大气污染物及其特定的排放源布局和结构，在一定的环境浓度现状、气象条件以及自然边界条件下，为达到环境目标值所允许的最大排放量。由于区域大气环境容量的影响因素包括物理、化学及社会因素，尽管它们的时空变化使得大气环境容量不可能成为一个简单的定值，但是在一个确定的地区、一定的时间尺度和气象条件下却具有统计平均特征；因此，可以利用数学方法对其进行定量的估算[3]。

设 c_i 和 Q_j 分别为某区域内第 i 个接受点的污染物浓度和第 j 个排放源（面源以单位网格计量）的源强，φ_j^i 为第 j 个排放源对第 i 个接受点的浓度转换因子，则有线性方程

$$c_i = \sum_{j=1}^{m} \varphi_j^i Q_j \qquad (i = 1, 2, \cdots, n) \tag{6.1}$$

浓度转换因子 φ_j^i 与源强无关,只取决于地形和气象条件、湍流扩散参数和排放源分布以及其他排放参数。在利用 Gauss 模式或 Monte Carlo 模式计算时,φ_j^i 以数值解或解析解形式给出。

将环境目标值代入 c_i,则各个排放源对 i 接受点的允许排放量便可确定,从而有 $Q = \varphi^1 c$。将垂直方向分为 p 层,由于每一层高度对地面的影响不一,假设各层对地面浓度的贡献分别为 c^1、c^2……c^p,根据各层的 φ^1 即可求得各层允许排放量矩阵:

$$\begin{bmatrix} Q_1^1 & Q_1^2 & \cdots\cdots & Q_1^p \\ Q_2^1 & Q_2^2 & \cdots\cdots & Q_2^p \\ \vdots & \vdots & \vdots & \vdots \\ Q_m^1 & Q_m^2 & \cdots\cdots & Q_m^p \end{bmatrix}$$

显然,矩阵中各行之和就是该网格的大气环境容量,即

$$Q_j = \sum_{k=1}^{p} Q_j^k \qquad (j = 1, 2, \cdots\cdots, m) \tag{6.2}$$

对于整个区域,总的大气环境容量为

$$Q = \sum_{j=1}^{m} \sum_{k=1}^{p} Q_j^k \tag{6.3}$$

对空气环境质量给定一个准确而公认的定义是困难的。一是因为它属于某一历史的范畴,不同的人类社会发展阶段有不同的质量内涵;二是因为环境对于人类活动的功能作用,不同人类聚集区可因其经济类型不同而有不同的质量需求。因此,目前比较流行的一种观点认为[4],空气环境质量是指适宜人类生存和发展的各种因素的综合。这一观点拓展了空气资源环境质量的概念。在这种拓展了内涵的概念下,相应的评价内容、评价标准和评价方法都应该进行拓展。空气环境质量应作为大气系统演化过程中的一种宏观特性来理解,它不同于污染物的大气环境质量,因为大气环境质量将大气中的污染物质作为唯一的衡量标准,因而只能是静态的标量形式;它也不同于大气科学中具有纯粹物理特性的天气系统,空气环境质量应该涉及对人类活动的功能作用。因此,空气质量评价体系是一种对人类活动产生影响的存在于大气环境中的诸多因素的综合体,既强调大气系统本身的自然属性,也强调其对人类或生态系统的功能性。

宁大同等[4](1997)将空气资源区分为"本质"和"异质"两部分,从大气环境容量的角度对空气资源质量评价进行了探讨。认为组成空气环境质量体系的要素可分为两大类:即气象要素和污染物要素。所谓"本质",是指生物气候学意义的空气环境质量。组成空气环境质量体系的气象要素,既包括系统本身的各种物理量,如温度、湿度、风和太阳辐射等,它们直接影响到人体对空气环境的感知,引起生理和

心理上的反应;又包括参与污染物反应过程的要素,如扩散系数、通风系数等。这些要素是空气固有的本质属性。所谓"异质",是指空气环境质量体系中的各种污染物,它不是空气环境的固有属性。这一类要素主要是人类活动引发的非自然大气组分,以及虽为大气正常组分但其含量超过了正常值的那些物质,如 SO_2、TSP (Total Suspended Particulate)、NO_X、HFC_s、CFC_s、CH_4 以及各种重金属微粒等。通常情况下,"本质"和"异质"空气资源质量状态,同时存在于一个大气环境系统中。当它们处在阈限值范围之内时,可以认为两类状态对人类或生态系统有同等的影响。此时,大气环境总状态的表现是复杂的,既随评价区域功能作用的不同而不同,也随区域内人们的生活方式和价值取向的不同而不同。当组成空气环境质量的要素中某一类或某一个因子的值超出一定范围时,则可认为此时的大气环境质量状态主要表现在该类要素和该因子的状态品质上。空气资源质量既受要素值的影响,也受评价区域的功能作用的影响,体现了人类对环境的适应性和认同性。

在上述两类组成要素中,"本质"部分可以用气象要素来表述,因此与它对应的结构是天气系统变化;但事实上人们主要是利用风速、气温和湿度这 3 个人体最为敏感的因子来描述。"异质"空气环境质量要素对应的是大气系统演化过程中表现出来的对空气污染物的累积和弥散作用,其结构可以用扩散系数、通风系数等来表征。将它们组合在一起,就形成了与人类需求相关的协同功能体系。这个体系具有时空变化特征,不同地域有不同的变化规律,可以依据要素值的变化范围来确定其主导功能性质;在进行空气资源质量评价时,应以自然属性为背景,强调空气资源的功能意义。

6.1.3　空气资源的价值

有人认为,空气是自然存在的,不是人类劳动的产物,因而没有价值和价格。这种观点不符合价值理论和社会实践的发展。对此,应该从生产和再生产空气所"必需"的劳动而不是"实际付出"的劳动这一角度来理解。根据劳动的不同作用方式,人类监测、净化、研究以及保护大气环境的劳动是直接劳动,随着社会的发展,这种劳动的付出越来越明显;而淘汰污染大气环境的产品,开发不排放或少排放污染物的替代品的劳动则是间接劳动;两者都是构成空气资源价值的重要因素。因此,空气资源是具有价值的,只是不像一般商品那样,经过劳动加工改变了物体的属性和自然形态。由此可见,空气资源和一般商品的价值是完全同质的,仅仅是由于其使用价值在交换过程中是不可见的才会引起人们的误解。

资源的价格是价值的体现,是对自然资源实行合理利用的有效调控杠杆。如果在一般商品的生产过程中使用了空气资源,就应该将其视为一种特殊的商品投入;因此,这种商品的完全价格应该包含空气资源价格和现实商品价格这两部分之和[5]。长期以来,空气资源的价值并没有通过一般商品价值的实现而得到足量实现,其价格等于商品的完全价格和实际价格的差额。由于长期以来被人类无偿使用,从而在许多地区造成了对空气资源的使用陷入了恶性循环的怪圈。

李金昌[6](1991)认为,空气资源的价值包括两个部分,一是其本身的价值,即未经人类劳动参与的、天然产生的价值 P_1;二是基于人类劳动投入所产生的价值 P_2。则空气资源价值为 $P=P_1+P_2$。

宁大同等[4](1997)通过进一步分析认为,根据地租论,空气资源的本身价值应等于其租金与平均利息率之比,即

$$P_1 = R/\gamma \tag{6.4}$$

其中,R 为空气资源的地租或租金,γ 为平均利息率。而根据剩余价值理论,人类社会投入到空气资源的人力、物力所产生的价值为

$$P_2 = (C+V+m)/\gamma \tag{6.5}$$

其中,C 为用于空气资源保护和建设的生产资料的价值;V 为劳动者在必要劳动时间内创造的价值;m 为劳动者在剩余劳动时间内创造的价值。因此,空气资源总的价值为

$$P = (R+C+V+m)/\gamma \tag{6.6}$$

当然,在计算空气资源价格时,不仅要计算它所包含的必要劳动时间,还要考虑它的效能、储量、质量和分布,以及以后可能涉及到的供求关系等因素;考虑使用它对环境质量的有害影响和为了避免这些有害影响而支付的保护费用,即空气资源的价值损害等[7]。例如,大气污染引起的经济损失包括:农业的经济损失 L_1、畜牧业的经济损失 L_2、建筑物材料腐蚀损失 L_3、人体健康损害 L_4……因此,空气资源的总价值损害为

$$L = \sum_{i=1}^{n} L_i \tag{6.7}$$

由于这一计量方法受到很多因素的限制,如其中各种参数的取值等,实际应用时尚有许多问题有待进一步探讨。

6.1.4　空气资源的保护和管理

为了将空气资源纳入可持续开发利用的轨道,应该加强对空气资源的保护和管理。首先应该对人们的资源—价值观念进行正确的引导,对环境行为者的价值取向加以调控,解决认识上的误区和行动上的准则问题,要提高空气资源意识,突出空气的资源意义。主要包括以下几个方面[8]:

第一,自然资源具有边际价值,新鲜空气的数量是有限的。长期以来,人们总以为大自然赋予的资源是永不枯竭的源泉,而且不具有边际价值,因而可以无偿地大量开发利用,乃至任意掠夺和破坏。事实上,除了太阳能、风能以外,自然资源并不是"取之不尽,用之不竭"的;这些有限的自然资源中,又有可再生和不可再生之

分;而且,无论是可再生还是不可再生的自然资源,特别是不可再生资源,都存在着供给的有限性和需求不断膨胀的基本矛盾,因而它们都具有边际价值。尽管空气资源属于可更新资源,但是如果不注重保护和管理,其自身的更新速度将滞后于人类活动对其破坏的速度,造成空气组分不可逆转的变化。

第二,大气环境不可能无限地接纳人类活动所排放的污染物。有人认为,大气具有自然净化功能,污染物可以通过空气流动、大气降水等机制扩散和稀释,因而不必花费财力进行人工控制。这种观点对空气污染和空气资源价值的认识上存在局限性,忽视了物质不灭、物质转化规律和空气污染物积少成多的事实。对于一个城市的大气环境,其自然净化能力受特定的气候特点、天气类型、地形地貌等自然条件的制约,所以其环境容量不仅有限,而且净化能力也有很大差异;如果污染物排放总量一旦超过一定质量标准下的环境容量,就会导致不同程度的污染事件甚至环境公害,从而造成无法估量的直接和间接的经济损失。

第三,环境保护不仅产生社会效益,而且创造经济效益。迄今为止,仍有不少人认为环境保护是一种社会公益事业,似乎只产生社会效益而不创造或很少能产生经济效益,因而不愿意或很少进行必要的环保投资。事实上,空气资源作为人类赖以生存和发展的物质基础,其本身就具有不可替代的多种功能,如果一旦遭到人类活动的过度影响和破坏,必将导致其部分或全部功能的衰竭,并带来巨大的经济损失。所以,保护空气资源就意味着减少或避免经济损失,维护其功能在正常条件下的经济价值。从保护人体健康,为公众提供良好的劳动和生活环境角度来考虑,环境保护是一项社会公益事业;但是,随着科学技术包括环境保护科学技术的发展和可持续发展战略的提出,不仅使得空气资源保护的内涵有了实质性的扩展和提高,而且将朝着具有连接和协调人类经济系统和资源环境系统这一基本属性的基础产业方向发展。

在进行资源—价值观念引导的同时,为了保护空气资源,改善大气环境,有关政府部门还应该采取切实有效的控制手段,包括法律手段和经济手段。国外大多数国家通常把这两种手段结合起来使用,如美国的 Green Lights 计划和加拿大的 Air Care 计划等。

法律手段就是通过立法,完善各项管理制度,规定按空气资源的限量标准和污染物排放的限量标准来实施的强制性管理。我国历来重视环境保护工作,早在1979 年就制定了环境保护法(试行),颁布了大气污染排放的国家标准,规定新建或扩建大中型工矿企业必须首先进行环境影响评价;在 1983 年召开的第二次全国环境保护会议上,将环境保护确定为我国的一项基本国策;1989 年 12 月 26 日第七届全国人民代表大会正式颁布并实施了《中华人民共和国环境保护法》,对环境监测管理、保护和改善环境、防治环境污染和其他公害以及相应的法律责任等进行了具体规定。

经济手段就是制定合理的经济政策,坚持对空气资源的有偿使用原则。这是体现空气资源价值,保护空气资源的另一有力手段。做好环境保护工作是实施可持续发展战略的关键环节之一,目前所采取的经济措施主要包括税收和排污收费制度。这里的税收有两层含义:第一是传统的税收体制,既然空气资源具有价值,那么只要在生产过程中使用了空气资源,就必须缴纳使用税;第二是对超标排放的污染物数量实行加倍甚至按指数增长形式收费,根据有偿使用原则,俾其价值得到足量补偿。促使企业通过技术进步和工艺改造,合理利用空气资源,减少污染物排放。同时政府部门再将这些收费用于建设防治排污和净化处理设施,提高大气环境质量,从而形成空气资源的合理利用,使一切损害空气资源的行为因无利可图而自动终止。这些手段都有利于保护空气资源,维护生态环境的良性循环,促进经济—社会—环境系统的可持续发展。

6.2　空气资源的组成

地球大气一方面能够保存太阳的热能,使地球表面的温度保持在一定范围之内,适合动植物的生存;另一方面又能够阻挡太阳辐射中大部分的紫外线,使动植物不致受到伤害;此外,大气还是地气系统水分循环的媒介,地表水分蒸发到空气中经过抬升、冷却,又凝结成雨滴降落到地面。

空气是资源,组成空气的各种成分就是资源要素。空气是多种气体的混合物;主要成分是氮气,其次是氧气,此外还有少量的氩、氖、氢、氦、氙和二氧化碳、甲烷、臭氧、水汽等。空气成分是比较固定的,但是,在不同的地区或场所,空气的成分也会有某些改变。例如,在风景秀丽森林稠密的山区,氧气、负离子等十分丰富;而在工矿企业集中的地区,有害气体二氧化硫的含量较高;在商店、剧场、影院等公共场所,二氧化碳的含量则明显偏高。因此,了解空气资源的组成、含量和性质,对于开发利用空气资源无疑是很有必要的。

6.2.1　空气成分

尽管人类生活在空气中,但是对空气的科学认识却只有二百多年的历史。人们曾长期把空气看作是一种简单物质;直到 18 世纪,在科学家们对空气成分做了深入研究之后,才认识到空气并不是由单一物质组成的。空气的组成、性质之所以长期没有被人们发现,是因为空气无色无味,看不见、摸不着,只有当缺少它的时候,才会意识到空气是一种物质。

1. 空气成分的认识过程

在空气成分的研究过程中,许多科学家通过不同的实验,逐步弄清了空气的组成。早在 1669 年,有人根据蜡烛燃烧的实验,曾推断空气的组成是复杂的。大约在 1700 年，德国有学者提出"燃素学说"，认为有一种看不见的所谓"燃素"(phlo-gistos)存在于可燃物质内。18 世纪 70 年代，瑞典化学家 K. W. Scheele(1742—1786)和英国化学家 J. Priestley(1733—1804)曾先后通过燃烧铅、汞等金属的实验发现并制备出氧气。1774 年，法国化学家 A. L. Lavoisier(1743—1794)提出燃烧的"氧化"学说，否定了"燃素"学说的错误理论，得出了"空气是由氧气和氮气组成"的结论。

在 19 世纪末以前，人们深信空气中仅含有氧气和氮气。1882 年，英国物理学家 L. Rayleigh(1842—1919)在研究空气中各种气体的密度时，从空气中分离出一种新的气体。与此同时，英国化学家 S. W. Ramsay(1852—1916)用其他方法也从空气中得到了这种气体。由于这种气体极不活泼，所以命名为氩。后来，S. W. Ramsay 等又从空气中陆续发现了氦、氖、氪、氙等气体。长期以来，人们习惯称它们为"惰性气体"，近年来发现有些惰性气体在一定条件下也能与其他物质发生化学反应；因此，改称为"稀有气体"(rare gases)。

19 世纪末到 20 世纪前期，由于科学家们的不懈努力，通过精确的实验证明，空气中除含有氧气、氮气外，还含有少量的稀有气体、二氧化碳、水汽、其他气体和杂质等。空气成分，按体积含量计量，大致是氮气 78%、氧气 21%、稀有气体 0.94%、二氧化碳 0.03%、水汽及其他气体和杂质 0.03%。一般来说，空气成分是相对稳定的；但是，由于地区差异、环境不同，也会有不同程度的变化。

2. 空气成分的含量变化

地球大气通常按温度随高度的变化特征以及外层空气的分布特点，可以划分为对流层、平流层、中间层、热层和外层。对流层顶的高度大约为 10 km，随纬度和季节具有明显变化。由于强烈地上升和下沉运动造成的空气垂直混合，使整个对流层的空气组成比较一致，温度随高度升高而降低，平均每升高 100 m 温度降低 0.65℃左右。对流层顶以上至 50 km 为平流层，其显著特点是空气以水平运动为主。在中纬度地区，平流层下部的温度全年平均几乎都在 −50～ −55℃之间。由于臭氧强烈吸收紫外辐射使温度升高，平流层顶的温度为 0℃左右。平流层顶至 90 km 为中间层，中间层顶的温度可达 −83℃。90～500 km 高度为热层，温度为 400～2000℃，由于该层空气有导电性和反射无线电波的作用，所以也称为电离层。热层顶至 57000 km 高度为外层，也就是磁层。

与地球的尺度相比，大气层是很薄的。由于地球重力场的作用，大气对地表面施加向下的力，即大气压强。地球大气的总质量大约为 5.14×10^{18} kg，平均空气密度为 1.2 kg/m³；大气质量的 99% 集中在 35 km 高度以下，海平面高度的平均气压为 1013 hPa。气压与空气密度的垂直变化远大于这两个量的水平变化和时间变化，随着离地面高度的增加近似地按指数律减小，而且没有明显的大气上界。

在没有源和汇的情况下,大气中不同高度上各种气体成分的含量比率取决于分子扩散作用和气流运动所引起的混合作用的强弱。大约在 100 km 高度,这两种物理过程对气体成分含量的贡献大体相当。在 100 km 以上,大气成分的垂直混合主要是分子扩散起作用,使得混合气体的平均分子量随高度增加而减小,气体密度随高度呈指数关系递减,即最轻的气体(氢和氦)位于最高层;在 120 km 高度以上,由于双原子氧受光解作用的影响,空气中的原子氧含量逐渐增多;在更高的高度上,由于分子扩散效应,较轻成分的相对含量明显增加,而作为主要成分的双原子氧随高度增加而显著减少;大约在500 km左右大气以原子氧为主,只有微量双原子氧以及氢和氦。在 1000 km 以上则主要是氢和氦。

与分子扩散效应不同,由宏观运动所产生的混合过程使空气成分不再按分子量的大小来分布;在以混合过程为主的高度范围内,大气的组成趋向于和高度无关。此外,由于对流层中大范围强烈的空气水平运动和垂直运动所产生的混合交换,使得不同纬度地区各种空气成分的相对含量也大体上相同。所以,在 100 km 以下的大气层中,除了水汽、二氧化碳、臭氧、悬浮杂质以外,各种主要气体含量相当均匀[9]。

在大气边界层内,由于各地气压、温度和水汽含量的不同,空气及其各种组成成分的密度随地区和海拔高度仍有较大的变化。气压高、温度低、水汽含量少的地区,空气及其各种成分的密度大;气压低、温度高、水汽含量大的地区,空气成分的密度小。海拔高度升高,气压降低,空气密度变小,而温度降低则使空气密度增大。由于气压随高度升高而降低的幅度远远超过温度的变化幅度,所以空气及其各种成分的密度也随海拔高度升高而减小,减小的速度略小于气压,一般呈指数律递减。例如,氧的密度,在海平面高度为 280 g/m³,海拔 1.5 km 处为 240 g/m³,海拔 3 km 为 204 g/m³,海拔 5 km 处只有 163 g/m³,大约为海平面高度处的 58%。空气密度随海拔高度的变化及其与海平面空气密度的比值,如表 5.10 所示;海拔高度 4 km 处的空气密度,只占海平面的 66%。

对于海拔高度相同的不同地区,空气温度、气压、水汽含量等的变化相对较小,空气及其各种成分在水平方向的变化也比较小;虽然低纬度地区水汽含量大,高纬度地区水汽含量小,但是若与干空气相比,空气的相对物质组成仍然可以近似认为是恒定的。

空气及其各种成分的体积相对含量随时间的变化中,年变化较大的是二氧化碳和水汽,其他空气成分的年变化都比较小。二氧化碳含量冬、春季较大,夏、秋季较小,但其年变化幅度也仅为其总量的 2% 左右。由于气压、水汽和空气温度的季节变化,即使空气及其各种成分的相对含量不变,其密度也会有一定的年变化。因为夏季气压低,温度高,水汽含量多,空气及其各种成分的密度就比较低;而冬季气压高,温度低,水汽含量少,所以空气及其各种成分的密度就高。

6.2.2　空气中的氧气

氧气是人类生存和发展不可缺少的物质,自然界中生存的动植物需要呼吸,时时刻刻都离不开氧气。大气层中的氧气也不是固有的,而是在地球的演化过程中经植物光合作用而逐渐形成的。

1.氧气的来源

地球大气层中的氧气,大约有 12×10^{14} t;太阳系中其他行星上的大气层中都没有这么多的氧。地球大气中的氧气至少有两种来源[9],一是水的离解,$2H_2O \rightarrow 2H_2 + O_2$,即水在太阳紫外辐射作用下发生光解反应,生成氢气和氧气;二是光合反应,$H_2O + CO_2 \rightarrow \{CH_2O\} + O_2$,即水和二氧化碳在可见光的作用下,生成碳水化合物和氧气。

光解反应作为大气中氧的来源,仍是一个有争议的问题。因为水的离解反应率存在着明显的不稳定性,与太阳紫外辐射引起的其他光化反应有关;而且光解反应中氧气的生成率完全依赖于反应过程中氢的逃逸率,如果逃逸率远小于生成率,则光解产生的氧大多数又会与氢重新化合成水。

光合反应在地球大气中产生了大量的氧气,现已确信其产生量远大于目前大气中的氧含量。光合作用生成氧与生物过程密切相关。一般认为,大气层中的氧气主要是在地球演化过程中经过植物光合作用而逐渐形成的。当大气中的氧不断增加时,导致高层大气中形成臭氧层,阻挡了太阳辐射光谱中的紫外部分;随着臭氧层的发展和紫外辐射的减少,促使植物接受更多的可见光,产生更多的氧,这是一个增益放大过程。正因为绿色植物具有不断制造氧气的功能,才使得在地球上能够衍生出高等动物和植物。也正因为动物呼吸不断消耗氧气,植物的光合作用又不断补充氧气,才形成了地球上氧气和二氧化碳之间的循环。

2.氧气的资源性质

氧气是空气资源的重要组成要素之一,是动植物新陈代谢特别是呼吸作用的物质基础。生物需要呼吸,空气中的氧气含量直接影响到动物的生存和健康以及植物的生长发育与产量形成。人类生活和生产过程中所使用的能源大多来自燃烧,如果没有氧气协助物质燃烧,能源将无法得到利用。显然,燃烧是光合反应生成氧的逆过程。

氧气是人体新陈代谢过程中不可缺少的物质。在大气成分中,氧气约占空气体积的 21%。生活在低海拔地区的人,一般不会出现缺氧症状。但随着海拔高度的升高,空气越来越稀薄,氧气也越来越少。当到达一定高度,氧气减少到不能维持人体的生理功能时,便会产生高山反应。

医学研究表明,人体内肺泡是空气与血液进行气体交换的场所。由于肺泡内的氧分压高于血液里的氧分压,肺泡内的二氧化碳分压低于血液里的二氧化碳分压,经过分子扩散,使人体血液得到氧气,排出二氧化碳,从而维持人的生命。人体获得氧气的能力,取决于肺泡与血液中氧和二氧化碳分压差的大小。由于空气中的二氧化碳分压较低,而人体呼出的二氧化碳分压较高,两者相差近千倍;所以,人体内外的二氧化碳分压差受体外空气的影响不大,左右供氧状况的因素主要是人体内外的氧分压差的大小。

维持机体的正常运转,血液和氧分压要求有一个相对稳定的值,即动脉血管里的氧分压为 133 hPa,静脉血管里的氧分压为 53 hPa。因此,人体的供氧能力取决于空气的氧分压。当海拔高度升高,气压下降,氧分压降低,供氧能力变差时,人体缺氧就会出现各种生理和病理反应,表现为呼吸和心律加快、头晕、头痛、恶心、呕吐、胸闷、肺水肿、眼底出血、昏迷、休克等症状。然而,人的适应能力不同,缺氧的反应程度也不一样。对于绝大多数人来说,在海拔 3 km 高度以下,并无严重缺氧的感觉,只要注意休息和适当锻炼,就可正常从事脑力和体力劳动;只有少数呼吸系统或心血管系统有病的人,才会感到某种程度的不适。到海拔 3 km 高度以上,一部分人会感到呼吸和心律加快,少数人会出现明显的高山病症状。所以,生理生态学家认为,海拔 3 km 高度是一条重要的生命界线。

我国是一个多山的国家,山地、高原和丘陵大约占全国土地总面积的 65%。如果以海拔高度来划分,海拔高度 500 m 以下的面积约占全国土地总面积的 25.2%,海拔 3 km 以上的面积却占了 25.9%。青藏高原平均海拔在 4 km 以上,总面积约为 2.5×10^6 km²,占全国土地总面积的 25%,居住着以藏族为主的 30 多个兄弟民族,自古以来一直从事农牧业生产。农作物种植的海拔高度上限,青稞可达4.75 km,油菜为 4.7 km,春小麦为 4.46 km,冬小麦为 4.32 km;并且曾分别创造了一季喜凉作物单产的全国最高纪录。高原特有的家畜,牦牛和藏羊能在海拔4.5 km 左右越冬度春和生育繁殖,夏秋季节牲畜放牧的最高海拔可达 6 km,牧民定居点也达到海拔 5 km 左右[8]。

3. 氧气的时空变化

从空气资源中的氧气含量来看,近地层大气在海平面高度的氧分压为 210 hPa,生命界线海拔 3 km 处的氧分压为 147 hPa,不足海平面的 70%;而在海拔 4 km 高度为 130 hPa,已经低于人体动脉血管里的氧分压;海拔 6 km 处氧分压为 103 hPa;世界最高峰海拔 8.848 km 的珠穆朗玛峰氧分压仅74 hPa,只有人体动脉血管氧分压的 55.6%。一般情况下,人体只能适应氧分压减少 20%(即大约 2 km 高度)左右,超过这一数值就会出现高山反应,在海拔 6 km 以上行走和用脑思考问题都很困难,严重者可能丧失知觉。由此可见,登山运动员不仅需要强健的体质,而且需要惊人的毅力。

　　近地层空气中的氧分压随海拔高度升高而迅速降低。我国的地形特点是西高东低，所以氧分压分布大体上呈东高西低的趋势。我国近地层空气中年平均氧分压的分布，如图6.1所示。我国东部的广大平原、丘陵地区以及新疆吐鲁番盆地，氧分压大都在200 hPa以上；新疆、内蒙古、山西、陕西、甘肃大部以及湘、鄂山区等地，氧分压在180～200 hPa之间；云贵高原氧分压大约为160～180 hPa；青藏高原是全国氧分压最低的地区，除了河谷、湖泊、盆地和高原边缘地区在130～150 hPa之间以外，其余地区的氧分压均低于130 hPa。

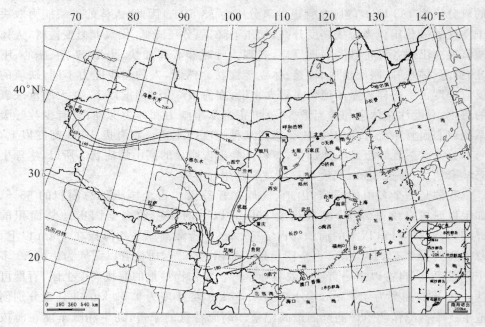

图6.1　我国近地层空气的年平均氧分压(hPa)[8]

表6.1　我国部分城市近地层空气中的氧分压和氧密度[8]

地　点	氧分压(hPa)				氧密度(mg/L)			
	1月	7月	年平均	1,7月差值	1月	7月	年平均	1,7月差值
哈尔滨	210	202	207	8	319	263	288	56
北　京	214	204	210	10	307	263	284	44
南　京	214	204	210	10	300	261	281	39
郑　州	212	202	208	10	300	259	279	41
广　州	212	204	208	8	285	261	272	24
乌鲁木齐	193	188	191	5	289	244	264	45
昆　明	169	166	168	3	232	218	224	14
拉　萨	136	135	136	1	194	180	187	14

近地层空气的氧分压具有明显的季节变化。如表 6.1 所示,北京 1 月与 7 月的氧分压差为 10 hPa,冬季略大于夏季;拉萨 1 月与 7 月的氧分压差仅 1 hPa,也是冬季大于夏季。我国其他地区氧分压的冬夏季差值也都为正值。但是,到过高海拔地区的人都有这样的感受,冬季的高山反应比夏季更重。这是因为高山反应并不完全取决于空气的供氧状况,还与人体吸收氧的能力和消耗氧的多少有关。青藏高原地区冬、夏季氧分压差很小,并没有使供氧状况发生明显改变;而冬季气候寒冷,人体机能减弱,吸氧能力降低,故人体热量散发多,耗能、耗氧量增加,导致缺氧,从而加重了人体的高山反应。

氧气的临界温度为 -18.8℃,标准大气压下的沸点温度为 183℃,熔点温度为 219℃。但是,氧气有助燃作用,而且物质燃烧时的供氧状况取决于空气中的氧密度。根据计算[8],我国近地层空气中的氧密度,在海平面高度为 282 mg/L,海拔 1 km 高度处为 253 mg/L,海拔 3 km 高度氧密度为 203 mg/L,海拔 5 km 高度为 163 mg/L。海拔 3 km 和 5 km 高度的氧密度分别只有海平面上的 72% 和 58%。由于这些地区氧气供应不足,内燃机车的燃料不能充分燃烧,其功效必然降低。

我国各地近地层空气中年平均氧密度的地理分布,如图 6.2 所示。由图可见,我国东部的平原、丘陵、低山地区和新疆吐鲁番盆地,年平均氧密度最高可达 260 mg/L 以上;青藏高原最低,大部分地区在 200 mg/L 以下;云贵高原年平均氧密度

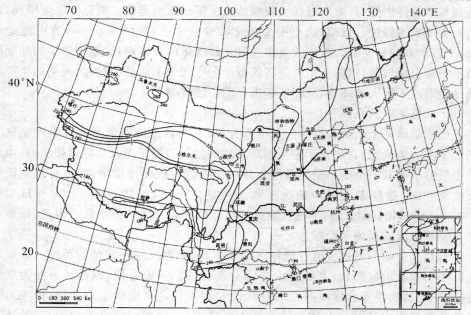

图 6.2 我国近地层空气的年平均氧密度(mg/L)[8]

在 210～250 mg/L 之间；新疆、内蒙古、甘肃等地区大多在240～260 mg/L左右。

由于气压、气温、水汽压等气象要素的季节变化，近地层空气中氧的绝对含量也具有季节变化。由表 6.1 可见，总体上表现为冬季（1月）含氧量较大，夏季（7月）含氧量较小；我国东部海拔较低的地区氧密度的年变化较大而西部海拔较高的地区氧密度的年变化较小；我国北方氧密度的年变化较大而南方氧密度的年变化较小。此外，近地层空气中氧密度的年变化大于氧分压的年变化。例如，北京1月与7月氧密度的差值为 44 mg/L，年变化量为年平均值的 15.5%；而1月与7月的氧分压差值为 10 hPa，年变化量仅为年平均值的 4.8%。

人的呼吸，一般每人每天要吸进 0.75 kg 的氧气，呼出 0.9 kg 的二氧化碳。据测算，为了适应调节空气成分相对平衡的需要，城市中每个人平均需要 10 m^2 的树木面积或 50 m^2 的草坪面积。我国城市绿地覆盖率普遍较低，人均占有公共绿地不足 3 m^2；因此，在城市规划中更应该重视植树造林、养花种草以及空地绿化，尽可能增大绿地面积以改善城市空气质量。

6.2.3 二氧化碳

二氧化碳作为空气资源的一个组成要素，在农业生产和全球生态环境变化中起着非常重要的作用。提及二氧化碳，人们马上就会联想到大气的"温室效应"。毫无疑问，大气中的二氧化碳所形成的"温室效应"是生命能够在地球上存在和进化的基本条件。然而，由于近代大规模的人类活动所引起的二氧化碳浓度增高，也向人类敲响了警钟。目前，大气中二氧化碳的浓度已超过368 ppmv，这可能是过去 42 万年来的最高值。由于大气中二氧化碳含量的高速增长，温室效应的加剧已经影响到全球气候，地球上主要经济区域的分布发生了明显变化，对人类的生存环境已经形成了巨大的威胁，从而引起世界范围的普遍关注。

1. 二氧化碳的来源

碳素是地球上生命有机体的关键部分，植物对碳素的固定是大气中产生氧气的近乎唯一的来源，它决定了整个地球环境的发展趋势。光合反应过程中，每生成一个氧分子就有一个碳原子与其结合并被组织到有机化合物中；而在有机物质呼吸或腐烂时，这些碳原子中的大多数又被氧化还原，即 $\{CH_2O\} + O_2 \rightarrow H_2O + CO_2$。通过氧化还原反应，其他元素循环与碳循环和氧气紧密相联。因此，碳循环是生物圈健康发展的重要标志之一。

自然界中的各种物质通过循环达到平衡，从而形成一个完整的系统。碳循环是其中的重要组成部分，主要是通过 CO_2 进行的。一般来说，碳循环可分为 3 种形式，一是植物经光合作用将大气中的 CO_2 和水化合生成碳水化合物（糖类），在植物呼吸过程中又以 CO_2 的形式返回大气之中，尔后被植物再度利用；二是植物被动物采食后，糖类被动物吸收，在动物体内被氧化生成 CO_2，并通过动物呼吸释放回大气中，又可以被植物再利用；三是煤、石油和天然气等化石燃料燃烧时生成CO_2，返回大气中以后重新进入生态系统的碳循环。

全球碳循环发生在大气、海洋和陆地之间[10~12]。大气圈中的碳主要以CO_2气体的形式存在，它是陆生植物光合作用的原料供给者，对农业生产影响很大。目前，大气圈中CO_2的碳储量约为775Gt（$1Gt = 10^{15}$ g）；CH_4中的碳储量约为3.5 Gt。地球环境中各种碳储存库的碳储量，如表6.2所示。

表 6.2　地球环境中各种碳储存库的碳储量（Gt）[11]

储存库	大气		陆地		海洋表层			海洋深层	
时期	CO_2	CH_4	生物	土壤	无机碳	有机碳	生物	无机碳	有机碳
工业革命前	600	1.7	610	1560	1000	60	3	38000	700
1980~1989	750	3.5	550	1500	1020	60	3	38100	700

能够与大气进行碳交换的碳储存库主要是陆地和海洋。陆地生物圈中的总碳储量大约为500~600 Gt，土壤中的碳储量约为1200~1500 Gt。据估计[10]，全球陆地生态系统的碳储量有46%在森林中，23%在热带和温带草原中。可见，森林和草原在陆地生态系统碳循环中起非常重要的作用。CO_2是由各种有机化合物氧化而产生的。当有机化合物燃烧、腐化及动物呼吸时都会排出CO_2，而植物光合作用又使CO_2还原。以CO_2形式进入大气的碳输送量大约占大气圈中总储量的1/4，其中的一半与陆地生物群落进行交换。如图6.3所示，陆生植物通过光合作用从大气中固定的CO_2大约为110 Gt/a；其中，以呼吸形式释放到大气中的CO_2有50 Gt/a，以凋落物的形式进入土壤的CO_2约为60 Gt/a，并最终以土壤呼吸的形式释放到大气中。此外，矿物燃料燃烧向大气释放的CO_2约为6 Gt/a，毁林垦荒引起的CO_2释放大约1~2 Gt/a。

海洋圈中的碳储量接近40000 Gt，其中98%是溶解于碳酸盐和碳酸氢盐水溶液的无机碳，其余的碳以溶解性有机碳（DOC—Dissolved Organic Carbon）的形式存在，其含碳量与大气中的CO_2具有相同的量级。这些大碳库的微小变化，将会对大气CO_2浓度造成很大影响。例如，储存于海洋中的碳，只要释放2%就将导致大气中CO_2浓度增加1倍。大气中的CO_2主要来自热带海洋。海气之间CO_2交换通量具有很大的空间变率，不同海域之间的差别很大。这主要取决于表层海水的温度、盐度和碱度、表层海水和深层海水的交换速率、洋流情况和海洋生物的分布等。海洋是大气中CO_2的主要自然来源。在高纬度地区海水温度较低，海洋从大气中吸收CO_2，而在低纬度地区海洋则向大气释放CO_2。就全球平均而言，CO_2是由海洋向大气输送的，净通量大约为415 Gt/a。

大气中CO_2的人工来源是人类活动。工业革命以前的几千年时间里，大气中的CO_2浓度平均值约为280 ppmv，变化幅度大约在10 ppmv以内。工业革命之

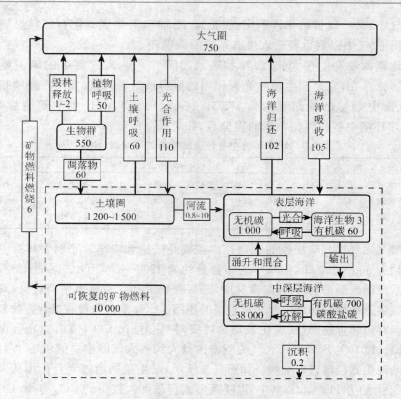

图 6.3　全球碳循环（碳储量：Gt，通量：Gt/a）

（根据文献[10]、[11]、[12]综合绘制）

后，碳循环的平衡开始被破坏，人为排放的 CO_2 量急剧上升，造成大气中 CO_2 浓度的增加，2000 年大气中的 CO_2 浓度达到 368 ppmv。这主要是由于森林植被遭到大规模的破坏，CO_2 的生物转化清除在不断减少，加之煤炭、石油和天然气等矿物燃料的消费一直在增加，而海洋和陆地生物圈并不能及时地完全吸收人类活动排放到大气中的 CO_2，从而导致大气中的 CO_2 浓度不断增加。

　　目前，全世界每年燃烧煤炭、石油和天然气等矿物燃料排放到大气中的 CO_2 总量折合成碳大约为 6 Gt 左右；每年由于土地利用的变化和森林植被的破坏可能释放大约 1.5 Gt 碳。而每年大气中碳的净增加量大约为 3.8 Gt；其余的 3.7 Gt 碳则被海洋和陆地生物圈吸收，其中海洋吸收约 2.0 Gt，陆地生物圈吸收约 1.7 Gt。可见，每年排放到大气中的 CO_2 大约有 50％滞留在大气层中。假如由于矿物燃料燃烧所排放到大气中的 CO_2 以每年 2％的速率增长，到 2040 年前后 CO_2 浓度就将达到 550 ppmv；若以每年 1％的速率增长，则到 2085 年前后 CO_2 浓度将达到 550 ppmv。

2.二氧化碳的资源性质

通常情况下,CO_2 是无色、无臭、略带酸味的气体,熔点温度 $-55.2℃$,正常升华点 $-78.5℃$,在常温(临界温度 $31.2℃$)条件下加压到 73 个大气玉时就会变成液态,若将液态 CO_2 的温度继续降低就会变成雪花状的固体 CO_2,俗称"干冰"。由于固体 CO_2 变成气体时需要吸收大量的热量,因此干冰通常被用作低温制冷剂和人工增雨作业中的催化剂。

CO_2 是大气的正常组分,它直接存在于动植物生命体的摄取和排出过程之中,与人类的生命活动息息相关。早在 18 世纪末,人们就已经知道 CO_2 是陆生植物光合作用的原料这一事实。20 世纪 20—30 年代,植物光合强度与 CO_2 浓度的研究取得了丰硕的成果。20 世纪 50 年代,人们系统地探讨了 CO_2 施肥问题:在温室中适当施用 CO_2,可使黄瓜、西红柿产量提高 $25\% \sim 30\%$ 甚至更多。20 世纪 70—80 年代,温室栽培不仅控制养分、水分、温度和光照,而且控制 CO_2 浓度,以保证蔬菜种植获得更高的产量。20 世纪 90 年代以后,西方发达国家开展了大田 CO_2 施肥的局部试验;我国学者也对 CO_2 资源的农业利用进行了广泛的研究,并取得了比较丰富的成果。显然,作为空气资源组成要素的 CO_2 资源在农业上的利用前景是令人鼓舞的。

CO_2 作为植物光合作用的基本原料,在大气 CO_2 含量增高时,如果光、热、水、肥供给充分,可使大多数作物增产,从而有利于世界粮食的生产。此外,CO_2 引起的气候变暖可以使作物的生长季节延长。据估计[10],夏季平均温度增高 $1℃$,相当于生长季节延长 10 天;气温升高、生长季节延长的一个直接影响是使作物的分布区向北扩展,使得大多数作物的种植区域都有向高纬度地区扩展的趋势。

CO_2 是呼吸作用的最终产物。当外界环境中 CO_2 浓度升高 $1\% \sim 10\%$ 时,呼吸作用明显被抑制,达到 10% 时可使植物致死。CO_2 浓度升高对植物呼吸作用的影响因植物种类和外界条件的不同而有所差异。例如,在美国生物圈 2 号内长期生长在较高浓度 CO_2 下的 10 种植物中,8 种 C_3 植物的呼吸速率表现出明显的上升;而 2 种 C_4 植物的呼吸速率则变化不明显,甚至略有下降;在 CO_2 浓度升高的条件下,紫花苜蓿、玉米和杜仲等 10 种植物的成熟叶片,当温度在 $15 \sim 20℃$ 时呼吸速率没有显著变化,而在 $30 \sim 35℃$ 时多数叶片的呼吸作用显著增强。

大气中 CO_2 浓度升高对不同种类植物产量的影响也有所不同。已有研究表明[10],CO_2 浓度倍增可以使 C_3 植物产量提高约 30%,使 C_4 植物产量提高约 14%。但是,有的 C_4 植物如玉米、高粱则仅提高 9%;而大米、草等植物,产量不但没有提高反而有所降低。在 C_4 类作物玉米、甘蔗和高粱等的大田中,由于 C_3 类杂草加速生长,还可能导致大幅度减产。

CO_2 浓度升高使得植物茎叶、果实和种子中的可溶性氮、蛋白质、某些维生素和矿质元素等含量有所下降,淀粉、脂肪则有所增加,因而产品的营养价值下降。CO_2浓度升高通过影响植物群落组成的变化,影响生态系统的物质循环及其结构与功能;如植物枯枝落叶碳氮比(C/N)升高,含氮量减少,直接影响土壤微生物区系的种类组成和数量,导致营养物质循环的减缓和土壤肥力减退。植物蛋白质等营养成分下降,则导致食草动物的摄食量增加,生长缓慢,发育不良,群体减小;而以其为食的食肉动物群体也将随之受到影响。某些昆虫群体的减少将影响到虫媒植物的授粉、生殖,引起生态系统的退化和生产力的降低。

CO_2对人体的呼吸起调节作用。正常情况下,氧对呼吸运动影响不大,而血液中CO_2的含量却对呼吸的调节起着特别明显的作用。因为呼吸中枢对CO_2浓度的改变很敏感,当血液中CO_2分压稍高时,呼吸就加深加快,通气量增加;稍低时则变浅变慢,通气量减少。当然,若血液中CO_2太多,对中枢神经系统就会产生毒性作用。所以,在日益重视室内环境的今天,CO_2在卫生学上被作为室内空气污染的"指示剂"。

据美国一项长期环境跟踪调查发现[11],生活在风景区与污染区的居民其体内血液有毒物质含量相差无几;因为人每天约$80\%\sim90\%$的时间是在室内度过的,室内环境污染给人们带来的影响甚至要大于室外。这引起了人们对室内空气质量的重视。空气中CO_2的浓度,乡村约为0.03%,城市约为0.04%。实验研究证明,当CO_2含量达到0.07%时,少数对气体敏感的人就感到有不良气味和不适感觉;浓度达到0.1%时,空气中氨类化合物明显增加,人们普遍有不适反应;当室内CO_2浓度达2%时,人会感觉到头晕、心烦等;CO_2含量达3%时,肺的呼吸量虽然正常,但呼吸深度明显增加;达4%时,人会出现头痛、耳鸣、脉搏滞缓、血压上升等症状;当室内CO_2含量过高,达到$8\%\sim10\%$时,人的呼吸明显困难,意识不清,会失去知觉,甚至因呼吸麻痹而致死。

虽然较高的室内CO_2会对人体健康产生危害,但通常情况下人们更多的是把它作为空气污染的"指示剂"来看待。在室内人数一定时,室内CO_2浓度可以反映室内通风情况,从而可粗略估计室内有害物质的污染程度。所以,对于办公室、教室、商店、剧场等公共场所,经常保持室内空气流通,使室内空气新鲜、清洁、含氧量增高;为防止CO_2积聚,居室、浴室、病房等应保持一定的通风量。因此,多到户外活动,对人体健康非常有益。

CO_2作为资源,无论是在植物的生命活动,还是在人类的生命活动中,都起着非常重要的作用。但是,如果大气中的CO_2含量仍以目前每年0.5%的速度继续增长,必将加剧温室效应,导致气候异常,最终在生态平衡方面给人类带来严重的后果。因此,人类必须对自身行为进行反思,应该意识到在经济不断发展的同时,必须保护好人类赖以生存的环境。

3.二氧化碳的时空变化

据统计[13],大气中的 CO_2 浓度,在 19 世纪初仅为 284 ppmv,19 世纪末为 296 ppmv,1960 年为 320 ppmv。在南极和美国夏威夷冒纳洛亚(Mauno Loa)观测的 CO_2 浓度年代际变化,如图 6.4 所示。20 世纪中人类活动向大气中排放的 CO_2 已比工业革命前增加了近 10 倍,并且仍在以每年大约 0.5% 的速度增长。

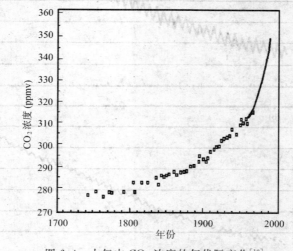

图 6.4　大气中 CO_2 浓度的年代际变化[10]

美国夏威夷州冒纳洛亚观测站(拔海 3400 m),从 1958 年 4 月开始对大气中的 CO_2 浓度作精密观测。图 6.5 表明,1958 年大气中 CO_2 的年平均浓度大约 315 ppmv,从 20 世纪 70 年代开始迅速上升,2000 年已上升到 368 ppmv;总体上随时间推移 CO_2 浓度增长的趋势非常明显。此外,在南极和其他 27 个大气成分本底观测站的观测结果也都证明,在 20 世纪后半叶全球大气 CO_2 平均浓度增加了将近 70 ppmv,年增长率约为 0.5%。冒纳洛亚观测站的数据还反映了在北半球每年因为植物呼吸作用而产生的周期性变化,即 CO_2 含量的季节变化,最大值出现在 5 月份;最小值出现在 9—10 月份,冬夏季可相差 6 ppmv。这主要是由于北半球大陆上植被冬枯夏荣的结果,植物在夏季大量吸收 CO_2,因而大气中的 CO_2 含量相对降低,使得 CO_2 浓度在夏季时减少而在冬季时增加。在其他大气本底监测站也观测到类似的结果。此外,不同地理纬度处 CO_2 季节变化的幅度也不相同;在北半球,其变化幅度随纬度增高而增大;在南半球,这种随植物生长季而改变的 CO_2 浓度周期性年变化特征与北半球的出现时间恰好相反,而且变化幅度较小,也没有明显的随纬度变化的特征;在赤道附近地区,则没有这种受植物影响的时间变化特征。

我国青海省的瓦里关山是世界气象组织设定的全球大气本底观测站之一,从

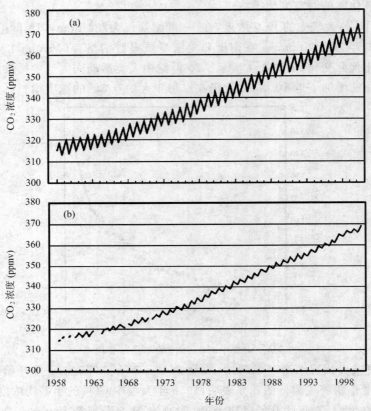

图 6.5　大气中 CO_2 浓度的年际变化(a. 夏威夷冒纳洛亚观测站；b. 南极)[11]

1990 年开始观测 CO_2 浓度。图 6.6 为该站大气 CO_2 浓度的测量结果。可见,CO_2 年平均浓度由 1990 年的 355 ppmv 上升到 2000 年的 368 ppmv,10 年时间上升了 10 ppmv;与冒纳洛亚观测站的结果相类似,也反映了每年在北半球因为植物呼吸作用而产生的周期性季节变化,大多数年份冬夏季可相差 12 ppmv 以上,年变幅比冒纳洛亚观测站大 1 倍左右。由于瓦里关山地处欧亚大陆腹地,而冒纳洛亚观测站地处北太平洋腹地,因此瓦里关山的 CO_2 年变幅明显较大。

我国近地层空气中 CO_2 的绝对含量,尚无长年实测资料。计算结果表明[8],我国各地近地层空气中 7 月份的 CO_2 密度,东部平原地区较大而西部高原地区较小。在接近海平面高度的平原地区 CO_2 密度约为 0.55 mg/L,海拔 1000 m 地区为 0.50 mg/L,海拔 2000 m 处为 0.45 mg/L,海拔 3000 m 处为 0.41 mg/L,海拔 4000 m 处为 0.37 mg/L,海拔高度为 5000 m 的地区 CO_2 密度仅 0.33 mg/L。我国各地 7 月份近地层空气中的 CO_2 密度随海拔高度升高而有规律的递减,呈近似直线的指数型变化。如图 6.7 所示。

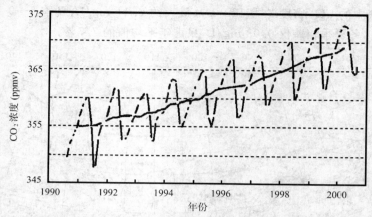

图 6.6 我国青海省瓦里关山大气本底观测站的大气 CO_2 浓度测量结果[11]

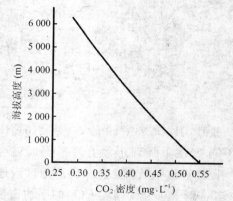

图 6.7 我国 7 月各地近地层空气中 CO_2 密度与海拔高度的关系[8]

图 6.8 给出了我国 7 月近地层空气中 CO_2 密度的地理分布情况。就地区分布而言,夏季 7 月我国近地层空气中的 CO_2 密度在东部海拔 1000 m 以下的平原、丘陵和山地,一般都在 0.50 mg/L 以上。我国西部海拔高度 3000 m 以上的青藏高原地区,CO_2 密度在 0.41 mg/L 以下,其余地区一般在 0.41~0.50 mg/L 之间。

近地层空气中的 CO_2 密度也有季节变化和年变化。最大值一般出现在冬季,最小值出现在夏季,年变幅基本上随年温差的增减而变化。计算结果表明[8],我国北方的哈尔滨市平均气温年较差为 42.2℃,近地层空气中的 CO_2 密度冬季 1 月最大约 0.67 mg/L,夏季 7 月最小为 0.55 mg/L,冬夏季相差 0.12 mg/L,达年平均值的 20%;我国南方的广州市平均气温年较差为 15.1℃,近地层空气中的 CO_2 密度冬季 1 月最大约 0.60 mg/L,夏季 6—8 月最小为 0.55 mg/L,冬夏季相差 0.05

mg/L,约为年平均值的 8.3%;而青藏高原上的拉萨市平均气温年较差为 17.5℃,近地层空气中的 CO_2 密度冬季 12—1 月最大约 0.41 mg/L,夏季 5—9 月最小为 0.38 mg/L,冬夏季相差仅 0.03 mg/L,只占年平均值的 7.7%。

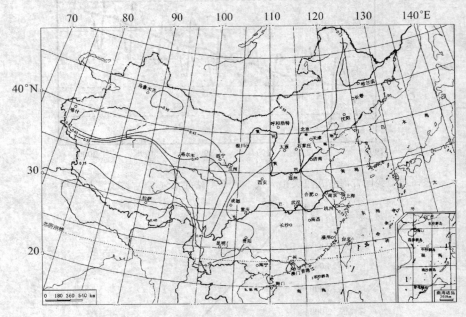

图 6.8　我国 7 月近地层空气中的 CO_2 密度(mg/L)[8]

　　一般认为,空气中 CO_2 密度下降到正常值的 80% 时就会影响植物的光合作用;我国仅哈尔滨以北地区接近这一数值。青藏高原地区近地层空气中的 CO_2 密度年变化幅度很小,海拔 3000~4000 m 高度 CO_2 的平均密度只有海平面高度处的 2/3。由于 CO_2 供应不足,影响植物的光合作用强度,所以冬小麦从返青到成熟期间每天的光合产物累积量,高原地区的拉萨并不比平原地区的北京高。青藏高原地区单季喜凉作物能够高产,生长期长是其主要原因。

6.2.4　其他气体

　　空气由恒定成分和可变成分组成。其中,恒定成分主要包括氮气、氧气、稀有气体、氢和甲烷等微量气体,这些成分约占空气总体积的 99.96%,且含量几乎不变,主要是自然界各种变化相互补偿的结果;可变成分主要是指 CO_2、水汽、NO_2、N_2O、CO、O_3 等痕量气体,这些气体在大气中的含量虽少,但是对大气的物理、化学状态的影响却很大。表 6.3 为近地层干洁空气中的主要气体组分。

　　空气成分以氮气、氧气为主,是长期以来自然界中各种变化所造成的。在绿色植物出现以前,原始大气以 CO、CO_2、甲烷和氨为主;在绿色植物出现以后,植物在光合作用中放出的游离氧,使原始大气中的 CO 氧化成为 CO_2,甲烷氧化成为水汽和 CO_2,氨被氧化成为水汽和氮气。以后,由于植物的光合作用持续进行,空气中的 CO_2 在植物发生光合作用的过程中被吸收了大部分,并使空气里的氧气越来越多,最终形成了以氮气和氧气为主的现代空气。

表 6.3　地球大气近地层干洁空气中的主要气体组分[14]

	成　分	分子量	含量(体积比)
恒定成分	氮(N_2)	28.0134	0.78084
	氧(O_2)	31.9988	0.209476
	氩(Ar)	39.9480	0.00934
	氖(Ne)	20.1830	18.18×10^{-6}
	氦(He)	4.0026	5.24×10^{-6}
	氪(Kr)	83.8000	1.14×10^{-6}
	氙(Xe)	131.3000	0.1×10^{-6}
	氢(H_2)	2.0159	0.5×10^{-6}
	甲烷(CH_4)	16.0430	1.7×10^{-6}
可变成分	二氧化碳(CO_2)	44.0099	360×10^{-6}
	水汽(H_2O)	18.0159	$2 \sim 1000 \times 10^{-6}$
	二氧化氮(NO_2)	46.0055	$0 \sim 2 \times 10^{-6}$
	氧化亚氮(N_2O)	44.0128	0.3×10^{-6}
	一氧化碳(CO)	28.0101	0.1×10^{-6}
	臭氧(O_3)	47.9982	$10 \sim 50 \times 10^{-9}$
	二氧化硫(SO_2)	28.0134	$0.03 \sim 30 \times 10^{-9}$
	硫化氢(H_2S)	31.9988	$0.01 \sim 0.6 \times 10^{-9}$
	氨(NH_3)	39.9480	$0.1 \sim 10 \times 10^{-9}$

空气中的可变成分受人类活动的影响很大;特别是能够产生自然温室效应的 CO_2、CH_4、N_2O、CO、臭氧和水汽等温室气体,其中有相当一部分直接来源于人类活动。例如,化石能源的开采和利用、工业生产过程中泄漏和排放的 CO、CO_2 和 CH_4 等;N_2O 主要是生物在土壤和海洋中进行脱氮过程时释放出来的,人类在制造和使用含氮化肥以及使用化石燃料过程中,也会将大量 N_2O 释放到大气层中;土地利用变化、废弃物堆放和填埋区、动植物残骸在土壤中的厌氧发酵等都会释放出 CH_4 和 N_2O,水稻种植面积的扩大以及牛、羊等反刍动物食物消化过程中也会产生大量的 CH_4;汽车尾气和某些工业企业直接排放的 N_2O、氮氧化物(NO_x)还会使大气中的光化学反应频繁发生,臭氧层损耗加剧。可见,人类活动不仅直接排放温室气体,还会通过大气化学过程引起其他空气组分的浓度变化。

1.空气中的氮

氮在空气中的体积相对含量高达 78%,是一个非常丰富的空气资源要素。氮是构成蛋白质的主要成分,而蛋白质是生命的基础;氮在地球生物起源与进化过程中起着重要的作用。纯净的氮气是无色、无味的气体,它的密度比空气略小,在水中很难溶解,在常压下氮气冷却到－196℃时即变成无色的液体。目前,氮已经在工业、农业及科学研究中被广泛地利用。

液态氮是一种优良的冷冻剂,在医学上用来保存血液和活组织。例如,新鲜人体血液通过液氮冷冻处理制成的干血浆,可以保存 5 年左右。在科学研究中常利用液态氮制造低温环境。由于氮气不能供给呼吸,在氮气中害虫会窒息,植物的代谢作用会减慢,所以氮气通常被用于保藏珍贵的书画,贮藏粮食、蔬菜、水果等。由于氮气的化学性质不活泼,不容易跟别的物质起反应,工业上利用氮气作焊接金属的保护气;还可用于充填灯泡以减慢钨丝的蒸发,使灯泡经久耐用。

氮是植物的三大营养元素之一。在夏季出现强雷雨天气时,空中闪电经过的路径上所造成的高温,可以使大气中的氮气和氧气发生一系列的反应($N_2 + O_2 \rightarrow 2NO, 2NO + O_2 \rightarrow 2NO_2$),形成氮氧化合物;经雨滴吸收后变成浓度很低的硝酸($2NO_2 + H_2O \rightarrow HNO_3 + HNO_2$);进入土壤后再与其他物质化合成植物所需要的硝酸态氮,从而使土壤从空气中得到氮肥。据估计,全世界每年因发生雷电而溶入土壤里的氮肥约有 4×10^8 t。

氮既是一个非常丰富的资源元素,又是一个比较缺乏的营养元素。绝大多数生物不能直接利用它,只有与氢、氧结合才能被生物所吸收。自然界中一些细菌、藻类可以固定空气中的氮,为植物的生长发育和光合作用提供氮素营养,并可通过豆科植物的根瘤菌,将空气中的氮固定在土壤中,变成可供植物吸收的氮化合物。从化石燃料中提取的氮,是目前化学氮素肥料的主要来源;以氮气和氢气为基本原料可以合成氨(NH_3);氨气再经过一系列的化学反应,可以生产出氮肥、染料、炸药等多种含氮的物质。

近地层空气中氮的密度随海拔高度升高而减少。据计算[8],在海平面高度,氮的年平均密度约为 920 mg/L;海拔 1000 m 高度处为 820 mg/L,海拔 3000 m 高度处为 660 mg/L,海拔 5000 m 处仅为 533 mg/L。

2. 稀有气体

稀有气体是氦、氖、氩、氪、氙等气体的总称,属于化学元素周期表的零族元素,化学性质极不活泼。这些元素都是无色、无臭、无味的气体,微溶于水,其溶解度随相对分子质量的增加而增大。稀有气体分子由单原子组成,熔点和沸点都很低,并随相对原子质量的增加而升高;它们在低温时可被液化,除氦以外的其他 5 种气体都可在充分降温下凝固。由于稀有气体具有许多优良而宝贵的性质,所以它们在工农业生产、国防建设、科学研究以及人们的日常生活中都有广泛的实际应用。

氦气(He)很轻,它的重量只有同体积空气的 1/7。由于氦不像氢那样会燃烧,使用非常安全。因此,人们便利用氦气来代替氢气填充气球或飞艇的气囊,上升能力大约等于同体积氢气的 93％。氦还被人们混合在塑料、人造丝、合成纤维中,制成非常轻盈的泡沫塑料、泡沫纤维等。

氦是很难溶于水的气体,100 个体积的水在 0℃时大约只能溶解 1 个体积的氦。在医学上人们利用氦的这一特性来防止"潜水病"。过去当潜水员潜入海底时,由于深海压力很大,吸进体内的空气中的氮气随着压力的增加大量溶解在血液中,而当潜水员出海时压力猛然下降,溶在人体血液中的氮气便会释放出来,以致使血管阻塞而造成死亡,这种病称为"潜水病"。现在人们利用氦气与氧气混合,制成"人造空气"(79％的氦气,21％的氧气)来供给潜水员呼吸。由于氦在血液中溶解很少,因此潜水员即使潜入深海 100 米以下,也不会再得"潜水病"了。现在,这种"人造空气"也常用来医治支气管哮喘和窒息等疾病;由于它的密度只有空气的1/3,因此呼吸时要比普通空气轻松得多,可以减轻病人的呼吸困难。

氦是最难液化的气体,在-267.9℃以下才能变成液体,在-272.2℃以下才会变成"氦冰"。现在,在低温工业中,液氦常被用作冷却剂。由于氦的性质与理想气体接近(绝对零度为-273.16℃),所以是精密气体温度计的理想填充材料。氦具有极高的激发电势,在电子管工业中,常用氦作为灯泡中的填充气体,以防止灯丝烧毁,延长灯泡使用寿命;还可用于辉光灯、验极器、高压指示器等。由于氦的化学性质极不活泼,一般不会与其他物质发生化学反应,所以在工业上焊接金属镁(Mg)、铝(Al)、钛(Ti)和不锈钢时,常用氦作为保护气体,隔绝空气以防金属在焊接时被氧化。氦在大气中的含量很少,但在天然气中含量较多,可达 2％～6％。现在,工业上大都是从天然气中制取氦。

氖(Ne)的导电性能好,比普通空气大 75 倍左右。在放电管中电场的激发下,氖气能放射出红光,霓虹灯便是利用氖气的这一特性制成的。这种红光在空气中的透射能力很强,可以穿过浓雾,因此氖灯通常用于港口、机场等水陆交通的信号灯或航标灯。氖在空气中的含量极少,1 m³ 的空气中只含氖气 18 cm³。目前,人们常用分馏液态空气的方法制取氖气。

氩(Ar)也是无色气体,但比较重,几乎比空气重 50％。在电场的激发下,氩会发出浅蓝色的光,因此也常被用于霓虹灯制作。如果在不同材质的玻璃灯管内充入不同含量的氦、氖、氩混合气体,就能制出五光十色的霓虹灯。由于氩是空气中含量最多的一种稀有气体,比较容易获得,而且氩气的分子运动速率较小,导热性小,因此通常用含 15％的氩气充填电灯泡,在耗费同样电能的情况下却能发出更强的光,不仅延长灯泡的使用寿命,而且增加亮度。常见的"日光灯"就是在灯管里充填少量的汞和氩气、灯管内壁涂上荧光物质制成的,所以通电后能发出近似日光的可见光。

在焊接金属时,也常用氩气作为保护气体。现在,我国许多工厂都已采用"氩弧焊接"技术。钚是原子反应堆的核燃料,在空气中会迅速氧化,同样需要在氩气保护下进行机械加工。工业上通常采用分馏液态空气获得氩气,在低温条件下使用铝酸钠吸附氧,可以得到纯度为 99.996% 的氩气。

氙(Xe)在电场的激发下,能放射出类似于太阳光的连续光谱。高压长弧氙灯就是利用这一特性制成的新光源,通电时能发出比荧光灯强几万倍的强光,可用于摄影、舞台照明、电影放映以及工厂、广场、运动场、飞机场的照明。氙灯还能放出紫外线,常被应用于医疗。氙气也被用来填充光电管,广泛应用于真空技术;用氙制造的照相闪光灯,可以连续使用几千次,而普通的镁光灯只能使用一次。在原子能工业中,用氙或氪(Kr)填充电离室,可以用来检验高速粒子、γ 粒子、介子等宇宙射线的存在;氙的同位素还可以代替 X 射线用于探测金属内部的伤痕。氖气、氪气、氙气还可用于激光技术。

氙还具有一定的麻醉作用,它能溶于细胞汁的油脂中而引起细胞的膨胀和麻醉,从而使神经末梢作用暂时停止。医学上可使用 80% 氙和 20% 的氧组成混合气体,作为无副作用的医用麻醉剂。目前,氙的各种化合物、合成物也为氙的利用开辟了新的途径。

氡(Rn)来自地下,是地壳中放射性元素铀(U)和镭(Ra)蜕变的产物,是气体元素中比重最大的一个元素,具有放射性。呼吸过程中氡气及其子体会随气流进入人体肺部,氡子体衰变时放出 α 射线,这种射线能电离人体组织中的水分子,杀死细胞,损伤肺组织,严重时甚至引起肺癌。因此,居室内空气中的氡气及其子体对人体健康的影响很大[15]。此外,利用地下水中氡气含量的变化,可以反映地应力活动的强弱,能够比较准确地预报地震的发生。

3. 甲烷

甲烷(CH_4),俗称"沼气"。沼气是一种混合气体,主要成分中可燃烧的甲烷占 60% 左右,二氧化碳占 30%～40%,还有极少量的氧气、硫化氢、氮气、氢气等。沼气是一种优质燃料,$1\ m^3$ 沼气的产热量大约为 21.78～27.72 MJ,$1\ m^3$ 甲烷在气压为 1013.25 hPa、温度为 0℃时可放出 39.61 MJ 热量,而 $1\ m^3$ 的煤气产热量仅为 16.75 MJ。

天然气水合物($CH_4 \cdot H_2O$),又称为"甲烷冰"。甲烷冰是在大洋底部地层中高压、低温环境下由气体或挥发性液体与水相互作用而形成的白色固态结晶物质,外观与冰类似。它含有大量的 CH_4 和其他碳氢气体,极易燃烧;其燃烧产生的能量比同等条件下的煤、石油或天然气所产生的能量都要大得多,而且燃烧后几乎不产生任何残渣或废弃物,环境污染比矿物燃料小得多。所以,它是一种极具开发前景的新型能源。在解决了天然气水合物的开发技术以后,人们能够用经济有效的手段获取天然气水合物中的甲烷,那么它就可能成为一种新的主要能源类型。

甲烷在大气中的含量虽然只有 1.7×10^{-6},但在一定的温度、湿度和酸碱度条件下,将人畜粪便、作物秸秆、菜叶杂草等密闭在地下池中,可以通过厌氧微生物发酵分解而产生,是农村中非常重要的一种新能源。沼气池发酵产气后的残液又是优质的有机肥,含有大量速效氮、磷、钾和一部分微量元素,可以使废弃物得到综合利用。在我国广大农村,发展沼气是解决能源、燃料紧缺、饲料和有机肥不足的一条重要途径。

沼气池内发酵液的温度高低,对产生沼气的速度和原料产气的效率影响很大。在我国范围内,一般沼气发酵温度越高,产生沼气的微生物活动越活跃,产气速度就越快,原料产气的效率也越高;反之,产气速度就愈慢,原料产气的效率也比较低,甚至长时间不产沼气。沼气发酵通常可分为高温、中温、低温三种方式。高温发酵的适宜温度为 $50\sim55℃$,$1 m^3$ 容积的沼气池日产气可达 $2 m^3$ 以上;中温发酵的适宜温度为 $30\sim35℃$,$1 m^3$ 池容日产沼气约 $0.4\sim0.9 m^3$;低温发酵的适宜温度通常在 $10\sim30℃$ 之间,$1m^3$ 池容日产沼气大约 $0.1\sim0.25 m^3$ 。我国农村的沼气池一般为常温发酵,以稻麦秸秆、家畜粪便、青草树叶等为原料的沼气池,池中温度在 $29\sim31℃$ 时,$1 m^3$ 池容日产气量为 $0.55 m^3$;池温为 $16\sim20℃$ 时,日产气量下降为 $0.1 m^3$ 左右;而池温在 $12\sim15℃$ 时,日产沼气已经很少;池温 $8℃$ 以下基本上不产气。所以,通常将池温 $10℃$ 作为沼气产生的下限温度。此外,原料的产气效率也随发酵温度的升高而增大。池温 $10℃$ 时,$1 kg$ 干物质的产气量大约为 $0.45 m^3$;池温 $20℃$ 时,$1 kg$ 干物质的产气量为 $0.61 m^3$;而当池温达到 $30℃$ 时,$1 kg$ 干物质的产气量可达 $0.76 m^3$ 。

我国农村的沼气池,基本上都藏于地下,开口在地面;池内温度受气温和地温的双重影响。池温与气温相差较大,而与 $1.6 m$ 深度的平均地温比较接近。常温发酵产生沼气的下限温度为池温 $\geqslant10℃$,根据月平均气温和 $1.6 m$ 深度平均地温 $\geqslant10℃$ 持续期的分布,我国最适宜发展沼气的地区是从苏北徐州、豫中许昌、陕南西乡至川北平武一线以南和平武、茂县、汶川至西昌一线以东地区;适宜发展的地区为燕山以南、太行山以东、渭河谷地及其以南地区,以及新疆塔里木盆地和云贵高原部分地区;对于辽宁中南部、河北北部、山西中南部、陕西中北部、宁夏大部、甘肃东部和河西走廊玉门以东地区,可以采取加温保护措施发展沼气。

测量结果表明[11],大气中的甲烷浓度也具有长期增长的趋势,年平均增长率约为 $0.5\%\sim1.7\%$,而且这种增长可能与人口的增加和工农业生产的发展等人类活动有关。甲烷浓度同样具有明显的季节变化,北半球甲烷浓度年变化的最小值一般出现在夏初,最大值出现在秋末。

沼气中的有害气体不能成为资源,数量虽然很少,但对环境、人畜均有一定危害。此外,甲烷已被认为是仅次于 CO_2 的具有较强温室效应的气体;虽然目前大气中甲烷的平均浓度只有 $1.711 ppmv$,约为大气中 CO_2 浓度的 0.5% ,但是甲烷所产生的温室效应却可达 CO_2 的 $1/3$ 左右。

　　4. 氧化亚氮

　　氧化亚氮(N_2O)是一种无色气体,带有甜味。吸入少量 N_2O 能使人麻醉,减轻疼痛的感觉,曾经被作为麻醉剂使用。由于吸入一定浓度的 N_2O 气体后会引起人的面部肌肉痉挛,看上去像在发笑一样,所以,俗称"笑气"。

　　据估计[11],工业革命前大气中 N_2O 的平均浓度大约为 280 ppbv,1975 年上升到 291 ppbv。观测结果表明,1985 年 N_2O 的平均浓度已增加到301 ppbv,1998 年为 314 ppbv,2003 年对流层大气中 N_2O 浓度已达318 ppbv,其年平均增长率为 0.25%。由于 N_2O 在大气中的寿命长达 100 年,是 CO_2 寿命的 7～10 倍,因而在大气中积累的速度比 CO_2 大得多。所以,尽管 N_2O 的温室效应仅为 CO_2 的 1/12,但它的长期作用却不容忽视。

　　N_2O 对全球气候和生态环境的影响主要表现在两个方面,一是作为温室气体,N_2O 可以吸收地面长波辐射,其浓度的增高会直接导致温室效应增强;二是它可以通过一系列化学反应破坏平流层中的臭氧层。因此,大气中 N_2O 浓度的增加已经引起了人们的高度重视,成为当今全球环境变化问题的重要研究对象之一。

　　5. 水汽

　　空气中的水汽主要来源于地面液态水蒸发或冰雪等固态水升华,影响水汽含量大小的因素包括供应水分的水源距离、促进蒸发的热力状况、造成水汽交换和输送的气流运动等。大气中水汽含量很少,即使在最湿热的气候区,其体积百分率也很少超过 4%,而且水汽含量随时间和空间的变化较大;在 20～30 km 高度上,部分水汽可在紫外辐射作用下分解。空气中水汽含量的最大值往往受环境温度的制约,空气温度越高,其最大值也越大。空气中的水汽是成云致雨的基本条件,当空气中的水汽超过一定温度下的最大可能含水量时,多余的水汽就会发生相变,按其温度的高低转化为液态水或固态水,并释放出大量的潜热。水汽还具有强烈吸收某些红外波段辐射的能力。由于这些作用,水汽与天气变化的关系十分密切;其相变潜热直接影响大气的层结稳定度、地气系统的热量收支和地球大气的辐射平衡状况,从而产生云、雨、雾、露、霜、雪、霰、雹等不同的天气现象和降水形式。

　　空气湿度与人民生活、经济建设等也有密切关系。例如,许多现代化工业生产、科学实验、工厂车间、产品仓库、实验室等都需要比较稳定的空气温度和湿度。过于干燥或湿度过高均会影响产品工艺和质量,影响仪器设备的性能。空气过于潮湿,还会使许多金属氧化生锈、产品受潮霉变、家具发生变形等。空气湿度对人体的影响主要表现在热代谢和水盐代谢等方面;在高温条件下人体依赖蒸发散热维持热平衡,若湿度过高会妨碍汗液挥发,导致热平衡失调,使人体温升高,心跳加快,脉搏明显增高;低温时人体经辐射排出的热量可被水汽吸收,从而增加人体的散热比例。例如,在我国江淮地区,通常人们都会感觉到冬季阴冷、夏季闷热;除了气温因素以外,主要是空气相对湿度高所造成的。

空气中水汽含量的空间分布，一般与降水量的分布特征基本相同。我国年平均绝对湿度的分布呈东南高、西北低即从东南沿海向西北内陆逐渐递减的形势，如图 6.9 所示。我国东部的平原丘陵地区年平均水汽压等值线大体呈东西走向，北部和西部高原山区年平均水汽压等值线基本呈东北——西南走向；珠江流域、南岭以南及沿海岛屿年平均水汽压高达 20～26 hPa，其中西沙等地在 28 hPa 以上，珊瑚岛高达 28.8 hPa，是中国空气中水汽资源最丰富的地区；长江以南地区一般在 16～20 hPa 之间，但在云贵高原中部出现一个低值中心，年平均 12 hPa 以下；黄淮流域年平均水汽压约为 12～16 hPa；大兴安岭东侧及长白山区在 8～10 hPa 左右。我国西部几乎全部是草原、荒漠和戈壁地区，年平均水汽压一般在 4～6 hPa 之间；特别是青藏高原西部和西北部，年平均水汽压大多在 4 hPa 以下，其中青海西北的茫崖站仅 2.3 hPa，是我国水汽资源最贫乏的地区。

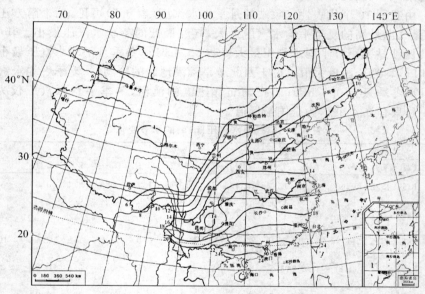

图 6.9 我国年平均水汽压(hPa)的分布[16]

空气中的水汽源于地面蒸发，所以地表热力状况、水源分布以及气流运动的地理差异决定了空气绝对湿度的地理分布。就全球平均而言，各纬圈上的平均水汽压随纬度增高而减小，低纬度地区的水汽压可比高纬度地区大 6 倍以上。

水汽压不仅随地理纬度增大而减小，而且随海拔高度的增高而迅速减小（表 6.4）。一般情况下，从地面到 1～2 km 高度水汽含量大约减少一半，到 5 km 高度水汽压只有地面的 1/10 左右。我国皖南海拔 1840 m 的黄山站年平均水汽压为 9.7 hPa，而位于山下海拔 147 m 的屯溪站却高达 16.5 hPa。这是因为空气中的水汽主要依靠气流上升运动和湍流混合作用传输到高层大气之中，所以空气中的水汽含量随高度增加而递减的速度很大。

表 6.4　水汽压(hPa)随海拔高度(km)的变化[16]

季节	海拔高度（km）									
	地面	0.5	1.0	2.0	3.0	4.0	5.0	6.0	7.0	8.0
1月	3.9	3.5	3.0	2.0	1.2	0.7	0.3	0.2	0.1	0.1
7月	17.5	13.3	10.8	7.0	4.1	2.7	1.6	0.8	0.4	0.1
全年	8.6	6.6	5.4	3.7	2.4	1.5	0.8	0.4	0.2	0.1

　　空气中的水汽含量不仅随高度变化，而且随季节变化。水汽压的年变化规律与气温年变化十分相似，即冬季最小，夏季最大。例如，北京地区 1 月平均水汽压仅 1.8 hPa，而 7 月高达 25.4 hPa。原因是我国绝大部分地区都是 7 月气温最高、1 月气温最低，气温变化幅度对空气湿度年变化的影响程度远远超过了其他因素的影响。由我国 10 个代表性气象站的月平均水汽压（表 6.5）可见，无论南方还是北方，都是气温最高的夏季平均水汽压最大，气温最低的冬季水汽压最小。其中，南海岛屿西沙站夏季月平均水汽压最大可达 33.4 hPa，冬季月平均水汽压最小也有 21.6 hPa，均为全国最大值。位于西北干旱荒漠地区的冷湖站，夏季平均水汽压仅 4.8 hPa，冬季只有 0.8 hPa；而我国北部边缘的漠河，冬季平均水汽压仅为 0.5 hPa，1 月只有 0.4 hPa，为全国最低值。

表 6.5　空气中水汽压(hPa)的季节变化[8]

地点	春季			夏季			秋季			冬季			全年
	3月	4月	5月	6月	7月	8月	9月	10月	11月	12月	1月	2月	
漠河	1.5	3.2	5.9	11.6	16.7	14.4	7.6	3.6	1.1	0.5	0.4	0.6	5.6
		3.5			14.2			4.1			0.5		
乌鲁木齐	4.7	5.7	8.2	10.1	11.8	10.7	7.8	5.9	4.0	2.1	1.6	2.1	6.2
		6.2			10.9			5.9			1.9		
北京	4.1	7.5	11.9	17.0	25.4	24.8	15.7	9.6	5.0	2.5	1.8	2.4	10.6
		7.8			22.4			10.1			2.2		
冷湖	1.2	1.7	2.8	4.0	5.5	4.8	2.9	1.8	1.2	0.8	0.8	0.9	2.4
		1.9			4.8			2.0			0.8		
狮泉河	1.1	1.6	1.9	3.3	5.6	6.6	3.9	1.4	0.8	0.6	0.7	0.9	2.4
		1.5			5.2			2.0			0.7		
拉萨	2.1	3.4	5.4	8.8	11.2	11.1	9.4	4.9	2.6	1.6	1.2	1.4	5.3
		3.6			10.4			5.6			1.4		
上海	8.5	13.1	18.1	23.4	30.8	30.9	24.6	16.2	11.6	7.4	5.8	6.4	16.4
		13.2			28.4			17.5			6.5		
成都	10.8	15.1	19.3	23.4	28.1	27.3	21.3	16.7	11.5	8.5	7.1	8.0	16.4
		15.1			26.2			16.5			7.9		
景洪	15.6	18.8	23.5	27.3	27.8	27.5	26.3	23.7	19.7	16.5	15.0	14.6	21.4
		19.3			27.5			23.2			15.3		
西沙	25.6	28.7	32.1	33.4	33.1	32.9	31.7	28.9	26.7	23.6	21.6	22.7	28.4
		28.8			33.1			29.1			22.6		

此外,从我国西南到东北,秋季的平均绝对湿度均大于春季。但新疆北部例外,准噶尔盆地和阿尔泰山的西南迎风坡因受来自大西洋的湿润气流的影响,春季的平均绝对湿度大于秋季,春季降水量亦多于秋季。

空气中水汽含量的这种年变化特征,主要是由于热力条件的差异所造成的;这种差异也同样反映在空气绝对湿度的日变化上,一天中水汽压出现极值的时间往往也就是气温出现极值的时间。空气中水汽含量的日变化与气温的日变化趋势一致,但其日变化幅度远小于气温;而且水汽压的日变化幅度同样具有低纬度地区大于高纬度地区、夏季大于冬季、低层大于高层的特征。

6.3　空气资源的综合利用

空气是宝贵的自然资源。空气资源的综合利用包括两个方面,一是空气资源的直接利用,如工业上利用空气制氧、富氧燃烧以及在水处理、化工生产等方面的应用,医学上将氧气用于辅助医疗、缓解病情、促进康复、日常保健和应急抢救,旅游行业在富含空气负离子的地区开发生态旅游资源等;二是间接利用,如在城市规划中利用生态系统维持城市空气的氧平衡,利用绿色植物同化二氧化碳和水生产有机物质,采用二氧化碳施肥提高农作物产量等。在这两种利用中,最主要的还是间接利用,即绿色植物的利用,也是一种最广泛、最普遍的利用。

6.3.1　空气资源的直接利用

空气资源在工业生产、医疗保健和人们日常生活中的利用非常广泛。空气中的氧气,是最廉价的制氧原料;因此,氧气一般都通过空气分离制取。随着钢铁工业的发展和工艺结构的调整,氧、氮、氩等气体的需求量越来越大,并已成为转炉和电炉炼钢以及炉外精炼、高炉富氧喷煤、钢材热处理等生产工艺的重要组成部分。

1. 工业利用与富氧燃烧

工业上利用空气制氧是对空气资源最直接的利用。工业制氧以空气为原料,常用方法有深度冷冻空气分离法和分子筛变压吸附分离法等,所谓"制氧机",实际上就是空气分离装置。深冷分离工艺是传统的制氧技术,氧气纯度高、产品种类多,适用于大规模制氧。变压吸附工艺是一种新兴技术,投资小、能耗低,适用于氧气纯度要求不太高的中小规模应用场合。

空气的主要组分是氧气和氮气,而氧气和氮气的沸点不同。工业制氧时,首先把空气预冷、净化(去除空气中的少量水分、二氧化碳、乙炔、碳氢化合物等气体和灰尘等固体杂质)、压缩、进一步冷却,使之成为液态空气;然后利用氧和氮的沸点差,在精馏塔中将液态空气经过多次的部分蒸发和部分冷凝,将氧气和氮气分离开来,从而得到纯氧(可以达到 99.6% 的纯度)。这种制氧方法称为深冷空气分离法。如果增加一些附加装置,还可以提取出氩、氖、氦、氙等稀有气体。

由于氮分子大于氧分子,也可以用特制的分子筛把空气中的氧分离出来。通常采用沸石分子筛为吸附剂,在常温低压条件下,利用沸石分子筛加压时对氮气吸附容量增加、减压时对氮气的吸附容量减少的特性,形成加压吸附、减压解吸的循环过程,使空气中的氧和氮分离。首先,用压缩机强迫干燥空气通过分子筛进入形成真空的吸附器中,空气中的氮分子因与分子筛表面离子的作用力较强,从而被分子筛所吸附;而氧气吸附较少,在气相中得到富集,可通过吸附器上的阀门放出,通常只能获得浓度为 90%~95% 的富氧。经过一段时间后,分子筛的吸附能力会减弱,当分子筛吸附氮气至接近饱和时,需要用真空泵抽出吸附在分子筛上的氮,然后继续压缩、吸附和放氧的过程。这种制氧方法称为变压吸附法。

上述两种制氧工艺的综合比较,如表 6.6 所示。由空气分离装置产出的氧气,经过氧气压缩机的压缩,可装入高压钢瓶贮存,也可通过管道直接输送到冶炼设备中使用。

表 6.6　深冷空分制氧工艺与变压吸附制氧工艺的比较[1]

项目 ＼ 类别	深冷空分制氧工艺	变压吸附制氧工艺
分离原理	将空气液化,根据氧和氮沸点不同达到分离。	加压吸附,抽真空解吸,利用氧、氮吸附能力不同达到分离。
装置主要特点	工艺流程复杂,设备较多,包括空气压缩系统,预冷系统,纯化系统,膨胀机组,换热系统和精馏塔等。	工艺流程简单,设备少,包括鼓风机、真空泵和吸附塔等。
工艺特点	−160~−190℃低温下操作,可获得纯度达 99.6% 的纯氧。	常温操作,只能获得浓度为 90%~95% 的富氧空气,其余为氩气。
操作特点	启动时间长,一般在 15~40 小时,必须连续运转,不能间断运行,短暂停机后恢复工作时间长。	启动时间短,一般≤30 min,可连续运行,也可间断运行。
维护特点	设备结构复杂,加工精度高,维修保养技术难度大,维护保养费用高。	设备结构简单,维护保养技术难度低,维护保养费用低。
土建及安装特点	占地面积大,厂房和基础要求高,工程造价高。安装周期长,技术难度大,安装费用高。	占地面积小,厂房无特殊要求,造价低。安装周期短,安装费用低。
制氧成本	中小型制氧电耗高,约为 0.5~1.0 kW·h/m³。	制氧电耗低,约为 0.32~0.35 kW·h/m³。
安全性	设备受压力容器规范控制。会造成碳氢化合物的局部聚集,存在爆炸的可能性。	操作压力低,不受压力容器规范控制,不会造成碳氢化合物的局部聚集。

(1)引自网络文献《北京北大先锋科技公司变压吸附空分制氧工程技术介绍》。

空气的助燃性能在工业生产中得到了充分的利用;尤其是在冶金行业,普遍采用富氧燃烧或高温空气助燃等工艺来提高生产效率,降低能源消耗,减轻大气污染。例如,高炉炼铁采用"富氧喷煤"燃烧可以降低焦炭消耗量,节约生产成本,提高高炉生产率;电炉炼钢采用"吹富氧空气"技术,不仅可以缩短熔化时间,而且可以加速脱除杂质的反应,降低电能消耗;化铁炉采用"富氧鼓风",可以提高铁水温度和铁水流动性,提高铸件成品率。此外,还可以利用氧气进行加热和切割,如对铁水缸、钢水包的预热或加热、钢坯进入轧机前的加热以及钢材切割等。

富氧燃烧在有色金属冶炼(铜、铅、锌、铝等非铁熔炉)中也发挥了重要作用,不仅可以提高生产效率,节能降耗,而且可以减轻大气污染,有利于环境保护。利用富氧燃烧可以有效提高熔炉温度,熔炉容量也比使用普通空气时增加 $20\%\sim40\%$,而燃料消耗却可以减少 50%,并且能延长熔炉的使用寿命。富氧燃烧时,由于消除了大部分的氮气,使燃烧过程更为有效,烟气量大幅度减少,氮氧化物和其他有害物质的排放量大大降低。因此,富氧燃烧更有利于大气环境保护。

长期以来,随着现代工业的快速发展和矿物能源消耗的不断增加,人们一直致力于燃烧技术的研究。20 世纪 90 年代初,国际燃烧领域诞生了一项新型的燃烧技术,即"高温空气燃烧"(HTAC—High Temperature Air Combustion),提出了"高风温无焰燃烧"工艺。高温空气燃烧具有高效节能、低 NO_x 污染、可缩小装置尺寸等优点,能有效提高能源利用效率。高温空气气化(HTAG—High Temperature Air Gasification)技术以高风温无焰燃烧为基础,是一项用于燃烧和气化低热值燃料、产生高热值燃气的新技术。研究认为[17],新型燃烧和气化技术的关键是 $800\sim1000\ ℃$ 以上高温空气的生成,可以在工业炉和锅炉烟道上设置空气预热器(热惰性小的蜂窝式陶瓷蓄热体)回收烟气热量,利用同炉排放的烟气显热来预热助燃空气,可以大大降低高温空气的生产成本,使高温空气资源、高风温无焰燃烧以及高温空气气化技术得到广泛的应用。

2. 医学利用与"氧"身之道

人体呼吸系统的主要功能就是进行机体与外界环境之间的气体交换,即吸入氧气、排出二氧化碳。机体在进行新陈代谢过程中,通过呼吸系统不断从外界吸入氧气,由循环系统将氧气输送到全身的组织和细胞,经过氧化,产生组织细胞所需要的能量;同时在氧化过程中所产生的二氧化碳再通过循环系统输送到呼吸系统,排出体外,以保证机体生理活动的正常运行。自从人们认识到氧在生命运动中的重要机制以后,氧气便登上了医学利用的舞台,在辅助医疗、缓解病情、促进康复、日常保健和应急抢救等方面发挥着重要的作用,而且它往往具有不可替代、立竿见影的效果。

高压氧舱疗法近年来在临床上得到了广泛应用。病人在高于一个大气压的环境中吸入 100% 的纯氧,这种治疗疾病的过程称为高压氧治疗。利用高压氧舱可以对病人进行脑复苏,使脑外伤、脑血栓或其他脑病昏迷的患者经过高压氧舱治疗后脱离"植物状态";对于一氧化碳中毒、脑炎、脑缺氧、脑水肿、心脑血管疾病、冠心病等许多疾病都适用高压氧治疗。此外,给工作忙碌的都市人"减压"也是高压氧舱最为时尚的功用。近几年利用高压氧舱治疗舒缓紧张情绪的人越来越多,有些都市白领甚至将高压氧舱当成了自己的健身保健中心。

高压氧治疗可以增加机体的氧含量。①血液中的氧含量增加。高压氧作用下,由于压力升高,使大量氧气溶解在血液中,血液带入缺血组织的氧量相应增加。②组织中的氧含量增加。生理研究证明,组织毛细血管或静脉血的氧张力和氧含量相当于该组织的氧张力和氧含量。经测定,常温常压下平均每 kg 组织含氧 13 mL;而在 300 kPa 下吸氧,平均每 kg 组织含氧量可达 52 mL。③血氧弥散距离增加。气体总是从高分压环境向低分压环境弥散以取得平衡,弥散的速度和距离取决于分压差的大小,分压差越大,弥散的速度越快,距离越远。人脑毛细血管网的平均距离大约为 60 μm,正常情况下人脑灰质毛细血管弥散距离的有效半经约为 30 μm,而在高压氧下可达 100 μm。在炎症、外伤、烧伤等情况下,组织细胞水肿,使细胞与毛细血管间距加大,在常压下吸氧难以满足组织细胞的氧气供应,特定的高压氧应用可以避免这种缺氧状况。

高压氧与常压氧治疗的不同之处,表现在以下几个方面:①高压氧可以增加血液及组织中的物理溶解氧。因此,高压氧条件下能够实现无血生命,即将动物体内的红细胞去掉,在高压氧环境下,动物的生命依然平稳;而常压氧不能做到这一点。②高压氧可以增加氧的穿透力,由此可治疗因为血管阻塞、血管痉挛或细胞水肿所造成的局部组织细胞缺氧;而常压氧对于这种局部性缺氧无效。③高压氧可以增加组织中氧的储备,可使机体对缺氧的耐受力提高,从而使机体度过危险期赢得治疗时间。应用高压氧,可以在无体外循环条件下做心脏手术;而常压氧则不可能实现。④高压氧可以杀灭厌氧菌,对气性坏疽有很好的治疗效果;而常压氧对此无效。⑤高压氧可以压缩体内禁锢的气体,对治疗刺激性毒气中毒时的气泡阻塞呼吸道、治疗减压病、肠胀气、肠气囊肿等疾病有独特的效果;而对于这些疾病常压氧和药物都无能为力。

由于高压氧应用具有直接疗效,从而对人体全身各系统都可产生调节作用。如轻度升高血压、促进内分泌腺的分泌功能,降低心肌耗氧、促进细胞的合成代谢及分解代谢,促进细胞生长、促进侧肢循环的建立、促进葡萄糖的利用等。还可以增强肝肾功能、调节细胞生命周期,增强癌症的化疗、放疗效果,降低血液黏度、改善微循环等。而这些调节作用,常压氧都不具备。唯一例外的是常压氧和高压氧都可以增加血氧饱和度,只是常压氧比高压氧的效率低一些。当病人因为心脏、肺或中枢神经系统等原因造成呼吸困难、导致血氧饱和度异常时,进行常压氧治疗是恰当的,此时才能体现常压氧治疗的效果。

氧气是人类永远的需求。尽管常压氧对血氧饱和度正常的疾病治疗效果较差,但其保健作用早已引起人们的普遍关注,中老年人愈来愈重视"氧"身之道。研究表明,人的大脑对氧气最为敏感,经常呼吸新鲜氧气,可以保持头脑清醒,增强记忆力,使血液循环流畅,具有预防动脉硬化、老年痴呆和各种癌症的功能;氧气对于治疗哮喘、恢复肌体疲劳、调节血压和中枢神经系统,恢复或提高衰弱的心肺功能等也具有很好的效果。呼吸清新空气,接受有氧运动也是糖尿病的有效疗法;充足的氧气供应可以活跃皮肤的血液循环,保持皮肤健康并富有弹性;经常呼吸新鲜空气,多到户外活动,可以改善体质、增强自身免疫力,是预防疾病的最佳方法。

新鲜空气中含有大量的氧气,通过呼吸道吸入肺内与血液中的二氧化碳进行交换,暗红色的静脉血变成了含有大量氧气的鲜红色动脉血,心脏再将这些含有大量氧气的动脉血输送到全身各处。肌肉利用血液中的氧气把食物中的化学能转化为机械能,维持人体的正常生理活动。肌肉运动是由人体中成千上万的肌肉纤维所形成的,人体要完成各种复杂的动作对氧气的需求也不相同。肌肉中浅色的是需氧肌纤维,其功能是将体内的糖和脂肪转化为运动的能量;由于这一过程需要利用氧气,所以被称为有氧运动;像长跑、游泳等需要耐力的运动主要是由需氧肌纤维完成的。肌肉中深色的部分是厌氧肌纤维,它们将体内的糖分解为乳酸和能量;产生的乳酸积聚在体内,会使肌肉工作能力下降,造成肌肉暂时性疲劳,产生的能量用来满足无氧运动的需要;像短跑、跳高等持续时间短、强度大的运动主要就是由厌氧肌纤维完成的。所以,锻炼身体也要讲究科学,选择慢跑、散步、远足、骑自行车、游泳等有氧运动是提高免疫力的有效方法之一。

室内的空气质量对人体健康影响很大。一个封闭的房间,如果 6 小时不通风换气,其氧气含量就会下降到 20%;此时大多数人会感觉到疲劳乏力、精神不振,有些人会感到胸闷、气短、呼吸有压力,甚至出现头痛等症状,还有人会出现嗜睡、反应力迟钝等现象。因此,对于教室、办公室以及家庭居室等,春秋季节应经常开窗,保持空气流通;对于封闭的商场、写字楼、影院、礼堂等场所或在冬夏季节,可以采用具有"氧吧"功能的空调,保证室内的空气质量。

所谓"氧吧"空调,就是在空调中设置一个富氧膜,利用氧气分子通过富氧膜的速度比其他气体分子快的特性,使通过富氧膜的空气含氧量由 21% 提高到 30%,再运用气泵将含氧 30% 的空气导入室内,从而使室内空气保持清新。这种富氧空调的"氧吧"也可以单独使用,以满足人们对氧气的需要;人体长期处在一个空气新鲜的工作和生活环境,可以充分享受氧气的活力,对于长期处于紧张脑力劳动的人来说,可以大大提高工作效率和生活质量。

近年来,科研人员进行了小型医用保健制氧机的研究,并开发成功具有我国自主知识产权的家用医疗保健制氧机,现已投放市场。目前,小型瓶装医用氧、家用氧气袋、氧气枕等是家庭用氧的首选,具有优良的产品质量以及安全、小巧、经济、实用、方便等特点,深入百姓家庭,被越来越多的用户所喜爱;并且配有专用的氧气吸入器,达到减压、加湿、过滤等人性化设计,对人的鼻腔、肺部有较好的保护作用。氧气在医疗、保健和急救等方面的利用日益普及。

3.生态旅游与负离子资源

生态旅游是常规旅游的一种特殊形式,游客在观赏和游览古今文化遗产的同时,置身于相对古朴和原始的自然环境,尽情享乐自然景观和野生动植物。生态旅游资源是指具有能满足人们正常的生理需求和特殊的心理需求功能的自然景观、生态环境和气候条件。空气负离子含量的多少是生态环境优劣的标志,负离子达到一定浓度的空气是生态旅游开发的背景依据,开发空气负离子资源是开展生态旅游的必备条件;宜人的气候条件及其持续时间的长短则是生态旅游地点开发的先决条件,也是决定旅游季节长短的决定性因素。因此,生态旅游资源是任何一个旅游环境必不可少的重要构成因子,是一种特殊的旅游资源。由于某些著名的海滨、高山和森林大多数都具有比较丰富的生态旅游资源,这些地区空气清新,负离子含量高,因而成为人们休闲旅游、疗养治病的最佳去处。

负氧离子,简单地说,就是捕获了一个电子的氧分子。在自然条件下,氧分子很难捕获电子,因为它需要有自由电子的产生。例如,在强烈的紫外线和宇宙射线照射下,一些空气分子的外层电子吸收能量后脱离分子而成为自由电子,这个自由电子与氧分子结合,就形成了负氧离子。大气中的闪电、强电场,也可以导致自由电子的出现。瀑布、喷泉、雨水撞击、海岸浪花等会使水与水、水与岩石、水与空气出现摩擦碰撞,从而产生自由电子,这些自由电子被氧分子捕获,同样可以增加负氧离子的数量。

空气中负氧离子的形成和消失,与太阳辐射、气压、空气湿度、温度及其日较差、风速等气象要素直接相关;负离子浓度还受地理环境、森林状况以及季节变化等因素的影响。一般情况下,空气负离子的浓度晴天比阴天高,夏季比冬季高,上午比下午高;乡村高于城市,郊区高于市区,城市公园高于居民区和工业区,有林地区明显高于无林地区。在溪流、瀑布、海滨、高山、森林地区的负离子一般可达2000多个/cm^3,比城市空气高出 5～10 倍,室外又比室内高 2～3 倍。研究表明[18],城市公园负离子浓度大约为 400～800 个/cm^3,街道绿化地带为 100～200 个/cm^3,办公室中 100 个/cm^3,城市居室中仅 40～50 个/cm^3。在城市和工矿区,由于离子被粉尘、烟雾吸附而减少,所以空气中的负离子浓度由市中心向郊外逐渐增大;市区平均大约 200～400 个/cm^3,近郊区为 700～1000 个/cm^3,远郊区县为1200～1500 个/cm^3。因此,长期生活在空气被污染的都市居民,若投身到大自然中去,经常开展生态旅游活动,对其身心健康非常有益。

根据世界卫生组织的规定,清新空气的标准为负氧离子浓度不低于

$1000\sim1500$ 个/cm^3。空气中负离子达到一定浓度,不仅可以调节人们的心情,使人感到空气清新、舒适宜人、产生惬意快感,而且对人体 7 个系统的 30 多种疾病都具有抑制、缓解和辅助治疗作用,尤其对人体的保健作用更为明显。当空气负离子浓度达到 1000 个/cm^3 以上时,就具有保健作用;达到 8000 个/cm^3 以上就可以治病[19]。所以,人们把空气中的负离子称为"空气维生素"、"长寿素"。我国城市居民利用早晨空气清新到负离子浓度较高的市民广场或城市公园锻炼身体,节假日到山川、湖泊、海滨沙滩、乡村郊野去旅游,都是对空气负离子资源的直接利用。

空气负离子有利于身心健康,主要表现在以下几个方面[20]:①空气负离子能调节神经系统功能,通过神经系统以及血液循环对肌体生理活动产生影响。负离子能使大脑皮层抑制过程加强和调整大脑皮层的功能,具有使人镇静、催眠和降血压的作用。②能够改善呼吸功能,负离子进入人体呼吸道后,会使支气管平滑肌松弛,解除其痉挛。③负离子进入血液,可使红血细胞沉降速度变慢,凝血时间延长,还能使红细胞和血钙含量增加,白细胞和血糖下降,疲劳肌肉中乳酸含量也随之减少。④负离子能使人体的肾、肝、脑等组织的氧化过程加强,其中脑组织对空气负离子最为敏感。所以,空气清新,负离子含量多,能使人心旷神怡,精神振奋。

生态旅游与空气负离子资源开发利用密切相关。空气负离子是促使人们回归大自然的源动力,是建立疗养地和开展生态旅游的前提条件,也是旅游景区深度开发的关键和旅游城镇规划建设的重要内容;而保护空气负离子资源则是旅游景区可持续发展的基础[21]。空气中的负离子达到一定浓度时,就和山川湖泊、海滨沙滩、森林草原、奇花异草、珍禽异兽等自然资源一样,属于旅游资源的组成部分,而且是看不见、摸不着的自然旅游资源。因此,开展对空气负离子资源的开发、利用和保护的研究,对于某些地区旅游业的发展具有重要意义。

雄伟壮观、神奇险峻、秀丽幽深的大自然,往往由高山大川、湖滨海岸、温泉小溪、山涧瀑布、阳光沙滩、花草树木等构成,它们不仅具有对旅游者产生吸引力的自然美,而且这些地区的空气往往含有丰富的负离子,空气特别清新,使旅游者享受到静谧、轻松、舒畅的和谐环境,往往令人精神振奋。瀑布、喷泉、暴雨、湍急的溪流、海浪、湖泊及江河中波浪翻卷或水滴的喷溅,通过水体的高速运动使水分子分解,空气中的负离子浓度可达 2×10^4 个/cm^3 以上。喷泉给人以奇特、壮丽的美感,喷泉水体高速向上运动,负离子的浓度可达 4.8×10^4 个/cm^3。所以,海滨、湖滨、江河两岸及泉水所在地的空气负离子浓度较高,从而成为建立疗养地的理想场所。海洋上的空气含有大量的负离子以及碘、溴等卤族元素,有助于增殖红血球;同时,海水还有疗养治病的保健功能,对肌体功能损伤、风湿性关节炎、慢性气管炎、鼻窦炎、吸烟中毒、身体肥胖、未老先衰、过度疲劳等均有一定的疗效[22]。空气清新、气候适宜、阳光充足的海滩,如夏威夷、地中海、加勒比海沿岸都是世界闻名的疗养、避暑、休假和水上运动胜地,我国海南省的亚龙湾、三亚湾、天涯海角等地都已经发展成为著名的旅游区。

海拔 1～2 km 的山地地区,空气负离子浓度也比较高,但其成因不同于沿海、湖滨地区。通常,海拔高度每增加 100 m,太阳紫外线强度递增约 3‰～4‰;随着海拔高度的增加,宇宙射线的增强开始比较缓慢,但在 2 km 高度以上则迅速增加,达到一定高度后宇宙射线强度则基本保持恒定。在海拔 1～2 km 的山地,适量的太阳紫外线和宇宙射线的辐射,被大气物质(主要是 O_2)吸收,在空中发生电离作用而产生较多的负氧离子。又由于气温垂直递减率的影响,在气候炎热的地区或具有炎热季节的地区,往往在海拔 1～2 km 的山地或山坡建立避暑疗养场所。例如,位于江西庐山上海拔 1165 m 的牯岭,7 月平均气温为 22.6℃,极端最高气温只有 32℃;而山下海拔 32 m 的九江市,7 月平均气温为 29.6℃,极端最高气温高达 40.2℃。正是因为庐山上的空气负离子浓度较高,夏季凉爽宜人,所以庐山成为我国著名的休闲、疗养、避暑、健身的旅游胜地。

森林是天然的负离子合成器。植物光合作用过程中,树木散发出的萜烯类有机化学物质和花卉开放产生的芳香类物质,能促进空气电离而产生丰富的负离子。森林散发出的单萜烯、倍半萜烯、双萜烯等有机化学物质具有杀菌、消炎、抗癌和促进生长激素分泌的性能;100 m^2 的松柏林一昼夜可分泌抗生素 30 g,能够杀死空气中的白喉、肺结核、伤寒、痢疾等多种病原菌[8]。所以,森林对促进支气管和肾脏系统活动、抑制精神焦躁、促进人体新陈代谢、调节精神、消除疲劳、抗病强身等具有一定的作用。浙江的天目山、福建南平的茫荡山等地利用茂密的森林建立了以疗养为目的的森林康复医院,利用负离子资源开展"森林浴"活动。"森林浴"只是自然疗法的一种形式,实际上是通过登山观景、林中逍遥、荫下散步和郊游野餐等活动,使病人广泛接触森林环境,呼吸新鲜空气,达到调节精神、解除疲劳、抗病强身的目的。

生态旅游的内涵更强调对自然景观的保护,是可持续发展的旅游。因此,空气负离子资源是旅游景区深度开发的关键;景区的深度开发要在利用自然景观特色观赏的同时,充分利用景区空气中的负离子资源,大力发展生态旅游,以获取良好的资源效益、经济效益、社会效益和生态效益。空气负离子资源应该是旅游城镇规划建设的重要内容;旅游城镇的发展规划应以提高空气负离子浓度为中心,加强森林公园的建设,充分利用景观、森林和水资源,增加空气中的负离子含量,避免人为因素的破坏。空气负离子资源的保护是旅游景区可持续发展的基础;风景名胜地区更应该注重防治空气污染、水污染和环境污染,加强生态管理,保持洁净的水和清新的空气,提高空气中负离子的浓度。空气负离子含量的多少是生态环境优劣的重要标志,要保护空气负离子资源,就要保护好生态环境。

4. 稀有气体的利用

稀有气体在生产和科学研究中的利用比较广泛。由于稀有气体一般不会与其他物质发生化学反应,在工业生产中常常利用它们作为保护气。例如,在用电弧焊接火箭、飞机、轮船、导弹等采用的不锈钢、铝或铝合金等材料时,可以用氩气来隔绝空气,防止金属在高温下与其他物质发生反应。还可以把氩气和氮气混合充入灯泡里,使灯泡经久耐用。由于氦气比空气轻,又不会燃烧,现在已用它代替氢气充填气球、气艇。氦气与氧气混合制成人造空气,可供潜水员呼吸等。

稀有气体在电光源中的利用非常普遍。在灯管内充入氖气制成的氖灯,通电时发出的红色光,能透过浓雾,可用作航空、航海的指示灯;在灯管内充入氩气,通电时发出蓝紫色光;在灯管内充入氦气,通电时发出粉红色光;在不同材质的玻璃灯管里充入不同含量的氖、氖、氩的混合气体,就能制成五光十色的霓虹灯。在灯管里充填少量的汞和氩气,灯管的内壁涂上荧光物质,通电时就能发出近似日光的可见光。充填氙气的高压长弧灯,通电时能发出比荧光灯强几万倍的强光,可用于广场、体育场、飞机场等场地照明。此外,氖、氖、氩气还可用于激光技术。

6.3.2 空气资源的间接利用

空气资源在农业生产中的利用意义重大。绿色植物通过光合作用吸收二氧化碳、放出氧气是地球大气成分平衡的重要机制,对保持空气清新和净化大气污染物具有独特的作用;植物生育期中的蒸腾作用可以增加空气中的水汽含量,影响空气湿度;在保护地栽培中采用二氧化碳施肥,可以明显提高光合强度和作物产量。此外,在城市规划中增加城市公园和绿化带建设,利用生态系统维持城市空气的氧平衡,也是对空气资源的间接利用。所以说,绿色植物对空气资源的利用是一种最广泛、最普遍的利用。

1. 城市生态氧平衡

近年来,由于人类活动加剧了空气污染,大气环境质量不断恶化;而且随着现代社会的发展,人们的生活节奏不断加快,脑力和体力劳动的消耗增加,导致绝大多数城市居民都或多或少地存在缺氧现象,从而使得无处不在的氧气成为越来越珍贵的稀缺资源。据报道,西方发达国家的城市居民早已形成定期吸氧的习惯,这样不仅可以清洁呼吸系统,改善内脏功能和视力,而且能够增强肌体免疫功能,驻颜美容,预防肿瘤等疾病。自然呼吸虽能满足基本需要,但若进行定期吸氧,却能防病治病、延年益寿。

城市化进程导致人口规模的不断增大以及产业活动的加强,城市空气中的氧循环在不断调整其制氧和耗氧关系的基础上实现氧平衡。氧是城市生态系统的构成物质,其平衡能力的大小对城市社会经济发展的可持续性具有潜在影响。只有在认识氧的消耗与供给之间的关系及其地域分配特征的基础上,通过规划或社会经济决策行为才能促进氧的良性循环；所以，应将生态建设与环境污染的综合整治工作纳入城市发展建设的行动之中。

　　在城市发展过程中，城市总体规划设计应考虑城市生态的氧平衡。因为城市是以人类及其产业活动为主体的生态系统，氧参与了生态系统的代谢作用，并且赋予环境正面或负面的反馈效应，例如对人及其产业活动比较敏感的生态与环境质量问题等。氧是城市居民及其产业活动的必需品，空气中的氧通过呼吸作用和有机物、无机物的氧化，一部分被城市活动所消耗，其余部分则与城市活动排放的二氧化碳等各种污染气体、污染粒子一起被大气运动输送到外围环境。与城市所需要的水、能源等自然资源不同，空气的流入和流出不需要特定的通道，而是整体地运动。因此，城市化地区的氧循环是指一定地域范围内的城市生态系统空气中氧的收支状况、空间分配及其调节能力。

　　城市耗氧量的计算方法中，主要取工业企业石化燃料的燃烧量、人的呼吸作用和排泄物的氧化；对人体以外其他生物有机体的呼吸作用可以不予考虑[23]。城市制氧量主要取决于分布在城市中的块状、条状的绿地，包括自然林、人工林、绿化带、灌木丛、果树花草、农作物等，统称为制氧空间。据估算，人的呼吸每人每天约消耗氧气 $750 \sim 800$ g，排泄物消耗的氧气每人每天约 40 g 左右；而 1 hm^2 阔叶林在生长季节每天可释放 0.75 t 氧。城市化地区人的生存及其产业活动强度大、范围广，对氧的收支关系反应敏感。因此，空气中氧的平衡能力及其可持续性是促进城市社会经济与环境协调发展的基本条件。

　　董雅文[24]（1995）以南京为例，对城市生态的氧平衡进行了研究。对南京地区耗氧量的计算结果表明，燃料耗氧量约占城市总耗氧量的 91%，其中：燃煤耗氧量 13.5×10^{12} g/a，占 74%；燃油耗氧 3.12×10^{12} g/a，占 17%；人的呼吸耗氧量为 1.45×10^{12} g/a，占城市总耗氧量的 8%；排泄物生化氧化仅占 1%。而在工业和人口比较密集的市区耗氧水平更高，总耗氧量为 12.3×10^{12} g/a，工业燃料耗氧量约 11.57×10^{12} g/a，占市区总耗氧量的 94%，人的呼吸耗氧量占 5%。南京市区具有制氧能力的绿色植物，大多以面积较大的专用绿地、风景名胜、城市公园等形式存在和发展，绿地总面积约 4463.7 hm^2，平均制氧能力约为 1.17×10^{12} g/a。尽管市区耗氧量与制氧量相差 10 倍多，但是实际上并未出现氧供需失衡的状况，这与城市生态系统空气中氧的空间分配和调节能力有关。一是因为城郊结合部的大面积绿地具有较强的生态平衡效应，能够平衡一部分主城区居民呼吸、生化氧化、燃料燃烧的耗氧量；二是城市外围地区具有较大面积的林地且工业企业较少，耗氧水平较低；三是市区周围地势起伏较均匀，没有高大山体阻挡气流的传输。因此，按照南京市总体规划确定的主城区、中心城市圈及市域三个层次的格局，主城区的氧亏损可以从城乡结合部的制氧空间得到足够的补充；中心城市圈自身耗氧量较低，对主城区的外延发展、卫星城镇的工业化、新增大型耗能企业的布点均有较强的氧平衡能力。维护城市生态氧平衡的关键措施就是要建设城市生态防护网、加强对城乡结合部地区土地和资源开发的限制、合理布局城市的外延发展等。

2. 二氧化碳与植物光合作用

空气中 CO_2 含量的多少及其季节变化规律,不仅对气候变化有重要影响,而且可以表示作物进行光合作用原料的供应情况。许多研究都表明[25],空气中 CO_2 浓度的增加,可以明显提高植物的光合作用率和作物产量;在 CO_2 浓度倍增时许多植物的光合作用率将增加 $50\%\sim75\%$,C_3 类作物的产量平均提高 36%。因此,从这一角度来说,CO_2 是一种重要的农业气候资源。

CO_2 是植物进行光合作用制造有机物质必不可少的原料,是太阳能量的转化和贮存以及地球生物圈赖以生存和平衡的基础。对于高产作物,生物产量的 $90\%\sim95\%$ 来自空气和呼吸作用所产生的 CO_2,只有 $5\%\sim10\%$ 来自土壤矿物质或有机物分解的 CO_2。据分析[26],在植物干重中,碳占总干重的 45%,氧占 42%,氢占 6.5%,氮占 1.5%,其他成分占 5%;其中碳和氧来自植物吸收的 CO_2。因此,CO_2 对植物的生长发育具有非常重要的意义。

对于大田群体作物,当周围空气的 CO_2 浓度不同时,会影响其气孔的开张度以及 CO_2 进入群体内的速度,从而直接影响植物的光合速率。当作物光合作用所消耗的 CO_2 与呼吸作用释放的 CO_2 达到平衡时,环境中的 CO_2 浓度称为 CO_2 补偿点($30\sim80$ ppm)。在补偿点以上,植物对 CO_2 的吸收随环境 CO_2 浓度的增加而增大。当周围空气的 CO_2 浓度增大到某一浓度后,作物的 CO_2 吸收率或光合作用强度不再随 CO_2 浓度的增加而增大,则此时的环境 CO_2 浓度称为 CO_2 饱和点($1200\sim1800$ ppm)。在饱和点以上,作物光合作用强度与 CO_2 浓度无关。事实上,作物同化 CO_2 的速率随作物种类、光照强度、空气温度、水分、风速等环境因子和作物因子而变化,所以 CO_2 的补偿点和饱和点也会相应发生变化。

空气中 CO_2 浓度的增加,对植物的生长发育过程(光合同化、呼吸作用、蒸腾等)都会产生直接影响。CO_2 增加对农业的直接效应,主要表现在 3 个方面:一是提高作物光合速率和光饱和点,减弱光呼吸作用;二是增加作物生长量和作物产量;三是对植物叶片、植物体内成分以及水分利用效率产生影响。

目前,大气中 CO_2 的平均浓度约为 368 ppm,而大多数作物生长所要求的最适 CO_2 浓度在 $1000\sim1800$ ppm 左右;显然,空气中 CO_2 浓度偏低是田间作物光合作用的限制因素。所以,增加空气中的 CO_2 浓度,采用 CO_2 施肥措施,可以明显提高作物光合速率和光饱和点;特别是增加 CO_2 浓度能够创造一个减弱光呼吸作用的环境,从而有利于 C_3 植物净光合物质的积累。因为在 CO_2 补偿点以下,C_3 植物有光呼吸作用,即使在光照条件下叶子也会向外放出 CO_2;CO_2 浓度的增加

可以使 C_3 植物光呼吸耗能减少,光合同化作用大大提高。由于 C_4 植物本身具有减少光呼吸的生化过程,所以对 CO_2 浓度增加的反应不敏感。

提高环境空气中的 CO_2 浓度,绝大多数作物的生长量和产量都会有不同程度的增加;因为较高的 CO_2 浓度能够促进光合作用,使植物具有更高的固碳速率。理想条件下,人为增加 CO_2 浓度,可以产生显著的施肥效应。这一效应尤其适用于小麦、水稻和大豆,CO_2 浓度加倍对小麦和水稻的施肥效应可达 25%,大豆可高达 40%;但对玉米、高粱、甘蔗、小米以及牧草等效果不太明显[11]。对棉花进行不同 CO_2 浓度处理的模拟试验表明[27],CO_2 浓度升高,特别是 CO_2 浓度倍增对棉花生育进程、生物量和产量都有明显的正效应。增加 CO_2 浓度,可以使棉花生育进程提前,植株高度增加,有效棉铃数和单株棉铃数增多,使棉花地下部分和地上部分生物量、单铃重量和棉花产量增加,蕾铃脱落率、僵烂铃率明显下降;但是,棉花纤维品质与 CO_2 浓度增加的关系并不明显。

康绍忠等[28](1999)曾在大型人工气候室内进行试验研究,设计了350 ppm和700 ppm两种 CO_2 浓度水平和土壤水分范围分别为 85%~100%、65%~85%、45%~65%(占田间持水量的百分数)的高、中、低 3 种土壤水分处理,分析了不同土壤水分条件和环境空气中 CO_2 浓度增加的共同作用对小麦、玉米、棉花等作物的蒸发蒸腾、光合速率、生长状况与干物质积累、水分利用效率的影响。结果表明,CO_2 浓度增加对小麦、玉米、棉花等作物的影响在不同土壤水分条件下明显不同。光合速率的增加效应在低水分处理田中明显大于高水分处理田,而使单位叶片蒸腾速率降低的效应略小于高水分处理田;总蒸发和蒸腾量的减小幅度则是低水分条件明显小于高水分条件;株高、叶面积指数增加的比例在低水分处理田中明显大于高水分处理田。CO_2 浓度增加对光合速率和生长的正效应及其对蒸发蒸腾的抑制作用,削弱了水分胁迫对作物光合和生长的不利影响,作物水分利用效率增加的比例在低水分条件下大于高、中水分条件。

大气中 CO_2 浓度增加对植物水分利用的影响,表现为对叶子表面气孔开放程度的影响。CO_2 通过气孔被吸收,水分通过气孔蒸腾而消耗。如果单位叶面积的蒸腾量趋于降低,则植物的需水量就会减少,从而提高植物的水分利用效率。研究表明[29],当大气中 CO_2 浓度升高时植物叶片气孔孔隙减小,气孔部分关闭,叶面传导率减小,植物蒸腾率下降。当环境 CO_2 浓度倍增时,C_3 和 C_4 植物的叶面气孔将减小 40%,从而使蒸腾量下降 23%~46%;这对于半干旱地区受水分不足影响的植物生长可能有利[25]。大气中 CO_2 浓度增加对植物水分利用的影响与土壤水分有关,CO_2 浓度增加对光合作用的正效应和使蒸腾减小的负效应削弱了水分胁迫对光合作用产生的抑制作用,有利于作物克服水分胁迫的不良影响。但当大气 CO_2 浓度倍增时,不同作物对水分胁迫的反应还依赖于水分亏缺的程度和不同种类作物对水分胁迫的敏感性。

　　3. 二氧化碳与植物生长环境

　　大气中 CO_2 浓度的自然增长会引起气候和生态环境的变化,从而对农业生态系统产生影响。CO_2 增加对农业的间接效应,主要表现在对热量状况、水分循环的影响以及引起农业气候带推移等方面;即通过 CO_2 增加所引起的天气气候等一系列变化,改变温度、降水和日照的分布,导致植物生长环境发生改变,从而影响农业生产。这种影响在规模上往往是全球性的,在时间上则是长久性的。利用数值模式,可以研究生态系统对全球气候变化的响应,预测不同气象条件、土壤条件以及不同管理方式下不同植物的生长状况和作物产量,分析茎秆、枝条、根部、土壤水分、根瘤真菌、微生物、土壤有机体、含氮水平和土壤有机物质等的动态变化。

　　CO_2 是地球大气中一种重要的红外吸收气体,对大气辐射热交换的影响很大,而它对太阳短波辐射的吸收并不重要。近几十年来,CO_2 等温室气体导致全球增暖问题引起科学界、各国政府以及普通市民的极大关注。由于 CO_2 的温室效应,热量资源会更加丰富,气温升高,积温增加,使无霜期和作物生长季延长,农作物种植界限和耕作制度发生变化,这将为提高生产力创造有利条件。在中纬度地区,温度往往是影响作物生育、产量和品质的关键因子,增温效应可减弱低温的胁迫作用,使产量和品质提高。在接近目前农业适宜耕种界限的寒冷地区,温度升高,谷物产量都有希望增加;但是在目前的谷物产区,温度升高将使作物生育期缩短反而可能引起产量下降[25]。中纬度地区,气候变暖对产量的影响还与温度变化是否伴随着降水量的变化有关。所以,全球气候变暖,将使高纬度地区的生产力增长幅度大于低纬度地区。但是,在温室效应作用下必然导致高温热浪加剧,再加上不合理的人类活动的影响,会使全球荒漠化过程进一步发展,给农业生产带来某些不利影响。如耕地减少,粮食总产量降低;气候变暖会使病虫害对农作物的危害加剧,昆虫和微生物容易越冬,虫源和病源成活率增大,危害期延长等。此外,气温升高还会加速农药和化肥的分解,降低杀虫剂和除草剂的效率。据估计[11],由于气候变暖,全世界病虫危害将增加 $10\% \sim 13\%$,使农业减产。

　　CO_2 增加引起气候变暖,导致海水受热膨胀,冰雪融化,使现代全球理论海平面升高,海陆面积发生变化,从而对全球水分循环过程产生影响。由于气温升高,北冰洋水面蒸发增加,高低纬度之间温差减小,经向大气环流和海洋向大陆的水汽输送强度减弱,使沿海地区的降水量明显增加,而大陆中心地区降水减少;这对于欧亚大陆中心广大地区的农业生产将带来巨大影响。研究表明[30],CO_2 倍增时我国年降水量呈增加趋势,增加幅度从东南沿海向西北内陆逐渐减小,而且夏季大于冬季。长江中下游以南地区增加达 200 mm 以上,黄河中下游地区为 $100 \sim 150$ mm,东北地区在 100 mm 以下,新疆在 50 mm 以下。夏季降水除西北地区减少以外,全国其他地区均呈增加趋势;冬季降水除黄淮海平原减少以外,其他地区均增加。此外,我国月蒸发率的变化也是夏季大于冬季,蒸发量的增加幅度北方大于南方。这对我国农作物水分利用率的提高将产生积极作用。

CO_2 增加、气温升高的同时,还将导致全球蒸发作用增强,影响土壤湿度变化。在高纬度地区,气温升高引起降水增加率大于蒸发增加率,因此径流和土壤水分也相应增加;而在中纬度和副热带地区,平均土壤水分会显著减少,这与夏季蒸发作用增强、融雪季节提前以及中纬度夏季雨带向高纬度方向移动等影响有关。研究表明[11],受温室效应影响,在中纬度地区,也是世界主要农业区,夏季可能变得更加干燥。我国水资源对气候变化最敏感的地区是北方干旱和半干旱地区,一般情况下以冬季水资源匮乏的华南和北方沿海地区最明显,夏季以华北、华中和华南地区最显著;对土壤湿度所造成的影响为,冬季华南地区将明显变干,夏季除华北、华南以外全国各地都将变干,特别是西北、西南、东北和华中地区变干的可能性更大。总之,气候变暖对我国水分资源将产生显著影响。

CO_2 增加引起气候变暖会使热带地区的生物种群向温带扩展,而温带物种则向极地退缩,现有的农业气候带和各种种植熟制的边界向北推移。极地气候变化可能使亚洲北部地区的植被带得到扩展,俄罗斯的植被带将向北延伸 $500\sim600$ km,西伯利亚西部的森林和草原地带将向北扩展 200 km;由于气温升高和降雨量增加,冰岛的种植季节可提前 48 d 左右,日本北方的水稻种植面积可比目前增加 1 倍,在北美、俄罗斯以及北欧各国的小麦种植区将向北扩大,种植条件将变得更为有利。预计全球气候变暖不会使我国作物种类的生产地区分布有明显的变化,但对局部地区将产生影响;如水稻、玉米、棉花可在高海拔地区生长,热带、亚热带水果种植可向北推移 $50\sim100$ km,苹果和喜凉作物可向北推移 $70\sim150$ km,但大气的温暖化和干燥化效应需要培育节水抗旱的作物品种[11]。气候变暖可能使我国柑橘等亚热带经济果木的种植范围不再局限于 $32°N$ 以南,冬小麦种植地域也将突破目前的长城界线,三熟制种植北界将由目前的长江流域北移至黄河流域,复种指数将大大提高;困扰我国北方寒冷农业区的低温冷害将会得到明显缓解[29]。但是,蒸发随气温升高而增大将使农田土壤更加干燥,如不采取有效措施,土地荒漠化进程将加快。所以,联合国有关机构提醒人们,气候变化将直接威胁非洲撒哈拉大沙漠南部地区的粮食生产,雨量的进一步减少所造成的变化将给干旱和半干旱地区带来毁灭性的打击。

4. 二氧化碳施肥与设施蔬菜生产

CO_2 施肥可以对植物叶片及植物体内成分产生影响。经过 CO_2 施肥,能够形成较厚、内含物比较充实而且叶面积较大的叶片,叶片上的气孔体积以及单位叶面积上的气孔数随之增多,单位叶面积的干物质增长率也有所提高。CO_2 施肥对植物体内的氮、磷、钾及叶绿素、粗脂肪、碳水化合物含量等都有不同程度的影响,尤其是果实中的糖、柠檬酸、以果胶含量为指标的比黏度等均有提高,果味也更加浓郁。温室中进行 CO_2 施肥,对于根菜类或重视根部重量增长的各种植物的幼苗,增产效果非常明显;对于果菜类或以种子为收获对象的植物,对其花蕾数以及果实产量的影响也很明显; CO_2 施肥应用于花卉栽培,具有使花蕾数增多、开花期和果实收获期提前等效应[26]。

　　温室栽培中施用 CO_2 的经济效益非常显著,其增产幅度明显超过通过土壤肥力、密植、水分、温度和光照控制等手段所获得的增产效果。 CO_2 施肥是实现设施栽培蔬菜高产高效的重要技术措施之一,主要包括 CO_2 施肥的适宜浓度、施肥时间、施肥过程中环境因素的调控等[31]。

　　CO_2 施肥的适宜浓度取决于蔬菜种类、栽培季节、生育环境和施肥方法等因素。一般认为[32],适宜的 CO_2 施肥浓度为 $600 \sim 900$ ppmv。 CO_2 施肥浓度过高容易对作物造成伤害和 CO_2 的渗漏损失,使生产成本增加;尤其是以碳氢化合物燃烧作为 CO_2 肥源时,在产生高浓度 CO_2 的同时往往伴随着高浓度有害气体的积累。研究表明[33],黄瓜 CO_2 施肥的适宜浓度与施肥时间的长短呈负相关,在延长施肥时间的前提下,浓度为 600 ppmv 与 1000 ppmv 或 1200 ppmv 的施肥效果相近甚至前者更优。不同季节 CO_2 施肥的适宜浓度也不相同,与施肥时间的长短、光照和温度条件的好坏等有关。从施肥的有效性和经济性考虑,要获得 CO_2 施肥的最大经济效益,必须强调不同光温条件下 CO_2 的利用效率;所以,施肥浓度应随温室环境的变化而变化[34]。近年来,人们致力于根据温室内的气象条件和作物生育状况,以作物生育模型和温室物理模型为基础,通过计算机进行动态模拟优化,并将投入、产出相比较,最终确定出 CO_2 施肥最佳浓度的研究。

　　CO_2 施肥对植物不同生育期的产量形成影响显著。在蔬菜苗期施用 CO_2,有利于缩短苗龄、培育壮苗和提高早期产量。由于植物前期生物量的微小差异往往会对后期生长产生较大的影响,所以在蔬菜苗期开始 CO_2 施肥的时间宜早不宜迟;而在定植栽培以后则应根据蔬菜种类、栽培季节和 CO_2 施肥类型确定施肥时期。对于越冬栽培的蔬菜,温室采用人工供暖时, CO_2 施肥通常可以贯穿于整个生育期。一天之中的 CO_2 施肥时间,在我国和日本大多习惯于从日出或日出后半小时开始,持续时间为 $0.5 \sim 3$ h;而在荷兰、英国和北欧地区大多全天候进行,中午温室通风时则自动停止。试验数据表明,延长每天的施肥时间可以显著提高黄瓜产量[35];黄瓜、番茄的绝对产量与施肥持续时间之间存在着较好的相关性,增产率与施肥时间和日长的比值密切相关,其中黄瓜增产率呈线性变化[33]。

　　CO_2 施肥应与温室环境的调控相结合,在不同的光照、温度和水分条件下,选择最适宜的施肥浓度和施肥时间。 CO_2 施肥能明显提高作物光能利用率和光合速率,而且强光照条件下的 CO_2 施肥效果优于弱光照[36]。因此,冬季对设施栽培蔬菜进行 CO_2 施肥的同时,应注意改善作物群体的光照条件。当光照强度为非限制因子时,增加 CO_2 浓度对提高光合速率的影响程度与温度条件有关。研究表明,蔬菜 CO_2 施肥效果与生长期的平均气温有关,在较高气温下施肥才能增产[37];而且根据光强大小进行变温管理的施肥效果优于恒温管理;CO_2 浓度促进生长的作用在一定范围内随作物根部温度的升高而增强[38];温度不仅影响光合速率,而且制约光合产物的分配和利用,低 CO_2 环境下作物生长的适宜温度不同于高 CO_2 环境[39]。但是,CO_2 施肥同时提高管理温度必须适当,应确定出理想的温度调控指标;因为高温环境不利于作物发育,而且容易诱发病害。空气湿度影响蒸腾作用,进而影响矿物质吸收;在低营养供应水平下,若 CO_2 施肥时空气湿度过高,则会大幅度降低蒸腾速率,导致作物营养匮乏,生长不良,从而降低 CO_2 施肥的效果[32]。尽管提高 CO_2 浓度能增强作物对干旱胁迫的抗性,但施肥过程中仍以保持较高的空气湿度为宜。只有在满足正常水分需求的条件下,CO_2 施肥才能获得理想的增产效果[40]。此外,CO_2 施肥的同时应增加矿物质营养的供给,尤其是在高湿度环境中;因为 CO_2 施肥能促进蔬菜生长发育,增加矿物质营养的吸收。试验表明,生长在 CO_2 浓度为 800 ppmv 环境中的番茄,对氮、钾的吸收量分别比 CO_2 浓度为 330 ppmv 环境中的增加 58% 和 45%[38];而盆栽蚕豆在氮、磷、钾营养供应匮乏时,CO_2 施肥则完全丧失了增产作用[41]。

5.二氧化碳与植物氮素营养

氮作为植物所需要的三大营养元素之一,对植物生长发育起着至关重要的作用。研究表明,大气中 CO_2 浓度升高,对植物吸收氮素以及对植物和土壤中的氮浓度、C/N 和氮循环都存在着影响;大气中 CO_2 浓度与植物氮素营养之间存在着交互作用,CO_2 浓度升高对植物氮素营养的影响与氮浓度、氮形态等因素有关。

大气中 CO_2 浓度升高对植物吸收氮素的影响与 CO_2 浓度、植物品种及被吸收氮的形态等因素有关,大气中 CO_2 浓度升高可促进植物对氮素的吸收,使植物对氮的吸收量增加。在 CO_2 浓度升高的条件下,生长在北美的黄松幼苗可以从土壤中吸收更多的氮[42];植物对无机氮的提取速度和吸收速度增大[43];大田种植的棉花有较高的营养效率和肥料利用效率,碳酸酐酶的抑制剂能够减少正常 CO_2 下根对硝态氮的吸收,而在 CO_2 富集时则相反[44];根际富含 CO_2 处理可以使水培番茄对硝态氮吸收增加 30%,而对铵态氮的吸收并无明显改变[45];CO_2 浓度升高时在大田生长的松树幼苗根对硝态氮的提取能力增强,但对铵态氮提取能力无影响[46]。氮向植物根部迁移主要是以质流方式进行的,当蒸腾减弱时植物对水分的吸收减少,则向根部迁移的氮减少,使得植物吸收减少。由于植物对铵态氮和硝态氮的吸收机理不同,所以大气中 CO_2 浓度增加对二者吸收的影响并不一致。大气

CO_2 浓度水平的提高将加强光合作用和提高生产力,增加根部的碳供应,提高根瘤菌的活动能力,增加氮的固化作用,从而有利于植物生长[25]。

大气中 CO_2 浓度升高,不仅影响植物对氮的吸收,而且影响土壤中的氮浓度。许多研究都表明,大气中 CO_2 浓度升高时,植物和土壤中的氮浓度是降低的,CO_2 浓度长期地持续增加会降低土壤中氮的有效性。大气中 CO_2 浓度倍增时,C_3 类草本植物的茎中氮浓度降低 15%,表层 10 cm 土壤中氮浓度下降 8%,土壤可交换氮下降,而 C_4 类草本植物及其土壤中则没有上述变化[47];水稻叶中氮浓度约降低 2.5%[48];山毛榉枝中氮浓度降低 38%[49];枫树叶子的氮浓度随大气中 CO_2 浓度升高而降低,正常温度及 CO_2 倍增条件下,枫树叶子氮浓度可下降 19%~25%;大气中 CO_2 浓度升高时,树木残枝及树体内的氮浓度均有所下降,而且后者在低氮供应时下降更为显著[50]。但也有研究表明,大气中 CO_2 浓度升高时,植物和土壤中的氮浓度是增加的。有人认为,草原生态系统 CO_2 浓度升高会增加植物和土壤有机质中的氮浓度[51];大气中 CO_2 浓度升高时种植牧草的土壤中氮贮存量增加[52];CO_2 浓度升高会使北美黄松针叶中的自然含氮量增加[42]。

大气中 CO_2 浓度升高时,植物及土壤中的 C/N 比也会随之发生变化。研究表明,黑麦草地下光合作用产物和大块有机质中 C/N 比增大[53];地表 5 cm 的牧草根残体和微粒状有机质的 C/N 比增大,而地下茎和根的 C/N 比却没有受到 CO_2 浓度升高的强烈影响,但 15 cm 深度的砂质粘土层 C/N 比有一明显的微弱增大[52];山毛榉枝中 C/N 比明显增加[54];植物活性组织中的 C/N 比平均增大 15% 左右,但变化没有规律[55]。可见,大气中 CO_2 浓度升高时,植物及土壤中的 C/N 比将显著增大。

大气中 CO_2 浓度升高还影响植物和土壤中的氮循环。在 CO_2 浓度升高的条件下,种植 C_3 类草本植物的土壤潜在脱氮速率下降,而氮的矿化没有明显改变[47];水稻的可吸收氮总量增加[48];种植棉花、小麦、高粱、大豆的土壤中氮的矿化减弱[54]。氮素从土壤矿物氮库向植物体、土壤有机质的转移增加,固定超过矿化,氮的气化和淋失减少,共生或非共生固氮增加[51];CO_2 浓度的变化对氮循环,包括矿化、固定和非生物固定都有影响[52];陆地生态系统中氮循环受 CO_2 的影响,植物残枝氮浓度和残枝量改变,而草原生态系统中氮循环则不受 CO_2 浓度升高的影响[56]。但是,大气中 CO_2 浓度升高并不影响氮的净转化、损失或受试植物吸收氮,来自土壤的氮有效性在 CO_2 浓度升高时没有增加[57]。

大气中 CO_2 浓度与氮素营养共同影响植物生长,其结果与 CO_2 浓度、氮浓度、氮形态等因素有关。研究表明,高水平的 CO_2 浓度和氮供应,可以使碳循环加速,植株组织分解速度下降,对生态系统内的养分循环产生影响。CO_2 浓度在 700 ppmv 条件下供应高浓度氮,土壤上层 15 cm 中黑麦草残体及土壤的碳周转加速;

高氮供应时,旧碳被新碳替代的平均时间在高 CO_2 浓度时减少,而在低氮供应和高 CO_2 浓度时新碳的积累增加,旧碳的分解减慢,使土壤碳库的周转速度没有发生变化[58]。大气中 CO_2 浓度倍增可以使种植黑麦草的土壤有机质片层中的含碳量增加,若此时再供应氮则会使碳积累进一步增大[53];单独 CO_2 浓度加倍对植物根部有机碳分泌无明显影响,但若同时提高气温和供应氮肥,则能明显增加植物根部有机碳的分泌速率[59]。大气中 CO_2 浓度升高时,生长于低氮条件下的棉花叶子和根分解速度不受影响,而生长于高氮条件下的叶子和根分解速度明显下降[60];棉花、小麦、高粱、大豆的残体降解受氮的限制,会使腐烂植物组织中氮的释放速率减慢[54]。大气中 CO_2 浓度倍增会造成初级生产力增加,即使养分受到限制时也是如此;同时会导致植物残体中碳储量加大和土壤有机物质增加[61]。

　　尽管大气中 CO_2 浓度对植物氮素营养的影响比较复杂,但对其研究的实用意义很大。若能针对未来大气中 CO_2 浓度变化而合理施用肥料,必将提高肥料的利用效率和经济效益。所以,合理利用空气资源,可以提高植物光合作用率和生长率,加速生态系统的碳循环,增加植物体内矿物质的合成和作物产量。

参 考 文 献

[1] 汪应洛.1998.系统工程理论、方法与应用.北京:高等教育出版社,6—7

[2] 柳崇健.1988.大气耗散结构理论.北京:气象出版社,29—40

[3] 王兴荣.1992.大气污染源布局.北京:中国环境科学出版社,149—152

[4] 宁大同,袁军,张良等.1997.空气资源观刍论.环境科学,**18**(5),88—96

[5] 蒋庭松.1993.自然资源的合理利用与保护.北京:中国环境科学出版社,219—223

[6] 李金昌.1991.资源核算论.北京:海洋出版社.129—130

[7] 王松霈.1992.自然资源利用与生态经济系统.北京:中国环境科学出版社,142—146

[8] 霍明远,张增顺.2001.中国的自然资源.北京:高等教育出版社,17—27

[9] Wallace J M, Hobbs P V. 1977. Atmospheric Science An Introductory Survey. Academic Press

[10] 周广胜.2003.全球碳循环.北京:气象出版社

[11] 吴兑.2003.温室气体与温室效应.北京:气象出版社,95—102

[12] 严国安,刘永定.2001.水生生态系统的碳循环及对大气 CO_2 的汇.生态学报,**21**(5),827—833

[13] Watson R T, Rodhe H, Oeschger H, Siegenthaler U. 1990. Greenhouse Gases and Aerosols,Climate Change. Cambridge University Press,1—40

[14] 王庚辰.2003.大气臭氧层和臭氧洞.北京:气象出版社,**5**

[15] 杨名生.2002.资源地区空气氡浓度调查与剂量估算.物探与化探,**26**(4),299—301,306

[16] 陆渝蓉.高国栋.1987.物理气候学.北京:气象出版社,469—486

[17] 蒋绍坚,艾元方,彭好义等.2000.高温空气资源的开发与应用.冶金能源,**19**(4),40—44

[18] 王敬明.1989.林木与大气污染概论.北京:中国环境科学出版社,28—30

[19] 林策良,陈斌.2000.充分发挥水在城市建设中的作用.科学中国人,(7),9

[20] 徐祥德,汤绪等.2002.城市化环境气象学引论.北京:气象出版社

[21] 黄建武,陶家元.2002.空气负离子资源开发与生态旅游.华中师范大学学报(自然科学版),**36**(2),257—260

[22] 蔡宏道.1995.现代环境卫生学.北京:人民卫生出版社

[23] 沼田真.1986.城市生态学.北京:科学出版社

[24] 董雅文.1995.城市生态的氧平衡研究.城市环境与城市生态,**8**(1),15—18

[25] 章基嘉.1995.气候变化的证据、原因及其对生态系统的影响.北京:气象出版社,120,128,227—319

[26] 冯秀藻,陶炳炎.1991.农业气象学原理.北京:气象出版社

[27] 白月明,王春乙,温民.1995.不同二氧化碳浓度处理对棉花生长发育和产量的影响.生态农业研究,**3**(2),20—25

[28] 康绍忠,张富仓,梁银丽等.1999.土壤水分和 CO_2 浓度增加对小麦、玉米、棉花蒸散、光合和生长的影响.作物学报,**25**(1),55—63

[29] 王馥棠.1996.气候变化对我国农业影响的研究.北京:气象出版社

[30] 赵宗慈.1990.五个全球大气海洋模拟 CO_2 增加对气候变化的影响.大气科学,**14**(1),121—130

[31] 魏珉,邢禹贤,王秀峰等.2003.设施蔬菜 CO_2 施肥技术研究.山东农业大学学报(自然科学版),**34**(4),609—612

[32] Mortensen L M. 1987. Review CO_2 enrichment in greenhouse, crop responses. *Science of Horticulture*,**33**,1—25

[33] Willits D H,Peet M M. 1989. Predicting yield responses to different greenhouse CO_2 enrichment:Cucumbers and tomatoes. *Agriculture and Forest Meteorology*,**44**,275—293

[34] Enoch H Z. 1984. Carbon dioxide uptake efficiency in relation to crop intercepted solar radiation. *Actinic Horticulture*,**162**,137—147

[35] Peet M M, Willits D H. 1987. Greenhouse CO_2 enrichment alternatives:Effects of increasing concentration or duration of enrichment on cucumber yields. *Journal of American Society Horticulture Science*,**112**(2),236—241

[36] Carmi A. 1993. Effects of shading and CO_2 enrichment on photosynthesis and yield of winter grown tomatoes in subtropical regions. *Photosynthetica*,**28**(3),455—463

[37] Idso S B,Kimball B A,Anderson H G. *et al*. 1987. Effects of atmospheric CO_2 enrichment on plant growth:The interactive role of air temperature. *Agriculture Ecosystems and Environment*,**20**,1—10

[38] Yelle S,Gosslin A,Trudel M J. 1987. Effect of atmospheric CO_2 concentration and root-zone temperature on growth,mineral nutrition and nitrate reductase activity of greenhouse tomato. *Journal of American Society Horticulture Science*,**112**(6),1036—1040

[39] Acock B, Acock M C, Pasternak D. 1990. Interactions of CO_2 enrichment and temperature on carbohydrate production and accumulation in muskmelon leaves. *Journal of American Society Horticulture Science*, **115**(4),525—529

[40] Sritharan R, Lenz F. 1990. The effect of CO_2 concentration and water supply on photosynthesis, dry matter production and nitrate concentrations of kohlrabi. *Actinic Horticulture*, **268**,43—54

[41] Wolf J. 1996. Effects of nutrient (N, P, K) supply of faba bean response to elevated atmospheric carbon dioxide. *Netherlands Journal of Agriculture Science*, **44**(3),163—178

[42] Johnson D W, Cheng W, Ball J T. 2000. Effects of CO_2 and N fertilization on decomposition and immobilization in ponderosa pine litter. *Plant and Soil*, **224**,115—122

[43] Stitt M, Krapp A. 1999. The interaction between elevated carbon dioxide and nitrogen nutrition: The phycological and molecular background. *Plant Cell Environ*, **22**(6), 553—621

[44] Prior S A, Torbert H A, Runion G B. *et al*. 1998. Effects of carbon dioxide enrichment on cotton nutrient dynamics. *Journal of Plant Nutrition*, **21**(7),1407—1426

[45] Van Der Merwe C A, Cramer M D. 2000. Effect of enriched rhizosphere carbon dioxide on nitrate and ammonium uptake in hydroponically grown tomato plants. *Plant and soil*, **221**, 5—11

[46] Bassirirad H, Thomas R B. 1996. Differential responses of root uptake kinetics of NH_4^+ and NO_3^- to enriched atmospheric CO_2 concentration in field-grown loblolly pine. *Plant Cell Environ*, **19**(3),367—371

[47] Roser M, Bert G D. 1999. The influence of atmospheric CO_2 enrichment on plant-soil nitrogen interactions in a wetland plant community on the Chesapeake Bay. *Plant and Soil*, **210**,93—101

[48] Weerakoon W M W, Ingram K T, Moss D N. 2000. Atmospheric carbon dioxide and fertilizer nitrogen effects on radiation interception by rice. *Plant and Soil*, **220**, 99—106

[49] Francesca C M, Phil I. 2000. Does elevated atmospheric CO_2 concentrations affect wood decomposition? *Plant and Soil*, **224**, 51—57

[50] Richard J N, Tammy M L, Jennifer S H R, *et al*. 2000. Nitrogen resorption in senescing tree leaves in a warmer, CO_2 enriched atmosphere. *Plant and soil*, **224**,15—29

[51] John H M T, Melvin G R C. 2000. Dynamics of mineral N availability in grassland ecosystems under increased [CO_2]: Hypotheses evaluated using the Hurley Pasture Model. *Plant and soil*, **224**, 153—170

[52] Jastrow J D, Miller R M, Owensby C E. 2000. Long-term effects of elevated atmospheric CO_2 on below-ground biomass and transformations to soil organic matter in grassland. *Plant and soil*, **224**, 85—97

[53] Loiseau P, Soussana J F. 1999. Elevated [CO_2], temperature increase and N supply effects on the accumulation of belowground carbon in a temperate grassland ecosystem. *Plant and*

soil, **212**, 123—134

[54] Torbert H A, Prior S A, Rogers H H, Wood C W. 2000. Review of elevated atmospheric CO_2 effects on agro-ecosystems: Residue decomposition processes and soil C storage. *Plant and soil*, **224**, 59—73

[55] Roger M G, Damian J B, Jason L L. 2000. The effects of elevated [CO_2] on the C/N and C/P mass ratios of plant tissues. *Plant and soil*, **224**, 1—14

[56] Ueli A H, Aedreas L, Markus D, et al. 2000. Due to symbiotic N_2 fixation, five years of elevated atmospheric CO_2 had no effect on the N concentration of plant litter in fertile, mixed grassland. *Plant and soil*, **224**, 43—50

[57] Golser V, Marta J, Andreas L, et al. 2000. Soil mineral nitrogen availability was unaffected by elevated atmospheric CO_2 in a four year old field experiment (Swiss Face). *Plant and soil*, **227**, 291—299

[58] Loiseau P, Soussana J F. 1999. Elevated [CO_2], temperature increase and N supply effects on the turnover of belowground carbon in a temperate grassland ecosystem. *Plant and soil*, **210**, 233—247

[59] Shauna M U, Robert G Q, Richard B T. 2000. Effects of increased atmospheric CO_2, temperature, and soil N availability on root exudation of dissolved organic carbon by a N-fixing tree (Robinia pseudoacacia L.). *Plant and soil*, **222**, 191—202

[60] Gorissen, Cotrufo M F. 2000. Decomposition of leaf and root tissue of three perennial grass species grown at two levels of atmospheric CO_2 and N supply. *Plant and soil*, **224**, 75—84

[61] Hunt et al. 1991. Simulation model for the effect of climate change on temperate grassland ecosystems. *Ecological Modelling*, **53**, 205—246

第七章 气候资源的推算方法

　　气候资源要素的空间分布和时间变化比较复杂,不仅受天文、地理因素的影响,而且与各地的地形地貌特征密切相关。为了揭示各地气候资源的分布和变化规律,合理地开发和利用气候资源,需要对气候资料进行统计分析。由于我国幅员辽阔,通常一个县只有一个气象站,资料的代表性有限,尤其是西部地区,地域广阔而台站稀少;因此,如何利用现有气象站的观测资料和某些野外考察资料来推算广大无观测站地区的气候资源,也是气候资源学的一项主要研究内容。

　　利用现有气候资料推算无观测站地区的气候资源,对资料的质量要求包括:①准确性和精确度。首先应检查现有资料中有无明显的过失误差以及是否达到规定的精度,对于缺测、错测记录应进行适当订正。②均一性。由于观测站位置的迁移、周围环境的改变、观测仪器的更新或安装位置的变化、观测时制的改变等,都会使观测资料序列的均一性发生改变,必须进行订正处理。③代表性。在某个站点所观测到的气象记录,不仅要能反映站点所在地的气候状况,而且也应该能够反映站点附近一定区域范围内气候资源的基本特征。④可比较性。由于气候要素具有明显的年、季、月变化,所以在进行比较时要求资料的观测时间尺度相同,时间尺度不同的资料序列不宜进行比较分析。

7.1 太阳能资源的推算

　　地球表面自然环境中几乎所有的能量都来自太阳,全部生命活动过程都直接或间接地依靠太阳能得以维持;同时,太阳辐射又是气候系统中热量和水分循环的动力源泉。太阳能一般以太阳总辐射量表示,包括太阳直接辐射和天空散射辐射,到达地面的太阳总辐射量的大小与天文因素、天气条件有关。光合有效辐射是指太阳辐射中波长为 $0.38\sim0.71\ \mu m$ 能被绿色植物吸收进行光合作用的太阳能,其量值大小直接关系到作物的生长发育和产量形成。光照资源是农业生产不可或缺的自然资源,日照时数是光照资源的主要度量单位,研究其分布规律对农业合理布局和提高光照资源利用效率具有重要的现实意义。因此,为了深度开发和充分利用太阳辐射能,对太阳能资源进行定量的分析评价,研究其时间变化和空间分布规律,需要了解并掌握太阳能资源的推算方法。

7.1.1　太阳总辐射的推算

到达地面的太阳总辐射量可以由辐射观测仪器直接测量,也可以根据气象资料间接推算。由于我国日射观测台站较少且分布不均匀,所以在实际工作中,一般根据日射站资料或短期考察资料,采用半经验半理论的方法推算无日射观测地点的太阳总辐射量。

1.气候学方法

影响地面太阳总辐射的因子主要是天文辐射量、太阳高度角、大气透明度、云状和云量等。目前,太阳总辐射量的气候学计算公式大多数仍采用(2.16)式的形式,不同学者根据不同资料经验拟合了适用于不同地区的地面总辐射量的计算公式,在各地气候资源分析的实际工作中发挥了很大作用。

到达地面的太阳总辐射与日照百分率之间存在以下经验关系[1]

$$Q = Q_0(a + bS_1) \tag{7.1}$$

式中,Q 为太阳总辐射;Q_0 为天文辐射;S_1 为日照百分率;a、b 为经验系数,可根据日射站实际观测资料采用回归统计方法拟合得到。利用该式,既可以对日射考察资料进行插补和延长订正,也可以推算某一气候区内无日射观测站点的太阳总辐射年、月、旬总量。但在实际应用中,应注意经验系数的适用性,可对某一地区的不同站点进行合理分区,按季节或不同月份分别拟合经验系数。

苏志等[2](2003)利用桂林、南宁、贵阳、海口 1961—2000 年逐旬太阳总辐射和日照百分率资料建立回归方程,推算广西各地逐旬太阳总辐射量,并分析了广西各季及年太阳总辐射的空间分布特征。由于广西只有桂林、南宁两个年代较长的太阳辐射观测站,而邻省有昆明、蒙自、贵阳、海口、广州等日射站,因此可采用回归统计方法间接推算出自治区内其他各站的太阳总辐射量。为了使计算结果比较准确,首先将广西 90 个站点进行了合理分区。分区的方法有两种:一是相关系数最大法,即分别计算广西各站的年日照百分率与桂林、南宁、昆明、蒙自、贵阳、海口、广州等 7 个日射站的年日照百分率的相关系数,然后按相关系数最大的原则归入相应的日射区;二是欧氏距离最小法,分别计算出广西各站与桂林、南宁、昆明、蒙自、贵阳、海口、广州等 7 个日射站的欧氏距离,按照欧氏距离最小的原则归入相应的日射区。对于采用上述两种方法分区结果不一致的个别站点,再利用 u-检验法进行确认分区,即检验其旬平均日照百分率与日射站之间是否存在显著性差异。

张雪芬等[3](1999)采用经验方法将河南省不完整的太阳辐射资料进行了插补延长和推算。河南省只有郑州、固始、安阳和南阳 4 个太阳辐射观测站,其中郑州站观测资料比较齐全,太阳总辐射、直接辐射、散射辐射资料序列年代较长(1956—1997 年);固始、安阳和南阳站的观测资料仅有太阳总辐射资料,而且资料年代分别为 1961—1997 年、1960—1990 年和 1983—1997 年。为了得到较完整的资料序列,采用经验公式先将安阳站资料年代延长到 1997 年,再推算出散射辐射、直接辐射量。在此基础上,通过方差分析得出河南省太阳总辐射的变化趋势和太阳辐射的变化周期。

宛公展等[4](1997)根据天津市 1959—1994 年逐日实测太阳总辐射资料,采用最大晴天总辐射 Q_A 作为超始值,同时考虑日照百分率 S_1 和大气中的水汽含量 E 对太阳辐射的影响,建立了估算年、季、月、旬、候及逐日太阳总辐射量的经验公式,其表达式为

$$Q = Q_A(a + bS_1 + cE) \tag{7.2}$$

式中 a、b、c 为经验系数。若令 $Y = Q/Q_A$,则上式的参数估计即为一般的多元回归问题,通过求解相应的正规方程可得出经验系数 a、b、c;经回归效果分析和统计检验后,即可用于推算其他无日射观测台站的地面太阳总辐射量。

Q_A 是指当地在全晴天条件下地面上所接收到的太阳辐射能总和。考虑到最大晴天总辐射量主要受一年中太阳高度角及碧空条件下大气透明度等因素的影响,因此可采用谐波分析方法估算 Q_A;即用一族正交的谐波进行叠加,拟合不同时间尺度的 Q_A 时变方程。根据逐日实测资料,首先按日挑取极大值,建立逐日最大晴天总辐射值序列,并作 5 点 3 次曲线($y = b_0 + b_1 t + b_2 t^2 + b_3 t^3$)分段平滑拟合,即对所建序列进行加权滑动平均处理。为了得到比较合理的不同时间尺度的最大晴天总辐射变化规律,对平滑后的逐日序列按不同时间间隔(月、旬、候)选取该时段的日极大值,作为新的样本数据(对应的样本数分别为 $N = 12$、36、72),再进行时间函数 Q_A 的谐波叠加拟合。谐波方程表达式为

$$Q_A = q_0 + \sum_{k=1}^{M} [A_k \cos(\omega t) + B_k \sin(\omega t)] \tag{7.3}$$

式中,q_0 为样本数据平均值;谐波频率 $\omega = 2k\pi/N$,$t = 0, 1, \cdots, N - 1$。经试验,取谐波总数 $M = N/2$;根据所选样本资料,分别确定出不同时间尺度的谐波振幅 A_k、B_k 值;结果表明,以月尺度($N = 12$)的 Q_A 拟合效果最好,谐波方程基本上可以反映出最大晴天总辐射的季节变化,年极大值、极小值分别出现在年内太阳高度角最大、最小的相应月份;而且大气透明度状况较好的月份,计算结果比较符合实际。

在利用日射站(基本站)观测资料估算其他无日射观测站(推算站)的 Q_A 时,若两站纬度相差超过 1°,海拔高度相差超过 100 m,则应将推算结果进行地理因素订正;订正系数 ζ 为

$$\zeta = 1 + c_1(\varphi - \varphi_0) + c_2(H - H_0) + c_3(e - e_0) \tag{7.4}$$

其中,φ、H、e 和 φ_0、H_0、e_0 分别表示基本站和推算站的地理纬度、海拔高度和水汽压,c_1、c_2、c_3 为经验系数。

高国栋等[5](1996)系统总结了太阳总辐射的气候学计算方法,认为地面实际

太阳总辐射量不仅与大气透明度有关,而且与天空晴朗程度有关;经验公式中的回归系数不仅随地理纬度、海拔高度变化,而且随季节变换而变化。刘新安等[6](2002)利用实测太阳辐射资料,检验、比较了国内常用的地面总辐射计算公式的误差和精度;结果表明,采用多因子综合法计算地面太阳总辐射误差较小,精度较高。杨美敏等[7](2005)运用数据集群技术,在黄河流域建立了用日照百分率拟合太阳总辐射的不同时空尺度估算式,对比分析了不同数据集群下总辐射的拟合精度;采用逆距离加权插值法,将获得的黄河流域及其周边 35 个日射站 1—12 月总辐射拟合的经验系数进行空间内插,获得了黄河流域 1—12 月总辐射拟合经验系数的空间分布;结合黄河流域及其周边 164 个常规气象站日照百分率观测资料,对黄河流域 1960—2000 年太阳总辐射进行了计算,并分析了时间变化和空间分布规律;结果表明,黄河流域太阳总辐射呈下降趋势,在季节上主要表现在夏季和冬季。

2. 数值模拟方法

随着计算机技术的迅速发展、太阳辐射研究的不断深入和气候条件的复杂变化,建立一种更加精确、适用于不同区域的太阳辐射推算方法,确定各地乃至细小网格的逐日太阳辐射值,为农业生产和科学研究提供有关辐射资源的基础数据就显得十分必要。因此,气候资源数值模拟已经成为一种必然的发展趋势。

F. W. Dobson 和 S. D. Smith[8](1988)提出的推算海面太阳辐射日总量的经验公式为

$$Q = I_0 \sinh(a + b\sinh) \tag{7.5}$$

其中,I_0 为太阳常数;a、b 为云量系数。太阳高度角 h 与地理纬度 φ、太阳赤纬 δ 及时角 ω 之间的关系为

$$\sinh = \sin\varphi\sin\delta + \cos\varphi\cos\delta\cos\omega \tag{7.6}$$

一年中太阳赤纬的变化范围是 $+23.5°$(夏至日)$\sim -23.5°$(冬至日),一日之中 δ 的变化很小,可视为常数;太阳赤纬 δ 按下式计算[9]

$$\delta = \arcsin[\sin(23.5\pi/180)\sin(2\pi k/D)] \tag{7.7}$$

其中,$D = 365$ 或 366,k 为从 3 月 21 日起算的天数,即 3 月 21 日 $k = 1$。

从日出到日落时刻积分(7.5)式,可得计算太阳辐射日总量的表达式

$$Q_d = \frac{T}{2\pi}I_0\big[(2\omega_0\sin\varphi\sin\delta + 2\cos\varphi\cos\delta\sin\omega_0)a +$$

$$(2\omega_0\sin^2\varphi\sin^2\delta + 4\sin\varphi\cos\varphi\sin\delta\cos\delta\sin\omega_0 +$$

$$\omega_0\cos^2\varphi\cos^2\delta + \frac{1}{2}\cos^2\varphi\cos^2\delta\sin2\omega_0)b\big] \tag{7.8}$$

其中,$T = 86400$ s 为一昼夜的时间;太阳常数 I_0 可取 1367 W·m^{-2};$-\omega_0$、ω_0 为日出、日落时角,表达式为

$$\omega_0 = \arccos(-\,\mathrm{tg}\varphi \cdot \mathrm{tg}\delta) \tag{7.9}$$

张新玲等[10](2001)对我国渤海海面实测太阳辐射日总量与云量的关系进行了分析,确定出渤海海域云量系数 a、b 的数值,采用上述经验公式对渤海海面太阳辐射日总量进行了推算;结果表明,计算值与实测资料具有较好的一致性。

刘建栋等[11](1999)提出了运用常规气象站月报资料推算太阳辐射日变化过程的数值模式,并利用中国科学院禹城生态试验站的实测资料进行了验证;结果表明,最大相对误差不超过 10%,可以作为作物生长数值模式进一步机理化的基础。该模式中,设直接辐射日总量为 S,散射辐射日总量为 D,天文辐射日总量为 Q_0;令

$$C_S = S/Q_0 , C_D = D/Q_0 ,$$
$$C_S(t) = S(t)/Q_0(t) , C_D(t) = D(t)/Q_0(t)$$

则

$$S = C_S Q_0 , D = C_D Q_0 ,$$
$$S(t) = C_S(t)Q_0(t) , D(t) = C_D(t)Q_0(t)$$

其中,t 为真太阳时。由(2.5)式,Q_0 和 $Q_0(t)$ 的表达式为

$$Q_0 = \frac{TI_0}{\pi\rho^2}(\omega_0 \sin\varphi\sin\delta + \cos\varphi\cos\delta\sin\omega_0) \tag{7.10}$$

$$Q_0(t) = \frac{I_0}{\rho^2}(\sin\varphi\sin\delta + \cos\varphi\cos\delta\cos\omega) \tag{7.11}$$

这里,ρ 是以日地平均距离为单位的日地距离。由此,可得

$$S(t) = \frac{C_S(t)}{C_S}\,\frac{\pi(\sin\varphi\sin\delta + \cos\varphi\cos\delta\cos\omega)}{T(\omega_0\sin\varphi\sin\delta + \cos\varphi\cos\delta\sin\omega_0)} \cdot S \tag{7.12}$$

$$D(t) = \frac{C_D(t)}{C_D}\,\frac{\pi(\sin\varphi\sin\delta + \cos\varphi\cos\delta\cos\omega)}{T(\omega_0\sin\varphi\sin\delta + \cos\varphi\cos\delta\sin\omega_0)} \cdot D \tag{7.13}$$

对于散射辐射来说,$C_D(t)$ 与 C_D 两者相差不大,可以视为近似相等。而对于直接辐射来说,云量变化的随机性会破坏直接辐射的日变化规律,所以 $C_S(t)$ 与 C_S 之间必然存在一些随机偏差,需要进一步考虑云量的影响。因此,在假定 $C_D(t) \approx C_D$,$C_S(t) \approx C_S$,并加入云量订正项后,太阳辐射日变化过程的数值模式为

$$S(t) = \frac{\pi(\sin\varphi\sin\delta + \cos\varphi\cos\delta\cos\omega)}{T(\omega_0\sin\varphi\sin\delta + \cos\varphi\cos\delta\sin\omega_0)} \cdot S \cdot \frac{10 - n(t)}{10 S_1} \tag{7.14}$$

$$D(t) = \frac{\pi(\sin\varphi\sin\delta + \cos\varphi\cos\delta\cos\omega)}{T(\omega_0\sin\varphi\sin\delta + \cos\varphi\cos\delta\sin\omega_0)} \cdot D \cdot \frac{Dn(t) + S\dfrac{10 - n(t)}{10 S_1}}{Dn + S\dfrac{10 - n}{10 S_1}} \tag{7.15}$$

式中,$n(t)$ 为一天中任一时刻的云量,可由常规气象资料结合样条函数插值方法得到;n 为日平均总云量;S_1 为日照百分率。显然,云量订正项可以满足不同情况;例如,全晴天时,$n(t)=0$,$S_1=1$,云量订正项为 1,两式均不受云的影响;全阴天

时，$S(t)=0$，$D(t)$ 表达式中云量订正项近似为 1；当一天中云量不发生变化而保持一定值 m 时，由概率论可知，$10S_1=10-m$，云量订正项趋于 1，即云量不影响太阳辐射日变化过程；当任一时刻 $n(t)=10$ 时，都会使 $S(t)=0$，满足极限条件。

一般来说，一天中某一时刻天空云量越多，则到达地面的太阳直接辐射量越少。模式中模拟太阳辐射日变化过程的云量订正项，正是建立在某一时刻的直接辐射量与 $10-n(t)$ 成正比这一假设的基础上的。从概率论角度来看，这是合理的。但是，实际上一天中某一时刻的云量并不绝对地与直接辐射一一对应，有时云量虽大但并不遮日，而有时云量虽小但恰好遮日；两种情况相比，前者的直接辐射量甚至比后者还大。因此，云量订正项中不仅考虑了云量随时间的变化，而且同时考虑了日照百分率。这样，既可以使模式具备一定的理论基础，又不至于产生较大的计算误差。

3. 遥感反演方法

采用数值模式推算地面太阳辐射量时，主要依赖于云量、日照百分率等气象参数；由于云、气溶胶等参数很难进行实时测量，所以由常规气象参数推算的地面太阳辐射在空间和时间上实际上是不连续的。随着空间技术的发展，气象卫星以较高的空间和时间分辨率大面积快速地测量地球—大气系统反射的太阳辐射和热辐射，覆盖范围从可见光到红外甚至微波波段。卫星观测的辐射含有大量的地表和空间背景辐射的信息，采用一定的物理模式，从中提取环境辐射特性，可以弥补地面观测数据的不足。

用卫星数据估算地表辐射场的研究始于 20 世纪 60 年代，主要有两种方法：统计反演法和物理反演法。统计法[12]根据大量的实际观测数据与卫星遥感测量值进行比较，建立经验关系式；这种方法难以直接用于无观测资料地区的太阳辐射推算。物理反演法[13,14]根据辐射传输理论结合卫星遥感资料计算地表和空间的辐射量，通常分晴天、阴天或部分云状况分别考虑。云的识别一般采用阈值法，而阈值的设置往往带有人为性；晴天大气中气溶胶的变化也是影响地面太阳总辐射的重要因子，这些因素在卫星遥感估算地面太阳总辐射的方法中还没有完全解决。

由卫星测量反演地表太阳总辐射的方法思路是，先确定晴天到达地表的太阳总辐射量，考虑云和地表之间的多次反射和透射过程以及大气中的水汽和气溶胶的削弱影响，再利用卫星遥感测量的行星反射率推算地面反射率，最终反演出到达地表的太阳总辐射量。

晴天到达地表的太阳总辐射 Q_A 可表示为[13]

$$Q_A = Q_0\cos(\theta_S)[\exp(-\tau/\cos\theta_S)+t_d(\theta_S)][1+A_sS_a+(A_sS_a)^2+\cdots]$$
$$= \frac{Q_0\cos\theta_S T(\theta_S)}{1-A_sS_a} \tag{7.16}$$

其中，Q_0 为大气上界的天文辐射量，可根据太阳常数和日地距离确定；θ_S 为太阳天顶角，可根据时间和当地经、纬度计算；τ 为大气光学厚度；T 为大气总透射率（直射和漫射透射率 t_d 之和），包括分子吸收、气溶胶和分子散射引起的衰减。A_s 为地表反射率，S_a 为晴空大气半球反射率。

　　考虑大气中云的散射时，设云（厚的气溶胶也当作云来考虑）的反射率为 A_c，且假定云散射和地表反射是各向同性的；若不考虑云的吸收，则云的透射率为 $(1-A_c)$，透射的太阳辐射经地表反射后进入大气的部分为 $(1-A_c)^2 A_s$，二次反射后的部分为 $(1-A_c)^2 A_s^2 A_c$，依次类推；则对于卫星来说，多次反射后地气系统的总反射率为：

$$\begin{aligned} A &= A_c + (1-A_c)^2 A_s + (1-A_c)^2 A_s^2 A_c + \cdots] \\ &= A_c + \frac{(1-A_c)^2 A_s}{1-A_c A_s} \end{aligned} \tag{7.17}$$

同样，对于地表面，云的总透射率为：

$$\begin{aligned} T_s &= 1 - A_c + (1-A_c) A_s A_c + + (1-A_c) A_s^2 A_c^2 + \cdots] \\ &= \frac{1-A_c}{1-A_c A_s} \end{aligned} \tag{7.18}$$

　　假定晴天和有云时大气分子的透射率相同；这种假定具有一定的根据；因为大气吸收太阳光的主要因子是水汽和臭氧，臭氧含量主要分布在云以上的高度，而水汽在多数吸收带上已饱和，云中增加的水汽含量并不会显著增加太阳辐射的吸收。这样，地面总辐射量 Q 可表示为晴天到达地表的太阳总辐射量 Q_A 和有云时透射率 T_s 的乘积：

$$Q = \frac{Q_0 \cos\theta_S T(\theta_S)}{1-A_s S_a} \cdot \frac{1-A}{1-A_s} \tag{7.19}$$

根据由卫星测量的行星反射率和晴天大气反射率的关系，可以得到云和地表的总反射率 A；在一定的时间范围内，可以选取晴朗无云时的总反射率作为地表反射率 A_s 的近似值。由此，云引起地表太阳辐射的变化可以由卫星遥感测量的行星反射率来推算。

　　魏合理等[15]（2003）由 GMS5（Geostationary Meteorological Satellite）静止气象卫星测量的可见光通道的行星反射率，根据地气系统的物理模式反演推算地面太阳辐射。该模式以平均气候模式和晴天气溶胶光学厚度计算晴天的大气吸收、分子和气溶胶散射，其他情况下的散射由行星反射率和晴天地表反射率推算而得。模式中考虑了水汽和气溶胶的变化对地表太阳辐射的影响，采用经验方法确定水汽和气溶胶对太阳辐射影响的修正系数，提出由卫星遥感测量的总反射率 A 和地面露点温度 T_d 推算实时地表太阳辐射。

7.1.2　光合有效辐射的推算

　　光合有效辐射(PAR)是陆地生态系统中光合作用的关键组成部分,对于定量分析植物的生长过程具有重要意义。光合有效辐射是指能为绿色植物进行光合作用所利用的那一部分太阳辐射,它是形成植物干物质的能量来源。PAR是一种重要的气候资源,是光合潜力、潜在产量和作物生长模拟研究中不可缺少的基础数据。由于目前尚无PAR的常规观测台站,所以仍需借助于经验方法进行推算。

　　目前,对PAR的度量存在两种计量系统:一是在气象学、气候学等研究领域中普遍使用的能量系统,测定光合有效辐射通量密度 Q_{PAR},采用与气象台站日射观测相一致的单位 $W \cdot m^{-2}$,以便与能量平衡研究以及光合产量的能量进行比较。二是在农学、生态学研究领域中广泛使用的量子系统,测定光合有效量子通量密度 U_{PAR},单位为 $\mu mol \cdot m^{-2} \cdot s^{-1}$;因为绿色植物在进行光合作用时,光是以量子的形态参与反应的,不同波长的光量子所含能量不同,所以PAR能量的生理意义更直接,所代表的辐射光合效应更准确。研究表明[16],在各种光谱结构很不相同的光源照射下,叶片光合速率与光合有效量子通量密度的比值彼此差异最小。因此,有学者[17]认为,量子系统是更合理的PAR计量系统。

　　1. 气候学方法

　　目前,我国有关光合有效量子通量密度 U_{PAR} 的确定,因实际观测资料较少,无法对 U_{PAR} 直接进行经验拟合,大多根据已经积累的光合有效辐射通量密度 Q_{PAR} 观测资料,采用间接方法推算。通常, U_{PAR} 的气候学计算方法是,先根据太阳总辐射 Q 按(2.43)式估算 Q_{PAR},然后再将 Q_{PAR} 换算成 U_{PAR}。

　　Q_{PAR} 和 U_{PAR} 之间的关系可表示为

$$U_{PAR} = u \, Q_{PAR} \qquad\qquad (7.20)$$

式中, u 为单位PAR能量所具有的量子数,称为量子转换系数,单位为 $\mu mol \cdot J^{-1}$。将(2.43)式代入(7.20)式,有

$$U_{PAR} = a \cdot u \cdot Q \qquad\qquad (7.21)$$

因此,对 U_{PAR} 的气候学推算问题,实际上就归结为对光合有效辐射换算系数 a 和量子转换系数 u 的确定问题。

　　周允华等[18](1987)曾对太阳直接辐射光量子通量的气候学计算方法进行过研究。平均而言,在平原地区,量子转换系数 $u = 4.72\ \mu mol \cdot J^{-1}$,高原地区为 $u = 4.64\ \mu mol \cdot J^{-1}$。至于太阳总辐射的量子转换系数,系统的气候学研究还不多见;我国学者在对太阳总辐射和PAR两种单位进行换算时,对 u 的取值也不尽一致。例如,左大康等[19](1985)在研究黄淮海平原主要作物光能利用率和光合潜力时,将PAR波段的量子平均能量采用575 nm单色光的量子能量,取 $u = 4.80\ \mu mol \cdot J^{-1}$;朱志辉等[20](1985)在研究我国陆地生态系统的植物太阳能利用率时,取量子

转换系数为 $u = 4.40\ \mu mol \cdot J^{-1}$；黄秉维[21]（1985）在估算我国农业生产潜力时，采用文献[16]值 $u = 4.57\ \mu mol \cdot J^{-1}$。

周允华等[17]（1996）根据太阳总辐射中 PAR 能量的量子转换系数与相关色温的关系，得到英国、南非和澳大利亚等地量子转换系数 u 的算术平均值为 4.55 $\mu mol \cdot J^{-1}$；并认为，对于气候学计算精度的要求而言，可以不考虑世界各地相关色温频率分布的差异，而把量子转换系数 u 取常数，即在太阳总辐射中，平均每 1 J 的 PAR 能量含有 4.55 $\mu mol \cdot J^{-1}$ 的量子，或者说每 1 mol 的 PAR 量子具有 220 kJ 的能量。将该平均值代入(7.21)式，得光合有效量子通量密度 U_{PAR} 的气候学推算公式为

$$U_{PAR} = 4.55 \cdot a \cdot Q \qquad (7.22)$$

式中，总辐射 Q 的单位取 $W \cdot m^{-2}$，U_{PAR} 的单位为 $\mu mol \cdot m^{-2} \cdot s^{-1}$。

2. 数值模拟方法

刘建栋等[22]（1999）曾对光合有效辐射的日变化过程进行了数值模拟，利用实测太阳辐射资料建立太阳辐射强度与光合有效辐射之间的经验关系式，在此基础上提出了可对任一时刻 PAR 进行模拟的数值模型，并利用实测的太阳辐射资料对模型进行了检验。利用 Li-188B 辐射量子照度仪分别测量波段为 $300 \sim 1100$ nm 的太阳辐射强度、直接辐射 $S(t)$、散射辐射 $D(t)$ 和波段为 $400 \sim 700$ nm 的光合有效辐射量子通量密度 U_{PAR}、瞬时直接光合有效辐射 $S_{PAR}(t)$、瞬时散射光合有效辐射 $D_{PAR}(t)$。观测资料表明，直接辐射和散射辐射强度与各自相应的光量子密度之间呈线性关系；拟合方程分别为：

$$S_{PAR}(t) = 81.31 + 1.39S(t)$$
$$D_{PAR}(t) = 59.05 + 1.33D(t) \qquad (7.23)$$

由此，将(7.14)、(7.15)式代入，即可得到一天中任一时刻的光合有效辐射 $S_{PAR}(t)$ 和 $D_{PAR}(t)$。

根据实测资料采用积分法计算太阳辐射日总量值，由辐射日总量可以反演辐射强度的日变化过程。这种反演的机理性较强，反演后的辐射日总量基本上等于实际太阳辐射日总量。理论上，典型晴天的太阳辐射日变化过程应与天文辐射的日变化过程相一致。因此，在辐射强度日变化的反演过程中不会产生较大误差。对模型检验的结果表明，由太阳辐射日总量资料推算 PAR 日变化的效果较好，平均相对误差 S_{PAR} 为 6.5%、D_{PAR} 为 8.6%。由此可见，利用辐射日总量的实测值可以比较准确地模拟出光合有效辐射的日变化过程。对于有辐射观测项目的地区都可以利用该模型对大田作物上方的光合有效辐射进行估算。对于无日射观测项目的地区，可由云量和日照百分率推算太阳辐射日总量，再反演 PAR 的日变化；尽管推算效果相对差一些，但模拟值与实测值的日变化趋势仍比较一致。

3.遥感反演方法

美国 NASA 为"地球观测计划"(EOS—Earth Observation Scheme)先后发射了两颗人造卫星(Terra 和 Aqua),MODIS 为卫星上的传感器。EOS 的主要任务以及 MODIS 的设计目标是探测地球的辐射收支情况;MODIS 可测量 36 个波段的太阳辐射光谱,同时获取大气、陆地和海洋的信息,具有中等时间和空间分辨能力;其标准产品有 44 项,但没有陆地 PAR 数值。为此,许多学者尝试利用遥感资料反演陆地 PAR 的推算方法。

刘荣高等[23](2004)以 MODIS 遥感数据为基础,反演晴空条件下影响光合有效辐射的大气因子(大气可降水量、气溶胶),根据辐射传输方程从大气顶层光合有效辐射反演高分辨率陆地上的光合有效辐射。算法采用查算表替换辐射传输模式,这一计算技术能显著提高数据的处理速度,使其能够对大批量、像元级的数据进行处理。将该算法应用于光合有效辐射估算,对华北平原部分区域进行反演并利用中科院山东禹城生态试验站的自动测量数据对推算结果进行了检验。

张佳华等[24](2000)从遥感信息参数和植物生理生态参数出发,直接以遥感信息获取吸收光合有效辐射,将表示作物生育期中光合时间的作物光合同化势引入到遥感—光合作物产量模型中,同时利用遥感信息估算作物光合速率,进而建立了遥感—光合作物产量机理模型。遥感反演的信息能够综合反映作物群体的结构特性,进而反映作物个体的光合差异。所建立的模型可用于典型区域的作物产量估算,为农田生态系统的生物量研究和提高作物产量估算精度等提供了一种可借鉴的新方法。

通常,PAR 受大气状况影响很大;而且大气中的影响因素,如云、气溶胶等的时空变化非常复杂,数值模式中若采用空间插值方法估算 PAR 则难以体现这种差异,往往导致模拟值存在较大误差。而利用地球观测卫星传感器的遥感资料,由高分辨率的 PAR 吸收系数直接反演 PAR,可以获得比较准确的结具,有利于提高数值模式的模拟精度。所以,建立遥感反演模式,可以解决 PAR 从地面测量向卫星遥感测量的转换问题,为 PAR 的估算提供了新的方法。

利用卫星遥感资料反演 PAR,考虑云、气溶胶等大气因素的影响以及 PAR 的时间变化,可以推算出任一地区任意时刻的 PAR 值,对于分析 PAR 的时空分布规律、了解 PAR 对生态过程的制约作用以及全球气候导致 PAR 变化进而影响生态系统光合作用过程等具有重要意义。

7.1.3　日照时数的推算

日照时数分为可能日照时数和实际日照时数。地面上的"可能日照时数"一般具有两种含义,即天文可照时数和地理可照时数。天文可照时数是指不考虑大气影响和地形遮蔽的最大可能日照时间,即从天文学的日出到日落所接受日照的时间长度;理论上,它主要受测点地理纬度、经度及季节的影响。地理可照时数是指考虑地形遮蔽的影响而不考虑大气影响的可能日照时间。实际日照时数是指某地接受太阳照射的实际时间长度。由于地形地物的阻挡或遮蔽以及云、沙尘暴等天气现象的影响,通常总是使某地的实际日照时数小于可能日照时数。

日照时数是农业合理布局的主要气象参数之一,也是某些大型工程设计必需考虑的重要参数。因此,无资料地区日照时数的推算以及日照时数分布规律的研究也具有实际意义。

1. 气候学方法

对于相距不远的测站,其日照时数受共同的环流背景制约和各自下垫面条件的影响。若不考虑测站的小地形差异或下垫面特征基本相似时,日照时数仅与测站所处的地理位置有关,则可对某一地区常规气象站的日照观测资料进行逐步回归分析,建立年(月)日照时数 R_z 与测点地理纬度 φ、经度 λ 和海拔高度 H 的经验关系,以此推算该地区无观测地点的日照时数。一般表达式为

$$R_z = a\varphi + b\lambda + cH + d \qquad (7.24)$$

式中,a、b、c、d 为经验系数。

马淑红等[25](2000)根据塔里木油气管道沿线周围近 20 个气象站 36 年(1961—1996)日照时数和经纬度及海拔高度资料,采用逐步回归方法建立了塔里木油气管道沿线年日照时数的推算公式为

$$y = -2345.0630 + 66.0556\varphi + 31.5592\lambda \qquad (7.25)$$

结果表明,塔里木盆地年日照时数随地理纬度、经度的增加而增大,其分布特征为由东北向西南递减;最大值出现在塔里木盆地东北部,最小值出现在塔里木盆地西南部;这与盆地西南部频繁出现沙尘暴天气有关。

在此基础上,应用统计学中极值分布理论导出的概率分布函数为

$$S(x) = \exp\{-\exp[-(a-x)/b]\} \qquad (7.26)$$

极值分布函数取决于给定时段内随机变量的原始分布函数和样本容量,当原始分布为指数型分布时,样本极值就渐进服从(7.26)式;其中,$a>0$ 为尺度参数,b 为分布密度的众数。由此,可进一步得出各测站年日照时数 30 年、50 年、100 年一遇的极值计算公式为

$$S_{XP} = \bar{x}(\phi_P C_v + 1) \qquad (7.27)$$

其中,$\bar{x}$ 为年日照时数的均值;C_v 为年日照时数的变差系数;ϕ_P 为离均系数,实际计算时可查数理统计表。由此,可以对油气管道中间站的太阳能电站年日照时数不同概率条件下的设计值进行推算,并可揭示塔里木盆地油气管道沿线年日照时数极值的分布规律。

马志福等[26](2000)对塔里木盆地日照时数分布规律及其应用进行了系统的

研究。根据塔里木盆地所处的地理位置和气候特点以及不同天气现象的影响,考虑到塔里木盆地年日照时数不仅随纬度变化,而且随经度变化,建立了塔里木盆地中无资料地区各月日照时数的推算公式(见表 7.1),并进行了精度检验。

表 7.1   塔里木盆地无资料地区 1—12 月日照时数预测模式及精度验验[26]

月份	日照时数预测模式	偏相关系数（与纬度）	偏相关系数（与经度）	复相关系数
1	$y_1 = 2.7655\lambda - 37.98010$	0.0	0.77392	0.77392
2	$y_2 = 4.7322\varphi + 3.0921\lambda - 258.4547$	0.79219	0.86515	0.92669
3	$y_3 = 4.3543\varphi + 3.7850\lambda - 272.4211$	0.74179	0.89034	0.93048
4	$y_4 = 6.3221\varphi + 3.5758\lambda - 320.5419$	0.87759	0.90332	0.95437
5	$y_5 = 10.8957\varphi + 3.4258\lambda - 448.5544$	0.91651	0.82596	0.95142
6	$y_6 = 11.6522\varphi - 176.8820$	0.87708	0.0	0.87708
7	$y_7 = 15.0241\varphi - 304.7381$	0.92658	0.0	0.92658
8	$y_8 = 1.6631\lambda + 52.4293$	0.0	0.59526	0.59526
9	$y_9 = 11.6088\varphi + 4.2508\lambda - 530.0886$	0.71246	0.87812	0.92128
10	$y_{10} = 4.4686\varphi + 3.9716\lambda - 239.1675$	0.56669	0.81901	0.82706
11	$y_{11} = -2.7218\varphi + 2.7773\lambda + 142.7099$	0.65858	0.58007	0.71301
12	$y_{12} = -3.1811\varphi + 1.2727\lambda + 240.6187$	0.88160	0.81190	0.93600
年	$y = 66.0556\varphi + 31.5592\lambda - 2345.0630$	0.83536	0.82801	0.92471

分析结果表明,塔里木盆地年日照时数随纬度和经度的增加而增大;其中纬度每增加1°,年日照时数增加 66.1 h;经度每增加 1°,年日照时数增加31.5 h。根据日照时数与地理纬度和经度之间的关系,建立了塔里木盆地无资料地区年日照时数的经验推算模式。

理论上可以证明,3000 m 以下的海拔高度对可照时数的影响很小,在我国的纬度范围内,可能日照时数最多增加 0.5 小时左右。海拔高度对日照的影响,实际上包含了云雾对日照时数的影响。云雾是造成实际日照时数随海拔高度变化的重要影响因素,尤其是在海拔比较高的山区。一般来说,随着海拔高度的升高,气温降低,空气湿度增大,云雾逐渐增多;到达一定高度以后,随海拔高度的增大,空气中的水汽含量降低,云雾又逐渐减少。所以,实际日照时数开始随海拔高度升高而减少,达到一定高度以后又随海拔高度升高而增大。对于不同高度的山区地形,转折高度也不相同;对于海拔较低的丘陵山地,则不出现转折高度。

于俊伟[27](1998)根据大娄山南坡剖面实测资料,分析了大娄山日照时数的年、季和垂直变化特征以及日照时数与降水量之间的关系。结果表明,大娄山各高度上日照时数的年、季变化趋势基本一致;垂直变化近似为抛物线型,最少日照的高度出现在 1350~1400 m 之间,与云雾状况及降水量有一定的对应关系。将日

照时数 R_z 看作是海拔高度 h 的函数,采用一元二次方程对观测站四季代表月的日照时数和海拔高度的关系进行经验拟合,表达式为

$$R_Z = a + bh + ch^2 \qquad (7.28)$$

式中,a、b、c 为经验系数。拟合结果及误差检验见表 7.2。

表 7.2 大娄山南坡日照时数与海拔高度的经验拟合[27]

月 份	拟合方程	最少日照高度/m	相对误差/%
1	$R_Z = 69.7 - 8.5h + 0.3h^2$	1360	9.7
4	$R_Z = 188.2 - 12.9h + 0.3h^2$	2340	10.4
7	$R_Z = 1309.1 - 174.3h + 6.5h^2$	1350	5.3
10	$R_Z = 391.2 - 49.7h + 1.8h^2$	1400	6.2
年	$R_Z = 4710.8 - 574.4h + 20.5h^2$	1400	8.2

分析认为,大娄山日照时数与降水量之间存在对应关系。在最少日照的高度以下,日照时数随年降水量的增加而减少,两者相关系数达 -0.9942;年降水量增加 1 mm,日照时数大约减少 1.79 h。大娄山年降水量随海拔高度增加而增大,无最大降水高度出现;在最少日照的高度以上,日照时数随年降水量的增加而增大。

2. 数值模拟方法

利用(7.9)式可以计算出任一地点一年中任意一天水平面上的日出(日落)时角。因此,在给定地理纬度 φ 和太阳赤纬 δ 的条件下,一天的天文可照时间为 $2\omega_0$。由于地球自转,时角每隔 $15°$ 相差 1 小时,每隔 $15'$ 相差 1 分钟,由此可将以弧度为单位的天文可照时间换算为可照小时数。

地球的赤道平面与公转轨道平面并不一致,地球绕自转轴的旋转使得太阳高度和日照时间产生周日变化,而自转轴相对于太阳的位置又导致太阳高度和日照时间产生周年变化。一年中任一天的太阳赤纬与太阳在公转轨道上的位置有关。所以,计算天文可照时间必须精确确定太阳赤纬 δ。

根据国际天文协会的决议,从 1984 年起各国天文年历均采用新的天文常数系统、时间系统和基本参考系,并且采用太阳系天体运动方程组新的数值积分结果,精确列表值的确定方法与结果都有所改进。为此,左大康等[28](1991)根据 1986 年我国天文年历中的列表值对太阳赤纬 δ 进行了 Fourier 分析,给出的计算公式为

$$\delta = 0.006894 - 0.399512\cos\theta + 0.072075\sin\theta - 0.006799\cos2\theta +$$
$$0.000896\sin2\theta - 0.002689\cos3\theta + 0.001516\sin3\theta \qquad (7.29)$$

其中

$$\theta = 2\pi(D_n - 1)/365.2422 \qquad (7.30)$$

式中,θ 称为太阳日角,以弧度为单位;D_n 为日序,依次从每年的 1 月 1 日到 12 月

31 日。

　　对于地理可照时数,计算时需要考虑起伏地形中坡向、坡度和地形遮蔽对日照的影响。可以假设山区海拔高度场为 $H(x,y)$,其中 x、y 分别代表东西方向和南北方向的坐标,并规定 x 坐标由西向东为正,y 坐标由北向南为正;由此,起伏地形中坡向、坡度的解析表达式可表示为

$$\beta = \pi - \text{arctg}\left(\frac{\partial H}{\partial x}\bigg/\frac{\partial H}{\partial y}\right) \tag{7.31}$$

$$a = \text{arctg}\left[\left(\frac{\partial H}{\partial x}\right)^2 + \left(\frac{\partial H}{\partial y}\right)^2\right]^{1/2} \tag{7.32}$$

其中,坡向 β 以正南为零,沿顺时针方向(向西)为正,逆时针方向(向东)为负。由于实际的山区地形起伏非常复杂,一般无法给出 $H(x,y)$ 的数学表达式,所以只能利用离散的网格点海拔高度资料,以差分代替微分形式来推算局地平均坡向和坡度。李占清等[29] (1987)曾提出一个推算山区起伏地形中日照时间的计算机模式,该模式的输入参数为时间步长、网格距和基本地形参数(坡向、坡度、遮蔽角)等,可用于推算一年中任一日期或时段以及长年的山地日照时数,且模式的计算精度随时间步长的减小而提高。

　　随着卫星遥感技术和地理信息系统(GIS—Geographic Information System)的应用,国内外学者以数字高程模型(DEM—Digital Elevation Model)数据为基础,对地理可照时数计算模式进行了广泛的研究。例如,L. Kumar 等[30] (1997)提出了复杂地形条件下的可照时数计算模式,李新等[31] (1999)考虑任意地形条件对太阳辐射模型进行改进,J. Wang 等[32] (2000)利用美国地球资源探测卫星和数字高程模式对地表净辐射进行了估算,曾燕等[33] (2003)对起伏地形下我国 1 km 精细尺度的可照时间空间分布进行了研究,张勇等[34] (2005)对基于 DEM 数据的起伏地形条件下可照时间计算模式进行了改进,并从不同地貌类型和不同空间尺度两个方面进行了地形与空间尺度效应的研究。

　　这一类计算模式的基本思路是,考虑起伏地形中地面任意一点 P,根据从 DEM 数据中读取的地理纬度 φ 和由(7.29)式确定的太阳赤纬 δ,首先利用(7.9)式计算出 P 点的天文可照时间(弧度),然后再考虑周围地形遮蔽对 P 点日照造成的影响。在实际地形条件下,一天中任意时刻 P 点是否可照,由该时刻的太阳高度角 h、方位角 A 以及太阳方位角方向上的地形起伏对 P 点造成的遮蔽角所决定。如果太阳高度角大于地形对 P 点造成的遮蔽角时,P 点有日照;反之则被遮蔽,没有日照。实际计算时,可给定时间积分步长 ΔT,计算相应的太阳时角步长 $\Delta\omega$ 和水平面上从日出到日落太阳时角的离散数目 n;即

$$\Delta\omega = \frac{2\pi}{24 \times 60} \cdot \Delta T \tag{7.33}$$

$$n = \text{int}\left(\frac{2\omega_0}{\Delta\omega}\right) \tag{7.34}$$

式中，int( )为取整函数。则各时刻的太阳时角为

$$\omega_i = -\omega_0 + i\Delta\omega, \quad i = 1, 2, \cdots, n-1 \tag{7.35}$$

$$\omega_n = \omega_0$$

代入太阳高度角公式(7.6)可计算出各时刻所对应的太阳高度角 h_i；根据太阳视轨道方程，各时刻的太阳方位角 A_i 为

$$\cos A_i = \frac{\sinh_i \sin\varphi - \sin\delta}{\cosh_i \cos\varphi}, \quad i = 1, 2, \cdots, n \tag{7.36}$$

地形遮蔽状况的计算采用光线追踪算法。搜索光线入射路径上遮蔽范围半径以内的所有网格点，若某网格点高程与目标网格点高程之间所形成的高度角(即地形遮蔽角)大于该入射路径上的太阳高度角，则这是一条被遮蔽路径，取地形遮蔽因子 $d_i = 0$；否则为可照路径，取 $d_i = 1$。实际计算时，也可以直接通过周围网格点高程与目标点高程相比较，来确定地形遮蔽因子 d_i。

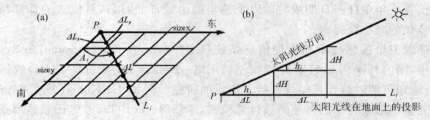

图 7.1　光线追踪算法示意图

如图 7.1 所示，以地面任意一点 P 为起点，沿 A_i 方位作直线 L_i，根据太阳高度角 h_i 和直线 L_i 方向上各点的高程即可确定该时刻周围地形对 P 点的遮蔽状况 d_i。实际计算中，地面的高程信息都来源于 DEM 数据，由于国家基础地理信息数据库标准的 DEM 数据都是采用规则的正方形网格，因此，为了提高计算机模式的运行效率，可自 P 点开始沿直线 L_i 按照距离步长 ΔL 依次判断相应网格点对 P 点的遮蔽状况。取 DEM 数据的空间分辨率的最小值作为距离步长，即 $\Delta L = \min$ (sizex，sizey)，则自 P 点开始沿直线 L_i 按照距离步长每增加一个 ΔL，对应的水平(东西)方向的坐标增量 ΔL_x 和垂直(南北)方向的坐标增量 ΔL_y 分别为

$$\Delta L_x = \Delta L \times \sin(A_i)$$
$$\Delta L_y = \Delta L \times \cos(A_i) \tag{7.37}$$

沿直线 L_i 方向，随距离步长 ΔL 的增加，在太阳光线入射方向的高程增量 ΔH 为

$$\Delta H = \Delta L \times \text{tg}(h_i) \tag{7.38}$$

在实际计算过程中，直线 L_i 的长度由用户自行设定，取一定的遮蔽范围半径 R 即

可满足计算要求。以 P 点为起点，ΔL 为步长，沿直线 L_i 逐步计算周围网格点高程对太阳光线的遮蔽状况，若

$$Z(x_P + j \times \Delta L_x, y_P + j \times \Delta L_y) > Z(x_P, y_P) + j \times \Delta H$$

$$j = 1, 2, \cdots, N \tag{7.39}$$

则 $d_i = 0$，即 A_i 方位周围地形对 P 点有遮蔽；否则，$d_i = 1$，表示 A_i 方位周围地形对 P 点无遮蔽，P 点可照。其中，$Z(x, y)$ 为 (x, y) 处的高程；N 为计算次数，由遮蔽范围半径 R 和步长 ΔL 决定。

分别计算不同时刻的地形遮蔽因子 d_i，判断每一微分时段内是否可照，设 g_i 为每个时段的地形遮蔽系数，取

$$g_i = (d_{i-1} + d_i)/2 \tag{7.40}$$

显然，地面 P 点的日照状况完全取决于两端点时刻的日照状况。若两时刻可照（或遮蔽），则整个时段都可照（或遮蔽）；若某一时刻可照，另一时刻遮蔽，则整个时段有一半时间可照（或遮蔽）。

由此，起伏地形中任意一点 P 在任一天中的太阳可照时数 T（小时）可表示为

$$T = \frac{24}{2\pi}\left[\sum_{i=1}^{n-1} g_i \Delta\omega + g_n \mathrm{mod}\left(\frac{2\omega_0}{\Delta\omega}\right)\right] \tag{7.41}$$

式中，$\mathrm{mod}()$ 为求余函数，用来表示一天的昼长除以时间步长后的余数值。

起伏地形中可照时数的大小，直接影响地表可获得的太阳辐射量的多少，进而影响其他气象要素的空间分布。目前，以数字高程数据为基础的地理可照时数计算模式，已经被广泛应用于地表辐射场数值模拟和地表能量平衡等研究领域。

7.2　热量资源的推算

热量资源是人类生产与生活所必需的资源，温度剧烈变化对人类健康与各项生产活动都有强烈影响，特别是直接影响着农作物的生育、产量及品质。虽然我国大部地区位于中低纬度，热量资源丰富，但因地处亚洲大陆东岸，濒临太平洋，季风环流盛行，加上占全国面积 1/4 的青藏高原和山脉等地形的影响，使得我国气温的季节变化非常明显，年际变化比较显著，全国气温的地理分布比较复杂。因此，为了充分开发利用热量资源，对热量资源进行定量的分析评价，研究其时间变化和空间分布规律，需要了解并掌握热量资源的推算方法。

热量资源通常以温度的各项统计量表示，气温、积温能够反映其一地区的热量资源状况，是热量资源分析中常用的指标量。热量资源的推算，主要包括气温资料序列的插补、延长和月平均温度、各界限温度的初终日期、活动积温和保证率等指标的推算。近年来，我国气象部门充分应用"3S"技术（即 Geographic Information System，Remote Sensing，Global Position System），提出了将气候资源要素推算到

0.1～0.5km 水平范围的"小网格法",使得区域气候资源要素的推算方法日趋成熟,在气候资源综合评价和开发利用等方面发挥了重要作用。

7.2.1 气温资料的序列订正

在统计各种气温指标进行热量资源分析之前,对观测资料中个别缺测、错测和不均一的记录进行订正,这一工作称为气温资料序列的插补。为了减少短序列统计得到的气温指标的抽样随机性,克服年代不同的气温资料的不可比较性,需要通过一定的方法求出较长时期内气温指标的订正值,这一工作称为气温资料系列的延长。实际工作中,经常遇到气温平均值的序列延长问题。序列插补和序列延长,统称为序列订正。只要观测记录中存在缺测、错测和不均一性的情况,序列插补就是需要的;而序列延长的情况与此并不完全相同,如果不作序列延长时气温指标的精度已经能够满足工作需要,那么就不必进行序列延长。

通常将需要进行序列订正的测站,称为订正站。几乎所有的序列订正工作,都是以订正站与其相邻测站之间气候变量相互联系的规律和该相邻测站在基本时期内的观测值为基础的。因此,将在基本时期内有完整的均一记录并且作为订正站序列订正依据的测站,称为基本站。选择基本站的条件是资料累积年代较长,与订正站有较长一段平行观测的时期,两站的天气气候条件以及地形条件大体相似,且与订正站的距离不太远。

在气温序列订正工作中,通常采用回归订正法和差值订正法[35]。

1. 回归订正法

某地某一时段内气候变量(如平均气温、降水量等)的年际变化主要是由于大范围环流状况的逐年变化所造成的。相距不远的测站往往处于大致相同的大气环流背景之下,其气候变量的年际变化受同一环流背景的制约。因此,一般来说,相邻测站的同一气候变量之间总是存在着一定程度的统计相关。经验表明,这种相关通常是线性的或者近似线性的。

若以 Y 记为订正站需要订正的气温序列, X 记为基本站的气温序列;由于 X 和 Y 之间的相关关系,可以根据订正站和基本站的平行观测资料建立一元线性回归方程,依据 X 对 Y 作出估计。因此,对于订正站个别缺测、错测和不均一记录的估计值 $\hat{y}_i$,可以根据同期基本站相应的观测值 x_i 由回归方程进行订正。即有

$$\hat{y}_i = \hat{a}_n + \hat{b}_n x_i \qquad (7.42)$$

该式称为回归插补公式。对上式在基本时期内取平均,则有

$$\bar{\hat{y}}_N = \frac{1}{N} \sum_{i=1}^{N} \hat{y}_i = \hat{a}_n + \hat{b}_n \bar{x}_N \qquad (7.43)$$

该式称为回归延长公式。由此,可以根据基本站在基本时期内的累年平均值 $\bar{x}_N$ 求得订正站在基本时期内累年平均值的回归估计值。

　　实际上,一个测站的气温与相邻几个基本站的气温都是相关的;因此,也可以建立多元回归订正公式。实际工作中,还可以用逐步回归方法建立以基本站多个气候变量为自变量的回归插补公式,用于大段缺测记录的插补。

　　2.差值订正法

　　观测资料表明,相邻测站同一气候变量差值的年际变化比该气候变量本身的年际变化小得多。根据气候变量"差值的稳定性",订正站与基本站在平行观测时期的气温相关系数 r_n 近似为 1,且其均方差 σ_{yn} 与 σ_{xn} 近似相等;可以近似地将相邻测站的气温差值 $d_i = y_i - x_i$ 看作是一个常数,即 $d_i = d = \bar{y}_n - \bar{x}_n$,这里 d 为平均差值;因此,有

$$\hat{y}_i = x_i + d_i \tag{7.44}$$

称为差值差补公式。由(7.43)式,有

$$\hat{\bar{y}}_N = \bar{x}_N + d \tag{7.45}$$

称为差值延长公式。

　　差值订正公式实际上是回归订正公式(7.42)和(7.43)的简化和近似。当平行观测年数(n)较短时,回归系数的抽样误差比较大,回归订正的误差甚至可能超过差值订正误差;此时应使用差值订正法。但是,在地形比较复杂、两站气温差值不稳定时,则以使用回归订正法为宜。

　　3.气温考察资料的订正

　　若某年在某个考察点上进行了几个月(冬、夏季或四季代表月份)的气温观测,如何将这几个月气温观测值订正为基本时期内的累年平均值,这在理论上和实践上都有很重要的意义。所谓气温超短序列订正[36],就是通过对考察资料与基本气象台站网观测资料的对比分析,求出考察时期的气温在基本时期内的累年平均值。该方法实际上是一种以条件温差为基础的两步订正法。

　　设订正站 A 与基本站 B 的气温差值为 D',它应该等于基本站在晴天、昙天和阴天三种天气状况下两站条件温差的加权平均值。在考察时期有

$$D' = \Delta T'_1 P'_1(B) + \Delta T'_2 P'_2(B) + \Delta T'_3 P'_3(B) \tag{7.46}$$

式中,$\Delta T'_i$ 分别是基本站为晴、昙、阴天条件下订正站和基本站的条件温差;$P'_i(B)$ 分别为基本站晴、昙、阴天的出现概率。

　　对于较长的时期(基本时期),假设两站的温差 D 可以表示为

$$D = \Delta T_1 P_1(B) + \Delta T_2 P_2(B) + \Delta T_3 P_3(B) \tag{7.47}$$

根据考察资料和基本站资料,考察月份的两站温差 D' 可以直接由资料计算得出,$P_i(B)$ 也可以统计得到;问题是如何确定 ΔT_i,即基本时期内晴、昙、阴天条件下的两站温差。从气温形成理论考虑,对于相距不太远的两个测站,其小气候差异具有

稳定性;也就是说,尽管相邻测站的气温各自都可以在相当大的范围内逐年变化,但是在太阳辐射、大气环流大体相同条件下的温差却是相当稳定的。因此,虽然不能直接用考察时期考察站的气温平均值代替其在基本时期内的气温平均值,但是,用考察期间考察站 A 与基本站 B 在晴、昙、阴天条件下的条件温差 $\Delta T'_i$ 来代替基本时期内两站的条件温差 ΔT_i 却是可以接受的。即有近似关系

$$\Delta T'_i = \Delta T_i \tag{7.48}$$

代入(7.47)式,可得

$$\hat{D} = \Delta T'_1 P_1(B) + \Delta T'_2 P_2(B) + \Delta T'_3 P_3(B) \tag{7.49}$$

式中,$\hat{D}$ 为基本时期两站温差 D 的估计值。由此,可得订正站(即考察站)A 在基本时期内的累年平均值订正公式。即

$$\hat{\overline{T}}_A = \overline{T}_B + \hat{D} = \overline{T}_B + \Delta T'_1 P_1(B) + \Delta T'_2 P_2(B) + \Delta T'_3 P_3(B) \tag{7.50}$$

式中,$\overline{T}_B$ 为基本站的多年平均气温。至此为第一步订正。

第一步订正值可能会形成比较大的误差,原因主要有:两站条件温差的相对稳定性受到了破坏、两站云状况的不同步或两站晴、昙、阴天条件温差的抽样误差,以及其他因素造成的误差。由这些因素所造成的误差,通常称为残余误差 d_1。因此,真正的订正值应该是

$$D = \hat{D} + d_1$$

实践表明,残差 d_1 与温差 D 具有相同的量级,故不能忽略不计;但是,事先又无法知道残差 d_1 的大小,只能通过间接途径来确定。方法是,选择一个与订正站条件尽可能相似且具有与基本站相同年代资料的测站,作为第二基本站 C,按(7.46)~(7.50)式的步骤,利用第二基本站的同期资料对基本站 B 进行订正,得到的订正值为

$$D'' = \hat{D}'' + d_2 \tag{7.51}$$

这里,$\hat{D}''$ 按(7.49)式计算;而 D'' 则按下式来确定

$$D'' = \overline{T}_C - \overline{T}_B \tag{7.52}$$

式中,$\overline{T}_C$ 为第二基本站 C 的多年平均气温。代入(7.51)式,可得残差 d_2,并且可以理解为由于第一步订正所造成的误差。考虑到所选的第二基本站 C 的地形与订正站 A 基本相似,且都使用同一年资料进行订正;因此,有 $d_1 \approx d_2$。于是,订正站对基本站 B 的真正订正值 D 为

$$D = D'' + \hat{D} - \hat{D}'' \tag{7.53}$$

至此,经过两步订正以后,订正站各月平均气温的最终订正结果为

$$\hat{\overline{T}}_A = \overline{T}_B + D'' + \hat{D} - \hat{D}'' \tag{7.54}$$

或写成

$$\hat{T}_A = \overline{T}_C + \Delta T''_1 P_1(B) + \Delta T''_2 P_2(B) + \Delta T''_3 P_3(B) \tag{7.55}$$

式中，$\Delta T''_i$ 分别为晴、昙、阴天条件下订正站 A 与第二基本站 C 的条件温差，$P_i(B)$ 分别为基本站 B 的多年平均晴、昙、阴天出现频率。

应用结果表明，气温超短序列订正方法的订正效果比较理想，利用其进行气温序列插补订正效果也很好；可以认为这种方法对不同长度的气温序列资料订正都比较适用，且资料序列越短，越能体现其优越性。

7.2.2　月平均气温的推算方法

在某一地区热量资源的推算中，以月平均气温的推算最为重要；因为其他一些热量指标(如各界限温度稳定通过的初终日期、活动积温等)的推算，往往都需要以月平均气温资料为基础。月平均气温的推算主要用于估计无观测地方的热量资源，尤其是在广大的山地和丘陵地区，如何利用现有的比较稀少的气象站常规观测资料和某些短期考察资料来推算无观测站地方的平均气温及其区域分布情况，具有重要的现实意义。月平均气温的推算可以根据掌握的资料情况而采取不同的方法；对于已有代表性月份气温考察资料的地方，可以采用谐波分析法[37]；而对于无气温观测的地区，则以采用分离综合法[38]为宜。

1. 谐波分析法

对于周期性变化比较明显的月平均气温，如果只在一年中的某些月份有观测，则其无观测月份的平均值可以采用谐波分析方法进行内插确定。由于气温年变化曲线接近于正弦波曲线，因此可以用正弦波方程近似地表示气温的年变化。假设各种云天条件下，订正站 A(即推算站)和基本站 B 的温度方程为

$$\begin{aligned} T_{Ai} &= \overline{T}_{Ai} + A_{Ai}\sin(\omega t + \varphi_A) + \varepsilon_A \\ T_{Bi} &= \overline{T}_{Bi} + A_{Bi}\sin(\omega t + \varphi_B) + \varepsilon_B \end{aligned} \tag{7.56}$$

式中，下标 i 表示晴、昙、阴三种天气状况。$\overline{T}_{Ai}$，$\overline{T}_{Bi}$ 分别为推算站和基本站晴、昙、阴天条件下的年平均气温；A_i 为振幅；φ 为初始位相；ω 为谐波角速度，t 为时间(以月为单位)；ε 为谐波方程的误差。

对于相邻两个测站，可以认为 $\varphi_A = \varphi_B$，$\varepsilon_A = \varepsilon_B$；则两站的条件温差为

$$\Delta T_i = T_{Ai} - T_{Bi} = \Delta \overline{T}_i - \Delta A_i\sin(\omega t + \varphi) \tag{7.57}$$

这里，$\Delta \overline{T}_i$ 为各种云天条件下 A 站与 B 站的年平均温度差；ΔA_i 为相应的年振幅差。如果有冬夏代表月(1、7 月)的气温考察资料，则可以近似地取两站 1、7 月气温差之和为年平均温度差 $\Delta \overline{T}_i$，取两站 1、7 月气温差之差的平均值为年振幅差 ΔA_i。由此，晴、昙、阴天条件下非考察月份(以下标 j 表示)的内插条件温差可表示为

$$\Delta T'_{ij} = \frac{1}{2}(\Delta T'_{i7} + \Delta T'_{i1}) + \frac{1}{2}(\Delta T'_{i7} - \Delta T'_{i1})\sin(\omega t_j + \varphi) \tag{7.58}$$

对于我国绝大部分地区来说,7月份气温最高,应该有 $\sin(\omega t_7 + \varphi) = 1$,即 $(\omega t_7 + \varphi) = 90°$;1月份气温最低,有 $\sin(\omega t_1 + \varphi) = -1$,即 $(\omega t_1 + \varphi) = 270°$;其余各月的 $(\omega t_j + \varphi)$ 采用等距内插方法确定。根据条件温差 $\Delta T'_{ij}$,可以确定出推算站与基本站的温差估计值 $\hat{D}_j$,即

$$\hat{D}_j = \Delta T'_{1j} P_{1j}(B) + \Delta T'_{2j} P_{2j}(B) + \Delta T'_{3j} P_{3j}(B) \qquad (7.59)$$

式中 $P_{ij}(B)$ 分别表示基本站 B 第 j 月多年平均的晴、昙、阴天的出现频率。

对于第二基本站 C 与基本站 B 的条件温差也可以作类似的谐波内插;由于两个基本站的年平均气温实际上是已知的,所以常年温差 D''_j 也可以确定;因此,非考察月份的温差订正值也可以按(7.53)式推算出来。最后,类似于(7.55)式,可以得到推算站 A 各个非考察月份月平均气温的估计值,即

$$\hat{\overline{T}}_{Aj} = \overline{T}_{Cj} + \Delta T''_{1j} P_{1j}(B) + \Delta T''_{2j} P_{2j}(B) + \Delta T''_{3j} P_{3j}(B) \qquad (7.60)$$

式中,$\Delta T''_{ij}$ 分别表示非考察月份晴、昙、阴天条件下推算站 A 与第二基本站 C 的条件温差;其表达式为

$$\Delta T''_{ij} = \frac{1}{2}(\Delta T''_{i7} + \Delta T''_{i1}) + \frac{1}{2}(\Delta T''_{i7} - \Delta T''_{i1})\sin(\omega t_j + \varphi) \qquad (7.61)$$

对于考察月份更多的情况,只要将 $\Delta \overline{T}_i$,ΔA_i 分别视为两个待定参数,采用最小二乘法可以拟合得到更加准确的基本站与考察站温差累年值的年变程谐波表达式,即(7.57)式,从而得到对无观测资料月份考察站气温更为准确的认识。

2. 分离综合法

傅抱璞[38](1984)最先提出推算山区气温的分离综合法,其基本原理是将影响任一气候要素空间分布的因素分解为两大类:一类是稳定的宏观地理因素,包括经度、纬度、大地形、海拔高度等;另一类是不稳定的微观地形因素,包括局地高度、坡地方位、小地形形态等;然后再对这若干项因素的影响进行综合,分别以宏观水平分布函数 $\phi_S(\lambda, \varphi)$、相对高度分布函数 $f(z - h)$ 和小地形影响 Δx_m 来表示;采用求和或乘积的形式综合其对气候要素空间分布的总体影响,得出任一地点任一气候要素的表达式。即

$$x = \phi_S(\lambda, \varphi) + f(z - h) + \Delta x_m \qquad (7.62)$$

或者

$$x = \phi_S(\lambda, \varphi) \cdot f(z - h) + \Delta x_m \qquad (7.63)$$

对于温度、降水等气候要素来说,适宜用(7.62)式表示;其空间分布可以看成是由各种宏观因素的影响、海拔高度的影响和小地形的影响三者叠加所决定的。因此,可以先分别分析各种因素的影响,然后再用叠加的方法将各种影响综合起来确定其总体影响。对于水汽压、风速、太阳辐射等气候要素,适宜用(7.63)式表示。为区别起见,通常将(7.62)式称为叠加综合法,将(7.63)式称为乘积综合法。

关于月平均气温的推算,根据叠加分离综合法的基本思想,任一地点 A(推算点)与对照点 B(基本站)的气温差可以表示为

$$T_A - T_B = \Delta T_s + \Delta T_h + \Delta T_m \tag{7.64}$$

其中,宏观地理因素所引起的两地温差 ΔT_s 可以表示为

$$\Delta T_s = \Delta T_\varphi + \Delta T_\lambda + \Delta T_g + \Delta T_e \tag{7.65}$$

式中各项分别为由于纬度 φ、经度 λ、大地形 g 和其他自然环境 e 的不同所引起的温差。设该地区气温随纬度的递减率为 γ_φ,随经度的递减率为 γ_λ,随海拔高度的递减率为 γ_h,则有

$$\Delta T_\varphi = (\varphi_B - \varphi_A)\gamma_\varphi,\ \Delta T_\lambda = (\lambda_B - \lambda_A)\gamma_\lambda,\ \Delta T_h = (h_B - h_A)\gamma_h$$

代入上式,得

$$T_A - T_B = \Delta T_s + (h_B - h_A)\gamma_h + \Delta T_m \tag{7.66}$$

$$\Delta T_s = (\varphi_B - \varphi_A)\gamma_\varphi + (\lambda_B - \lambda_A)\gamma_\lambda + \Delta T_g + \Delta T_e \tag{7.67}$$

①宏观地理温差 ΔT_s 的确定

将(7.66)式改写为

$$\Delta T_s = (T_A + h_A\gamma_h) - (T_B + h_B\gamma_h) - \Delta T_m \tag{7.68}$$

令 $T_{0A} = T_A + h_A\gamma_h, T_{0B} = T_B + h_B\gamma_h$,即将 A、B 两地的气温订正到海平面高度,称为海平面宏观温度。则

$$\Delta T_s = T_{0A} - T_{0B} - \Delta T_m$$

若 A、B 两地小地形特征相似或没有小地形影响,则 $\Delta T_m = 0$,$\Delta T_s = T_{0A} - T_{0B}$。

实际工作中,可以利用分布于该地区以及周围邻近地区的没有小地形影响或小地形相似的气象站气温资料,根据该地区气温随海拔高度的递减率以及各站的海拔高度,将各站气温订正到海平面高度,填入区域地图并绘出等温线,制作成海平面宏观温度分布图[37]。由此,可以很方便地确定出该地区内任意两地点的宏观地理气温差 ΔT_s 以及推算点 A 的宏观温度 T_{0A},则由(7.68)式可得

$$T_A = T_{0A} - h_A\gamma_h + \Delta T_m \tag{7.69}$$

此即推算点 A 地的月平均气温。

必须指出,为了提高推算值的精度以及该地区海平面宏观温度分布图的精度,应该正确确定该地区气温随海拔高度的递减率 γ_h,这一点非常重要。确定 γ_h 应该选择只有海拔高度不同且相对高差较大,其他条件大致相同或相似的气象台站气温资料进行计算。

②微观小地形温差 ΔT_m 的确定

对于任一地点 C,如果与对照点 B 的地形相似,只需在海平面宏观温度分布图上确定 C 点的位置,即可直接由等温线内插出该地点的海平面宏观温度 T_{0C},并可求出它与 B 点的宏观温差 ΔT_s;若 C 点是考察点,则该点的温度 $\Delta T'_C$ 受小地形的

影响,将其订正到海平面高度,有

$$T'_{0C} = T'_C + h_C \cdot \gamma_h \tag{7.70}$$

T'_{0C} 为有小地形影响的考察点 C 的海平面温度。由于 $T_{0C} = T_C + \Delta T_{mC}$,其中 T_C 为没有小地形影响时考察点 C 的温度;而且没有小地形影响时,有 $T_{0C} = T_C + h_C \cdot \gamma_h$,代入上式可得 $T'_{0C} = T_{0C} + \Delta T_{mC}$。由此,可确定出由于小地形影响所引起的微观地形气温差,即

$$\Delta T_{mC} = T'_{0C} - T_{0C} \tag{7.71}$$

倪国裕等[39](1984)利用短期考察资料,对小地形温差 ΔT_m 采用相关—分离综合法进行估算。假设推算点 A 的平均气温 T'_A 与对照点 B 平均气温 T_B 之间为线性相关,有 $T'_A = a + bT_B$,根据(7.69)、(7.70)式,可得

$$\Delta T_{mA} = (a + bT_B) - (T_{0A} - \gamma_h h_A) \tag{7.72}$$

式中,T_{0A} 为没有小地形影响的推算点 A 的海平面宏观温度,可由分布图内插确定;至于经验系数 a、b,可先对 $\Delta T'_A$ 进行超短序列订正,再采用最小二乘法确定。由此,可以确定 ΔT_{mA} 的多年平均近似值。

沈国权[40](1984)提出了考虑宏观地形的小网格温度场分析方法,认为在一个较大的地区,年、月平均气温的推算方程可以表示为

$$T = a_0 + a_1\varphi + a_2\lambda + a_3h + \Delta T \tag{7.73}$$

式中,a_i 为经验系数,ΔT 为气温的地形订正值。采用这种方法可以建立省级区域典型月份的气温推算方程,并可绘制出全省范围小网格气温分布图。由于该方法通过划分地形小网格推算气温,在空间分辨率上提高了推算精度,效果较好。

卢其尧[41](1988)根据分离综合法的基本原理,将气温与其影响因素之间的关系函数化,即

$$T = f(\lambda, \varphi, h, g, m) \tag{7.74}$$

这里,g 为宏观地形参数,m 为微观地形参数。上式又可表示为

$$T = T_\lambda + T_\varphi + T_h + T_g + T_m \tag{7.75}$$

令 $T^* = T_\lambda + T_\varphi + T_h$,并采用多元线性回归拟合法建立回归方程

$$T^* = b_0 + b_1\lambda + b_2\varphi + b_3h \tag{7.76}$$

式中,b_0 为常数项;偏回归系数 b_1、b_2、b_3 分别为

$$b_1 = \frac{\partial T^*}{\partial \lambda} = \gamma_\lambda, \quad b_2 = \gamma_\varphi, \quad b_3 = \gamma_h$$

将任一地点所求出的 T^*、T_g、T_m 代入(7.75)式,即可推算出该地的平均气温。卢其尧[41,42](1988)根据福建省沙溪流域气象站的温度资料,使用该方法推算了沙溪流域山区的年、月平均气温,并得出了相应的小地形温度订正值,绘制了福建省沙溪流域山区的年、月平均气温空间分布图。虞静明[43](1988)采用类似的多元回归

分析方法推算山区温度的宏观分布,并分析了小地形的温度订正值。

分离综合法的应用相当普遍,并得到不断发展。王菱[44](1996)利用华北山区气象站观测的温度以及纬度、经度和海拔高度资料,对不同山区分别建立宏观地面气温场方程。采用 1:$2×10^6$ 地形图,以 10′经纬度为步长,判读其高度值,代入已建立好的经验方程,经地形订正后推算华北山区的热量资源要素。顾卫等[45](2002)统计了渤海和黄海北部沿岸及其邻近地区 52 个气象站≤-4℃积温和日数的逐年资料,根据各气象站的气候指标值与经度、纬度、海拔高度的相关关系,建立空间分布方程,推算无资料地区网格点上的≤-4℃积温和日数,绘制了渤海和黄海北部地区≤-4℃积温和日数分布图。

近年来,人们利用地理信息系统(GIS)技术,可以从数字高程模型(DEM)中提取出任意大小表示地形因子的数字栅格,从而使得"小网格"法的推算精度进一步提高。GIS 是以地理空间数据库为基础,在计算机软硬件支持下,对空间数据进行采集、管理、操作、分类、模拟、输出的空间信息系统[46]。20 世纪 90 年代后期,GIS技术开始被应用于山区气温的推算[47];由于采用 GIS 技术可以进行任意数值网格大小的快速生成,特别是在提取坡度、坡向、遮蔽度等地形要素方面,大大减少了以往统计计算过程的繁琐,使得制作气温空间分布图更加方便,提高了气温空间模拟的分辨率[48]。

7.2.3 界限温度初终日期的推算

各界限温度的出现日期是农业气候资源分析中的一项重要内容。对于有逐日平均气温资料的气象台站,各界限温度的初终日期可以按照规定采用 5 日滑动平均法统计确定;而对于无气温观测的地方,只能根据推算的月平均气温来估算各界限温度的初终日期。推算无观测地区各界限温度出现日期的常用方法有内插法、相关法、自然景观法、变换界限法和小网格法等。

1. 内插法

当没有小地形影响时(如平原地区),气温的空间分布通常具有一定的规律性;因此,可以利用精确的气温分布图进行内插或外延来推算无观测地方的界限温度初终日期。

当地形相似或大致相同但存在海拔高度差异时,虽然气温随高度的变化一般是线性的或近似线性的,但是达到某界限温度的时间随高度的变化却是非线性的。所以,对界限温度的出现日期随高度的非线性变化,采取简单的线性内插或外延显然是不妥当的。因此,张连强等[49](1993)提出采用样条函数插值法推算界限温度出现日期。

2. 相关法

当某一气候要素与其他某些要素存在显著相关关系时,可以利用其他要素推求这一要素,这种推算方法称为相关法[50]。

由于根据气象台站实测资料计算的日平均气温稳定通过各界限温度的平均初终日期与其所在月的月平均气温累年值之间存在较好的线性关系,而且这种关系在相当大的范围内具有相对的稳定性;因此,可以利用某一区域中气象台站的实测资料,将两者关系点绘成相关图或建立线性回归方程,利用推算的月平均气温来确定推算点的界限温度平均初终日期。例如,利用张家口地区 14 个气象站的实测资料,建立的一组各界限温度平均初终日与其对应月份的月平均气温累年值之间的一元线性回归方程,如表7.3所示。

表 7.3　张家口地区推算界限温度平均初终日期的回归方程[50]

界限温度		回归方程	相关系数 r	剩余方差 σ_y(d)	日期序号
≥0℃	初日	$\hat{y}=20.36-3.57\overline{T}_3$	−0.990	1.44	3 月 1 日为 1
	终日	$\hat{y}=14.43+3.64\overline{T}_{11}$	0.982	2.06	11 月 1 日为 1
≥5℃	初日	$\hat{y}=37.86-3.50\overline{T}_4$	−0.993	1.18	4 月 1 日为 1
	终日	$\hat{y}=9.11+3.95\overline{T}_{10}$	0.994	1.16	10 月 1 日为 1
≥10℃	初日	$\hat{y}=79.81-5.30\overline{T}_5$	−0.988	2.32	5 月 1 日为 1
	终日	$\hat{y}=-29.81+4.21\overline{T}_{10}$	0.993	1.29	10 月 1 日为 1

3. 自然景观法

许多自然景观与气候密切相关,有些就是在一定的气候条件下形成的,所以它们也可以作为某种气候的指标,用来估计不同界限温度的出现日期。这种推算方法称为自然景观法[37](或物候法[50])。由于植物在其他条件基本满足的情况下其发育速度主要受气温的影响,因此可以利用某些指示性植物开花、发芽、落叶等物候现象与气温的长年平行观测资料建立关系,根据短期考察得到的物候资料推算出该地区相应时期的气温状况。

由于自然物候受人为因素的影响较小,所以一般认为采用自然物候与气候要素之间建立相关来推算气候要素值效果更好。例如,北京地区梅树开花的迟早与12月、1月平均气温有关,杏树始花和柳絮飞扬与 2—5 月气温的相关程度很高,山桃树始花日期与界限温度稳定通过 0℃初日的出现日期密切相关。如果利用附近气象台站长年资料与当地物候资料作相关分析或回归分析,建立物候与气温的各种统计关系,就可以根据某些物候现象来估算当地某时段的平均气温或某界限温度的出现日期。

根据各地的植被分布、生长情况、树木年轮、某些特殊物象(如大江、大湖封冻、融冰、沙丘形态、积雪状况,树冠偏形等)也可以推断各地气温、降水、日照和风能等气候资源要素的分布情况。例如,祁如英等[51](2004)根据诺木洪气象站 1980—2000 年的物候期观测资料和年降水量、日照时数、气温等气象要素进行统计分析和归纳,划分出该地区的春季(初春、仲春)、夏季、秋季(初秋、仲秋)、冬季(初冬、隆冬、晚冬)等不同物候季节;根据物候出现期和界限温度的密切关系,可以为农林牧业生产部门如何利用物候季节合理安排农事活动提供科学依据和建议。

4.变换界限法

考虑到小地形的影响,将无气象观测或观测时间较短的地方某些气候要素的某种界限值(例如,初霜和终霜日期、各界限温度的出现日期和持续日数、各种风向和界限风速出现频率等)变换为附近气象站(基本站)同一气候要素相应的界限值或者等价界限值,从而可以根据基本站的长年资料来推算该界限值的出现日期、持续天数或频率。这种推算方法就称为变换界限法[37]。

设推算点 A 的气温为 T_A,有长期观测资料的基本站 B 的气温为 T_B,两地气温差为 $\Delta T = T_A - T_B$,则有 $T_B = T_A - \Delta T$。由此可见,当推算点 A 出现界限温度 T_{A1} 时,基本站 B 就相应地出现另一界限温度 T_{B2},其数值为

$$T_{B2} = T_{A1} - \Delta T \tag{7.77}$$

而且,T_{A1} 和 T_{B2} 的出现日期相同。也就是说,只要找出基本站 B 稳定通过界限温度 T_{B2} 的出现日期,就可以得到推算点 A 稳定通过界限温度 T_{A1} 的出现日期。例如,假定 A、B 两地气温差 $\Delta T = 3\,℃$,则 A 地气温稳定通过 $T_{A1} = 10\,℃$ 的初终日就等于 B 地气温稳定通过 $T_{B2} = 7\,℃$ 的初终日期;反之,若 $\Delta T = -3\,℃$,则 $T_{B2} = 13\,℃$,即 A 地气温稳定通过 $10\,℃$ 的初终日就是 B 地气温稳定通过 $13\,℃$ 的初终日期。利用这种变换界限温度的方法,根据基本站的长年气象资料来推算无观测地方界限温度出现日期,方便实用且精确度较高[37]。

实际工作中,变换界限法的具体步骤为:①首先,根据基本站 B 的长期观测资料,统计出 B 地在所要求的界限温度附近各个温度的出现日期。例如,要推算 A 地气温稳定通过 $10\,℃$ 的初终日,需要确定 B 地气温稳定通过……、7、8、9、10、11、12、13 ℃、……的初终日期,将这些温度都视为不同的界限温度。②以界限温度为纵坐标,初终日出现日期为横坐标,将统计得到的各界限温度和相应的出现日期点绘在图中,并绘制出 B 地界限温度出现日期曲线。如图 7.2 所示。③利用推算的 A 地各月平均气温 T_A,求出 A、B 两地各月平均气温差 ΔT。④根据 B 地界限温度出现日期曲线查出所要推算的 A 地界限温度 T_{A1} 出现日期的所在月份,同时根据该月两地的 ΔT 值计算出当 A 地出现 T_{A1} 时 B 地相应出现的界限温度 T_{B2}。⑤根据 B 地界限温度出现日期曲线确定 T_{B2} 的出现日期。若该日期所在的月份与 T_{A1} 出现日期所在月份相同,则 B 地 T_{B2} 的出现日期就是 A 地 T_{A1} 的出现日期;若月份不同,则说明所求的两地气温差 ΔT 不当,应根据 T_{B2} 出现日期实际所在月份重新计算出该月的气温差 ΔT,重复上述步骤,直至 T_{B2} 出现月份与所用 ΔT 的月份相同为止。实际工作中,一般只需重复 1~2 次即可。

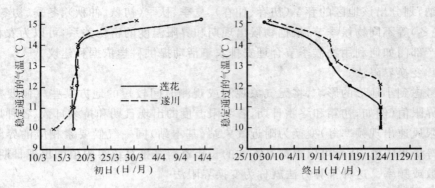

图 7.2 稳定通过各个界限温度的初终日期[37]

5. 小网格法

杜军等[52] (2005)利用 1971—2000 年西藏地区 38 个站点≥0℃、10℃界限温度资料,首先对资料长度小于 30 年的站点采用差值法将其订正至 30 年,然后将界限温度与纬度、经度和海拔高度进行多元线性回归拟合,建立了西藏地区界限温度小网格推算模式(表 7.4)。经检验,界限温度推算方程的复相关系数均在 0.85 以上,达到信度为 0.01 的显著性水平,相对误差小于 8%,能够满足小网格推算的实际应用需要。

表 7.4 西藏农业界限温度小网格推算模式[52]

界限温度	项目	回归方程	复相关系数
≥0℃	初日	$C=-248.5229+0.2061\lambda+3.5171\varphi+5.2163h$	0.926
	终日	$Z=577.6747-0.3039\lambda-3.1553\varphi-3.6036h$	0.932
	间隔日数	$G=830.2210-0.5444\lambda-6.6092\varphi-8.8630h$	0.932
	积温	$J=10509.9775-22.5498\lambda-14.8534\varphi-150.6288h$	0.907
≥10℃	初日	$C=-238.3039+0.8548\lambda+5.9228\varphi+3.5746h$	0.863
	终日	$Z=716.0585-2.4722\lambda-0.3792\varphi-5.9680h$	0.905
	间隔日数	$G=943.0536-3.3041\lambda-5.853\varphi-9.6385h$	0.897
	积温	$J=12953.4395-43.7022\lambda-59.0035\varphi-152.5216h$	0.892

注:经度 λ、纬度 φ 以度(°)为单位,海拔高度 h 以 100 m 为单位。

建立了小网格推算模式以后,通过 GIS 对全国 1:25 万地理背景数据进行处理,形成 500 m×500 m 的西藏自治区地理背景数据集,包含边界、水系、经纬线、数字高程等图层;然后将数字高程、经纬度代入小网格推算方程,推算农业界限温度,并绘制出西藏地区农业界限温度的空间分布图;由此,可分析界限温度的空间分布特征、趋势变化、年代际变化和气候异常。研究结果表明,西藏地区界限温度持续日数以及积温分布的总体趋势自东南向西北减小,并随海拔高度的升高、纬度的增大而减小。30 年中西藏大部分站点≥0℃界限温度都表现为初日提早、终日推迟、持续日数延长、积温增加的趋势。20 世纪 70 年代,各站点≥0℃积温偏少,持续日数较短;主要农区≥10℃积温表现为随年代增加的趋势,90 年代热量最充足。70～80 年代西藏各站点≥0℃的积温没有出现过异常偏高年份,90 年代后期大部分站点都发生了异常偏高的现象。这对于评价高原作物、牧草生长期内的热量条件,以及农业气候资源的评价与区划具有重要意义。

7.2.4　热量资源保证率的推算

对于农业生产来说,温度是一个重要的制约因素;主要表现在由于热量条件不足,温度较低,从而不能满足作物的生长需要。推算某一保证率下的温度,也就是计算给定保证率下的一个下限温度值。显然,平均值的保证率只有 50%,农业应用不够安全;要使农业生产有较大的把握,通常需要 80%～90% 的保证率。

气候统计学认为,许多气象要素(年、月平均气温、气压以及多雨地区的年降水量等)都近似地服从正态分布,有些要素还可以通过一定的数学变换转化为正态变量,以便求取其出现概率[35]。因此,80%、90%平均气温的保证率可以根据正态分布理论来推算。正态分布函数为

$$P(U < u) = \phi(u) = \frac{1}{\sqrt{2\pi}} \int_{-\infty}^{U} e^{-t^2/2} \mathrm{d}t \qquad (7.78)$$

式中,$\phi(u)$ 为标准化变量 U 小于某一定值 u 的概率 $P(U<u)$;即

$$U = (x_i - \overline{x})/\sigma \qquad (7.79)$$

表示 U 是原变量 x_i 对于其平均值 $\overline{x}$ 的标准偏差 σ 单位。

根据正态分布函数的对称性,有

$$\phi(u) + \phi(-u) = 1 \qquad (7.80)$$

由正态分布数值表查出 $\phi(u)$ 以后,即可得出其余补累积概率 $\phi(-u)$。实际工作中,可直接利用表 7.5 给出的正态分布保证率 P 与随机变量 U 之间的关系。

表 7.5　正态分布中保证率 $P(\%)$ 和随机变量 U(以 σ 为单位)的关系

$P(\%)$	1	5	10	20	30	40	50
U	−2.33	−1.65	−1.28	−0.84	−0.52	−0.25	0.0
$P(\%)$	50	60	70	80	90	95	99
U	0.0	0.25	0.52	0.84	1.28	1.65	2.33

若已知样本的平均值 $\overline{x}$ 和标准差 σ,由(7.79)式求得 U,就可以推算出各级保证率。例如,某热量要素 80%、90% 的保证率可按下式推算:

$$x_{80\%} = \overline{x} - 0.84\sigma = \overline{x}\left(1 - 0.84\frac{\sigma}{\overline{x}}\right)$$

$$x_{90\%} = \overline{x} - 1.28\sigma = \overline{x}(1 - 1.28\frac{\sigma}{\overline{x}}) \tag{7.81}$$

经验表明,$\sigma/\overline{x}$ 比较稳定,在一定范围内可以视为常数。因此,根据县气象站常规观测资料统计的各热量要素的 $\sigma/\overline{x}$ 值,通常可以近似地用于本县范围内的各个推算站点。

郭文利等[53](2005)以 1 km×1 km 网格为基础,将温度看成是以到达地面的太阳总辐射、海拔高度、经纬度、遮蔽度、开阔度等为因子的函数,并引入云量订正,采用逐步回归方法建立了不同保证率(80%、90%、95%)条件下的各月平均气温、月平均最高气温、月平均最低气温的回归方程,对北京地区不同保证率的热量资源进行了推算和分析;同时,还推算出不同保证率下≥0℃和≥10℃积温,分析了各热量资源指标的区域分布特征。所得结果可以为北京市农业生产以及山区气候资源的开发利用等提供科学依据。

对于气候资源要素的任何一种推算(或订正)方法,在考虑方法适用性的同时还需要考虑其在一定条件下的适当性;即通过推算或订正,能否得到对推算站(订正站)气候资源状况更准确的认识。所谓订正适当,就是指订正值能比近似估计值更好地反映实际情况;否则,所进行的推算或订正就是不适当的。

7.3　水分资源的推算

无观测地区水分资源的估算,特别是山区降水量的推算,对于农业生产安排、水库建设以及开发利用山区农业气候资源等都具有重要的意义。

由于影响降水分布的地理、地形因子比较复杂,包括经度、纬度、海拔高度、坡向、坡度等,局地差异大,变化不稳定;而且山区站点少,降水量观测资料的精度较差;因此,降水量推算方法的成熟程度也比较差,尤其是旬、月降水量的推算方法还有待进一步研究。

7.3.1　降水资料的序列订正

降水量的推算,要求有足够长、可比较而且均一的降水量资料序列。若不符合这一要求,就应该进行序列订正。降水量的序列订正通常采用回归订正法和比值订正法。回归订正法已在上一节中介绍,这里主要介绍比值订正法。

观测资料表明,对于降水总量这一类气候变量,相邻测站观测值之比往往比其差值更稳定[35]。所以,通常采用比值法而不采用差值法来订正降水资料序列。比值订正法的基本公式可以由回归订正公式(7.42)、(7.43)式得出,即在回归订正公式中,近似地取订正站与基本站降水量的相关系数 $r_n=1$(当订正站与基本站相距不远时,可近似认为两站降水量完全相关),订正站和基本站平均降水量之比等于其均方差之比,即

$$\overline{y}_n / \overline{x}_n = \sigma_{yn} / \sigma_{xn} = k$$

由此,可得回归系数

$$\hat{b}_n = \overline{y}_n / \overline{x}_n, \quad \hat{a}_n = 0$$

则回归订正公式简化为

$$\hat{y}_i = \frac{\overline{y}_n}{\overline{x}_n} x_i = k x_i \tag{7.82}$$

$$\hat{\overline{y}}_N = \frac{\overline{y}_n}{\overline{x}_n} \overline{x}_N = k \overline{x}_N \tag{7.83}$$

这里,(7.82)式称为比值插补公式;(7.83)式称为比值延长公式。

作为回归订正公式的近似,比值订正公式适用于基本站和订正站相距不远,同一气候变量相关密切,并且变量的离散程度随平均值增大而增大的气候资料的序列订正[35]。实际工作中,平原地区各种降水总量序列的插补和延长道常都可以采用比值订正法。

山区降水量由于受地形因素的影响,导致降水量的地区分布不均匀且变率很大,往往使得山区相邻测站之间降水量比值的稳定性很差,尤其是在地形条件不同的情况下,比值的逐年变化较大,季节变化也不规则。因此,不能简单地采用类似于气温订正的条件比值法进行山区降水量订正,关键是要从短期考察资料中求得一个接近多年平均情况的比值。因此,应考虑海拔高度对降水量的影响;可以利用包括基本站在内的山区剖面上的定点考察资料,拟合降水量随高度的变化曲线,根据降水量随海拔高度的变化规律计算两站比值。

观测资料表明[50],对于某一山区,不同年份之间年降水量随海拔高度变化曲线的基本形式是一致的;因此,根据短期考察资料所得到的年降水量随高度的变化规律仍然具有一定的代表性。因为降水量随海拔高度变化曲线所表示的降水量是在回归意义下的一种条件平均降水量,由此计算的两站比值比较接近多年平均情况,因而具有相对的稳定性,其订正效果也比条件比值法好。

由于月降水量的稳定性更差,通常不宜直接进行月降水量的超短序列订正。一般情况下,对于和基本站相对高差较小的考察站,可以先订正年降水量,然后根据基本站各月降水量与年降水量的相对系数推算考察站各月降水量。所以,山区降水资料的超短序列订正比较切实可行的途径是把订正与推算结合起来[50]。

7.3.2　年平均降水量的推算

降水量的年际变化幅度比较大,需要根据多年平均资料才能概括出某地的降水规律;旱涝分析、干湿分区、气候资源综合评价等实际工作中,往往需要确定某一地区的年平均降水量及其地理分布。因此,无观测地区年平均降水量的推算至关重要。通常,应根据当地的实际情况选择合适的推算方法,如条件回归法、相似移置法、分离综合法、小网格法等。

1. 条件回归法

在一定的大气环流背景下，山区任一地点的降水量可以表示为

$$R = f(\lambda, \varphi, \alpha, \beta, h, g) \tag{7.84}$$

也就是说，山区降水量可以认为是地理纬度 φ、经度 λ、坡向 β、坡度 α、海拔高度 h、地形特征 g 等因素的函数。但是，实际工作中由于缺乏观测资料，全面考虑这些因素对降水量的影响比较困难；因此，可以根据区域特点，将某些影响因子视为常数，而取其中少数重要因子进行回归分析。这种方法就称为条件回归法[50]。

不同地区，地形因素对降水量的影响非常复杂，为了求得山区降水分布，需要对其进行简化处理。例如，对于尺度较小的区域，地理位置的差异很小，可以将 φ、λ 当作常数考虑；所以最重要的影响因子就是测点的坡度、坡向、海拔高度和地形特征。根据傅抱璞[54]（1992）的研究，坡度对降水的最大增幅作用出现在坡度为 45°左右；而一般山区坡度都比较平缓，如华北的燕山和太行山的平均坡度分别为 1.8‰ 和 4.8‰；所以，在山地年平均降水量的推算中，基本上可以忽略坡度 α 的影响。坡地方位对降水量的影响有很大差别，这种差别主要表现在降水随海拔高度的变化率上；观测研究表明[55]，我国南方的不同山区、不同坡向上，海拔高度每上升 100 m 降水量增加 24.9～144.9 mm。也就是说，只要根据降水量随海拔高度的变化规律进行分区，就可以基本确定山地不同方位和坡向对降水量的影响。因此，在大致相同的地理位置、相同的坡向和坡度并尽量避免局地条件影响的情况下，年平均降水量 R 可以近似认为仅是海拔高度 h 的函数。

建立回归模型时，应根据年降水量与海拔高度的实测资料，采用线性或非线性的不同函数形式进行回归拟合，并通过统计检验和方差分析选择最适宜本地区实际情况的经验方程。常用的回归模型表达式有

线性模式　　　　$R = a + bh$

对数模式　　　　$R = a + b\ln h$

双曲线模式　　　$R = a + \sqrt{b + ch + dh^2}$

抛物线模式　　　$R = a + bh + ch^2$

式中，a、b、c、d 为经验系数。

康锡言等[56]（2004）对太行山区年降水量推算模型进行了研究，选取太行山东麓的赞皇县为研究对象，根据 1971—2000 年该县水文站和周围气象站的年平均降水量以及各站的经度、纬度、海拔高度等资料，采用回归分析方法建立了不同形式的年降水量空间推算模型，并分析了各模型的海拔高度适用范围。

建立线性回归模型时，首先对研究对象是否遵从正态分布进行检验，选取相关系数通过显著性检验的影响因子，采用逐步回归方法，建立年降水量线性回归模

型。经过正态性和相关显著性检验后建立的回归方程为

线性模型：　　　　　　$R = 469.889 + 0.309h$

双曲线型(1)：　　　　$R = 557.291 - 3079.063/h$

双曲线型(2)：　　　　$1/R = 1.792 \times 10^{-3} + 0.012/h$

X 对数型：　　　　　$R = 317.146 + 43.113\ln h$

Y 对数型：　　　　　$\ln R = 6.153 + 6.753 \times 10^{-4}h$

双对数型：　　　　　$\ln R = 5.86 + 8.298 \times 10^{-2}\ln h$

X 平方根型：　　　　$R = 425.563 + 8.368\sqrt{h}$

Y 平方根型：　　　　$\sqrt{R} = 21.664 + 7.755 \times 10^{-3}h$

双平方根型：　　　　$\sqrt{R} = 20.723 + 0.183\sqrt{h}$

　　模型建立后,还应该对各模型进行方差分析以检验其回归效果,评估其可靠性。如果回归方差较大,则说明该回归模型效果较好;否则,表示该回归模型可靠性较差。对于同一数据集合比较回归方差的大小 ,也可以用残差平方和的大小来代替,即残差平方和越小说明回归模型的效果越好。上述各模型的残差平方和、拟合误差及推算结果误差,如表7.6所示。

表 7.6　各模型的残差平方和及模拟、推算结果的误差[56]

模　型	残差平方和	模拟结果最大误差		推算结果绝对误差(mm)
		绝对误差(mm)	相对误差(%)	
线性模型	7344.6	52.47	9.38	109.29
双曲线型(1)	8315.2	68.19	12.45	69.99
双曲线型(2)	8033.1	68.44	12.50	69.38
X 对数型	6801.2	49.96	8.83	21.12
Y 对数型	7448.5	51.50	9.22	151.73
双对数型	6769.8	49.60	8.08	16.29
X 平方根型	6824.4	52.22	9.33	30.10
Y 平方根型	7378.4	51.98	9.29	127.78
双平方根型	6845.7	51.91	9.28	37.01

　　研究结果表明,海拔高度是影响赞皇县降水量分布的主要因素,双对数型模型是该县年降水量推算的最佳模型。另外,应用上述方法对太行山区的其他县进行验证,尽管不同山区各县年降水量模型的形式、海拔高度的适用范围不同,但双对数型模型表达的年平均降水量与海拔高度的内在关系却具有普适性。

　　在许多情况下,需要综合考虑影响降水的各种因素,这时可以采用多元回归法或逐步回归法。究竟选择几个因子,应根据推算地区的自然地理条件和所掌握的资料条件而定。例如,在推算局部山区县级范围内的降水分布时,考虑到地理范围

有限,经纬度所引起的降水差异可忽略不计;如果该地区位于山脉的同一侧,地形走向基本一致,则坡向 β 和地形特征 g 对降水分布的影响也可以不予考虑;因此,可以选用坡度 α 和海拔高度 h 来建立该地区的年降水量回归方程。

　　对于地理范围大,地形复杂,降水分布差异较大的推算地区,可以根据其自然地理条件进行分类,建立不同类型区的降水量回归方程。张连强等[57](1996)根据北京地区气象站、水文站和雨量站的年降水资料,采用模糊聚类方法将北京山区的降水量划分为 3 类:第 1 类为低山丘陵和平原区,海拔高度为 15～270 m;第 2 类为中低山河谷区,海拔高度 270～720 m;第 3 类为海拔720 m以上的高山区。然后,选择对降水影响较大的 8 个因子,采用逐步回归方法分别对各类地区进行分析,分别建立年平均降水量与影响因子之间的回归方程。拟合结果为

$$R_1 = \exp[(-884.2 + 13.1\lambda + 0.0568h)/100.0]$$
$$R_2 = -8339.92 + 132.05\lambda - 158.12\varphi + 0.0717\sin\alpha - 1.3816K_{20}$$
$$R_3 = -15140.05 + 201.19\lambda - 189.37\varphi$$

研究表明,第 1 类地区的降水量受经度、海拔高度的影响最显著,第 2 类地区的影响因子包括经度、纬度、坡度和 20 km 遮蔽度 K_{20},而第 3 类地区的降水量则随经度、纬度而变化。

　　2. 相似移置法

　　相似移置法就是利用某些在一定条件下得出的小地形影响订正值,根据条件的相似性来推定没有气象观测地点的小地形订正值的一种方法[37]。在推算某一气候要素时,可以把一个山区该气候资源要素的分布规律经过适当修正,移置到与此山区天气、气候条件和大地形特征基本相似的地方,借以估算所研究区域的气候资源要素的分布。这是以相同天气、气候和地理条件下该要素变化具有相同的物理过程这一假设为前提的。因为在自然界中,各种条件都完全相似的情况很少见,所以在采用相似移置法时必须注意抓住影响所要推算的气候要素的主要因素;对于起决定性作用的影响因素,必须优先考虑其相似性。

　　实际工作中,采用相似移置法推算山区年降水量的步骤大致如下:

　　①首先,应进行地理条件和降水天气系统的相似性分析。假设 A 区为移置区(即推算区),B 区为被移置区,则要求 A、B 两区的大地形特征(如山体走向、总体方位、海拔高度等)基本相似,而且产生降水的主要天气系统完全相同;但是,两区受天气系统影响的频率、降水强度和分布范围可以有所不同。只有具备上述条件的两个区域之间才能进行移置。

　　②定量描述推算区的地形因子。按照研究问题的需要在 A 区选择足够多的推算点,根据 B 区已经确定的计算降水量的图表或经验方程中所包含的那些地形因子来确定 A 区每一点相应的地形参数。

③推算点降水量的初步订正。若两区的相似性成立,则可将 B 区计算降水量的图表或经验方程移置到 A 区,并将 A 区各推算点的地形参数代入,得到 A 区各点降水量的初步订正值 R'_A。

④对移置结果进行改进和修正。由于 A、B 两区降水受天气系统的影响频率、所携带的水汽含量以及降水强度等存在差异,两者的年降水量是不相等的;因此,可采用比值法对推算点的移置结果进行修正。

由于推算区测站数目较少,计算区域平均降水量的比值 k 时应尽可能根据 A 区考察点的分布情况,选择地形条件相似的 B 区测点,求得比较合理的两区降水量比值 k。否则,将影响推算结果的可靠性。

3. 分离综合法

傅抱璞[38](1984)提出的分离综合法,不仅适用于气温的推算,而且也适用于年降水量的推算。类似于气温推算,根据某一地区的宏观降水分布图、降水随海拔高度的变化规律或经验方程,再加上确定各种小地形影响的短期考察资料,就可以确定出两地降水之间由于宏观地理因素造成的差异、由于海拔高度造成的差异以及由于小地形影响造成的差异,从而利用基本站的降水量推算出无观测地区任一地点的降水量。

实际工作中,可根据当地的地理条件和地形特点进行适当的简化,选择当地影响降水量分布的主要因素建立降水回归模型。一般情况下,任一地点 A 的年降水量 R_A 与水文气象站 B 的年降水量 R_B 之间的差异,主要是由于反映该地离水汽源地远近的经纬度(λ、φ)、大型坡地方位(β)、海拔高度(h)以及中小地形特征(g)的差异所造成的。这种差异对年降水量的影响可分别用 $\Delta R_{\lambda\varphi}$、$\Delta R_\beta$、$\Delta R_h$、$\Delta R_g$ 表示,即

$$R_A - R_B = \Delta R_{\lambda\varphi} + \Delta R_\beta + \Delta R_h + \Delta R_g \tag{7.85}$$

考虑到大多数水文气象站都设置在河谷较开阔处或山地平坦地段,中小地形对年降水量分布的影响可以忽略不计;而 λ、φ、β 的影响可合并为宏观地理因素对年降水量分布的影响,对于大气环流相似、大型坡地方位(主要是迎风坡和背风坡)相同的地区,如果 A、B 两地相距不远,则 λ、φ、β 对 A、B 两地年降水量的影响可以近似认为是相同的。则上式可改写为

$$R_A - R_B = \Delta R_h \tag{7.86}$$

在上述条件下,A、B 两地年降水量的差异主要是由海拔高度的差异所致。如果能得出该地区年降水量随海拔高度的变化规律,并根据这些规律将所研究地区水文气象站的年降水量资料订正到一个标准高度,绘制出标准高度宏观年降水量分布图,则可推算出该区域内任一地点 A 的年降水量。显然,关键是确定局地海拔高度不同所产生的 ΔR_h。

傅抱璞[58]认为,各地降水随海拔高度的变化是同一种物理过程,应具有相同

的普遍形式。通过对我国各山地降水资料的分析,发现大多数情况下,在最大降水高度 H 以上或以下,降水量 R_Z 随高度 Z 的变化可以用经验公式表示为

$$R_Z = R_{h_0} + a[(2H-Z)Z - (2H-h_0)h_0] \qquad (7.87)$$

式中,R_Z 为高度 Z 处的年降水量;R_{h_0} 为在最大降水高度 H 以下某一参考高度 h_0 的降水量;h_0 又称为标准高度,通常取山麓的海拔高度;a 为与地区特点有关的参数。

若以山麓处水文气象站 B 的海拔高度为标准高度 h_0,其实测年降水量为 R_{h_0};对于与 B 站相距不远但高差较大的 A 地,令其高度为 Z,则其年降水量 R_A(即 R_Z)可由(7.87)式推算。于是,(7.86)式可改写为

$$\Delta R_h = R_A - R_{h_0} = a[(2H-Z)Z - (2H-h_0)h_0] \qquad (7.88)$$

该式表明,山区任一地点的年降水量 R_A 应为在标准高度上由宏观地理因素所决定的降水量 R_{h_0} 以及由局地海拔高度不同所产生的年降水量变化 ΔR_h 之和。

最大降水高度 H 可以根据实测资料采用逐步逼近法确定。方法是令(7.87)式中的 $R_Z=y$,$(2H-Z)Z=x$,且 $R_{h_0} - a[(2H-h_0)h_0]=b$,将(7.87)式改写为线性方程 $y=ax+b$。只要降水量随海拔高度的变化符合(7.87)式表示的规律,则在 x、y 坐标系中就必然符合该直线方程。由此,可以先根据实际观测资料大概估计出最大降水高度 H 可能出现的高度范围,然后在这一范围内假定各种不同的最大降水高度 H 的估计值,用逐步逼近法使实测资料所计算的 x、y 点在图上最接近一条直线,来确定所要求的最大降水高度 H;而且该直线的斜率就是系数 a,截距就是系数 b。将 H 和 a、b 代入(7.87)式可得标准高度降水量 R_{h_0},由此可绘制标准高度宏观年降水量分布图。

最大降水高度 H 也可以根据降水递增率 γ_R 采用最小二乘法确定。方法是将(7.87)对 Z 求偏导数,得

$$\gamma_R = \frac{\partial R_Z}{\partial Z} = -2aZ + 2aH \qquad (7.89)$$

将 Z 处的降水递增率 γ_R 以差分形式表示,

$$\gamma_R = \frac{R_Z - R_{h_0}}{Z - h_0} \qquad (7.90)$$

并取两地平均高度 $\overline{Z}=(h_0+Z)/2$,于是有

$$\gamma_R = -2a\overline{Z} + 2aH = -aZ + a(2H-h_0) \qquad (7.91)$$

由此,利用最小二乘法可以确定待定参数 a 和 H。

4. 小网格方法

1997 年中国气象局开始进行全国第 3 次农业气候区划更新项目的研究,首先在江西、黑龙江、陕西等省进行试点;其中"气候资源的小网格推算方法"是该项目的重要组成部分[59]。为此,气象科研人员根据不同气象要素的各自特点,同时考

虑推算地区的地理特征,对气候资源的小网格推算方法进行了广泛而深人的研究。目前,基于 GIS 的气候资源小网格推算方法在我国获得了广泛的应用,在各地气候资源分析、评价和农业气候资源区划工作中发挥了重要的作用。归纳起来,采用基于 GIS 的小网格方法推算气候资源分布的基本步骤,大致如下:

①首先,应建立本地区气候资源要素的空间数据库。收集、整理本地区每个气象台站、气象哨的观测资料以及短期考察资料,把各台站多年观测的气候要素值(年、季、月的平均气温、降水量、日照时数、太阳辐射、积温等)导入 GIS 数据库中,建立本地区的气候资源 GIS 数据库。在该数据库中每个气象台站在空间上用一个点表示,根据其经纬度或千米网坐标,确定其空间位置,建立 GIS 中的点层数据库,每个点的属性数据即为气候资源的各种要素值。

②建立本地区的数字高程模型(DEM)。气候资源的分布与地形特征紧密相连,在 GIS 中分析一个地区的气候资源,必须建立该地区的 DEM;它是带有空间位置特征和地形属性特征的数字描述,也是建立不同层次的资源与环境信息系统不可缺少的组成部分。国家基础地理信息系统中心提供的等高线矢量数据是用平面曲线轨迹的连续坐标来表达二维空间定位的,需经过内插才能转换成数字高程模型;内插的数学基础是二元函数逼近,利用已知离散点集的三维空间坐标数据,构造一张连续的数学曲面,将任一点的平面坐标代入曲面方程,可计算出该点的高程数值;内插方法有人工网络法、立体像对分析法、三角网法、曲面拟合法等。用等高线内插成 DEM 必须给定网格大小,即进行气候资源分析的精度,或称分辨率。网格越小,分辨率越高,描述性就越好。

③建立气候资源空间分析模型。由于经纬度、海拔高度、坡向、坡度以及下垫面特性的不同,造成光、热、水资源在空间分布上存在明显的区域差异;为了客观地反映一个区域内气候资源的立体分布特征,必须建立一套符合当地实际的空间分析模型。方法是根据分离综合法的基本思想和实际观测资料,结合本地区地理地形特点以及气候资源要素变化特征,选择主要影响因素采用条件回归、多元回归或逐步回归等方法分别建立经验模型,并进行相关显著性检验和误差分析。

④进行气候资源计算分析。根据气候资源推算模型和给定分辨率的 DEM,将矢量数据转换为栅格数据,对海拔高度、地理纬度和经度等要素栅格图层进行常数运算,即可计算出各网格点上气候资源要素的实际空间分布;计算结果仍为栅格图,进行格式转换后可得到等值线矢量图。此外,根据在 GIS 中建立的不同区域气候要素高度模型,可以将气候资源数据库中的各气候要素统一订正到海平面高度上,得到消除了观测站点高度不一致、仅受地理位置影响的气候要素值;采用 GIS 中的三角网插值法将海平面高度上的气候要素值内插到与 DEM 相同分辨率的网格点上,即可转换成宏观海平面气候要素分布图。

　　王菱[60](1996)根据降水量随海拔高度变化的不同参数,对我国华北山区的地形方位进行分区,在分区的基础上建立山区降水量推算方程,经相关性检验后利用小网格方法推算华北山区年降水量分布和最大降水高度,并分析了山区降水随地理因子的局地变化率,讨论了华北山区降水量的分布特点。欧阳宗继等[61](1996)曾对北京山区进行过 $1 \text{ km} \times 1 \text{ km}$ 网格的热量、降水资源推算。张杰等[62](2002)根据山区降水分布的影响因子,选用经度、纬度、海拔高度、坡向、坡度和开放度等6 个地理地形因子对祁连山区的年降水量进行了模拟;考虑到海拔高度对降水量的影响呈非线性变化,采用最大降水高度($H=2900 \text{ m}$)以上和以下分段拟合方法,分别建立回归方程;同时,应用网格分析法计算了 27 个台站的地形因子和降水量分布,并检验了年降水量与各因子之间的相关显著性。

7.3.3　月平均降水量的推算

　　在降水量的推算方法中,条件回归法、相似移置法和分离综合法用于山区年降水量或植物生长季降水量的推算效果较好;且时段越长,推算结果精度越高。而对于月降水量的推算,由于山区气象观测台站相对较少,且大部分设立在地势平坦开阔的地方,其观测资料难以真实反映一定区域内降水量的空间分布和时间变化特征,导致传统的推算方法用于山区月降水量的推算效果较差。

　　实际工作中,月降水量的推算可以根据年降水量间接求取。经验表明,在同一气候区域内,各地月降水量与年降水量的比值(称为降水相对系数)基本趋于一致[50];即各月降水量 R_i 和年降水量 R 的比值具有相对稳定性,地区差异较小。如果基本站与推算点地形相似,随着两者水平距离的接近,则比值差异会更小。因此,无观测资料地区推算点的各月降水量 R_i 可以用其年降水量 R 和推算地区的降水相对系数 K_i 来估计。即

$$R_i = K_i R \qquad (i = 1, 2, \cdots, 12) \tag{7.92}$$

式中,R_i 为推算点第 i 月降水量的估计值;推算点的年降水量可以采用前面介绍的方法确定;比值 K_i 可以根据邻近基本站的各月降水量 R'_i 和其年降水量 R' 来确定,即

$$K_i = R'_i / R' \qquad (i = 1, 2, \cdots, 12) \tag{7.93}$$

　　在推算某一地点的月降雨量时,应首先根据该推算点的经纬度确定其与附近气象站或水文观测站的距离,以距离最近的观测站作为基本站进行推算。实际工作中,也可以采用事先绘制的本地区各月降水相对系数分布图内插出推算站的 K_i。此外,采用间接方法推算的月降水量应利用短期考察资料进行验证,以检验推算方法的可靠性和精度。

　　月降水量也可以根据分离综合法的基本思想,采用逐步回归方法进行推算。例如,陈新光等[63](1996)根据粤北石灰岩地区气象站和水文站的降水资料与该地

区经纬度、海拔高度等地理因子进行统计相关分析,采用逐步回归方法对影响因子进行筛选,建立了该地区1、4、7、10月和年降水量的推算模式。回归方程分别为

$$R_1 = 66.0 + 1.27h$$
$$R_4 = 2027.7 - 71.6\varphi + 50.8h$$
$$R_7 = 1652.0 - 60.4\varphi + 6.0h$$
$$R_{10} = 461.0 - 15.0\varphi + 2.7h$$
$$R_{年} = 13167.7 - 464.2\varphi + 47.6h$$

由此,推算出该地区$5' \times 5'$网格点上相应的降水量,经宏观地形订正后制作成该地区1、4、7、10月和年降水量的分布图;与常规雨量图相比,能够比较客观地反映地理因素对降水量分布的影响。然而,上述回归方程没有考虑最大降水高度和坡向、坡度等小地形因素,势必会对推算结果的精确性产生影响。

将基于GIS的小网格方法应用于县级区域的月降水量推算,效果也比较理想。钱锦霞等[64](2003)应用地理信息系统和多元回归方法建立了山西省偏关县月、年平均气温、月降水量以及各级界限温度初终日期、间隔日数和积温的小网格推算模型。其中,月降水量推算模型及其相关显著性水平,如表7.7所示。运用这些模型推算当地各网格点上的月、年平均气温和月、年降水量的累年平均值以及各级界限温度的初终日期、间隔日数和积温等,取得了良好的效果。

表7.7　各月平均降水量推算模型及其相关检验

月	降水量推算模型	复相关系数	显著水平
1	$R_1 = -0.024 + 0.092(h/100) - 0.05(\beta/100) + 0.411\alpha$	0.7482	0.01
2	$R_2 = 14.352 - 2.322(h/100) + 0.113(\beta/100) + 0.247\alpha$	0.6052	0.1
3	$R_3 = 10.375 + 0.249(h/100) - 2.143(\beta/100) + 0.222\alpha$	0.6338	0.05
4	$R_4 = 6.355 + 1.144(h/100) - 0.563(\beta/100) - 0.432\alpha$	0.6903	0.05
5	$R_5 = -767.658 + 5.321\lambda + 5.007\varphi + 0.082\alpha + 0.697(h/100) - 2.013(\beta/100)$	0.7389	0.05
6	$R_6 = -402.771 + 5.597\lambda - 5.357\varphi - 3.818\alpha + 3.193(h/100) + 3.090(\beta/100)$	0.8481	0.01
7	$R_7 = 361.694 + 8.702\lambda - 30.858\varphi + 5.852\alpha + 0.080(h/100) - 4.099(\beta/100)$	0.7096	0.1
8	$R_8 = 1147.366 - 2.962\lambda - 18.584\varphi - 1.145\alpha + 0.541(h/100) + 1.822(\beta/100)$	0.7563	0.1
9	$R_9 = 23.984 + 2.124(h/100) + 1.722(\beta/100) - 0.490\alpha$	0.6475	0.05
10	$R_{10} = 11.675 + 0.869(h/100) + 0.213(\beta/100) - 0.184\alpha$	0.6688	0.05
11	$R_{11} = 4.178 + 0.374(h/100) - 0.443(\beta/100) - 0.338\alpha$	0.5983	0.1
12	$R_{12} = 0.148 + 0.060(h/100) + 0.131(\beta/100) + 0.223\alpha$	0.6383	0.05

7.3.4　降水保证率及重现期的推算

农业生产中,常用某种降水量在历史时期出现的可能性来说明作物需水量供应的可靠程度,因此需要推算降水保证率。我国南方多雨地区的年降水量一般都近似服从正态分布;类似于热量资源保证率的推算,根据(7.79)式,并考虑随机变

量 U 的取值,可得

$$R_P = \overline{R} - U_P\sigma \qquad (7.94)$$

这里,R_P 为推算点各种保证率 P 条件下的年降水量;$\overline{R}$ 为多年平均降水量;U_P 为各种保证率 P 下的 U 值,由表 7.3 给出。

对于无观测资料的推算点来说,标准差 σ 无法直接求得,可采用相邻常规气象站(基本站)的年降水量标准差间接确定,即

$$\sigma = C \cdot \sigma_x \qquad (7.95)$$

式中,σ_x 为基本站年降水量的标准差;C 为基本站与推算点年降水量的比值;由于两站距离较近,地区差异较小,可假设 C 为常数。

降水量的重现期是指超过某一数值的降水量多少年可以期望出现一次;数值上就等于降水保证率的倒数。对于具有多年降水观测资料的常规气象台站,可以采用下式计算重现期,即

$$T_i = \frac{2N}{2i-1} \quad (i = 1, 2, \cdots, N) \qquad (7.96)$$

式中,i 为按降水量大小排列的序号;N 为样本数;T_i 为对应序号的重现期。

对于无观测资料的推算点来说,可以采用邻近站法先推算出其降水保证率,再由保证率估计重现期。由于重现期等于保证率的倒数,所以有

$$T = 100/P$$

例如,某地保证率为 5% 的年降水量为 1314 mm,那么,大于 1314 mm 的年降水量多少年出现一次? 显然,$T = 100/5 = 20$(年),即重现期为"20 年一遇"。所谓"20 年一遇",并不是说 20 年中恰好出现一次或肯定出现一次,只是表示每年出现大于 1314 mm 降水量的可能性为 5%;而且这个概率只有在年代际过程中(N 足够大)才能表现出来。

7.4 风能资源的推算

为了决策风能资源开发的可能性、规模和利用潜力,首先必须了解一个地区、一个省乃至全国范围的风能资源贮量、分布特点和变化规律等;这除了需要常规气象台站网的风观测资料以外,还需要对无观测地区的风向、风速以及风能资源贮量等进行推算评价。

无观测地区风状况的推算比较困难,因为风状况明显地受地理条件的影响。所以,风能资源的推算方法还有待进一步研究。在地理条件复杂的地区,即使基本台站网相当稠密,一般也不能用基本站的风状况来代表广大区域内各种地理环境中的风状况。短期考察资料能够提供无观测地区风状况的基本特点,但是,风的年变化和年际变化,使短期考察资料所求得的风向、风速特征既不能反映全年不同季

节风的状况,也常与该地同季节的多年平均特征有较大差异。因此,要了解无观测地区风状况的气候特征,必须对短期考察所获得的风向、风速资料进行订正。目前,使用较多的风向、风速推算方法主要有变换界限法、相关曲线或回归法;此外,对于复杂地形地区,可以根据实测资料和地形特点采用权重内插法[65]确定起伏地形的初始风场,或者以卫星遥感的地理信息和有限站点测风资料为基础,考虑不同地形、地表粗糙度、障碍物等因素对风速的影响,采用数值模拟方法[66]对一定范围(中小尺度区域)内的风速大小及其分布状况进行定量分析,为了解区域风速分布和风电场选址提供科学依据。

7.4.1　短期风向考察资料的订正

风向一般用 8 个或 16 个方位表示。从统计学角度来看,用 8 个或 16 个方位记录的风向可以认为是有 8 种或 16 种可能结局的随机现象;它的特征可以用各种结局出现的概率来表征。风能资源评估和区划工作中常用的"风向频率"就是这些概率的样本值,它们都是以各种风向出现概率为数学期望的随机变量。如果观测序列足够长,由于计算风向频率时样本容量大,用它们近似代表风向概率的抽样误差通常可以忽略不计;则基本时期内风向频率的累年值就可以看作是风向频率的估计值。因此,短期风向资料可以采用风向频率超短序列订正方法进行订正。

风向频率超短序列订正[36]的基本思路是,将考察站资料与邻近基本站同期资料进行对比分析,找出两地风向的相互关系;然后根据基本站各风向频率累年值,求出考察站风向频率的累年值。

观测资料表明,相邻测站之间风向联系的规律通常与大范围的环流特点有关,取决于大范围基本气流的方向。因此,以 $A_i(i=1,2,\cdots,n)$ 表示考察站的各种风向,以 $B_j(j=1,2,\cdots,n)$ 表示邻近基本站出现的各种风向;当风向记录为 8 个方位时,$n=9$(包括静风);16 方位时,$n=17$。则根据全概率公式有

$$P(A_i) = \sum_{i=1}^{n} P(B_j)P(A_i/B_j) \tag{7.97}$$

式中,$P(A_i)$ 为考察站某月(或季、年)的各种风向频率;$P(B_j)$ 为基本站该月(或季、年)的各种风向频率;$P(A_i/B_j)$ 为该月基本站出现 B_j 风向的条件下考察站出现 A_i 风向的条件概率。由上式可知,只要知道基本站各月风向概率以及基本站与考察站风向相互联系的具体形式(条件概率),那么考察站的风向概率即可确定。

根据基本站的多年风向观测记录,$P(B_j)$ 可以用基本时期内风向频率的累年值 $\nu(B_j)$ 进行估计,即

$$\hat{P}(B_j) = \nu(B_j) \tag{7.98}$$

由于两地的水平距离较近,通常处于大致相同的环流背景下,它们的风向差异主要是地理环境因素造成的;尽管风状况可能有明显的年际变化,但是两地风向联

系的特征却是相对稳定的。因此,虽然利用短期考察资料难以得出足够精确的考察站风向概率,但是却可以根据考察资料对两地风向联系的条件概率这一统计特征进行估计。有

$$\hat{P}(A_i/B_j) = \nu_0(A_i/B_j) \tag{7.99}$$

式中,$\nu_0(A_i/B_j)$为考察期间基本站出现B_j风向条件下考察站出现A_i风向的条件概率。由此,将(7.97)式中等式右边的概率用它们的样本值代替,可得考察站各风向概率估计值的计算公式为

$$\hat{P}(A_i) = \sum_{i=1}^{n} \hat{P}(B_j)\hat{P}(A_i/B_j) = \sum_{i=1}^{n} \nu(B_j)\nu_0(A_i/B_j) \tag{7.100}$$

这里,$\hat{P}(A_i)$就是考察站各风向频率在基本时期内的累年(订正)值。

实际上,表示两站风向联系统计特征的风向条件概率主要受地形动力作用的影响,不但年际变化不明显,就是在一年内不同月份的差别也不大;所以,通常不需要分别计算每个月的风向条件概率。根据实际考察资料的计算结果[36]表明,冬季月份都可以用1月资料计算得到的条件频率,夏季月份都可以用7月资料计算得到的条件频率,而春、秋两季则可以采用1、7月资料合并统计得到的条件频率,就可以得到与实际情况相当吻合的订正值。

归纳起来,风向频率超短序列订正的一般步骤为:①根据考察资料统计考察站与基本站的风向频数;②统计考察期间风向的条件频率$\nu_0(A_i/B_j)$;③计算考察站风向频率在基本时期内的累年(订正)值$\hat{P}(A_i)$。

实际工作中,为了尽可能扩大统计条件频率的样本容量,考察期间应尽可能多地增加风的观测次数;在条件许可的情况下,最好采用测风自记仪器,以获取更多的风向观测样本。

风向频率超短序列订正也要考虑订正适当性问题。对于有考察资料的月份,只要考察站风向和基本站风向不是相互独立的,那么订正就是适当的。实际工作中,也可以人为地将一些气象站假设是考察点,根据这些假设考察点的短期观测资料,计算它们全年各月的风向频率累年(订正)值,再将这些订正值与实测累年值比较,分析订正误差的地理分布,以确定订正适当的地理范围。

7.4.2 短期风速考察资料的订正

与风向类似,相邻两站平均风速之间相互联系的统计特征,同样也受大范围环流特征的显著影响。这里,以X表示基本站风速,x为X的观测值;Y表示考察站风速,y为Y的观测值;则考察站风速Y的数学期望为

$$E(Y) = \int_0^{\infty} yf(y)\mathrm{d}y \tag{7.101}$$

引入全概率公式

$$f(y) = \sum_{j=1}^{n} f(y/B_j) P(B_j) \quad (j = 1, 2, \cdots, n) \tag{7.102}$$

代入上式有

$$E(Y) = \sum_{j=1}^{n} \int_0^\infty y f(y/B_j) P(B_j) \mathrm{d}y = \sum_{j=1}^{n} P(B_j) \int_0^\infty y f(y/B_j) \mathrm{d}y$$

$$= \sum P(B_j) E(Y/B_j) \tag{7.103}$$

式中，B_j 为基本站风向；$f(y/B_j)$ 为 B_j 条件下考察站风速的条件分布密度，$E(Y/B_j)$ 为 B_j 条件下 Y 的条件数学期望。

令 B_j 条件下考察站与基本站的风速之比为

$$K_j = \frac{E(Y/B_j)}{E(X/B_j)} \tag{7.104}$$

则有

$$E(Y) = \sum_{j=1}^{n-1} P(B_j) K_j E(X/B_j) + P(B_n) E(Y/B_n) \tag{7.105}$$

这里，B_j 表示各方位（8 或 16 个）的风向，B_n 表示静风（$n = 9$ 或 17）。

观测资料表明，在一定的大范围环流背景（以基本站某种风向表征）下，相邻测站之间平均风速的比值也是相对稳定的。因此，K_j 可以由短期考察资料求得的条件平均风速比值 K'_j 来估计，有

$$\hat{K}_j = K'_j = \overline{y}_j / \overline{x}_j \quad (j \neq n) \tag{7.106}$$

式中，$\overline{y}_j$、$\overline{x}_j$ 分别为考察站和基本站在考察期间 B_j 风向条件下的平均风速。

$P(B_j)$ 和 $E(X/B_j)$ 可以分别由基本站在基本时期内各风向频率累计值 $\nu(B_j)$ 和各种风向的平均风速 $\overline{x}_{Nj}$ 来估计，即

$$\hat{P}(B_j) = \nu(B_j) \tag{7.107}$$

$$\hat{E}(X/B_j) = \overline{x}_{Nj} \tag{7.108}$$

$E(Y/B_n)$ 表示大范围环流场很弱时基本站为静风的条件下考察站风速的条件数学期望，通常是一个很小的数值；可以用考察期间基本站为静风的条件下考察站的平均风速 $\overline{y}_n$ 来估计，有

$$\hat{E}(Y/B_n) = \overline{y}_n \tag{7.109}$$

将 (7.105) 式中右边各项分别用它们的估计值代替，可得

$$\hat{E}(Y) = \sum_{j=1}^{n-1} \nu(B_j) K'_j \overline{x}_{Nj} + \nu(B_n) \overline{y}_n \tag{7.110}$$

这里，$\hat{E}(Y)$ 就是基本时期内考察站平均风速的累年（订正）值。

在一定的大范围环流背景下，由于相邻两站平均风速的比值主要取决于地形的动力作用，所以条件平均风速比值 K'_j 的年变化通常并不显著，可以将不同季节

的考察资料合并在一起统计。

与其他气候变量相比,平均风速是年际变化比较小的一种气候变量。对于有考察资料的月份来说,直接用考察期间的风速平均值代替基本时期的累年值,一般不会产生很大的误差。但是,平均风速的年变化通常很明显;因此,平均风速超短序列订正的主要意义在于通过短期考察对无资料月份的风速变化也能有比较准确的认识。实际工作中,也可以选择一些基本气象站作为假想考察点,利用假想考察点资料进行平均风速订正试验,分析订正误差,从而确定出平均风速超短序列订正适当性的地理范围。

7.4.3　风向和界限风速出现频率的推算

实际工作中,有时需要确定某地某界限风速(如 $u \geqslant 3 \text{ m/s}$ 或 $u \geqslant 10 \text{ m/s}$)出现的天数或在一定时期内的出现频率,有时需要确定在没有地方性风影响的情况下当风速大于某一界限值时某种风向的出现频率,解决这一类问题可以采用变换界限法[37]。

推算方法与利用变换界限法推算各种界限温度的出现日期相类似,所不同的是,推算界限温度采用推算站 A 与基本站 B 的气温差 ΔT,而推算无观测地区的界限风速出现频率则应该采用推算站 A 与基本站 B 的平均风速比 $K_i = u_{Ai}/u_{Bi}$;其中 i 表示不同风向。具体步骤为:

①首先,根据考察站和基本站的观测资料统计基本站 B_i 风向条件下推算站的风向 A_i 和风速 u_{Ai},将基本站风向 B_i 认为是大范围环流背景下的各种自然风向。

②计算不同 B_i 条件下两站风速比值 K_i,如果两站海拔高度不同,则应根据风速随海拔高度的变化规律订正到相同高度(如推算站高度)上。

③然后,根据 K_i 求出基本站风速 $u_{Bi} \geqslant u_c/K_i$ 的数值,这里 u_c 为某界限风速值,因为 $K_i = u_{Ai}/u_{Bi}$,有 $u_{Bi} = u_{Ai}/K_i$,所以,当 $u_{Ai} \geqslant u_c$ 时,有 $u_{Bi} \geqslant u_c/K_i$,也就是说,当自然风向为 B_i 条件下推算站风速大于等于某临界风速时,基本站风速应大于等于临界风速 u_c 与 K_i 之比。

④再根据基本站的长期观测资料,计算出各种风向 B_i 条件下基本站风速 $u_{Bi} \geqslant u_c/K_i$ 时平均每年出现的日数 N_{Bi}(如果一天中有几次或几个风向符合条件,也只算一个出现日)以及平均每 n 年内出现的次数 N_{Bni}。

⑤在没有地方性风影响的情况下,推算站风向 A_i 出现的频率与基本站风向 B_i 出现的频率相同,则

$$\hat{N}_A = \sum N_{Bi}$$
$$\hat{f}_A = \sum N_{Bi}/365$$

(7.111)

即为推算站平均每年出现风速 $u \geqslant u_c$ 的天数和频率;而

$$\hat{f}_{An} = \sum N_{Bni}/N_n \tag{7.112}$$

就是推算站在每 n 年内出现 $u \geqslant u_c$ 的频率。其中，N_n 为基本站在 n 年内观测风速的总次数。

对于某些特殊地形，可以根据短期考察资料求出考察点与基本站之间地形因素（如河谷、山谷走向偏角等）与风向的关系曲线或回归方程，利用变换界限法也可以推算出考察点风向和界限风速出现的天数和频率。

一般环流背景下，在同一地区不同地点之间风速的相对差异主要决定于当地的地形和自然风向。不同方向吹来的风可能受到不同地形的影响，因而在一定的地形条件下，任意两地点的风向、风速关系在很大程度上受来流方向的影响，而与天气类型和季节的关系较小，且具有相对的稳定性。根据傅抱璞[5a]（1983）的研究，位于长江上游涪陵近似南北走向的河谷内风速与附近涪陵气象站风速的比值随风向的变化，如图 7.3 所示。在无山谷风的情况下，当出现与河谷走向平行的南风时，河谷内不受水体影响一侧的风速可以达到气象站风速的 2 倍；而与河谷走向垂直的偏东风和偏西风出现时，河谷内风速比气象站风速减弱了一半左右；显然，两地风速比与自然风向的关系非常明显而且很有规律。

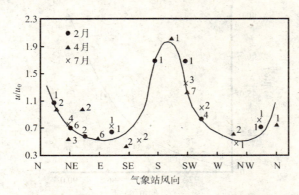

图 7.3　涪陵河谷内测点风速 u 与附近气象站风速 u_0 的比值随风向的变化[58]

因此，如果要推算河谷内某考察点的长年平均风速，可以根据资料计算各种风向 i 下考察点平均风速 u_i 与附近气象站平均风速 u_{0i} 的比值 K_i，利用基本站的长年风观测资料统计各种风向的出现频率 f_i，即可由基本站平均风速挂算出考察点的长年平均风速；表达式为

$$\bar{u} = \sum_{i=1}^{n} f_i K_i u_{0i} \tag{7.113}$$

当某一气候要素与其他要素之间存在较好的相关关系时，也可以利用其他要素采用相关曲线或回归法来推算这一要素；其关键在于通过物理分析和实践经验

找出推算要素与其他有关要素之间的内在联系,确定出适当的相关因子。例如,利用图 7.3 所示的关系,不仅可以推算河谷内的长年平均风速,而且还可以推算在各种风向条件下的最大风速和河谷内可能出现的极端最大风速。具体方法是,根据邻近气象站的长年风观测资料统计出各种风向下的最大风速 V_{0i},然后从图 7.3 中查出河谷内考察点在各种风向下的风速比值 $K_i = u_i/u_{0i}$,则 $V_i = K_i V_{0i}$ 就是河谷内在各种风向下的最大风速,而 V_i 中数值最大的一个就是河谷内可能出现的极端最大风速 V_{max},出现该风速的风向就是河谷内出现极端最大风速时邻近气象站的风向。如果能进一步找出河谷内风向与邻近气象站风向之间的关系,就可推算出河谷内出现极端最大风速时的局地风向。

　　傅抱璞[58](1983)根据在长江三峡内外 4 个河谷的短期考察资料得到无山谷风时河谷内风向与河谷走向的偏角 α 和自然风向与河谷走向的偏角 β 之间的关系,如图 7.4 所示,表明当大范围背景环流风吹到谷地时其风向具有沿河谷走向发生偏转的趋势。因此,实际工作中,只要根据考察资料和基本站风资料绘制出类似的考察点与基本站之间的风向、风速关系图,就可以根据基本站的风向、风速推算考察点的风向、风速。

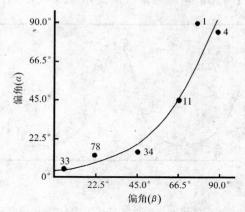

图 7.4　无地方性风时河谷内风向与河谷走向的偏角 α
随自然风向与河谷走向的偏角 β 的变化[58]

7.4.4　复杂地形上风场的数值模拟方法

　　以往在对大范围甚至局部小区域的风资源普查时,基本上都是基于对风向、风速资料的收集处理和统计计算,凭借一定的原则和经验判断某一区域风能资源的地理分布,并在此基础上进行风资源贮量的估计或推算。由于地形对风速的影响,我国陆地上风能资源相对丰富的地区一般地形都比较复杂,在风电场开发的前期阶段必须摸清风电场的风能资源状况。因此,当风电场的范围比较大、能够进行实地测风的地点有限时,考虑到地形、地表粗糙度、障碍物等因素对风的影响,可以利用有限站点的测风资料,采用数值模拟方法对一定地域范围内的风速大小进行客观定量的分析,为全面了解这一区域的风速分布和风电场的风能资源状况提供科学、有效的依据。

一般来说,复杂地形上风场的数值模拟,首先要利用实测风资料进行内插或外推来确定初始场,最终风场的质量在很大程度上依赖于初始场的真实性,这一点在复杂地形条件下显得尤为突出。因此,在复杂地形条件下采用的内插方法应该不同于平坦地形下所用的内插方法。

对于复杂地形上风场的数值模拟,权重内插是数值模型中使用较多的内插方法。根据实际观测的气象资料,采用选定的权重函数进行内插得出推算点的风向、风速。在选取权重函数 W 时,考虑的主要因素通常是推算点与基本站之间距离 r 的大小;例如,

$$W(r) = \begin{cases} \left[(R^2 - r^2)/(R^2 + r^2) \right]^m & r \leqslant R \\ 0 & r \geqslant R \end{cases} \tag{7.114}$$

或者

$$W(r) = \frac{1}{r^2} \tag{7.115}$$

其中,R 为影响半径,表示超过这一距离的测站对网格点上的要素取值已经没有任何影响;m 为大于 1 的整数。显然,在这种内插方法中,推算点与基本站之间距离越近,则权重越大;而且仅以两站距离作为权重因子,没有考虑地形起伏变化对风场的影响,存在明显的不足。

余琦等[65](2001)改进了起伏地形中初始风场的权重内插方法,引入一个表示地形起伏变化程度的因子 h,构造了一种新的权重函数,其形式为

$$W(r,h) = \frac{1}{r^a h^b} \tag{7.116}$$

其中,指数 a 和 b 为非负数;h 表示推算点与基本站之间地形高度变化的总量。

假设在网格点 1 和 6(分别代表推算点和基本站)之间存在地形起伏变化,在它们之间含有 4 个高程不等的网格点(依次排列)。若要确定网格点 1 和 6 之间的 h 值,需要将这些点之间的地形高度变化值累加。这里,以 h_{ij} 表示从点 i 到点 j 的高度变化总量,用 t_i 表示点 i 的高程,则

$$h_{16} = h_{12} + h_{23} + h_{34} + h_{45} + h_{56} \tag{7.117}$$

其中

$$h_{ij} = |t_j - t_i|$$

由此可见,用 r 和 h 这两个量的大小,可以表示推算点和基本站之间的地形起

伏变化。根据地形起伏变化的大小,可以将推算点周围的气象站分为 4 种类型:①是 r 和 h 都较小,表示与推算点距离很近且其间地形平坦;②是 r 较大,h 较小,表示与推算点距离较远但其间地形平坦;③是 r 较小,h 较大,表示虽然与推算点相距很近,但高差悬殊,其间可能有陡坡;④是 r 和 h 都较大,表示与推算点相距较远,且其间地形起伏多变,也可能有陡坡。通过定性分析可知,上述 4 类基本站与推算点的相关性应该是递减的。如果能够用权重函数将它们的重要度区分开来,就可以在一定程度上反映地形起伏变化的大小。这一点可以通过构造如(7.116)式所示的权重函数来实现。

分析可知,权重函数(7.116)式可以将①和④类气象站与其他两类区分开来,而且对指数 a 和 b 的大小没有特殊要求;为了区别②和③两类气象站,可以将距离因子和地形起伏因子进行归一化,将(7.116)式的权重函数改变为

$$W(r,h) = \frac{1}{(r/r_{max})^a (h/h_{max})^b} \qquad (7.118)$$

其中 r_{max} 和 h_{max} 为所有 r 和 h 的最大值。为了使③类气象站的权重值小于②类气象站,采用(7.118)式的权重函数时应取指数 $b > a$(通常取 $a = 2$)。由此,可以使上述 4 类气象站的权重依次减小。

利用推算点与其周围气象站的距离 r 和地形高度 h 资料,可以确定各气象站风向、风速相对于推算点风向、风速的权重值 W_i;再根据周围气象站的实测风资料 V_{0i},即可确定任一推算点的风状况。推算公式为

$$V = \sum_{i=1}^{n} W_i V_{0i} / \sum_{i=1}^{n} W_i \quad (i = 1, 2, \cdots, n) \qquad (7.119)$$

其中,W_i 为赋予每个气象站 i 的权重,n 为周围气象站的总数。计算结果表明,在起伏地形条件下,采用这种新权重函数,可以有效地排除那些可能对计算结果产生干扰的观测点。用新权重函数计算得到的风场,无论是风速还是风向都比只考虑距离因子的内插风场更接近于实测风场;因此,更适合在起伏地形条件下使用。

杨振斌等[66](2003)提出了一套应用于风能资源评估的综合分析系统。利用卫星遥感资料反演地形、地貌特征,融合地理信息数字高程数据,获得三维卫星图像,在三维地形上进行风场的数值模拟和分析,得出了广东省东部地区的风能资源分布图。

采用数值模式[67]模拟一个中小尺度区域内风速分布时,考虑不同地形和地表粗糙度对风速的影响,模拟点(推算站)P 处的风速 $u_P(\Delta Z_P)$ 为

$$u_P(\Delta Z_P) = u_0(\Delta Z_P) + \Delta u_T + \Delta u_R \qquad (7.120)$$

式中,$u_0(\Delta Z_P)$ 为观测点(基本站)的风速;Δu_T 为地形起伏对风速的影响;Δu_R 为粗糙度变化对风速的影响。Δu_T 可按下式计算

$$\Delta u_T = \Delta S \cdot u_0(\Delta Z_P) \tag{7.121}$$

其中

$$\Delta S = \Delta S_{\max} \exp(- a\Delta Z/L)$$

$$\Delta S_{\max} = bh/L$$

这里,h 为地形相对高度;L 为地形尺度,ΔZ 为地形高度变化;a、b 为地形参数。Δu_R 的计算公式为

$$\Delta u_R = \begin{cases} \left\{ \left[\dfrac{\ln(\Delta Z/z_0)}{\ln(\delta_i/z_{0u})} \right] \left[\dfrac{\ln(\delta_i/z_0)}{\ln(\Delta Z/z_{0u})} \right] - 1 \right\} \cdot u_0(\Delta Z) & \Delta Z < \delta_i \\ 0 & \Delta Z > \delta_i \end{cases} \tag{7.122}$$

其中,z_0 为模拟点的粗糙度;z_{0u} 为上风方向的粗糙度;i 为风距(即从地面特征变化处计算的下风方向距离);δ_i 为内边界层高度。

此外,在进行风能资源分析评估时,应根据我国风资源的分布特点,充分考虑海陆分布对模拟点风速的影响,并采用合适的方法进行订正。根据我国不同海陆影响范围内的风速观测资料,分析得到风速随离海岸距离的衰减关系为

$$y = [1.93/(x + 4.795)]^{0.656} + 0.45 \tag{7.123}$$

其中,y 为模拟点的平均风速与海岸边的平均风速之比,x 为模拟点与海岸的水平距离。

总之,关于风能资源的推算方法还有待进一步深入研究;而且立该瞄准国际前沿科技手段,广泛采用卫星遥感技术、地理信息系统以及中小尺度气象学等相关学科的最新研究成果,研制出适合我国特点的风能资源推算方法。

参 考 文 献

[1] 陆渝蓉,高国栋.1987.物理气候学.北京:气象出版社,134—152

[2] 苏志,涂方旭.2003.广西太阳总辐射的计算及分布特征.广西气象,**24**(4),32—34,45

[3] 张雪芬,陈东,付祥健等.1999.河南省近 40 年太阳辐射变化规律及其戌因探讨.气象,**25**(3),21—25

[4] 宛公展,周慧,刘锡兰.1997.天津市太阳辐射能资源的精细估算研究.自然资源学报,**12**(4),377—382

[5] 高国栋,陆渝蓉.1996.气候学教程.北京:气象出版社,82—88

[6] 刘新安,范辽生,王艳华等.2002.辽宁省太阳辐射的计算方法及其分布特征.资源科学,**24**(1),82—87

[7] 杨羡敏,曾燕,邱新法等.2005.1960—2000 年黄河流域太阳总辐射气候变化规律研究.应用气象学报,**16**(2),116—121

[8] Dobson F W, Smith S D. 1988. Bulk models of solar radiation at sea. *Quarterly Journal of the Royal Meteorological Society*, **114**, 165—182

[9] Sellers W D. 1965. Physical Climatology. Chicago：The University of Chicago Press，272

[10] 张新玲，郭心顺，吴增茂等. 2001. 渤海海面太阳辐照强度的观测分析与计算方法研究. 海洋学报，**23**(2)，46—51

[11] 刘建栋，傅抱璞，金之庆等. 1999. 农业气候资源数值模拟中气候资料处理模式的研究. 中国农业气象，**20**(3)，1—4

[12] Tarpley J D. 1979. Estimating Incident Solar Radiation at the Earth' Surface from Geostationary Satellite Data. *J. Climate Appl. Metero.*，**18**，1172—1181

[13] Dedieu G，Deschamps P Y，Kerr Y H. 1987. Satellite Estimation of Solar Irradiance at the Surface of Earth and of Surface Albedo Using a Physical Model Applied to Meteosat Data. *J. Climate Appl. Metero.*，**26**(1)，79—87

[14] 钟强，珪金娥. 1989. 利用 Nimbus7 行星反照率估算青藏高原地区的总辐射，气象学报，**47**(2)，165—172

[15] 魏合理，徐青山，张天舒. 2003. 用 GMS5 气象卫星遥测地面太阳总辐射. 遥感学报，**7**(6)，465—471

[16] McCree K J. 1972. Test of current definitions of photosynthetically active radiation against photosynthesis data. *Agricultural Meteorology*，**10**，443—453

[17] 周允华，项月琴，栾禄凯. 1996. 光合有效量子通量密度的气候学计算. 气象学报，**54**(4)，447—455

[18] 周允华，项月琴. 1987. 太阳直接辐射光量子通量的气候学计算方法. 地理学报，**42**(2)，116—128

[19] 左大康，陈德亮. 1985. 黄淮海平原主要作物光能利用率和光合潜力. 见《黄淮海平原农业自然条件和区域环境研究》第一集，北京：科学出版社，129—138

[20] 朱志辉，张福春. 1985. 我国陆地生态系统的植物太阳能利用率. 生态学报，**5**(4)，343—356

[21] 黄秉维. 1985. 中国农业生产潜力——光合潜力. 地理集刊，**17**，15—22

[22] 刘建栋，金之庆. 1999. 光合有效辐射日变化过程的数值模拟. 江苏农业学报，**15**(3)，136—140

[23] 刘荣高，刘纪远，庄大方. 2004. 基于 MODIS 数据估算晴空陆地光合有效辐射. 地理学报，**59**(1)，64—73

[24] 张佳华，王长耀，符淙斌. 2000. 遥感信息结合光合特性研究作物光合产量估测模型. 自然资源学报，**15**(2)，170—174

[25] 马淑红，熊建国，杨新才等. 2000. 太阳能电站日照时数推算. 气象，**26**(2)，45—49

[26] 马志福，谭芳. 2000. 塔里木盆地日照时数分布规律研究及应用. 资源科学，**22**(2)，40—44

[27] 于俊伟. 1998. 大娄山日照时数分布特征. 贵州气象，**22**(6)，13—16

[28] 左大康，周允华，项月琴等. 1991. 地球表层辐射研究. 北京：科学出版社，68—69

[29] 李占清，翁笃鸣. 1987. 一个计算山地日照时间的计算机模式. 科学通报，**17**，1333—1335

[30] Lalit Kumar，Andrew K Skidmore，Edmund Knowles. 1997. Modelling topographic variation in solar radiation in a GIS environment. *Int. J. Geographical Information Science*，**11**

(5),475—497

[31] 李新,程国栋,陈贤章等.1999.任意地形条件下太阳辐射模型的改进.科学通报,**44**(9),993—998

[32] Wang J, White K, Robinson G J. 2000. Estimating Surface Net Solar Radiation by Use of Landsat 5 TM and Digital Elevation Models. *Int. J. Remote Sensing*, **21**(1),31—43

[33] 曾燕,邱新法,缪启龙等.2003.起伏地形下我国可照时间的空间分布.自然科学进展,**13**(5),545—548

[34] 张勇,陈良富,柳钦火等.2005.日照时间的地形影响与空间尺度效应.遥感学报,**9**(5),521—530

[35] 马开玉,丁裕国,屠其璞等.1993.气候统计原理与方法.北京:气象出版社,449—494

[36] 屠其璞,王俊德,丁裕国等.1984.气象应用概率统计学.北京:气象出版社,436—523

[37] 傅抱璞,翁笃鸣,虞静明等.1994.小气候学.北京:气象出版社,514—629

[38] 傅抱璞.1984.关于山地气候资料的推算问题.见《山地气候文集》,北京:气象出版社,23—34

[39] 倪国裕,周立炎.1984.浅谈分离综合法推算无资料区的热量状况.见《山地气候文集》,北京:气象出版社,35—39

[40] 沈国权.1984.考虑宏观地形的小网格温度场分析方法及应用.气象,**10**(6),22—27

[41] 卢其尧.1988.山区年、月平均温度推算方法的研究.地理学报,**43**(3),213—223

[42] 卢其尧,傅抱璞,虞静明.1988.山区农业气候资源空间分布的推算方法及小地形的气候效应.自然资源学报,**3**(2),101—112

[43] 虞静明,詹兴伴,张宜平.1988.山区小地形对温湿度影响的确定.地理学报,**43**(2),224—231

[44] 王菱.1996.华北山区温度推算模式和应用.自然资源学报,**11**(2),150—156

[45] 顾卫,史培军,刘杨等.2002.渤海和黄海北部地区负积温资源的时空分布特征.自然资源学报,**17**(2),168—173

[46] 黄杏元,马劲松,汤勤.2001.地理信息系统概论.北京:高等教育出版社,1—5

[47] 史舟,王人潮,吴宏海.1997.基于 GIS 的山区年均温分布模拟与制图.山地研究,**15**(4),264—268

[48] 张洪亮,倪绍祥,邓自旺等.2002.基于 DEM 的山区气温空间模拟方法.山地学报,**20**(3),360—364

[49] 张连强,赵新平,欧阳宗继等.1993.求算界限温度日期的一种新方法——样条函数插值法.地理学报,**48**(1),70—74

[50] 欧阳海,郑步忠,王雪娥等.1990.农业气候学.北京:气象出版社,332—373

[51] 祁如英,宁新红,严进瑞.2004.青海省诺木洪地区物候季节划分及应用.中国农业气象,**25**(2),33—35

[52] 杜军,胡军,索朗欧珠.2005.西藏高原农业界限温度的变化特征.地理学报,**60**(2),289—298

[53] 郭文利,吴春艳,柳芳.2005.北京地区不同保证率下热量资源的推算及结果分析.农业工程学报,**21**(4),145—149

[54] 傅抱璞.1992.地形和海拔高度对降水的影响.地理学报,**47**(4),302—304

[55] 沈国权.1986.小网格雨量场的估算分析.气象,**12**(9),32—35

[56] 康锡言,马辉杰,赵春雷.2004.太行山农业气候区划中年降水量推算模型研究.华北农学报,**19**(4),111—113

[57] 张连强,赵有中,欧阳宗继等.1996.运用地理因子推算山区局地降水量的研究.中国农业气象,**17**(2),6—10

[58] 傅抱璞.1983.山地气候.北京:气象出版社,200—234

[59] 马旭清,国世友,邹立尧等.2001.气候资源小网格推算方法.黑龙江气象,**3**,26—28

[60] 王菱.1996.华北山区年降水量的推算和分布特征.地理学报,**51**(2),164—171

[61] 欧阳宗继,赵新平,张连强.1996.山区局地气候的小网格研究方法.农业工程学报,**12**(3),144—148

[62] 张杰,韩永翔,万信等.2002.祁连山区降水资源网格场的模拟与分析.干旱地区农业研究,**20**(2),108—119

[63] 陈新光,植石群,李衍雄.1996.粤北石灰岩地区降水资源的估算.热带地理,**16**(3),220—225

[64] 钱锦霞,张建新,王果静.2003.基于 City Star 地理信息系统的农业气候资源网格点推算.中国农业气象,**24**(1),47—50

[65] 余琦,刘原中.2001.复杂地形上的风场内插方法.辐射防护,**21**(4),213—218

[66] 杨振斌,薛桁,王茂新等.2003.卫星遥感地理信息与数值模拟应用于风能资源综合评估新尝试.太阳能学报,**24**(4),536—539

[67] Yuan Chunhong(袁春红), Yang Zhenbin(杨振斌), Xue Heng(薛桁).2002. The numerical simulation on wind speed over complex topography. *Acta Energiae Solaris Sinica*, **23**(2), 374—377

第八章　气候资源的综合分析

　　气候资源的综合分析是气候资源综合评价的基础,气候资源的综合评价又是气候评价的一个组成部分。气候分类和区划是最简单的一种气候评价方法。尽管各种气候评价和分析方法之间有着紧密的联系,但是侧重点不同,在原理和方法上也有一定的差别。

　　气候资源的综合分析以光、热、水、风、空气成分等气候资源要素的具体分析为基础,根据系统科学的思想,运用数学方法建立分析模型,对气候资源的分类、区划以及综合利用决策等进行研究,综合评价一个地区气候资源的数量、质量、变化特点、分布规律、开发利用价值以及对国民经济发展的影响等。

　　气候资源的量化和分析,主要是利用数学方法,在多年平均气候资料的基础上,通过建立一些量化指标或数学模型来综合分析和评价一定区域范围的气候资源。实际工作中,通常采用模糊综合评判、聚类分析、层次分析等方法对一地的气候资源进行综合分析。近年来,GIS等新技术的广泛应用,不仅能够详细描述气候资源在不同地形、地貌条件下的空间分布特征,而且可以为气候资源的综合分析、客观评价和合理开发利用提供科学的分析方法和决策手段。

8.1　气候资源的模糊综合评判

　　模糊评价法是运用模糊集合理论对某一对象进行综合评判的一种分析方法,在社会经济系统、工程技术领域中的应用非常普遍。日常生活中,人们经常遇到一些概念本身就比较模糊的问题。在气候资源综合分析中,有时要精确地描述某一评价目标往往非常困难。例如,旅游气候资源由多个气象要素决定,某地气候资源是否适合于旅游,有无开发价值,不能仅以"是"与"否"来概括;因为气候条件适合于旅游是"适宜度"的问题,具有模糊的概念;作为气候要素,每个因子不可能用一个固定的标准来衡量"适宜"或"不适宜";因此,某地气候是否适宜旅游,这一评价目标的描述本身就不精确,具有模糊性。所以,对气候资源进行客观准确的评价,定量地描述这种模糊的概念,需要建立一个隶属函数来衡量这一具有模糊性的评价目标,而隶属函数可以用模糊集合理论来确定。

8.1.1　基本原理

　　1965年美国控制论专家 L. A. Zaden 发表了题为"模糊集合"(Fuzzy Sets)的

论文,标志着模糊数学的诞生。模糊数学不是数学的模糊化,而是用精确定义的概念描述模糊的对象,使其数学化的一门精确科学。

模糊数学是在集合论的基础上建立起来的。对于一个普通集合 F,空间中任一元素 x,要么 $x \in F$,要么 $x \notin F$,两者必居其一;这一特征用函数可以表示为

$$F(x) = \begin{cases} 1 & x \in F \\ 0 & x \notin F \end{cases} \tag{8.1}$$

式中,$F(x)$ 称为集合 F 的特征函数,只取 0 和 1 这两个值。也可表示为

$$F = \{x \mid R(x)\} \tag{8.2}$$

这里,x 表示元素,R 表示关系。

1. 模糊概念

模糊集合是普通集合的扩充,是用于描述模糊事物的数学模型。将普通集合中的特征函数推广到模糊集合,使在普通集合中只取 0 和 1 这两个值的特征扩充到模糊集合中的 $[0,1]$ 实数闭区间。

定义[1]:设有给定论域 U,U 上的一个模糊子集为 $\underline{A}$,对于任意元素 $x \in U$,都能确定一个数 $\mu_{\underline{A}}(x) \in [0,1]$,用来表示 x 属于 $\underline{A}$ 的程度。

隶属函数(Membership Function)表示论域 U 在 $[0,1]$ 中的映射,即每一个元素 x 都与一个 $\mu_{\underline{A}}(x)$ 相对应;一般用 $\mu_{\underline{A}}$ 表示,并且记有

$$\mu_{\underline{A}}: \begin{array}{l} U \rightarrow (映射到) \quad [0,1] \\ x \rightarrow (对应于) \quad \mu_{\underline{A}}(x) \end{array} \tag{8.3}$$

其中,$\underline{A}$ 是论域 $U = \{x\}$ 上的模糊子集;隶属函数 $\mu_{\underline{A}}$ 在元素 x 的值为 $\mu_{\underline{A}}(x)$,称为 x 对 $\underline{A}$ 的隶属度;$\mu_{\underline{A}}(x)$ 的取值满足 $0 \leqslant \mu_{\underline{A}}(x) \leqslant 1$。例如,$\mu_{\underline{A}}(x) = 0.8$,说明元素 x 有八成属于模糊子集 $\underline{A}$。显然,隶属度表征了元素隶属关系的模糊性。所以,对于一些模糊性不确定问题可以采用模糊集合理论来解决。

2. 隶属函数

隶属函数的确定是用数学方法描述事物模糊性的关键。实际工作中,采用模糊数学方法处理问题的关键是选择适当的隶属函数;如果选取不当,就会产生不符合实际情况的分析结果。常见的隶属函数主要有 4 种类型,如图 8.1 所示。

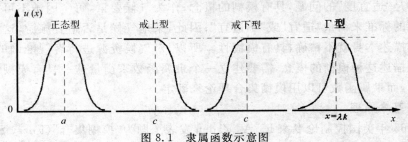

图 8.1　隶属函数示意图

(1)正态型

$$\mu(x) = e^{-(\frac{x-a}{b})^2} \tag{8.4}$$

式中,$b>0$。

(2)戒上型

$$\mu(x) = \begin{cases} \dfrac{1}{1+[a(x-c)]^b} & x > c \\ 1 & x \leqslant c \end{cases} \tag{8.5}$$

式中,$a>0$,$b>0$。

(3)戒下型

$$\mu(x) = \begin{cases} 1 & x \geqslant c \\ \dfrac{1}{1+[a(x-c)]^b} & x < c \end{cases} \tag{8.6}$$

式中,$a>0$,$b<0$。

(4)Γ 型

$$\mu(x) = \begin{cases} 0 & x < 0 \\ (\dfrac{x}{\lambda^k})^k e^{(k-\frac{x}{\lambda})} & x \geqslant 0 \end{cases} \tag{8.7}$$

式中,$\lambda>0$,$k>0$;当 $k-x/\lambda=0$,即 $x=\lambda k$ 时,有 $\mu(x)=1$。

实际工作中使用的隶属函数,往往需要根据具体问题,采用统计、解析、选择、比较、滤波函数、专家评分等方法自行设计[2]。所设计的隶属函数是否合适,对问题的解决具有很大影响;而建立隶属函数的技巧在于所提取的特征能否达到充分表现实际的问题、客观反映问题的本质这一根本目的。因此,应慎重对待隶属函数的建立过程。

3.模糊运算

在模糊集合中所定义的基本运算,主要包括相等、余、并、交、积等模糊子集的运算。

(1)相等。论域 U 上两个模糊子集 A、B 相等(记为 $A=B$)的充分必要条件是 $\mu_A(x)=\mu_B(x)$。也就是说,在论域 U 内,不论 x 取何值,等式都成立;或者在论域 U 内,当无论 x 取何值都能使等式成立时,则这两个模糊子集相等.即 $A=B$。

(2)余(即 NOT,非)运算。论域 U 上模糊子集 A 的余(记为 A^c 或 $\overline{A}$),其隶属度为 $\mu_{\overline{A}}(x)$,则定义 $\mu_{\overline{A}}(x)=1-\mu_A(x)$。

(3)并(即 OR,或)运算。在论域 U 上,两个模糊子集 A、B 的并,记作 $A \cup B$,其隶属度定义为

$$\mu_{A \cup B}(x) = \mu_A(x) \vee \mu_B(x) \equiv \max\{\mu_A(x), \mu_B(x)\}$$

即"两中取大"。

（4）交（即 AND,和）运算。在论域 U 上,两个模糊子集$\underline{A}$、$\underline{B}$ 的交,记作$\underline{A}\bigcap\underline{B}$,其隶属度定义为

$$\mu_{\underline{A}\bigcap\underline{B}}(x) = \mu_{\underline{A}}(x) \land \mu_{\underline{B}}(x) \equiv \min\{\mu_{\underline{A}}(x),\mu_{\underline{B}}(x)\}$$

即"两中取小"。

（5）积运算。论域 U 上两个模糊子集$\underline{A}$、$\underline{B}$ 的点积,记为$\underline{A}\cdot\underline{B}$,其隶属度定义为 $\mu_{\underline{A}\cdot\underline{B}}(x)=\lor[\mu_{\underline{A}}(x)\land\mu_{\underline{B}}(x)]$。论域 U 上两个模糊子集$\underline{A}$、$\underline{B}$ 的外积,记为$\underline{A}\otimes\underline{B}$,其隶属度定义为 $\mu_{\underline{A}\otimes\underline{B}}(x)=\land[\mu_{\underline{A}}(x)\lor\mu_{\underline{B}}(x)]$。

4. 模糊关系

在模糊集合中,模糊关系也是一个模糊子集,通常用模糊矩阵表示。设 U、V 为两个有限集合,表示为

$$U = \{u_1,u_2,\cdots,u_n\} \tag{8.8}$$
$$V = \{v_1,v_2,\cdots,v_m\} \tag{8.9}$$

从集合 U 到集合 V 的模糊关系$\underline{R}$ 是指笛卡儿乘积 $U\times V$ 上的一个模糊子集;模糊关系$\underline{R}$ 可以采用矩阵形式（即模糊矩阵）表示为

$$R = \begin{bmatrix} r_{11} & r_{12} & \cdots & r_{1m} \\ r_{21} & r_{22} & \cdots & r_{2m} \\ \cdots & \cdots & \cdots & \cdots \\ r_{n1} & r_{n2} & \cdots & r_{nm} \end{bmatrix} \tag{8.10}$$

其中,$0\leqslant r_{ij}<1,(i=1,2,\cdots n;j=1,2,\cdots,m)$。

对两个模糊矩阵$\underline{A}$、$\underline{B}$ 进行合成运算（$\underline{A}\cdot\underline{B}$）,类似于普通的矩阵乘积;所不同的是将对应元素的相乘改为"交"运算（两中取小）,将对应元素之积相加改为"并"运算（两中取大）。如果模糊矩阵$\underline{A}$ 的每个元素都不大于模糊矩阵$\underline{B}$ 的对应元素,则称$\underline{A}$ 被包含于$\underline{B}$,记为$\underline{A}\in\underline{B}$。模糊点积运算用于综合评判,立足于最差评语中寻求最好,具有保险性质;模糊外积运算也可以用于综合评判,不同的是外积运算立足于最好,同时兼顾最差评语,带有一定的冒险性质。

通过模糊映射 f 可诱导出模糊关系,即$\underline{R}(u_i,v_j)=f(u_i,v_j)=r_{ij}$。有了 U 到 V 的模糊关系$\underline{R}$,对于任何给定论域 U 上的模糊子集$\underline{A}$,可以确定另一论域 V 上的模糊子集$\underline{B}$。模糊变换式为

$$\underline{B} = \underline{A}\cdot\underline{R} \tag{8.11}$$

8.1.2　评价方法与步骤

模糊综合评判是对受到多种因素综合影响的事物作出全面评价的一种行之有效的多因素评判方法。模糊综合评判的关键是确定因素集、评判集和模糊关系这三个步骤。评价过程包括:将评价目标看成是由多种因素组成的模糊集合,由综合评判的所有因素确定因素集 U;设定这些因素所能选取的评审等级和评分标准的

模糊集合,由对评判对象的不同评语构成评语集 V;然后分别求出各单一因素对各个评审等级的隶属度,建立从 U 到 V 的各个因素的模糊评判矩阵 R;根据各评价指标的相对重要程度,确定各个因素在评价目标中的权重分配 W,即 U 上的模糊子集;最后通过模糊矩阵合成运算,求出评价的定量解 C。

　　模糊综合评判问题可以描述为计算模糊乘积 $U \cdot V$;即通过模糊变换可以得到论域 V 上的模糊子集 $C = W \cdot R$,也就是综合评判的结果,从中选出最优方案。若将模糊关系 R 看成是"模糊变换器", W 为输入, C 为输出,如图 8.2所示;则在已知输入和变换器的情况下求输出,这就是模糊综合评判。可见,模糊综合评判就是借助于模糊变换原理,对影响事物的各个因素进行综合评价,评价的着眼点是论域 U 上的一个模糊子集 $\underline{W}$;其中 u_i 对 $\underline{W}$ 的隶属度 $\mu_{\underline{W}}(u_i)$ 称为因素 u_i 被分配的权重。通常情况下, $\sum \mu_{\underline{W}}(u_i) = 1$ 。若权重之和不等于 1,则应进行归一化处理;令

$$\mu(u) = \mu_{\underline{W}}(u_1) + \mu_{\underline{W}}(u_2) + \cdots + \mu_{\underline{W}}(u_n) \tag{8.12}$$

则

$$\sum_{i=1}^{n} \left[\mu_{\underline{W}}(u_i) / \mu(u) \right] = 1 \tag{8.13}$$

从而使各因素的相对权重之和等于 1。

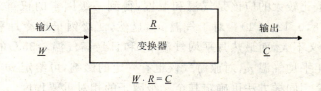

图 8.2　模糊综合评判示意图

　　对于一个实际问题,例如某地旅游气候资源的综合评判,运用 Fuzzy 理论确定模糊综合评价模型的一般步骤为:

　　(1)确定因素集

　　根据所研究问题的性质和特点,选择各个方面的影响因素构成评价因素集 $U = \{u_1, u_2, \cdots, u_n\}$;而且某些因素可以按其因子的共性划分为若干个子集,构成不同的层次。例如,某地存在着多种类型的旅游景点,旅游气候的影响因素包括多个气象要素,如气温 u_1、日照 u_2、空气湿度 u_3、雷暴日数 u_4、雾日 u_5 和降水日数 u_6 等;其中气温子集 $u_1 = \{$年平均气温 u_{11},最冷月平均气温 u_{12},最热月平均气温 u_{13},日最高气温 $\geqslant 35\,℃$ 天数 $u_{14}\}$,降水日数子集为 $u_6 = \{$春季降水日数 u_{61},夏季降水日数 u_{62},秋季降水日数 u_{63},冬季降水日数 $u_{64}\}$,等等。

　　(2)选择评语集

　　采用模糊数学的分析方法,将不同因素的影响统一为单一的量化指标,确定评

语集 $V=\{v_1,v_2,\cdots,v_m\}$，用来对各种影响进行数学描述和定量分析。评语集就是在某一评价指标下，对评价对象给出的评定值。例如，每个景点的不同气候要素对旅游的影响都可以采用"适宜度"来表示，其定义域为 $[0,1]$，即最不适宜取值为 0，最适宜为 1。根据旅游气候资源的特点，适宜程度可以分为四级，定义旅游景点气候资源评价的评语集为 $V=\{v_1$ 很适宜，v_2 适宜，v_3 较适宜，v_4 不适宜$\}$。

（3）分配权重

实际问题的评价目标是对多种影响因素进行综合评价，所以需要采用科学的方法，客观地确定各种因素、各个指标的相对重要程度（即权重）。权重系数的确定方法很多，如因子分析法、相关系数法、专家调查法、相对比较法[3]、层次分析法、模糊关系方程法和模糊协调决策法等[4]。

通常，以 $W=\{w_1,w_2,\cdots,w_n\}$ 表示因素集 U 中各类一级因素的权重，以 $w_i=\{w_{i1},w_{i2},\cdots,w_{ij}\}$ 表示因素集 U 中各类二级因子的权重集，且权数应满足

$$\sum_{i=1}^{n} w_i = 1 \quad (i=1,2,\cdots,n) \tag{8.14}$$

例如，根据某地旅游景点主要适合于消夏避暑、生态旅游等特点，考虑到各气候因素对旅游景点的影响程度不同，采用相对比较法可以确定各因素的权重；结合旅游常识可知，权重比较大的应该是气温和湿度，得到一级因素的权重为 $W=(0.25,0.15,0.2,0.18,0.12,0.1)$。对于气温 u_1，显然，二级因子最冷月平均气温 u_{12} 对旅游气候的意义不大，而最热月平均气温 u_{13} 和日最高气温 $\geqslant 35℃$ 的日数 u_{14} 对旅游影响较大，年平均气温 u_{11} 对旅游气候也有一定的影响，可给定 $w_1=(0.17,0.0,0.5,0.33)$。采用同样方法可确定其余二级因子的相对重要程度。

（4）建立模糊关系

这是从因素集 U 到评语集 V 的一个模糊映射，即模糊变换。建立模糊关系的一般步骤为：

①建立隶属函数。根据所研究问题受各种因素影响的变化规律，在综合相关分析的基础上，建立某一类型的隶属函数，并根据实际资料分别计算出各影响因素的隶属度。例如，旅游景点开发可以利用各景点的历年气候资料或根据邻近气象站推算的气候要素值计算隶属度。

②确定隶属度标准。利用调查或试验获得的资料，结合已有的研究成果和实践经验，给出各种影响因素对所研究问题适宜度的隶属度标准。例如，旅游景点的适宜度可以确定为，很适宜，$\mu\geqslant 0.9$；适宜，$0.9>\mu\geqslant 0.7$；较适宜，$0.7>\mu\geqslant 0.5$；不适宜，$\mu<0.5$。

③统计出现频率。根据所计算的隶属度和给定的隶属度标准，分别统计因素集 U 中各因素历年隶属度对应于评语集 V 中各等级的出现频率。例如，根据所计

算的历年气温因子的隶属度及其标准,统计分析某景点的最热月平均气温 u_{13},很适宜的年份有 22 年,适宜的年份有 17 年,较适宜的为 11 年,不适宜的为 0 年,样本总年数为 50 年;则可得到 $r_{131}=22/50=0.44$, $r_{132}=17/50=0.34$, $r_{133}=11/50=0.22$, $r_{134}=0.0$。

④得出单因素模糊评价矩阵。将每一个单因素评价结果进行组合,构成各种影响因素的模糊评价矩阵 R_i。矩阵中的每一列对应各个二级因子的评价结果,而矩阵中的每一行都是评语集 V 上的一个模糊子集,对应很适宜、适宜、较适宜和不适宜 4 个适宜度等级。例如,按照旅游景点对气候条件的要求,分别确定出每个气温因子对各评语的隶属度,即可得到某景点气温因素 u_1 的模糊评价矩阵为

$$R_1 = \begin{bmatrix} 0.39 & 0.33 & 0.28 & 0.0 \\ 0.42 & 0.33 & 0.25 & 0.0 \\ 0.44 & 0.34 & 0.22 & 0.0 \\ 0.33 & 0.29 & 0.25 & 0.13 \end{bmatrix} \tag{8.15}$$

经过模糊变换,对因素集 U 中的每一个因素 u_i,分别求出其对评语集 V 中各个评语等级 v_j 的隶属度,得到从 u_i 到 V 的模糊关系,并分别用单因素模糊评价矩阵 R_i 表示。

(5)进行综合评价

如果因素集 U 具有层次性,则综合评价也应分级进行。首先,对 u_i 代表的各种因素逐一进行多个因子的综合评判,得出一级因素 u_i 的综合评诺 $B_i=w_i \cdot R_i$;然后,再由一级评价结果 B_i 构成因素集 U 的二级评判矩阵,即 $R=[B_1,B_2,\cdots,B_n]$,根据一级因素所分配的权重 W,可得出所研究问题的模糊综合评价结果 $C=W \cdot R$。

例如,对于某个景点,由确定的二级因子权重 w_1 和模糊评价矩阵 R_1,进行合成运算求出气温因素 u_1 的综合评语 B_1,即

$$B_1 = w_1 \cdot R_1 = \begin{bmatrix} 0.17 & 0.0 & 0.5 & 0.33 \end{bmatrix} \cdot \begin{bmatrix} 0.39 & 0.33 & 0.28 & 0.0 \\ 0.42 & 0.33 & 0.25 & 0.0 \\ 0.44 & 0.34 & 0.22 & 0.0 \\ 0.33 & 0.29 & 0.25 & 0.13 \end{bmatrix}$$

$$= \begin{bmatrix} 0.17 & 0.17 & 0.17 & 0.0 \\ 0.0 & 0.0 & 0.0 & 0.0 \\ 0.44 & 0.34 & 0.22 & 0.0 \\ 0.33 & 0.29 & 0.25 & 0.13 \end{bmatrix} = \begin{bmatrix} 0.44 & 0.34 & 0.25 & 0.13 \end{bmatrix} \tag{8.16}$$

同样可得其他因素的一级综合评判结果。于是,该景点旅游气候资源的评价

结果为 $\underline{C} = \underline{W} \cdot \underline{R}$；如果 $\sum\limits_{j=1}^{4} \mu_C(v_j) \neq 1$，还需要进行归一化处理。

采用同样方法，可得其余景点的综合评价结果。

（6）确定评价等级

根据综合评价模型，一般选择所得评价结果中的最大值作为对应评语的评价等级，即 $C_R = \max\{C_j\}, (1 \leqslant j \leqslant m)$（其中 C_j 为 $\underline{C}$ 的元素），通过比较可从中确定出最优方案。最终分析结果必须经过实践验证，使其与当地实际情况相吻合；否则，应重新进行评价。

8.1.3 模糊综合评价方法的应用

正确评价我国的气候资源是合理开发利用气候资源、因地制宜地规划和指导工农业生产的重要前提。随着全国农业气候区划、气候资源开发利用研究的不断深入，许多学者对全国范围[5]、不同地区[6]、亚热带山区[7]、各省[8]以及市县级[9]小尺度的气候资源进行了系统分析和评价。模糊综合评价方法应用于区域气候资源分析、农业气候系统[10]和农业生态系统[11]分析，已经取得了丰富的研究成果。

为了定量分析北京山区农业气候资源，田志会等[12]（2005）利用山区 1 km² 小网格的气候资料，应用农业气候适宜度理论、模糊数学和因子分析等方法，通过 5 项农业气候指标与山区栽培植物生长发育条件建立隶属函数并确定其权重，分别计算山区各网格点的农业气候资源指数、效能指数和利用系数，并在 GIS 支持下绘制了它们的地区分布图。

首先，根据北京山区主要栽培植物的生长发育对气象条件的要求，参考北京市农业气候区划指标，选择涉及光、热、水三方面的 5 个农业气候指标：年平均气温（x_1）、$\geqslant 0 ℃$ 活动积温（x_2）、负积温（x_3）、年降水量（x_4）、年日照时数（x_5）。其中，x_1、x_2 可大致反映某一区域的热量资源，x_3 反映了冬季寒冷的强度和持续的时间，x_4 是衡量该区域水资源数量的主要因素，而 x_5 表示该区域光资源状况。

农作物的正常生长受多种气候条件的影响，将不同气候要素的影响统一为单一的量化指标，采用"农业气候适宜度"进行描述。根据北京地区植物生长发育的农业气候指标以及受气候要素影响变化的柯西分布模式，确定各要素的隶属函数为戒下型；并根据多种农业植物的生长发育状况，综合配置了其中的经验参数。所得隶属函数表达式分别为

$$\mu_{x_1} = \begin{cases} 1 & x_1 \geqslant 12 \\ \dfrac{1}{1 + 0.0625(x_1 - 12)^2} & x_1 < 12 \end{cases} \tag{8.17}$$

$$\mu_{x_2} = \begin{cases} 1 & x_2 \geqslant 4600 \\ \dfrac{1}{1 + 0.007(x_2/100 - 46)^2} & x_2 < 4600 \end{cases} \tag{8.18}$$

$$\mu_{x_3} = \begin{cases} 1 & x_3 \geqslant -300 \\ \dfrac{1}{1+0.05(x_3/100+3)^2} & x_3 < -300 \end{cases} \qquad (8.19)$$

$$\mu_{x_4} = \begin{cases} 1 & x_4 \geqslant 700 \\ \dfrac{1}{1+0.25(x_4/100-7)^2} & x_4 < 700 \end{cases} \qquad (8.20)$$

$$\mu_{x_5} = \begin{cases} 1 & x_5 \geqslant 2650 \\ \dfrac{1}{1+0.25(x_5/100-26.5)^2} & x_5 < 2650 \end{cases} \qquad (8.21)$$

然后,采用因子分析法确定因素权重和指标权重。光、热、水各指标的适宜度体现了单因素的评价,要进行多因素的综合评价,客观地确定各指标、各因素的权重尤为重要。确定权重的因子分析法具有严格的数学基础,可通过各主成分原有指标的载荷值和公因子方差值反映其对主成分贡献的大小。以北京市 17 个气象站点作为背景样本,对 5 个原始指标进行农业气候资源的主成分分析[13],以特征值 $\lambda_a \geqslant 1$ 作为入选标准;由此,入选前两个主成分,$\lambda_1 = 3.405$,$\lambda_2 = 1.004$,它们的累积方差代表了全部信息的 88.18%,其载荷及公因子方差值见表 8.1。

表 8.1　两个主成分载荷及公因子方差

原始指标	第一主成分载荷	第二主成分载荷	公因子方差
年平均气温(x_1)	0.966	0.160	0.959
$\geqslant 0℃$ 积温(x_2)	0.965	0.166	0.958
负积温(x_3)	0.920	0.031	0.847
年平均降水量(x_4)	0.802	-0.152	0.666
年日照时数(x_5)	-0.230	0.963	0.980

主成分载荷反映了所取主成分与各原始指标之间的相关关系,公因子方差反映了各原始指标对选出的两个主成分所起的作用,即反映了各原始指标的重要程度。指标权重的确定是将公因子方差按照热量 3 个因子、水分因子和光照因子以及热量、水分、光照 3 个因素分别进行归一化,所得出的权重系数列于表 8.2。

表 8.2　各因子权重分配

	因素	热量			水分	光照
第一层次	因素权重	0.627			0.151	0.222
第二层次	原始指标	x_1	x_2	x_3	x_4	x_5
	指标权重	0.347	0.347	0.306	1	1

确定农业气候指数时,分 2 个步骤进行。先利用多年平均气候资料以及各因素和指标的权重,根据农业气候适宜度模型,将农业气候适宜度与第二层次指标权

重 w_i 加权合成热量、水分和光照 3 项的单项资源指数,计算公式分别为

$$S_{热} = \sum_{i=1}^{3} \mu_{x_i} \cdot w_i, \quad S_{水} = \mu_{x_4} \cdot w_4, \quad S_{光} = \mu_{x_5} \cdot w_5 \qquad (8.22)$$

这 3 项资源指数分别表明某一区域热量、水分和光照资源的优劣程度,评判标准为:≥0.85 表示资源丰富,0.70～0.85 表示资源较丰富,0.70～0.50 表示资源状况一般,<0.50 表示资源贫乏。

以此为基础,进一步估算某一区域资源指数、效能指数和利用系数,并依次描述该区域农业气候资源的优劣程度,光、热、水 3 项资源的配合程度以及天然条件下大多数农作物利用的实际效率。

资源指数 C_r 由各单项资源指数 S_i 与第一层次因素权重 W_i 加权合成得到,表达式为

$$C_r = S_{热} \cdot W_1 + S_{水} \cdot W_2 + S_{光} \cdot W_3 \qquad (8.23)$$

资源指数反映某一区域潜在的农业生态气候资源的优劣程度;C_r 数值越大,表明该地区农业气候潜力越大,农业气候资源越丰富。

效能指数 C_e 表达式为

$$C_e = S_{热} \wedge S_{水} \wedge S_{光} \qquad (8.24)$$

效能指数反映的是某一区域光、热、水资源的配合程度;C_e 数值越大,表明该地区光、热、水资源的配合越好,越有利于农业植物的生长。

利用系数 K 反映某一区域在天然条件下农业气候资源为大多数农业植物生长所利用的效率。表达式为

$$K = C_e / C_r \qquad (8.25)$$

显然,K 值越大,表示光、热、水资源的利用率越高;反之,利用率越低。

最后,给出光热水资源的综合评价结果。评价标准为:C_r、C_e 和 K 的值≥0.85,表示光热水资源丰富、配合状况最好、资源利用效率最高;C_r、C_e 和 K 值介于 0.70～0.85 之间,表示光热水资源较丰富、配合状况较好、资源利用效率较高;C_r、C_e 和 K 值在 0.50～0.70 之间,表示光热水资源状况一般、配合状况一般、资源利用效率一般;而 C_r、C_e 和 K<0.50 时,则表示光热水资源贫乏、配合状况较差、资源利用效率较低。根据这一标准,各网格点上的 C_r、C_e 和 K 值经过可视化处理后可绘制出区域分布的栅格图。

结果表明,北京山区农业气候资源指数、效能指数、利用系数的总体分布趋势基本一致,都有随海拔高度的升高而减少的趋势;其中高值区位于东北部的平谷、密云和怀柔南部,C_r、C_e 和 K 值都介于 0.85～0.994 之间,表明这些地区的农业气候资源系统较为优良,无论是气候资源总量,还是光热水资源的匹配状况以及农作物对气候资源的利用率都是本地区最高的;相反,西北部和海拔较高的山区,不仅

农业气候资源总量贫乏,而且光热水资源的匹配程度也比较差,导致农作物对气候资源的利用率较低;此外,房山东南部和昌平南部等地区气候资源总量较为丰富,但受水资源的限制,光热水资源的匹配程度较差,致使当地气候资源利用率较低。这一评判结果与北京山区自然植被景观的变化趋势基本吻合。

8.2　气候资源的聚类分析

聚类分析(Clustering Analysis)是运用数学方法对不同的样品进行分类,定量地确定样品之间的亲疏关系,并按照它们之间的相似程度或差异指标进行分组或合并类型,以便客观分类的一种统计分析方法。类似于判别分析,聚类分析在气象上的应用也相当广泛。

在气候资源的综合分析工作中,通常需要根据各地气候的相似性和地区差异,将全国或全省划分为若干个等级不同的气候资源区域群。气候资源的聚类分析,就是利用数学方法确定不同地区之间气候资源要素的地域差异,按照其相似程度分型、划类,最终得出能够反映各地光、热、水、风等气候资源要素的地理分布特点和时间变化规律的分类系统。目的是要发挥各地的气候资源优势,避免和克服不利的气候条件,因地制宜地开发利用气候资源,为合理调整产业结构、建立各类生产基地、确定适宜种植制度、改善农业技术措施等提供科学依据和合理化建议。

8.2.1　基本原理

聚类分析是研究多要素事物分类问题的数量方法,其基本原理是:根据样品自身的属性,用数学方法按照某种相似性或差异性指标,定量描述样品之间的亲疏关系,并按这种亲疏关系的程度对样品进行聚类。

设对 m 个变量作 n 次观测,得到一组样本矩阵,记为

$$X = \begin{bmatrix} x_{11} & x_{12} & \cdots & x_{1n} \\ x_{21} & x_{22} & \cdots & x_{2n} \\ \cdots & \cdots & \cdots & \cdots \\ x_{m1} & x_{m2} & \cdots & x_{mm} \end{bmatrix} \tag{8.26}$$

为了对它们进行分类,以矩阵 X 中的每一行代表一个样品(如 n 个测点),每一列代表一种指标(如 m 种气候资源要素);分类的对象是对样品而言的,即每一个样品包括 m 种指标;换句话来说,气候资源聚类分析的对象是各个测点,其特征可以用 m 种气候资源要素进行描述。

衡量各地气候资源相似程度的指标有距离系数、相似系数、两向量夹角余弦、列联系数和统计信息量等[13]。实际工作中,最常用的是距离系数和相似系数。

1. 距离系数

距离系数,简称距离,其定义为

$$d_{ij} = \left[\sum_{k=1}^{m} \mid x_{ik} - x_{jk} \mid^{q} \right]^{1/q} \tag{8.27}$$

式中，d_{ij} 为 i、j 两地的距离系数；x_{ik} 为第 i 测点第 k 种气候要素值；m 为气候要素的个数。当指数 $q=1$ 时，d_{ij} 称为绝对距离；$q=2$ 时，d_{ij} 称为欧氏距离；这两种距离的意义比较直观，但是都有一个明显的缺点，即当测点的各个气候指标不是同一变量时，各个指标对距离的影响与它们的量纲有关。为了克服这一缺点，可以采用对各个气候指标标准化的方法，即

$$x'_{ik} = \frac{x_{ik} - \overline{x}_{k}}{\sigma_{k}} \tag{8.28}$$

然后，用 x'_{ik} 代替原来的 x_{ik} 来计算距离系数。式中

$$\overline{x}_{k} = \frac{1}{n} \sum_{i=1}^{n} x_{ik} \tag{8.29}$$

$$\sigma_{k} = \sqrt{\frac{1}{n-1} \sum_{i=1}^{n} (x_{ik} - \overline{x}_{k})^{2}} \tag{8.30}$$

这里，n 为测点总数，也就是通常所说的样本总量。

为了缩小距离系数的量级，也可以对距离表达式作如下改进，即

$$d_{ij} = \left[\frac{1}{m} \sum_{k=1}^{m} \mid x_{ik} - x_{jk} \mid^{q} \right]^{1/q} \tag{8.31}$$

由距离系数 d_{ij} 的定义可知，距离系数是用两个测点的 m 种气候要素的差值（$x_{ik} - x_{jk}$）来衡量其相似程度的。距离系数越小，表示两个测点越相似；若 $d_{ij}=0$，则表示两地气候要素的值彼此相等。在聚类分析中，通常总是把距离系数最小的两个测点归并为一类。

2. 相似系数

相似系数是描述两个测点气候资源相似程度的另一个指标，它类似于两个变量的线性相关系数。其定义[13] 为

$$r_{ij} = \frac{\sum_{k=1}^{m} (x_{ik} - \overline{x}_{i})(x_{jk} - \overline{x}_{j})}{\sqrt{\sum_{k=1}^{m} (x_{ik} - \overline{x}_{i})^{2} \sum_{k=1}^{m} (x_{jk} - \overline{x}_{j})^{2}}} \tag{8.32}$$

相似系数的标定方法很多，如欧氏距离法、绝对减数法、指数相似系数法、夹角余弦法、数量积法和分级评分法等。这里仅列举几种常用的计算方法。

①欧氏距离法

$$r_{ij} = \sqrt{\sum_{k=1}^{m} (x_{ik} - x_{jk})^{2}} \tag{8.33}$$

其中，r_{ij}表示第i个样品与第j个样品之间的亲疏程度。r_{ij}值越小，则第i个样品与第j个样品之间的性质就越接近。性质接近的样品就可以划归为一类。

②绝对减数法

$$r_{ij} = \begin{cases} 1 & (i = j) \\ 1 - c \sum_{k=1}^{m} |x_{ik} - x_{jk}| & (i \neq j) \end{cases} \tag{8.34}$$

其中，c值的选取应适当，以便使$0 \leqslant r_{ij} \leqslant 1$。

③夹角余弦法

$$r_{ij} = \frac{\sum_{k=1}^{m} x_{ik} x_{jk}}{\sqrt{\sum_{k=1}^{m} x_{ik}^2 \sum_{k=1}^{m} x_{jk}^2}} \tag{8.35}$$

④数量积法

$$r_{ij} = \begin{cases} 1 & (i = j) \\ \dfrac{1}{M} \sum_{k=1}^{m} x_{ik} x_{jk} & (i \neq j) \end{cases} \tag{8.36}$$

式中，r_{ij}为第i个样品与第j个样品的数量积；为了保证$|r_{ij}| \leqslant 1$，通常取M为一个适当的正数，即

$$M \geqslant \max(\sum_{k=1}^{m} x_{ik} x_{jk}) \tag{8.37}$$

由于r_{ij}有正有负，要使r_{ij}为$\leqslant 1$的正数，可采用$r'_{ij} = 0.5 + r_{ij}/2$进行变换。

与距离系数d_{ij}相反，相似系数r_{ij}越大，表示两个测点越相似；反之，表示两地的气候资源存在显著差异。

8.2.2　分析方法与步骤

聚类分析有许多种方法。传统的聚类方法主要有系统聚类、逐步聚类、逐步分解、有序样品分类、图形分类等[13]；将模糊数学的概念、方法和理论引入聚类分析，又产生了模糊聚类[14]分析方法。实际工作中，通常采用简单方便的系统聚类法；当样本总量很大时，为减少计算工作量，也可以采用逐步聚类法；当所分析的问题或问题的描述带有模糊性时，则应采用模糊聚类法。

系统聚类的基本思路是，先将每个样品自成一类，规定样品与样品之间以及类与类之间距离的定义；然后按照一定的原则（如选择距离最小的两类）合并；每次缩小一类，反复进行，直至所有样品都聚为一类为止。系统聚类的关键是按照既定原则准确地进行分类。

逐步聚类的基本思路是，先在所有样品中选择几个有代表性的样品，组成一个初始分类；然后按照某种最优原则（如最小距离原则），逐步调整样品分类，最终达

到所有样品都合理分类的目的。逐步聚类的关键是根据实践经验正确地给出一个初始分类。

模糊聚类的基本思路是,首先确定样品、统计指标及数据标准化;进行模糊相似标定,建立模糊相似矩阵;通过模糊相似矩阵的计算,使其满足传递性,得到模糊等价关系;采用不同置信水平对等价关系矩阵中的元素进行截集聚类。模糊聚类的关键是由模糊相似矩阵确定模糊等价关系。

1. 系统聚类法

在选定相似性统计量(如距离系数或相似系数)以后,首先要计算出各样品相互之间的两两距离 d_{ij}(或 r_{ij}),列出一目了然的距离矩阵(表 8.3)。由于相似性度量是对称的,所以,距离矩阵一般只需要列出上三角阵或下三角阵即可。

表 8.3　距离矩阵列表

x_j ＼ x_i	1	2	…	$n-1$
2	d_{21}			
3	d_{31}	d_{32}		
…	…	…	…	
n	d_{n1}	d_{n2}	…	$d_{n,n-1}$

类与类之间的距离也有多种定义方法。例如,可以定义类与类的距离为属于两类样品之间的最短距离,也可以是最长距离,或者是类的重心距离;此外,还有类平均法、离差平方和法等。类与类之间距离的不同定义,就产生了不同的系统聚类方法。常用的系统聚类方法,主要有以下几种:

(1)最短距离法

以 G_1、G_2、…表示类别,以 D_{pq} 表示 G_p 与 G_q 两类之间的距离,以 d_{ij} 表示测点 i 与 j 之间的距离,则两类之间的最短距离为

$$D_{pq} = \min(d_{ij}), \quad (i \in G_p, j \in G_q) \tag{8.38}$$

采用最短距离法进行聚类分析的一般步骤为:

①计算测点间距离的对称表 $D(0)$,即距离矩阵,且各个测点自成一类;此时,$D_{pq} = d_{ij}$。

②选择 $D(0)$ 中的最小元素项 D_{pq},将 G_p 与 G_q 合并成一个新类 G_r,记为 $G_r = \{G_p, G_q\}$。

③计算新类 G_r 与其他各类的距离,表达式为

$$D_{rk} = \min_{i \in G_r, j \in G_k}(d_{ij}) = \min\{\min_{i \in G_p, j \in G_k} d_{ij}, \min_{i \in G_q, j \in G_k} d_{ij}\} \tag{8.39}$$

将 $D(0)$ 中的 p、q 行和 p、q 列删除,并添加第 r 行和第 r 列,得到距离矩阵 $D(1)$。

④重复上述步骤,直到所有测点都合并为适当的类为止。

如果在某一步骤中最小元素不止一个,则对应这些最小元素的类可同时合并。实际工作中,为了达到客观分类的目的,并不需要将聚类过程进行到全部测点合并成一类为止,而是给定一个临界值 T,当所有 $D_{ij} > T$ 时,就可认为类与类之间不再需要合并了。

最短距离法也可以用于变量的分类,分类时也可以采用相似系数。当然,采用相似系数进行聚类时,应选择相似系数最大的两类进行合并。

(2)最长距离法

若类与类之间的距离用属于两类测点之间的最长距离来定义,有

$$D_{pq} = \max(d_{ij}), \quad (i \in G_p, j \in G_q) \tag{8.40}$$

除了类与类之间的距离定义不同以外,用最长距离法进行聚类的步骤与最短距离法完全一样。开始时各个测点自成一类,每次将距离最小的两类合并成一个新类;若某一步骤将 G_p 与 G_q 合并成 G_r,则新类 G_r 与其他类 G_k 之间的距离为

$$D_{rk} = \max\{D_{pk}, D_{qk}\} \tag{8.41}$$

重复上述步骤,直到所有测点都合并为适当的类为止。

(3)重心法

从物理学观点来看,用一个类的重心来代表它的位置应该更加合理;因此,类与类之间的距离可以用类的重心之间的距离来表示。这种定义类之间距离的系统聚类法,就称为重心法。

设 G_p 和 G_q 的重心分别为 $\overline{X}_p$、$\overline{X}_q$,它们都是表示重心位置的向量;即

$$\overline{X}_p = [\overline{x}_{p1} \quad \overline{x}_{p2} \quad \cdots \quad \overline{x}_{pm}]^T$$
$$\overline{X}_q = [\overline{x}_{q1} \quad \overline{x}_{q2} \quad \cdots \quad \overline{x}_{qm}]^T \tag{8.42}$$

式中

$$\overline{x}_{pk} = \frac{1}{n_p} \sum x_{ik} \quad (i \in G_p)$$
$$\overline{x}_{qk} = \frac{1}{n_q} \sum x_{ik} \quad (i \in G_q) \tag{8.43}$$

这里,n_p、n_q 分别为 G_p 和 G_q 类的测点数。则定义类之间的重心距离为

$$D_{pq} = d_{\overline{X}_p \overline{X}_q} \tag{8.44}$$

与前类似,假设某一步骤将 G_p 和 G_q 合并成一个新类 G_r,则 G_r 类的测点数 n_r 等于 $(n_p + n_q)$,而 G_r 的重心向量可以由 $\overline{X}_p$ 和 $\overline{X}_q$ 求得,即

$$\overline{X}_r = \frac{1}{n_r}(n_p \overline{X}_p + n_q \overline{X}_q) \tag{8.45}$$

新类 G_r 与其他各类 G_k 之间的距离 D_{rk} 按下式计算,

$$D_{rk}^2 = \frac{n_p}{n_r}D_{kp}^2 + \frac{n_q}{n_r}D_{kq}^2 - \frac{n_p n_q}{n_r^2}D_{pq}^2 \tag{8.46}$$

这是因为 G_k 的重心向量为 $\overline{X}_k$，它与 G_r 的距离可以写成向量形式

$$D_{kr}^2 = d_{\overline{X}_k \overline{X}_r}^2 = (\overline{X}_k - \overline{X}_r)'(\overline{X}_k - \overline{X}_r) \tag{8.47}$$

利用关系式

$$\overline{X}'_k \overline{X}_k = \frac{1}{n_r}(n_p \overline{X}'_k \overline{X}_k + n_q \overline{X}'_k \overline{X}_k) \tag{8.48}$$

便可得到(8.46)式。

采用重心法进行聚类的步骤与最短距离法相同,即开始时各个测点自成一类,每次将距离最小的两类合并成一个新类;计算新类与其他类的距离,重复上述步骤,直到所有测点都合并为适当的类为止。由于聚类过程中,计算的是距离的平方;所以,距离矩阵中的元素采用距离的平方值。

值得注意的是,对于同一组样品,采用不同的系统聚类方法,所得到的分类结果并不完全相同。因为尽管进行聚类的步骤完全一样,但是,由于对距离的定义不同,聚类过程也不一样,所以分类结果也不尽相同。一般认为,最短距离法和重心法的物理意义清楚,分类结果与实际情况比较吻合;而最长距离法具有比较灵敏的特点,更容易区别样品之间的差异。

2. 逐步聚类法

所谓"逐步聚类",就是先给出粗略的分类,再按照某种最优原则对初始分类进行逐步调整,直至合理为止。通常,先在 n 个样品中选择 K 个有代表性的样品,组成 m 维空间(m 个指标)中 K 个初始"凝聚点";目的是在确定初始分类的基础上,逐步对分类样品进行调整,使其最终分类符合某种最优原则。逐步聚类过程,如图 8.3 所示。

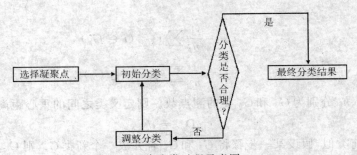

图 8.3 逐步聚类过程示意图

逐步聚类的首要任务是给出一个初始分类,包括选择有代表性的"凝聚点"。具体方法很多,既有经验性的,也有人为性的。例如,对气候资源进行分区,可以根据实践经验人为地确定几个代表站点作为"凝聚点",如果因经验不足而没有把握,

也可以随机地划分作为初始分类。逐步聚类的关键是如何调整分类,以便达到符合某种最优原则的最终分类结果。常用的方法有成批调整法、逐个调整法和 K —均值法等。

(1)成批调整法

设有 n 个测点,分别由光 x_1、热 x_2、水 x_3 3 个气候资源要素指标(标准化资料)所描述,组成一个样品序列,现采用成批调整法对其进行聚类分析:

①首先,在 n 个测点中选择 K 个作为凝聚点,分别以 $\overline{X}_k$ 作为初始分类的类中心(即类的重心向量);其中,$\overline{X}_k = [\begin{matrix} x_1 & x_2 & x_3 \end{matrix}]^T$。然后,分别计算各个测点与凝聚点的欧氏距离,并按最短距离原则进行归类,得到初始分类(共 K 类,记为 $G_k^{(0)}$)。

②对初始分类进行成批调整。先分别计算 K 个类的类重心,得到 $\overline{X}_{G_k}^{(0)} = [\begin{matrix} \overline{x}_{1k} & \overline{x}_{2k} & \overline{x}_{3k} \end{matrix}]^T$;再以这些重心作为新的凝聚点,将测点重新分类,即所谓调整分类。这时,根据各个测点与类重心之间的新距离,按最短距离原则,又可得到新的分类结果 $G_k^{(1)}$。

③重复上述步骤,对 $G_k^{(1)}$ 再次计算类重心,得到新凝聚点 $\overline{X}_{G_k}^{(1)}$。

④当 $\overline{X}_{G_k}^{(L)} = \overline{X}_{G_k}^{(L-1)}$ 时,即所得类重心与前一次调整的类重心重合时,则聚类过程结束;否则,继续重复步骤②和③,直至新、旧凝聚点重合为止。这种方法类似于迭代法,而且实践证明这种迭代过程是收敛的。

成批调整法的计算工作量较小,收敛速度快,是一种简易聚类方法。由于其分类结果依赖于初始凝聚点的选择和分类数 K 的多少,因而在对测点了解不够或者对典型类别缺乏经验的情况下,初始凝聚点的选择多少带有一些主观性。在气候资源综合分析工作中,对于气候资源要素分布特征的类型划分以及气候区划来说,这种聚类方法是比较合适的。

(2)逐个调整法

在选出初始凝聚点以后,逐个地对测点进行调整归类,从而不断更新凝聚点,直至新、旧分类相同时为止,这种方法就称为逐个调整法。

①首先,人为地规定 3 个常数 K、C、R 分别代表分类数、凝聚点距离临界值和测点归类临界值;然后,依次取前 K 个测点作为初始凝聚点,计算 K 个凝聚点的两两距离;如果最短距离小于 C,则将相应的两个凝聚点合并,并用两者的重心作为新的凝聚点;重复这一步骤,直至所有凝聚点之间的距离都大于或等于 C 为止。

②将其余未作为凝聚点的测点逐个输入,即先计算该测点与所有凝聚点的距离,如果最短距离大于 R,则该测点作为新的凝聚点;否则将该测点归入最近的凝聚点,随即重新计算该类重心,并以此重心作为新凝聚点。

③重新检查凝聚点之间的距离,如果有小于临界值 C 的,则采用步骤①的办法进行合并。

④将 n 个测点重新逐个输入,采用步骤②的办法检查各个测点的归类是否合理。若所得新分类与前一次分类结果相同,则聚类过程结束;否则,重复步骤③。

由于逐个调整法的最终分类结果与测点输入的次序有关,也与人为规定的 K、C、R 常数的取值有关;因此,确定最终分类结果没有一个客观的定量标准。实际计算时,最好取适当变化的不同 K、C、R 值进行分析,最后根据实际问题的性质来取舍聚类结果。

(3)K—均值法

K—均值法是对前两种分类调整方法的改进,其基本思路是将各类样品均值视为类中心(即凝聚点),同样规定一个样品 X_i 与某个类 G_k 之间的距离就是该样品与该类中心的距离;即

$$D\{X_i, G_k\} = d_i \overline{G}_k \quad (i = 1, 2, \cdots, n; \quad k = 1, 2, \cdots, K) \tag{8.49}$$

对于初始分类而言,类中心与相应类内所有样品的距离平方和称为类内离差平方和(或称为分类误差),记为

$$E\{P(X, G_k)\} = \sum_{i=1}^{n} \{D[X_i, G_k]\}^2 \quad (i \in G_k) \tag{8.50}$$

调整初始分类的目的,就是要找出使分类误差尽可能小的一种分类。为此,可以对 n 个测点逐个检查,看其是否已经归在离它最近的那个类;否则,就将它调整到离它最近的那个类中去,以缩小分类误差,并随即调整类中心;重复这一过程,最终使分类误差达到最小。具体步骤为:

①首先,从 n 个测点中选择 K 个凝聚点,并将测点初步分为 K 类;其中,第 k 类 G_k 含有 n_k 个测点。显然,有 $n_1 + n_2 + \cdots + n_k = n$。

②分别计算各类的类均值 $\overline{X}_{G_1}$、$\overline{X}_{G_2}$、$\cdots$、$\overline{X}_{G_k}$ 以及初始分类误差;其中,$\overline{X}_{G_k^{(0)}} = [x_1 \quad x_2 \quad x_3]^T$,其分类误差为

$$E\{P_0(X, G_k)\} = \sum_{i \in G_1^{(0)}} d_{G_1}^2 + \sum_{i \in G_2^{(0)}} d_{G_2}^2 + \cdots + \sum_{i \in G_K^{(0)}} d_{G_K}^2 \tag{8.51}$$

③从 $i=1$ 开始逐个检查测点 X_i 是否已经在离它最近的那一类中;即对 $k=1, 2, \cdots, K, k \neq L(X_i) = L$ 类中心,分别计算

$$\Delta = \frac{n_k}{n_k + 1} D^2(X_i, G_k) - \frac{n_L}{n_L - 1} D^2(X_i, G_L) \tag{8.52}$$

其中,n_k、n_L 分别表示 G_k、G_L 类中的测点数。如果 $D^2(X_i, G_k) < D^2(X_i, G_L)$,即 $\Delta < 0$,说明此时测点 X_i 不在离它最近的类中;也就是说,Δ 近似表示将测点 X_i 从原所在类 $G_{L(X_i)}$ 中转移到 G_k 类中去引起的总误差 E 的变化量。只要能使 E 减小,就

将 $G_{L(X_i)}$ 中的 X_i 归入 G_k 类中。

④将每个测点重复上述步骤,并记录转移的次数。

⑤只有当所有测点 X_i 经过步骤④以后都没有转移的必要时,分类才算结束;否则,必须重复步骤①～④,才能最大限度地缩小分类误差。

3.模糊聚类法

气候资源类型本身在很多情况下都带有模糊不确定性;例如,水热资源相互配合的好坏、气候灾害对农业生产危害程度的大小等,往往难以客观地定量描述。因此,将模糊数学方法引入气候资源尤其是农业气候资源的聚类分析,能够使分类结果更加符合实际。

模糊聚类分析中的样品选择、指标确定以及对原始数据的标准化处理等与上述系统聚类方法基本相同;所不同的是在建立模糊等价关系后根据不同的置信水平 λ 进行截集分类。

在解决实际问题时,采用不同标定方法确定各指标的模糊相似系数,得到的往往只是一个模糊相似矩阵,而不是模糊等价矩阵。因此,模糊聚类分析的关键是由模糊相似矩阵确定模糊等价关系。通常采用矩阵幂乘运算[2]或传递算法[15]对模糊相似矩阵进行改造,使其满足传递性,从而得到实际问题的模糊等价矩阵。

一个确切的分类是由一个普通等价关系确定的,而一个模糊等价关系只能确定一个模糊分类。根据模糊数学理论,一个模糊等价关系 $\underline{R}$ 的每一个截集关系 R_λ 都是一个普通等价关系。因此,可以设置不同的置信水平 λ,对模糊等价矩阵进行截集,即可获得确切的聚类结果。

模糊聚类分析的一般步骤为:

(1)确定样品统计指标,建立聚类因子模糊评分标准。对样品进行分类的效果如何,关键在于合理选择统计指标。统计指标应该具有明确的实际意义,有较强的分辨力和代表性,要具有一定的普遍意义。

(2)对原始数据进行标准化处理,消除不同量纲的影响。标准化处理就是将各个代表统计指标的数据进行标准化,以便于分析和比较;可以采用(8.28)式进行标准差归一化。

(3)对标准化处理后的数据进行模糊相似标定,并建立模糊相似矩阵 R。引入相似系数 r_{ij},表示两个样品 x_i 与 x_j 之间的相似程度;例如,距离就是衡量分类对象之间相似程度的一个统计量,可以采用欧氏距离 d_{ij} 标定 $r_{ij}(i=1,2,\cdots,n;j=1,2,\cdots,n;n$ 为样品总数)。利用相似系数 r_{ij} 可确定模糊相似矩阵 $\underline{R}$,表示为

$$\underline{R} = \begin{bmatrix} r_{11} & r_{12} & \cdots & r_{1n} \\ r_{21} & r_{22} & \cdots & r_{2n} \\ \cdots & \cdots & \cdots & \cdots \\ r_{n1} & r_{n2} & \cdots & r_{nn} \end{bmatrix} \tag{8.53}$$

而且,它应该满足自反性($r_{ii} = r_{jj} = 1$)和对称性($r_{ij} = r_{ji}$)。

(4)改造模糊相似矩阵,使其满足传递性,确定模糊等价关系。所谓传递性,是指 $\underline{R} \cdot \underline{R} \in \underline{R}$ 即当 $\underline{R}^{2x} = \underline{R}^x$ 时,矩阵 $\underline{R}^x$ 所具有的特性。因为模糊分类必须由模糊等价关系即一个模糊等价矩阵来确定,而原始的模糊相似矩阵 $\underline{R}$ 一般只满足自反性和对称性,不一定满足传递性,所以不能用它直接进行聚类;需要对模糊相似矩阵 $\underline{R}$ 进行改造,使其满足传递性而成为模糊等价矩阵。改造的方法是将矩阵 $\underline{R}$ 自乘(或 $\underline{R}^{2x}$ 幂乘),即 $\underline{R} \cdot \underline{R} = \underline{R}^2$(采用对称元素相乘取交运算,对称元素之积相加取并运算法则);然后再次自乘 $\underline{R}^2 \cdot \underline{R}^2 = \underline{R}^4, \underline{R}^8, \underline{R}^{16}, \cdots\cdots, \underline{R}^{2x}$,经过有限次运算后,必有 $\underline{R}^{2x} = \underline{R}^x$;此时,$\underline{R}^x$ 就是一个模糊等价矩阵 $t(\underline{R})$。

(5)选取适当的置信水平 λ 进行截集,使具有模糊等价关系的矩阵变成普通等价关系的[0,1]矩阵,然后进行聚类或分区。模糊等价关系确定以后,在给定的 $\lambda \in [0,1]$ 水平上截取 $t(\underline{R})$,可以相应地得到一个普通等价关系矩阵 $\underline{R}_\lambda = [t(\underline{R})]_\lambda$;不同的 λ 决定了不同的普通等价关系,从而决定了不同的分类。因此,可以从所得到的模糊等价矩阵中从大到小选取不同置信水平的 λ 值进行截集。方法是将矩阵中 $r_{ij} \leqslant \lambda$ 的元素变换为 0, $r_{ij} > \lambda$ 的元素变换为 1;然后,根据矩阵中的 0、1 元素进行分类。由分类过程可以得到一个动态的模糊聚类图,从而对所研究问题进行区域规划分析。

例如,设 $\underline{R}$ 是论域 $A = \{x_1, x_2, x_3, x_4, x_5, x_6, x_7\}$ 上的一个模糊相似矩阵,试通过 $\underline{R}$ 对 A 进行聚类分析。

$$\underline{R} = \begin{bmatrix} 1 & 0 & 0.1 & 0 & 0.8 & 1 & 0.6 \\ 0 & 1 & 0 & 1 & 0 & 0.8 & 1 \\ 0.1 & 0 & 1 & 0.7 & 0.6 & 0 & 0.1 \\ 0 & 1 & 0.7 & 1 & 0 & 0.9 & 0 \\ 0.8 & 0 & 0.6 & 0 & 1 & 0.7 & 0.5 \\ 1 & 0.8 & 0 & 0.9 & 0.7 & 1 & 0.4 \\ 0.6 & 1 & 0.1 & 0 & 0.5 & 0.4 & 1 \end{bmatrix}$$

显然,$\underline{R}$ 满足自反性和对称性,但不满足传递性。运用传递算法,得

$$\underline{R}^8 = \underline{R}^4 = \begin{bmatrix} 1 & 0.9 & 0.7 & 0.9 & 0.8 & 1 & 0.9 \\ 0.9 & 1 & 0.7 & 1 & 0.8 & 0.9 & 1 \\ 0.7 & 0.7 & 1 & 0.7 & 0.7 & 0.7 & 0.7 \\ 0.9 & 1 & 0.7 & 1 & 0.8 & 0.9 & 1 \\ 0.8 & 0.8 & 0.7 & 0.8 & 1 & 0.8 & 0.8 \\ 1 & 0.9 & 0.7 & 0.9 & 0.8 & 1 & 0.9 \\ 0.9 & 1 & 0.7 & 1 & 0.8 & 0.9 & 1 \end{bmatrix}$$

当 $0.9 < \lambda \leq 1$，A 可分成 4 类：$\{x_1, x_6\}, \{x_2, x_4, x_7\}, \{x_3\}, \{x_5\}$；同理，当 $0.8 < \lambda \leq 0.9$，A 可以分成 3 类：$\{x_1, x_2, x_4, x_6, x_7\}, \{x_3\}, \{x_5\}$；当 $0.7 < \lambda \leq 0.8$，A 可以分成 2 类：$\{x_1, x_2, x_4, x_5, x_6, x_7\}, \{x_3\}$；当 $0 < \lambda \leq 0.7$，A 归并为 1 类：$\{x_1, x_2, x_3, x_4, x_5, x_6, x_7\}$。上述过程可表示为一个动态的模糊聚类图，如图 8.4 所示。

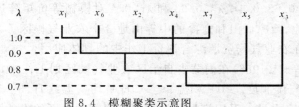

图 8.4　模糊聚类示意图

针对常规模糊聚类分析在改造模糊相似关系时所存在的复杂烦琐的矩阵乘幂运算问题，吴福保等[15]（1999）提出了模糊聚类分析的传递算法，通过设置不同的置信水平 λ，可以直接从模糊相似关系获得聚类结果。

8.2.3　聚类分析方法的应用

聚类分析在大气科学中的应用比较广泛，可以用于天气的相似性预报，也可以用于划分气候类型和气候资源区划。

魏淑秋[16]（1983）对作物气候三维相似分析及其区划方法进行了研究，并采用聚类分析方法研究了中国和世界农业气候资源的相似程度[17]。选择的气候资源要素有 7 项，即 1—12 月平均气温、1—12 月降水量（m＝12）、1—12 月平均气温和 1—12 月降水量（m＝24）、1—12 月淋溶系数（即月降水量与月潜在蒸发量之差，m ＝12）、1—12 月平均气温和降水量以及淋溶系数（m＝36）、头年 9 月至上年 7 月平均气温和降水量（表示越冬作物生长条件以及地中海冬季湿润气候状况，m＝22）、3—10 月平均气温及降水量（表示夏春作物生长条件以及地中海夏季干燥气候，m ＝16）。所用的样本点中国有 233 个台站，世界 407 个台站。将所有站点 7 项气候要素标准化以后逐个计算距离系数，总共有 600762 个。根据距离系数与作物种类、种植制度、主要生育期等之间的关系将距离系数划分为四个等级，一级为距离系数＜0.3，表示作物种类、种植制度以及主要生育期基本相同；二级为距离系数

0.3~0.5,表示作物种类、种植制度基本相同,但主要生育期有所差异;三级为距离系数 0.5~0.7,表示作物种类大致相同,但种植制度和主要生育期都有较大的差异;四级为距离系数>0.7,表示作物种类、种植制度以及主要生育期基本不相同。最终得出分类结果,距离系数为一级相似的地区作为直接引种地区,而二、三、四级相似的地区作为间接引种或驯化地区。在此基础上,魏淑秋[18](1994)系统地提出了农业气候相似距方法,并应用于中国与世界生物相似性[19]、气候相似性[20]以及植物引种的气候生态适应性[21]研究。

    杨美华等[22](1982)将模糊聚类分析方法应用于县级小区域的农业气候区划。在吉林省集安县的农业区划工作中,选择热量(≥10℃积温)、水分(耕层土壤湿度)、霜冻和冰雹 4 个要素,在农业气候分析的基础上对各个指标因子进行分级评分;采用数量积方法进行模糊相似标定,建立了 12 个站点的模糊相似矩阵,经过改造后选取 $\lambda \geq 0.63$、$0.4 \leq \lambda < 0.63$ 和 $\lambda < 0.4$ 对模糊等价矩阵进行截集,将该县划分为暖热谷地、冷凉低山和寒冷的中等山地 3 个农业气候区。在此基础上,又提出了模糊数学在农业气候资源综合评价工作中的具体应用[23]。

    王长根等[24](1986)在内蒙古自治区农业气候区划工作中,选择了 40 个站点,6 个气候因子(湿润度、≥0℃积温、≤2℃日平均气温终日、3—5 月大风日数、3—5月降水量、年降水量),采用模糊聚类方法对内蒙古地区的农牧分界进行了研究;选择置信水平 $\lambda = 0.6$ 将[0,1]矩阵中各个站点划分为牧业区和农业区,两者之间的混合带过渡区为农牧结合区。

    近年来,白永平(2000)采用模糊聚类分析方法,对青海[25]、甘肃[26]、黄土高原[27]和西北地区[28]的农业生态气候资源进行综合评价,研究结果对于我国西北地区的农林牧生产具有重要意义。刘凤兰[29](2004)采用灰色关联聚类分析方法,对山西省临汾市(地级市)17 个县市的农业气候资源进行了聚类评价。结果表明:临汾市可划分为 5 个农业气候资源区域,且农业气候资源整体水平大致呈低纬度地区优于高纬度地区、盆地优于山区、东部山区优于西部山区的趋势。张静等[30](2006)在分析了 400 多种作物的生态适应性资料的基础上,构建了作物生态适宜性评价指标体系;根据生态因子的限制原理,在生态因子稀缺性指数的基础上,提出了作物生态适宜性分析的变动赋权原理和方法,克服了传统主观赋权法的不足,形成了较为系统的作物—地域生态适宜性评价分析方法。实例分析结果表明,这种变权评价方法的结果更加符合实际。

8.3   气候资源的层次分析

    层次分析法(AHP,the Analytic Hierarchy Process)是美国运筹学家、匹兹堡大学(Pittsburg State University)教授 T. L. Satty[31](1980)提出来的一种定性分

析与定量分析相结合的多准则决策方法。它是分析复杂问题的一种简便工具,灵活而且实用,特别适用于那些难以完全用定量方法进行分析的复杂问题。层次分析法提高了决策的有效性、可靠性和可行性,因而在社会、经济、技术等许多领域都得到了广泛的应用,并且取得了良好的应用效果。

气候资源综合分析的最终目的是进行开发利用决策。在对一地的气候资源进行综合评价和聚类分析以后,通常还要考虑每一类型中气候资源利用价值的大小、开发技术的难易程度以及地区优势条件等因素,对各类气候资源进行层次分析,得出开发利用的先后次序,制定出该地区气候资源的合理开发和综合利用战略。

8.3.1　基本原理

日常生活中,人们要从一堆同样大小的物品中挑选出最重的物品,往往采用两两比较的方法来达到目的。假设有 n 个物品,其真实重量为 $w_1, w_2, \cdots, w_n$;如果可以精确地判断出两两物品的重量比,则可得到一个重量比判断矩阵 A,表示为[3]

$$
A = \begin{bmatrix}
\dfrac{w_1}{w_1} & \dfrac{w_1}{w_2} & \cdots & \dfrac{w_1}{w_n} \\
\dfrac{w_2}{w_1} & \dfrac{w_2}{w_2} & \cdots & \dfrac{w_2}{w_n} \\
\cdots & \cdots & & \cdots \\
\dfrac{w_n}{w_1} & \dfrac{w_n}{w_2} & \cdots & \dfrac{w_n}{w_n}
\end{bmatrix}
\tag{8.54}
$$

将矩阵 A 与物品重量向量 $W = \begin{bmatrix} w_1 & w_2 & \cdots & w_n \end{bmatrix}^T$ 相乘,则有

$$
AW = \begin{bmatrix}
\dfrac{w_1}{w_1} & \dfrac{w_1}{w_2} & \cdots & \dfrac{w_1}{w_n} \\
\dfrac{w_2}{w_1} & \dfrac{w_2}{w_2} & \cdots & \dfrac{w_2}{w_n} \\
\cdots & \cdots & & \cdots \\
\dfrac{w_n}{w_1} & \dfrac{w_n}{w_2} & \cdots & \dfrac{w_n}{w_n}
\end{bmatrix}
\begin{bmatrix}
w_1 \\
w_2 \\
\vdots \\
w_n
\end{bmatrix} = nW
\tag{8.55}
$$

式中,n 是 A 的特征值,W 是 A 的特征向量。

由此可见,人们可以利用求取物品重量比判断矩阵的特征向量这一方法来获得物品真实的重量向量 W。如果 A 是精确的比值矩阵,则其最大特征值 $\lambda_{max} = n$,即 $AW = \lambda_{max} W$。但是,一般情况下 A 是近似估计值,故有 $\lambda_{max} \geqslant n$;因此,可以用 λ_{max} 与 n 的误差来判断 A 的准确性。简单地说,只要求出判断矩阵的特征向量,即可获得原问题的解。

8.3.2　分析方法与步骤

运用 AHP 进行气候资源综合分析或开发利用决策,大体上可以分为 5 个步

骤:①分析系统中各因素之间的关系,建立多级递阶的层次结构模型;②构造各层次所有因素两两比较的判断矩阵;③计算各层次因素的相对权重,进行层次单排序;④根据各层次因素相对于总体的综合重要度,进行层次总排序;⑤进行一致性检验。其中,后3个步骤在整个分析过程中需要逐层进行。

1. 建立层次结构模型

应用 AHP 分析问题时,首先要把问题条理化、层次化,构造出一个多层次的结构模型。在这个模型中,复杂问题被分解为元素的组成部分;这些元素又按其属性及关系形成若干层次。上一层次的元素作为准则对下一层次有关元素起支配作用。这些层次一般可分为3种类型[32]:

①最高层。这一层次中只有一个元素,表示解决问题的目的,一般是分析问题的预定目标或所要达到的理想结果。因此,也称为目标层。

②中间层。该层包含为实现目标所涉及的中间环节,它可以由若干个层次组成,包括需要考虑的准则、判据、策略和约束等。因此,也称为准则层或判据层。

③最底层。这一层次中包含为实现目标可供选择的各种措施、解决问题的各种方案等。因此,也称为措施层或方案层。

例如,对于某地气候资源综合分析问题,可以将其划分为如图8.5所示的多级递阶层次结构。

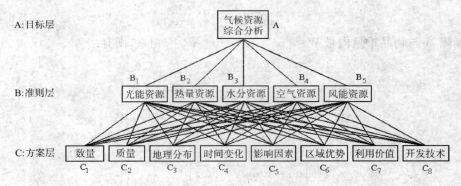

图 8.5　层次分析结构模型示意图

递阶层次结构的特点是,从目标层到方案层,各层次之间为顺序支配关系;层次数不限,与问题的复杂程度以及需要分析的详尽程度有关;层次之间的联系大于同一层次各元素之间的联系。经验表明,每一层次中各元素所支配的元素一般不超过9个,因为支配的元素过多会给两两比较判断带来一定的困难。

递阶层次结构有3种类型,一是完全相关型结构,其特点是上一层的每一个元素与下一级所有元素都相关,如图8.5所示;二是完全独立型结构,特点是上一级元素都各自具有独立的、完全不相同的下级元素;三是混合型结构,特点是既非完全相关，又非完全独立，是上述两种类型结构的结合。不同类型的多级递阶结构，在建立判断矩阵和计算各元素相对重要度时所采用的方法也有所不同。

2. 构造判断矩阵

任何系统分析都是以一定的信息为基础的。AHP 的信息基础主要是人们对每一层次各因素的相对重要性给出的判断，这些判断用数值来表示，写成矩阵的形式就是判断矩阵。判断矩阵是 AHP 工作的出发点，是进行相对重要度计算的重要依据。所以，构造判断矩阵是 AHP 的关键步骤。

判断矩阵表示对上一层次某个因素而言，本层次中与其有关的各个因子之间的相对重要性。假设某因素 Z 与其下一层因素 $X = \{x_1, \cdots, x_n\}$ 有联系，现在要比较 n 个因子 $x_1, x_2 \cdots, x_n$ 对因素 Z 的影响程度的大小，显然可以采取对因子进行两两比较的办法来建立成对比较矩阵；即每次取两个因子 x_i 和 x_j，以 a_{ij} 表示 x_i 和 x_j 对 Z 的影响程度之比，全部比较结果以矩阵 $A = (a_{ij})_{n \times n}$ 表示，则矩阵 A 称为因素 Z 与 X 之间的判断矩阵。

由此可知，判断矩阵 A 中元素 a_{ij} 表示 i 与 j 因素的相对重要度之比，且有

$$a_{ij} > 0, \qquad a_{ji} = \frac{1}{a_{ij}}, \qquad a_{ii} = 1 \quad (i, j = 1, 2, \cdots, n) \qquad (8.56)$$

其中，j 与 i 因素的相对重要度之比 a_{ji} 为 a_{ij} 的倒数（A 为反对称矩阵或互反矩阵）。显然，比值越大，i 因素的重要性就越高。

在确定某个因素的各个影响因子在该因素中所占的比重时，实际工作中遇到的主要困难是这些比重常常不容易定量化。关于如何确定 a_{ij} 的值，T. L. Satty[32] 建议采用数字 $1 \sim 9$ 及其倒数作为标度，其含义如表 8.4 所示。

表 8.4　判断矩阵元素的标度

标　度	含　　义
1	表示两个因素相比，具有相同重要性。
3	表示两个因素相比，前者比后者稍重要。
5	表示两个因素相比，前者比后者明显重要。
7	表示两个因素相比，前者比后者强烈重要。
9	表示两个因素相比，前者比后者极端重要。
2，4，6，8	表示上述相邻判断的中间值。
倒数	若因素 i 与因素 j 的重要性之比为 a_{ij}，则因素 j 与因素 i 的重要性之比 a_{ji} 为 a_{ij} 的倒数。

采用 $1 \sim 9$ 比例标度的依据[33]来源于心理学的实验、大量的社会调查、以及科学考察和实践。当然，也可以根据实际需要采用其他标度值[34]。

3. 层次单排序

层次单排序是指根据判断矩阵分别计算相对于上一层某个因素而言本层次与

其有联系因素的重要性次序的权重值。它是本层次所有因素相对于上一层而言的重要性进行排序的基础。

层次单排序可以归结为计算判断矩阵的特征根和特征向量问题,即对判断矩阵 A,计算满足条件

$$AW = \lambda_{\max} W \qquad\qquad (8.57)$$

的特征根与特征向量。式中,$\lambda_{\max}$ 为 A 的最大特征根;判断矩阵 A 对应于最大特征值 $\lambda_{\max}$ 的正规化特征向量 W,经过归一化(正规化)处理以后,就是同一层次相应因素对于上一层次某个因素相对重要性的排序权值;W 的分量 w_i 就是相应因素单排序的权值。这一过程称为层次单排序。

理论上,对于以某个上级因素为准则所评价的同级因素的相对重要度,可以由计算判断矩阵 A 的特征值获得;但是,由于其计算方法比较复杂,而且实际上只能获得对 A 的粗略估计;因此,计算其精确特征值是没有必要的。实际工作中,可以采用不同方法来计算判断矩阵特征根的近似值[33]。常用的计算方法有乘幂法、求和法和求根法[3]。一般步骤如下:

(1)乘幂法

①任取一个与判断距阵 A 同阶的正规初值向量 W^0;

②计算 $\overline{W}^{k+1} = AW^k$,$k = 0,1,2\cdots$;

③ 令 $\beta = \sum\limits_{i=1}^{n} \overline{w_i}^{k+1}$,计算 $W^{k+1} = \dfrac{1}{\beta} \overline{W}^{k+1}$,$k = 0,1,2,\cdots$;

④ 对于预先给定的精确度 ε,当 $|\overline{w_i}^{k+1} - w_i^k| < \varepsilon$ 对所有 $i = 1,2,\cdots,n$ 成立时,则 $W = W^{k+1}$ 为所求的特征向量。A 的最大特征根 $\lambda_{\max} = \sum\limits_{i=1}^{n} \dfrac{w_i^{k+1}}{nw_i^k}$;其中,$n$ 为矩阵阶数;w_i^k 为向量 W^k 的第 i 个分量。

(2)求和法

① 将判断矩阵 A 按列进行归一化,计算 $b_{ij} = a_{ij} / \sum a_{ij}$;

② 将所得矩阵按行求和,计算 $v_i = \sum\limits_{j}^{n} b_{ij}$;

③ 对所得和列归一化,计算 $w_i = v_i / \sum v_i$,所得到的 $w_i(i = 1,2,\cdots,n)$ 即为 A 的特征向量 W 的第 i 个分量的近似值;

④ 计算判断矩阵最大特征根 $\lambda_{\max} = \sum\limits_{i=1}^{n} \dfrac{(AW)_i}{nW_i}$,其中 $(AW)_i$ 为向量 AW 的第 i 个分量。

(3)求根法

① 将矩阵 A 中的元素按行相乘，计算 $u_{ij} = \prod_{j=1}^{n} a_{ij}$；

② 将所得到的乘积分别计算其 $1/n$ 次方，$v_i = \sqrt[n]{u_{ij}}$；

③ 将方根向量归一化，$w_i = v_i / \sum v_i$，所得到的 $w_i (i = 1, 2, \cdots, n)$ 即为排序权重向量 W 的第 i 个分量；

④ 计算判断矩阵最大特征根 $\lambda_{\max} = \sum_{i=1}^{n} \dfrac{(AW)_i}{n W_i}$，其中 $(AW)_i$ 为向量 AW 的第 i 个分量。

上述构造判断矩阵的办法虽然能够减少其他因素的干扰，比较客观地反映两两因子影响力的差别；但在综合全部比较结果时，其中难免包含一定程度的非一致性。例如，由 C_1 比 C_2 重要，C_2 比 C_3 较重要，则应有 C_1 比 C_3 更重要的判断；若得出 C_3 比 C_1 较重要或同样重要的判断，就犯了逻辑错误。如果比较结果是前后完全一致的，则矩阵 A 的元素应满足条件

$$a_{ij} a_{jk} = a_{ik} \quad (i, j, k = 1, 2, \cdots, n) \tag{8.58}$$

即满足该关系式的正互反矩阵，称为一致矩阵。

所谓一致性检验，就是检验所构造的判断矩阵 A 是否非一致，以便确定是否接受 A。有定理：当且仅当其最大特征根 $\lambda_{\max} = n$ 时，n 阶正互反矩阵 A 为一致矩阵；而且当正互反矩阵 A 非一致时，必有 $\lambda_{\max} > n$。因此，根据 AHP 原理，可以由 $\lambda_{\max}$ 是否等于 n 来检验判断矩阵 A 是否为一致矩阵。由于特征根连续依赖于 a_{ij}，故 $\lambda_{\max}$ 与 n 的差值越大，A 的非一致性程度也就越严重，$\lambda_{\max}$ 对应的标准化特征向量也就越不能真实地反映下级因素 $X = \{x_1, \cdots, x_n\}$ 对上级因素 Z 的影响中所占的比重。所以，有必要在层次单排序之后对判断矩阵进行一致性检验，以便决定是否接受所构造的判断矩阵。

判断矩阵的一致性检验步骤为：

首先，计算一致性指标 $C.I.$（Consistent Index）

$$C.I. = \frac{\lambda_{\max} - n}{n - 1} \tag{8.59}$$

其中，最大特征根 $\lambda_{\max}$ 可按下式求出

$$\lambda_{\max} = \frac{1}{n} \sum_{i=1}^{n} \frac{(AW)_i}{w_i} \tag{8.60}$$

显然，当判断矩阵具有完全一致性时，$C.I. = 0$；差值（$\lambda_{\max} - n$）越大，$C.I.$ 值越大，矩阵的一致性就越差。由于判断误差随 n 的增大而增大，因此判断一致性时必须考虑 n 的影响。为了检验判断矩阵是否具有满意的一致性，需要将 $C.I.$ 与平均随机一致性指标 $R.I.$（Random Index）进行比较。

然后,查表确定相应的平均随机一致性指标 $R.I.$ 。对于 $n=1,\cdots,9$ 阶矩阵,平均随机一致性指标 $R.I.$ 的值,如表 8.5 所示。

表 8.5　矩阵的平均随机一致性指标[32]

阶数 n	1	2	3	4	5	6	7	8	9
$R.I.$	0.00	0.00	0.58	0.90	1.12	1.24	1.32	1.41	1.45

最后,计算随机一致性比值 $C.R.$

$$C.R. = \frac{C.I.}{R.I.} \tag{8.61}$$

对于 1 阶、2 阶判断矩阵,平均随机一致性 $R.I.$ 只是形式上的;按照判断矩阵的定义,1 阶、2 阶判断矩阵总是完全一致的。当 $n>2$,且当 $C.R.<0.1$ 时,认为判断矩阵的一致性是可以接受的,否则应对判断矩阵作适当修正。

4. 层次总排序

所谓层次总排序,就是根据分层获得的同一层次中各个要素之间的相对重要度(权重向量),自上而下地计算各级要素关于总体的综合重要度。最终得到各元素特别是最低层中各方案对于总目标的排序权重,以便比较和进行方案选择。

设上一层次(A 层)包含 $A_1,\cdots,A_m$ 共 m 个因素,它们的层次总排序权重(综合重要度)分别为 $a_1,\cdots,a_m$;与其对应的下一层次(B 层)包含 n 个因素 $B_1,\cdots,B_n$,它们关于 A_j 的层次单排序权重(相对重要度)分别为 $b_{1j},\cdots,b_{nj}$(当 B_i 与 A_j 无关联时,$b_{ij}=0$)。则 B 层中各因素关于总目标的综合权重,即 B 层各因素的层次总排序权重为 $w_1,w_2,\cdots,w_n$,有

$$w_i = \sum_{j=1}^{m} b_{ij}a_j \quad (i=1,2,\cdots,n; j=1,2,\cdots,m) \tag{8.62}$$

显然,应满足 $\sum_{j=1}^{m}\sum_{i=1}^{n} b_{ij}a_j = 1$;即层次总排序依然是归一化正规向量。计算过程如表 8.6 所示。

表 8.6　综合重要度的计算

A 层 B 层	A_1 a_1	A_2 a_2	$\cdots$	A_m a_m	B 层总排序 权重
b_1	b_{11}	b_{12}	$\cdots$	b_{1m}	$w_1 = \sum_{j=1}^{m} a_j b_{1j}$
b_2	b_{21}	b_{22}	$\cdots$	b_{2m}	$w_2 = \sum_{j=1}^{m} a_j b_{2j}$
$\vdots$	$\vdots$	$\vdots$	$\cdots$	$\vdots$	$\vdots$
b_n	b_{n1}	b_{n2}	$\cdots$	b_{nm}	$w_n = \sum_{j=1}^{m} a_j b_{nj}$

5. 一致性检验

对层次总排序也需要作一致性检验,而且与层次总排序一样·应该由高层到低层逐层进行检验。这是因为虽然各层次都已经过层次单排序的一致性检验,但是在综合分析时,各层次的非一致性仍有可能累积起来,从而引起最终分析结果产生比较严重的非一致性。

假设 B 层中与 A_j 相关的因素的两两比较判断矩阵在层次单排序时已经过一致性检验,并已求得单排序的一致性指标 $C.I.(j)$ 以及相应的平均随机一致性指标 $R.I.(j)(j=1,\cdots,m)$,则 B 层总排序随机一致性比值为

$$C.R. = \frac{\sum\limits_{j=1}^{m} C.I.(j)a_j}{\sum\limits_{j=1}^{m} R.I.(j)a_j} \tag{8.63}$$

同样,当 $C.R. < 0.1$ 时,则认为层次总排序具有较为满意的一致性,并接受该综合分析结果。

8.3.3　层次分析方法的应用

AHP 是一种定性分析与定量分析相结合的系统分析方法,其解决问题的思路是:首先,把要解决的问题条理化、层次化;然后,对模型中每一层因素的相对重要性,依据人们对客观现实的判断给予定量表示,利用数学方法确定每一层次因素的相对重要性次序;再通过综合计算各层次因素相对重要性的权重,得到最低层(方案层)相对于最高层(总目标)的相对重要性次序的组合权重,以此作为综合分析和最终选择方案的依据。

应用 AHP 进行气候资源综合分析和开发利用决策,已经取得到了良好的应用效果。例如,顾定法[35](1986)将层次分析法应用于水资源合理利用的最佳方案决策,傅伯杰[36](1992)探讨了层次分析法在区域生态环境预警中的应用,尹东等[37](1993)、余优森等[38](1997)、刘引鸽[39](2000)应用层次分析法对农业气候资源的垂直分层及评价、山区气候资源综合分析及开发利用等进行了一系列研究。

这里,以关福来等[40](1997)应用层次分析法确定辽宁省朝阳市农业气候资源开发优先级为例,介绍 AHP 的具体应用。

首先,选取社会效益和经济效益为目标,建立层次结构模型。目标层是为朝阳市充分合理利用气候资源,以获得最佳经济效益和社会效益。准则层包括两个因素,一是满足当地市场粮、棉、油基本要求,获得最佳社会效益,二是通过努力,取得最佳经济效益。措施层包括 9 个元素,分别为粮食面积调整、棉花面积调整、油料面积调整、烟草面积调整、甜菜面积调整、投资、施肥、大棚面积调整和农业技术等。如图 8.6 所示。

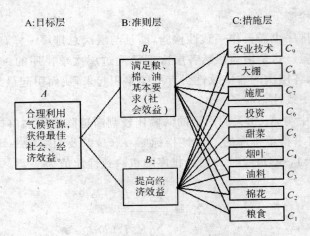

图 8.6　气候资源合理利用的层次结构模型

　　根据 AHP 的原则和方法，分别构造了目标层(A)与准则层(B)、准则层与措施层(C)等 3 个判断矩阵，见表 8.7、表 8.8 和表 8.9。

表 8.7　A－B 判断矩阵

A	B_1	B_2
B_1	1	1/3
B_2	3	1

表 8.8　B₁－C 判断矩阵

B_1	C_1	C_2	C_3	C_6	C_7	C_9
C_1	1	9	9	5	8	7
C_2	1/9	1	1/3	1/5	1/3	1/4
C_3	1/9	3	1	1/4	1/2	1/3
C_6	1/5	5	4	1	6	5
C_7	1/8	3	2	1/6	1	1/3
C_9	1/7	4	3	1/5	3	1

表 8.9　B₂－C 判断矩阵

B_2	C_1	C_2	C_3	C_4	C_5	C_6	C_7	C_8	C_9
C_1	1	8	8	9	9	2	5	6	4
C_2	1/8	1	4	5	5	1/6	1/3	1/4	1/5
C_3	1/8	1/4	1	3	4	1/7	1/4	1/5	1/6
C_4	1/9	1/5	1/3	1	3	1/8	1/5	1/6	1/7
C_5	1/9	1/5	1/4	1/3	1	1/9	1/6	1/7	1/8
C_6	1/2	6	7	8	9	1	5	4	3
C_7	1/5	3	4	5	6	1/5	1	2	1/3
C_8	1/6	4	5	6	7	1/4	1/2	1	1/4
C_9	1/4	5	6	7	8	1/3	3	4	1

　　然后，进行层次单排序。即分别求出以上 3 个判断矩阵的最大特征根 λ_{max} 和对应的特征向量 $W^0 = [w_1^0 \quad w_2^0 \quad \cdots \quad w_n^0]^T$，并将 W^0 中各分量的大小作为对下一层次中各因素排列的依据；w_i^0 值越大，说明下一层次中的因素对于上一层次某个因素而言越重要。

　　按照求和法，分别计算判断矩阵的特征值。对于 $A-B$ 层判断矩阵，得到 $w_1^0 = 0.25$，$w_2^0 = 0.75$，$\lambda_{max} = n = 2$；所以，有 $C.I. = 0$，说明判断矩阵具有完全一致性。因此，对于总目标 A 来说，获得最佳经济效益 B_2 比获取最佳社会效益 B_1 更重要。

　　对于 B_1-C 层和 B_2-C 层判断矩阵，经过多次调整和计算，并通过一致性检验，认为判断矩阵具有比较满意的一致性。对于目标 B_1 即社会效益而言，层次单排序的结果为：粮食＞投资＞农业技术＞施肥＞油料＞棉花；对于目标 B_2 即经济效益而言，层次单排序的结果为：粮食＞投资＞农业技术＞施肥＞大棚＞棉花＞油料＞烟草＞甜菜。

　　再从上到下依次进行层次总排序。在层次单排序结果的基础上，计算措施层 C 对目标层 A 的综合重要度 w_i 值。由 $A-B$ 层判断矩阵（表 8.7），按 (8.62) 式，经计算得到 $w_1 = 0.37652$，$w_2 = 0.04253$，$w_3 = 0.03354$，$w_4 = 0.01469$，$w_5 = 0.01044$，$w_6 = 0.23959$，$w_7 = 0.08052$，$w_8 = 0.06027$，$w_9 = 0.14192$。如果将 $A-B$ 层判断矩阵中元素进行对调变换（$a_{12} = 3$，$a_{21} = 1/3$），即以社会效益 B_1 为主时，采用同样方法计算得到 $w_1 = 0.48079$，$w_2 = 0.03366$，$w_3 = 0.04273$，$w_4 = 0.0049$，$w_5 = 0.00348$，$w_6 = 0.2338$，$w_7 = 0.06616$，$w_8 = 0.02009$，$w_9 = 0.11441$。检验结果为 $C.R. = 0.07222 < 0.1$，所以层次总排序具有比较满意的一致性。

　　最后，确定农业气候资源开发优先级。根据所计算的 w_i 值可知，当以获取最大经济效益为主时，在 9 种措施方案中，农业气候资源开发优先级排序为：C_1 - 粮食，C_6 - 投资，C_9 - 农业技术，C_7 - 施肥，C_8 - 大棚，C_2 - 棉花，C_3 - 油料，C_4 - 烟草，C_5 - 甜菜；而当以获取最大社会效益为主时，开发优先级排序为：C_1 - 粮食，C_6 - 投资，C_9 - 农业技术，C_7 - 施肥，C_3 - 油料，C_2 - 棉花，C_8 - 大棚，C_4 - 烟草，C_5 - 甜菜。

　　由此，根据层次分析法确定的朝阳市农业气候资源开发优先级，可以设计不同的合理利用方案。当以获取最大经济效益为主时，开发优先级顺序为：第一步，先调整粮食作物种植结构，努力提高作物单产，以增加粮食总产量；第二步，增加投资，这是至关重要的措施，它直接关系到第三、四、五步的推广农业技术、增施化肥和大力发展塑料大棚等措施；第六步是调整棉花种植面积，提高棉花产量；第七步是调整油料作物结构，包括芝麻和葵花籽的面积调整；第八步是调整烟草种植面积，提高烟叶产量，发展优质烟草；第九步是调整甜菜种植面积，尽管甜菜面积的多少直接关系到经济效益的高低，但是甜菜生产费地耗时，所以调整优先级处于最后。当以获取最佳社会效益为主时,开发优先级顺序和以经济效益为主时的开发优先级顺序略有变化,主要是大棚和油料种植的优先级顺序交换位置,其他顺序不变。这一分析结果,可以为有关决策部门制定农业发展战略提供科学依据。

在应用 AHP 研究问题时,遇到的主要困难通常有两个:一是如何根据实际情况抽象地得出比较贴切的层次结构;二是如何对某些定性的指标作出比较符合实际的定量化处理。层次分析法对人们的思维过程进行了加工整理,提出了一套系统分析问题的方法,为科学管理和决策提供了较有说服力的依据。但是,AHP 也有其局限性,主要表现在两个方面:一是它在很大程度上依赖于人们的经验,主观因素的影响较大,它至多只能排除思维过程中的严重非一致性,却无法排除决策者个人可能存在的严重片面性;二是比较、判断过程比较粗糙,不能用于精度要求比较高的决策问题。AHP 至多只能算是一种半定量(或定性与定量相结合)的系统分析方法。

AHP 经过几十年的发展,许多学者针对其缺点进行了改进和完善,形成了一些新的方法。例如,姚敏[41](1990)将模糊集合理论与层次分析法相结合,提出了一种实用的模糊层次分析法。尹东[42](2005)将模糊层次分析法应用于山区大农业发展的决策分析,综合考虑自然资源条件和市场需求情况,通过综合分析提出了陇南山区白龙江流域各垂直气候层中农业各部门的优先发展顺序,研究结果可以为当地山区大农业发展战略提供决策依据。

8.4 气候资源综合利用区划

气候资源可以为生产和生活提供物质和能量。气候资源的开发利用水平在一定程度上制约着生产的类型和生产力的发展,气候资源要素在地域分布上的差异性也造成了地区性工农业生产水平的不均衡。为了揭示地区气候资源特点,需要研究气候资源的时间变化特征和空间分布规律,对气候资源的数量、质量以及各要素的强度组合情况等进行全面分析,并在此基础上进行区域划分;因此,气候资源综合利用区划也是气候资源综合分析中的一项重要内容。

气候资源综合利用区划,是指综合考虑光能资源、热量资源、水分资源和风能资源的地域分布差异,根据光、热、水、风资源结构的相似性和自然过程的统一性,将区域内部相似性最大、差异性最小而与其外部相似性最小、差异性最大的地区划分出来,形成一个有规律的综合区划单位等级系统,为地区生产的合理布局和经济发展的分区规划等提供科学依据。

8.4.1 基本原理

气候资源在空间分布和时间变化上存在着不同尺度的差异,这种差异也导致气候资源利用上的差异,科学地反映这种差异并按一定原则和等级系统划分成若干相对一致的利用区域,这就是气候资源利用区划。这是综合分析、评价气候资源及其开发利用的一种科学方法。

气候资源的地域分布差异存在着带段性、地区性、垂直带性和地方性特点。带段性是地带性分布差异规律受海陆分布以及大陆构造与地貌规律作用的局部表现;地区性是由海陆分布所造成的经向差异以及大地构造与地势单元相互作用形成的区域性气候分布规律[43]。垂直带性是气候资源随海拔高度变化而发生的带状变化规律,这是山地气候资源区划的基础。地方性分布差异规律表现在气候资源随中小地形以及地面性质而发生的变化上,这是分析小范围气候资源的基础。

气候资源利用区划具有多样性。一般来说,气候资源利用区划可以分为两大类:一类是单项气候资源区划,例如,太阳能利用区划、风能利用区划、干湿区划、热量区划等;另一类是气候资源的综合利用区划,例如,气候能源利用区划、农业气候资源区划、气候生产潜力区划等。在农业气候区划中,也可以根据气候资源要素在农业生产中的不同作用按区划任务和区域、范围等划分类型[44]。

一般来说,目前我国的气候资源综合利用主要是光、热、水资源的农业利用;所以,丘宝剑等[45](1987)提出的农业气候区划的原则、指标和方法也适用于气候资源尤其是农业气候资源的综合利用区划。

气候资源利用区划的目的在于阐明区域气候资源分布状况和变化规律,划分出具有不同开发利用水平的气候资源区域类型,根据不同地区的实际情况提出合理开发规划和综合利用措施,为各业生产、人民生活的综合利用提供服务,以获得良好的经济效益和社会效果

气候资源利用区划以提供因地制宜的综合利用技术服务为根本目的。通过对当地气候资源条件的综合分析,进行客观的综合利用区划,针对现有产业结构、能源消耗、种植制度、技术措施等对当地气候资源的利用是否充分合理进行科学论证,提出符合当地实际的气候资源利用措施、开发技术以及管理保护意见,为当地国民经济可持续发展规划和相关政策、法规的制定出谋划策。

进行气候资源综合利用区划,应该遵循一定的原则,主要包括:发生学原则、实用原则、综合因子原则和主导因子原则等。发生学原则着重从气候资源形成原因来阐述气候资源分布差异的规律,进行区域划分既要遵循气候相似原理又要考虑地区差异性,按照指标系统逐级分区。实用原则侧重于按照服务对象的要求进行区划,要有鲜明的为生产、生活服务的观点,与气候资源开发利用计划相结合,适应经济发展规划的需要。综合因子原则主张在区划时尽量考虑影响气候资源利用的各种因子的综合作用,合理利用气候资源,既充分发挥气候优势又有利于生态平衡,以取得最佳经济效益和良好的社会效益。主导因子原则认为,在影响气候资源利用的因子中,各个因子的作用是不均等的,应该根据区划的目的和要求,突出其

中最重要的因子进行区划。

　　确定区划指标是气候资源综合利用区划工作中的关键问题，也是核心问题。所选择的各种区划指标，既要反映气候资源的主要特征，又要反映服务对象的基本要求。一般来说，对于大范围、综合性利用区划可以选择比较概括的具有普遍意义的指标，而小区域的单项利用区划则应选择比较具体的意义明确的单指标或双指标。但是，不论在什么情况下，都应该选择与服务对象关系最密切的要素作为区划指标，并将主导指标与辅助指标相结合，综合考虑不同指标的权重、保证率、分界一致性等问题，以便使所划分的区域能够真实反映气候资源可利用程度的本质差异。

　　气候资源综合利用区划指标作为区分不同气候资源利用区域的依据，应能够反映不同地区气候资源的数量、质量、强度组合、影响因子、区域优势等基本特征的明显差异。此外，选择区划指标还应综合考虑区划任务、区域特点、技术方法、生产生活与气候条件的关系等方面的因素，形成不同等级的气候资源综合利用区划指标系统。通常，应根据所采用的区划方法选择相关的区划指标组合形式。

　　气候资源综合利用区划，可以根据区划类型、区划任务、目标区域特点以及所具备的气候资料选择不同的分区方法；既可以自上而下地进行划分，又可以自下而上地合并。不同的统计分析方法具有不同的特点，高级区划单位按照其内部差异可以划分为低级区划单位，而地域上邻近的低级区划单位则可以根据其相似性合并成高级区划单位；划分或合并的区域单位在地表上应该是连续的，区划单位越高，其内容就越复杂。气候资源综合利用区域的类型划分是与区划存在显著差异的另一类问题；各级区划单位都可以根据其性质的相似性概括类型单位，并且可以组成不同等级的分类系统。类型单位在地表上是重复出现的，而且在分类系统中，等级越高其共同特性就越少。区划与分类也存在着一定的联系，在范围较小的地区进行区划时，可以先按某些特征分出区域类型，然后根据优势类型划分区域单位，并且自下而上地合并成高一级区划单位，形成区域单位等级系统。

8.4.2　区划方法与步骤

　　长期以来，我国政府部门和学者对气候区划、农业气候区划、气候资源利用区划进行了广泛而深入的研究[43]。早在20世纪30年代，我国著名气象学家竺可桢先生就利用当时为数很少的台站气温和雨量资料，对中国气候区域进行了划分。中国气象局于1958、1978和1997年先后进行了3次全国性农业气候区划研究，对我国气候资源类型分布进行了划分。王炳忠[46]（1983）、朱瑞兆[47]（1983）、丘宝剑等[45]（1987）分别对我国太阳能、风能、农业气候资源等利用区划进行了系统的研究，积累了丰富的经验。

　　1. 基本步骤

　　一般来说，气候资源利用区划的基本步骤可归纳为：

（1）收集资料。根据区划任务,收集当地气象台站的气候资料以及相关的自然地理、产业结构、经济水平等统计资料,必要时还应采取野外考察、调查访问等手段获取有关资料。

（2）综合分析。对所研究地区气候资源分布的历史、现状和变化趋势进行全面、细致的系统分析,了解其分布特征、变化规律及其与生产生活的关系,并对开发利用价值、综合利用水平等进行客观评价。

（3）确定指标。首先根据研究内容确定区划因子,包括主导因子和辅助因子;综合考虑气候资源的区域特征、服务对象的基本要求以及拟采用的技术方法等因素,正确选择区划指标,制定合适的分区标准,形成不同等级的区划指标系统。

（4）绘制图表。按照一定的区划原则和分区方法进行区划,结合地形特点、土壤类型和植被分布等情况,将分析结果绘制成区划图和分区表;并根据各区的气候资源特点和地理位置对分区进行命名,同时给出区划等级、类型、表示符号以及对应的区域范围等内容的详细说明。

（5）结果评述。包括研究区域基本情况概述、研究目的、任务和现实意义,所采用的技术方案、区划方法、指标系统等的详细说明;综述区域气候资源的综合分析和评价,重点阐述所得到的区划结果,分别讨论不同区域、不同类型的气候资源基本特征及其与生产、生活的相互关系;最终提出适合当地条件的开发利用技术措施和保护、管理、规划的合理建议,并对预期的社会、经济效益作出客观的估计。

2. 区划指标的确定方法

区划指标是区划因子的具体表示形式,是划分不同类型、不同等级气候资源利用区域的依据。选择区划指标必须因地制宜,根据当地生产、生活与气候资源利用的关系和特点来确定;因为指标值是否正确,直接影响整个区划的科学性和实用价值。常用的区划指标确定方法有以下几种:

（1）主导因子法

主导因子是指对气候资源地域分布差异有决定性意义的因子。根据区域气候资源的主要特征和服务对象的基本要求,选择主导因子进行分区,区划指标通常以气候资源分布的差异程度或生产、生活利用的相对重要性依次分为一级、二级、三级等不同等级。例如,我国太阳能、风能资源利用区划中,分别选择年总辐射量、年平均有效风能密度作为主导因子;对于区域农业气候资源综合利用区划,则可以选择光热水组合状况或气候生产潜力作为主导因子。

（2）辅助因子法

辅助因子是指对气候资源地域分布差异有影响但相对次要的因子。在采用主导因子难以确切反映区域气候资源实际利用价值时,可以选择其他指标作为补充。例如,热量资源的农业利用区划中,常以一定界限温度的积温作为主导因子,而以最冷(热)月平均气温、年极端气温作为辅助因子。此外,地区之间或局地气候资源的分布差异通常与地形、土壤、水域等关系密切,植被分布特点也是气候资源条件差异的直接反映;所以,在区域范围较小的县或乡、镇级区划中,常以地形、土壤、指示性植物等作为辅助因子来确定气候资源利用的分区界限。

(3)主导因子与辅助因子相结合

由于一个分区界限通常是多个因子综合影响的结果,仅用一个主导指标往往不能很好地反映区域之间或其内部的差异;所以,实际工作中确定区划指标界限值时,一般采用主导因子与辅助因子相结合的方法来确定分区界限。通常以主导因子划分带或大区,以辅助因子划分亚带或副区,形成区划等级单位系统,从而使各级区划指标能够如实反映单项或综合利用气候资源对生产生活影响的主次程度以及各区域之间的从属关系等。例如,中国农业气候区划[5]中,先根据光热水组合匹配状况和大农业部门发展方向划分一级农业气候大区,然后按照≥0℃积温、最冷(热)月平均气温、年极端气温等指标划分具有显著地带性的二级农业热量带,再采用热量、水分或湿润度、日平均风速等因子划分非地带性的三级农业气候类型区。

(4)综合因子指标法

区划指标的界限值即分区标准,也可以采用综合分析方法确定。首先,找出与气候资源地域分布差异有密切关系的多个因子,经过综合分析后,确定出分区的综合指标,再进行区域划分。例如,中国太阳能—风能综合利用区划[48]中,根据各地太阳能和风能资源的特点、实际可利用潜力和年内时间分配状况等因素,在综合分析的基础上讨论相应的两种气候能源的互补利用方式,确定出三级区划指标系统。

选择区划指标必须因地制宜,尤其是在地形影响显著的地区,应根据当地生产、生活与气候资源利用的关系和特点来确定。例如,我国的青藏高原,地形复杂,气候条件特殊,气候资源既有垂直变化又有水平变化。如果遵循综合因子原则采用多指标,往往综而不合,任意性较大;如果按照主导因子原则,又势必过分强调太阳辐射而忽略水分因子的作用;若将两者结合,各取所需,则又有损于区划的科学性和严肃性。因此,必须因地制宜,遵循生物气候原则,根据气候生态环境相似原理,采用合适的指标划分出生态环境相似的区域,指明当地农牧业发展方向,才能为制定政策,调整布局,提高社会、经济和生态效益提供科学的依据。

3. 区划方法

数学、统计学和运筹学中的许多方法都可以应用于气候资源综合利用区划;实际工作中,应针对不同情况选择合适的区划方法。只有根据区划目的和任务、区域特点、资料条件等具体情况,采用符合当地实际的分区方法,才能得出科学客观的区划结果。常用的区划方法主要有以下几种:

(1)逐步分区法

这是一种实际工作中经常采用的常规分区方法。根据气候资源的地域分异性,选择能反映其主要特征的影响因子,依次确定出不同等级的主导指标和辅助指标,按照区划指标的界限值逐级进行分区;然后,将各级分区结果叠加在区域地形图上,用不同线条和符号表示各级分区的边界和名称;确定分区边界时可根据地形、植被、土壤等情况进行适当的调整和修正;最后绘制出所研究区域的气候资源综合利用区划图,进而综合归纳形成区划表。

（2）集优分区法

该方法中各区划因子同等重要,无主次之分。首先,选择与生产、生活、综合利用等密切相关的几种气候资源要素作为指标,分别将这些指标值的地域分布绘制在区域地形图上;然后,根据各地的区域优势,即所占有这些指标的数量、质量和强度组合情况,划分出不同等级的综合利用区域。当同时具备几种指标且指标值等级最大时,则该区属于气候资源丰富区,综合利用潜力最大;反之,如果这几种指标都不具备,则属于资源贫乏区,综合利用价值最低;对有的指标具备而有的指标不具备的地区,可根据具体情况进一步细分,得出开发利用潜力的亚区或副区。

（3）数理统计方法

可应用于气候资源利用区划的数理统计方法,主要有:

①聚类分析法。这是一种多元的客观分类方法,借助于计算机可以对多站点、多指标的区域进行综合分析,减轻计算工作量从而有效地提高区划工作效率。聚类分析法的区划效果,在很大程度上取决于所选择的统计指标是否正确、合理;所以,实际工作中应选择具有明确利用意义的、能反映不同特征的因子作为区划指标,统计指标在时空分布上应具有明显的可分辨性,而且不同类型区中站点的选择应具有代表性。例如,王菱(1990)[49]曾采用聚类分区法对黄土高原地区的苹果品质进行了区划。

②最优分割法。实际上也是一种逐级分区方法,可应用于气候产量区划。一般步骤为:首先,找出影响该地区作物产量(代表光热水综合利用水平)差异的关键性气候因子(如年降水量等),并按照各站点关键因子的数值大小对站点进行排序;然后,对顺序站点的产量进行最优二分割,即将站点分为两组,分别计算产量的总变差(距平平方和),找出两组总变差之和的最小值作为分区界限,将站点分割为两个区域;如果在这两个区域内产量差异仍然很大,说明该地区内还存在其他关键因子引起产量差异(如≥10℃积温等),则应进行二次最优分割;重复上述步骤,直至分区内产量基本均一时为止。

③线性规划法。线性规划是运筹学的一个主要分支,是最优化理论的重要工具;用于在大量复杂的因果关系中确定最优决策、解决最优化产业结构的合理配置等问题。在对诸多因素综合分析的基础上,以利益最大化作为最终目标,建立线性

目标函数；将各种有限资源作为约束条件，表示为多元线性方程组，且各变量不能取负值；求满足约束条件的目标函数的极值，以此作为依据进行分区，根据其地域分布规律确定最优决策方案。例如，采用线性规划方法对黑龙江省主要农作物合理布局的农业气候区划[50]研究表明，区划结果可以为作物最优结构的合理配置和农业结构调整提供气候依据。

（4）模糊数学方法

实际区划工作中，许多区域界限是由多个因子综合影响的结果，而且这些界限往往存在着一个具有模糊概念的模糊地带。因此，可以利用模糊数学方法将这一模糊地带的界限确定出来。常用的方法主要有：模糊聚类分析、模糊综合评判、模糊层次分析和模糊相似选择等，对于具有模糊特征的两态数据或多态数据都具有明显的分类效果。

模糊相似选择法的基本步骤与模糊聚类分析相类似。首先，确定区域选择的对比因子；对于任一气候资源要素 x_k，确定出各个区域与样本区域的绝对距离 $d_i = |x_{0k} - x_{ik}|$，令模糊优先选择比为 $r_{ij} = d_j/(d_i + d_j)$，表示 i、j 区域对于样本区域的相似性比值；由此，可建立关于要素 x_k 的模糊优先比较矩阵$R(k)$；然后，从大到小采用不同信度水平 λ 对矩阵进行截集，得出在 x_k 上与样本区最相似、第二相似、第三相似等区域；再将各个区域按照与样本区的相似程度进行排序、评分，并对每一区域各个要素的分值求和，最终确定出与样本区最相似的区域。

（5）灰色系统关联分析法

所谓"灰色系统"是相对于白色系统和黑色系统而言的。黑色系统是指人们对系统的内部结构、参数和特征等信息一无所知，只能从系统的外部表面现象来研究这类系统。反之，一个系统的内部特征全部确定，称为白色系统。介于黑色系统和白色系统之间的系统，或者说部分信息已知、部分信息未知的系统，即为灰色系统[51]。例如，社会系统、经济系统、农业系统、生态系统、环境系统等复杂系统大多属于灰色系统，往往包含多种因素且这些因素相互关联、相互制约。

灰色系统关联分析法[52]，既可以应用于区划又可以应用于决策。关联分析是灰色系统理论进行系统分析的主要工具，其基本思路是：首先，根据所研究问题选择最优指标集作为参考数列，将各种影响因素（或备选方案）在各个评价指标下的价值评定值视为比较数列；然后，通过计算各因素与参考数列的关联系数和关联度来确定其相似程度（或重要程度）；最后，在对各种影响因素进行综合分析和评价的基础上，进行影响因素的逐步归类分区（或选择最优方案）。

应用灰色系统关联分析法进行气候资源利用区划的一般步骤为：

① 根据 n 个测点和 m 种气候资源要素，选择一个参考站点 x^0，确定 k 个要素指标作为参考数列 $x^0 = [x_1^0 \ x_2^0 \cdots \ x_k^0]$，其余各个测点 x^i 的气候资源要素值作为比

较数列 $x^i = [x_1^i \ x_2^i \cdots \ x_k^i]$。

②对指标值进行规范化处理。为了便于比较,需要消除指标之间不同量纲和数量级的影响;通常采用归一化或初值化方法对原始指标值进行处理。所谓初值化,就是将各指标值移位到同一数量水平上;表达式为

$$c^0 = \left[\frac{x_1^0}{x_1^0} \quad \frac{x_2^0}{x_1^0} \quad \cdots \quad \frac{x_k^0}{x_1^0} \right], \quad c^i = \left[\frac{x_1^i}{x_1^i} \quad \frac{x_2^i}{x_1^i} \quad \cdots \quad \frac{x_k^i}{x_1^i} \right] \tag{8.64}$$

③计算关联系数。计算公式为

$$\xi_{ik} = \frac{\min\limits_{i}\min\limits_{k} \mid c_k^0 - c_k^i \mid + \rho \max\limits_{i}\max\limits_{k} \mid c_k^0 - c_k^i \mid}{\mid c_k^0 - c_k^i \mid + \rho \max\limits_{i} \max\limits_{k} \mid c_k^0 - c_k^i \mid}$$

$$(i = 1, 2, \cdots, n; \quad k = 1, 2, \cdots, m) \tag{8.65}$$

式中,ξ_{ik} 表示第 i 测点第 k 个指标与参考站点第 k 个指标之间的关联系数;ρ 为分辨系数,$\rho \in [0, 1]$,一般取 $\rho = 0.5$。

④求关联度,建立关联矩阵。由于上述各指标之间的关联系数不能从总体上反映两两测点之间各个指标综合影响的相似程度,因此需要进一步计算关联度。关联度的表达式为

$$r_i = \frac{1}{m} \sum_{k=1}^{m} \xi_{ik} \quad \text{或} \quad r_{ij} = \frac{1}{m} \sum_{k=1}^{m} \xi_{ijk} \tag{8.66}$$

式中,r_i 为第 i 测点与参考站点的关联度;r_{ij} 为 i 测点与 j 测点之间的关联度。

由两两测点之间的关联度,即可构成关联矩阵。若考虑各个指标的权重 w_k,则关联矩阵 $R = W \cdot X$ 的元素为

$$r_i = \sum_{k=1}^{n} w_k \cdot \xi_{ik} \tag{8.67}$$

⑤进行逐步归类,制作聚类图,得出分区结果。若 r_i 最大,则说明 x^i 与 x^0 最相似;也就是说,第 i 测点与参考站点可以划分为同一区域。根据分区结果,可以绘制出区划图。

8.4.3　气候资源综合利用区划

气候资源的数量、质量、强度及其组合在一定程度上制约着各业生产的发展和人民生活水平的提高。因此,根据气候资源的地域分布和时间变化规律,研究其开发利用潜力并进行区域划分,对于各地发展大农业、进行产业结构调整和优化等都具有非常重要的现实意义。

1. 气候能源综合利用区划

太阳能和风能的开发利用,往往受气候、季节和地理条件等因素的影响。尤其是我国属于季风气候区,一般冬半年风大、干燥、太阳辐射强度小,夏半年风小、湿润、太阳辐射强度大。两者变化趋势基本相反,可以相互补充、综合利用。为此,朱

瑞兆[48]（1986）针对中国各地太阳能和风能资源的分布特点，在综合分析的基础上，对我国太阳能－风能综合利用区划进行了系统的研究。

太阳能－风能综合利用区划指标，以太阳能、风能、各个区域气候能量的季节变化分别作为一级、二级、三级区划标准。具体区划等级单位，如表 8.10 所示。

表 8.10　中国太阳能－风能综合利用区划指标[48]

	区域名称	表示符号	指标	等级单位
一级指标	丰富区	I	年太阳辐射总量	$>1700 \text{kW} \cdot \text{h} \cdot \text{m}^{-2} \cdot \text{a}^{-1}$
	较丰富区	II		$1700\sim1500 \text{kW} \cdot \text{h} \cdot \text{m}^{-2} \cdot \text{a}^{-1}$
	可利用区	III		$1500\sim1300 \text{kW} \cdot \text{h} \cdot \text{m}^{-2} \cdot \text{a}^{-1}$
	欠缺区	IV		$<1300 \text{kW} \cdot \text{h} \cdot \text{m}^{-2} \cdot \text{a}^{-1}$
二级指标	丰富区	A	有效风能密度和有效风速累积小时数	$>200 \text{W/m}^2，>5000\text{h}$
	较丰富区	B		$200\sim150 \text{W/m}^2，5000\sim3000\text{h}$
	可利用区	C		$150\sim50 \text{W/m}^2，3000\sim2000\text{h}$
	欠缺区	D		$>50 \text{W/m}^2，>2000\text{h}$
三级指标	冬夏相反型	a	根据太阳能和风能年变化曲线按两者的位相异同分类	夏季太阳能大，风能小；冬季太阳能小，风能大。
	冬同夏反型	b		冬春季两者同位相，最大值在春末；夏季反位相，太阳能较大而风能最小。
	夏同春反型	c		最大值都出现在夏季，春季太阳能较大而风能较小。
	夏异春反型	d		太阳能夏季出现最大值，风能在春末和夏末出现较大值；春季两者位相相反。
	全年一致型	e		太阳能和风能季节变化基本一致，春季最大，冬季最小。

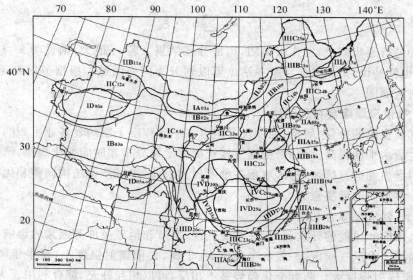

图 8.7　我国太阳能－风能综合利用区划[48]

利用年太阳总辐射分布图和有效风能密度、年有效风速（3～20 m/s）累积小时数分布图，按照上述一、二级区划标准分别划出 4 个区域，再将这两种气候能源分布投影到同一张图上，根据两者重合和不重合的区域，便可得出各种不同的组合区。如"ⅠA"区为太阳能、风能资源都丰富的区域，综合利用潜力最大；"ⅣC"区为太阳能欠缺而风能可利用区等。

我国太阳能和风能综合利用区划结果，如图 8.7 所示。全国共划分为 13 个大区，31 个类型区；各区太阳能和风能资源的主要特征、表示符号和分布地区，见表 8.11。

表 8.11　太阳能和风能综合利用区划各区主要特征[48]

序号	一级区划	二级区划	三级区划	符号	分布地区
1	太阳能丰富	风能丰富	太阳能夏季大，冬季小；风能冬季大，夏季小。	ⅠA01a	内蒙古中西部
2	太阳能丰富	风能较丰富	同上	ⅠB02a	内蒙古西部的南端，河西走廊和新疆一小部分
			同上	ⅠB03a	青藏高原北部
3	太阳能丰富	风能可利用	同上	ⅠC04a	塔里木南部、青藏高原的东部和南部、甘肃和宁夏一部分
4	太阳能丰富	风能欠缺	同上	ⅠD05a	雅鲁藏布江河谷
			同上	ⅠD06a	塔里木盆地
5	太阳能较丰富	风能丰富	同上	ⅡA07a	内蒙古锡林郭勒盟
			同上	ⅡA08a	辽东半岛沿海
6	太阳能较丰富	风能较丰富	同上	ⅡB09a	渤海沿岸
			同上	ⅡB10a	内蒙古的哲里木盟和伊克昭盟
			同上	ⅡB11a	准噶尔盆地
7	太阳能较丰富	风能可利用	同上	ⅡC12a	天山和塔里木盆地北缘
			同上	ⅡC13a	华北大部、陕北、甘南和青藏高原东侧
			太阳能风能春季最大；夏季风能最小，太阳能较大。	ⅡC14b	辽宁和河北交界地区
8	太阳能可利用	风能丰富	太阳能夏季大，冬季小；风能冬春季大，夏季小。	ⅢA15a	山东半岛沿海
			太阳能、风能夏末秋初最大。	ⅢA16c	东南沿海、东海、南海群岛和台湾以及海南岛西部
			太阳能夏季大，冬季小；风能冬春季大，夏季小。	ⅢA17a	松花江下游

序号	一级区划	二级区划	三级区划	符号	分布地区
9	太阳能可利用	风能较丰富	同上	ⅢB18a	黄河沿岸
			太阳能夏季大,风能春季和夏末大。	ⅢB19d	浙江东北部
			太阳能、风能夏末秋初最大。	ⅢB20c	东南沿海 50~100km 地带
			太阳能夏季大,冬季小;风能冬春季大,夏季小。	ⅢB21a	松花江上游
10	太阳能可利用	风能可利用	同上	ⅢC22a	福建西部、江淮下游、华北南部、关中和川西
			太阳能、风能夏末秋初最大。	ⅢC23c	两广沿海
			太阳能、风能春季最大;夏季风能最小,太阳能较大。	ⅢC24b	辽宁大部和吉林南部
			太阳能夏季大,冬季小;风能冬春季大,夏季小。	ⅢC25a	大小兴安岭
11	太阳能可利用	风能欠缺	太阳能、风能变化一致,春季大,秋季小。	ⅢD26e	云南西部及南部
			太阳能夏季大,冬季小;风能冬春季大,夏季小。	ⅣD27a	东南丘陵及南岭山地
12	太阳能欠缺	风能可利用	同上	ⅣC28a	洞庭湖和鄱阳湖周围
13	太阳能欠缺	风能欠缺	同上	ⅣD29a	川东、川南、黔北、湖南大部、湖北、陕南
			太阳能、风能春季最大;夏季风能最小,太阳能较大。	ⅣD30b	成都平原
			太阳能、风能变化一致,春季大,秋季小。	ⅣD31e	贵州西部、云南东北部

2. 水热资源综合利用区划

一般来说,气候区划和农业气候区划实质上就是水热资源综合利用区划。它们的第一级区划通常以≥10℃积温或≥10℃持续日数作为主导指标来划分热量带;第二级区划通常以干燥度为主导指标划分干湿区;以此揭示我国热量和水分资源的地域分布规律。

中国气候区划[43]采用的指标分级和区划单位等级系统如下:

第一级区划单位为气候带,以日平均气温≥10℃积温及其天数、最冷月平均气温和年极端最低气温作为划分气候带的指标;除了将青藏高原另划为一个气候区域以外,全国共分成 9 个气候带。各气候带名称和相应的温度指标,见表 8.12。

表 8.12　中国气候区划中的气候带及其温度指标[43]

气候带(符号)	≥10℃积温(及≥10℃天数)	最冷月平均气温(℃)	年极端最低气温(℃)
北温带(Ⅰ)	<1600~1700℃ (<100d)	<-30	<-48
中温带(Ⅱ)	1600~1700℃至 3100~3400℃ (100~160d)	-30 至 -10	-48 至 -30
南温带(Ⅲ)	3100~3400℃至 4250~4500℃ (160~220d)	-10 至 0	-30 至 -20
北亚热带(Ⅳ)	4250~4500℃至 5000~5300℃ (220~240d)	0 至 4	-20 至 -10
中亚热带(Ⅴ)	5000~5300℃至 6500℃ (240~300d)	4 至 10	-10 至 -5
	云南地区 5000~5300℃至 6000℃ (240~300d)	4 至 10	-10 至 -1~-2
南亚热带(Ⅵ)	6500℃至 8000℃ (300~365d)	10 至 15	-5 至 2
	云南地区 6000℃至 7500℃ (300~350d)	10 至 15	-1~-2 至 2
北热带(Ⅶ)	8000℃至 9000℃ (365d)	15 至 19	2 至 5~6
	云南地区>7500℃ (365d)	15 至 19	2 至 5~6
中热带(Ⅷ)	9000℃至 10000℃ (365d)	19 至 26	5~6 至 20
南热带(Ⅸ)	>10000℃ (365d)	>26	>20
高原气候区域(Ⅹ)	<2000℃ (<100d)		

　　云南地区的热量指标与同纬度的其他地区不同。这是因为云南地区的地形对冷空气的屏障作用,使得年极端最低气温比同纬度的东部地区偏高;在同样的极端最低气温下,云南地区作物需要的≥10℃积温比东部同纬度地区低。例如,在北热带东部地区一般需要 8000~9000℃积温才能生长的热带作物,在云南地区只需要≥7500℃积温就可以生长;这就是云南地区积温的经济价值较高的原因。

　　第二级区划单位为气候大区,采用年干燥度作为指标。年干燥度是年最大可能蒸发量与年降水量的比值,最大可能蒸发量采用 Penman 公式计算。按年干燥度指标将全国分为 4 类气候大区,大区符号为字母 A、B、C、D;湿润区(A)年干燥度<1.0,亚湿润区(B)年干燥度为 1.0~1.49,亚干旱区(C)年干燥度为 1.5~3.49,干旱区(D)年干燥度≥3.5。

　　第三级区划单位为气候区,采用季干燥度作为分区指标。湿润区(A)季干燥度≤0.99,亚湿润区(B)季干燥度为 1.0~1.49,亚干旱区(C)季干燥度为 1.5~1.99,干旱区(D)季干燥度≥2.0;季节符号以数字 1~5 表示,3—5 月为春季(1),6—8 月为夏季(2),9—11 月为秋季(3),12—2 月为冬季(4),其他情况为(5)。由于东北地区冬季很长,夏季温度差异大,故采用积温 2000℃作为划分指标;青藏高原全年各月气温都比较低,按最热月平均气温划分气候区。

　　根据以上区划指标和区划单位系统,将全国划分为 9 个气候带和一个高原气候区域;9 个气候带又划分为 18 个气候大区,36 个气候区;青藏高原气候区域又划分为 4 个气候大区,9 个气候区;各区以相应符号表示。区划结果,如图 8.8 所示;一级区划和二级区划分别揭示了我国热量资源和水分资源地域分布差异的基本规律。同样,表 8.13 列出了我国气候区划中的各个气候大区和气候区,各个气候区反映了气候大区内水分资源的季节变化情况。

表 8.13　中国气候区划中的气候带、气候大区和气候区[43]

气候带	气候 大 区			
	A 湿润	B 亚湿润	C 亚干旱	D 干旱
	气 候 区			
Ⅰ 北温带	ⅠA1 根河区			
Ⅱ 中温带	ⅡA1 小兴安岭区 ⅡA2 三江—长白区	ⅡB1 大兴安岭区 ⅡB2 松辽区	ⅡC1 蒙东区 ⅡC2 蒙中区 ⅡC3 富蕴区 ⅡC4 塔城区 ⅡC5 伊宁区	ⅡD1 蒙甘区 ⅡD2 北疆区
Ⅲ 南温带	ⅢA1 辽东—胶东半岛区	ⅢB1 河北区 ⅢB2 鲁淮区 ⅢB3 渭河区	ⅢC1 晋陕甘区	ⅢD1 南疆区
Ⅳ 北亚热带	ⅣA1 江北区 ⅣA2 秦巴区			
Ⅴ 中亚热带	ⅤA1 江南区 ⅤA2 瓯江、闽江、南岭区 ⅤA3 四川区 ⅤA4 贵州区 ⅤA5 滇北区	ⅤB1 金沙江—楚雄、玉溪区		
Ⅵ 南亚热带	ⅥA1 台北区 ⅥA2 闽南—珠江区 ⅥA3 滇南区			
Ⅶ 北热带	ⅦA1 台南区 ⅦA2 雷琼区 ⅦA3 滇南河谷区	ⅦB1 琼西区	ⅦC1 元江区	
Ⅷ 中热带	ⅧA1 琼西—西沙区			
Ⅸ 南热带	Ⅸ南沙区			
Ⅹ 高原气候区域	HⅤⅥⅦA1 达旺—察隅区 HA1 波密—川西区	HB1 青南区 HB2 昌都区	HC1 祁连—青海湖区 HC2 藏中区 HC3 藏南区	HD1 柴达木区 HD2 藏北区

3. 气候生产潜力区划

气候生产潜力主要受光、温、水因子制约,对其进行区划可以揭示各地太阳光能向植物干物质转化的能力以及热量和水分条件的制约关系,从而定量地反映光、温、水资源的组合情况及其地域分布差异的规律性。

气候生产潜力的区划,主要根据光能生产潜力、光温生产潜力和气候生产潜力

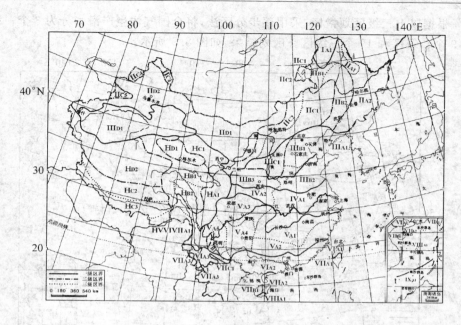

图 8.8 中国气候区划[43]

的数值大小,同时参考自然地理、农业资源和气候区划制定区划指标和区划单位等
级系统[5]。

第一级区划为农业气候大区,反映大农业部门发展方向的基本气候差异。将
全国划分为农业气候条件优越的东部季风区(Ⅰ,占国土面积 46.2%)、因水分不
足限制光温利用的西北干旱区(Ⅱ,占 28.2%)和因热量不足限制光能及水分利用
的青藏高原高寒区(Ⅲ,占 25.6%)。

第二级区划为光温生产潜力区,其区划指标及符号分别为:一等光温生产潜力
区(Ⅰ),y_2>2000 kg/亩;二等光温生产潜力区(Ⅱ)y_2 为 1750~2000 kg/亩;三等
光温生产潜力区(Ⅲ)y_2 为 1000~1750 kg/亩;四等光温生产潜力区(Ⅳ)y_2 为 750
~1000 kg/亩;五等光温生产潜力区(Ⅴ)y_2 为 250~750 kg/亩;六等光温生产潜力
区(Ⅵ),y_2<250 kg/亩。

第三级区划为气候生产潜力区,其分级指标及符号分别为:一级气候生产潜力
区(1),y_3>1750 kg/亩;二级气候生产潜力区(2),1500~1750 kg/亩;三级气候生
产潜力区(3),1250~1500 kg/亩;四级气候生产潜力区(4),1000~1250 kg/亩;
五级气候生产潜力区(5),750~1000 kg/亩;六级气候生产潜力区(6),500~750
kg/亩;七级气候生产潜力区(7),250~500 kg/亩;八级气候生产潜力区(8),50~
250 kg/亩;九级气候生产潜力区(9),y_3<50 kg/亩。

　　根据以上三级区划指标,采用逐步分区法,将全国气候生产潜力分为 3 个一级区,9 个二级区和 19 个三级区。区划结果,如图 8.9 所示。

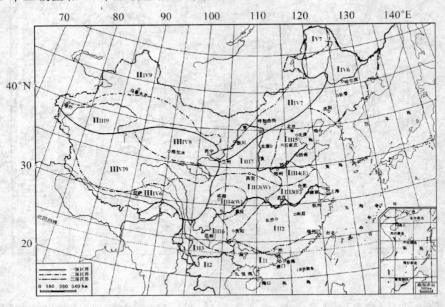

图 8.9　我国气候生产潜力区划[5]

8.5　气候资源开发利用决策

　　一个国家、一个地区经济可持续发展规划中的最基本问题就是各种资源的合理利用,其中气候资源开发利用的最优化问题尤为重要。通常一个地区具有多种类型的气候资源,每种气候资源又有多种开发利用方式,如何组合配置、合理利用这些气候资源,就是气候资源的最优决策问题。我国幅员辽阔,气候资源十分丰富,应用系统科学和现代决策理论进行气候资源的合理开发和综合利用,对于国民经济的可持续发展和人民生活水平的不断提高具有十分重要的现实意义。

　　气候资源是生产力,尤其是农业与气候的依赖关系最为密切,不同的作物对光照、温度和水分等气候资源要素的要求不同。因此,一个地区气候资源的开发利用规划,既要考虑合理利用当地气候资源,达到趋利避害的目的,又要能够适应一定区域范围内社会、经济发展的需求,通过调整、优化产业结构,达到各种资源合理配置、综合利用并取得最佳经济效益和社会效益的目标。应根据经济发展规律对社会需求进行预测,综合考虑整体利用效果,制定出符合当地实际的气候资源综合利用的最佳方案。

8.5.1　基本概念

气候资源的开发利用决策,不仅涉及各种气候资源本身的规律,而且涉及经济学、生态学和有关技术工程科学等问题。因此,也是一项复杂的系统工程。决策,就是在若干个准备实施的行动方案中进行选择,以期达到预定目标的过程。这一过程包括两部分内容:一是决策准备,是指从确定目标到拟定各种各选方案的过程;二是决策行动,是指从各种备选方案中进行优选的过程。

1.益损矩阵

在气候资源的开发利用中,为了实现效益最大的决策目标,人们经常面临 m 种不同的自然状态 Q_j(即客观条件或外部环境),有可能采取 n 种不同的行动方案 A_i(即备选方案或策略),研究气候资源的综合利用价值。这一类问题的决策模型,一般可表示为

$$\alpha = F(A_i, Q_j) \quad (i = 1, 2, \cdots, n; j = 1, 2, \cdots, m) \tag{8.68}$$

式中,α 为价值,它是行动方案 A_i 和自然状态 Q_j 的函数;若将 A_i 和 Q_j 视为变量,则分别称为决策变量和状态变量。决策分析中,通常将不同自然状态下不同行动方案的价值所组成的矩阵,称为益损矩阵;如表 8.14 所示。

表 8.14　益损矩阵

自然状态 行动方案	Q_1	Q_2	…	Q_j	…	Q_m
A_1	α_{11}	α_{12}	…	α_{1j}	…	α_{1m}
A_2	α_{21}	α_{22}	…	α_{2j}	…	α_{2m}
…	…	…	…	…		…
A_i	α_{i1}	α_{i2}	…	α_{ij}	…	α_{im}
…	…	…	…	…		…
A_n	α_{n1}	α_{n2}	…	α_{nj}	…	α_{nm}

2.决策类型

由于事物发展和变化的复杂性,需要分析和解决的问题有多种类型,因此,决策也可以从不同角度进行分类。

按照所掌握的信息量和价值准则,可以分为理性决策、有限理性决策和非理性决策。理性决策也称为最优决策,是指决策者掌握了有关决策问题的全部信息,并且具有分析处理这些信息的能力,能够精确地表达决策者的价值准则;显然,一般情况下,这种决策是很难实现的。有限理性决策也称为满意决策,是指所掌握的信息是有限的,决策者的价值准则不能精确表达,只能清楚地描述;这就是实际工作中的"满意决策"。非理性决策,是指有关问题的信息、机理都含糊不清,无法事先估计的决策。

按照决策的环境和所处的自然状态,又可分为确定型决策、风险型决策和不确定型决策。确定型决策是指在自然状态完全确定、未来环境可以预测的情况下,按

照既定目标和准则所进行的决策。若各个备选方案的益损值已知,则决策者可以直接采用优选法选择策略,使收益最大或损失最小。风险型决策是指存在着两种以上自然状态且未来都有可能出现,在出现的概率已知的情况下,按照既定目标和准则所进行的决策。自然状态不以决策者意志为转移,决策者得不到充分可靠的有关未来环境的信息;但各种状态出现的可能性和后果出现的概率可以由决策者预先估计或计算出来。不确定型决策是指在未来环境中若干种自然状态都可能出现,并且出现的概率和相应的后果都不可知的情况下,决策者仅凭经验或主观判断所进行的决策。

　　3. 决策准则

　　决策准则就是衡量备选方案后果的指标。决策分析是一种规范化技术,是提供定量分析的优化模型,因此,需要选择一种衡量后果的指标作为判断优化方案的准则。这种决策准则应该满足可传递性和独立性两项要求,以避免推断过程中出现矛盾的结论。

　　可传递性是指按照某项决策准则判定方案 A 优于方案 B,B 优于 C,则方案 A 必优于 C。这似乎是不成问题的逻辑,但实际判断过程中有时却并不一定。例如,某地打算开发利用当地的气候资源,该地区太阳能资源很丰富,热量资源较丰富但开发投资费用较少,决策者认为开发太阳能优于热量资源利用;而该地区水分资源属于可利用区,且基本不需要投资。根据可传递性原则,在开发太阳能和水分资源利用中决策者应该选择开发太阳能,但实际上决策者很可能因为水分利用不需要投资而选择后者。

　　独立性是指判断两个行动方案的优先次序时不受其他行动方案的影响。实际判断过程中也会有背离此原则的情况。

8.5.2　决策方法与步骤

　　气候资源开发利用存在着多种可能方案,最优决策问题是构造气候资源开发利用的重点。气候资源开发利用决策大多数属于确定型决策,也有的属于风险型决策或不确定型决策,如调整农业结构、改变种植制度、推广优良品种等。

　　在各种优化模式中,以线性规划模型最为简单有效。这不仅是因为线性规划的理论和方法比较成熟,而且还因为许多非线性问题通过叠加或层次化处理可以转变为线性问题。这种优化模型可以在定性分析的基础上,进行系统性的定量综合,用简洁的数学形式表达复杂的气候资源开发利用系统,并且能够利用计算机模拟系统的行为,从满足各个约束条件的众多规划方案中,求出使目标函数达到最佳的规划方案。

　　1. 确定型决策方法

　　对于确定型决策,通常可以采用单纯的优选法,根据所掌握的数据直接进行比较,选取最佳方案;或者根据实际问题的需要,建立与实际情况尽可能相符的决策目标和约束条件的数学模型,经过求解运算后确定出最佳方案。相对于风险型和不确定型决策而言,确定型决策是一种比较简单、直观的决策。

经典的线性规划(Linear Programming)是当代应用最广泛的运筹学方法之一,主要应用于研究确定型分配决策问题,它适用于解决将有限资源按某种方式分配给各项活动,使其效果最优等问题。目前,这一方法已经被广泛应用于生产计划、资源管理、区域经济规划等领域。利用线性规划理论研究问题,首先要根据具体问题建立线性规划数学模型,然后对模型求解,并对计算结果进行分析,最终作出科学的决策。

根据线性规划理论,线性优化模型的一般数学形式[3]可表示为

目标函数

$$\max(\min)Z = \sum_{i=1}^{n} C_i x_i \tag{8.69}$$

约束条件

$$\sum_{i=1}^{n} a_{ij} x_i \geqslant (=, \leqslant) b_j \quad j = 1, 2, \cdots, m \tag{8.70}$$

$$x_i \geqslant 0 \quad i = 1, 2, \cdots, n$$

气候资源开发利用决策,要求目标函数实现最大化(或最小化),即气候资源利用效益取最大值。式中,Z 为气候资源利用的经济生态效益值;C_i 为价值系数;x_i 为非负决策变量;a_{ij} 为气候资源开发利用系数;b_j 为资源的限制量;m、n 分别为气候资源开发利用系统的主要限制因素个数和决策变量个数。目标函数的求解实际上就是根据约束条件求解一次多元方程组,通常采用单纯形算法,其基本思路是,先任取一个可行解,然后逐步进行改进,最后达到最优解。

一般情况下,建立线性规划模型的基本步骤为:

①选择决策变量 x_i。决策变量是决策者从影响决策目标的各种因素中所选择的可以控制的因素,也称为行动方式。由于光、热、水等气候资源对于农作物来说是通过光化转换来获得最佳经济效益的,因此可根据当地的气候特点、作物生长现状和未来发展的趋势,选择易于控制的决策变量,如不同作物的种植面积、各种优良品种、不同熟制和不同耕作方式等。

②确定价值系数 C_i。目标函数中决策变量的系数,在气候资源开发利用系统的线性规划模型中,称为价值系数或利益系数,它反映了气候资源开发利用的效益;所以,C_i 的准确性尤其重要,应采用正确合理的计算方法来确定。在农业气候资源的利用效益上,通常采用气候生产潜力作为价值系数 C_i。显然,以此作为决策变量的系数 C_i,反映了光、温、水等气候资源的数量、质量及其综合作用。

③制定目标函数。目标函数是线性规划所要达到的优化标准,在气候资源开

发利用中,最优化标准大体上可以分为总产量最高、单位面积产量或人均劳动生产率最高、农业成本或消耗最低、纯收入最大以及根据具体问题而确定的最大(或最小)目标。制定目标函数时,应从系统的整体功能出发,特别是要处理好气候资源开发利用系统的多目标性与线性规划的单一目标之间的矛盾。解决方法是在多个目标中只选择一个作为主要目标,其余作为约束条件使用。

④分析约束条件。从数学意义上,约束条件可以分为3类:一是最大约束条件(≤),它要求使用的有限资源应小于或等于资源供应量;二是最小约束条件(≥),它要求不低于某一水平但允许超过这一水平;三是相等约束条件(=),它要求既不低于也不超过某一水平。从约束条件所反映的内容上,又可以分为:资源限制量约束条件,这是应用最为广泛的一类;平衡约束条件,包括利益平衡、技术平衡等;主观约束条件,包括政策、法规、计划任务等;技术约束条件,即当前技术水平无法解决的问题。

建立约束条件,要求约束条件一定要具有约束力,不能可有可无;约束条件必须是独立的,应去除不能独立存在的约束条件;约束条件必须能反映客观条件和经济规律的要求,不同地区不同情况下约束条件也不同;约束条件要能充分反映农业生产的特点,如季节性问题、土地数量和质量问题等。

优化模型中的约束条件不仅是实现目标的限制因素,而且也能反映系统内在的规律。在建立优化模型时,应全面分析影响目标实现的各种制约因素,将其主要因素表示为约束关系式。否则,若遗漏了主要制约因素,就不能得到合理的最优解甚至出现目标函数无解的情况。

2. 风险型决策方法

风险型决策,以概率或概率密度函数为基础,具有随机性,所以也称为随机型决策。通常采用的决策准则与方法[53]有:

①最大可能性准则。根据概率论知识,事件的概率越大,在一次试验中发生的可能性越大;因此,选择概率最大的自然状态进行决策就成为最直观的一种决策方法。决策中选择概率最大的自然状态,忽略其他概率较小的自然状态,然后比较各备选方案在这种概率最大的自然状态下的益损值,确定出收益最大或损失最小的行动方案。

最大可能性准则,适用于在一组自然状态中某一自然状态的出现概率明显大于其他自然状态而益损值差别不大时的决策。如果自然状态较多,各自出现的概率相差不大而不同方案的益损值差别较大时,采用这一准则的效果就不一定好,有时甚至会导致决策严重失误。

②期望值准则与方法。采用益损期望值来衡量行动方案的预期后果,就是将每个行动方案的期望值计算出来并加以比较。如果决策目标是效益最大,则采取

期望值最大的行动方案；如果决策目标是损失值最小且益损矩阵中的元素是损失值时，则选择期望值最小的行动方案。

各个行动方案益损期望值的数学描述为：

$$E(A_i) = \sum_{j=1}^{m} P_j \alpha_{ij} \tag{8.71}$$

决策结果为

$$A_k = \max[E(A_i)] \text{ 或 } A_k = \min[E(A_i)] \tag{8.72}$$

其中，$E(A_i)$ 为第 i 个行动方案的期望值；P_j 为第 j 种自然状态出现的概率；α_{ij} 为第 i 个行动方案在第 j 种自然状态下所获得的益损值；A_k 为最佳方案。

采用期望值法的决策步骤为：首先，收集与决策问题有关的资料，确定出各种自然状态及其出现概率；然后，计算每个行动方案在不同自然状态下相应的益损值，并列出决策表；最后，计算每种行动方案的益损期望值，并加以比较，选定一个最佳方案。

从决策过程来看，期望值法是利用事件概率和期望值的概念进行的决策。由于概率只能说明事件发生的可能性的大小，并不代表必定发生，所以这种决策方法具有一定的风险。但是，从统计规律来看，如果这样的决策进行多次，其成功决策仍然是大多数，比仅凭主观感觉的臆断合理得多。因此，在实际工作中，只要各种自然状态的出现概率是已知的，并且决策者认为能够利用这些概率，那么就可以采用期望值准则进行有效的决策。

③Bayes 准则。一般来说，决策者既不愿意冒很大的风险去选择期望收益值最大的方案，又不愿意放弃获利最大的机会，总是希望通过收集更多的信息对先验概率进行修正，以弄清各种自然状态在未来可能发生的后验概率，从而使决策的平均风险尽可能减小，即期望风险最小。

Bayes 公式常被用于计算随机事件的后验概率。设 $X_i(i=1,2,\cdots,n)$ 和 $Y_j(j=1,2,\cdots,m)$ 为随机事件，$P(X_i)$ 为先验概率，$P(Y_j/X_i)$ 为通过调查或其他方式获取的新的附加信息，则 X_i 的后验概率为

$$P(X_i/Y_j) = \frac{P(X_i)P(Y_j/X_i)}{\sum_{i=1}^{n} P(X_i)P(Y_j/X_i)} \tag{8.73}$$

Bayes 决策方法，即采用 Bayes 准则进行决策。Bayes 决策过程大致可分为两部分：一是根据历史资料或主观判断得出各种自然状态的先验概率，再通过实验或考察获取新的样本数据信息，利用 Bayes 公式对先验概率进行修正，得出后验概率；二是根据后验概率进行决策分析，计算各种行动方案预期的益损期望值并进行比较，最后选择与最大收益值或最小损失值相对应的方案作为决策行动。

3.不确定型决策方法

对于不确定型决策,关键在于确定备选方案的价值准则;不同的决策者有不同的兴趣特点,因而决策的准则不同,所选择的方案也不相同。常用的决策准则与方法有以下几种:

①最大最大值决策准则(乐观法)

所谓"乐观法"是指选择方案的标准是最大的最大值标准。其特点是决策者对决策事件的未来前景估计很乐观,决策时不放过任何可以获得最好结果的机会,力争好中求好,愿意冒一定的风险去获得最大的收益。这种方法的决策步骤是:首先,求出每个方案的最大收益值,然后再从这些方案的最大收益值中挑选一个最大值,其对应的方案即为最佳方案。表达式为

$$\max_A \max_Q \{\alpha(A_i, Q_j)\} \quad (i = 1, 2, \cdots, n; \quad j = 1, 2, \cdots, m) \quad (8.74)$$

其中,A_i 为备选方案,Q_j 为未来可能出现的概率未知的自然状态;α 为益损值矩阵。

②最大最小值决策准则(悲观法)

所谓"悲观法"是指选择方案的标准是最大的最小值标准,这是一种保守型的决策。其特点是决策者总是抱悲观的态度,对未来能否成功信心不足,不愿意冒风险。其决策步骤为:先求出每个方案在最不利情况下的最小收益值,然后再从这些最小收益值中挑选一个最大值,其对应的方案作为最佳方案。表达式为

$$\max_A \min_Q \{\alpha(A_i, Q_j)\} \quad (i = 1, 2, \cdots, n; \quad j = 1, 2 \cdots, m) \quad (8.75)$$

③折衷决策准则(折衷系数法)

这是乐观法和悲观法的普遍形式,它是介于悲观和乐观决策标准之间的一个决策标准。在现实生活中,决策者对未来实际情况既不那么乐观,也不十分悲观;所以,可由决策者确定一个系数 $0 < \beta < 1$,称为折衷系数。折衷决策可表示为

$$\alpha_\beta = \beta \cdot \alpha_{\max} + (1 - \beta) \cdot \alpha_{\min} \quad (8.76)$$

式中,α_β 为折衷收益值;$\alpha_{\max}$、$\alpha_{\min}$ 分别为各种备选方案的最大、最小收益值。这种方法的决策步骤是:根据给定的折衷系数 β,先计算每个行动方案的最大、最小收益值和折衷收益值;然后在折衷收益值中取最大值,其对应的方案即为最佳方案。β 的选择取决于决策人的主观愿望和要求;当 $\beta = 0$ 时,即为悲观法;$\beta = 1$ 时,即为乐观法。所以,乐观法和悲观法都只是折衷系数法的一种特例。

④等可能性决策准则

这是决策者在决策时对客观情况持等同态度的一种决策准则。决策者认为各种自然状态在未来出现的可能性是相同的,如果有 m 种自然状态,则可以计算每种方案的平均收益值,即

$$E(A_i) = \frac{1}{m} \sum_{j=1}^{m} \alpha_{ij} \quad (8.77)$$

该方法通过计算各种方案的平均收益值并进行比较,选择与最大收益值相对应的方案作为最佳方案。

⑤极小极大遗憾值准则

当一个自然状态出现时,决策者必然要选择收益值最大的方案。如果决策者在事前没有选择这一方案而错误地选择了其他方案,就会感到遗憾而后悔;这样两个方案的收益值之差,就称为遗憾值或后悔值。遗憾值决策标准,就是在决策时为了避免将来的遗憾或后悔作为基本原则。这种方法的决策步骤为:先将每种自然状态下的最大收益值确定为该状态的理想目标值,减去该状态下其他方案的收益值,得出遗憾值列表;然后,从各种自然状态下每个方案的遗憾值中分别找出其极大遗憾值作为一列;再从该列中找出一个极小值,其对应的方案作为最佳方案。

此外,前面介绍的层次分析法、模糊数学方法等也可以应用于不确定型问题的决策分析。例如,沈良峰等[54](2002)提出基于层次分析法的风险投资项目评价与决策方法;杨志辉等[55](2006)根据风险投资的模糊不确定性,在对多个备选方案的优劣进行评价时,针对问题所给出的模糊目标或者模糊约束(即约束条件带有伸缩性)这一类问题,应用模糊线性规划理论,建立模糊最优决策模型及其算法,并通过实例分析说明该模型的有效性和实用性。

8.5.3 未来气候变化的农业最优决策

最优气候决策方法,目前已经被广泛应用于地区作物布局、种植制度配置、气候资源尤其是气候能源开发利用效率等方面的研究。例如,马树庆[56](1985)采用线性规划方法分析旱田作物的合理布局问题;高素华等[57](1999)对提高中国三北地区气候资源利用率的对策进行了研究;邹希云等[58](2006)根据湖南省益阳市气候和自然条件,应用运筹学中的单点图形法确定不同气候年景下农业生产种植模式组合的最优方案,研究适用于当地农业种植制度的最优气候决策方法。

气候资源的合理利用是农业可持续发展的基础;因此,气候变化与农业发展对策的研究近年来受到了人们的普遍关注。从气候资源对农业生产的重要性出发,根据各地气候资源的特点和开发利用现状,分析农业可持续发展所面临的气候资源综合利用方面的问题,针对未来气候变暖的变化趋势,提出合理调整农业生产结构、综合利用气候资源的主要途径和技术措施。郑斯中[59](1993)分析了全球变暖对我国粮食产量影响估计中的乐观倾向;王效瑞等[60~61](1999,2000)利用目标决策方法,探讨了安徽省未来农业生产发展与气候变暖的适应性以及未来气候变暖的安徽农业最优决策问题;金之庆等[62~64](1998,2001,2002)分别对我国东部、长江中下游和东北平原地区适应全球气候变化的若干粮食生产对策进行了模拟研究。

这里,以安徽省为例说明最优决策在未来气候变化与农业发展对策中的具体应用。

　　近百年来安徽省年平均气温变化表现为 20 世纪前期逐渐增暖,到 40 年代达到最高值,偏高约 0.4℃;50 年代明显变冷,偏低约 0.2℃;60 年代正常偏高,70 年代和 80 年代正常偏低;自 20 世纪 80 年代后期开始气温逐渐上升,气候显著变暖,进入近 500 年来的第 4 个暖期。王效瑞等[61](2000)针对农业生产和气候变化的敏感性,采用丰、平、歉 3 种年型状态反映气候变化对农业生产发展的影响,建立了包含 8 个目标的决策模型以满足不同气候变化对农业生产发展的要求。

　　1. 作物产量预测

　　作物产量主要受农业技术措施和气候条件的影响,预测方法是将作物产量分解为趋势产量(y_t)和气象产量(y_w)两部分。气象产量采用逐步聚类法,将其划分为丰年、平年、歉年三种类型,从而得到不同年型时的气象产量(表 8.15);趋势产量采用线性模型进行拟合,考虑时间变量(取 1956 年 $t=1$、1957 年 $t=2$,以此类推)和政策变量(1978 年生产责任制推行以前取 $z=0$,1979 年、1980 年 $z=0.5$,1981 年以后 $z=1$),得到安徽省主要作物趋势产量预测方程分别为

$$水稻 \quad y_t = 119.0 + 6.9t + 19.3z$$
$$小麦 \quad y_t = 24.5 + 6.0t + 25.2z$$
$$玉米 \quad y_t = 41.0 + 5.2t + 22.5z$$
$$大豆 \quad y_t = 44.0 + 1.33t + 0.22z$$
$$油菜 \quad y_t = 26.0 + 0.24t + 47.2z$$
$$茶叶 \quad y_t = 1.9 - 0.68t + 25.0z$$

式中,茶叶产量单位为万吨(全省总产量),其他均为 kg/亩。趋势产量预测结果,见表 8.16。

表 8.15　安徽省主要作物气象产量(kg/亩)

年型	水稻	小麦	玉米	大豆	油菜
丰	35.0	13.9	12.5	1.9	5.3
平	1.7	−2.8	1.4	0.0	−2.3
歉	−51.8	−9.3	−16.2	−2.0	−2.5

表 8.16　2000 年安徽省主要作物产量预测(kg/亩)

年型	水稻	小麦	玉米	大豆	油菜
丰	483.8	333.6	310.0	106.0	89.3
平	450.5	316.9	298.9	104.1	81.7
歉	397.0	310.4	281.3	102.1	81.5

　　2. 建立多目标决策模型

　　①决策变量

　　决策变量是实行系统最优化控制必不可少的因素。根据安徽省的传统习惯和气候资源利用等实际情况,设置以下决策变量:X_1 水稻播种面积,X_2 玉米播种面

积,X_3 小麦播种面积,X_4 大豆播种面积,X_5 甘薯播种面积,X_6 油菜播种面积,X_7 茶园面积,X_8 花生播种面积,X_9 蔬菜播种面积,X_{10} 果园面积,X_{11} 淡水养殖面积,X_{12} 牛出栏量,X_{13} 羊出栏量,X_{14} 猪出栏量,X_{15} 家禽饲养量,X_{16} 造林面积,大致代表安徽省农业生产的基本特征。

②目标和目标值

根据安徽省各项经济计划和人民生活的实际需要,共选择了 8 个目标:农业总产值目标、粮食总产量目标(包括各粮食作物总产量子目标)、经济作物总产量目标(包括各经济作物总产量子目标)、肉类总产量目标、蔬菜总产量目标、水果总产量目标、蛋类总产量目标和水产品总产量目标。

按照安徽省气候和耕地等自然资源、经济状况、人口发展、膳食结构调整以及科技进步等多方面的要求,采用专家咨询和统计方法,确定安徽省 2000 年农业生产的 8 个目标值分别为:总产值 806.2 亿元,粮食总产量 2917.6 万吨,经济作物总产量 233.0 万吨,肉类总产量 193.2 万吨,蔬菜总产量 307.9 万吨,水果总产量 41.8 万吨,蛋类总产量 79.9 万吨,水产品总产量 70.5 万吨。

③多目标决策模型

目标约束包括各项产量、产值的具体要求,其约束方程为

$$\sum A_{ij} X_i = G_i \qquad (8.78)$$

式中,A_{ij} 为第 i 个目标第 j 个变量的单位产值或产量,X_i 为第 i 个变量,G_i 为第 i 个目标值。

资源约束包括耕地面积、水分、化肥、劳动力等方面的限制条件,其约束方程为

$$\sum C_{ij} X_i \leqslant B_i \qquad (8.79)$$

式中,C_{ij} 为第 i 个变量对第 j 种资源的消耗系数,B_i 为第 i 种资源拥有量。

变量约束包括各种作物播种面积、林果面积、养殖面积以及畜禽饲养量等限制,其约束方程为

$$X_i \leqslant Q_i \quad , \quad X_i > Q_i \qquad (8.80)$$

式中 Q_i 为第 i 个变量调整的上下限。

根据各个目标的相对重要程度,目标函数共划分为 6 个优先等级:P_1 为耕地面积、水分、化肥供应量等硬性约束,不能突破;P_2 为作物种植面积、林果面积、水域面积等种植业、林业、渔业的约束,不能突破;P_3 为产值目标,力争完成;P_4 为产量目标,力争完成,其中粮食总产目标比其他产量重要两倍;P_5 为牲畜出栏量和家禽饲养量目标,力争完成;P_6 为劳动力硬性约束,不能突破。

目标函数表达式为

$$\mathrm{min} z = P_1 \sum_{i=1}^{3} a_i^+ + P_2 \left(\sum_{i=4}^{14} a_i^+ + \sum_{i=15}^{19} a_i^- \right) + P_3 a_{20}^-$$

$$+ P_4 \left(2a_{21}^- + \sum_{i=22}^{27} a_i^-\right) + P_5 \sum_{i=28}^{31} a_i^- + P_6 a_{32}^- \qquad (8.81)$$

式中，a_i^+ 和 a_i^- 分别代表正、负偏差值。

④规划结果分析

采用单纯形算法求解模型，得到不同方案的优化结果。如表 8.17 和表 8.18 所示。

表 8.17　多目标规划结果 I（平年方案变量值）

（单位：万亩，万头，万只）

决策变量	1987 年			2000 年	
	现实值	优化值	净增(%)	优化值	净增(%)
X_1	3311.8	3301.8	−0.3	3752.2	13.3
X_2	435.9	432.9	−0.7	640.0	46.8
X_3	2979.0	2958.1	−0.7	3336.5	12.0
X_4	1011.3	1142.8	13.0	1151.9	13.9
X_5	1003.5	937.3	−6.6	354.2	−64.7
X_6	1428.5	1538.4	7.7	2092.7	46.5
X_7	3.24	3.3	2.0	3.5	7.5
X_8	194.2	194.6	0.2	482.9	148.6
X_9	299.4	299.4	0	389.2	30.0
X_{10}	7.15	7.34	2.7	25.4	255.0
X_{11}	600.0	600.0	0	1167.0	94.5
X_{12}	58.8	49.2	−16.3	144.7	149.4
X_{13}	97.9	97.2	−0.7	284.7	190.8
X_{14}	832.0	844.5	1.5	1430.0	72.1
X_{15}	5495.0	5654.4	2.9	36620.0	307.4
X_{16}	134.0	134.0		169.1	26.2

表 8.18　多目标规划结果 II（平年方案目标值）　　（单位：亿元，万吨）

项目目标	1987 年			2000 年	
	现实值	优化值	净增(%)	优化值	净增(%)
总产值	222.8	261.3	17.3	864.9	288.2
粮食总产	2444.1	2414.8	−1.2	2773.0	13.5
经作总产	183.6	188.7	2.8	294.1	60.2
肉总产	73.7	79.2	7.4	192.6	161.3
蛋总产	35.0	36.0	2.9	139.4	298.2
蔬菜总产	290.0	290.0	0	473.8	63.4
水果总产	24.2	24.9	2.7	92.9	284.1
水产品总产	21.8	23.2	6.4	92.5	324.3

由表 8.17 可见，优化前的农业生产结构总体上比较合理，只是部分作物布局需要作适当调整。其中，大豆和油菜的种植面积应有所增加，即分别增加 13.0% 和 7.7%；甘薯的种植面积应适当减少，即应减少 6.6%；其余作物面积变化不大。

表 8.18 中,除粮食总产量略有减产以外,其他目标值都有明显增加。其中,以农业总产值净增额最大,可增加 17.3%,其余目标值也有幅度不等的增加。

　　根据对 2000 年优化方案的分析,与 1987 年相比,作物种植面积大多数都应有所增加,仅甘薯种植面积有所下降,而牲畜出栏量和家禽饲养量的增加幅度都很大。如表 8.19 所示。

表 8.19　多目标规划结果 Ⅲ（各方案变量值）（单位:万亩,万头,万只）

决策变量	1987 年	2000 年		
		丰	平	歉
X_1	3301.8	3435.3	3752.2	4830.9
X_2	432.9	614.8	640.0	683.5
X_3	2958.1	3301.3	3336.5	3505.6
X_4	1142.8	1418.4	1151.9	839.4
X_5	937.3	354.2	354.2	354.2
X_6	1538.4	2005.7	2092.7	2152.1
X_7	3.3	3.5	3.5	3.5
X_8	194.6	244.5	482.9	288.2
X_9	299.4	389.2	389.2	389.2
X_{10}	7.34	25.4	25.4	25.4
X_{11}	600.0	1167.0	1167.0	1167.0
X_{12}	49.2	305.9	144.7	146.6
X_{13}	97.2	284.7	284.7	284.7
X_{14}	844.5	1430.0	1430.0	1430.0
X_{15}	5654.4	36620.0	36620.0	36620.0
X_{16}	134.0	169.1	169.1	169.1

　3. 农业与气候适应的对策

　　①顺应气候的变暖趋势,稳妥改革种植制度,推广多种熟制。根据对安徽未来气候变暖及其影响的研究结果,年平均气温每升高 1℃,种植制度大约可向北推移 268 km,向东推移 306 km,向高推移 236 m。也就是说,全省的一年三熟区可以由 30°30′N 一带推至 33°N 一带,除皖南山地和大别山的高寒区仍为一年一熟以外,其他地区均可望一年二熟或二年三熟。因此,应注意充分利用气候变暖给种植制度带来的有利一面,改革现有种植制度,提高复种指数,促进农业生产发展。

　　②巩固夏秋作物生产,提高作物生产力。发展夏秋作物生产的关键因素是如何避开干旱威胁。从温度升高对农田可能蒸散的影响来看,安徽省伏旱、秋旱较多的区域,如沿江西部和江淮之间的东北部,在气候变暖的情况下,已不再适合种植单季稻和玉米,而应着力发展双季稻和双季玉米。在徽州盆地和沿江西部,应积极安排一年三熟制。在两季不足、一季有余的地区应考虑旱作套种。

　　③发挥安徽气候资源优势,发展冬季农业。安徽省内大部分地区喜凉作物的产量将随气候变暖而提高,因而未来发展冬季农业将大有潜力。应稳定小麦面积、

扩大油菜和蔬菜面积,主攻单产,提高总产。由于油菜有用地养地和生育期短的特点,采用"小麦上山,油菜下田"是合理的。

④发展节水农业,增强抗旱能力。未来的气候变暖趋势将会加重干旱对农业生产的危害;因而应注意把解决干旱问题放在主导位置。一方面,要增强气候意识,重视发展节水农业。在作物布局和调整农业结构时要考虑旱作比例,对于严重缺水的"望天收"田,应考虑改为旱作,试行旱地三熟制,注意选用抗旱性强的品种。在秋粮生产上,可考虑采取两段育秧等半干旱式栽培技术,使生育期提前以避开伏旱期。另一方面,应增加农业投入,狠抓水利建设。由于全省保灌面积平均不足50%;因此,要注意改进旱地的灌溉技术,最大限度地利用自然降水,尽可能将坡地改为梯田,并在梯田地埂上种植矮秆果木,以保持水土。同时,大力发展林业,搞好农业生态建设。

⑤加速和完善全省良种繁育推广体系。当温度变化1℃时,≥10℃积温将变化347℃,≥10℃天数将变化11~12 d,这种热量条件的差异将足以导致作物从一个品种向另一个品种的过渡。目前,品质优、抗逆性强的品种供不应求。因此,应充分利用原种和杂交优势,培育高产、优质、低耗、抗逆性强的作物新品种,如春性和半冬性小麦新品种、抗旱的水稻、玉米新品种等,都可以为发展农业生产奠定良好的基础。

⑥合理调整农业生产结构,逐步做到对农业土地与气候资源的立体利用。制定合理的农林牧渔业比例,做到因地制宜,适地适种。充分利用当地饲料和牧草资源,大力发展畜牧业生产。提高动物产品在食物构成中的比例和牧业产值的比重。同时充分利用水面资源,发展水域养殖,促进渔业发展。利用安徽省气候类型多样的特点,积极发展各类果品生产。

参 考 文 献

[1] 赵德齐.1995.模糊数学.北京:中央民族大学出版社
[2] 张跃,邹寿平,宿芬.1992.模糊数学方法及其应用.北京:煤炭工业出版社,273—285
[3] 汪应洛.1998.系统工程理论、方法与应用.第二版,北京:高等教育出版社,144—176
[4] 湛红.1995.模糊数学在国民经济中的应用.武汉:华中理工大学出版社
[5] 李世奎,侯光良,欧阳海等.1988.中国农业气候资源和农业气候区划.北京:科学出版社,124—145,191—330
[6] 白永平.2000.西北地区(甘宁青)农业生态气候资源量化与评价.自然资源学报,**15**(3),218—224
[7] 张养才,王石立,李文等.2001.中国亚热带山区农业气候资源研究.北京:气象出版社
[8] 王江山,颜亮东,李凤霞等.2003.青海省农业生态气候资源的量化分析和分类评价.气象科学,**23**(1),78—83
[9] 宛公展,刘锡兰.1996.天津市农业气候资源评价与开发利用系统的设计研究.中国农业气

象,**17**(5),31—35

[10] 宴路明.2001.农业气候系统功能的模糊综合评判.系统工程理论与实践,**21**(2),133—137

[11] 罗怀良,陈国阶,朱波.2004.农业生态气候适宜度研究进展.中国农业资源与区划,**25**(1),28—32

[12] 田志会,郭文利,赵新平等.2005.北京山区农业气候资源系统的模糊综合评判.山地学报,**23**(4),507—512

[13] 马开玉,丁裕国,屠其璞等.1993.气候统计原理与方法.北京:气象出版社,193—308

[14] 高新波.2003.模糊聚类分析及其应用.西安:西安电子技术大学出版社

[15] 吴福保,李奇,宋文忠.1999.模糊聚类分析的传递方法.东南大学学报,**29**(2),1—6

[16] 魏淑秋.1983.作物气候三维相似分析及其区划方法的探讨.北京农业大学学报,**9**(2),1—11

[17] 魏淑秋.1985.农业气象统计.福州:福建省科学技术出版社,239—243

[18] 魏淑秋.1994.农业气候相似距简介.北京农业大学学报,**10**(4),427—428

[19] 魏淑秋,刘桂莲.1994.中国与世界生物气候相似研究.北京:海洋出版社

[20] 魏淑秋.1996.气候相似性研究的进展与应用.见《地磁、大气、空间研究及应用》,北京:地震出版社,343—350

[21] 刘金铜,毕绪岱,蔡虹.2002.太行山区日本甜柿引种的气候生态适应性研究.农业系统科学与综合研究,**18**(1),71—74

[22] 杨美华,王铭文.1982.模糊数学在小区域农业气候区划中的应用.地理科学,**2**(2),60—67

[23] 杨美华.1983.模糊数学与农业气候资源综合评价.《地理学和农业》,科学出版社

[24] 王长根.1986.用模糊聚类分析对内蒙古农牧分界的进一步探讨.见《中国农业气候和农业气候区划论文集》,北京:气象出版社

[25] 白永平,温军.2000.青海农业生态气候资源系统分析.干旱区地理,**23**(2),2—8

[26] 白永平.2000.甘肃省农业生态气候资源潜力比较与利用探讨.西北师范大学学报(自然科学版),**36**(2),71—78

[27] 白永平.2000.甘肃农业生态气候资源系统分析.应用生态学报,**11**(6),27—32

[28] 白永平.2000.西北地区(甘宁青)农业生态气候资源量化与评价.自然资源学报,**15**(3),22—28

[29] 刘凤兰.2004.临汾市农业气候资源灰色关联聚类分析.中国农业气象,**25**(2),12—14

[30] 张静,冯金侠,卞新民等.2006.作物生态适宜性变权评价方法.南京农业大学学报,**29**(1),13—17

[31] Satty T L.1980. The analytic hierarchy process,New York. McGraw-Hill Company

[32] Satty T. L.1988.层次分析法在资源分配、管理和冲突分析中的应用.许树柏等译,北京:煤炭工业出版社

[33] 许树柏.1988.层次分析法原理.天津:天津大学出版社

[34] 王莲芬,许树柏.1990.层次分析法引论.北京:中国人民大学出版社

[35] 顾定法.1986.用层次分析法决策水资源合理利用和保护.自然资源学报,**1**(5),40—47

[36] 傅伯杰.1992.AHP法在区域生态环境预警中的应用.农业系统科学与综合研究,**8**(1),5—7,10

[37] 尹东,余优森,李湘阁.1993.陇南白龙江流域农业气候资源的垂直分层及评价.自然资源学报,**8**(4),333—339

[38] 余优森,尹东,费晓玲等.1997.陇南山区农业气候资源特征与开发利用.山地研究,**15**(4),

247—252

[39] 刘引鸽.2000.陕西关中西部山区气候资源及其开发利用.山地学报,**18**(1),84—88

[40] 关福来,王春乙.1997.应用层次分析法确定朝阳气候资源开发优先级.气象,**23**(9),35—38

[41] 姚敏.1990.一种实用的模糊层次分析法.软科学,(1),46—52

[42] 尹东.2005.模糊层次分析法在山区大农业发展决策中的应用.山地学报,**23**(3),348—352

[43] 张家诚.1990.中国气候总论.北京:气象出版社,256—304,343—401

[44] 韩湘玲.1999.农业气候学.太原:山西科学技术出版社,139—189

[45] 丘宝剑,卢其尧.1987.农业气候区划及其方法.北京:科学出版社,1—17,78—117

[46] 王炳忠.1983.中国太阳能资源利用区划.太阳能学报,**4**(3),3—10

[47] 朱瑞兆,薛桁.1983.中国风能区划.太阳能学报,**4**(2),9—18

[48] 朱瑞兆.1986.中国太阳能—风能综合利用区划.太阳能学报,**7**(1),3—11

[49] 王菱.1990.苹果品质区划.见《黄土高原地区农业气候资源的合理利用》,北京:中国科学
技术出版社,96—104

[50] 孙玉亭.1982.黑龙江省作物合理布局的气候依据.地理科学,**2**(2),41—48

[51] 邓聚龙.1987.灰色系统基本方法.武汉:华中理工大学出版社,17—30

[52] 邓聚龙.1992.灰色系统理论教程.武汉:华中理工大学出版社,33—78

[53] 马开玉,张耀存,陈星.2004.现代应用统计学.北京:气象出版社,201—211

[54] 沈良峰,樊相如.2002.基于层次分析法的风险投资项目评价与决策.基建优化,**18**(4),
20—22

[55] 杨志辉,徐辉.2006 基于模糊线性规划理论的风险投资决策分析.科学技术与工程,**6**(13),
1996—1999

[56] 马树庆.1985.用线性规划方法分析旱田作物的合理布局.气象,**11**(7),30—32

[57] 高素华,郭建平.1999.提高中国三北地区气候资源利用率的对策研究.资源科学,**21**(4),
51—54

[58] 邹希云,刘电英,文强等.2006.一个适用于地方农业种植制度的最优气候决策方法.中国
农业气象,**27**(1),23—26

[59] 郑斯中.1993.全球变暖对我国粮食产量影响估计中的乐观倾向.中国农业气象,**14**(5),
44—47

[60] 王效瑞,田红.1999.气候变化对安徽未来农业影响的量化研究.安徽农业大学学报,**26**
(4),493—498

[61] 王效瑞.2000.安徽未来气候变暖的农业最优决策研究.安徽农业大学学报,**27**(3),309—312

[62] 金之庆,葛道阔,高亮之等.1998.我国东部样带适应全球气候变化的若干粮食生产对策的
模拟研究.中国农业科学,**31**(1),51—58

[63] 石春林,金之庆,葛道阔.2001.气候变化对长江中下游平原粮食生产的阶段性影响和适应
性对策.江苏农业学报,**17**(1),1—6

[64] 金之庆,葛道阔,石春林等.2002.东北平原适应全球气候变化的若干粮食生产对策的模拟
研究.作物学报,**28**(1),24—31